# 논리회로 설계

# Logic Circuit Design

송상훈 · 한동일 지음

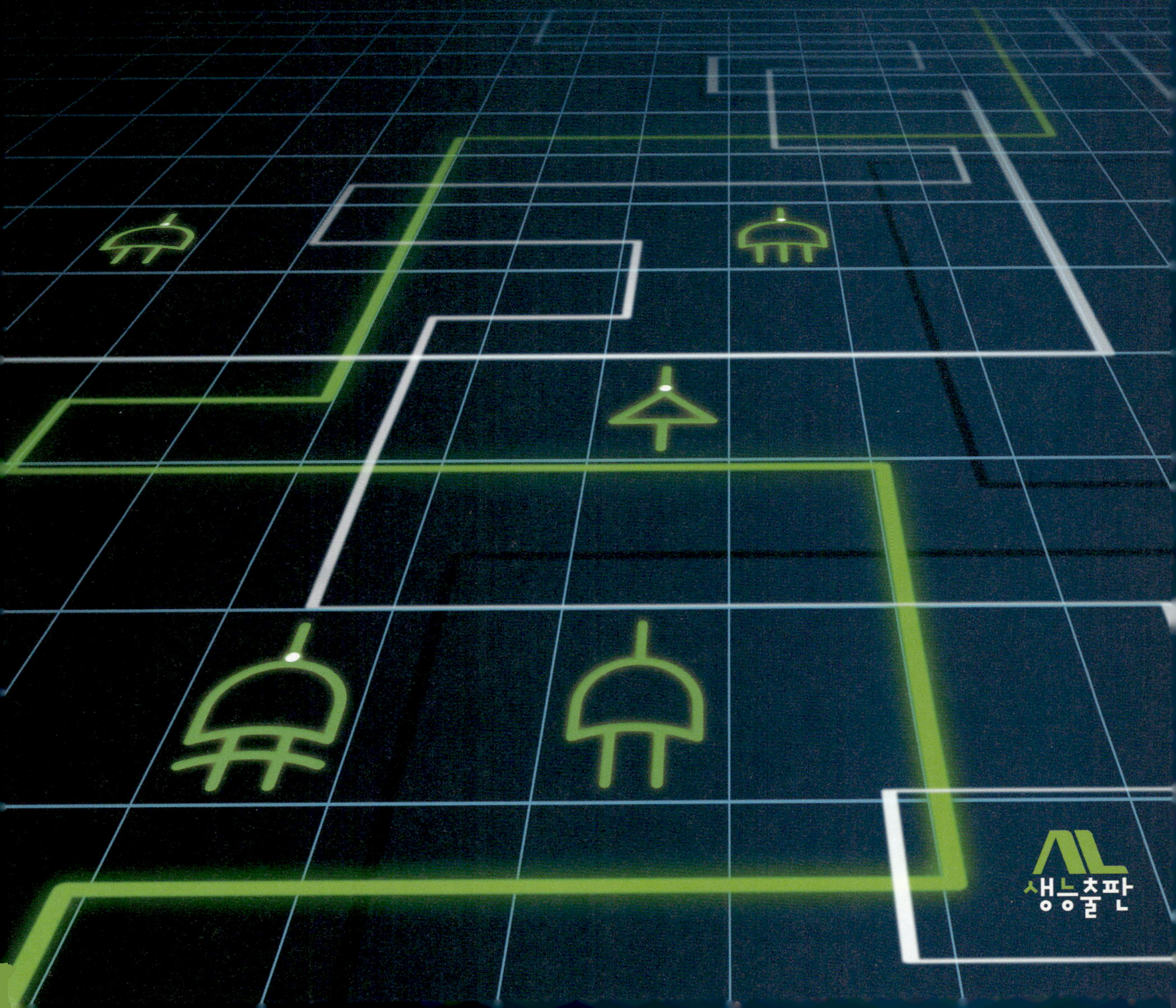

생능출판

## 저자 소개

**송상훈**
연세대학교 전자공학과 학사
한국과학기술원 전산학과 석사
University of Minnesota 전산학과 박사
ETRI 연구원
현 세종대학교 컴퓨터공학과 교수

**한동일**
고려대학교 전자전산공학과 학사
한국과학기술원 전기 및 전자공학과 석사
한국과학기술원 전기 및 전자공학과 박사
LG전자 DTV연구소 책임연구원
현 세종대학교 컴퓨터공학과 교수

## 논리회로 설계

**초판발행** 2015년 12월 30일
**제1판2쇄** 2018년 8월 2일

**지은이** 송상훈 · 한동일
**펴낸이** 김승기
**펴낸곳** (주)생능출판사 / **주소** 경기도 파주시 광인사길 143
**출판사 등록일** 2005년 1월 21일 / **신고번호** 제406-2005-000002호
**대표전화** (031)955-0761 / **팩스** (031)955-0768
**홈페이지** www.booksr.co.kr

**책임편집** 신성민 / **편집** 김민보, 손정희, 정수정 / **디자인** 유준범
**마케팅** 최복락, 최일연, 김민수, 심수경, 차종필, 백수정, 최태웅, 김범용, 김민정
**인쇄 · 제본** (주)상지사P&B

ISBN 978-89-7050-860-3 93560
**정가 28,000원**

- 이 도서의 국립중앙도서관 출판예정도서목록(CIP)은 서지정보유통지원시스템 홈페이지(http://seoji.nl.go.kr)와 국가자료공동목록시스템(http://www.nl.go.kr/kolisnet)에서 이용하실 수 있습니다.
(CIP제어번호: CIP2015034504)

# 머리말

이 책은 컴퓨터공학 또는 전자공학에서 논리회로 설계와 관련된 과목의 교재로 사용할 수 있도록 내용을 구성하였고, 총 11장으로 이루어져 있다. 1장은 수 체계를 포함하여 디지털 시스템을 소개하고, 2~6장은 조합회로에 관련된 내용을 다루고 7~11장은 순차회로 부분을 설명하고 있다. 책을 구성하고 있는 내용 중 3.2절의 Quine-McCluskey 방법, 4.9절의 논리회로 구현 기술, VHDL에 관련된 6장과 11장은 다른 내용을 학습하는데 관련 없이 생략할 수 있는 부분이므로 강의 속도에 맞추어 적절히 조절할 수 있을 것으로 생각된다.

각 장은 논리회로의 핵심적인 내용들을 이해하기 쉽고 빨리 습득할 수 있도록 되도록 간결하게 설명하였고, 설명한 내용의 이해를 돕기 위한 적절한 예제들을 수록하였다. 그리고 각 장의 끝에 단원요약 부분이 추가되어 정리된 내용을 쉽게 파악할 수 있도록 하였다. 각 장에 포함된 연습문제는 장에서 설명한 내용들과 비슷한 수준의 문제들로 구성되어 있고, 조합회로 설계와 순차회로 설계와 관련된 장에는 일부 난이도가 높은 것들도 포함되어 있다.

부록에는 부울 대수 정리, 게이트 기호와 진리표, 플리플롭 기호 및 특성식과 여기표, 표준 칩들의 핀 배치, 실습을 위한 logisim 사용법과 실습 내용, VHDL 코드의 검증을 위한 시뮬레이터 툴인 ModelSim에 대한 내용을 첨부하였다.

이 책은 대부분의 논리회로 교재와 다르게 VHDL에 대한 내용이 포함되었다. 회로도에 기반한 논리회로를 이해하는 것도 중요하지만 점차 VHDL에 의한 시스템 설계가 많이 이루어지고 있기 때문에 논리회로 설계에서 VHDL의 중요성을 인식시키고, VHDL 언어의 특징과 중요 기능을 짧은 시간에 습득할 수 있도록 6장에 VHDL을 이용한 조합회로 설계와 11장에 VHDL을 이용한 순차회로 설계 부분을 추가하였다.

저자가 디지털 시스템을 가르쳐 오면서 강의와 관련된 실습을 진행할 때에 실습 도구 선택과 교재에 없는 실습 자료를 준비하는 어려움이 있었다. 실제 브레드보드를 사용하여 실습하는 것은 시간이 너무 많이 걸리고, 일부 타이밍 다이어그램 기반의 시뮬레이터는 회로의 정확한 동작을 검증하기에는 적합하지만 학생들로부터 흥미를 유발시키기가 어렵다. 하지만 JAVA 기반의 교육용으로 만들어진 logisim 시뮬레이터는 GUI 인터페이스가 잘 되어 있어 실습 진행에 시간적으로 효율적이고, 7segment, LED, 클럭, Hex 표시 장치, 스위치 입력 장치 등이 컴포넌트로 제공되어 브레드보드를 사용하여 실습하는 것과 같은 흥미를 유발시킬 수 있다. logisim 도구의 또 다른 장점은 MS Windows, Mac OS, Linux 등의 플랫폼에서 실행되는 무료 소프트웨어라서 학생들이 쉽게 사용할 수 있다는 것이다. ModelSim 도구 또한 학생용 무료 버전을 인터넷에서 쉽게 다운로드 받을 수 있으며 VHDL로 설계한 논리회로의 모든 기능을 매우 쉬운 사용자 인터페이스를 통해서 상세한 검증이 가능한 장점이 있다. 부록 6에 추가된 12가지 실습은 기본 게이트 동작 및 logisim 사용법, 가산기/감산기, 비교기, 디코더, 우선순위 인코더, 멀티플렉서, 4비트 ALU, 래치와 플립플롭, 3상태 버스를 통한 레지스터 사이의 데이터 전송, 카운터, 자판기 제어, 디지털시계들로 이루어져 있어 강의와 함께 한 학기 동안 실습을 진행하기에 부족하지 않을 것으로 기대한다.

끝으로 이 책을 완성하는데 도움을 준 생능출판사 여러분께 감사드리고, 특별히 책의 구성 및 내용에 대하여 좋은 의견을 주신 여러 교수님들께도 깊은 감사를 드린다.

2015년 12월
저자 일동

# 차례

## 01 디지털 시스템 소개



## 02 부울 대수와 논리회로

## 03 부울식 간략화



## 04 논리 게이트와 구현 기술

## 08 순차회로 해석



## 09 순차회로 설계



## 10 카운터와 시프트 레지스터

## 11 VHDL을 이용한 순차회로 설계



## 부 록

# CHAPTER 01

# 디지털 시스템 소개

contents

# 01 디지털 시스템 소개

단원개요

- 디지털 시스템과 아날로그 시스템의 차이점
- 디지털 신호의 표현 방법과 인코딩의 필요성
- 2진수, 16진수 등의 수 체계
- 2진수 음수 표현 방법과 연산
- BCD 코드, Gray 코드, 문자 코드, 오류 검출 및 정정 코드

이 장에서 디지털 시스템과 아날로그 시스템의 차이와 장단점에 대하여 설명하고, 디지털 시스템에서 논리값을 표현하는 방법, 디지털 정보를 효율적으로 저장 및 처리를 위한 인코딩, 그리고 디지털 시스템에서 다루는 수 체계 및 여러 가지 코드에 대하여 알아보기로 한다. 디지털 시스템에서 다루는 2진수와 관련하여 10진수, 2진수, 16진수 등의 수 체계와 2진수에서 음수 표현 방법인 '부호화 절대치', '1의 보수' 그리고 '2의 보수' 방식에 대한 장단점과 관련된 연산 방법에 대하여 설명하고, 10진수를 디지털 시스템에서 나타내기 위한 여러 가지 BCD 코드와 Gray 코드, 문서의 저장 및 전송을 위한 문자 코드 그리고 오류 검출 및 정정 코드 등에 대하여 소개한다.

## 1.1 디지털 시스템과 아날로그 시스템

디지털 시스템은 이산값(discrete value)을 나타내는 디지털 신호를 처리하는 장치들을 뜻한다. 반도체 집적회로(integrated circuit) 기술이 눈부시게 발전하면서 디지털 시스템은 전자와 정보통신 분야뿐만 아니라 산업 전반에 걸쳐서 광범위하게 사용되고 있다. 일상생활에서 쉽게 접할 수 있는 스마트폰, 개인용 PC, 전기밥솥, 세탁기, 청소기 및 자동차 엔진 등의 여러 가지 장치에 내장되어 있다. 시, 분, 초의 시간을 숫자로 나타내는 장치를 가지고 있는 디지털시계는 대표적인 디지털 시스템으로 초 단위의 이산값만을

나타내게 된다. 이산값을 나타내는 디지털 신호는 보통 0 또는 1의 값을 갖는 비트(bit: binary digit)들로 표현한다. 우리가 가지고 있는 손가락 10개로 수를 셀 때 손가락을 구부려 사용하는 1, 2, …, 10의 신호도 한정된 신호를 나타내는 디지털 신호라고 할 수 있다. 디지털이란 의미도 세는데 사용하는 손가락 또는 아라비아 수라는 의미의 digit에서 유래되었다.

이와 대응되는 아날로그 시스템은 연속적인 값을 갖는 아날로그 신호를 처리하는 장치들이다. 예를 들어 현재 시간을 시, 분, 초침의 위치로 나타내는 아날로그시계의 경우는 초 눈금 사이에도 이론적으로 무한히 많은 시간을 나타낼 수 있다.

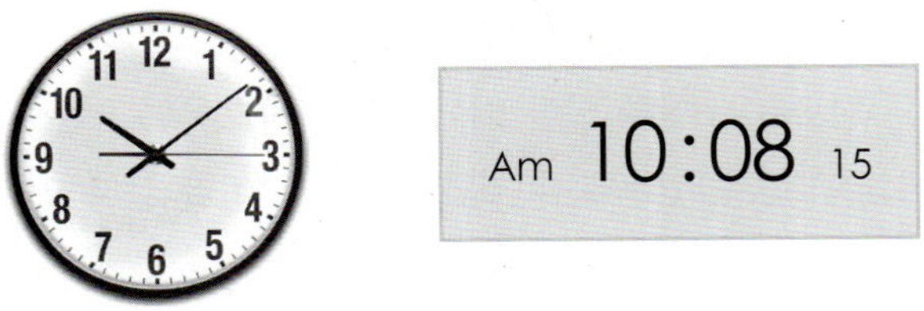


(a) 아날로그시계 (b) 디지털시계

| 그림 1.1 아날로그와 디지털

[그림 1.2(a)]는 전자회로에서 연속적인 값을 갖는 아날로그 신호의 한 예를 보여주고 있다. 그러나 디지털 시스템의 신호는 [그림 1.2(b)]처럼 두 가지 전압(예, 0V와 5V)으로 0과 1의 값을 나타낸다. 일정 범위의 여러 가지의 디지털 값을 나타내기 위해서는 비트들의 열인 2진수로 인코딩(encoding)하여 값을 표현하게 된다.

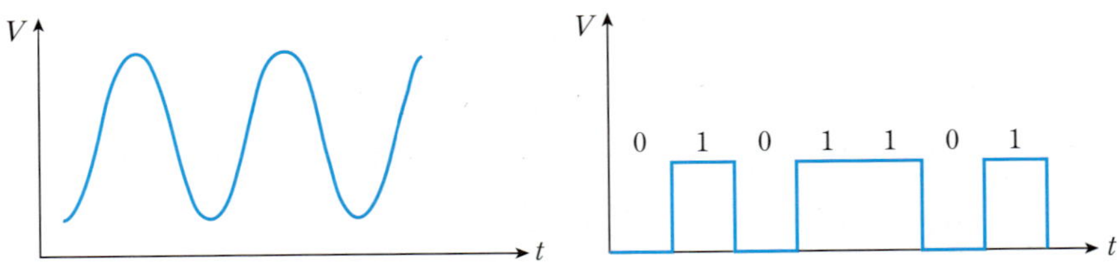


(a) 아날로그 신호 (b) 디지털 신호

| 그림 1.2 아날로그 신호와 디지털 신호

저울에서 바늘 눈금의 위치, 움직이는 자동차의 속도, 성악가가 내는 음성의 크기 등과 같이 자연 현상에서 정량적으로 측정할 수 있는 것들은 연속적 값을 나타내는 아날로그

신호이다. 그런데 왜 우리는 아날로그 신호를 디지털 신호로 바꾸어 디지털 시스템으로 처리하는가? 디지털 시스템은 아날로그 시스템에 비하여 다음과 같은 여러 가지의 장점이 있기 때문이다.

- **설계 용이**: 아날로그 회로의 설계 및 분석을 위하여 트랜지스터, 인덕터, 캐패시터들을 모델링하는 고급 공학 수학이 필요하지만 디지털 시스템의 경우는 논리 0와 1을 이용한 부울식 정도의 수학만이 필요하다.
- **잡음 여유(noise margin)**: 아날로그 시스템은 연속적인 값을 나타낼 수 있는 신호를 다루기 때문에 잡음과 신호의 구분이 어렵지만 이산적인 값을 다루는 디지털 시스템은 신호 0과 1을 구분만 할 수 있으면 되므로 잡음에 의한 영향을 적게 받는다. 즉, 디지털 시스템은 잡음에 대하여 민감하지 않아 잡음 여유가 크다고 말할 수 있다.
- **재생성(reproducibility)**: 아날로그 회로는 동일한 입력 임에도 불구하고 온도, 습도, 전압 등의 요인에 의하여 출력이 달라질 수 있는데, 디지털 시스템은 이런 외부 요인에 영향을 받지 않고 같은 입력에 대하여 항상 같은 출력을 만들어낸다.
- **경제성**: 반도체 기술의 발전으로 집적도가 높아져서 사용하는 부품수가 줄어들고, 대량 생산이 용이하여 부품 가격이 낮아지고 제작비용이 줄어들어 경제적이다.
- **프로그램 가능**: 고급 프로그래밍 언어와 비슷한 하드웨어 기술 언어인 HDL(verilog 또는 VHDL) 프로그래밍을 통하여 디지털 회로를 설계할 수 있다. HDL 프로그램으로 설계된 회로를 CAD(Computer Aided Design) 툴을 이용하여 FPGA(Field Programmable Gate Arrays)나 CPLD(Complex Programmable Logic Devices)와 같은 프로그램 가능한 칩에 구현할 수 있기 때문에, 개발 단계에서 설계 변경 및 수정 작업 등이 쉽다.

아날로그 신호를 디지털 시스템에서 처리하기 위해서는 [그림 1.3]과 같이 입력에서 아날로그 신호를 디지털 신호로 변환하는 A/D 변환기가 필요하고, 출력에서 디지털 신호를 아날로그 신호로 변환하는 D/A 변환기가 필요하게 된다.

| 그림 1.3 디지털 시스템 입력과 출력

A/D 변환기는 일정한 주기로 입력 신호 값을 샘플링(sampling)하고, 샘플링한 값을 2진수로 변환하여 나타내는데 비트 열의 길이에 따라 주어진 범위 내에서 나타낼 수 있는 값의 정밀도가 달라진다. [그림 1.4]는 0V에서 7V 사이의 입력 신호를 3비트의 디지털 신호로 변환한 경우를 보여주고 있다. 디지털 값은 주어진 비트로 나타낼 수 있는 근사값으로 나타내기 때문에 원본 신호와 차이가 발생하게 되지만 비트 수를 충분히 크게 하고, 입력 신호를 샘플링하는 속도를 충분히 빠르게 하면 원본 아날로그 신호와 거의 차이가 없는 신호를 재생할 수 있다.

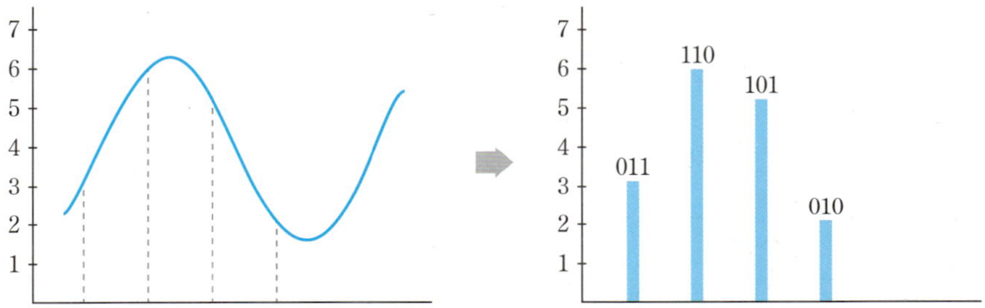


| 그림 1.4 A/D 변환

## 1.2 디지털 신호의 표현

디지털 시스템에서 사용하는 2진 값을 물리적으로 표현하는 방법은 다양하다. 예를 들어 2진 값인 0과 1을 회로 내에서의 0V와 5V의 전압 레벨, 입력 스위치의 위 방향과 아래 방향, 전등의 off와 on 상태, 또는 자계의 방향인 N–S와 S–N 등으로 나타낼 수 있다. 이 책에서는 이러한 물리적 표현 방법을 가지고 다루지 않고, 논리값인 0과 1을 가지고 논리회로 해석 및 설계를 하게 될 것이다.

디지털 시스템에서 on/off 동작에 필요한 스위치 기능은 반도체인 MOSFET(Metal Oxide Silicon Field Effect Transistor)를 이용하여 구현할 수 있다. [그림 1.5]는 MOSFET의 nMOS와 pMOS의 두 가지 타입의 트랜지스터를 보여주는데, 입력 단자인 Gate의 신호에 따라 Drain과 Source 사이의 스위치가 on/off 동작을 하게 된다.

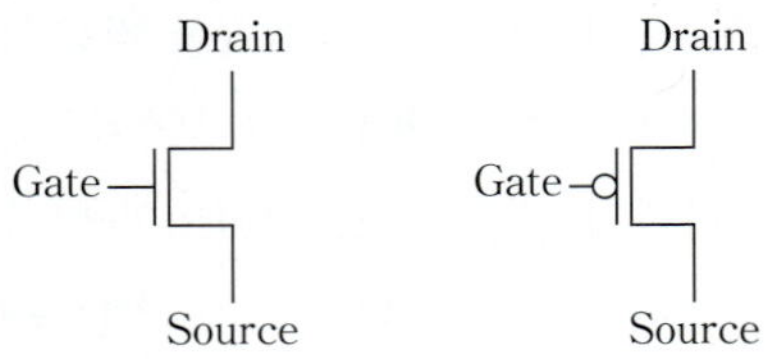


(a) nMOS (b) pMOS

| 그림 1.5 MOSFET

[그림 1.6]은 nMOS의 on/off 동작을 나타내는 그림이다. Gate 입력 단자에 논리값 1에 해당하는 5V가 입력되면 스위치가 닫힌 것처럼 Drain과 Source가 연결이 되고, 논리값 0에 해당되는 0V가 입력되면 두 단자가 끊어진 것처럼 동작한다.

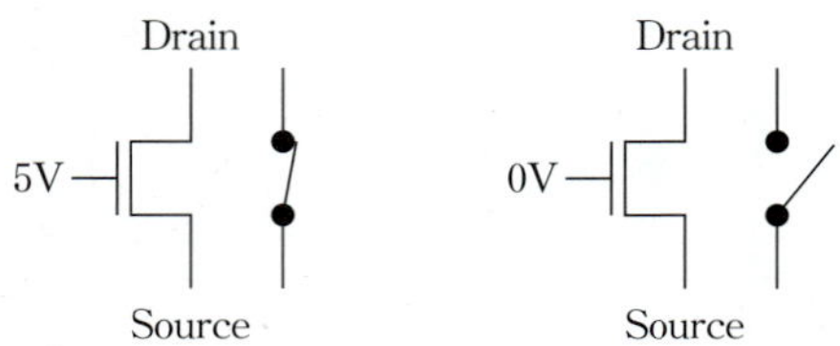


(a) on (b) off

| 그림 1.6 nMOS의 on/off 동작

pMOS의 경우는 이와 반대로 Gate 입력 단자에 논리값 0에 해당하는 0V가 입력되면 스위치가 닫힌 것처럼 Drain과 Source가 연결이 되고, 논리값 1에 해당되는 5V가 입력되면 두 단자가 끊어진 것처럼 동작한다. 이런 스위치 역할을 할 수 있는 nMOS와 pMOS 트랜지스터 두 가지를 같이 사용하는 기술을 CMOS(Complementary MOS) 기술이라 한다. CMOS 기술을 사용하여 논리함수를 구현하는 여러 가지 논리 게이트(논리함수 모듈)를 만들 수 있는데, [그림 1.7]은 입력이 0이면 출력이 1이 되고, 입력이 1이면 출력이 0이 되는 간단한 인버터 게이트 내부 회로를 보여주고 있다.

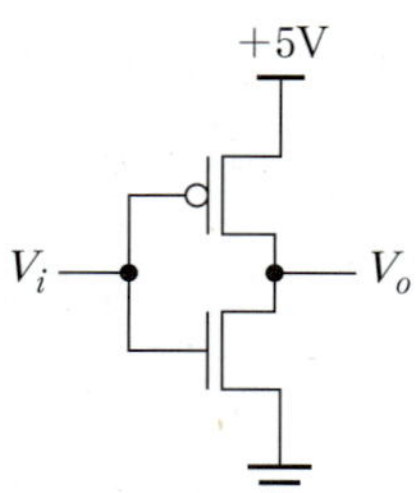


| 그림 1.7 CMOS 인버터

[그림 1.8]은 논리 게이트의 출력과 입력의 전압 범위가 차이가 나서 잡음 여유가 크다는 것을 보여주는 그림이다. 출력은 논리 1을 $V_{oH(min)}$에서 5V 사이의 값으로, 그리고 논리 0은 0V에서 $V_{oL(max)}$ 사이의 값으로 나타낸다. 즉, $V_{oH(min)}$은 출력에서 논리 1인 경우에 허용되는 최솟값이고, $V_{oL(max)}$는 출력에서 논리 0인 경우에 허용되는 최댓값이다. 회로 내에서 입력은 $V_{iH(min)}$에서 5V 사이이면 논리 1로 받아들이고, 0V에서 $V_{iL(max)}$ 사이의 값은 논리 0으로 인식한다. $V_{iH(min)}$은 입력에서 논리 1로 받아들여지는 최솟값이고, $V_{iL(max)}$는 입력에서 논리 0으로 받아들여지는 최댓값이다. 그러나 $V_{iL(max)}$와 $V_{iH(min)}$ 사이의 입력값은 논리 1과 논리 0을 나타내는 신호의 정상 범위를 벗어나게 되어 논리 0 또는 1을 나타내지 못한다. 입력에서 논리 1로 받아들여지는 범위($V_{iH(min)}$~5V)는 출력에서 논리 1을 나타내는 범위($V_{oH(min)}$~5V)보다 훨씬 넓기 때문에 논리 1에 대한 정상 범위의 출력은 입력에서 논리 1로 인식되는 것을 보장하게 된다. $V_{oH(min)}$와 $V_{iH(min)}$의 차이가 잡음 여유(noise margin)가 되는데, 잡음 여유보다 작은 잡음 신호(noise)가 출력 신호에 추가되어도 이 신호를 받는 입력에서 논리값 1로 인식되는 것이 보장된다. 논리값 0에 대하여도 $V_{oL(max)}$와 $V_{iL(max)}$의 차이만큼의 잡음 여유(noise margin)가 있다.

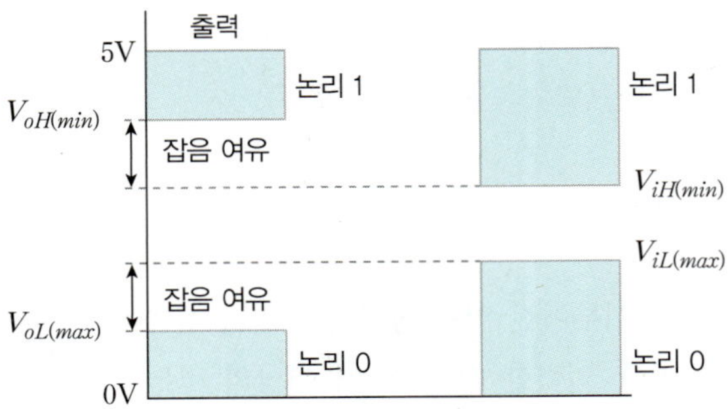


| 그림 1.8 입출력 전압 범위 및 잡음 여유

## 1.3 인코딩

디지털 시스템에서 텍스트 문서, 음악 정보, 이미지 정보 등을 디지털 데이터로 표현하는 것을 인코딩이라고 하는데, 이런 종류의 데이터들을 쉽게 공유하기 위하여 여러 가지 인코딩 방식이 표준으로 정해져 있다. 예를 들어 MP3 음악, 이미지를 포함하고 있는 동영상 등에 대한 표준화된 인코딩 방식이 있기 때문에 다양한 음악 플레이어, 동영상 처리 프로그램들이 만들어져서 편리하게 정보를 공유할 수 있게 되었다.

정수(integer)를 2진수로 표현하는 것도 하나의 인코딩이라 할 수 있는데 정수의 경우는 표현하는 비트 길이에 의하여 수를 나타낼 수 있는 범위가 정해진다. $n$비트로 나타낼 수 있는 경우의 수가 $2^n$가지이므로, 부호가 없는 수를 나타내는 경우는 0부터 $2^n-1$까지 나타내면 된다. 음수도 필요한 경우는 양수와 음수를 1/2 정도 나누어 양수와 음수를 할당하게 되는데, 연산이 필요한 대부분의 디지털 시스템에서는 일반적으로 2의 보수(2's complement) 방식이라는 방법으로 음수를 표현한다. 2의 보수 방식은 다른 방법에 비하여 덧셈 및 뺄셈을 위한 논리회로 구현이 쉽기 때문이다. 이와 관련된 음수 표현 방법에 대한 내용은 1.6절에서 상세히 설명하기로 한다. 문자의 경우도 영문 알파벳, 숫자 문자, 특수 기호 문자 등을 2진수로 나타내는 방법 및 웹 브라우저에서 다국어 표현을 위한 인코딩 방식들이 표준으로 정해져 있다.

디지털 시스템 설계를 위하여 논리회로를 다룰 때에도 인코딩 문제가 대두된다. [그림 1.9]는 입력 신호가 디지털이면서 이미 인코딩된 경우로 1비트를 사용하여 입력 버튼 스위치의 off/on 상태인 2가지를 0과 1로 나타내고 있다.

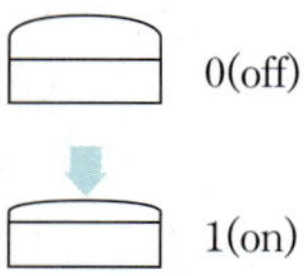


| 그림 1.9 on/off 버튼 스위치

[그림 1.10]은 7개의 on/off 버튼 스위치로 이루어진 입력 장치에서 입력 신호를 인코딩하여 효율적으로 정보를 나타내는 경우이다. 입력할 때에 두 개 이상의 버튼을 동시에 누르지 못한다고 가정하면, 버튼을 누르지 않은 경우와 7개의 버튼 중 어느 한 개가 눌려진 경우를 구분하기 위하여 8가지 경우를 나타낼 수 있는 코드가 필요하다. 이런 경우에 3비트로 [그림 1.10]과 같이 인코딩하여 8가지 경우를 나타낼 수 있다.

| 그림 1.10 3비트 인코딩

## 1.4 수 체계

일반적으로 정수를 표현할 때 자릿수 표현(positional number representation) 방법을 사용한다. 자릿수 표현 방법에서 하나의 수는 숫자들의 열로 나타내는데, 각 숫자는 숫자 열에서 자신의 위치에 따라 크기가 결정된다.

$$N=(a_{n-1}a_{n-2}\cdots a_2a_1a_0)_r$$
$$=a_{n-1}\times r^{n-1}+a_{n-2}\times r^{n-2}+\cdots+a_2\times r^2+a_1\times r+a_0$$

$r$ : 기수(radix)

$a_i$ : 계수(coefficient) $0\leq a_i<r$

즉, $n$자리로 이루어진 수 $N$의 크기는 각 숫자의 위치와 각 숫자 자체의 크기에 의하여 결정된다. 실생활에서 사용하는 10진수의 경우에 숫자 235의 의미는 다음과 같다.

$$235_{10} = 2 \times 10^2 + 3 \times 10^1 + 5$$

2진수의 경우에 적용하면

$$11101011_2 = 1 \times 2^7 + 1 \times 2^6 + 1 \times 2^5 + 0 \times 2^4 + 1 \times 2^3 + 0 \times 2^2 + 1 \times 2 + 1$$
$$= 128 + 64 + 32 + 8 + 2 + 1 = 235_{10}$$

16진수인 경우는 16가지의 기호가 필요하기 때문에 숫자 0부터 9까지 10개와 알파벳 A부터 F까지 6개를 추가하여 나타낸다.

$$A = 10, B = 11, C = 12, D = 13, E = 14, F = 15$$

예를 들어 16진수 $2EA_{16}$의 의미는 다음과 같이 된다.

$$\begin{aligned} 2EA_{16} &= 2 \times 16^2 + 14 \times 16^1 + 10 \\ &= 512 + 224 + 10 = 746_{10} \end{aligned}$$

디지털 시스템은 비트로 이루어지는 2진수 정보들을 다루기 때문에 디지털 시스템에 대한 설계 및 분석을 위하여 2진수와 관련이 있는 16진수 그리고 일상생활에서 사용하는 10진수와의 관계를 잘 알아둘 필요가 있다.

10진수에서 2진수로 변환하는 방법에 대하여 알아보자. 여러 가지 방법이 있는데 먼저 나누기를 반복하면서 나머지 값을 취하여 구하는 방법이 있다. 예를 들어 $43_{10}$을 반복하여 2로 나누면서 나머지를 취하면 $101011_2$를 구할 수 있다.

| | | | |
|---|---|---|---|
| 2 | 43 | | |
| 2 | 21 | 나머지 $1 = a_0$ | ↑ |
| 2 | 10 | 나머지 $1 = a_1$ | │ |
| 2 | 5 | 나머지 $0 = a_2$ | │ |
| 2 | 2 | 나머지 $1 = a_3$ | │ |
| 2 | 1 | 나머지 $0 = a_4$ | │ |
| | 0 | 나머지 $1 = a_5$ | │ |

다음은 $75_{10}$를 2의 지수승 값들과 비교하면서 2진수로 변환하는 방법을 알아보자. 75는 $2^7$(128)보다 작고, $2^6$(64)보다 크다. 따라서 $a_7$까지는 0이고 $a_6$는 1이 된다. 75에서 $2^6$(64)를 뺀 나머지 11에 대하여도 같은 방법으로 11은 $2^4$(16)보다 작고, $2^3$(8)보다 크므로 $a_5$와 $a_4$는 0이고 $a_3$는 1이 된다. 11에서 $2^3$(8)을 뺀 나머지 3에 대하여 같은 방법으로 할 수 있지만, 3은 $a_2a_1a_0$에 대하여 011로 변환되는 것을 쉽게 알 수 있으므로 이 값을 $a_7a_6a_5a_4a_3$에 붙여서 최종 01001011을 구할 수 있다. 이 방법을 사용하기 위해서는 2의 지수승 값들을 잘 알고 있어야 한다.

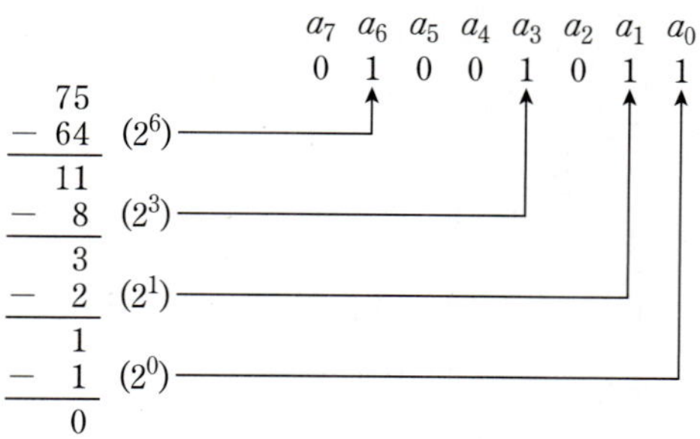


컴퓨터 공학에서는 〈표 1.1〉에 있는 2의 지수승 값이 많이 사용되기 때문에 익숙해질 필요가 있다.

**| 표 1.1** 2의 지수승

| $n$ | $2^n$ |
|---|---|
| 1 | 2 |
| 2 | 4 |
| 3 | 8 |
| 4 | 16 |
| 5 | 32 |
| 6 | 64 |
| 7 | 128 |
| 8 | 256 |
| 9 | 512 |
| 10 | 1,024 |
| 11 | 2,048 |
| 12 | 4,096 |
| 13 | 8,192 |
| 14 | 16,384 |
| 15 | 32,768 |
| 16 | 65,536 |

2진수에서 10진수 변환은 자릿수 표현 방법에서 설명한 수의 크기를 구하는 방법으로 계산하면 된다.

$$101011_2 = 1 \times 2^5 + 0 \times 2^4 + 1 \times 2^3 + 0 \times 2^2 + 1 \times 2 + 1$$
$$= 32 + 8 + 2 + 1 = 43_{10}$$

16진수는 컴퓨터 공학에서 2진수와 함께 가장 많이 사용되는 진법 중의 하나이다. 2진수로 표현하면 수의 길이가 길어 불편하지만 16진수로 나타내면 수의 길이가 짧아져서 편리하다. 16진수의 각 자릿수는 2진수 4비트와 일치하기 때문에 2진수를 16진수로 또는 16진수에서 2진수로의 변환이 쉽다. 2진수에서 16진수로 변환은 2진수의 LSB(Least Significant Bit: 최하위 비트)에서 시작하여 4비트씩 그룹으로 묶어, 각 묶은 그룹에 해당하는 16진수로 대치하면 된다. 4비트씩 그룹으로 묶다가 마지막 그룹은 4비트로 맞추기 위하여 MSB(Most Significant Bit: 최상위 비트) 쪽으로 0을 추가하면 된다.

$$101011_2 = \underbrace{0010}_{2}\underbrace{1011}_{B} = 2B_{16}$$

반대로 16진수에서 2진수로 변환은 역으로 하면 된다. 즉, 16진수 각 자릿수를 대응하는 4비트의 2진수로 변환하여 2진수들을 연결하기만 하면 된다. 〈표 1.2〉는 10진수, 16진수, 2진수 간의 변환표를 보여주고 있다.

| 표 1.2 2진수와 16진수

| 10진수 | 16진수 | 2진수 |
|---|---|---|
| 0 | 0 | 0000 |
| 1 | 1 | 0001 |
| 2 | 2 | 0010 |
| 3 | 3 | 0011 |
| 4 | 4 | 0100 |
| 5 | 5 | 0101 |
| 6 | 6 | 0110 |
| 7 | 7 | 0111 |
| 8 | 8 | 1000 |
| 9 | 9 | 1001 |
| 10 | A | 1010 |
| 11 | B | 1011 |

| 12 | C | 1100 |
|---|---|---|
| 13 | D | 1101 |
| 14 | E | 1110 |
| 15 | F | 1111 |

10진수에서 16진수로 변환은 2단계로 10진수에서 2진수로 변환한 후에 2진수를 다시 16진수로 변환할 수 있다. 또는 10진수에서 16진수로 바로 변환하는 것은 앞에서 설명한 10진수에서 2진수로 변환하는 방법과 같이 나누기를 반복하면서 나머지를 취하는 방법으로 하면 된다. 다음 그림은 95910를 16으로 계속하여 나누면서 나머지를 취하여 $3BF_{16}$로 변환하는 과정을 보여주고 있다.

```
16 | 959
16 |  59    나머지 15=F=a0   ↑
16 |   3    나머지 11=B=a1   |
       0    나머지 3  =  a2   |
```

16진수에서 10진수 변환은 자릿수 표현 방법에서 설명한 수의 크기를 구하는 방법으로 계산하면 된다.

$$
\begin{aligned}
3BF_{16} &= 3 \times 16^2 + 11 \times 16 + 15 \\
&= 768 + 176 + 15 = 959_{10}
\end{aligned}
$$

## 1.5 2진수 연산

대부분의 디지털 시스템에서 2진수 데이터에 대한 덧셈, 뺄셈, 곱셈 그리고 나눗셈 연산이 필요하다. 2진수 연산도 10진수에 대한 연산과 비슷한 방법으로 계산할 수 있는데 이러한 4칙 연산 방법에 대하여 알아보기로 하자.

### (1) 덧셈

한 자릿수의 2진수 기본 덧셈의 경우에 다음과 같이 4가지 경우가 있다. 덧셈에서 올림수(carry)가 발생할 수 있기 때문에 10진수 덧셈처럼 올림수는 다음 위 자릿수에 더해져야 한다. 논리회로에서 이와 같이 비트 두 개를 더하는 가산기를 반가산기(half adder)라고 한다.

$$
\begin{array}{r}
0 \\
+\;0 \\
\hline
0
\end{array}
\qquad
\begin{array}{r}
0 \\
+\;1 \\
\hline
1
\end{array}
\qquad
\begin{array}{r}
1 \\
+\;0 \\
\hline
1
\end{array}
\qquad
\begin{array}{r}
1 \;\leftarrow \text{올림수} \\
1 \\
+\;1 \\
\hline
0
\end{array}
$$

다음은 4자릿수 2진수의 덧셈의 예를 보여준다.

$$
\begin{array}{rl}
1001 & \leftarrow \text{올림수} \\
1101 & (13_{10}) \\
+\;1001 & (9_{10}) \\
\hline
10110 & (22_{10})
\end{array}
$$

4자릿수 연산인 경우에 올림수에 의하여 5자릿수 결과가 나오는 경우를 보여주고 있다. 두 자릿수 이상의 덧셈에서는 아래 자리에서 올림수가 발생하기 때문에 각 자릿수에서 연산은 세 개의 비트에 대한 덧셈이 필요하게 된다. 논리회로에서 이와 같이 세 개의 비트를 더하는 가산기를 전가산기(full adder)라고 하는데, 자세한 내용은 2장에서 다룬다.

### (2) 뺄셈

덧셈에서 마찬가지로 한 자릿수의 2진수 뺄셈도 4가지 경우가 있는데, 뺄셈에서는 10진수 뺄셈과 마찬가지로 빌림수(borrow)가 발생한다. 10진수 뺄셈에서 하는 것처럼 빌림수는 다음 위 자릿수에서 빼야한다.

$$
\begin{array}{r}
0 \\
-\;0 \\
\hline
0
\end{array}
\qquad
\begin{array}{r}
1 \;\leftarrow \text{빌림수} \\
0 \\
-\;1 \\
\hline
1
\end{array}
\qquad
\begin{array}{r}
1 \\
-\;0 \\
\hline
1
\end{array}
\qquad
\begin{array}{r}
1 \\
-\;1 \\
\hline
0
\end{array}
$$

다음은 4자릿수 2진수의 뺄셈의 예를 보여준다.

$$
\begin{array}{rl}
11 & \leftarrow \text{빌림수} \\
1101 & (13_{10}) \\
-\;0111 & (7_{10}) \\
\hline
0110 & (6_{10})
\end{array}
$$

오른쪽에서 두 번째 자리의 뺄셈에서 빌림수가 발생하여 세 번째 자리에 1을 표시하였다. 이 빌림수는 세 번째 자리에서 빼야 되는 수이다. 세 번째 자리는 피감수와 감수가 모두 1이고 빌림수가 있기 때문에 (1–1–1)이 되어 결과가 1이 되고, 빌림수가 발생하여 네 번째 자리에 빌림수 1을 표시하였다. 네 번째 자리는 피감수와 감수가 1과 0이고 빌림수가 있어서 (1–0–1)이 되어 결과가 0이 된다.

### (3) 곱셈

2진수 곱셈은 숫자가 0과 1로만 이루어지므로 다음 그림에 보여주는 4가지 기본 곱셈을 사용하여 곱셈 연산을 하게 된다.

```
    0        0        1        1
×   0    ×   1    ×   0    ×   1
-----    -----    -----    -----
    0        0        0        1
```

다음은 11 × 13 = 143에 대한 4자릿수 2진수 곱셈하는 과정을 보여주고 있다.

```
      1011   (11₁₀)
  ×   1101   (13₁₀)
  --------
      1011
     0000
    1011
   1011
 ----------
  10001111   (143₁₀)
```

10진수에서와 같은 방법으로 승수(multiplier)의 각 자릿수의 수를 피승수(multiplicand)와 곱셈한 결과를 열에 맞추어 더함으로써 곱셈 결과를 얻을 수 있다. 각 자릿수의 열에 맞추어 2진수 덧셈을 할 때에 올림수가 1 이상이 나올 수 있으므로 다음과 같이 부분합을 누적하면서 계산하는 것이 쉽다.

```
1행:          1011
2행:       + 0000
           -------
             01011   부분합
3행:      + 1011
          --------
            110111   부분합
4행:     + 1011
         ---------
          10001111   결과
```

### (4) 나눗셈

2진수 나눗셈도 10진수 나눗셈과 같은 방법으로 계산할 수 있다. 몫에 들어가는 숫자들이 0과 1 두 가지만 있으므로 구구단을 이용하는 10진수의 경우보다 쉽다. 피제수 1111001을 제수 1001로 나누면 몫이 1101이고 나머지가 100이 되는 과정을 살펴보자. 피제수와 제수를 좌측에서 자리 맞춤을 하여 피제수의 좌측 4비트 1111이 제수 1001보다 크므로 몫의 첫 번째 비트가 1이 된다. 피제수에서 제수를 뺀 나머지 110과 피제수의 좌측에서 5번째 비트를 내려서 1100을 만들어 제수를 자리 맞춤하여 다시 크기를 비교한다. 피제수 부분이 크므로 몫의 두 번째 비트도 1이 된다. 피제수 부분에서 제수를 뺀 나머지 11과 피제수의 6번째 비트를 내려서 110을 만들어도 제수보다 작으므로, 몫의 세 번째 비트가 0이 되고 피제수 마지막 비트를 내려서 1101을 만들어 제수와 비교한다. 피제수 부분이 크므로 몫의 네 번째인 마지막 비트가 1이 되고, 피제수 부분에서 제수를 빼면 100이 남는데 이것이 나머지가 된다.

```
          1101                  13
1001 ) 1111001             9 ) 121
       1001↓||                  9↓
       ----                    --
        1100                    31
        1001↓↓                  27
        ----                    --
          1101                   4
          1001
          ----
           100
```

## 1.6 음수 표현 방법

대부분의 디지털 시스템에서 양수와 음수를 나타내는 부호가 있는 수를 표현하는 방법이 필요하다. 부호 없는 2진수의 경우는 $n$비트로 나타낼 수 있는 0부터 $2^{n-1}$까지 $2^n$개의 수를 나타내게 된다. $n$비트로 부호가 있는 수를 표현하려면 $n$비트로 나타낼 수 있는 $2^n$ 가지를 양수와 음수, 그리고 0에 할당을 해야 한다. 음수에 대한 표현 방법은 보통 부호화 절대치(signed magnitude), 1의 보수(1's complement), 2의 보수(2's complement) 방식의 세 가지로 나뉘는데, 음수 표현 방법에 따라 0의 표현과 연산회로의 복잡도가 다르다. 양수의 경우는 세 방법 모두 동일하게 부호 없는 2진수처럼 표현한다.

### (1) 부호화 절대치(signed magnitude) 방식

부호화 절대치 방식은 10진수에서 사용하는 방법과 비슷한 것으로 $n$비트의 2진수에서 첫 번째 비트가 부호 비트이고 나머지 $(n-1)$비트가 크기를 나타낸다. $n$비트로 나타낼 수 있는 범위는 $-(2^{n-1}-1)$부터 $+(2^{n-1}-1)$까지인데, $n$비트로 나타낼 수 있는 최대 $2^n$개보다 하나 적은 총 $(2^n-1)$개의 수를 나타낼 수 있다. 이것은 부호화 절대치 방식의 단점으로 +0과 −0인 두 개의 0이 존재하기 때문이다.

이 방식으로 나타내는 수에 대한 덧셈과 뺄셈을 하기 위한 연산회로는 다른 두 방식에 비하여 복잡하다. 덧셈에서 만일 부호가 같은 경우는 두 수의 절대치 값을 더하면 되지만, 부호가 다른 경우는 두 수의 절대치를 비교하여 큰 수의 부호를 택하고 큰 수에서 작은 수를 뺀 값이 크기가 된다. 뺄셈은 뺄 수의 부호를 바꿔서 덧셈을 하면 된다.

**예제 1.1** 부호화 절대치 방식의 음수 표현

$$+37 = 00100101 \rightarrow -37 = 10100101$$
$$+127 = 01111111 \rightarrow -127 = 11111111$$
$$+1 = 00000001 \rightarrow -1 = 10000001$$

### (2) 1의 보수(1's complement) 방식

2진법에서 보수는 1의 보수와 2의 보수의 두 가지가 있다. $n$비트로 이루어진 2진수 $N$에 대한 1의 보수, $\overline{N}$는 다음과 같이 정의된다.

$$\overline{N}=2^n-1-N$$

즉, $N$의 1의 보수, $\overline{N}$는 1111⋯1($n$비트)에서 $N$을 뺀 값을 의미하는데, 2진수 $N$의 각 비트를 반전시키면 된다.

**예제 1.2** 1의 보수 구하기

| $N$ | $\overline{N}$ |
|---|---|
| 1101 | 0010 |
| 0010 | 1101 |
| 0110 | 1001 |
| 1001 | 0110 |

1의 보수 방식의 음수 표현은 1의 보수 개념을 사용하여 음수를 나타내는 것이다. 양수는 부호화 절대치와 같은 방식으로 표현하고, 음수는 양수에 대한 1의 보수로 정의한다. 1의 보수 방식에서 $n$비트로 나타낼 수 있는 정수 범위는 $-(2^{n-1}-1)$부터 $(2^{n-1}-1)$까지인데, 부호화 절대치 방식과 마찬가지로 0에 대한 두 가지 표현이 존재하는 단점이 있다. 덧셈과 뺄셈의 연산은 부호화 절대치 방식에 비하여 훨씬 간단하지만 2의 보수 방식보다는 복잡하다고 할 수 있다.

**예제 1.3** 1의 보수 방식의 음수 표현

$$+37 = 00100101 \rightarrow -37 = 11011010$$
$$+127 = 01111111 \rightarrow -127 = 10000000$$
$$+1 = 00000001 \rightarrow -1 = 11111110$$

### (3) 2의 보수(2's complement) 방식

대부분의 디지털 시스템에서 음수 표현을 위하여 연산회로를 구현하기 쉬운 2의 보수 방식을 사용한다. $n$비트의 2진수 $N$에 대한 2의 보수, $N^*$는 다음과 같이 정의된다.

$$N^* = 2^n - N = \overline{N} + 1$$

$n$비트로 이루어진 $N$의 2의 보수, $N^*$는 $2^n$에서 $N$을 뺀 값을 의미하는데, $\overline{N}+1$로서 1의 보수를 구한 후에 1을 더하면 된다. 즉, 2진수 $N$의 각 비트를 반전시킨 후에 1을 더하여 구할 수 있다.

| 표 1.3 1의 보수와 2의 보수 비교

| $N$ | $\overline{N}$ | $N^*$ |
|---|---|---|
| 1101 | 0010 | 0011 |
| 0010 | 1101 | 1110 |
| 0110 | 1001 | 1010 |
| 1001 | 0110 | 0111 |

2의 보수 방식의 음수 표현은 2의 보수 개념을 사용하여 음수를 나타내는 것이다. 양수는 '부호화 절대치'와 같은 방식으로 표현하고, 음수는 양수에 대한 2의 보수로 정의한다. $n$비트로 나타낼 수 있는 정수 범위는 $-2^{n-1}$부터 $(2^{n-1}-1)$까지인데, $n$비트로 나타낼 수 있는 모든 경우를 포함하고 있다. 앞에서 설명한 '부호화 절대치' 방식과 '1의 보수' 방식에서는 0에 대한 표현이 +0과 −0의 두 가지가 존재하는데, '2의 보수' 방식에서는 하나의 0만 존재한다.

뒤에서 연산 방법에 대하여 설명하겠지만 세 가지 음수 표현 방식 중에서 2의 보수 방식에서의 연산이 가장 간단하다. 이런 장점 때문에 대부분의 컴퓨터들은 2의 보수 방식으로 음수를 표현하고 있다.

**예제 1.4 2의 보수 방식의 음수 표현**

$$
\begin{aligned}
+37 &= 00100101 \rightarrow -37 = 11011011 \\
+127 &= 01111111 \rightarrow -127 = 10000001 \\
+1 &= 00000001 \rightarrow -1 = 11111111
\end{aligned}
$$

2의 보수 방식의 수에 대한 10진수 변환은 부호 없는 수와 같은 방법으로 하는데, MSB(Most Significant Bit)만 크기가 $-2^{n-1}$로 계산하면 된다.

$$
\begin{aligned}
N &= (a_{n-1}a_{n-2}\cdots a_2a_1a_0)_2 \\
&= a_{n-1} \times (-2^{n-1}) + a_{n-2} \times 2^{n-2} + \cdots + a_2 \times 2^2 + a_1 \times 2 + a_0
\end{aligned}
$$

예를 들어,

$$1011 = 1 \times (-2^3) + 0 \times 2^2 + 1 \times 2^1 + 1 = -8 + 0 + 2 + 1 = -5$$

또 다른 방법으로, MSB가 1인 경우는 음수이기 때문에 2의 보수를 구하여 이 수에 대한 10진수 변환을 하여 – 부호를 붙여도 된다. 1011인 경우에 MSB가 1이기 때문에 음수이고, 1011의 2의 보수를 구하면 0101이 되므로 0101에 대한 10진수 변환인 5를 구하여 부호 –를 붙이면 –5가 된다.

2의 보수로 표현할 비트 수가 증가하면 부호 비트만 확장하면 된다. 예를 들어 +3과 –3에 대한 2진수 표현이 4비트에서 8비트로 늘어나는 경우에 부호 비트만 복사하여 확장하면 된다.

| | 4비트 | 8비트 |
|---|---|---|
| +3 : | 0011 | 00000011 |
| −3 : | 1101 | 11111101 |

| 표 1.4 음수 표현 방법 비교(4비트)

| 2진수 표현 | 부호화 절대치 | 1의 보수 방식 | 2의 보수 방식 |
|---|---|---|---|
| 0000 | +0 | +0 | +0 |
| 0001 | +1 | +1 | +1 |
| 0010 | +2 | +2 | +2 |
| 0011 | +3 | +3 | +3 |
| 0100 | +4 | +4 | +4 |
| 0101 | +5 | +5 | +5 |
| 0110 | +6 | +6 | +6 |
| 0111 | +7 | +7 | +7 |
| 1000 | −0 | −7 | −8 |
| 1001 | −1 | −6 | −7 |
| 1010 | −2 | −5 | −6 |
| 1011 | −3 | −4 | −5 |
| 1100 | −4 | −3 | −4 |
| 1101 | −5 | −2 | −3 |
| 1110 | −6 | −1 | −2 |
| 1111 | −7 | −0 | −1 |

### (4) 1의 보수 방식에서 연산

1의 보수 방식에서 덧셈 연산은 부호화 상관없이 두 수를 더한 후에 올림수가 발생하면 1을 더해준다. 이를 순환자리 올림(end–around–carry)이라고 한다. 뺄셈인 경우는 부호에 관계없이 감수의 1의 보수를 더하면 된다. 부호화 절대치 방법에 비하면 훨씬 간단하지만 순환자리 올림이라는 추가적인 덧셈과정이 필요한 단점이 존재한다.

다음은 1의 보수 방식의 덧셈의 예를 보여주고 있다.

$$
\begin{array}{rrl}
 & 0101 & (5_{10}) \\
+ & 0010 & (2_{10}) \\ \hline
 & 0111 & (7_{10})
\end{array}
\qquad\qquad
\begin{array}{rrl}
 & 1010 & (-5_{10}) \\
+ & 1101 & (-2_{10}) \\ \hline
 & \textcircled{1}0111 & \\
+ & \textcircled{1} & \\ \hline
 & 1000 & (-7_{10})
\end{array}
$$

다음은 1의 보수 방식의 뺄셈의 예를 보여주고 있다.

$$
\begin{array}{rr}
 & 0101 \\
\boxed{-} & \boxed{0010}
\end{array}
\rightarrow
\begin{array}{rrl}
 & 0101 & (5_{10}) \\
\boxed{+} & \boxed{1101} & (-2_{10}) \\ \hline
 & \textcircled{1}0010 & \\
+ & \textcircled{1} & \\ \hline
 & 0011 & (3_{10})
\end{array}
\qquad\qquad
\begin{array}{rr}
 & 1010 \\
\boxed{-} & \boxed{1101}
\end{array}
\rightarrow
\begin{array}{rrl}
 & 1010 & (-5_{10}) \\
\boxed{+} & \boxed{0010} & (2_{10}) \\ \hline
 & 1100 & (-3_{10})
\end{array}
$$

### (5) 2의 보수 방식에서 연산

2의 보수 방식에서 덧셈 연산은 부호화 상관없이 두 수를 더하면 되고, 뺄셈인 경우는 부호에 관계없이 감수의 2의 보수를 더하면 된다. '1의 보수' 방식의 순환자리 올림(end–around–carry)과 같은 추가적인 덧셈 연산이 필요하지 않고 MSB에서 발생하는 올림수는 버리면 된다.

다음은 2의 보수 방식의 덧셈의 예를 보여주고 있다.

$$
\begin{array}{rrl}
 & 0101 & (5_{10}) \\
+ & 0010 & (2_{10}) \\ \hline
 & 0111 & (7_{10})
\end{array}
\qquad\qquad
\begin{array}{rrl}
 & 1011 & (-5_{10}) \\
+ & 1110 & (-2_{10}) \\ \hline
 & \textcircled{1}1001 & (-7_{10})
\end{array}
$$

버림

다음은 2의 보수 방식의 뺄셈의 예를 보여주고 있다.

$$\begin{array}{r} 0101 \\ -\ 0010 \end{array} \rightarrow \begin{array}{rl} 0101 & (5_{10}) \\ +\ 1110 & (-2_{10}) \\ \hline \textcircled{1}0011 & (3_{10}) \end{array} \qquad \begin{array}{r} 1011 \\ -\ 1110 \end{array} \rightarrow \begin{array}{rl} 1011 & (-5_{10}) \\ +\ 0010 & (2_{10}) \\ \hline 1101 & (-3_{10}) \end{array}$$

버림

### (6) 2의 보수 방식에서 오버플로우

오버플로우(overflow)는 $n$비트 데이터에 대한 연산을 한 결과를 $n$비트로 나타낼 수 없을 때 발생한다. 오버플로우는 더하는 두 수의 부호가 같은 경우만 발생할 수 있는데, 더한 결과의 부호 비트가 바뀌게 되면 오버플로우가 발생한 것이다. 다음은 더하는 두 수 모두가 음수인 경우 또는 양수인 경우에 오버플로우가 발생한 예를 보여주고 있다.

$$\begin{array}{rl} 1011 & (-5_{10}) \\ +\ 1100 & (-4_{10}) \\ \hline \textcircled{1}0111 & (7_{10}) \end{array} \qquad \begin{array}{rl} 0101 & (5_{10}) \\ +\ 0100 & (4_{10}) \\ \hline 1001 & (-7_{10}) \end{array}$$

버림

−5와 −4를 더한 경우에 4비트 결과에서 부호 비트가 0으로 되어 +7처럼 보이고 있다. +5와 +4를 더한 경우도 부호 비트가 1로 되어 −7처럼 보이고 있다. 오버플로우 발생 여부를 올림수를 검사하여 확인할 수 있는데, 오버플로우는 MSB와 MSB 아래 자리에서의 올림수가 서로 다를 때 발생한다. 즉, MSB에서 발생한 올림수를 $c_n$, MSB 아래 자리에서 발생한 올림수를 $c_{n-1}$라고 할 때, 오버플로우는 $c_n \neq c_{n-1}$일 때 발생한다. 앞의 −5와 −4를 더하는 경우에 $c_n$은 1이고 $c_{n-1}$은 0이기 때문에 오버플로우가 발생한 것이다. +5와 +4를 더하는 경우에도 $c_n$은 0이고 $c_{n-1}$은 1이기 때문에 오버플로우가 발생한 것이다.

## 1.7 BCD 코드

디지털 시스템 내부에서는 2진수를 사용하지만 입출력 인터페이스는 10진수를 사용하는 경우가 많다. 따라서 입력에서 10진수를 2진수로 변환하거나, 출력에서 2진수를 10진수로 변환할 필요가 있다. 입출력에서 이런 변환을 쉽게 하기 위하여 10진수를 자릿수마다 각각 2진수로 변환하여 저장하면 될 것이다. 즉, 10진수에 사용하는 10가지 숫자를 2진수로 나타내기 위하여 4비트를 할당하여 0부터 9까지의 10개의 숫자를 코드화하여 자릿수마다 4비트씩 할당하여 10진수를 나타내는 것이다. 즉, 10진수 365는 각 자릿수마다 4비트씩 할당하여 다음과 같이 표현할 수 있을 것이다.

$$\underbrace{0011}_{3}\ \underbrace{0110}_{6}\ \underbrace{0101}_{5}$$

이 방법이 가장 일반적으로 사용되는 8421 코드라고 하는 BCD(Binary Coded Decimal) 코드이다. 그 외에도 5421 코드, 3초과(Excess-3) 코드, 2-of-5 코드 등이 있다. 8421 코드와 5421 코드는 코드의 각 비트가 위치에 따라 정해진 크기를 갖는 가중치 코드(weighted code)이다. 8421 코드에서 각 비트의 가중치가 왼쪽 위치부터 8, 4, 2, 1의 크기를, 5421 코드에서는 5, 4, 2, 1의 크기를 갖는다.

| 표 1.5 BCD 코드

| 10진수 | 8421 코드 | 5421 코드 | 3초과 코드 | 2-of-5 코드 |
|---|---|---|---|---|
| 0 | 0000 | 0000 | 0011 | 11000 |
| 1 | 0001 | 0001 | 0100 | 10100 |
| 2 | 0010 | 0010 | 0101 | 10010 |
| 3 | 0011 | 0011 | 0110 | 10001 |
| 4 | 0100 | 0100 | 0111 | 01100 |
| 5 | 0101 | 1000 | 1000 | 01010 |
| 6 | 0110 | 1001 | 1001 | 01001 |
| 7 | 0111 | 1010 | 1010 | 00110 |
| 8 | 1000 | 1011 | 1011 | 00101 |
| 9 | 1001 | 1100 | 1100 | 00011 |

가중치 코드가 $b_3b_2b_1b_0$이고 각 비트 크기(weight)가 $w_3w_2w_1w_0$라고 하면 다음과 같이

10진수 $N$은 계산된다.

$$N = b_3 \times w_3 + b_2 \times w_2 + b_1 \times w_1 + b_0 \times w_0$$

즉, 8421 코드에서 1001은 8 + 0 + 0 + 1 = 9를 나타내고, 5421 코드에서는 5 + 0 + 0 + 1 = 6을 나타낸다. 5421 코드에서 0110도 6의 값으로 계산되지만 표준으로 정의된 코드에 포함되지 않는다.

3초과(excess-3, XS-3) 코드는 8421 코드에 3을 더해서 만든 코드로서 자기 보수(self-complementary) BCD 코드라고도 한다. 2진수에서 1의 보수를 구하는 것과 같은 방법으로 3초과 코드의 각 비트를 반전시키면 9의 보수가 만들어진다. 3초과 코드는 각 비트의 크기가 정해져 있지 않아서 가중치 코드가 아님을 알 수 있다.

2-of-5 코드는 5비트를 사용하고 각 코드 내의 1의 개수가 2개로 고정되어 있다. 5비트로 만들 수 있는 32가지 패턴 중에서 1의 개수가 2개인 경우는 10가지이다. 이 10가지를 10진수 0부터 9까지 코드로 할당하여 쓰는 것이다. 데이터 저장 또는 전송할 때 5비트 중의 하나에서 오류가 발생하면 1의 개수가 1개 또는 3개가 되므로 데이터에 오류가 있음을 알아낼 수 있어서 오류 검출용 코드로 사용하는데 적합한 코드이다. 2-of-5 코드도 각 비트의 크기가 정해져 있지 않아서 가중치 코드가 아니다. 각 BCD 코드마다 표준으로 정해진 것 외의 다른 비트 패턴들은 사용하지 않는 코드들이다.

**예제 1.5** 10진수 137에 대한 BCD 코드 표현

8421 코드: 0001 0011 0111
5421 코드: 0001 0011 1010
3초과 코드: 0100 0110 1010
2-of-5 코드: 10100 10001 00110

137에 대한 2진수 표현은 8비트의 10001001로 표현된다. 하지만 예제 1.5에 보는 것처럼 3자리의 10진수를 표현하기 위하여 BCD 코드는 12비트 또는 15비트가 필요하여 저장 용량 면에서 비효율적이다.

## 1.8 Gray 코드

Gray 코드는 숫자를 나타내는 코드를 순서대로 배열했을 때 인접한 코드 간에 비트 변화가 한 번만 발생하는 코드이다.

| 표 1.6 Gray 코드

| 10진수 | Gray 코드 |
|---|---|
| 0 | 000 |
| 1 | 001 |
| 2 | 011 |
| 3 | 010 |
| 4 | 110 |
| 5 | 111 |
| 6 | 101 |
| 7 | 100 |

광학 센서를 통하여 회전판의 각도를 알아내기 위하여 회전판에 위치 정보를 나타내는 3비트 2진수 순서대로 인코딩한 패턴이 칠해져 있다고 가정하자. 경계선에서의 3비트 각각은 광학 센서에 어느 쪽 값이 입력될지 모른다. 이런 경우에 3번과 4번 사이의 경계선에서 입력 값은 0에서부터 7까지 모든 경우가 나타날 수가 있어 오류값이 커질 수 있다.

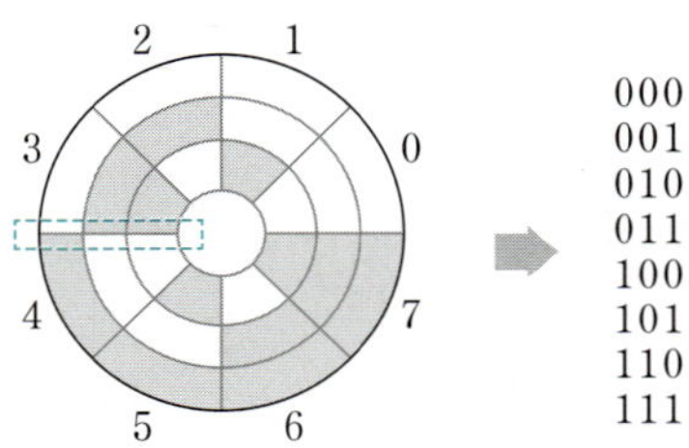


| 그림 1.11 2진수 코드로 인코딩

이런 경우에 3비트 Gray 코드로 인코딩한 패턴을 이용하면 경계선에서 입력값은 3 또는 4의 경우만 나타나게 되어 오류를 최소화 할 수 있게 된다.

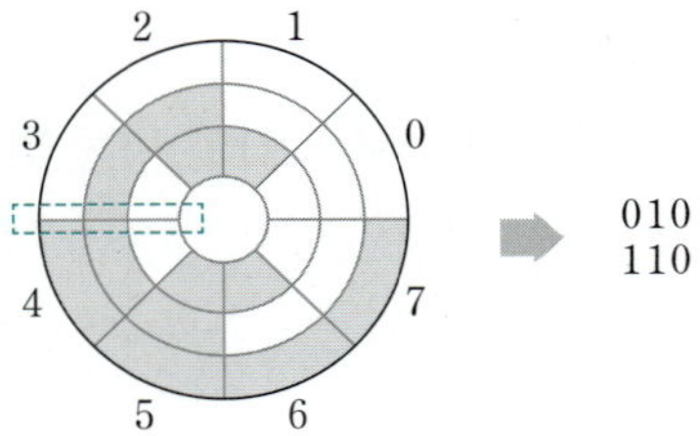


| 그림 1.12 Gray 코드로 인코딩

Gray 코드는 MSB가 0인 그룹과 1인 그룹이 서로 MSB를 제외한 부분이 반사된 (reflected) 특징을 가지고 있어서 반사 2진 코드(reflected binary code)라고도 한다. 이런 반사된 특성을 이용하여 다음과 같은 방법으로 Gray 코드를 완성할 수 있다.

I. 1비트 Gray 코드는 0과 1이다.

II. ($n$+1)비트 Gray 코드는 먼저 $n$비트 Gray 코드 순서대로 맨 앞에 0을 붙여서 ($n$+1)비트 Gray 코드의 반을 완성하고, 나머지 반은 $n$비트 Gray 코드의 역순(반사된 순서)으로 맨 앞에 1을 붙여서 ($n$+1)비트 Gray 코드를 완성한다.

다음은 3비트 Gray 코드를 반사하여 만드는 과정을 보여주고 있다.

| 1비트 | 2비트 | 3비트 |
|---|---|---|
| 0 | 0 → 00 | 00 → 000 |
| 1 | 1 → 01 | 01 → 001 |
| | 1 → 11 | 11 → 011 |
| | 0 → 10 | 10 → 010 |
| | | 10 → 110 |
| | | 11 → 111 |
| | | 01 → 101 |
| | | 00 → 100 |

## 1.9 문자 코드

### (1) ASCII 코드

디지털 시스템에서 처리하는 자료는 숫자뿐만이 아니고 문자도 다루기 때문에 이들을 2진 코드로 표현할 수 있어야 한다. 키보드에서 자료를 입력하거나 프린터로 자료를 출력하는 경우에 표준 방식의 문자 코드가 필요하여 1960년대에 미국표준협회(American

Standard Association)는 7비트로 정의된 ASCII(American Standard Code for Information Interchange) 코드를 문자 코드 표준으로 정하였다. ASCII 코드는 국제 표준 문자 코드로서 텍스트 파일 전송 및 저장 등에 가장 많이 사용된다.

〈표 1.7〉에 보여주는 ASCII 코드는 공백문자(SP)를 포함한 95개의 프린트 가능한 문자들과 33개의 제어문자들로 구성되어 있는데, 많은 제어문자들이 과거의 텔레타이프(teletype) 용으로 만들어진 것들이어서 잘 사용되지 않고 있고 일부는 여전히 통신 제어용과 프린터 제어용 코드 등으로 자주 사용되고 있다.

**| 표 1.7** ASCII 코드

| $b_7b_6b_5$ / $b_4b_3b_2b_1$ | 000 | 001 | 010 | 011 | 100 | 101 | 110 | 111 |
|---|---|---|---|---|---|---|---|---|
| 0000 | NUL | DLE | space | 0 | @ | P | ` | p |
| 0001 | SOH | DC1 | ! | 1 | A | Q | a | q |
| 0010 | STX | DC2 | “ | 2 | B | R | b | r |
| 0011 | ETX | DC3 | # | 3 | C | S | c | s |
| 0100 | EOT | DC4 | $ | 4 | D | T | d | t |
| 0101 | ENQ | NAK | % | 5 | E | U | e | u |
| 0110 | ACK | SYN | & | 6 | F | V | f | v |
| 0111 | BEL | ETB | ‘ | 7 | G | W | g | w |
| 1000 | BS | CAN | ( | 8 | H | X | h | x |
| 1001 | HT | EM | ) | 9 | I | Y | i | y |
| 1010 | LF | SUB | * | : | J | Z | j | z |
| 1011 | VT | ESC | + | ; | K | [ | k | { |
| 1100 | FF | FS | , | 〈 | L | ₩ | l | \| |
| 1101 | CR | GS | – | = | M | ] | m | } |
| 1110 | SO | RS | . | 〉 | N | ^ | n | ~ |
| 1111 | SI | US | / | ? | O | _ | o | DEL |

예를 들어 문자 ‘ABC’에 대한 ASCII 코드는 다음과 같다.

A: $1000001_2 = 41_{16} = 65_{10}$

B: $1000010_2 = 42_{16} = 66_{10}$

C: $1000011_2 = 43_{16} = 67_{10}$

### (2) 유니코드(Unicode)

유니코드는 다국어 환경에서 문자에 대한 서로 호환되는 환경을 제공하기 위하여 유니코드 협회(Unicode Consortium)에서 제정한 표준인데, 문자 집합, 문자 인코딩 등에 관한 표준이 정의되어 있다. 유니코드는 문자에 대하여 $0_{16}$~$10FFFF_{16}$ 범위의 코드 번호를 할당하여 정의하고 있고, 16진수 코드에 U+ 접두어를 붙여서 나타낸다. 유니코드는 17개의 유니코드 영역(Unicode Plane)으로 나뉘는데, 각 영역은 $2^{16}$개의 코드로 구성된다.

| 표 1.8 유니코드 영역과 코드 번호 범위

| 기본 | 보조 | | | | |
|---|---|---|---|---|---|
| 영역 0 | 영역 1 | 영역 2 | 영역 3~13 | 영역 14 | 영역 15~16 |
| 기본 다국어 (BMP) | 보조 다국어 (SMP) | 보조 상형 문자 (SIP) | 미지정 | 보조 특수 목적 (SSP) | 보조 사용자 영역 |
| 0000~FFFF | 10000~1FFFF | 20000~2FFFF | 30000~DFFFF | E0000~EFFFF | F0000~10FFFF |

기본 다국어 영역(Basic Multilingual Plane, BMP)은 U+0000부터 U+FFFF까지의 4자리 16진수가 사용되고 거의 모든 언어에 대한 문자들이 포함되어 있고 많은 부분이 한글과 한중일 통합 한자들이 차지하고 있다. 나머지 영역들은 5자리 또는 6자리 16진수를 사용한다.

ASCII 코드에 해당하는 코드는 U+0000부터 U+007F까지 ASCII 코드 순서대로 할당되어있다. 한글 기본 완성형 글자들은 U+AC00부터 U+D7A3까지 할당되어 있고, 한글 자모 등은 다른 영역에 추가로 할당되어 있다.

유니코드 번호는 문자 집합에 속한 모든 문자에 유일하게 정의된 번호이고, 이 문자 번호에 대한 인코딩 방식인 UTF-8(Unicode Transformation Format), UTF-16, UTF-32 등의 표준이 정의되어 있다. 가장 많이 사용되는 UTF-8과 UTF-16은 가변 길이의 인코딩 방식으로 문자에 따라 코드 길이가 달라진다. UTF-32는 모든 문자에 4바이트의 고정 길이의 코드로 인코딩한다.

## 1.10 오류 검출 및 정정 코드

### (1) 패리티(parity) 비트

데이터를 전송할 때, 데이터와 연관된 정보를 추가하여 전송하면 수신 측에서 전송 오류가 발생했는지 검출할 수 있다. 가장 간단한 방법으로 전송하는 데이터의 1의 개수를 짝수(또는 홀수)로 만들기 위하여 패리티 비트를 추가하는 것이다. 즉, 원래 데이터에 패리티 비트를 추가하여 전송하면, 수신 측에서 수신한 데이터의 1의 개수가 짝수(또는 홀수)인지 확인하여 1비트의 전송 오류가 발생했는지 알 수 있다. 2비트가 동시에 바뀌면 전송 오류를 검출할 수 없지만, 1비트 오류에 비하여 일어날 확률이 아주 낮다고 가정하는 것이다.

짝수 패리티는 패리티 비트 포함하여 데이터의 1의 개수가 짝수가 되도록 패리티 비트를 추가하는 것이다. 반대로, 홀수 패리티는 패리티 비트 포함하여 데이터의 1의 개수가 홀수가 되도록 패리티 비트를 추가하는 것이다. 패리티 비트를 LSB에 추가한다고 가정할 때 〈표 1.9〉는 짝수 패리티와 홀수 패리티 예를 보여주고 있다.

| 표 1.9 패리티 비트

| 7비트 데이터 | 패리티 포함한 8비트 | |
|---|---|---|
| | 짝수 패리티 | 홀수 패리티 |
| 'A' = 1000001 | 1000001 **0** | 1000001 **1** |
| 'B' = 1000010 | 1000010 **0** | 1000010 **1** |
| 'C' = 1000011 | 1000011 **1** | 1000011 **0** |

패리티 비트는 사용 방법이 간단하기 때문에 직렬 데이터 전송에서 많이 사용되고, 메모리와 같은 저장 장치에도 응용하여 오류를 쉽게 찾을 수 있게 한다. 그 외에 오류 검출 방식으로 패리티 비트 방법을 응용한 2차원 패리티 비트 방식, 체크 섬(check sum), CRC(Cyclic Redundancy Check) 등이 있다.

### (2) 해밍(hamming) 코드

R. W. Hamming이 고안해낸 해밍 코드는 컴퓨터 메모리 시스템에 많이 사용되는 오류 정정 코드인데 1비트의 오류가 발생하면 해당 비트를 정정할 수 있는 코드이다. 해밍 코

드는 $n$비트의 데이터에 $k$비트의 패리티가 추가되어 $(n+k)$비트로 만들어지는데, $n$과 $k$의 관계는 다음과 같다.

$$n+k \le 2^k - 1$$

〈표 1.10〉에 보이는 것처럼 데이터 비트 길이 $n$에 대하여 추가되는 패리티 비트는 로그 함수로 증가되어 비트 길이가 긴 데이터에 대하여 효율적이다.

| 표 1.10 해밍 코드에서 추가되는 패리티 길이

| $n$(data bit) | $k$(parity bit) | $n+k$(total) |
|---|---|---|
| 1 | 2 | 3 |
| $\le 4$ | 3 | $\le 7$ |
| $\le 11$ | 4 | $\le 15$ |
| $\le 26$ | 5 | $\le 31$ |
| $\le 57$ | 6 | $\le 63$ |
| $\le 120$ | 7 | $\le 127$ |

8비트 데이터 10110011에 대한 해밍 코드를 만드는 방법을 알아보자. 8비트에 데이터에 대한 패리티는 4비트($P_1$, $P_2$, $P_4$, $P_8$)가 필요한데 각 패리티 비트의 위치를 다음과 같이 $b_1$, $b_2$, $b_4$, $b_8$의 위치에 배치하고 나머지 위치에 8비트 데이터를 순서대로 배치한다. 비트 위치 번호는 $b_0$이 아니고 $b_1$번부터 시작하고 있다.

| $b_1$ | $b_2$ | $b_3$ | $b_4$ | $b_5$ | $b_6$ | $b_7$ | $b_8$ | $b_9$ | $b_{10}$ | $b_{11}$ | $b_{12}$ |
|---|---|---|---|---|---|---|---|---|---|---|---|
| $P_1$ | $P_2$ | 1 | $P_4$ | 0 | 1 | 1 | $P_8$ | 0 | 0 | 1 | 1 |

각 패리티는 다음과 같이 계산하여 해밍 코드를 완성한다. 짝수 패리티 함수는 인수에 해당하는 비트들의 짝수 패리티를 계산한다고 가정한다.

$P_1$ = 짝수 패리티($b_3$, $b_5$, $b_7$, $b_9$, $b_{11}$) = 짝수 패리티(1, 0, 1, 0, 1) = 1
$P_2$ = 짝수 패리티($b_3$, $b_6$, $b_7$, $b_{10}$, $b_{11}$) = 짝수 패리티(1, 1, 1, 0, 1) = 0
$P_4$ = 짝수 패리티($b_5$, $b_6$, $b_7$, $b_{12}$) = 짝수 패리티(0, 1, 1, 1) = 1
$P_8$ = 짝수 패리티($b_9$, $b_{10}$, $b_{11}$, $b_{12}$) = 짝수 패리티(0, 0, 1, 1) = 0

저장할 데이터는 다음과 같이 패리티 비트가 추가된 12비트가 저장된다.

| $b_1$ | $b_2$ | $b_3$ | $b_4$ | $b_5$ | $b_6$ | $b_7$ | $b_8$ | $b_9$ | $b_{10}$ | $b_{11}$ | $b_{12}$ |
|---|---|---|---|---|---|---|---|---|---|---|---|
| 1 | 0 | 1 | 1 | 0 | 1 | 1 | 0 | 0 | 0 | 1 | 1 |

이렇게 저장된 12비트를 메모리로 부터 읽어서 오류 발생 여부와 정정하는 방법을 알아보자. 각 패리티들은 해당 그룹의 비트들에 대한 짝수 패리티이다. 즉, 패리티 비트를 포함한 해당 그룹의 1의 개수는 짝수이다. 즉, 해당 그룹에 1비트 오류가 있으면 1이 되고 오류가 없으면 0이 되는 체크 비트를 다음과 같이 계산하면 오류 비트 위치도 알 수 있다.

$C_1$ = 짝수 패리티($b_1$, $b_3$, $b_5$, $b_7$, $b_9$, $b_{11}$)
$C_2$ = 짝수 패리티($b_2$, $b_3$, $b_6$, $b_7$, $b_{10}$, $b_{11}$)
$C_4$ = 짝수 패리티($b_4$, $b_5$, $b_6$, $b_7$, $b_{12}$)
$C_8$ = 짝수 패리티($b_8$, $b_9$, $b_{10}$, $b_{11}$, $b_{12}$)

예를 들어, 다음과 같이 세 가지 경우에 대하여 체크 비트를 계산하면 오류 발생 여부와 오류가 발생했을 때의 오류 비트의 위치를 알 수 있다.

| | $b_1$ | $b_2$ | $b_3$ | $b_4$ | $b_5$ | $b_6$ | $b_7$ | $b_8$ | $b_9$ | $b_{10}$ | $b_{11}$ | $b_{12}$ |
|---|---|---|---|---|---|---|---|---|---|---|---|---|
| 오류 없음 | 1 | 0 | 1 | 1 | 0 | 1 | 1 | 0 | 0 | 0 | 1 | 1 |
| 비트 4 오류 | 1 | 0 | 1 | 0 | 0 | 1 | 1 | 0 | 0 | 0 | 1 | 1 |
| 비트 10 오류 | 1 | 0 | 1 | 1 | 0 | 1 | 1 | 0 | 0 | 1 | 1 | 1 |

오류가 없는 경우 체크 비트를 계산하면 다음과 같다.

$C_1$ = 짝수 패리티($b_1$, $b_3$, $b_5$, $b_7$, $b_9$, $b_{11}$) = 짝수 패리티(1, 1, 0, 1, 0, 1) = 0
$C_2$ = 짝수 패리티($b_2$, $b_3$, $b_6$, $b_7$, $b_{10}$, $b_{11}$) = 짝수 패리티(0, 1, 1, 1, 0, 1) = 0
$C_4$ = 짝수 패리티($b_4$, $b_5$, $b_6$, $b_7$, $b_{12}$) = 짝수 패리티(1, 0, 1, 1, 1) = 0
$C_8$ = 짝수 패리티($b_8$, $b_9$, $b_{10}$, $b_{11}$, $b_{12}$) = 짝수 패리티(0, 0, 0, 1, 1) = 0

즉, 체크 비트 $C_8C_4C_2C_1$(0000)는 오류가 없음을 나타내고 있다.

비트 4에 오류가 있는 경우 체크 비트를 계산하면 다음과 같다.

$C_1$ = 짝수 패리티($b_1$, $b_3$, $b_5$, $b_7$, $b_9$, $b_{11}$) = 짝수 패리티(1, 1, 0, 1, 0, 1) = 0
$C_2$ = 짝수 패리티($b_2$, $b_3$, $b_6$, $b_7$, $b_{10}$, $b_{11}$) =짝수 패리티(0, 1, 1, 1, 0, 1) = 0
$C_4$ = 짝수 패리티($b_4$, $b_5$, $b_6$, $b_7$, $b_{12}$) = 짝수 패리티(0, 0, 1, 1, 1) = 1
$C_8$ = 짝수 패리티($b_8$, $b_9$, $b_{10}$, $b_{11}$, $b_{12}$) = 짝수 패리티(0, 0, 0, 1, 1) = 0

체크 비트 $C_8C_4C_2C_1$(0100)은 비트 4가 오류임을 나타내고 있다.

비트 10에 오류가 있는 경우의 체크 비트를 계산하면 다음과 같다.

$C_1$ = 짝수 패리티($b_1$, $b_3$, $b_5$, $b_7$, $b_9$, $b_{11}$) = 짝수 패리티(1, 1, 0, 1, 0, 1) = 0
$C_2$ = 짝수 패리티($b_2$, $b_3$, $b_6$, $b_7$, $b_{10}$, $b_{11}$) = 짝수 패리티(0, 1, 1, 1, 1, 1) = 1
$C_4$ = 짝수 패리티($b_4$, $b_5$, $b_6$, $b_7$, $b_{12}$) = 짝수 패리티(1, 0, 1, 1, 1) = 0
$C_8$ = 짝수 패리티($b_8$, $b_9$, $b_{10}$, $b_{11}$, $b_{12}$) = 짝수 패리티(0, 0, 1, 1, 1) = 1

체크 비트 $C_8C_4C_2C_1$(1010)은 비트 10이 오류임을 나타내고 있다.

다음은 데이터 11비트와 패리티 4비트로 이루어진 해밍코드에 대하여 각 패리티 그룹에 속한 비트들을 나타내고 있는데, 어느 한 비트에 오류가 발생하면 해당 그룹에 대한 패리티를 검사하는 체크 비트가 세트되어 오류 비트의 위치를 나타내게 된다.

| | $b_1$ | $b_2$ | $b_3$ | $b_4$ | $b_5$ | $b_6$ | $b_7$ | $b_8$ | $b_9$ | $b_{10}$ | $b_{11}$ | $b_{12}$ | $b_{13}$ | $b_{14}$ | $b_{15}$ |
|---|---|---|---|---|---|---|---|---|---|---|---|---|---|---|---|
| | $P_1$ | $P_2$ | $D_1$ | $P_4$ | $D_2$ | $D_3$ | $D_4$ | $P_8$ | $D_5$ | $D_6$ | $D_7$ | $D_8$ | $D_9$ | $D_{10}$ | $D_{11}$ |
| $P_1$ 그룹 | × | | × | | × | | × | | × | | × | | × | | × |
| $P_2$ 그룹 | | × | × | | | × | × | | | × | × | | | × | × |
| $P_4$ 그룹 | | | | × | × | × | × | | | | | × | × | × | × |
| $P_8$ 그룹 | | | | | | | | × | × | × | × | × | × | × | × |

각 패리티 그룹의 패리티 비트 $P_i$는 해당 그룹의 데이터들에 대한 짝수 패리티이다.

**예제 1.6** 4비트 데이터 1001을 해밍 코드로 인코드하라.

$(4 + 3) \le (2^3 - 1)$이므로 4비트 데이터의 경우 3개의 패리티 비트($P_1, P_2, P_4$)가 필요하다. 각 패리티 비트의 위치를 다음과 같이 1, 2, 4의 위치에 배치하고 나머지는 4비트 데이터를 순서대로 배치한다.

| $b_1$ | $b_2$ | $b_3$ | $b_4$ | $b_5$ | $b_6$ | $b_7$ |
|---|---|---|---|---|---|---|
| $P_1$ | $P_2$ | 1 | $P_4$ | 0 | 0 | 1 |

각 패리티는 다음과 같이 계산하여 해밍 코드를 완성한다.

$P_1$ = 짝수 패리티($b_3$, $b_5$, $b_7$) = 짝수 패리티(1, 0, 1) = 0
$P_2$ = 짝수 패리티($b_3$, $b_6$, $b_7$) = 짝수 패리티(1, 0, 1) = 0
$P_4$ = 짝수 패리티($b_5$, $b_6$, $b_7$) = 짝수 패리티(0, 0, 1) = 1

완성된 해밍 코드는 0011001이 된다.

**예제 1.7** 저장된 해밍 코드를 읽은 값이 1010111이다. 오류가 있으면 정정하여 데이터 값을 구하라.

저당된 해밍 코드에 대한 체크 비트를 계산하면 다음과 같다.

$C_1$ = 짝수 패리티($b_1$, $b_3$, $b_5$, $b_7$) = 짝수 패리티(1, 1, 1, 1) = 0
$C_2$ = 짝수 패리티($b_2$, $b_3$, $b_6$, $b_7$) = 짝수 패리티(0, 1, 1, 1) = 1
$C_4$ = 짝수 패리티($b_4$, $b_5$, $b_6$, $b_7$) = 짝수 패리티(0, 1, 1, 1) = 1

체크 비트 $C_4C_2C_1$(110)은 비트 6이 오류임을 나타내고 있다. 따라서 정정된 해밍 코드는 1010101이고, 패리티 비트를 제외한 데이터는 1101이다.

# 단원요약

1. 불연속적인 값을 다루는 디지털 시스템은 0과 1의 값을 갖는 2진수 비트들의 열인 2진수로 인코딩(encoding)하여 값을 표현한다.

2. 디지털 시스템은 아날로그 시스템과 비교하여 설계용이, 잡음 여유, 재생성, 경제성, 프로그램 가능 측면에서 장점이 있다.

3. 2진수의 음수 표현 방식에 세 가지가 있다. 부호화 절대치 방식은 십진법에서 사용하는 방법과 비슷한 방법으로 $n$비트의 2진수에서 첫 번째 비트가 부호 비트이고 나머지 ($n$-1)비트가 크기를 나타내는데, +0, -0인 두 개의 0이 존재하고 연산회로를 만들기가 복잡한 단점이 있다.

4. 1의 보수 방식은 1의 보수 개념을 사용하여 음수를 나타내는데, +0, -0인 두 개의 0이 존재하는 단점이 있고, 덧셈, 뺄셈에 대한 연산에서 순환자림 올림(end-around-carry)이 발생하는 단점이 있다.

5. 2의 보수 방식은 2의 보수 개념을 사용하여 음수를 나타낸다. 덧셈, 뺄셈에 대한 연산회로를 가장 간단하게 구현할 수 있다. 대부분의 디지털 컴퓨터들은 음수를 나타내는데 2의 보수 방식을 사용한다.

6. 10진수를 2진수로 나타내는 BCD 코드에 8421, 5421, Excess-3 코드, 2-of-5 코드 등의 여러 가지들이 있다. 이들 중에서 8421 코드와 5421 코드는 가중치 코드이다.

7. Gray 코드는 숫자를 나타내는 코드를 순서대로 배열했을 때 인접한 코드 간에 비트 변화가 한 번만 발생하는 코드이다.

8. 그 밖에 문자 코드를 나타내는 ASCII 코드와 유니코드 등이 있다.

9. 패리티 비트는 데이터 전송 및 저장할 때 정보를 추가하여 데이터를 수신 또는 읽어올 때, 데이터에 1비트 전송 오류 또는 저장 오류가 발생했는지 검출할 수 있게 한다. 해밍 코드는 1비트 오류가 발생했을 때 해당 오류를 정정할 수 있는 코드이다.

# 연습문제

**01** 디지털 시스템의 장점을 설명하라.

**02** 아날로그 신호와 디지털 신호의 차이점은?

**03** 아날로그 신호와 디지털 신호의 예를 3가지씩 들어라.

**04** A/D 변환기와 D/A 변환기의 역할은?

**05** nMOS와 pMOS의 기호를 그리고 on/off 동작을 설명하라.

**06** CMOS 인버터 회로를 nMOS와 pMOS를 사용하여 그려라.

**07** 잡음 여유(noise margin)란?

**08** 키보드 자판키에 40개의 키가 있다고 가정한다. 각 키를 나타내는 코드로 인코딩하려고 하려면 최소 몇 비트가 필요한가?

**09** 다음 10진수들을 2진수로 변환하고, 16진수로 변환하라.

a) 37 b) 370 c) 3700 d) 123 e) 1019

**10** 다음 2진수들을 16진수로 변환하라.

a) 11100101 b) 01101100 c) 10101001 d) 00111111

**11** 부호가 없는 2진수를 10진수로 변환하라.

a) 10111101 b) 01110010 c) 0011
d) 1011 e) 00000011 f) 10110000

**12** 2의 보수 방식을 사용하는 2진수들에 대한 덧셈 결과를 구하라.

a) 01011 + 00111 b) 0110011 + 0011010
c) 00010 + 01101 d) 1111 + 1001

**13** 2의 보수 방식을 사용하는 2진수들에 대한 뺄셈 결과를 구하라.

a) 01000 − 00111　　b) 0110011 − 0011010

c) 01111 − 00011　　d) 00100 − 00010

**14** 부호 없는 2진수들에 대한 곱셈 결과를 구하라.

a) 1010 × 0111　　b) 0011 × 1010

c) 0100 × 0010　　d) 1111 × 0101

**15** 부호 없는 2진수들에 대한 나눗셈 결과를 구하라.

a) 10101111 ÷ 0111　　b) 0011000 ÷ 1010

c) 0100000 ÷ 0010　　d) 11110000 ÷ 0101

**16** 다음 수들을 부호화 절대치, 1의 보수, 2의 보수 방식으로 부호 비트 포함하여 6비트로 나타내라.

a) −13　　b) −18

c) −31　　d) −1

**17** 다음 10진수들에 대한 덧셈을 2진수로 나타내라. 음수에 대한 표현은 부호화 절대치 방식으로 나타낸다. 부호 비트 포함하여 6비트로 나타내고, 오버플로우 발생 여부를 명시하라.

a) 21 + 12　　b) (−13) + (−18)

c) (−20) + 19　　d) (−13) + 14

**18** 다음 10진수들에 대한 덧셈을 2진수로 나타내라. 음수에 대한 표현은 1의 보수 방식으로 나타낸다. 부호 비트 포함하여 6비트로 나타내고, 오버플로우 발생 여부를 명시하라.

a) 21 + 12　　b) (−13) + (−18)

c) (−20) + 19　　d) (−13) + 14

**19** 다음 10진수들에 대한 덧셈을 2진수로 나타내라. 음수에 대한 표현은 2의 보수 방식으로 나타낸다. 부호 비트 포함하여 6비트로 나타내고, 오버플로우 발생 여부를 명시하라.

a) 21 + 12　　b) (−13) + (−18)

c) (−20) + 19　　d) (−13) + 14

**20** 메모리에 저장된 2진수는 해석하는 방법에 따라 나타내는 10진수 값이 달라질 수 있다. 다음 각 2진수에 대하여 무부호 수(unsigned number), 부호화 절대치, 1의 보수, 2의 보수 방식으로 해석할 때 나타내는 10진수 값들은?

a) 11001001　　b) 11111111　　c) 10000000

d) 11111110　　e) 01111111

**21** 다음 10진수들을 8421 코드, 5421 코드, 3초과 코드, 2-of-5 코드로 나타내라.

a) 234　　b) 46

c) 92　　d) 758

**22** 메모리에 다음과 같이 저장된 2진수가 8421 코드, 5421 코드, 3초과 코드일 경우에 나타내는 10진수 값들은?

a) 10000011　　b) 10010100

**23** 다음 문자에 대한 ASCII 코드를 16진수로 나타내라.

a) a　　b) F

c) #　　d) 1

**24** 전송할 문자에 대하여 홀수 패리티를 만들어 전송하는 경우에 다음 문자의 ASCII 코드에 대한 패리티 비트를 계산하라.

a) a　　b) F

c) #　　d) 1

**25** 데이터 1111을 해밍 코드로 인코드하라.

**26** 저장된 해밍 코드를 읽은 값이 1110111이다. 오류가 있으면 정정된 해밍 코드와 데이터 값을 구하라.

**27** 전송할 데이터에서 모든 0은 00으로, 1은 11로 보내면 수신 측에서 1비트 오류를 검출 또는 정정할 수 있는지 설명하라.

# CHAPTER 02

# 부울 대수와 논리회로

contents

# 02 부울 대수와 논리회로

**단원개요**

- 부울 대수에 대한 기본 연산과 정리
- 부울식과 논리회로와의 관계
- 부울 대수의 정리를 사용하여 부울식을 간략화하는 방법
- 표준 형태의 곱의 합 식과 합의 곱 식
- 보수 함수를 이용한 식 형태의 변환

논리회로는 0과 1의 값에 해당하는 디지털 신호에 대하여 논리연산을 수행하는 전자회로이다. 이런 논리회로를 대수적 방법을 사용하여 표현하고, 간략화하여 설계할 수 있는 도구인 부울 대수가 있다. 이 장에서 부울 대수의 기본 연산과 정리들을 학습하고, 부울식과 논리회로와의 관계를 알아본다. 부울 함수를 나타내는 진리표에서 부울식을 만드는 방법과 부울 대수 정리들을 적용하여 부울식을 간략화하여 최소 비용의 논리회로를 구하는 방법을 익히고, 표준 형태의 부울식 표현과 이와 관련된 논리회로 형태에 대하여 알아보기로 한다.

논리회로를 입력에 대한 동작 특성에 따라 분류하면 두 가지로 나눌 수 있다. 하나는 조합회로(combinational circuit)로 출력이 현재의 입력에 의해서만 결정되는 회로이다. 또 하나는 메모리 소자를 필요로 하는 순차회로(sequential circuit)인데 출력은 현재의 입력뿐 만이 아니고 과거의 입력에도 영향을 받는 회로이다. 이 장에서 언급하는 논리회로는 조합회로를 뜻하는 것으로 메모리 소자 없이 현재의 입력에 의해서만 출력이 결정되는 회로이다.

## 2.1 기본 연산과 게이트

부울 대수(Boolean algebra)는 집합 이론 및 논리 수학을 포함하여 여러 분야에 응용할 수 있는데, 조합회로 설계와 분석을 위한 부울 대수는 변수들이 0 또는 1의 두 가지 값만을 가질 수 있는 것으로 제한하여 스위칭 대수(switching algebra)라고도 한다.

부울식은 변수, 연산자, 상수(0와 1), 그리고 괄호를 이용하여 표현한다. 상수를 나타내는 논리기호 0과 1은 F와 T로 나타내기도 한다. 부울식의 기본 연산은 AND, OR, NOT의 3가지로 이루어지고, 모든 부울식의 연산은 이 세 가지만을 (중복) 사용하여 표현할 수 있다. 부울식을 조합회로로 나타낼 때 이 세 가지 기본 연산을 수행하는 각 모듈을 게이트라고 하는데, 이들 각각을 AND 게이트, OR 게이트, NOT 게이트라고 한다.

부울 대수의 기본 연산은 〈표 2.1〉에 있는 공리(axiom)들에 의하여 정의되고, 모든 부울 대수의 정리(theorem)들은 〈표 2.1〉의 공리들에서 유도될 수 있다.

| 표 2.1 부울 대수의 공리

| | |
|---|---|
| (A1) $a = 0$ if $a \neq 1$ | (A1′) $a = 1$ if $a \neq 0$ |
| (A2) if $a = 0,\ a' = 1$ | (A2′) if $a = 1,\ a' = 0$ |
| (A3) $0 \cdot 0 = 0$ | (A3′) $1+1 = 1$ |
| (A4) $1 \cdot 1 = 1$ | (A4′) $0+0 = 0$ |
| (A5) $0 \cdot 1 = 1 \cdot 0 = 0$ | (A5′) $1+0 = 0+1 = 1$ |

〈표 2.1〉의 공리 (A1)과 (A1′)에서 논리변수는 2가지 값 중의 하나만을 가질 수 있다는 것을 나타내고 있다. 나머지 공리들은 부울 대수의 기본 연산인 NOT, AND, OR 연산에 대한 정의를 하고 있다. 표에서 오른쪽에 있는 것들은 왼쪽에 대한 쌍대(dual)라고 하는데, 0과 1, ·과 +를 바꾼 경우를 나타내고 있다.

### (1) NOT 연산

공리 (A2)는 ′(prime) 또는 ¯(bar)로 연산 기호를 표시하는 NOT 연산에 대한 정의를 하고 있다. 즉, 논리변수 $a$의 값이 0이면 $a'$의 값은 1이 된다. 쌍대의 경우는 $a$의 값이 1이면 $a'$의 값은 0이 된다는 것을 나타내고 있다. 반전(invert) 또는 보수화(complement)라고도 하는 NOT 연산의 정의는 〈표 2.2〉와 같다.

| 표 2.2 NOT 연산

| $a$ | $a'$ |
|---|---|
| 0 | 1 |
| 1 | 0 |

논리회로에서 사용하는 NOT 게이트 기호는 [그림 2.1]과 같이 삼각형에 원을 붙여서 나타낸다. [그림 2.2]는 입력 $a$의 두 가지 신호에 대한 NOT 게이트의 출력 신호값을 그래프로 나타내는 타이밍도를 보여주고 있는데, 입력 $a=0$이면 $a'$은 1이 되고, 입력 $a=1$이면 $a'$은 0이 되는 것을 나타내고 있다. NOT 게이트는 인버터(inverter)라고도 한다.

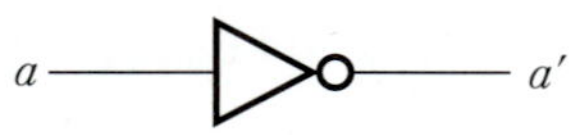


| 그림 2.1 NOT 게이트

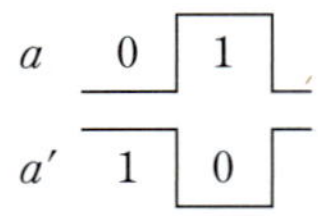


| 그림 2.2 NOT 게이트 타이밍도

## (2) AND 연산

공리 (A3), (A4), (A5)는 '·' 기호를 사용하여 나타내는 AND 연산에 대한 정의를 하고 있다. 두 변수의 값이 모두 1일 때만 AND 연산의 결과가 1이 된다는 것을 정의하고 있다. AND 연산은 논리 곱이라고 하는데 부울식에서 · 기호를 일반적으로 생략하여 나타낸다. AND 연산에 대한 정의는 〈표 2.3〉과 같다.

| 표 2.3 AND 연산

| $a\ b$ | $a \cdot b$ |
|---|---|
| 0 0 | 0 |
| 0 1 | 0 |
| 1 0 | 0 |
| 1 1 | 1 |

논리회로에서 사용하는 AND 게이트 기호는 [그림 2.3]과 같이 나타낸다. [그림 2.4]는 입력 $a$와 $b$의 4가지 입력신호에 대한 AND 게이트의 타이밍도를 보여주고 있다. 출력 $a \cdot b$는 입력 $a$, $b$ 모두가 1일 때만 1이 되는 것을 나타내고 있다. 즉, 입력 $a$, $b$ 중에 하

나라도 0이면 출력이 0이 된다는 것을 의미한다.

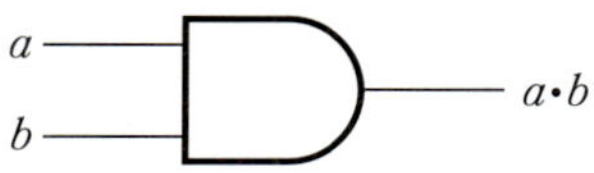


| 그림 2.3 AND 게이트

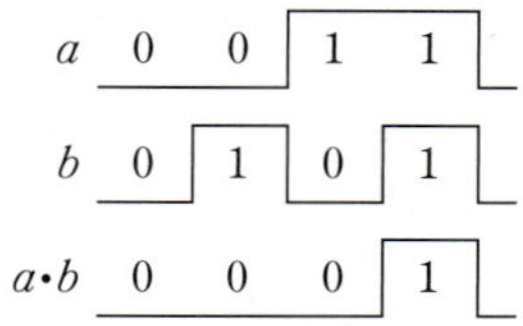


| 그림 2.4 AND 게이트 타이밍도

### (3) OR 연산

공리 (A3), (A4), (A5)의 쌍대인 (A3′), (A4′), (A5′)는 '+' 기호를 사용하여 나타내는 OR 연산에 대한 정의를 하고 있다. 두 변수의 값 중에 적어도 하나가 1이면 OR 연산의 결과가 1이 된다는 것을 나타내고 있다. OR 연산은 논리 합이라고 하는데, OR 연산에 대한 정의는 〈표 2.4〉와 같다.

| 표 2.4 OR 연산

| $a$ $b$ | $a+b$ |
|---|---|
| 0 0 | 0 |
| 0 1 | 1 |
| 1 0 | 1 |
| 1 1 | 1 |

논리회로에서 사용하는 OR 게이트 기호는 [그림 2.5]와 같다. [그림 2.6]은 입력 $a$와 $b$의 4가지 입력신호에 대한 OR 게이트 출력 타이밍도를 보여주고 있다. 출력 $a+b$는 입력 $a$, $b$ 둘 중 하나가 1이면 1이 되는 것을 나타내고 있다. 즉, 입력 $a$, $b$ 모두가 0일 때만 0이 되는 것을 의미한다.

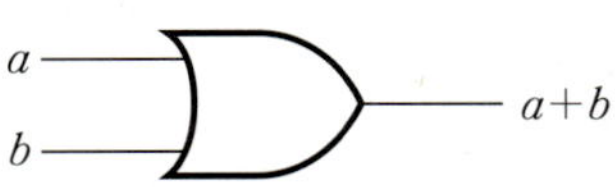


| 그림 2.5 OR 게이트

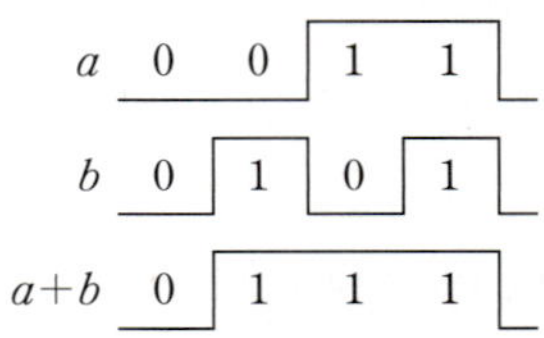


| 그림 2.6 OR 게이트 타이밍도

앞에서 설명한 3가지 기본 연산자에 대한 우선순위는 다음과 같고 부울식에서 필요하면 괄호를 사용하여 연산 순서를 바꿀 수 있다.

1. ( ) 괄호
2. NOT
3. AND
4. OR

| 그림 2.7 연산 우선순위

## 2.2 부울 대수의 정리

부울식이 간략화되면 논리회로가 간단하게 되어 회로에 필요한 게이트 수, 연결선 수를 줄여서 회로 구현 비용을 줄일 수 있기 때문에 간략화하는 것은 중요하다. 부울식을 간략화 할 수 있는 여러 가지 정리(theorem)들 중에서 가장 기본적인 정리들을 먼저 살펴보자.

| 표 2.5 기본 정리(theorem)

| | |
|---|---|
| (T1) $a+0 = a$ | (T1′) $a \cdot 1 = a$ |
| (T2) $a+1 = 1$ | (T2′) $a \cdot 0 = 0$ |
| (T3) $a+a = a$ | (T3′) $a \cdot a = a$ |
| (T4) $a+a' = 1$ | (T4′) $a \cdot a' = 0$ |
| (T5) $(a')' = a$ | |

정리 (T1)은 〈표 2.4〉의 OR 연산자 정의에서 성립됨을 확인할 수 있다. 즉, 0+0=0, 1+0=1이므로 $a+0=a$가 됨을 확인할 수 있다. 마찬가지 방법으로 (T1′)은 〈표 2.3〉의 AND 연산자 정의에서 성립됨을 확인할 수 있다. 정리 (T2), (T3) 그리고 (T2′), (T3′)도 각각 OR 연산자 정의와 AND 연산자 정의에서 성립됨을 확인할 수 있다. 정리 (T4)은 NOT 연산자 정의와 OR 연산자 정의를 이용하면 확인할 수 있다. 즉, 0+1=1, 1+0=1이므로 $a+a'=1$이 됨을 알 수 있을 것이다.

### ● 쌍대의 원리(Principle of Duality)

주어진 부울식에서 0은 1로, 1은 0으로, +은 ·로, ·는 +로 모두 바꿔서 만들어지는 식을 그 식에 대한 쌍대(dual)라고 한다. 부울 대수의 정리에서 쌍대를 적용하여 변형된 것도 성립하는데 이것을 쌍대의 원리하고 한다. 〈표 2.5〉에서 좌측 열과 우측 열에 있는 정리들은 쌍대의 관계에 있는 것들이다.

**예제 2.1** $(a+b)(a+b') = a$에 대한 쌍대를 구하라.

+는 ·, ·는 +로 바꾸면 $(ab) + (ab') = a$와 같이 된다. 괄호가 필요 없으므로 다음과 같이 표현할 수 있다.

$$ab + ab' = a$$

다음은 부울 대수에서 적용되는 교환, 결합, 분배 정리에 대하여 살펴보기로 하자. 이 세 가지 정리에 대한 증명은 AND 연산과 OR 연산의 정의를 이용하여 좌우가 동일함을 표를 만들어 보여줄 수 있는데 생략하기로 한다.

| 표 2.6 교환, 결합, 분배 정리

| | | |
|---|---|---|
| (T6) $a+b = b+a$ | (T6′) $ab = ba$ | 교환 |
| (T7) $(a+b)+c = a+(b+c)$ | (T7′) $(ab)c = a(bc)$ | 결합 |
| (T8) $a(b+c) = ab + ac$ | (T8′) $a+bc = (a+b)(a+c)$ | 분배 |

교환 정리 (T6)와 (T6′)은 논리 합과 논리 곱에서 변수의 위치를 교환해도 성립함을 나타내고 있다. 결합 정리 (T7)와 (T7′)은 괄호를 이용하여 먼저 계산할 변수들을 결합시킬 때에 변수를 결합하는 순서에 관계없이 결과가 같다는 것을 나타내고 있다. 즉, 세 개 이상의 변수들에 대한 AND 또는 OR 연산은 처리 순서가 바뀌어도 동일하다는 것을 나타내기 때문에 괄호 없이 나타내도 된다. 논리 회로에서는 다음과 같이 두 개의 2입력 OR(또는 AND) 게이트가 하나의 3입력 OR(또는 AND) 게이트로 대치될 수 있음을 보여주고 있다.

(T7) $(a+b)+c = a+(b+c) = a+b+c$  (T7′) $(ab)c = a(bc) = abc$  (결합)

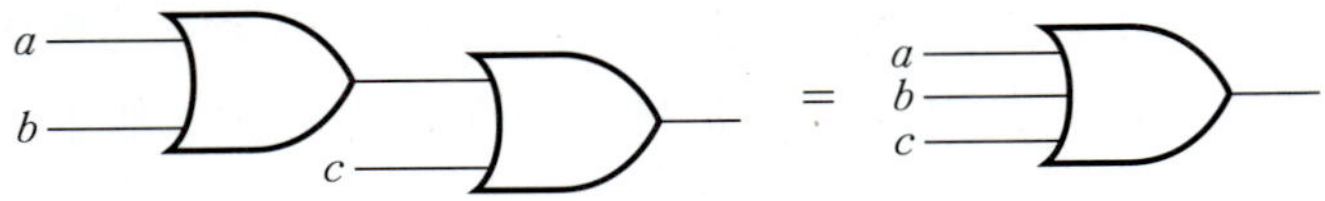


| 그림 2.8 OR 게이트 입력 확장

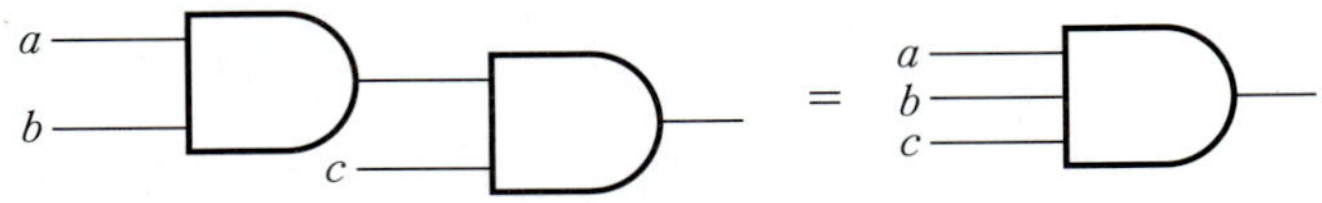


| 그림 2.9 AND 게이트 입력 확장

일반 대수의 분배 법칙은 곱셈에 대하여만 적용되고 덧셈에 대하여는 적용되지 않는다. 그러나 스위칭 대수의 분배 법칙은 논리 곱과 논리 합에서 똑같이 적용되는데, 정리 (T8)은 논리 곱을 분배하는 것이고, 쌍대인 (T8′)은 논리 합을 분배하는 것을 나타내고 있다.

〈표 2.7〉의 드모르간 정리는 부울식의 연산자를 바꾸어 식의 형태를 바꿀 때 사용되는 유용한 정리 중의 하나이다. 두 변수에 대한 AND 연산 결과를 보수화한 것은 각 변수를 보수화한 것에 대하여 OR 연산한 결과와 동일하다는 것을 나타내고 있다.

| 표 2.7 드모르간 정리(DeMorgan's theorem)

| | |
|---|---|
| (T9) $(ab)' = a'+b'$ | (T9′) $(a+b)' = a'b'$ |

〈표 2.8〉은 AND 연산, OR 연산, 그리고 NOT 연산 정의를 사용하여 드모르간 정리의 좌우식이 동일함을 표를 만들어 증명하고 있다. 표에서 $(ab)'$ 열과 $a'+b'$ 열이 같음을 확인할 수 있다.

| 표 2.8 드모르간의 정리 증명

| $a\ b$ | $ab$ | $(ab)'$ | $a'$ | $b'$ | $a'+b'$ |
|---|---|---|---|---|---|
| 0 0 | 0 | 1 | 1 | 1 | 1 |
| 0 1 | 0 | 1 | 1 | 0 | 1 |
| 1 0 | 0 | 1 | 0 | 1 | 1 |
| 1 1 | 1 | 0 | 0 | 0 | 0 |

드모르간 정리는 변수 3개의 경우에도 성립한다.

$$(abc)' = (ab)' + c' = a' + b' + c'$$

드모르간 정리를 $n$변수에 대하여 일반화하면 다음과 같이 된다.

$$(a_1 \cdot a_2 \cdot \ldots \cdot a_n)' = a_1' + a_2' + \cdots + a_n' \qquad (a_1 + a_2 + \cdots + a_n)' = a_1' \cdot a_2' \cdot \ldots \cdot a_n'$$

그 밖에 간략화에 유용한 정리들을 〈표 2.9〉에 보여주고 있다. 이 정리들은 드모르간 정리를 증명한 것처럼 표를 만들어 증명할 수도 있지만, 앞에서 이미 증명된 정리들을 이용하여 증명할 수 있다.

| 표 2.9 간략화에 유용한 정리들

| | |
|---|---|
| (T10) $ab + ab' = a$ | (T10′) $(a+b)(a+b') = a$ |
| (T11) $a + ab = a$ | (T11′) $a(a+b) = a$ |
| (T12) $a+a'b = a + b$ | (T12′) $a(a'+b) = ab$ |

**예제 2.2** $ab + ab' = a$를 증명하라.

$$\begin{aligned} ab + ab' &= a(b + b') && ;\ (T8) \\ &= a \cdot 1 && ;\ (T4) \\ &= a && ;\ (T1') \end{aligned}$$

**예제 2.3** $a + ab = a$를 증명하라.

$$\begin{aligned} a + ab &= a \cdot 1 + ab && ;\ (T1') \\ &= a(1 + b) && ;\ (T8) \\ &= a \cdot 1 && ;\ (T2) \\ &= a && ;\ (T1') \end{aligned}$$

**예제 2.4** $a + a'b = a + b$를 증명하라.

$$\begin{aligned} a + a'b &= (a + a')(a + b) &&; (T8') \\ &= 1 \cdot (a + b) &&; (T4) \\ &= a + b &&; (T1') \end{aligned}$$

### ● 합의(consensus) 항

한 항의 하나의 변수가 다른 항에서 보수화 되어 나타날 때, 합의 항은 두 개의 항에서 이 변수를 뺀 나머지 변수들의 곱으로 정의된다. 한 항은 $ax_1$이고, 다른 항 $a'x_2$가 있을 때, 합의 항은 $x_1x_2$로 정의된다. 합의 항에 대한 연산자는 $\mathbb{C}$로 나타낸다.

$$ax_1 \mathbb{C}\ a'x_2 = x_1x_2$$

| 표 2.10 합의 정리(consensus theorem)

| (T13) $ab + a'c + bc = ab + a'c$ | (T13') $(a+b)(a'+c)(b+c) = (a+b)(a'+c)$ |
|---|---|

합의 정리 (T13)은 두 항 $ab$와 $a'c$의 합의 항인 $bc$는 해당 식에서 삭제할 수 있음을 의미하고 있다. 즉, 부울식에서 합의 항이 존재하면 이 항을 삭제하여 더욱 간략화된 식을 만들 수 있게 된다.

**예제 2.5** 합의 정리 (T13) $ab + a'c + bc = ab + a'c$를 증명하라.

$$\begin{aligned} ab + a'c + bc &= ab + a'c + (a+a')bc \\ &= ab + abc + a'c + a'bc \\ &= ab(1+c) + a'c(1+b) \\ &= ab + a'c \end{aligned}$$

**예제 2.6** 다음 항들 간의 합의 항을 나타내라.

$ab' ¢ bcd = acd$
$abc' ¢ bcd' = abd'$
$abc' ¢ b'cd' = \varnothing$ (보수 관계 변수가 두 개 존재. $b$, $b'$과 $c$, $c'$)
$ab ¢ bc = \varnothing$ (보수 관계의 변수가 없음)

**예제 2.7** $f = (a'b'+b)c + abc'$을 간략화하라.

$$
\begin{aligned}
f &= (a'b'+b)c + abc' \\
&= (a'+b)c + abc' && ;\ (\mathrm{T12}) \\
&= a'c + bc + abc' \\
&= a'c + b(c+ac') \\
&= a'c + b(c+a) && ;\ (\mathrm{T12}) \\
&= a'c + bc + ab && ;\ a'c ¢ ab = bc \\
&= a'c + ab && ;\ (\mathrm{T13})
\end{aligned}
$$

## 2.3 벤다이어그램 표현

부울 대수를 집합으로 매핑하면 앞에서 설명한 여러 가지 정리들을 좀 더 쉽게 이해할 수 있을 것이다. 부울 대수에서 AND 연산은 집합에서 교집합(intersection), OR 연산은 합집합(union), NOT 연산은 여집합(complement)에 각각 매핑하여 나타낼 수 있다. 집합에서 연산을 그림으로 나타내어 쉽게 집합 연산을 이해할 수 있게 하는 수단인 벤다이어그램(venn diagram) 방식이 있다. 따라서 부울 대수를 집합으로 매핑하여 벤다이어그램 그림으로 나타내면 부울 대수 연산에 대한 이해가 쉬워질 것이다.

부울 대수의 변수 $x$를 집합으로 매핑하여 벤다이어그램으로 나타낼 때 전체 집합은 두 개의 원소 {0, 1}으로 이루어지고, $x$=1인 집합 $x$를 [그림 2.10(a)]에서처럼 원형의 내부로 나타낸다. 부울 대수에서 NOT 연산에 해당하는 $x'$은 $x$의 여집합($x$=0)으로 [그림 2.10(b)]와 같이 원형의 외부를 나타내게 된다.

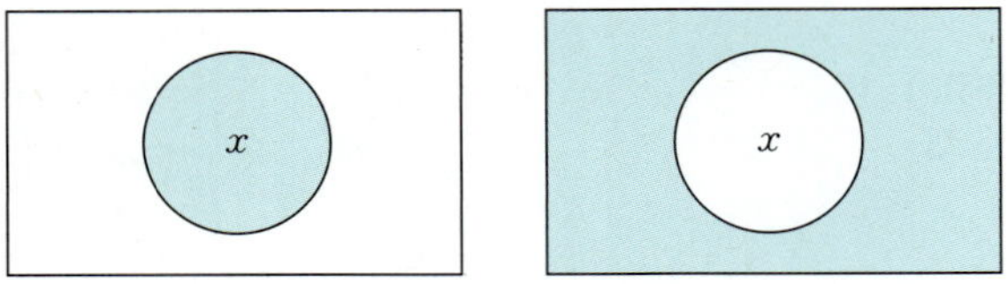


(a) $x$　　(b) $x'$

| 그림 2.10 1변수 벤다이어그램

2변수 $x$, $y$와 AND 연산자로 표현되는 부울식을 벤다이어그램에 나타내보자. 두 개의 원형을 중첩하여 나타내면 4개의 영역이 만들어지게 되는데, 2변수 $x$, $y$와 AND 연산자로 나타낼 수 있는 4가지 경우가 이 4개의 영역에 매핑되는 것을 쉽게 알 수 있다. [그림 2.11]은 4가지의 AND 연산을 두 집합에 대한 교집합으로 표현한 것이다. 즉, $xy$는 $x \cap y$, $xy'$는 $x \cap y'$, $x'y$는 $x' \cap y$, $x'y'$는 $x' \cap y'$로 나타낸 것이다.

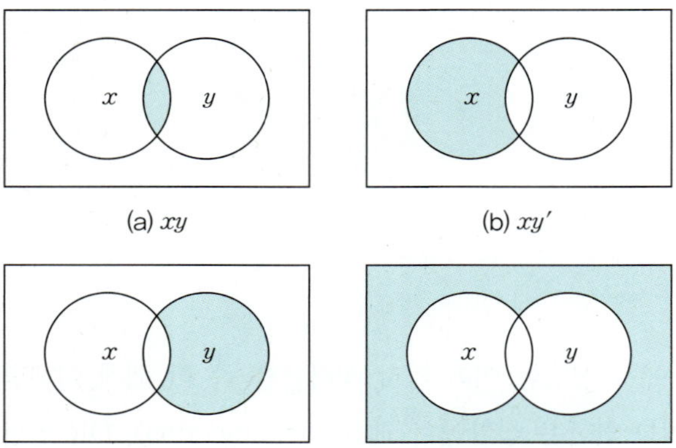


(a) $xy$　　(b) $xy'$

(c) $x'y$　　(d) $x'y'$

| 그림 2.11 2변수 벤다이어그램

$x+y$에 해당하는 OR 연산은 $x$, $y$ 집합에 대한 합집합으로 나타내는데 [그림 2.12]처럼 두 영역을 묶어서 나타내면 된다.

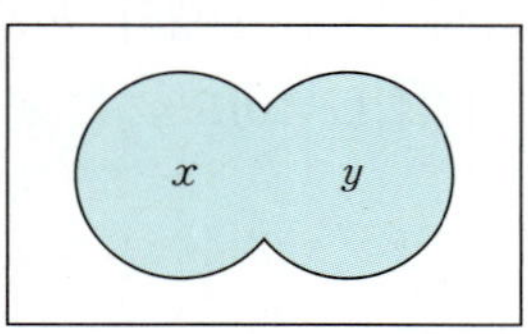


| 그림 2.12 $x+y$ 연산

변수가 3개인 경우도 각 변수에 해당하는 원형을 중첩하여 나타내어 위에서 설명한 방법대로 교집합과, 합집합, 여집합을 이용하여 부울식을 벤다이어그램으로 나타낼 수 있다. 분배 법칙에 해당하는 (T8)이 성립함을 벤다이어그램으로 나타내보자. 왼쪽 식과 오른쪽 식에 대한 벤다이어그램을 각 항별로 그려서 이들에 대한 집합 연산을 나타내어 비교해보자.

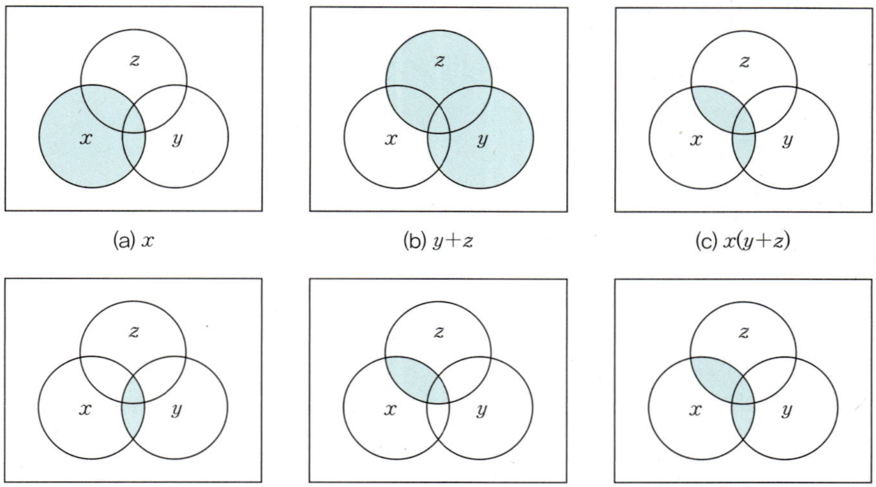

(a) $x$ (b) $y+z$ (c) $x(y+z)$

(d) $xy$ (e) $xz$ (f) $xy+xz$

| 그림 2.13 **분배 법칙 증명:** $x(y+z) = xy+xz$

[그림 2.13]의 (a)는 $x$에 대한 영역을 나타내고, 그림 (b)는 $(y+z)$ 영역을 나타내고 있다. 그림 (c)는 이 두 영역에 대한 교집합으로 $x(y+z)$ 영역을 나타내고 있다. 그림 (d)는 $xy$ 영역이고 그림 (e)는 $xz$에 대한 영역을 나타내고 있다. 그림 (f)는 이 두 영역에 대한 합집합으로 $xy+xz$의 영역을 나타내고 있다. 즉, 그림 (c)와 (f)가 동일함으로 분배 법칙이 성립함을 보여주고 있다.

## 2.4 부울식과 논리회로

### (1) 진리표

진리표는 입력 변수값의 가능한 모든 조합에 대한 함수 출력값을 표로 나타낸 것으로 보통 시스템에 대한 동작을 명시하는 표로 사용한다. 시스템의 동작을 언어로 표현하는 경우에 잘못 설명하게 되어 애매모호한 점이 있을 수 있지만, 진리표로 나타내면 시스템에 대한 동작이 정확히 정의되게 된다. 예를 들어 '두 개의 입력 중에 하나의 입력이 1이면 출력이 1이 되는 시스템'이라고 정의하게 되면, 두 개의 입력 모두가 1인 경우에 대하여 정확히 명시되지 않게 된다. 만일 두 개의 입력 모두가 1인 경우는 출력이 0이 되는 경우라면 '두 개의 입력 중에 하나의 입력만 1이면 출력이 1이 되는 시스템' 또는 '두 개의 입력이 서로 다를 때 출력이 1이 되는 시스템' 이라고 정의하면 될 것이다. 이런 시스템의 동작은 다음과 같이 진리표로 정확히 나타낼 수 있다. 두 개의 입력을 나타내는 변수 $a$, $b$로 가능한 4가지 경우에 대한 출력값 $y$를 정의한 것이다.

| $a\ b$ | $y$ |
|---|---|
| 0 0 | 0 |
| 0 1 | 1 |
| 1 0 | 1 |
| 1 1 | 0 |

일반적으로 설계 과정에서 시스템 동작을 명시하는 진리표를 만든 후에 출력에 대한 간략화된 부울식을 만들어 간소화된 논리회로를 구현하게 된다. 위 진리표에 대한 부울식이 어떻게 표현되는지 알아보기로 하자. 위 진리표를 말로 표현하면 다음과 같다.

$a$=0이고 $b$=1이거나, $a$=1이고 $b$=0인 경우에 출력 $y$는 1이 된다.

$a$=0이고 $b$=1일 때만 1이 되는 항은 $a'b$로 나타낼 수 있다. 그리고 $a$=1이고 $b$=0일 때만 1이 되는 항은 $ab'$로 나타낼 수 있다. 출력 $y$에 대한 부울식은 1이 되는 항들을 OR 연산으로 묶으면 되기 때문에 출력 $y$에 대한 부울식은 다음과 같이 표현된다.

$$y = a'b + ab'$$

함수를 0으로 만드는 경우를 이용하여 부울식을 만들 수도 있는데, 이 경우는 AND 연산이 필요하게 된다. $a$=0이고 $b$=0일 때만 0이 되는 항은 $(a+b)$로 나타낼 수 있고, $a$=1이고 $b$=1일 때만 0이 되는 항은 $(a'+b')$로 나타낼 수 있는데, 출력 $y$에 대한 부울식은 이 항들을 AND 연산으로 묶으면 된다. 좀 더 자세한 내용은 2.5절의 합의 곱 식 설명을 참조하면 도움이 될 것이다.

$$y = (a+b)(a'+b')$$

이 식에 대하여 분배 법칙을 이용하여 괄호를 없애면 앞 식과 같음을 확인할 수 있다.

$$y = (a+b)(a'+b') = aa' + ab' + a'b + bb' = ab' + a'b$$

또한 진리표를 이용하여 두 부울 함수가 같은지를 확인할 수도 있다. 함수에 나타나는 변수의 개수는 진리표에서 행의 수를 결정하게 되는데, 변수가 $n$개이면 $2^n$ 행이 필요하게 된다. 다음 두 함수에 대한 진리표를 비교하기 위하여 〈표 2.11〉에 함수 $y_1$과 $y_2$를 함께 표시하였다.

$$y_1 = a'b + ac'$$
$$y_2 = (a+b)(a'+c')$$

알아보기 쉽게 하기 위하여 각 함수에 포함된 항들도 표에 나타냈다. 진리표에서 $y_1$과 $y_2$는 모든 입력 조합에 대하여 같은 값을 갖기 때문에 이 두 함수가 동일함을 알 수 있다.

| 표 2.11 함수 비교를 위한 진리표

| $a\ b\ c$ | $a'b$ | $ac'$ | $y_1 = a'b+ac'$ | $a+b$ | $a'+c'$ | $y_2=(a+b)(a'+c')$ |
|---|---|---|---|---|---|---|
| 0 0 0 | 0 | 0 | 0 | 0 | 1 | 0 |
| 0 0 1 | 0 | 0 | 0 | 0 | 1 | 0 |
| 0 1 0 | 1 | 0 | 1 | 1 | 1 | 1 |
| 0 1 1 | 1 | 0 | 1 | 1 | 1 | 1 |
| 1 0 0 | 0 | 1 | 1 | 1 | 1 | 1 |
| 1 0 1 | 0 | 0 | 0 | 1 | 0 | 0 |
| 1 1 0 | 0 | 1 | 1 | 1 | 1 | 1 |
| 1 1 1 | 0 | 0 | 0 | 1 | 0 | 0 |

### (2) 무정의 조건(don't care conditions)

시스템 동작을 명시할 때에 입력에 대한 출력이 정의되지 않거나 또는 어떤 출력값이 되든지 상관이 없는 경우를 무정의 조건(don't care condition)이라고 한다. 진리표에서 무정의 조건을 출력값에 X로 표시하여 나타낸다. 〈표 2.12〉는 무정의가 있는 함수 $f$에 대한 진리표를 보여주고 있다. 입력이 011, 100인 경우는 무정의 조건임을 나타내고 있고, 함수 값은 0과 1 중 어떤 값이 되어도 무방하다는 뜻이다. 즉, 함수 $f$는 입력 $abc$가 000, 101, 110 또는 111이면 출력이 1이 되어야 하고, 011 또는 100인 경우는 0이든 1이든 상관이 없다는 뜻이다.

| 표 2.12 무정의 조건

| $abc$ | $f$ |
|---|---|
| 000 | 1 |
| 001 | 0 |
| 010 | 0 |
| 011 | X |
| 100 | X |
| 101 | 1 |
| 110 | 1 |
| 111 | 1 |

무정의가 있는 〈표 2.12〉의 진리표가 나타내는 함수에 대한 가장 간략화된 부울식을 구현하려면 〈표 2.13〉과 같이 무정의로 가능한 모든 함수에 대한 진리표를 만들어 각각에 대한 부울식을 만들어 간략화를 하고 가장 간략화된 부울식을 선택하면 될 것이다. 3장에서 설명할 부울식 간략화 기법을 사용하면 무정의 조건에 의해 만들 수 있는 각 경우에 대하여 문제를 독립적으로 풀지 않고, 하나의 문제로 간단히 해결된다.

| 표 2.13 무정의 조건 처리

| $abc$ | $f_1$ | $f_2$ | $f_3$ | $f_4$ |
|---|---|---|---|---|
| 000 | 1 | 1 | 1 | 1 |
| 001 | 0 | 0 | 0 | 0 |
| 010 | 0 | 0 | 0 | 0 |
| 011 | **0** | **0** | **1** | **1** |
| 100 | **0** | **1** | **0** | **1** |
| 101 | 1 | 1 | 1 | 1 |
| 110 | 1 | 1 | 1 | 1 |
| 111 | 1 | 1 | 1 | 1 |

### (3) 2변수 함수의 종류

$n$변수로 만들 수 있는 함수의 종류는 $2^{2^n}$개가 된다. 이미 앞에서 설명한 AND와 OR 연산자는 2변수에 대한 AND 함수와 OR 함수를 나타낸다. 2변수로 만들 수 있는 함수의 종류는 16가지가 되는데, 〈표 2.14〉에 16가지의 함수들을 보여주고 있다.

| 표 2.14 2변수 함수 종류

| $a\ b$ | $f_0$ | $f_1$ | $f_2$ | $f_3$ | $f_4$ | $f_5$ | $f_6$ | $f_7$ | $f_8$ | $f_9$ | $f_{10}$ | $f_{11}$ | $f_{12}$ | $f_{13}$ | $f_{14}$ | $f_{15}$ |
|---|---|---|---|---|---|---|---|---|---|---|---|---|---|---|---|---|
| 0 0 | 0 | 0 | 0 | 0 | 0 | 0 | 0 | 0 | 1 | 1 | 1 | 1 | 1 | 1 | 1 | 1 |
| 0 1 | 0 | 0 | 0 | 0 | 1 | 1 | 1 | 1 | 0 | 0 | 0 | 0 | 1 | 1 | 1 | 1 |
| 1 0 | 0 | 0 | 1 | 1 | 0 | 0 | 1 | 1 | 0 | 0 | 1 | 1 | 0 | 0 | 1 | 1 |
| 1 1 | 0 | 1 | 0 | 1 | 0 | 1 | 0 | 1 | 0 | 1 | 0 | 1 | 0 | 1 | 0 | 1 |

〈표 2.14〉의 함수들에 대한 부울식을 나타내면 다음과 같다.

$f_0 = 0$ $\quad$ $f_4 = a'b$ $\quad$ $f_8 = (a+b)'$ $\quad$ $f_{12} = a'$ (NOT)

$f_1 = ab$ (AND) $\quad$ $f_5 = b$ $\quad$ $f_9 = a'b'+ab$ $\quad$ $f_{13} = a'+b$

$f_2 = ab'$ $\quad$ $f_6 = a'b+ab'$ $\quad$ $f_{10} = b'$ (NOT) $\quad$ $f_{14} = (ab)'$

$f_3 = a$ $\quad$ $f_7 = a+b$ (OR) $\quad$ $f_{11} = a+b'$ $\quad$ $f_{15} = 1$

함수 $f_0$와 $f_{15}$는 입력변수에 관계없이 상수값을 출력하는 함수이므로 별의미가 없는 것이다. 그리고 $f_1$과 $f_7$은 이미 앞에서 설명한 AND와 OR 함수이다. 위 함수들 중에 일부는 게이트로 구현되어 많이 사용되는 유용한 함수로 4장에서 설명한다.

### (4) 부울식과 논리회로 관계

부울식을 논리회로로 표현할 때에 부울식의 함수 이름은 회로의 출력이 되고, 2진 값을 갖는 변수는 입력 신호선이고, 부울식에 포함된 연산자(AND, OR, NOT)들은 회로를 구성하는 기본 게이트들로 표현하게 된다. 다음 함수를 논리회로로 표현해보도록 하자.

$$y = a'b + ac'$$

위 함수의 계산은 다음과 같은 순서로 진행될 것이다.

$$\left\{\begin{matrix} a' \rightarrow a'b \\ c' \rightarrow ac' \end{matrix}\right\} \rightarrow a'b+ac'$$

위 부울식을 논리회로로 나타낼 때, 위 순서대로 연산이 이루어지도록 게이트를 좌측에서부터 배치하면 된다. 게이트들을 연결할 때, 게이트의 출력은 다른 게이트의 입력으로 연결하거나 함수 출력이 된다. 게이트 입력은 함수의 입력이거나 다른 게이트의 출력에 연결하게 된다. 함수 $y$를 논리회로로 나타내면 다음과 같이 될 것이다.

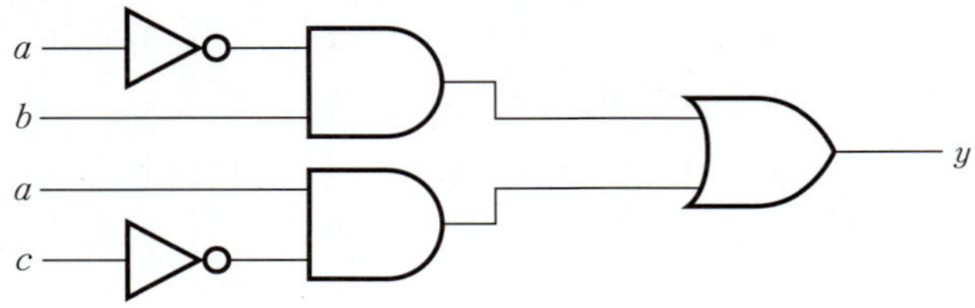


| 그림 2.14 $a'b + ac'$

**예제 2.8** 다음 부울식을 나타내는 논리회로를 그려라.

$$y = a + (bc')'$$

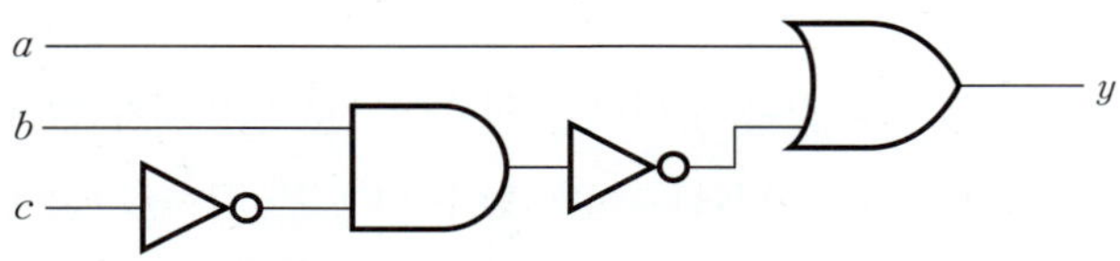


| 그림 2.15 부울식에 대한 논리회로

앞에서 설명한 방법과 반대로 출력 $y$에서부터 시작하여 입력 쪽으로 게이트들을 그릴 수도 있다. 출력 $y$는 입력 $a$와 NOT 게이트 출력을 입력으로 하는 2입력 OR 게이트의 출력이 된다. 그리고 NOT 게이트 입력은 입력 $b$와 NOT 게이트 출력을 입력으로 하는 2입력 AND 게이트의 출력이 되고, 마지막으로 NOT 게이트 입력은 $c$에 연결하면 된다.

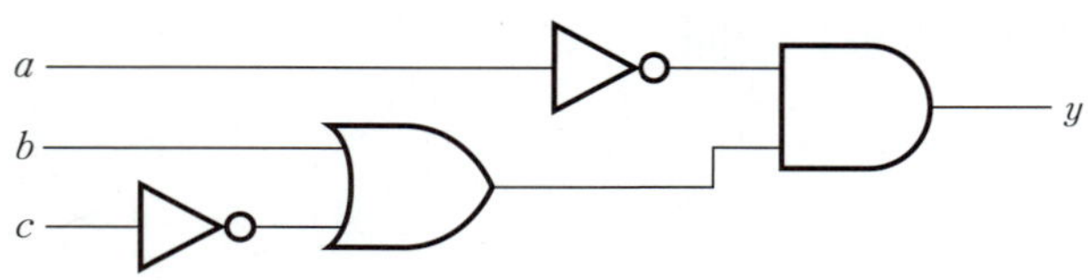


| 그림 2.16 논리회로에 대한 부울식

주어진 논리회로에 대한 부울식을 구하는 것은 회로 입력에서 시작하여 각 게이트의 출력을 입력에 대한 식으로 나타내는 것을 계속한다. 마지막 게이트에 대한 출력식이 회로가 나타내는 함수에 대한 부울식이 된다. [그림 2.16] 회로를 나타내는 부울식은 다음과 같은 순서로 구할 수 있다. NOT 게이트 출력인 $a'$을 만들고 AND 게이트의 다른 입력(OR 게이트 출력)에 대한 식을 구하여 AND 연산자로 연결하면 된다. OR 게이트 출력은 $b + c'$이므로 함수 $y$에 대한 식은 다음과 같이 될 것이다.

$$y = a'(b+c')$$

## 2.5 부울식 표현 형태

부울식을 조합회로로 나타내는 방법에서 보았듯이 부울식 형태가 조합회로를 구현하는데 필요한 게이트 수와 연결선 수를 결정하게 된다. 회로 형태를 바꾸기 위해서는 부울식을 조작할 필요가 있는데 부울식의 2가지 표준인 '곱의 합' 형태와 '합의 곱' 형태에 대하여 알아보자.

### (1) 곱의 합 식

곱의 합 형태의 부울식은 가장 많이 사용되는 것으로, 이와 관련된 설명을 위하여 몇 가지 용어 정의가 필요하다.

#### ① 문자(literal)

부울식에 사용되는 문자는 입력변수를 나타내는데, 문자들의 수는 식의 복잡도를 비교할 때 사용된다. 예를 들어 부울식 $ab + a'b + bc$에는 6개의 문자가 있다.

#### ② 곱항(product term)

부울식에서 곱항은 AND 연산자로 이루어진 항을 뜻하는데, 결합 정리에서 설명한 것처럼 2개 이상의 변수들에 대하여도 괄호 없이 AND 연산자들을 사용하여 하나의 항을 형성할 수 있다. 부울식에 나타나는 곱항 수가 식의 복잡도를 비교할 때 가장 중요한 요소이다. 특별한 경우로 하나의 문자로 이루어진 항도 곱항에 속한다. 예를 들어 $a$, $a'b$, $abc$들은 모두 곱항이다.

### ③ 최소항(minterm)

최소항은 표준 곱항(standard product term)이라고도 하는데 입력 변수에 해당하는 문자 모두를 포함하는 곱항을 뜻한다. $n$변수의 함수에 대하여 최소항은 $2^n$개가 있다. 예를 들어 〈표 2.15〉에서 보는 것과 같이 3변수 함수의 경우에 8개의 최소항이 있다.

| 표 2.15 3변수 최소항

| $a\ b\ c$ | 최소항 | 최소항 기호 |
|---|---|---|
| 0 0 0 | $a'b'c'$ | $m_0$ |
| 0 0 1 | $a'b'c$ | $m_1$ |
| 0 1 0 | $a'bc'$ | $m_2$ |
| 0 1 1 | $a'bc$ | $m_3$ |
| 1 0 0 | $ab'c'$ | $m_4$ |
| 1 0 1 | $ab'c$ | $m_5$ |
| 1 1 0 | $abc'$ | $m_6$ |
| 1 1 1 | $abc$ | $m_7$ |

〈표 2.15〉에서 변수 $a$, $b$, $c$ 입력에 대한 2진수가 순서대로 나열되어 있는데, 각 2진수에 해당하는 최소항은 이 2진수 각 비트에 대하여 0이면 해당 변수를 보수화(complement)하여 표시하고, 1이면 변수를 그대로 표시하여 나타내고 이 최소항에 대한 기호는 2진수 행 번호를 인덱스로 사용하여 $m_i$로 표시한다. 즉, 011에 해당하는 행의 최소항은 $a'bc$이고 이 최소항에 대한 기호는 $m_3$로 표시한다. 〈표 2.16〉은 3변수의 함수를 진리표로 나타낸 것이고, 진리표에 최소항 열을 추가하였다.

| 표 2.16 3변수 함수의 진리표

| $a\ b\ c$ | $f$ | 최소항 기호 |
|---|---|---|
| 0 0 0 | 0 | $m_0$ |
| 0 0 1 | 1 | $m_1$ |
| 0 1 0 | 1 | $m_2$ |
| 0 1 1 | 0 | $m_3$ |
| 1 0 0 | 1 | $m_4$ |
| 1 0 1 | 0 | $m_5$ |
| 1 1 0 | 0 | $m_6$ |
| 1 1 1 | 1 | $m_7$ |

진리표로 정의된 함수 $f$에 대한 부울식을 다음과 같이 최소항들의 합으로 나타낼 수 있고, 각 최소항에 해당하는 최소항 기호를 사용하거나 최소항 번호를 사용해서 함수를 표현할 수도 있다.

$$\begin{aligned} f &= a'b'c + a'bc' + ab'c' + abc \\ &= m_1 + m_2 + m_4 + m_7 \\ &= \Sigma m(1, 2, 4, 7) \end{aligned}$$

즉, 함수를 진리표로 장황하게 나타내는 것보다 최소항 번호를 사용하면 훨씬 간단하게 나타낼 수 있음을 알 수 있다.

**④ 정규 합(canonical sum)**

정규 합은 표준 곱항의 합(sum of standard product term)이라고도 하는데, 최소항(표준 곱항)들의 합으로 표현된 식이다. 다음 식들은 정규 합 형태이다.

$$abcd' + a'b'cd$$
$$a'bcd + a'bcd' + abcd$$

등가인 부울식은 여러 개가 있을 수 있지만 정규 합 형태의 식은 하나 밖에 존재하지 않는다. 따라서 부울식들을 정규 합 형태로 바꾸면 부울식들이 등가인지를 비교할 수 있다.

**⑤ 곱의 합(SOP: Sum of Product)**

곱의 합 식은 곱항들이 OR 연산자로 연결되어 이루어진 표준 형태의 부울식이다. 보통 정규 합으로 표현된 식보다 간략화된 식이라고 할 수 있는데 다음 식들은 모두 곱의 합(SOP) 식이다.

$$a$$
$$a'b$$
$$a+b'$$
$$a'b + c$$
$$a'bc' + a'c + ac$$

한 함수에 대하여 등가인 곱의 합 식이 여러 개가 존재할 수 있다. 즉, 부울 대수의 여러 가지 정리들을 이용하여 변경된 부울식들은 등가인 식들이다. 위에 있는 마지막 식을 간략화하면 네 번째 식과 같음을 알 수 있다.

$$
\begin{aligned}
& a'bc' + a'c + ac \\
& \quad = a'bc' + (a' + a)c \\
& \quad = a'bc' + c \\
& \quad = a'b + c \qquad ;\ (\mathrm{T12})
\end{aligned}
$$

보수화된 입력들이 제공되어 입력을 보수화하기 위한 NOT 게이트는 필요 없다고 가정하고 곱의 합 식을 게이트 회로로 나타내면 1단에는 AND 게이트들, 2단에는 하나의 OR 게이트로 이루어지는 표준형 2단 회로가 된다. [그림 2.17]은 곱의 합 형태인 다음 식을 회로로 나타낸 것이다.

$$f = ac' + b'c + bc'$$

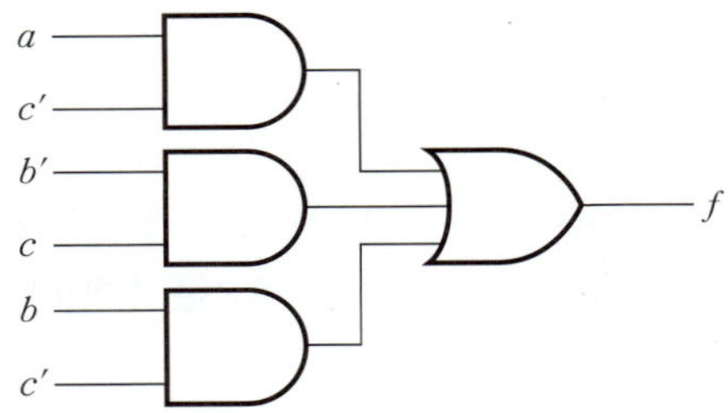


I 그림 2.17 2단 회로

만일 부울식이 다음과 같이 표준 형태가 아닌 경우는 다단 회로의 형태가 된다.

$$f = (a'b' + b)c + abc'$$

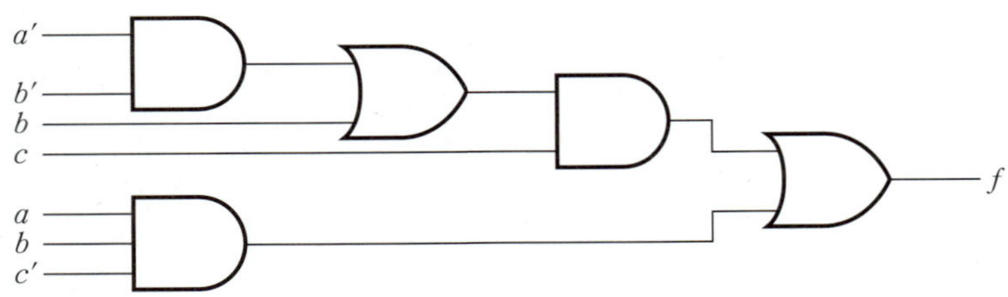


I 그림 2.17 다단 회로

⑥ **최소 곱의 합(minimum SOP)**

최소 곱의 합 식은 등가인 곱의 합(SOP) 식 중에서 곱항 수가 가장 적은 것이고, 만일 곱항 수가 같은 경우는 문자수가 가장 적은 것이 된다. 한 함수에 대한 최소 곱의 합 식은 하나 이상 존재할 수 있다.

〈표 2.17〉의 진리표에 대한 부울식은 다음과 같이 여러 가지로 표현할 수 있다.

1) $a'b'c + ab'c' + ab'c + bc'$

2) $ab'c' + b'c + bc'$

3) $ab' + b'c + bc'$

4) $ac' + b'c + bc'$

1)의 경우는 곱항 수가 4이다. 2)의 경우는 곱항 수가 3이고 문자수가 7이다. 3)과 4)의 경우는 곱항 수가 3이고 문자수가 6인 최소 곱의 합 식이다. 이 식보다 곱항 수 또는 문자수가 더 적은 식이 없다고 아직 말하기는 어렵지만 3장의 부울식 간략화 기법을 사용하면 확인할 수가 있게 된다.

| 표 2.17 진리표 예

| $a\ b\ c$ | $f$ |
|---|---|
| 0 0 0 | 0 |
| 0 0 1 | 1 |
| 0 1 0 | 1 |
| 0 1 1 | 0 |
| 1 0 0 | 1 |
| 1 0 1 | 1 |
| 1 1 0 | 1 |
| 1 1 1 | 0 |

## (2) 보수 함수

함수의 $f$에 대한 보수 함수는 $f'$으로 표시하고, 모든 입력 조합에 대하여 $f$ 값을 반전시킨 값으로 정의한다. 〈표 2.18〉은 함수 $f$와 보수 함수 $f'$에 대한 진리표를 같이 보여주고 있다.

| 표 2.18 보수 함수

| $a\ b\ c$ | $f$ | $f$ |
|---|---|---|
| 0 0 0 | 0 | 1 |
| 0 0 1 | 1 | 0 |
| 0 1 0 | 1 | 0 |
| 0 1 1 | 0 | 1 |
| 1 0 0 | 1 | 0 |
| 1 0 1 | 1 | 0 |
| 1 1 0 | 1 | 0 |
| 1 1 1 | 0 | 1 |

함수 $f$와 $f'$를 최소항 번호로 나타내면 다음과 같이 된다.

$$f = \Sigma m(1, 2, 4, 5, 6)$$
$$f' = \Sigma m(0, 3, 7)$$

함수 $f$와 $f'$에 대한 부울식을 다음과 같이 간략화할 수 있을 것이다.

$$\begin{aligned} f &= a'b'c + a'bc' + ab'c' + ab'c + abc' \\ &= (a'+a)b'c + (a'+a)bc' + (b'+b)ac' \\ &= b'c + bc' + ac' \end{aligned}$$

$$\begin{aligned} f' &= a'b'c' + a'bc + abc \\ &= a'b'c' + (a'+a)bc \\ &= a'b'c' + bc \end{aligned}$$

$f'$ 식에 대하여 보수를 취하여 드모르간의 법칙을 적용하면 $f$에 대한 식이 합의 곱 형태로 바뀌는 것을 알 수 있다.

$$\begin{aligned} (f')' &= (a'b'c' + bc)' = (a'b'c')'(bc)' = (a+b+c)(b'+c') \\ f &= (a+b+c)(b'+c') \end{aligned}$$

### (3) 합의 곱 식

표준 형태의 합의 곱 식에 대한 설명을 위하여 새로운 용어들에 대한 소개가 추가적으로 필요하다. 곱의 합 식에서 정의한 용어들과 대응되는 것들이다.

① **합항(sum term)**

부울식에서 합항은 OR 연산자로 이루어진 항을 뜻하는데, 결합 정리에서 설명한 것처럼 괄호 없이 2개 이상의 변수들에 대하여도 OR 연산자들을 사용하여 하나의 항을 형성할 수 있다. 특별한 경우로 하나의 문자로 이루어진 항도 합항에 속한다. 예를 들어 $a$, $a'+b$, $a+b+c$들은 모두 합항이다.

② **최대항(maxterm)**

최대항은 표준 합항(standard sum term)이라고도 한다. 입력변수에 해당하는 문자 모두를 포함하는 합항을 뜻한다. $a$, $b$, $c$, $d$ 4개의 변수로 이루어진 함수에서 $a'+b'+c'+d$, $a'+b'+c+d$, $a+b+c+d$들은 최대항이지만 $a+c+d$, $b'+c'+d'$, $a+c$들은 합항이지만 최대항은 아니다. $n$변수의 함수에 대하여 최대항은 $2^n$가지가 있다. 예를 들어 〈표 2.19〉에서 보는 것과 같이 3변수 함수의 경우에 8개의 최대항이 있다.

| 표 2.19 3변수 최대항

| $a\ b\ c$ | 최대항 | 최대항 기호 |
|---|---|---|
| 0 0 0 | $a+b+c$ | $M_0$ |
| 0 0 1 | $a+b+c'$ | $M_1$ |
| 0 1 0 | $a+b'+c$ | $M_2$ |
| 0 1 1 | $a+b'+c'$ | $M_3$ |
| 1 0 0 | $a'+b+c$ | $M_4$ |
| 1 0 1 | $a'+b+c'$ | $M_5$ |
| 1 1 0 | $a'+b'+c$ | $M_6$ |
| 1 1 1 | $a'+b'+c'$ | $M_7$ |

〈표 2.19〉에서 변수 $a$, $b$, $c$ 입력에 대한 2진수가 순서대로 나열되어 있는데, 각 2진수에 해당하는 최대항은 이 2진수 각 비트에 대하여 0이면 해당 변수로 표시하고, 1이면 변수를 보수화(complement)하여 표시하여 나타내고 이 최대항에 대한 기호는 2진수 행번호를 인덱스로 사용하여 $M_i$로 표시한다. 앞에서 설명한 최소항의 경우와는 반대로 함을 주의하라. 즉, 011에 해당하는 행의 최대항은 $a+b'+c'$이고 이 최대항에 대한 기호는 $M_3$로 표시한다.

〈표 2.20〉은 최소항과 최대항이 보수 관계에 있음을 보여주고 있다. 즉, $M_i = m_i'$이다. 예를 들어 $m_1' = (abc')' = (a'+b'+c) = M_1$이다.

| 표 2.20 최소항과 최대항 비교

| $a\ b\ c$ | $f$ | $f'$ | 최소항 | 최소항 기호 | 최대항 | 최대항 기호 |
|---|---|---|---|---|---|---|
| 0 0 0 | 0 | 1 | $a'b'c'$ | $m_0$ | $a+b+c$ | $M_0$ |
| 0 0 1 | 1 | 0 | $a'b'c$ | $m_1$ | $a+b+c'$ | $M_1$ |
| 0 1 0 | 1 | 0 | $a'bc'$ | $m_2$ | $a+b'+c$ | $M_2$ |
| 0 1 1 | 0 | 1 | $a'bc$ | $m_3$ | $a+b'+c'$ | $M_3$ |
| 1 0 0 | 1 | 0 | $ab'c'$ | $m_4$ | $a'+b+c$ | $M_4$ |
| 1 0 1 | 0 | 1 | $ab'c$ | $m_5$ | $a'+b+c'$ | $M_5$ |
| 1 1 0 | 0 | 1 | $abc'$ | $m_6$ | $a'+b'+c$ | $M_6$ |
| 1 1 1 | 1 | 0 | $abc$ | $m_7$ | $a'+b'+c'$ | $M_7$ |

앞 절에서 보수 함수 $f'$에 대한 곱의 합 식을 구한 후에 드모르간 정리를 적용하면 함수 $f$에 대한 합의 곱 식을 만들 수 있음을 확인하였다. 이 과정을 최소항과 최대항을 사용하여 표현해보자. 즉, 함수 $f'$에 대한 곱의 합 식을 최소항들의 합으로 나타낸 후에 드모르간 정리를 적용하면 다음과 같이 최대항들의 곱으로 바뀜을 알 수 있다.

$$f = \Sigma m(1, 2, 4, 7)$$
$$f' = \Sigma m(0, 3, 5, 6) = m_0 + m_3 + m_5 + m_6$$
$$(f')' = (m_0 + m_3 + m_5 + m_6)' = m_0' \cdot m_3' \cdot m_5' \cdot m_6' = M_0 \cdot M_3 \cdot M_5 \cdot M_6$$

즉, 합의 곱 식으로 표현하려면 $f$에 대한 진리표에서 $f=0$에 해당하는 최대항들의 곱으로 나타내면 된다.

$$\begin{aligned} f &= \Pi M(0, 3, 5, 6) = M_0 \cdot M_3 \cdot M_5 \cdot M_6 \\ &= (a+b+c)(a+b'+c')(a'+b+c')(a'+b'+c) \end{aligned}$$

### ③ 정규 곱(canonical product)

정규 곱은 표준 합항의 곱(product of standard sum term)이라고도 하는데, 최대항(표준 합항)들의 곱으로 표현된 식이다. 다음 식들은 정규 곱 형태이다.

$(a+b+c+d')(a'+b'+c+d)$

$(a'+b+c+d)(a'+b+c+d')(a+b+c+d)$

등가인 부울식은 여러 개가 있을 수 있지만 정규 곱 형태의 식은 하나 밖에 존재하지 않는다. 따라서 부울식을 정규 곱 형태로 바꾸면 부울식이 등가인지를 비교할 수 있다.

**④ 합의 곱(POS: Product of Sum)**

합의 곱 식은 합항들이 AND 연산자로 연결되어 이루어진 표준 형태의 부울식이다. 보통 정규 곱으로 표현된 식보다 간략화된 식이라고 할 수 있는데 다음 식들은 모두 합의 곱(POS) 식이다.

$a$

$a'b$

$a+b'$

$(a+b')c'$

$(a+b'+c)(a+c')(a'+c')$

등가인 합의 곱 식이 여러 개가 존재할 수 있다. 즉, 부울 대수의 여러 가지 정리들을 이용하여 변경된 부울식들은 등가인 식들이다. 위에 있는 마지막 식을 간략화하면 네 번째 식과 같음을 알 수 있다.

$$
\begin{aligned}
&(a+b'+c)(a+c')(a'+c') \\
&= (a+b'+c)(aa'+c') \\
&= (a+b'+c)c' \\
&= (a+b')c' + cc' \\
&= (a+b')c'
\end{aligned}
$$

합의 곱 식을 논리 회로로 나타내면 1단에는 OR 게이트들, 2단에는 하나의 AND 게이트로 이루어지는 표준형 2단 회로가 된다. [그림 2.19]는 합의 곱 형태인 다음 식을 회로로 표현한 것이다.

$f = (a'+c)(b+c')(b'+c)$

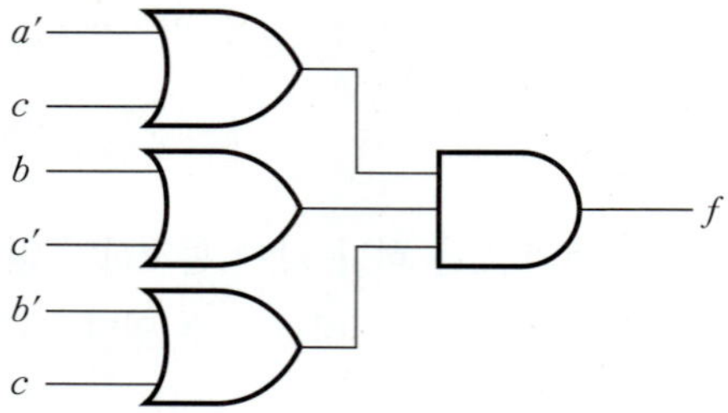


| 그림 2.19 합의 곱 식의 2단 회로

### ⑤ 최소 합의 곱(minimum POS)

최소 합의 곱 식은 등가인 합의 곱(POS) 식 중에서 항 수가 가장 적은 것이고, 만일 항 수가 같은 경우는 문자수가 가장 적은 것이 된다. 한 함수에 대한 최소 합의 곱 식은 하나 이상 존재할 수 있다. 일반적으로 최소 합의 곱 식을 직접 정규 곱에서 시작하여 간소화하는 것은 쉽지 않으므로 보수 함수에 대한 최소 곱의 합 식을 구하여 드모르간 법칙을 적용하여 최소 합의 곱 식을 구하는 것이 쉽다.

**예제 2.8** 4비트 입력($a$, $b$, $c$, $d$)이 8421 BCD 코드가 아닌 경우에 출력 $E=1$이 되는 시스템에 대한 진리표를 나타내고, 출력 $E$에 대한 최소 곱의 합 식과 최소 합의 곱 식을 구하고 2단 회로를 그려라.

8421 BCD 코드는 0부터 9까지 10가지를 2진수로 나타내고 나머지는 사용하지 않는 코드이다. 출력 $E$에 대한 진리표를 나타내면 다음과 같다.

| $abcd$ | $E$ |
|---|---|
| 0000 | 0 |
| 0001 | 0 |
| 0010 | 0 |
| 0011 | 0 |
| 0100 | 0 |
| 0101 | 0 |
| 0110 | 0 |
| 0111 | 0 |
| 1000 | 0 |
| 1001 | 0 |
| 1010 | 1 |
| 1011 | 1 |

| | |
|---|---|
| 1100 | 1 |
| 1101 | 1 |
| 1110 | 1 |
| 1111 | 1 |

최소 곱의 합 식은 함수 $E$=1이 되는 최소항(표준 곱항)들의 합 식을 간략화하여 구하면 된다.

$$\begin{aligned} E &= ab'cd' + ab'cd + abc'd' + abc'd + abcd' + abcd \\ &= ab'c(d'+d) + abc'(d'+d) + abc(d'+d) \\ &= ab'c + abc' + abc \\ &= ac(b'+b) + ab(c'+c) \\ &= ac + ab \end{aligned}$$

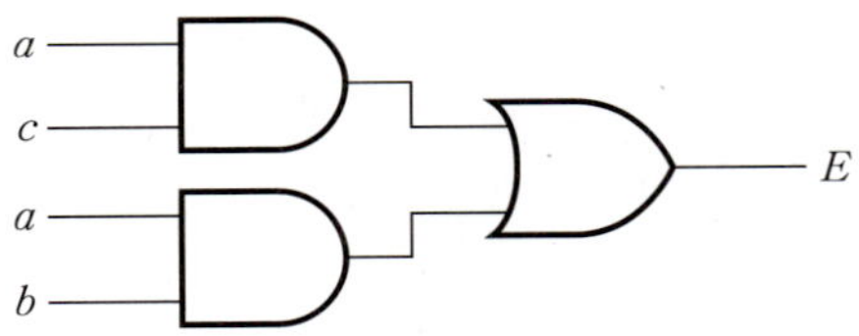


함수 $E$에 대한 최소 합의 곱 식은 $E'$에 대한 최소 곱의 합 식을 먼저 구하여 드모르간 법칙을 적용하여 구하면 된다.

$$\begin{aligned} E' &= a'b'c'd' + a'b'c'd + a'b'cd' + a'b'cd + a'bc'd' + a'bc'd + a'bcd' + a'bcd + \\ &\quad ab'c'd' + ab'c'd \\ &= a'b'c'(d'+d) + a'b'c(d'+d) + a'bc'(d'+d) + a'bc(d'+d) + ab'c'(d'+d) \\ &= a'b'(c'+c) + a'b(c'+c) + b'c'(a'+a) \\ &= a'(b'+b) + b'c' \\ &= a' + b'c' \end{aligned}$$

드모르간 법칙을 적용하여 함수 $E$에 대한 최소 합의 곱 식을 구한 것과 2단 회로는 다음과 같이 된다.

$$E = (E')' = (a'+b'c')' = a(b+c)$$

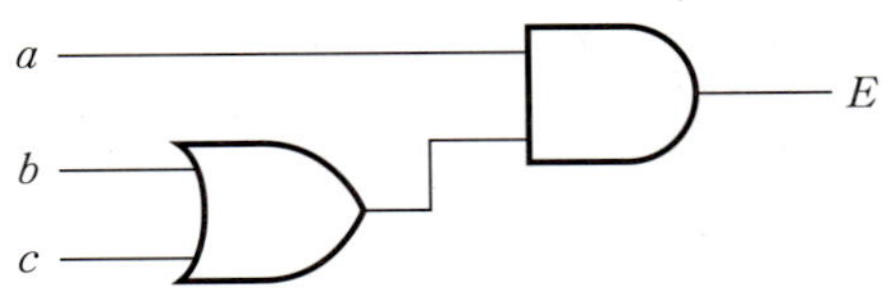

**예제 2.9** 전가산기(Full Adder)는 1장에서 설명한 2진수 덧셈에 필요한 논리회로 모듈인데, 그림과 같이 세 개의 입력과 두 개의 출력으로 이루어진다. 즉, 2진수 비트 $a$, $b$와 캐리(올림수)인 $c_i$을 더하여, 합을 나타내는 $s$와 캐리 출력을 나타내는 $c_o$로 구성된다.

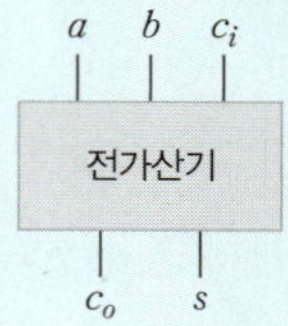


1) 전가산기에 대한 진리표를 나타내라.
2) 출력을 최소항의 집합으로 나타내라.
3) 출력을 정규합 형식으로 나타내라.
4) 출력에 대한 최소 곱의 합 식을 구하라.

1) $s$와 $c_o$에 대한 진리표를 나타낸다.

| $a\ b\ c_i$ | $c_o\ s$ |
|---|---|
| 0 0 0 | 0 0 |
| 0 0 1 | 0 1 |
| 0 1 0 | 0 1 |
| 0 1 1 | 1 0 |
| 1 0 0 | 0 1 |
| 1 0 1 | 1 0 |
| 1 1 0 | 1 0 |
| 1 1 1 | 1 1 |

2) $s$와 $c_o$에 대한 최소항의 집합으로 나타낸다.

$$s = \Sigma m(1, 2, 4, 7)$$
$$c_o = \Sigma m(3, 5, 6, 7)$$

3) $s$와 $c_o$에 대한 정규 합(표준 곱항의 합) 형식으로 나타낸다.

$$s = a'b'c_i + a'bc_i' + ab'c_i' + abc_i$$
$$c_o = a'bc_i + ab'c_i + abc_i' + abc_i$$

4) $s$와 $c_o$에 대한 최소 곱의 합 식을 구한다.

$s = a'b'c_i + a'bc_i' + ab'c_i' + abc_i$ (더 이상 간략화를 못함)

$$c_o = a'bc_i + ab'c_i + abc_i' + \mathrm{a}\mathrm{b}\mathrm{c}_i$$
$$= bc_i(a'+a) + ac_i(b'+b) + ab(c_i'+\mathrm{c}_i)$$
$$= bc_i + ac_i + ab$$

## 단원요약

1. 부울식을 조합회로로 나타낼 때 AND, OR, NOT 기본 연산을 수행하는 각 모듈을 게이트라고 하는데, 이들 각각을 AND 게이트, OR 게이트, NOT 게이트라고 한다.

2. 함수에 대한 진리표는 입력변수의 모든 조합에 대한 출력을 표로 나타낸 것으로, 보통 시스템에 대한 동작을 명시하는 표로 사용한다.

3. 부울식의 2가지 표준 형태인 '곱의 합' 식과 '합의 곱' 식이 있는데, 회로로 나타내면 2단 형태의 회로가 된다.

4. 최소항(minterm)은 표준 곱항(standard product term)이라고도 하는데, 입력변수에 해당하는 문자 모두를 포함하는 곱항을 뜻한다.

5. 정규 합(canonical sum)은 표준 곱항의 합(sum of standard product term)이라고도 하는데, 최소항(표준 곱항)들의 합으로 표현된 식이다.

6. 곱의 합(SOP, Sum of Product) 식은 곱항들이 OR 연산자로 연결되어 이루어진 식이다.

7. 최소 곱의 합(minimum SOP) 식은 등가인 곱의 합(SOP) 식 중에서 항 수가 가장 적은 것이고, 만일 항 수가 같은 경우는 문자수가 가장 적은 것이 된다.

8. 최대항(maxterm)은 표준 합항(standard sum term)이라고도 하는데, 입력 변수에 해당하는 문자 모두를 포함하는 합항을 뜻한다.

9. 정규 곱(canonical product)은 표준 합항의 곱(product of standard sum term)이라고도 하는데, 최대항(표준 합항)들의 곱으로 표현된 식이다.

10. 최소 합의 곱(minimum POS)은 등가인 합의 곱(POS) 식 중에서 항 수가 가장 적은 것이고, 만일 항 수가 같은 경우는 문자수가 가장 적은 것이 된다.

11. 최소 합의 곱 식은 보수 함수($f'$)에 대한 최소 곱의 합 식을 구한 후에 드모르간 법칙을 적용하여 구할 수 있다.

# 연습문제

**01** 합의(consensus) 정리인 $ab + a'c + bc = ab + a'c$을 벤다이어그램으로 그려서 성립함을 보여라.

**02** 다음 함수들에 대한 진리표를 나타내라.

a) $f = ab' + ac + a'b'c'$

b) $f = a'b + (a + c)(b + c')$

**03** 최소항 번호로 나타낸 함수를 최대항 번호를 이용하여 나타내라.

a) $f(x,y,z) = \Sigma m(0, 1, 5, 7)$

b) $f(a,b,c) = \Sigma m(0, 2, 3, 7)$

**04** 최대항 번호로 나타낸 함수를 최소항 번호를 이용하여 나타내라.

a) $f(x,y,z) = \Pi M(0, 1, 5, 7)$

b) $f(a,b,c) = \Pi M(0, 2, 3, 7)$

**05** 다음 함수들을 최소항 번호를 이용하여 나타내라.

a) $f = ab' + ac + a'b'c'$

b) $f = a'b + (a + c)(b + c')$

**06** 다음 함수들을 최대항 번호를 이용하여 나타내라.

a) $f = ab' + ac + a'b'c'$

b) $f = a'b + (a + c)(b + c')$

**07** 진리표를 이용하여 다음 두 함수 $f_1$, $f_2$가 같은지를 보여라.

a) $f_1 = a'b + a'c' + ac$

$f_2 = ac + bc + a'c'$

b) $f_1 = a'b' + ac + b'c$

$f_2 = b' + abc$

**08** 다음 회로를 나타내는 출력 $f$에 대한 식은?

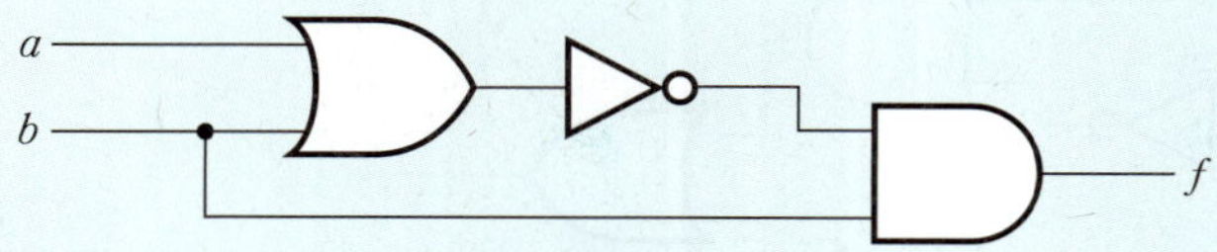


**09** 논리 함수식 $f(a,b,c,d) = \Sigma m(0, 2, 4, 5, 8, 11, 14, 15)$을 간략화 한 식은?

**10** 반가산기 회로의 carry(c)와 sum(s)을 나타내는 논리식은?

**11** 부울 함수 $f = a + b'c$를 최소항의 합으로 나타내라.

**12** 부울식 $f = a + a'b$를 간략화하라.

**13** $f(a,b,c) = \Sigma m(1, 3, 4, 5, 7)$를 곱의 합 식 형태로 간략화하라.

**14** 함수 $f = (a'+b'+c')(a'+b+c')$의 보수 함수를 합의 곱 식 형태로 간략화하라.

**15** 함수 $f(a,b,c,d) = \Sigma m(0, 1, 2, 4, 5, 6, 8, 9, 12, 13, 14)$를 곱의 합 식 형태로 간략화하라.

**16** 다음 식들을 간략화하라.

a) $abc' + abc$

b) $a'b'c' + a'b'c + a'bc + ab'c + abc$

c) $a'b'c + ab'c + abc' + abc$

d) $a'b'c' + a'b'c + a'bc + abc' + abc$

**17** 다음 각 회로를 나타내는 부울식을 나타내라.

a)

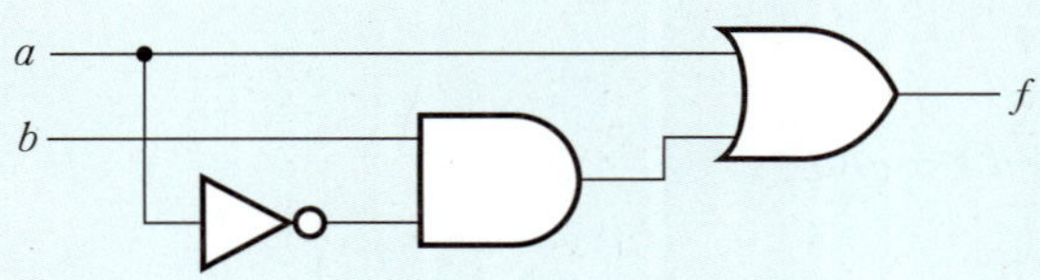

b)

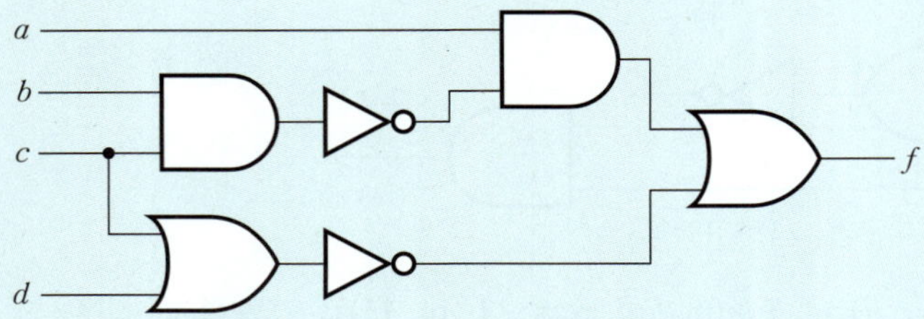


c)

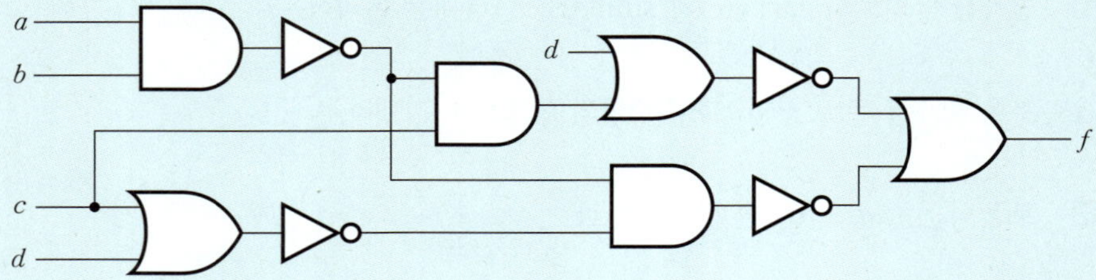


**18** 다음 식들을 나타내는 논리회로를 그려라. 보수 입력(complemented input)이 있다고 가정한다.

a) $x'y' + y'z + xz$

b) $xy + x'(y+z)$

c) $ab'(c+d'e) + (a'c+bc'd)(b+e)$

d) $a(b'+d)(c+d') + a'(b+cd)$

**19** 다음 식들에 대한 최소 합의 곱(POS) 식을 구하라.

a) $(a+b+c)(a+b'+c)(a+b'+c')(a+b'+c)$

b) $(a+b+c'+d')(a+b'+c')(b'+c'+d')$

c) $(a+b+c)(a'+b'+c')(a'+c'+d')$

d) $(a+b)(a'+b+c)(b+c'+d)$

**20** 다음 식들에 대한 최소 곱의 합(SOP) 식을 구하라.

a) $f = ad'(b+c) + ac'(b+d)$

b) $f = ac(b+d) + a'b(c+d') + a(b'+c)$

**21** 다음 식들에 대한 최소 곱의 합(SOP) 식을 구하라.

a) $(a+b+c)(a+b'+c)(a+b'+c')$

b) $(a+b+c'+d')(a+b'+c')(b'+c'+d')$

c) $(a+b+c)(a'+b'+c')(a'+c'+d')$

d) $(a+b)(a'+b+c)(b+c'+d)$

**22** 다음 함수에 대하여 정규화 합(canonical sum) 형식으로 나타내라.

a) $f(a,b,c) = ab + a'bc$

b) $f(a,b,c,d) = a'd$

c) $f(a,b,c) = a + b + c$

d) $f(a,b,c) = a' + bc + b'c'$

**23** 다음 함수에 대하여 정규화 곱(canonical product) 형식으로 나타내라.

a) $f(a,b,c) = ab + a'bc$

b) $f(a,b,c,d) = a'd$

c) $f(a,b,c) = a + b + c$

d) $f(a,b,c) = a' + bc + b'c'$

**24** 다음 함수에 대하여

$$f(a,b,c) = \Sigma m(0, 2, 3, 4)$$

a) 정규화 합(canonical sum) 형식으로 표현하라.

b) 최소 곱의 합(SOP) 식을 구하라.

**25** 다음 함수에 대하여

$$g(a,b,c) = \Pi M(2, 3, 7)$$

a) 정규화 곱(canonical product) 형식으로 표현하라.

b) 최소 합의 곱(POS) 식을 구하라.

**26** 다음 두 함수 각각에 대하여

$$f = ac' + (a+b)(a+c')$$
$$g = ab + a'c' + bc'$$

a) 진리표를 나타내라.
b) 최소항의 합 형태로 나타내라.
c) 최소 곱의 합(SOP) 식을 구하라.
d) 보수 함수에 대한 최소 곱의 합(SOP) 식을 구하라.
e) 최소 합의 곱(POS) 식을 구하라.

**27** 세 개의 입력($x$, $y$, $b_{in}$)과 두 개의 출력($b_o$, $d$)로 이루어진 1비트 전 감산기에 대한

a) 진리표를 나타내라.
b) 최소 곱의 합(SOP) 식을 구하라.
c) 보수 함수에 대한 최소 곱의 합(SOP) 식을 구하라.
d) 최소 합의 곱(POS) 식을 구하라.

**28** 1층과 2층 사이에 있는 전등을 제어할 수 있는 세 개의 스위치(마스터 스위치 $m$, 1층 스위치 $a$, 2층 스위치 $b$)로 이루어진 시스템이다. 마스터 스위치가 내려져 있으면($m$=0) 전등은 다른 두 개의 스위치 상태에 관계없이 전등이 꺼진다. 마스터 스위치가 올려져 있는($m$=1) 상태에서 1층과 2층의 스위치의 상태가 바뀌면 전등의 상태도 바뀌도록 하는 시스템에 대하여

a) 진리표를 나타내라.
b) 최소 곱의 합(SOP) 식을 구하라.
c) 보수 함수에 대한 최소 곱의 합(SOP) 식을 구하라.
d) 최소 합의 곱(POS) 식을 구하라.

**29** 네 개의 입력($a_1$, $a_0$, $b_1$, $b_0$)과 세 개의 출력($G$, $E$, $L$)으로 이루어진 시스템에서 무부호수 $a_1a_0$와 $b_1b_0$ 사이에 다음과 같은 조건을 만족시키는 진리표를 나타내라.

$G = 1$, if $a_1a_0 > b_1b_0$
$E = 1$, if $a_1a_0 = b_1b_0$
$L = 1$, if $a_1a_0 < b_1b_0$

**30** 설계하려는 시스템은 네 개의 입력($a_1$, $a_0$, $b_1$, $b_0$)과 한 개의 출력 $F$로 이루어져 있다. 입력 $a_1a_0$와 $b_1b_0$는 부호가 없는 두 개의 수를 나타내고 있다. 이 두 개의 입력에 대한 덧셈 결과가 홀수인 경우에 출력 $F=1$이 되는 시스템이다.

a) 출력 $F$에 대한 진리표를 나타내라.

b) 최소 곱의 합(SOP) 식을 구하라.

c) 보수 함수에 대한 최소 곱의 합(SOP) 식을 구하라.

d) 최소 합의 곱(POS) 식을 구하라.

**31** 설계하려는 시스템은 세 개의 입력($a_1$, $a_0$, $c$)과 한 개의 출력 $f$로 이루어져 있다. 출력 $f$는 제어입력 $c$에 따라 입력 $a_1$, $a_0$에 대한 다른 논리 함수를 출력한다. $c=0$이면 $f$는 $a_1$과 $a_0$에 대한 AND 함수를 출력하고, $c=1$이면 $a_1$과 $a_0$에 대한 OR 함수를 출력한다.

a) 출력 $f$에 대한 진리표를 나타내라.

b) 최소 곱의 합(SOP) 식을 구하라.

c) 보수 함수에 대한 최소 곱의 합(SOP) 식을 구하라.

d) 최소 합의 곱(POS) 식을 구하라.

# CHAPTER 03
# 부울식 간략화

contents

# 03 부울식 간략화

단원개요

- 카노 맵을 사용하여 최소 곱의 합 식을 구하는 방법
- Implicant, PI(Prime Implicant), EPI(Essential Prime Implicant)에 대한 개념
- 다중 출력 함수에서 게이트를 공유함으로써 회로 비용을 줄이는 방법
- 인접 속성을 반복 적용하여 함수에 대한 모든 PI를 찾는 Quine-McCluskey 방법
- PI 차트를 만들어 최소 커버를 찾는 방법

2장에서 부울 대수의 여러 가지 정리들을 사용하여 부울식을 간략화하는 것에 대하여 알아보았다. 하지만 주어진 부울식에 대하여 어떤 정리를 어떤 순서로 적용해야 간략화를 할 수 있는지를 찾기가 쉽지 않고, 또 더 이상 간략화를 할 수 없는 최소식이 이미 만들어졌는지에 대한 것도 알기가 어렵다. 이 장에서 설명할 카노 맵 방식은 그래픽 방법을 사용하여 쉽고 빠르게 그리고 체계적으로 최소 식을 찾을 수 있게 한다. 특히 무정의가 있는 경우에 부울 대수의 정리들을 사용하여 최소 식을 찾는 일이 번거로운데, 카노 맵에서 간단히 처리됨을 알 수 있다.

함수의 변수가 많아지면 카노 맵을 적용하기가 어렵고, 컴퓨터를 이용하여 간략화하는 것이 권장된다. QM(Quine–McCluskey) 방법은 최소항들의 집합에서 시작하여 인접 속성($ab + ab' = a$)을 반복 적용하여 최소 커버에 필요한 PI들을 체계적으로 찾는 것으로 컴퓨터 프로그램으로 구현하기에 적합한 것이다.

## 3.1 카노 맵

### (1) 카노 맵 개념

카노 맵(Karnaugh Map)은 진리표를 2차원 형태의 맵에 표시하고 그래픽 방법을 사용하여 최소 곱의 합 식을 쉽게 찾을 수 있게 한다. [그림 3.1]은 2변수 함수에 대한 4개의

사각형으로 이루어진 카노 맵을 나타내고 있다. 함수의 한 변수가 나타낼 수 있는 값들을 맵 위쪽에 배치하고, 다른 변수가 나타낼 수 있는 값들은 맵의 왼쪽에 배치하였다. 두 변수 $a$와 $b$의 값으로 나타낼 수 있는 4가지 경우를 맵에 보여주고 있는데, 각 사각형은 하나의 최소항을 나타내고 있다. 만일 $a$와 $b$의 위치를 바꾸면 최소항의 위치도 바뀌기 때문에 주의해야 한다.

| $b \backslash a$ | 0 | 1 |
|---|---|---|
| 0 | $a'b'$ | $ab'$ |
| 1 | $a'b$ | $ab$ |

| $b \backslash a$ | 0 | 1 |
|---|---|---|
| 0 | $m_0$ | $m_2$ |
| 1 | $m_1$ | $m_3$ |

| 그림 3.1 2변수 카노 맵

[그림 3.2]는 2변수 함수에 대한 진리표를 맵에 나타낸 예를 보여주고 있다. 맵의 각 사각형에 해당하는 최소항에 대한 함수값을 진리표에서 찾아서 맵에 표시하면 된다.

| $a$ | $b$ | $f$ |
|---|---|---|
| 0 | 0 | 0 |
| 0 | 1 | 0 |
| 1 | 0 | 1 |
| 1 | 1 | 1 |

| $b \backslash a$ | 0 | 1 |
|---|---|---|
| 0 | 0 | 1 |
| 1 | 0 | 1 |

| 그림 3.2 2변수 함수의 카노 맵 표현

[그림 3.2]의 진리표를 나타내는 함수를 간략화하면 다음과 같다.

$$
\begin{aligned}
f &= ab' + ab \\
&= a(b'+b) \\
&= a \cdot 1 \\
&= a
\end{aligned}
$$

즉, 두 최소항 $ab'$와 $ab$는 공통인 변수 $a$로 묶어 $a(b'+b)$와 같이 되어 항 $a$로 줄어든다. 이것을 아래 맵에서 인접한 두 개의 1을 묶어 나타내었다.

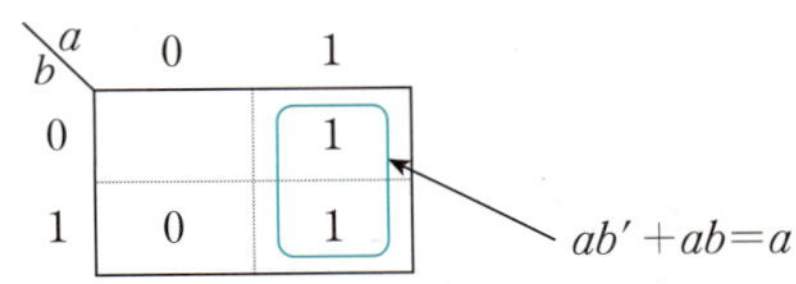


| 그림 3.3 인접한 1을 묶음

즉, 인접한 사각형 두 개를 묶는 경우에 두 최소항은 공통인 변수로만 이루어진 항으로 간략화 됨을 알 수 있다.

### (2) 3변수 맵

변수가 3개인 경우에 진리표는 8개의 최소항으로 구성되는데, 맵에서 최소항들을 [그림 3.4]와 같이 배치할 수 있다. 가로 변과 세로 변에 배치한 변수들의 2진 값을 Gray 코드 순서로 배치하여 인접한 사각형의 최소항 간에 변수 하나만 서로 다르게 되도록 한다.

| $bc \backslash a$ | 0 | 1 |
|---|---|---|
| 00 | $a'b'c'$ | $ab'c'$ |
| 01 | $a'b'c$ | $ab'c$ |
| 11 | $a'bc$ | $abc$ |
| 10 | $a'bc'$ | $abc'$ |

| $bc \backslash a$ | 0 | 1 |
|---|---|---|
| 00 | $m_0$ | $m_4$ |
| 01 | $m_1$ | $m_5$ |
| 11 | $m_3$ | $m_7$ |
| 10 | $m_2$ | $m_6$ |

| 그림 3.4 3변수 맵의 수직 배치

[그림 3.5]와 같이 맵을 가로 쪽을 길게 배치할 수도 있지만 기본 원리는 똑같기 때문에 수직 배치에 대한 것만으로 설명하기로 한다.

| $c \backslash ab$ | 00 | 01 | 11 | 10 |
|---|---|---|---|---|
| 0 | $a'b'c'$ | $a'bc'$ | $abc'$ | $ab'c'$ |
| 1 | $a'b'c$ | $a'bc$ | $abc$ | $ab'c$ |

| $c \backslash ab$ | 00 | 01 | 11 | 10 |
|---|---|---|---|---|
| 0 | $m_0$ | $m_2$ | $m_6$ | $m_4$ |
| 1 | $m_1$ | $m_3$ | $m_7$ | $m_5$ |

| 그림 3.5 3변수 맵의 수평 배치

맵에서 인접한 사각형이란 좌, 우 그리고 상, 하에 인접한 사각형을 뜻하고, 대각선 방향으로는 인접 관계가 없다. 즉, 인접한 사각형을 항으로 나타낼 때에 항 간에 변수 하나만 보수 관계에 있는 경우를 뜻한다. 부울 함수를 나타내는 진리표를 위와 같이 배치된 맵에 나타냈을 때, 인접한 사각형에 둘 다 1이 있는 경우는 공통인 변수의 항으로 간략화할 수 있다. 맵의 같은 열에서 첫 번째 행과 마지막 행의 최소항도 서로 변수 하나만 다르기 때문에 인접한 것으로 처리가 가능하다. 즉, 수직 배치한 [그림 3.4]의 맵에서 $m_0$와 $m_2$는 인접한 것으로 처리하여 묶을 수가 있다. $m_4$와 $m_6$도 마찬가지이다.

[그림 3.6]의 맵은 다음과 같이 두 개의 최소항을 묶어서 공통 변수만을 사용한 항으로 간략화 되는 예들을 보여주고 있다.

$$m_1 + m_3 = a'b'c + a'bc = a'c(b'+b) = a'c$$
$$m_4 + m_6 = ab'c' + abc' = ac'(b'+b) = ac'$$

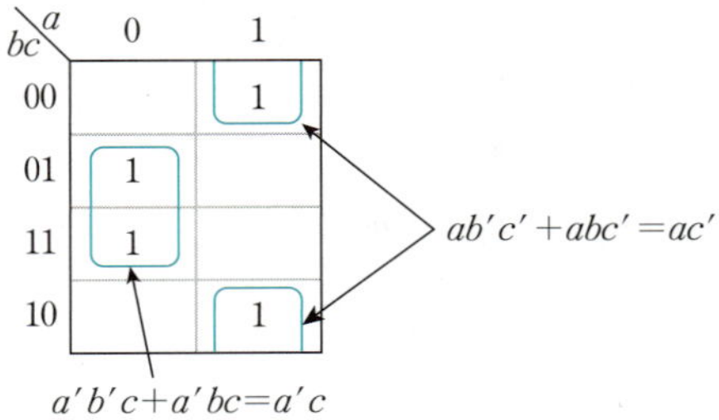


| 그림 3.6 두 개의 인접한 1을 묶음

인접한 사각형은 그룹으로 이루어진 것에도 적용된다. [그림 3.7]의 두 개의 최소항의 묶음인 $a'c$와 $ac$는 변수 $c$가 공통이고 $a$는 보수 관계에 있어서 항 $c$로 간략화됨을 알 수 있다. 이렇게 4개의 1을 묶는 경우에 변수 2개가 줄어든 항으로 간략화된다. [그림 3.8]은 4개의 1을 묶는 또 다른 경우들을 보여주고 있다.

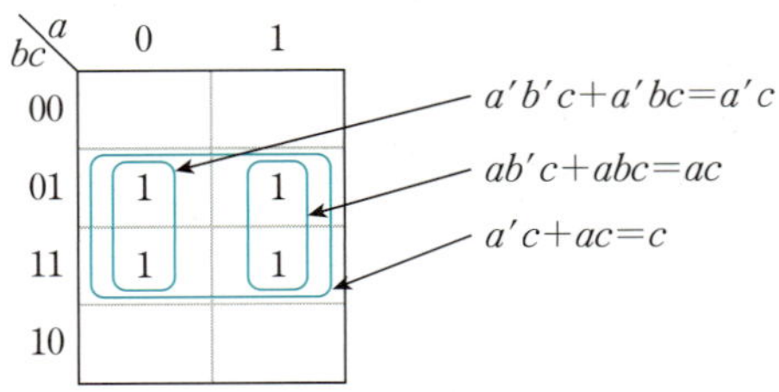


| 그림 3.7 4개의 1을 묶음

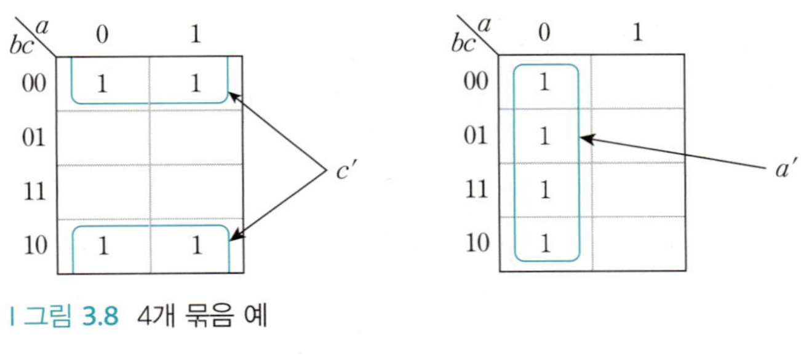


| 그림 3.8 4개 묶음 예

### (3) 4변수 맵

변수가 4개인 경우에 진리표는 16개의 최소항으로 구성되는데 [그림 3.9]와 같이 맵을 배치할 수 있다. 가로 변과 세로 변에 배치한 변수들의 2진 값을 Gray 코드 순서로 배치하여 인접한 사각형의 최소항 간에 변수 하나만 서로 다르게 되도록 한다.

| cd \ ab | 00 | 01 | 11 | 10 |
|---|---|---|---|---|
| 00 | $a'b'c'd'$ | $a'bc'd'$ | $abc'd'$ | $ab'c'd'$ |
| 01 | $a'b'c'd$ | $a'bc'd$ | $abc'd$ | $ab'c'd$ |
| 11 | $a'b'cd$ | $a'bcd$ | $abcd$ | $ab'cd$ |
| 10 | $a'b'cd'$ | $a'bcd'$ | $abcd'$ | $ab'cd'$ |

| cd \ ab | 00 | 01 | 11 | 10 |
|---|---|---|---|---|
| 00 | $m_0$ | $m_4$ | $m_{12}$ | $m_8$ |
| 01 | $m_1$ | $m_5$ | $m_{13}$ | $m_9$ |
| 11 | $m_3$ | $m_7$ | $m_{15}$ | $m_{11}$ |
| 10 | $m_2$ | $m_6$ | $m_{14}$ | $m_{10}$ |

| 그림 3.9 4변수 맵

4변수의 경우에 [그림 3.10]과 같이 4코너에 있는 1들도 묶을 수 있다. 즉, $m_0$와 $m_2$, $m_8$, $m_{10}$의 최소항 $a'b'c'd'$, $a'b'cd'$, $ab'c'd'$, $ab'cd'$들은 공통인 $b'd'$으로 묶어서 다음과 같이 축소됨을 확인할 수 있다.

$$a'b'c'd' + a'b'cd' + ab'c'd' + ab'cd' = b'd'(a'c' + a'c + ac' + ac) = b'd'$$

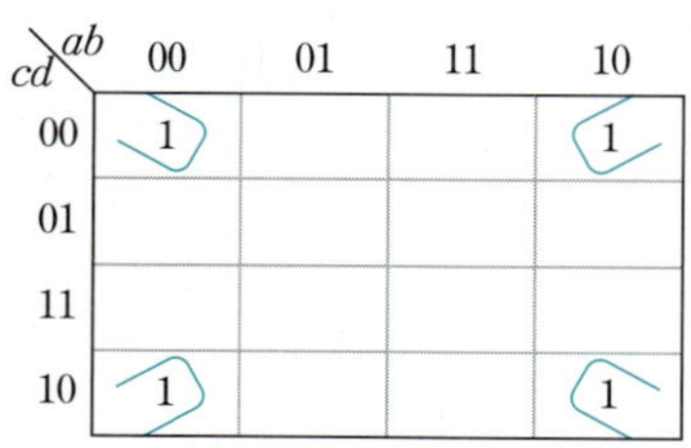


$b'd'$

| 그림 3.10 코너의 1들을 묶음

[그림 3.11]은 4개의 1을 묶어 간략화된 항들의 예를 보여주고 있다.

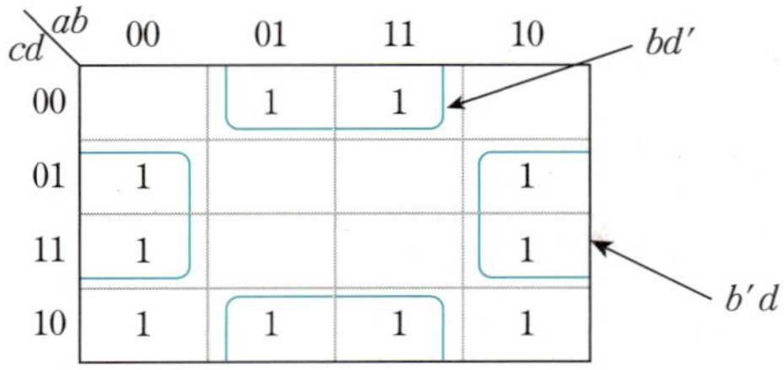


ㅣ그림 3.11 4개 묶음 예

[그림 3.12]는 4변수 함수에서 8개의 1을 묶으면 3개의 변수가 줄어들어 하나의 문자로 축소된 항들의 예를 보여주고 있다.

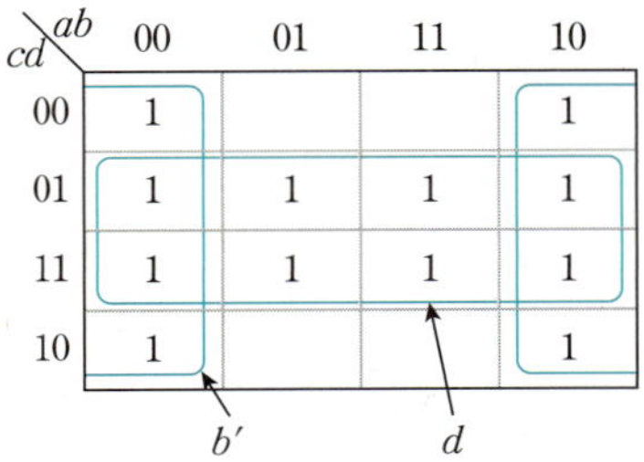


ㅣ그림 3.12 8개 묶음 예

### (4) 부울식을 카노 맵에 표현하기

주어진 부울식을 카노 맵을 이용하여 간략화하기 위하여 부울식을 맵에 표시하는 것이 필요할 것이다. 물론 부울식이 나타내는 진리표를 만들고 이를 다시 맵에 나타내면 되겠지만, 두 번의 단계를 거치게 되어 번거롭게 된다. 부울식이 곱의 합 식 형태인 경우는 각 항을 직접 맵에 표시할 수 있다. 곱의 합 형태가 아닌 경우는 2장에서 설명한 분배 정리를 이용하여 곱의 합 형태로 변환한 후에 맵에 표시하면 된다.

앞 절에서 1들을 묶은 항에 대한 표현식을 찾을 때, 묶인 1에 해당하는 모든 최소항에 공통인 변수들만 남기고 나머지 변수는 생략하여 축소된 항으로 만들 수 있다고 했다. 부울식에 있는 각 항을 직접 맵에 표시하는 것은 이와 반대의 방법으로 하면 된다. 부울식의 각 항을 1로 만들기 위한 변수의 값에 해당하는 행과 열이 겹치는 사각형에 1을 넣으면 된다. 다음 함수를 맵에 표시해 보자.

$$f(a,b,c) = b'c + a + a'b$$

- 항 $b'c$는 $bc$=01일 때 1이 되므로, $bc$=01인 행에 속한 2개의 사각형에 1을 표시한다.
- 항 $a$는 $a$=1일 때 1이 되므로, $a$=1인 열에 속한 4개의 사각형에 1을 표시한다.
- 항 $a'b$는 $ab$=01일 때 1이 되므로, $a$=0인 열과 $b$=1인 행에 겹치는 사각형에 1을 표시한다.

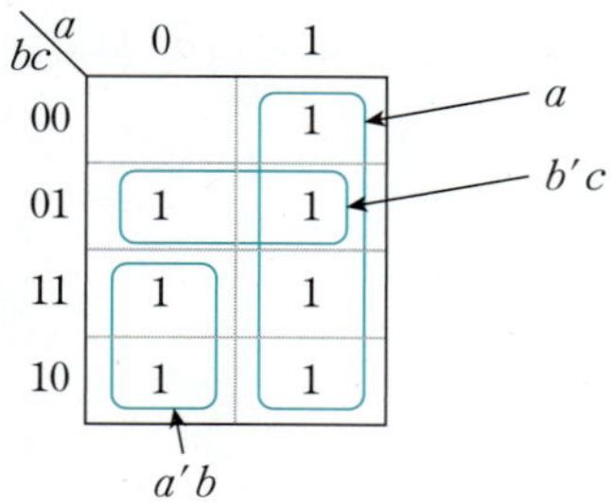


| 그림 3.13 부울식($b'c + a + a'b$)을 맵에 표현

**예제 3.1** 다음 부울식을 맵에 나타내라.

$$f(a,b,c,d) = b' + abc + c'd$$

- 항 $b'$은 $b$=0일 때 1이 되므로, $b$=0인 열에 속한 8개의 사각형에 1을 표시한다.
- 항 $abc$는 $abc$=111일 때 1이 되므로, $ab$=11인 열에서 $c$=1인 사각형 2개에 1을 표시한다.
- 항 $c'd$는 $cd$=01일 때 1이 되므로, $cd$=01인 행에 속한 4개의 사각형에 1을 표시한다.

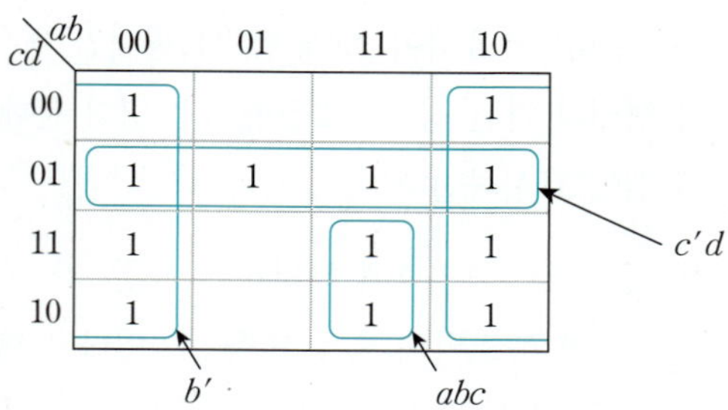

### (5) 최소 곱의 합 식

카노 맵을 사용하여 최소 곱의 합 식을 찾는 방법을 설명하기 위하여 새로운 용어들에 대한 소개가 필요하다.

#### ① 최소 커버(minimum cover)

함수 $f$에 대한 곱의 합 식에서 곱 항들의 집합을 함수 $f$의 커버라고 한다. 그리고 함수 $f$에 대한 최소 곱의 합 식을 이루는 곱 항들의 집합을 함수 $f$의 최소 커버라고 한다. 예를 들어 부울식 $f = ac + a'c + a'bc'$ 식에서 곱 항들의 집합인 $\{ac, a'c, a'bc'\}$는 함수 $f$의 커버이다. 이 부울식에 대한 최소 곱의 합 식을 구하면 다음과 같이 된다. 이 함수에 대한 최소 커버는 $\{c, a'b\}$이 된다.

$$f = (a + a')\,c + a'bc' = c + a'bc' = c + a'b$$

#### ② Implicant

곱의 합 식 형태의 부울식에서 하나의 곱 항을 Implicant라고 한다. 예를 들어 부울식 $f = ac + a'c + a'bc'$에서 $ac$, $a'c$, $a'bc'$는 Implicant들이다. 이 부울식을 맵에 표시하면 [그림 3.14]과 같이 되는데, 여기서 곱항 $a'c$는 최소항 $m_1$과 $m_3$를 묶은 것이다. 이 경우에 Implicant $a'c$는 최소항 $m_1$과 $m_3$를 커버(cover)한다고 하고, 최소항 $m_1$과 $m_3$는 곱항 $a'c$에 의해 커버된다고 한다.

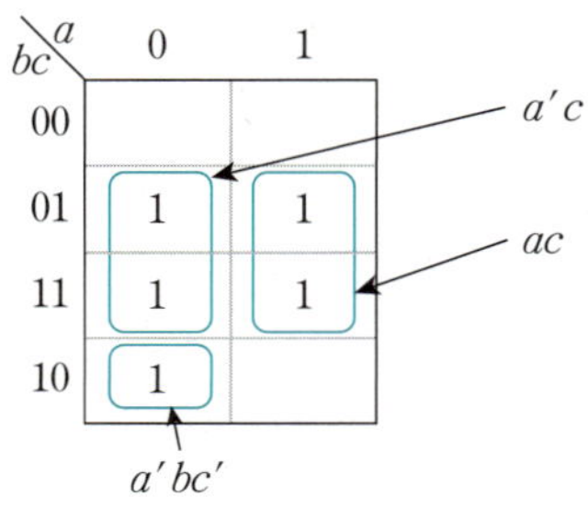


그림 3.14 Implicant 예

위 맵에서 나타낼 수 있는 Implicant들은 [그림 3.14]에 있는 3개만이 아니고, 훨씬 더 많이 존재한다. [그림 3.14]의 맵에 존재하는 Implicant들을 1을 묶는 개수로 분류하여 열거하면 다음과 같다.

| 표 3.1 Implicant 리스트

| 1개의 1 | 2개의 1 | 4개의 1 |
|---|---|---|
| $a'b'c$ | $a'c$ | $c$ |
| $a'bc$ | $ac$ | |
| $a'bc'$ | $b'c$ | |
| $ab'c$ | $bc$ | |
| $abc$ | $a'b$ | |

③ PI(Prime Implicant)

한 함수에 속한 Implicant 중에 다른 Implicant에 의해 커버되지 않는 Implicant를 뜻한다. 〈표 3.1〉의 11개의 Implicant들 중에서 PI는 $c$와 $a'b$이다. 다른 Implicant들은 이 두 개의 PI 중의 적어도 하나에 의해 커버된다. 예를 들어 Implicant $ac$는 PI $c$에 의해 커버되고, Implicant $a'bc$는 PI $c$와 PI $a'b$에 의해 커버된다. 그러나 Implicant $c$와 $a'b$는 이들을 커버할 수 있는 다른 Implicant가 없기 때문에 PI가 된다. 즉, PI는 Implicant에 속한 최소항들을 커버할 수 있는 것 중에서 가장 크게 1을 묶은 경우로서 최소 커버에 포함될 곱 항들의 후보가 된다.

④ EPI(Essential Prime Implicant)

다른 PI에 의해 커버되지 않는 1을 커버하는 유일한 PI를 뜻한다. 즉, 하나의 PI에 의해서만 커버하는 1이 있는 경우에 해당 PI를 EPI라고 한다. 최소 커버에 반드시 포함되어야 하는 PI를 의미하기 때문에 Essential(필수)이라는 단어가 추가되었다.

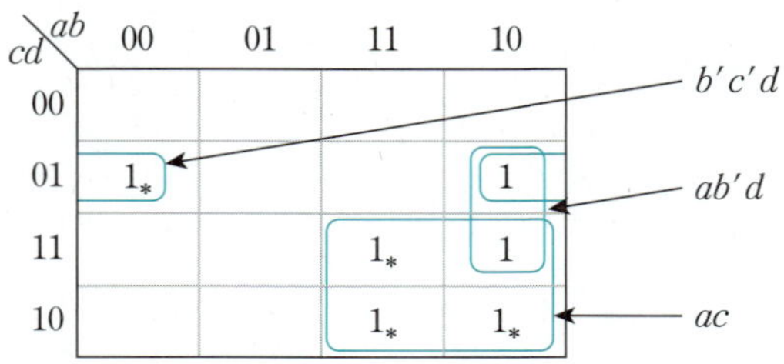


| 그림 3.15 EPI 예

[그림 3.15]의 맵에는 3개의 PI가 있다. 각 PI들을 묶음으로 나타내었고, 이 중에서 EPI인 경우는 해당 PI에 의해서만 커버되는 최소항에 * 표시를 하여 나타냈다. 각 PI가 커

버하는 최소항들은 다음과 같다.

$b'c'd$ : $m_1$, $m_9$

$ab'd$ : $m_9$, $m_{11}$

$ac$ : $m_{10}$, $m_{11}$, $m_{14}$, $m_{15}$

최소항 $m_1$은 PI $b'c'd$가 유일하게 커버하고 있기 때문에 항 $b'c'd$는 EPI이다. PI $ab'd$가 커버하고 있는 $m_9$과 $m_{11}$은 $b'c'd$와 ac에 의해 각각 추가로 커버되기 때문에 PI $ab'd$는 EPI가 아니다. 마지막으로 PI $ac$가 커버하는 최소항들 중에 $m_{10}$, $m_{14}$, $m_{15}$들은 유일하게 PI $ac$에 의해 커버되기 때문에 이 항은 EPI가 된다.

카노 맵에서 최소 곱의 합 식은 다음과 같은 절차로 찾으면 된다.

I. EPI를 모두 찾는다.
II. EPI를 찾은 후에 남은 1들을 커버하기 위한 '충분한' 다른 PI들을 찾는다. PI를 선택할 때에 될 수 있으면 커버되지 않고 남은 1들 중에서 가장 많은 1을 커버하는 PI를 선택한다.

[그림 3.15]의 예에서 두 개의 EPI를 찾은 후에 커버되지 않는 1이 없으므로, 최소 커버는 EPI로만 이루어진다. 즉, 최소 곱의 합 식은 다음과 같다.

$$f = ac + b'c'd$$

**예제 3.2** 여러 개의 최소 곱의 합 식이 있는 경우

$$f(a,b,c,d) = \Sigma m(1, 5, 9, 10, 11, 14, 15)$$

위 함수에 대한 PI들과 EPI를 구하기 위하여 맵을 그리고 이들을 묶음으로 표시하면 [그림 3.16]과 같이 4개의 PI를 찾을 수 있는데, 이 PI들 중에서 EPI는 ∗로 표시된 1을 포함하는 $ac$와 $a'c'd$이다. 이들 EPI에 의해 커버되지 않는 최소항으로 $m_9$이 남게 된다. 이 남아 있는 $m_9$을 커버하는 PI는 $ab'd$와 $b'c'd$가 있는데, 이 두 개의 PI는 문자수가 같기 때문에 두 가지 중에 어느 것을 선택해도 된다. 즉, 최소 곱의 합 식은 두 가지가 된다.

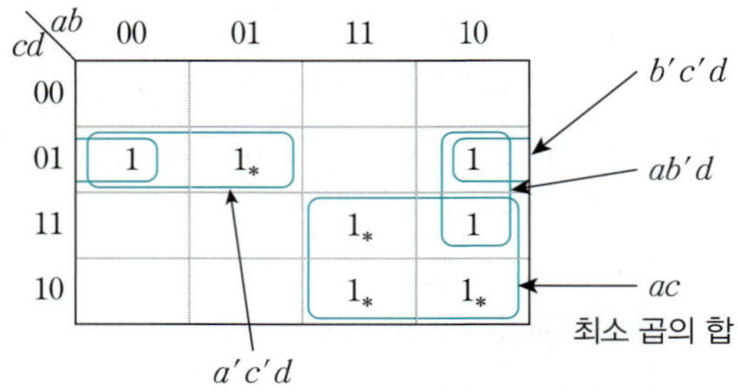


최소 곱의 합 식: $ac+a'c'd+\{ab'd, b'c'd\}$

Ⅰ 그림 3.16 두 개의 최소곱의 합 식

**예제 3.3** 합의 항 예

부울식 $a'b' + ac + b'c$를 맵에 나타내어 최소 커버를 찾아보자. 맵에 함수를 표현한 후에 EPI인 $a'b'$과 $ac$를 찾고 나면, 더 이상 커버할 1이 남지 않기 때문에 최소 커버는 이 두 항으로만 이루어진다. 즉, PI $b'c$가 커버하는 1들은 이미 EPI인 $a'b'$와 $ac$가 커버하고 있으므로 $b'c$는 최소 커버에 속할 수가 없다.

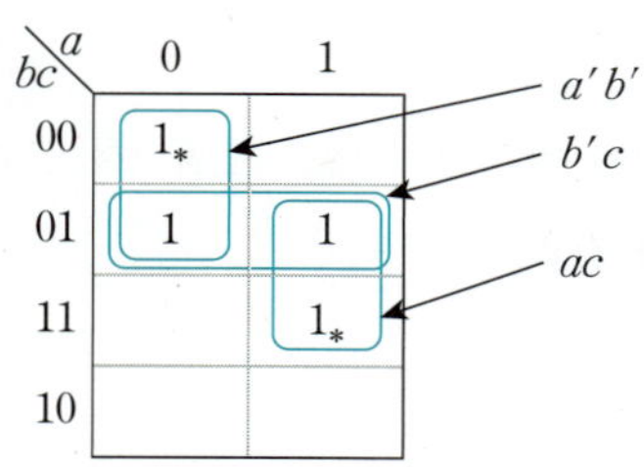


최소 곱의 합 식: $a'b' + ac$

Ⅰ 그림 3.17 합의 항 예

2장에서 설명한 합의 항을 이용하여 다음과 같이 간략화 됨을 확인할 수 있다.

$$
\begin{aligned}
f(a,b) &= a'b' + ac + b'c \\
&= a'b' + ac \ (a'b' \text{ ¢ } ac = b'c)
\end{aligned}
$$

## (6) 무정의가 있는 경우

무정의(don't care) 조건이 있는 경우에 함수를 최소항의 집합으로 표현한 예이다. 즉, 최소항 3번과 4번은 무정의 조건임을 표시하는 것이다.

$$f(a,b,c) = \Sigma m(0, 5, 6, 7) + \Sigma d(3, 4)$$

〈표 3.2〉에 이 함수에 대한 진리표를 나타냈는데, 출력값 X로 나타낼 수 있는 4가지 다른 함수의 경우인 $f_1$, $f_2$, $f_3$, $f_4$를 추가하여 표시하였다.

I 표 3.2 무정의가 있는 경우

| $abc$ | $f$ | $f_1$ | $f_2$ | $f_3$ | $f_4$ |
|---|---|---|---|---|---|
| 000 | 1 | 1 | 1 | 1 | 1 |
| 001 | 0 | 0 | 0 | 0 | 0 |
| 010 | 0 | 0 | 0 | 0 | 0 |
| 011 | X | **0** | **0** | **1** | **1** |
| 100 | X | **0** | **1** | **0** | **1** |
| 101 | 1 | 1 | 1 | 1 | 1 |
| 110 | 1 | 1 | 1 | 1 | 1 |
| 111 | 1 | 1 | 1 | 1 | 1 |

2장에서 설명한 간략화를 위한 여러 가지 부울 정리들을 이용하여 각 함수에 대한 최소 곱의 합 식을 구하면 다음과 같이 된다.

$$f_1 = a'b'c' + ac + ab$$
$$f_2 = a + b'c'$$
$$f_3 = a'b'c' + ac + ab + bc$$
$$f_4 = a + b'c' + bc$$

위 4가지 식을 비교하면 $f_2$ 경우가 가장 최소 비용의 식임을 알 수 있다. 즉, $abc$=011일 때 무정의 X는 0으로, $abc$=100일 때 무정의 X는 1로 처리한 경우이다. 부울식을 간략화 할 때 무정의 조건은 1로 고려하여 간략화할 수도 있고, 또는 0으로 처리하는 것이 추가되는 항 없이 간략화될 수 있다. 부울 법칙을 적용하여 간략화할 때 무정의 조건을 0 또는 1로 처리해야 하는지를 판단하기가 어렵기 때문에 가능한 모든 경우에 대하여 최소 식을 구하여 비교해야 한다. 반면에 카노 맵에서는 이에 대한 판단하기가 훨씬 쉽다.

맵에 무정의를 표시할 때에 X로 표시하지만 PI를 구성하기 위하여 묶음을 표시할 때는

1과 동일하게 간주한다. 단, EPI인지를 구분해주는 1의 역할은 하지 못한다. 왜냐하면 최소 식을 구하기 위하여 반드시 커버되야 하는 최소항이 아니기 때문이다.

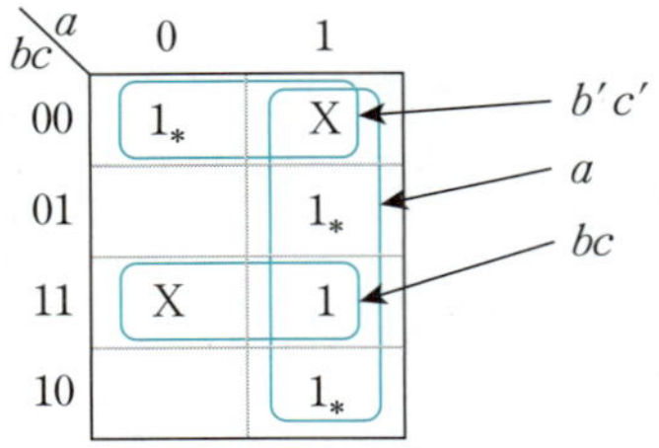


| 그림 3.18 무정의가 있는 경우

앞의 예에서 사용한 함수 $f$를 [그림 3.18]의 맵에 표시하여 PI 3개($a$, $b'c'$, $bc$)를 쉽게 찾을 수 있다. 이 중에서 EPI는 최소항 $m_0$를 유일하게 커버하는 $b'c'$와 최소항 $m_5$와 $m_6$를 유일하게 커버하는 $a$이다. 이 두 EPI에 의해 커버되는 1들을 제외하고 나면, 남는 1이 없게 되므로 이 두 EPI만 있으면 함수 $f$를 커버할 수 있다. 즉, 이 두 EPI가 함수 $f$의 최소 커버($a$, $b'c'$)가 된다. 이것은 앞의 〈표 3.2〉에 2개의 무정의에 의하여 나타나는 4가지 함수들 중에 가장 최소 비용의 식인 $f_2 = a + b'c'$와 동일함을 알 수 있다.

**예제 3.4** 8421 BCD 코드에서 0보다 큰 수 중에 3의 배수인 경우에 출력이 1이 되는 최소 곱의 합 식을 구하라.

8421 BCD 코드는 0부터 9까지 해당하는 2진수 0000부터 1001까지만 정의된 코드이기 때문에, 1010부터 1111까지의 6가지 경우는 무정의로 처리해야 한다. 그리고 3의 배수인 0011, 0110, 1001의 경우에 출력이 1이 된다. 시스템 동작을 진리표에 나타내면 다음과 같다.

| $a\,b\,c\,d$ | $f$ |
|---|---|
| 0 0 0 0 | 0 |
| 0 0 0 1 | 0 |
| 0 0 1 0 | 0 |
| 0 0 1 1 | 1 |
| 0 1 0 0 | 0 |
| 0 1 0 1 | 0 |
| 0 1 1 0 | 1 |

| | |
|---|---|
| 0111 | 0 |
| 1000 | 0 |
| 1001 | 1 |
| 1010 | X |
| 1011 | X |
| 1100 | X |
| 1101 | X |
| 1110 | X |
| 1111 | X |

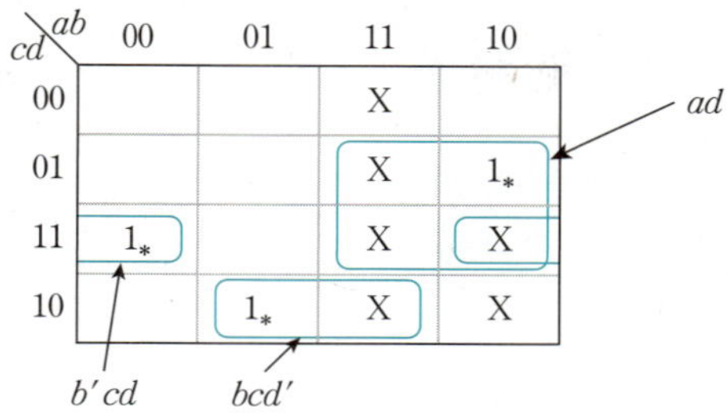


진리표를 카노 맵에 표시하여 3개의 EPI를 찾았다. 무정의로만 이루어진 PI $ab$와 $ac$는 맵에 표시하지 않았다. 최소 곱의 합 식은 EPI $ad$, $b'cd$, $bcd'$만 필요하고, 다른 PI는 필요 없음을 쉽게 알 수 있다. 따라서 최소 곱의 합 식은 다음과 같이 된다.

$$f = ad + b'cd + bcd'$$

**예제 3.5** 코드를 7세그먼트 디스플레이 신호로 변환하는 7세그먼트 디코더(7세그먼트 코드 변환기)의 각 출력에 대한 최소 곱의 합 식을 구하라.

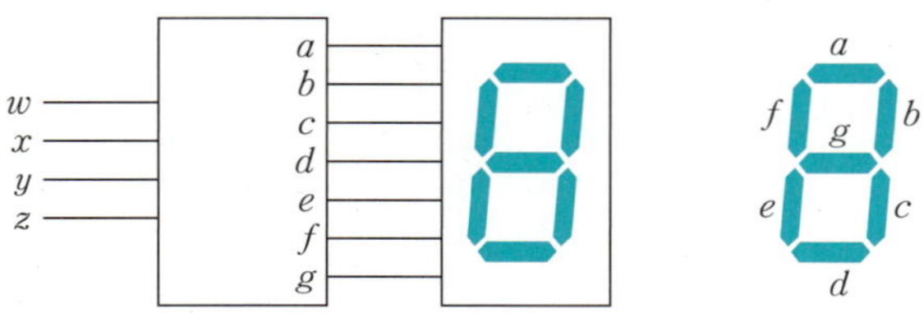


(a) (b)

I 그림 3.19 7세그먼트 디코더

FND(Flexible Numeric Display)라고도 하는 7세그먼트 표시장치는 7개의 LED(Light Emitting Diode)로 구성되어 숫자를 위한 각 획을 표시할 수 있다. 각 LED는 [그림 3.19(b)]에 표시된 것처럼 맨 위쪽 가로 획부터 시계 방향으로, 그리고 마지막 가운데 가로 획까지 $a$부터 $g$까지 이름이 붙여졌다. [그림 3.20]은 숫자 0부터 9까지 해당하는 7세그먼트의 표시장치 모습을 보여주고 있다. 숫자 6, 7, 9에 대하여 사선으로 보여주는 획은 선택 사항으로 설계 명세서를 만들 때에 정해져야 되는 사항이다. 이 예제에서는 무정의 조건으로 처리하는 것으로 정한다.

ㅣ그림 3.20 7세그먼트 숫자 표시

〈표 3.3〉은 7세그먼트 디코더의 7개 출력에 대한 진리표를 나타내고 있다. [그림 3.21]은 출력 $a$, $b$, $c$에 대한 카노 맵과 최소 곱의 합 식을 보여주고 있고, 나머지 출력들에 대한 것은 연습 문제로 남겨둔다.

ㅣ표 3.3 7세그먼트 디코더 진리표

| 숫자 | $w\ x\ y\ z$ | $a\ b\ c\ d\ e\ f\ g$ |
|---|---|---|
| 0 | 0 0 0 0 | 1 1 1 1 1 1 0 |
| 1 | 0 0 0 1 | 0 1 1 0 0 0 0 |
| 2 | 0 0 1 0 | 1 1 0 1 1 0 1 |
| 3 | 0 0 1 1 | 1 1 1 1 0 0 1 |
| 4 | 0 1 0 0 | 0 1 1 0 0 1 1 |
| 5 | 0 1 0 1 | 1 0 1 1 0 1 1 |
| 6 | 0 1 1 0 | x 0 1 1 1 1 1 |
| 7 | 0 1 1 1 | 1 1 1 0 0 x 0 |
| 8 | 1 0 0 0 | 1 1 1 1 1 1 1 |
| 9 | 1 0 0 1 | 1 1 1 x 0 1 1 |
| – | 1 0 1 0 | x x x x x x x |
| – | 1 0 1 1 | x x x x x x x |
| – | 1 1 0 0 | x x x x x x x |
| – | 1 1 0 1 | x x x x x x x |
| – | 1 1 1 0 | x x x x x x x |
| – | 1 1 1 1 | x x x x x x x |

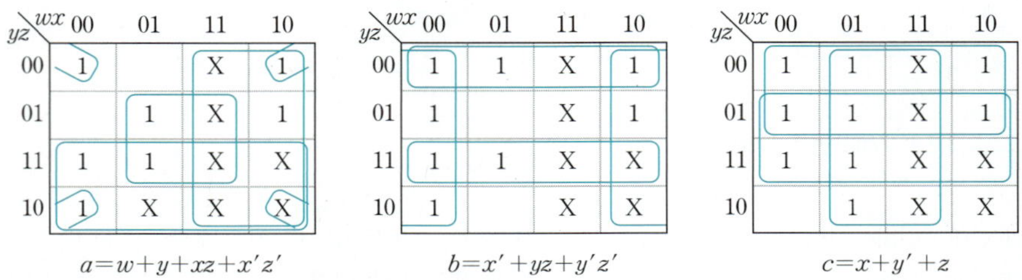


ㅣ그림 3.21 7세그먼트 디코더에 대한 카노 맵과 부울식

### (7) 최소 합의 곱 식

카노 맵을 이용한 최소 합의 곱 식을 구하는 것은 2장에서 설명한 합의 곱 식을 구하는 것과 같은 방법으로 하면 된다. 보수 함수에 대한 곱의 합 식을 구하여 드모르간 법칙을 적용하면 합의 곱 식 형태가 되는 것을 이용하면 된다. 즉, 최소 합의 곱 식은 다음과 같은 절차에 의해 구할 수 있다.

I. 보수 함수를 맵에 나타낸다. 즉, 함수의 맵에서 0과 1을 바꾸고, 무정의는 그대로 둔다.
II. 보수 함수 맵에서 $f'$에 대한 최소 곱의 합 식을 구한다.
III. 드모르간 법칙을 이용하여 $(f')'$을 합의 곱 식 형태로 바꾼다.

**예제 3.6** $f(a,b,c,d) = \Sigma m(1, 5, 9, 10, 11, 14) + \Sigma d(15)$**에 대한 최소 합의 곱 식을 구하라.**

$f' = \Sigma m(0, 2, 3, 4, 6, 7, 8, 12, 13) + \Sigma d(15)$를 맵에 나타내어 EPI들과 추가로 필요한 PI를 표시하면 다음과 같다.

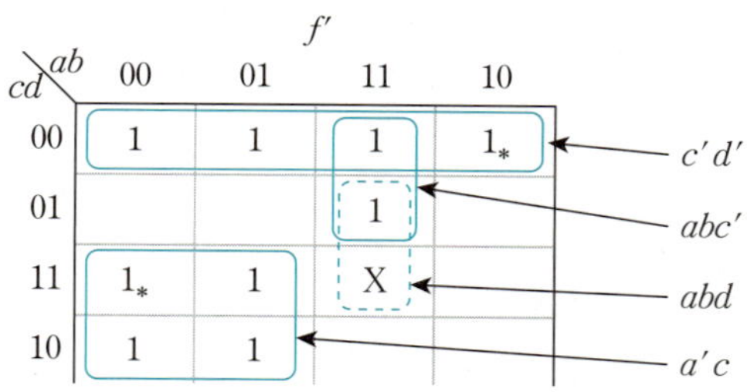


PI $a'c$와 $c'd'$는 각각 최소항 $m_3$와 $m_8$를 유일하게 커버하고 있기 때문에 EPI들이다. 이 두 개의 EPI에 의해 커버되는 1들을 제외하면, 추가로 커버해야할 최소항 $m_{13}$ 하나가 남게 된다. 남은 $m_{13}$을 커버하는 방법은 PI $abc'$ 또는 $abd$의 두 가지가 있는데 이 두 항의 문자수가 같기 때문에 어느 것을 선택해도 된다. 따라서 $f'$에 대한 최소 곱의 합 식은 다음과 같이 두 가지가 된다.

$$f' = a'c + c'd' + \{abc', abd\}$$

$f$에 대한 최소 합의 곱 식을 구하기 위하여 $f'$에 대한 곱의 합 식을 보수화 하면 된다.

$$f_1 = (f')' = (a'c + c'd' + abc')' = (a'c)'(c'd')'(abc')' = (a+c')(c+d)(a'+b'+c)$$

또는,

$$f_2 = (f')' = (a'c + c'd' + abd)' = (a'c)'(c'd')'(abd)' = (a+c')(c+d)(a'+b'+d')$$

$f_1$과 $f_2$의 두 가지 해를 구했지만, 이 두 개의 함수는 등가 함수가 아니다. 즉, $f_1$은 무정의 조건을 1로 간주하여 처리한 것이고, $f_2$는 무정의 조건을 0으로 간주하여 처리한 것이다. 맵은 $f'$에 대한 함수를 나타낸 것이기 때문에 맵에서 1로 처리한 것은 함수 $f$에서 0으로 처리한 것이다.

### (8) 최소 식

최소 식은 최소 곱의 합 식과 최소 합의 곱 식을 비교하여 항 수와 문자수를 비교했을 때 최소인 식을 뜻한다. 앞 예제에 대한 최소 식을 찾기 하여 최소 곱의 합 식을 구해보자.

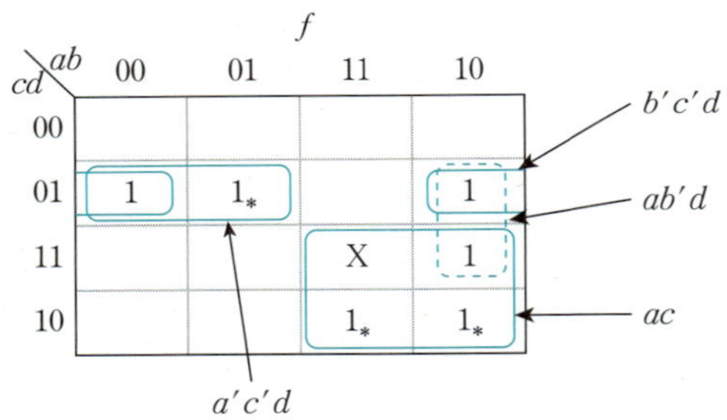


곱의 합 식을 구하기 위하여 함수 $f$를 맵에 표현하여 EPI $ac$와 $a'c'd$를 찾는다. 이 두 개의 EPI에 의해 커버되는 1들을 제외하면, 추가로 커버해야할 최소항 $m_9$ 하나가 남는다. 남은 $m_9$를 커버하는 방법은 PI $b'c'd$ 또는 $ab'd$의 두 가지가 있다. 따라서 $f$에 대한 최소 곱의 합 식은 다음과 같이 두 가지이다.

$$f = ac + a'c'd + \{b'c'd, ab'd\}$$

최소 곱의 합 식: 3개의 항과 8개의 문자
최소 합의 곱 식: 3개의 항과 7개의 문자(예제 3.6)

즉, 최소 합의 곱 식이 최소 식이 된다.

**예제 3.7** $f(a,b,c,d) = \Sigma m(2, 4, 8, 9, 10, 12, 13) + \Sigma d(3, 5, 7, 11, 14)$ **에 대한 최소 식을 구하라.**

먼저 최소 곱의 합 식을 구하기 위하여 $f$에 대한 맵을 그리고 EPI를 찾는다.

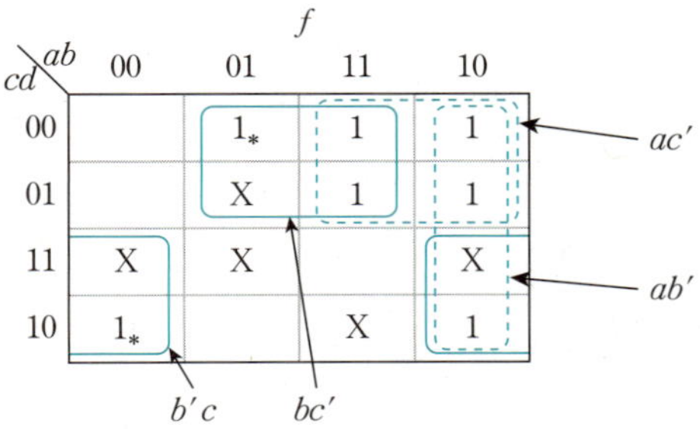


EPI $bc'$과 $b'c$를 찾은 후에 남은 최소항 $m_8$과 $m_9$를 커버하기 위하여 PI $ac'$ 또는 $ab'$가 선택되어야 한다. 따라서 최소 곱의 합 식은 다음과 같이 두 가지가 된다.

$$f = bc' + b'c + \{ac', ab'\}$$

합의 곱 식을 구하기 위하여 $f'$에 대한 맵을 그리고 EPI를 찾는다.

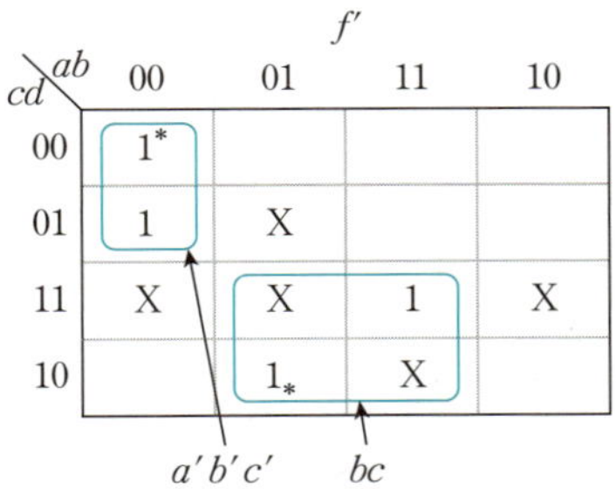


EPI $a'b'c'$과 $bc$를 찾으면 모든 1이 커버되므로 $f'$에 대한 최소 곱의 합 식은 다음과 같다.

$$f' = bc + a'b'c'$$

드모르간 법칙을 적용하여 변환하면 다음과 같이 최소 합의 곱 식이 된다.

$$f = (f')' = (b'+c')(a+b+c)$$

최소 곱의 합 식은 항수가 3개이고 문자수는 6이지만 최소 합의 곱 식은 항수가 두 개이고 문자수가 5이다. 따라서 최소 식은 최소 합의 곱 식인 $f = (b'+c')(a+b+c)$가 된다.

**예제 3.8** $f(a,b,c,d) = a'c + b'd' + a'c'd' + abd'$의 부울식에 대한 최소 합의 곱 식과 최소 곱의 합 식을 구하라.

부울식의 각 곱 항을 맵에 나타내면 아래 왼쪽 맵과 같다.

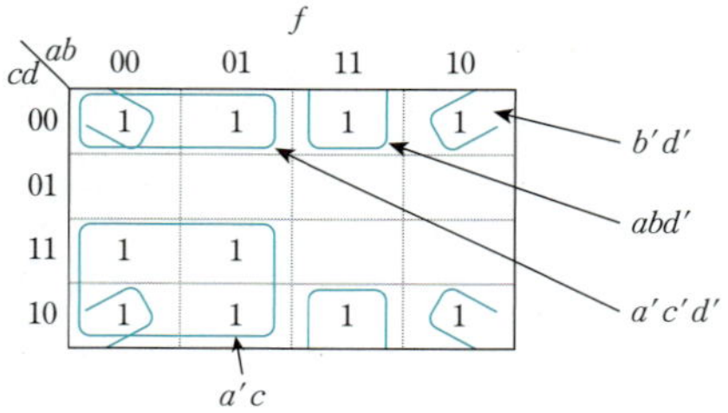


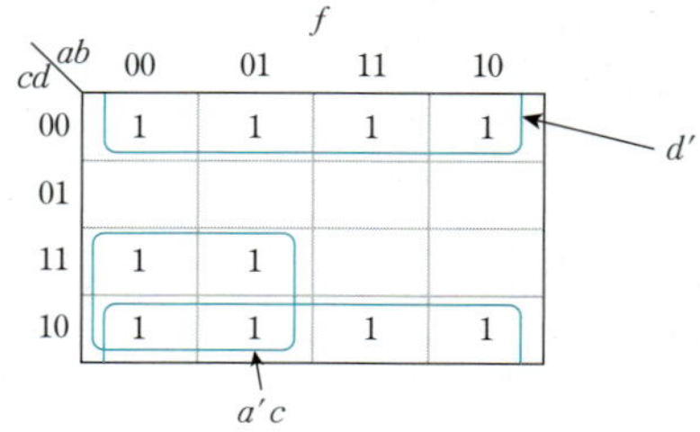


우측 맵에서 EPI $d'$과 $a'c$를 찾으면 모든 1이 커버되므로 $f$에 대한 최소 곱의 합 식은 다음과 같이 된다.

$$f = d' + a'c$$

최소 합의 곱 식을 구하기 위한 $f'$에 대한 맵은 다음과 같다.

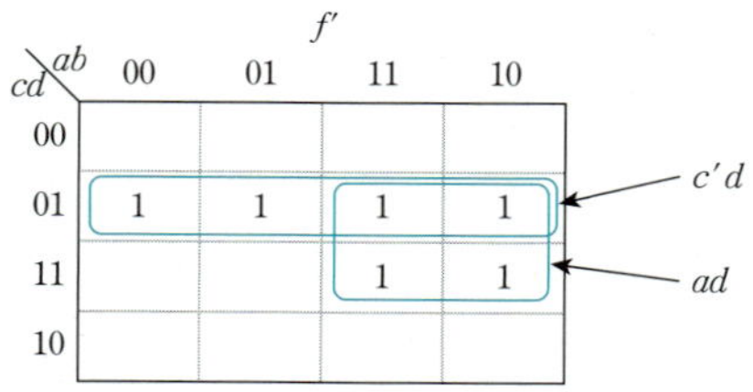


$f'$에 대한 맵에서 EPI $c'd$와 $ad$를 찾으면 모든 1이 커버되므로 $f'$에 대한 최소 곱의 합 식은 다음과 같이 된다.

$$f' = ad + c'd$$

드모르간의 법칙을 적용하여 최소 합의 곱 식을 구하면 다음과 같이 된다.

$$f = (f')' = (a'+d')(c+d')$$

## (9) 5변수 맵

지금까지 변수가 4개 이하인 경우만 다루었지만, 시스템에 따라 입력이 5개 또는 그 이상이 있을 수 있다. 5변수의 경우는 최소항이 $2^5$개이므로 일반적으로 다음 그림과 같이

2층 구조로 만들어, 위층은 처음 16개의 최소항을 할당하고, 아래층은 다음 16개의 최소항을 할당하여 맵을 나타낸다.

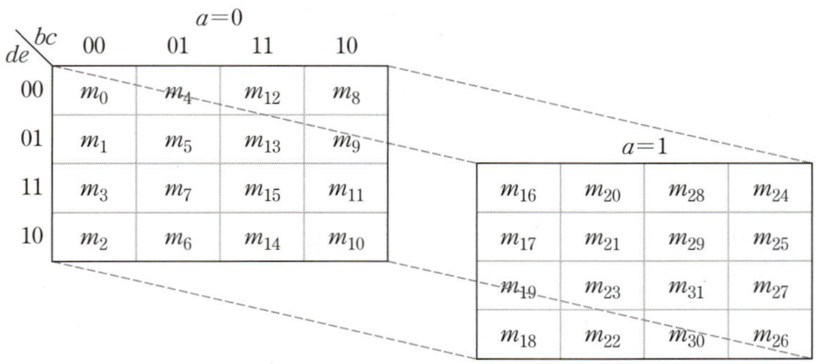


| 그림 3.22 5변수 맵

변수 $a$=1인 아래층의 최소항들은 위층의 대응되는 위치에 있는 최소항 번호에 16이 더해진 최소항 번호가 할당되었다. 즉, 위층과 아래층의 최소항은 변수 $a$에 대하여만 보수 관계에 있고 나머지 변수들은 동일하다. 즉, 위층과 아래층의 대응되는 위치의 1은 인접한 사각형으로 묶어 변수 $a$를 삭제할 수가 있다. 예를 들어 $m_5$와 $m_{21}$은 위층과 아래층에 대응되는 위치에 있는데 다음과 같이 변수 $a$를 삭제하여 항을 줄일 수 있음을 알 수 있다.

$$m_5 + m_{21} = a'b'cd'e + ab'cd'e = (a'+a)b'cd'e = b'cd'e$$

**예제 3.9** 다음 함수에 대한 카노 맵을 그려서 최소 곱의 합 식을 찾아라.

$$f(a,b,c,d,e) = \Sigma m(5, 7, 8, 13, 15, 21, 24, 29)$$

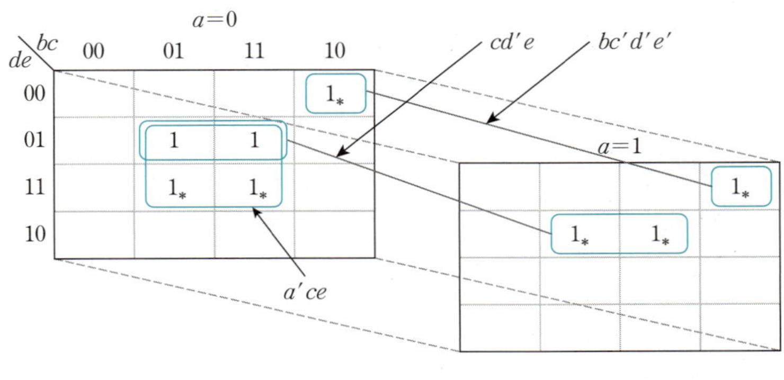

위층($a=0$)에 단독으로 4개의 1을 묶은 PI $a'ce$, 위층과 아래층에 걸쳐서 4개의 1을 묶은 PI $cd'e$, 그리고 위와 아래층에 하나씩 있는 2개의 1을 묶은 PI $bc'd'e'$, 이들 모두가 EPI들이다. 이 EPI들 각각이 유일하게 커버하는 최소항들에 * 표시를 하였다. EPI들에 의해 커버되는 1들을 제외하면, 추가로 커버해야할 최소항은 없기 때문에 최소 곱의 합 식은 다음과 같이 된다.

$$f = a'ce + bc'd'e' + cd'e$$

변수가 6개인 경우도 4층의 구조로 배치하여 부울식을 간략화할 수 있지만 맵을 그려서 간략화하는 것이 쉽지가 않다. 변수가 많아지면 3.2절에서 설명할 Quine-McCluskey 방법을 권장한다.

### (10) 다중 출력과 공유

지금까지는 단일 출력 시스템에 대한 최소 비용의 회로를 구현하기 위한 최소 식을 찾는 방법들에 대하여 설명하였다. 일반적으로 디지털 시스템은 다중 출력인 경우가 많은데 이런 경우에 각 출력에 대한 독립된 문제에 대한 최소 식을 구하는 것보다, 하나의 시스템으로 공유를 고려하여 설계를 하면 비용이 줄어들 수 있다.

| 그림 3.23 다중 출력 시스템

[그림 3.23]과 같은 다중 출력 시스템에서 다음 함수 $f_1$, $f_2$는 독립된 문제로 최소 비용의 회로를 구한 후에 공통된 항을 찾아 공유함으로써 회로 비용을 줄일 수 있는 간단한 예를 보여준다.

$$f_1(a,b,c) = \Sigma m(2, 3, 4, 5)$$
$$f_2(a,b,c) = \Sigma m(1, 2, 3)$$

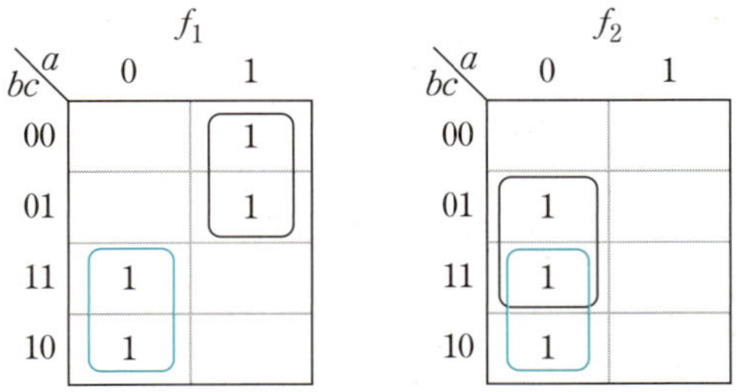


위 두 함수를 카노 맵에 표현하여 최소 식을 구하면 다음과 같다.

$$f_1 = \mathbf{a'b} + ab'$$
$$f_2 = \mathbf{a'b} + a'c$$

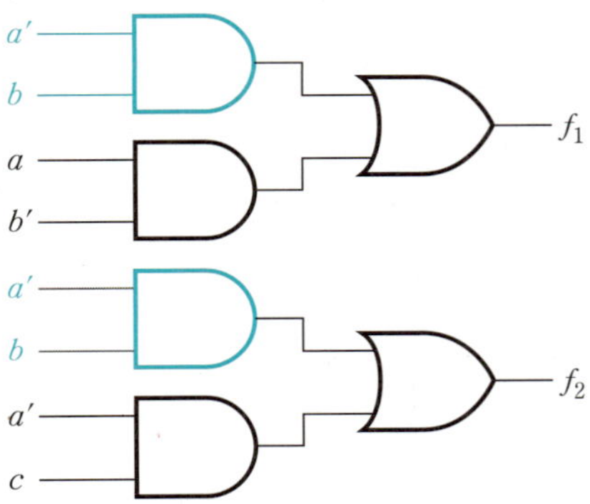


(a) 독립된 문제

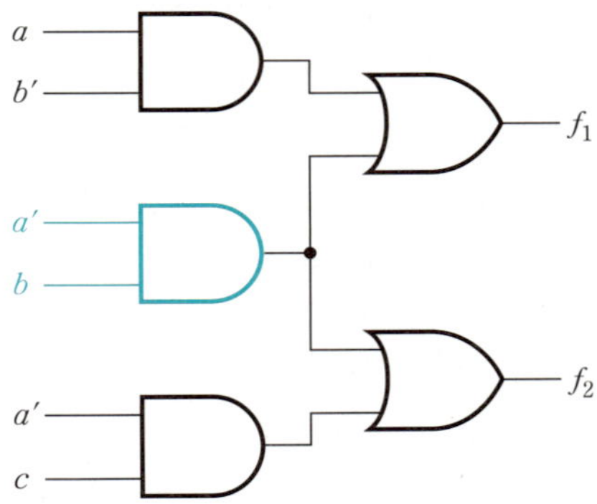


(b) 다중 출력 공유

두 출력에 대한 최소 식에 공통된 항 $\mathbf{a'b}$가 존재하여 이것을 공유하면 게이트 하나를 줄일 수 있다. 이 경우는 PI가 공유되었기 때문에 쉽게 찾을 수 있었다.

다음은 PI가 아닌 Implicant, 즉 일반 곱항을 공유하여 비용을 줄일 수 있는 경우를 알아보자.

$$f_1(a,b,c,d) = \Sigma m(0, 1, 3, 5, 7, 11)$$
$$f_2(a,b,c,d) = \Sigma m(5, 7, 9, 11, 13, 15)$$

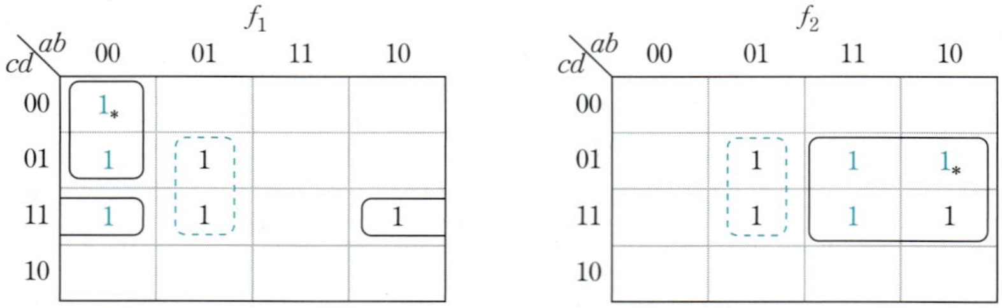


두 함수 간에 같은 위치에 1이 없는 경우는 구분하기 쉽게 파랑색으로 표시하였다. 파랑색으로 표시된 1에 의해 EPI가 되는 경우를 먼저 찾는다. $f_1$에서 $m_0$는 EPI $a'b'c'$에 의해 유일하게 커버되고 있기 때문에, 공유항으로 커버할 수 없는 최소항이다. 따라서 EPI $a'b'c'$는 $f_1$의 최소 커버에 꼭 포함되어야 한다. $f_2$에서는 $m_9$가 EPI $ad$에 의해 유일하게 커버되고 있기 때문에 공유항으로 커버할 수 없는 최소항이다. 항 $ad$가 $f_2$에 꼭 포함되어야 하는 EPI이기 때문에, $f_1$의 $m_{11}$는 더 이상 $f_2$와 공유할 필요가 없게 된다. 따라서 $m_{11}$의해 EPI가 되는 $b'cd$를 선택해야 한다. 파란 점선으로 표시된 항 $\boldsymbol{a'bd}$는 $f_1$과 $f_2$에서 공유할 수 있음을 쉽게 알 수 있다. 항 $a'bd$를 공유하여 얻은 최종 식은 다음과 같이 되어 총 4개의 AND 게이트와 2개의 OR 게이트로 구현할 수 있게 된다.

$$f_1 = a'b'c' + b'cd + \boldsymbol{a'bd}$$
$$f_2 = ad + \boldsymbol{a'bd}$$

독립된 문제로 최소 곱의 합 식을 구하면 다음과 같이 각 식은 대응되는 공유할 때의 식보다 간략화 되었지만 총 5개의 AND 게이트와 2개의 OR 게이트가 필요하게 된다.

$$f_1 = a'b'c' + b'cd + a'd$$
$$f_2 = ad + bd$$

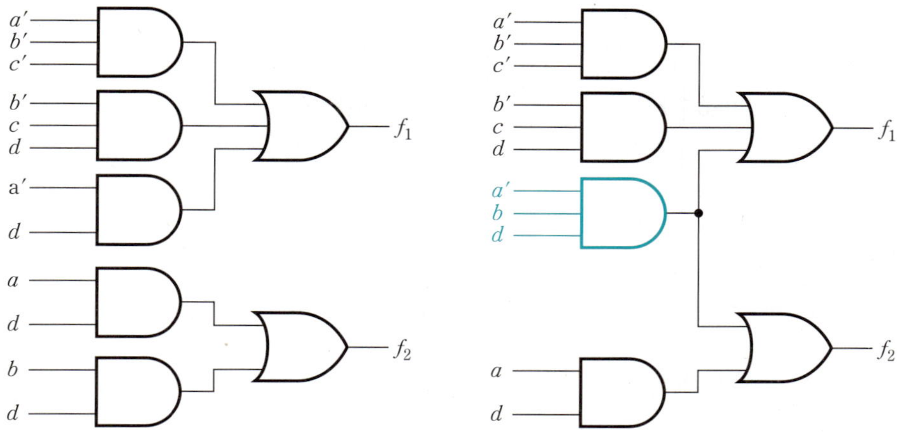


(a) 독립된 문제　　　　(b) 다중 출력 공유

## 3.2 Quine-McCluskey 방법

카노 맵 방법은 부울 함수를 체계적으로 간략화하여 최소 식을 구할 수 있게 하지만 함수의 변수가 많아지면 카노 맵을 적용하기가 어렵고, 컴퓨터를 이용하여 간략화하는 것이 권장된다. 이 장에서 설명하는 QM(Quine-McCluskey) 방법은 주어진 함수에 대한 최소항들의 집합에서 시작하여 인접 속성($ab + ab' = a$)을 반복 적용하여 함수에 대한 모든 PI들을 찾는다. 이렇게 찾은 모든 PI들 중에서 최소 커버에 필요한 PI들을 차트를 만들어 체계적으로 찾는 방법인데 컴퓨터 프로그램으로 구현하기에 적합한 것이다.

### (1) PI(Prime Implicant) 찾기

QM 방법은 함수를 나타내는 최소항들의 집합에서 시작하는데, 두 항 간에 변수가 하나만 다르면 공통 변수로 이루어진 항으로 줄이는 인접 속성을 적용한다. 변수가 줄어든 항들 간에도 같은 방법으로 인접 속성을 적용하여 줄일 수 있을 때까지 반복하여 PI들을 찾아낸다. 인접 속성을 적용하여 간략화 하는 것을 2진수를 이용하여 표현하면 다음과 같다.

$ab'c'd + ab'c'd' = ab'c' \rightarrow 1001 + 1000 = 100-$

; (변수 $d$가 없어졌음을 나타낸다.)

$ab'c' + abc' = ac' \rightarrow 100- + 110- = 1-0-$

; (변수 $d$가 없는 두 항에 대하여 인접 속성을 적용하여 변수 $b$가 추가적으로 없어졌음을 나타낸다.)

두 항 간에 정확히 한 문자에서만 다른지를 비교하는 작업을 반복하게 되는데, 항들 간의 비교 횟수를 줄이기 위하여 항들을 1의 개수에 따라 그룹을 만들어 순서대로 배치하여 인접한 그룹끼리만 비교하면 된다. 서로 인접하지 않은 그룹에 있는 항끼리는 두 문자 이상이 다르기 때문에 비교할 필요가 없게 된다. 같은 그룹에 있는 항끼리도 두 문자 이상이 다르기 때문에 비교할 필요가 없다.

예를 들어 다음 함수에 대하여 PI들을 찾기 위하여 함수 $f$에 대한 최소항들을 나타내는 2진수의 1의 개수에 따라 다음과 같이 그룹을 나눈다.

$$f(a,b,c) = \Sigma m(3, 4, 5, 6, 7)$$

| | |
|---|---|
| 그룹 1 | (4) 100 |
| | (3) 011 |
| 그룹 2 | (5) 101 |
| | (6) 110 |
| 그룹 3 | (7) 111 |

이와 같이 1의 개수에 따라 그룹으로 나누면 인접한 그룹끼리, 즉 그룹 1과 그룹 2, 그룹 2와 그룹 3에 있는 항끼리만 비교하면 되고, 그룹 1과 그룹 3에 있는 항끼리는 1의 개수가 2개 차이가 나므로 인접 속성을 적용할 수가 없어서 비교할 필요가 없게 된다. 〈표 3.4〉는 최소항들로 이루어진 1열에서 인접한 그룹의 문자가 하나만 다른 두 항을 찾아서 인접 속성을 적용하여 2열을 완성한 것을 보여주고 있다. 설명을 쉽게 하기 위하여 각 항에 A, B, C, ⋯, J 등의 레이블을 붙였다.

| 표 3.4 인접 속성 적용하여 2열 완성

| 1열 | 2열 |
|---|---|
| A (4) 100 √ | F (4,5) 10–<br>G (4,6) 1–0 |
| B (3) 011 √<br>C (5) 101 √<br>D (6) 110 √ | H (3,7) –11<br>I (5,7) 1–1<br>J (6,7) 11– |
| E (7) 111 √ | |

인접 속성을 적용하여 2열의 항들을 만든 과정은 다음과 같다.

A + C = F = 10− ($ab'c' + ab'c = ab'$)

A + D = G = 1−0 ($ab'c' + abc' = ac'$)

B + E = H = −11 ($a'bc + abc = bc$)

C + E = I = 1−1 ($ab'c + abc = ac$)

D + E = J = 11− ($abc' + abc = ab$)

표에서 체크(√) 마크는 PI의 후보에서 삭제되었다는 것을 나타내는데, 인접 속성에 의해 두 항을 묶어 새로운 항을 만들면 두 항은 새로운 항에 의해 커버되기 때문에 더 이상 PI의 후보가 될 수 없어서 두 항에 체크 마크를 한다. 예를 들어, 항 A와 항 C를 묶어 항 F를 만들었기 때문에 항 F에 의해 커버되는 항 A와 항 C에 체크(√) 마크를 하여 PI의 후보에서 삭제한다.

I 표 3.5 인접 속성 적용하여 3열 완성

| 1열 | 2열 | 3열 |
|---|---|---|
| A (4) 100 √ | F (4,5) 10− √ | K (4,5,6,7) 1−− |
|  | G (4,6) 1−0 √ |  |
| B (3) 011 √ |  |  |
| C (5) 101 √ | H (3,7) −11 |  |
| D (6) 110 √ | I (5,7) 1−1 √ |  |
|  | J (6,7) 11− √ |  |
| E (7) 111 √ |  |  |

2열에서 3열의 항을 만드는 과정에서 인접 속성에 의해 두 항을 묶기 위하여 두 항의 대시(−)는 같은 위치에 있어야 하고 문자 하나만 달라야 한다. 항 K는 다음과 같이 서로 다른 묶음에 의해 같은 항이 만들어지는 경우이다.

F + J = K = 1−− ($ab' + ab = a$)

G + I = K = 1−− ($ac' + ac = a$)

PI는 각 열에서 체크되지 않고 남은 항들로서 다음과 같다.

H (3,7) −11 ($bc$)

K (4,5,6,7) 1−− ($a$)

이 예제는 찾은 PI 전부가 함수를 커버하는 최소 커버가 되는 경우이다. 일반적으로 최소 커버를 찾기 위해 PI들을 먼저 찾은 후에 이들 중의 일부를 선택하게 된다. 함수를 커버할 최소 커버에 해당하는 PI를 찾는 것은 다음 절에서 설명한다.

**예제 3.10** 다음 함수에 대하여 QM 방법을 사용하여 PI들을 찾아라.

$$f(w,x,y,z) = \Sigma m(2, 4, 6, 9, 11, 12, 13, 15)$$

| 1열 | 2열 | 3열 |
|---|---|---|
| A (2) 0010 √<br>B (4) 0100 √<br>———<br>C (6) 0110 √<br>D (9) 1001 √<br>E (12) 1100 √<br>———<br>F (11) 1011 √<br>G (13) 1101 √<br>———<br>H (15) 1111 √ | I (2,6) 0–10<br>J (4,6) 01–0<br>K (4,12) –100<br>———<br>L (9,11) 10–1 √<br>M (9,13) 1–01 √<br>N (12,13) 110–<br>———<br>O (11,15) 1–11 √<br>P (13,15) 11–1 √ | Q (9,11,13,15) 1––1 |

1열에 항들을 1의 개수에 따라 그룹을 만들어 순서대로 배치하여 인접한 그룹끼리만 비교하여 2열을 만들었다.
인접 속성을 적용하여 2열의 항들을 만든 과정은 다음과 같다.

$$A + C = I = 0-10\ (w'x'yz' + w'xyz' = w'yz')$$
$$B + C = J = 01-0\ (w'xy'z' + w'xyz' = w'xz')$$
$$B + E = K = -100\ (w'xy'z' + wxy'z' = xy'z')$$
$$D + F = L = 10-1\ (wx'y'z + wx'yz = wx'z)$$
$$D + G = M = 1-01\ (wx'y'z + wxy'z = wy'z)$$
$$E + G = N = 110-\ (wxy'z' + wxy'z = wxy')$$
$$F + H = O = 1-11\ (wx'yz + wxyz = wyz)$$
$$G + H = P = 11-1\ (wxy'z + wxyz = wxz)$$

인접 속성을 적용하여 3열의 항들을 만든 과정은 다음과 같다.

$$L + P = Q = 1--1\ (wx'z + wxz = wz)$$
$$M + O = Q = 1--1\ (wy'z + wyz = wz)$$

PI는 각 열에서 체크되지 않고 남은 항들로서 다음과 같이 5개가 있다.

항 I 0−10 ($w'yz'$)
항 J 01−0 ($w'xz'$)
항 K −100 ($xy'z'$)
항 N 110− ($wxy'$)
항 Q 1−−1 ($wz$)

## (2) PI 차트

PI 차트는 함수에 대한 PI 들과 최소항들을 사용하여 각 PI가 커버하는 최소항들을 표로 만든 것인데, PI 차트를 이용하여 함수의 최소 커버를 체계적으로 찾을 수 있다. 먼저 유일하게 최소 커버가 찾아지는 경우에 대하여 알아보고, 그 다음에 최소 커버가 하나 이상 나오는 경우와 무정의 조건이 있는 경우에 대하여 설명하기로 한다.

### ① PI 차트에서 최소 커버 찾기

다음 함수에 대한 PI 차트를 만들어 최소 커버를 찾는 방법을 알아보자.

$$f(a,b,c,d) = \Sigma m(2, 5, 6, 7, 8, 9, 10, 11, 13, 15)$$

아래와 같이 1열의 최소항들에 대하여 인접 속성을 적용하여 2열의 항들을 만들어내고, 마찬가지 방법으로 2열의 항들에 인접 속성을 적용하여 3열의 항들을 만들어낸다.

| 표 3.6 인접 속성을 적용하여 PI 계산

| 1열 | 2열 | 3열 |
|---|---|---|
| A (2) 0010 √<br>B (8) 1000 √ | K (2,6) 0–10<br>L (2,10) –010<br>M (8,9) 100– √<br>N (8,10) 10–0 √ | X (8,9,10,11) 10–– |
| C (5) 0101 √<br>D (6) 0110 √<br>E (9) 1001 √<br>F (10) 1010 √ | O (5,7) 01–1 √<br>P (5,13) –101 √<br>Q (6,7) 011–<br>R (9,11) 10–1 √<br>S (9,13) 1–01 √<br>T (10,11) 101– √ | Y (5,7,13,15) –1–1<br>Z (9,11,13,15) 1––1 |
| G (7) 0111 √<br>H (11) 1011 √<br>I (13) 1101 √ | U (7,15) –111 √<br>V (11,15) 1–11 √<br>W (13,15) 11–1 √ | |
| J (15) 1111 √ | | |

인접 속성을 적용하여 2열의 항들을 만든 과정은 다음과 같다.

A + D = K = 0−10 ($a'b'cd' + a'bcd' = a'cd'$)

A + F = L = −010 ($a'b'cd' + ab'cd' = b'cd'$)

B + E = M = 100− ($ab'c'd' + ab'c'd = ab'c'$)

B + F = N = 10−0 ($ab'c'd' + ab'cd' = ab'd'$)

C + G = O = 01−1 ($a'bc'd + a'bcd = a'bd$)

C + I = P = −101 ($a'bc'd + abc'd = bc'd$)

D + G = Q = 011− ($a'bcd' + a'bcd = a'bc$)

E + H = R = 10−1 ($ab'c'd + ab'cd = ab'd$)

E + I = S = 1−01 ($ab'c'd + abc'd = ac'd$)

F + H = T = 101− ($ab'cd' + ab'cd = ab'c$)

G + J = U = −111 ($a'bcd + abcd = bcd$)

H + J = V = 1−11 ($ab'cd + abcd = acd$)

I + J = W = 11−1 ($abc'd + abcd = abd$)

인접 속성을 적용하여 3열의 항들을 만든 과정은 다음과 같다.

M + T = X = 10−− ($ab'c' + ab'c = ab'$)

N + R = X = 10−− ($ab'd' + ab'd = ab'$)

O + W = Y = −1−1 ($a'bd + abd = bd$)

P + U = Y = −1−1 ($bc'd + bcd = bd$)

R + W = Z = 1−−1 ($ab'd + abd = ad$)

S + V = Z = 1−−1 ($ac'd + acd = ad$)

〈표 3.6〉에서 PI는 체크되지 않은 항들로서 다음과 같이 총 6개를 찾았다.

K  0−10 ($a'cd'$)

L  −010 ($b'cd'$)

Q  011− ($a'bc$)

X  10−− ($ab'$)

Y  −1−1 ($bd$)

Z  1−−1 ($ad$)

이렇게 찾은 PI들은 〈표 3.7〉과 같이 각 행의 좌측에 배치하고, 함수를 정의한 최소항들은 위쪽에 순서대로 배치하여 각 PI가 속한 행에서 그 PI에 의해 커버되는 최소항 열의 위치에 × 표시를 하여 PI 차트를 완성한다. 예를 들어 PI K($a'cd'$)는 최소항 2번과 6번을 커버하기 때문에 2번과 6번 열 위치에 × 표시를 하였다.

**| 표 3.7** PI 차트

| 레이블 | 최소항 번호 | PI | | 2 | 5 | 6 | 7 | 8 | 9 | 10 | 11 | 13 | 15 |
|---|---|---|---|---|---|---|---|---|---|---|---|---|---|
| K | (2,6) | 0–10 | $a'cd'$ | X | | X | | | | | | | |
| L | (2,10) | –010 | $b'cd'$ | X | | | | | | X | | | |
| Q | (6,7) | 011– | $a'bc$ | | | X | X | | | | | | |
| X | (8,9,10,11) | 10– – | $ab'$ | | | | | X | X | X | X | | |
| Y | (5,7,13,15) | –1–1 | $bd$ | | X | | X | | | | | X | X |
| Z | (9,11,13,15) | 1– –1 | $ad$ | | | | | | X | | X | X | X |

EPI는 하나의 최소항을 유일하게 커버하는 항이기 때문에 PI 차트의 최소항 열에 하나의 × 표시가 있는 행에 있는 PI가 EPI이다. 최소항 열에 ×가 하나만 있는 셀에 찾기 쉽게 음영 표시를 하였다. 최소항 5번은 PI Y($bd$)가 유일하게 커버하고 있으므로 PI Y($bd$)는 EPI이다. 또, 최소항 8번도 PI X($ab'$)가 유일하게 커버하고 있으므로 PI X($ab'$)도 EPI이다. 이 두 EPI에 의해 커버되는 모든 최소항들을 차트에서 삭제하여 축소된 차트를 만든다. 즉, EPI Y($bd$)가 커버하는 최소항 5, 7, 13, 15번에 해당하는 열을 삭제한다. 그리고 EPI X($ab'$)가 커버하는 최소항 8, 9, 10, 11번에 해당하는 열도 삭제한다. 이 최소항들을 삭제하고 나면 PI Z($ad$)는 커버하는 최소항이 없게 되므로 PI Z($ad$) 행도 삭제하여 〈표 3.8〉과 같은 축소된 차트를 만들 수 있다.

**| 표 3.8** 축소된 차트

| 레이블 | 최소항 번호 | PI | | 2 | 6 |
|---|---|---|---|---|---|
| K | (2,6) | 0–10 | $a'cd'$ | X | X |
| L | (2,10) | –010 | $b'cd'$ | X | |
| Q | (6,7) | 011– | $a'bc$ | | X |

일부 최소항들과 PI를 삭제한 후의 축소된 차트에서 항 K는 최소항 2, 6을 모두 커버하기 때문에 이 항을 선택하는 것이 최소 커버가 된다. 항 L과 항 Q가 커버하는 최소항들

은 모두 항 K가 커버하는 최소항에 속한다. 이런 경우에 항 K는 항 L과 항 Q를 압도(dominate)한다고 한다. 따라서 최소 커버는 EPI X($ab'$), Y($bd$)와 PI K($a'cd'$)가 되고, 최소 곱의 합 식은 다음과 같이 된다.

$$f = ab' + bd + a'cd'$$

**예제 3.11** 예제 3.10의 함수에 대하여 PI 차트를 만들어 최소 곱의 합 식을 구하라.

$$f(w,x,y,z) = \Sigma m(2, 4, 6, 9, 11, 12, 13, 15)$$

예제 3.10에서 찾은 PI들과 최소항들을 사용하여 PI 차트를 만들면 다음과 같이 된다.

| 레이블 | 최소항 번호 | PI | | 2 | 4 | 6 | 9 | 11 | 12 | 13 | 15 |
|---|---|---|---|---|---|---|---|---|---|---|---|
| I | (2,6) | 0–10 | $w'yz'$ | X | | X | | | | | |
| J | (4,6) | 01–0 | $w'xz'$ | | X | X | | | | | |
| K | (4,12) | –100 | $xy'z'$ | | X | | | | X | | |
| N | (12,13) | 110– | $wxy'$ | | | | | | X | X | |
| Q | (9,11,13,15) | 1––1 | $wz$ | | | | X | X | | X | X |

최소항 2번은 PI I($w'yz'$)가 유일하게 커버하고 있다. 또, 최소항 9번, 11번, 15번도 PI Q($wz$)가 유일하게 커버하고 있다. 이 두 EPI에 의해 커버되는 최소항들을 차트에서 삭제하여 축소된 차트를 만들면 다음과 같이 된다.

| 레이블 | 최소항 번호 | PI | | 4 | 12 |
|---|---|---|---|---|---|
| J | (4,6) | 01–0 | $w'xz'$ | X | |
| K | (4,12) | –100 | $xy'z'$ | X | X |
| N | (12,13) | 110– | $wxy'$ | | X |

항 J와 N이 커버하는 최소항들은 항 K가 모두 커버하므로 항 K가 압도하고 있다. 항 J와 N을 삭제하면 항 K만 남게 되어 항 K가 선택된다.
최소 커버는 EPI I($w'yz'$), Q($wz$)와 PI K($xy'z'$)가 되고, 최소 곱의 합 식은 다음과 같이 된다.

$$f = wz + w'yz' + xy'z'$$

### ② 두 가지 이상의 해가 있는 경우

최소 커버가 유일하게 결정되지 않고, 두 개 이상의 해가 존재하는 경우에 대하여 알아보자. 아래 함수에 대하여 인접 속성을 반복 적용하여 2열과 3열의 항들을 만들어낸다.

$$f(a,b,c,d) = \Sigma m(0, 2, 4, 6, 8, 9, 11, 12, 13, 15)$$

| 1열 | 2열 | 3열 |
|---|---|---|
| A (0) 0000 √ | K (0,2) 00–0 √<br>L (0,4) 0–00 √<br>M (0,8) –000 √ | X (0,2,4,6) 0– –0<br>Y (0,4,8,12) – –00 |
| B (2) 0010 √<br>C (4) 0100 √<br>D (8) 1000 √ | N (2,6) 0–10 √<br>O (4,6) 01–0 √<br>P (4,12) –100 √<br>Q (8,9) 100– √<br>R (8,12) 1–00 √ | Z (8,9,12,13) 1–0–<br>AA (9,11,13,15) 1– –1 |
| E (6) 0110 √<br>F (9) 1001 √<br>G (12) 1100 √ | S (9,11) 10–1 √<br>T (9,13) 1–01 √<br>U (12,13) 110– √ | |
| H (11) 1011 √<br>I (13) 1101 √ | V (11,15) 1–11 √<br>W (13,15) 11–1 √ | |
| J (15) 1111 √ | | |

PI는 체크(√)가 없는 항들로서 다음과 같이 4개가 있다.

X (0,2,4,6) 0– –0 ($a'd'$)

Y (0,4,8,12) – –00 ($c'd'$)

Z (8,9,12,13) 1–0– ($ac'$)

AA (9,11,13,15) 1– –1 ($ad$)

함수의 최소 커버를 찾기 위하여 PI 차트를 만들고, 최소항 열에 ×가 하나만 있는 셀들은 음영 표시를 하였다. 이 음영 표시가 있는 셀의 행에 있는 PI는 해당 최소항들을 유일하게 커버하는 EPI들이다.

| 레이블 | 최소항 번호 | PI | 0 | 2 | 4 | 6 | 8 | 9 | 11 | 12 | 13 | 15 |
|---|---|---|---|---|---|---|---|---|---|---|---|---|
| X | (0,2,4,6) | 0– –0 $a'd'$ | X | X | X | X | | | | | | |
| Y | (0,4,8,12) | – –00 $c'd'$ | X | | X | | X | | | X | | |
| Z | (8,9,12,13) | 1–0– $ac'$ | | | | | X | X | | X | X | |
| AA | (9,11,13,15) | 1– –1 $ad$ | | | | | | X | X | | X | X |

항 $a'd'$는 최소항 2와 6을 유일하게 커버하는 EPI이고, 항 $ad$는 최소항 11과 15을 유일하게 커버하는 EPI이다. 이 두 EPI에 의해 커버되는 최소항들과 EPI들을 삭제하면 〈표 3.9〉와 같이 축소된 차트가 만들어진다.

| 표 3.9 축소된 차트

| 레이블 | 최소항 번호 | PI | 8 | 12 |
|---|---|---|---|---|
| Y | (0,4,8,12) | --00 $c'd'$ | X | X |
| Z | (8,9,12,13) | 1-0- $ac'$ | X | X |

축소된 차트에서 커버해야할 남은 최소항은 8, 12인데 PI $c'd'$ 또는 $ac'$ 둘 중 하나만 있으면 이 두 최소항을 커버한다. 따라서 최소 곱의 합 식은 다음과 같이 두 가지가 존재하게 된다.

$$f = a'd' + ad + \{c'd', ac'\}$$

**예제 3.12** 다음 함수에 대하여 QM 방법을 사용하여 최소 곱의 합 식을 구하라.

$$f(w,x,y,z) = \Sigma m(0, 4, 5, 8, 9, 11, 12, 15)$$

최소항의 1의 개수에 따라 그룹을 나누어 인접 속성을 반복 적용하여 PI들을 찾는다.

| 1열 | 2열 | 3열 |
|---|---|---|
| A (0) 0000 √ | I (0,4) 0-00 √<br>J (0,8) -000 √ | Q (0,4,8,12) --00 |
| B (4) 0100 √<br>C (8) 1000 √ | K (4,5) 010-<br>L (4,12) -100 √<br>M (8,9) 100-<br>N (8,12) 1-00 √ | |
| D (5) 0101 √<br>E (9) 1001 √<br>F (12) 1100 √ | O (9,11) 10-1 | |
| G (11) 1011 √ | P (11,15) 1-11 | |
| H (15) 1111 √ | | |

PI는 체크(√)가 없는 항들로서 다음과 같이 5개가 있다.

K (4,5)  010–  ($w'xy'$)
M (8,9)  100–  ($wx'y'$)
O (9,11)  10–1  ($wx'z$)
P (11,15)  1–11  ($wyz$)
Q (0,4,8,12)  – –00  ($y'z'$)

| 레이블 | 최소항 번호 | PI | 0 | 4 | 5 | 8 | 9 | 11 | 12 | 15 |
|---|---|---|---|---|---|---|---|---|---|---|
| K | (4,5) | 010–  $w'xy'$ | | X | X | | | | | |
| M | (8,9) | 100–  $wx'y'$ | | | | X | X | | | |
| O | (9,11) | 10–1  $wx'z$ | | | | | X | X | | |
| P | (11,15) | 1–11  $wyz$ | | | | | | X | | X |
| Q | (0,4,8,12) | – –00  $y'z'$ | X | X | | X | | | X | |

함수의 최소 커버를 찾기 위하여 PI 차트를 만들어 최소항 열에 ×가 하나만 있는 셀을 커버하는 EPI를 찾는다. EPI는 다음과 같다.

K (4,5)  010–  ($w'xy'$)
P (11,15)  1–11  ($wyz$)
Q (0,4,8,12)  – –00  ($y'z'$)

EPI에 의해 커버되는 최소항들과 EPI들을 삭제하면 아래와 같은 축소된 차트가 만들어진다.

| 레이블 | 최소항 번호 | PI | 9 |
|---|---|---|---|
| M | (8,9) | 100–  $wx'y'$ | X |
| O | (9,11) | 10–1  $wx'z$ | X |

커버해야 할 남은 최소항은 9인데 PI M($wx'y'$) 또는 O($wx'z$) 둘 중 하나만 있으면 이 최소항을 커버하게 되므로 최소 곱의 합 식은 다음과 같이 두 가지가 존재하게 된다.

$$f = y'z' + w'xy' + wyz + \{wx'y',\ wx'z\}$$

### ③ 무정의가 있는 경우

무정의 조건이 있는 경우에 최소 커버를 찾는 방법은 약간 달라진다. 무정의 조건들은 PI를 찾을 때만 사용하고, 최소 커버를 찾기 위하여 PI 차트를 구성할 때는 포함시키지 않는다. 즉, 무정의에 해당하는 최소항은 함수를 위해 반드시 커버해야 되는 항이 아니므로 이미 커버된 최소항들처럼 처리한다. 다음과 같이 무정의가 정의된 함수에 대하여

$$f(a,b,c,d) = \Sigma m(0, 3, 6, 8, 11, 14) + \Sigma d(1, 2, 5, 12)$$

PI들을 찾기 위하여 함수 f에 대한 최소항들을 나타내는 2진수의 1의 개수에 따라 그룹을 나눌 때에 무정의 조건에 해당하는 최소항들도 포함시킨다.

| 1열 | 2열 | 3열 |
|---|---|---|
| A (0) 0000 √ | K (0,1) 000– √ | V (0,1,2,3) 00–– |
| | L (0,2) 00–0 √ | |
| B (1) 0001 √ | M (0,8) –000 | |
| C (2) 0010 √ | | |
| D (8) 1000 √ | N (1,3) 00–1 √ | |
| | O (1,5) 0–01 | |
| E (3) 0011 √ | P (2,3) 001– √ | |
| F (5) 0101 √ | Q (2,6) 0–10 | |
| G (6) 0110 √ | R (8,12) 1–00 | |
| H (12) 1100 √ | | |
| | S (3,11) –011 | |
| I (11) 1011 √ | T (6,14) –110 | |
| J (14) 1110 √ | U (12,14) 11–0 | |

인접 속성을 반복 적용하여 다음과 같이 8개의 PI를 찾았다.

M (0,8) –000 $(b'c'd')$
O (1,5) 0–01 $(a'c'd)$
Q (2,6) 0–10 $(a'cd')$
R (8,12) 1–00 $(ac'd')$
S (3,11) –011 $(b'cd)$
T (6,14) –110 $(bcd')$
U (12,14) 11–0 $(abd')$
V (0,1,2,3) 00–– $(a'b')$

〈표 3.10〉과 같이 PI들과 커버해야할 최소항들을 배치한 PI 차트를 완성했다. 무정의 조건들에 해당하는 최소항들은 포함되지 않았음을 주목하라.

| 표 3.10 PI 차트

| 레이블 | 최소항 번호 | PI | | 0 | 3 | 6 | 8 | 11 | 14 |
|---|---|---|---|---|---|---|---|---|---|
| M | (0,8) | –000 | $b'c'd'$ | X | | | X | | |
| O | (1,5) | 0–01 | $a'c'd$ | | | | | | |
| P | (2,6) | 0–10 | $a'cd'$ | | | X | | | |
| Q | (8,12) | 1–00 | $ac'd'$ | | | | X | | |
| R | (3,11) | –011 | $b'cd$ | | X | | | X | |
| S | (6,14) | –110 | $bcd'$ | | | X | | | X |
| T | (12,14) | 11–0 | $abd'$ | | | | | | X |
| U | (0,1,2,3) | 00–– | $a'b'$ | X | X | | | | |

최소항 11번에 해당하는 열에 R항($b'cd$)의 행에만 ×가 있으므로, 이 PI만이 최소항 11을 커버하는 EPI임을 알 수 있다. EPI $b'cd$가 커버하는 최소항 3과 11을 차트에서 삭제하여 축소된 차트에서 나머지 최소항들을 커버할 PI들을 찾아야 한다.

| 표 3.11 축소된 차트

| 레이블 | 최소항 번호 | PI | | 0 | 6 | 8 | 14 |
|---|---|---|---|---|---|---|---|
| M | (0,8) | –000 | $b'c'd'$ | X | | X | |
| P | (2,6) | 0–10 | $a'cd'$ | | X | | |
| Q | (8,12) | 1–00 | $ac'd'$ | | | X | |
| S | (6,14) | –110 | $bcd'$ | | X | | X |
| T | (12,14) | 11–0 | $abd'$ | | | | X |
| U | (0,1,2,3) | 00–– | $a'b'$ | X | | | |

축소된 차트에서 항 M은 항 Q와 항 U를 압도하고 있어 항 Q와 항 U는 차트에서 삭제한다. 그리고 항 S는 항 P와 항 T를 압도하고 있기 때문에 항 P와 항 T도 차트에서 삭제한다. 따라서 차트에 항 M과 항 S만 남게 된다.

| 표 3.12 압도된 항 삭제

| 레이블 | 최소항 번호 | PI | | 0 | 6 | 8 | 14 |
|---|---|---|---|---|---|---|---|
| M | (0,8) | –000 | $b'c'd'$ | X | | X | |
| S | (6,14) | –110 | $dcd'$ | | X | | X |

압도된 항을 삭제하면 〈표 3.12〉와 같이 최종 축소된 차트에서 남은 최소항 4개를 커버하기 위하여 항 M($b'c'd'$)과 항 S($bcd'$)가 필요함을 쉽게 알 수 있다. 따라서 최소 곱의 합 식은 다음과 같이 된다.

$$f = b'cd + b'c'd' + bcd'$$

**예제 3.13** 무정의 조건이 있는 다음 함수에 대하여 QM 방법을 사용하여 최소 곱의 합 식을 구하라.

$$f(w,x,y,z) = \Sigma m(1, 4, 6, 8, 9) + \Sigma d(2, 10, 11, 12, 15)$$

무정의 조건에 해당하는 최소항들도 포함하여 최소항들을 나타내는 2진수의 1의 개수에 따라 그룹을 나누어 인접 속성을 반복 적용하여 PI들을 찾는다.

| 1열 | 2열 | 3열 |
|---|---|---|
| A (1) 0001 √ | K (1,9) −001 | V (8,9,10,11) 10−− |
| B (2) 0010 √ | L (2,6) 0−10 | |
| C (4) 0100 √ | M (2,10) −010 | |
| D (8) 1000 √ | N (4,6) 01−0 | |
| | O (4,12) −100 | |
| E (6) 0110 √ | P (8,9) 100− √ | |
| F (9) 1001 √ | Q (8,10) 10−0 √ | |
| G (10) 1010 √ | R (8,12) 1−00 | |
| H (12) 1100 √ | | |
| | S (9,11) 10−1 √ | |
| I (11) 1011 √ | T (10,11) 101− √ | |
| | | |
| J (15) 1111 √ | U (11,15) 1−11 | |

PI는 체크(√)가 없는 항들로서 다음과 같이 8개를 찾았다.

| | | |
|---|---|---|
| K (1,9) | −001 | ($x'y'z$) |
| L (2,6) | 0−10 | ($w'yz'$) |
| M (2,10) | −010 | ($x'yz'$) |
| N (4,6) | 01−0 | ($w'xz'$) |
| O (4,12) | −100 | ($xy'z'$) |
| R (8,12) | 1−00 | ($wy'z'$) |
| U (11,15) | 1−11 | ($wyz$) |
| V (8,9,10,11) | 10−− | ($wx'$) |

PI들과 커버해야 할 최소항들을 배치한 PI 차트를 구성한다. 무정의 조건들에 해당하는 최소항들은 제외한다.

| 레이블 | 최소항 번호 | PI | | 1 | 4 | 6 | 8 | 9 |
|---|---|---|---|---|---|---|---|---|
| K | (1,9) | –001 | $x'y'z$ | X | | | | X |
| L | (2,6) | 0–10 | $w'yz'$ | | | X | | |
| M | (2,10) | –010 | $x'yz'$ | | | | | |
| N | (4,6) | 01–0 | $w'xz'$ | | X | X | | |
| O | (4,12) | –100 | $xy'z'$ | | X | | | |
| R | (8,12) | 1–00 | $wy'z'$ | | | | X | |
| U | (11,15) | 1–11 | $wyz$ | | | | | |
| V | (8,9,10,11) | 10–– | $wx'$ | | | | X | X |

PI M($x'yz'$)과 U($wyz$)는 무정의 최소항만을 커버하기 때문에 PI 차트에서 커버하는 최소항이 없으므로 삭제한다. 항 L($w'yz'$)과 O($xy'z'$)는 항 N($w'xz'$)에 압도된다. EPI K($x'y'z$)에 의해 커버되는 최소항들과 압도된 항을 삭제하여 축소된 차트를 만들면 다음과 같다.

| 레이블 | 최소항 번호 | PI | | 4 | 6 | 8 |
|---|---|---|---|---|---|---|
| N | (4,6) | 01–0 | $w'xz'$ | X | X | |
| R | (8,12) | 1–00 | $wy'z'$ | | | X |
| V | (8,9,10,11) | 10–– | $wx'$ | | | X |

최소항 4와 6을 커버하기 위하여 항 N($w'xz'$)을 선택한다. 그리고 최소항 8번은 항 R($wy'z'$)과 V($wx'$)이 똑같이 커버하지만 문자수가 하나 적은 항 V를 선택하는 것이 최소 비용이 된다. 따라서 최소 곱의 합 식은 다음과 같이 된다.

$$f = x'y'z + w'xz' + wx'$$

## 단원요약

1. 맵에서 인접한 사각형이란 좌, 우 그리고 상, 하에 인접한 사각형을 뜻하는데, 이 인접한 사각형은 묶어서 변수가 하나 줄어든 항으로 축소할 수 있다.

2. 함수 $f$에 대한 곱의 합 식에서 곱 항들의 집합을 함수 $f$의 커버라고 한다. 최소 곱의 합 식을 이루는 곱 항들의 집합을 최소 커버라고 한다.

3. Implicant는 곱의 합 식 형태의 부울식에서 하나의 곱 항을 뜻한다.

4. PI는 Implicant에 속한 최소항들을 커버할 수 있는 것 중에서 가장 크게 1을 묶은 경우로서 최소 곱의 합 식을 구할 때에 포함될 곱 항들의 후보가 되는 것들이다.

5. EPI는 다른 PI에 의해 커버되지 않는 1을 유일하게 커버하는 PI를 뜻한다. 즉, 유일하게 PI 자신만이 커버하는 1이 있는 경우이다.

6. 카노 맵을 이용한 최소 곱의 합 식은 다음과 같은 절차로 찾는다.
   Ⅰ. EPI를 모두 찾는다.
   Ⅱ. 함수를 커버하기 위한 '충분한' 다른 PI들을 찾는다. 될 수 있으면 커버되지 않고 남은 1들 중에서 많은 1을 커버하는 PI를 선택한다.

7. 맵에 무정의를 표시할 때에 ×로 표시하지만 PI를 구성하기 위하여 묶음을 표시할 때는 1과 동일하게 간주한다. 단, EPI인지를 구분해주는 1의 역할은 하지 못한다.

8. Quine-McCluskey 방법은 함수의 변수가 많은 경우에 체계적으로 최소 커버를 찾을 수 있고 컴퓨터 프로그램으로 구현하기에 적합한 방법이다.

9. Quine-McCluskey 방법은 인접 속성을 반복 적용하여 모든 PI들을 찾고, 찾은 PI들과 함수에 대한 최소항으로 구성된 PI 차트를 만들어 함수에 대한 최소 커버를 찾을 수 있게 한다.

# 연습문제

**01** 다음 함수들을 카노 맵에 나타내라.

a) $f(a,b,c) = \Sigma m(0, 1, 2, 4, 5)$

b) $f(w,x,y,z) = \Sigma m(0, 1, 4, 6, 9, 10, 11, 15)$

c) $f(a,b,c) = ab' + b'c' + ac$

d) $f(x,y,z) = m_2 + m_4 + m_5 + m_7$

**02** 다음 함수들을 카노 맵에 나타내라.

a) $f(a,b,c) = \Pi M(0, 1, 2, 4, 5)$

b) $f(w,x,y,z) = \Pi M(0, 1, 4, 6, 9, 10, 11, 15)$

c) $f(a,b,c) = (a'+b)(b+c)(a'+c')$

d) $f(x,y,z) = M_2 \cdot M_4 \cdot M_5 \cdot M_7$

**03** 다음 함수들에 대한 최소 곱의 합 식을 구하라. 각 식에서 EPI와 필수로 만드는 최소항을 나타내라.

a) $f(a,b,c) = \Sigma m(0, 1, 4, 6, 7)$

b) $f(x,y,z) = \Sigma m(1, 2, 3, 4, 5, 6)$

c) $f(a,b,c,d) = \Sigma m(2, 3, 6, 7, 8, 10, 11, 12, 13, 15)$

d) $f(w,x,y,z) = \Sigma m(1, 3, 4, 5, 11, 12, 13, 14, 15)$

**04** 다음 함수들에 대하여 카노 맵을 이용하여 최소 곱의 합 식을 구하라.

a) $f(a,b,c,d) = c'd + a'b'c + abc' + ab'c$

b) $f(a,b,c,d) = a'bc' + abcd' + ab'c'd + abc'd + bcd$

**05** 다음 함수들에 대하여 카노 맵을 이용하여 최소 곱의 합 식과 최소 합의 곱 식을 구하라.

a) $f(a,b,c,d) = \Sigma m(1, 5, 6, 7, 8, 9, 10) + \Sigma d(12, 13, 15)$

b) $f(w,x,y,z) = \Pi M(1, 5, 6, 7, 8, 9, 10) \cdot \Pi D(12, 13, 15)$

**06** 다음 함수들에 대한 최소 곱의 합 식을 구하라. 각 식에서 EPI와 필수로 만드는 최소항을 나타내라.

a) $f(a,b,c,d) = \Sigma m(2, 3, 6, 7, 8, 10, 14, 15) + \Sigma d(1)$

b) $f(w,x,y,z) = \Sigma m(5, 8, 10, 13) + \Sigma d(2, 7, 12, 15)$

c) $f(a,b,c,d) = \Pi M(1, 2, 3, 12) \cdot \Pi D(0)$

d) $f(w,x,y,z) = \Pi M(1, 4, 6, 9) \cdot \Pi D(3, 11, 14, 15)$

**07** 다음 함수들에 대하여 카노 맵을 이용하여 최소 곱의 합 식과 최소 합의 곱 식을 구하라.

a) $f(a,b,c,d) = \Sigma m(2, 3, 5, 7, 10, 13, 15) + \Sigma d(14)$

b) $f(w,x,y,z) = \Sigma m(2, 3, 4, 5, 9, 13, 14) + \Sigma d(10, 12, 15)$

c) $f(a,b,c,d) = \Pi M(0, 1, 2, 3, 8, 14) \cdot \Pi D(5, 7, 9, 10, 15)$

d) $f(w,x,y,z) = \Pi M(4, 7, 9, 10) \cdot \Pi D(0, 1, 2, 3)$

**08** 다음 함수에 대한 5변수 맵을 그려서 최소 곱의 합 식을 구하고 맵에서 각 EPI를 필수로 만드는 최소항에 * 표시를 하여 나타내라.

a) $f(a,b,c,d,e) = \Sigma m(4, 5\ 6, 7, 9, 11, 13, 15, 16, 18, 25, 29, 30)$

b) $f(a,b,c,d,e) = \Sigma m(0, 2, 5, 7, 8, 9, 10, 18, 21, 22, 23, 25, 28, 29, 30, 31)$

**09** 다음 두 함수에 대하여 하나의 시스템(게이트 공유 가능)으로 최소 비용의 2단 회로를 위한 함수를 구하라.

a) $f(a,b,c,d) = \Sigma m(1, 2, 3, 5, 7, 10, 11, 13)$

$\quad g(a,b,c,d) = \Sigma m(2, 5, 10, 11, 13, 15)$

b) $f(w,x,y,z) = \Sigma m(0, 1, 6, 7, 9, 11, 12, 13, 14, 15)$

$\quad g(w,x,y,z) = \Sigma m(0, 3, 6, 7, 8, 9, 10, 11, 14, 15)$

**10** 함수 $f = b'c'd' + b'cd + a'b'c + a'bd'$을

a) 카노 맵에 나타내라.

b) 카노 맵을 이용하여 최소화된 곱의 합 식을 구하라.

**11** 문제 10의 함수 $f = b'c'd' + b'cd + a'b'c + a'bd'$에 대하여

a) 최대항의 곱으로 나타내라.

b) 카노 맵을 이용하여 최소화된 합의 곱 식을 구하라.

**12** 제어 입력 $s_1$과 $s_0$에 따라 데이터 입력 $x$와 $y$에 대한 함수가 다음과 같이 달라지는 출력 $f$에 대한 최소화된 식을 구하라.

| $s_1$ $s_0$ | $f$ |
|---|---|
| 0 0 | $xy$ |
| 0 1 | $x+y$ |
| 1 0 | $x'$ |
| 1 1 | $y'$ |

**13** 8421 BCD 코드 입력 $b_3b_2b_1b_0$을 Gray 코드 $g_3g_2g_1g_0$로 변환하는 함수에 대한 최소 곱의 합 식 구하라.

**14** 8421 BCD 코드 입력 $b_3b_2b_1b_0$을 Gray 코드 $g_3g_2g_1g_0$로 변환하는 함수에 대한 최소 합의 곱 식 구하라.

**15** 네 개의 입력($a_1$, $a_0$, $b_1$, $b_0$)과 두 개의 출력($G$, $E$)으로 이루어진 시스템에서 무부호수 $a_1a_0$와 $b_1b_0$ 사이에 다음과 같은 조건을 만족시키는 출력 함수 $G$와 $E$에 대한 최소 합의 곱 식을 구하라.

$G = 1$, if $a_1a_0 > b_1b_0$

$E = 1$, if $a_1a_0 = b_1b_0$

**16** 네 개의 입력($a_1$, $a_0$, $b_1$, $b_0$)과 한 개의 출력($F$)로 이루어진 시스템에서 무부호수 $a_1a_0$와 $b_1b_0$에 대한 2진수 덧셈 결과가 짝수인 경우에 출력이 1이 되는 시스템에 대한 최소 합의 곱 식을 구하라.

**17** 예제 3.5의 7세그먼트 디코더의 출력 $d$, $e$, $f$, $g$에 대한 최소 곱의 합 식을 구하라.

**18** 최소항 번호로 표시된 다음 함수에 대하여 최소 합의 곱 식을 구하라.

$F(w,x,y,z) = \Sigma m(1, 3, 7, 11, 15) + \Sigma d(0, 2, 9)$

**19** 다음 함수들에 대하여 QM(Quine-McCluskey) 방법을 사용하여 모든 PI를 찾아라.

a) $f(a,b,c,d) = \Sigma m(0, 1, 4, 6, 9, 10, 11, 15)$

b) $f(w,x,y,z) = \Sigma m(1, 3, 4, 5, 11, 12, 13, 14, 15)$

**20** 다음 함수(문제 19와 동일)들에 대하여 PI 차트를 만들어 최소 곱의 합 식을 구하라.

a) $f(a,b,c,d) = \Sigma m(0, 1, 4, 6, 9, 10, 11, 15)$

b) $f(w,x,y,z) = \Sigma m(1, 3, 4, 5, 11, 12, 13, 14, 15)$

**21** 다음 함수들에 대하여 QM(Quine–McCluskey) 방법을 사용하여 모든 PI를 찾아라.

a) $f(a,b,c,d) = \Sigma m(0, 2, 4, 5, 8, 11, 12, 15) + \Sigma d(10, 14)$

b) $f(w,x,y,z) = \Sigma m(0, 2, 6, 10, 11, 13, 14, 15) + \Sigma d(5, 7, 9, 12)$

**22** 다음 함수(문제 21과 동일)들에 대하여 PI 차트를 만들어 최소 곱의 합 식을 구하라.

a) $f(a,b,c,d) = \Sigma m(0, 2, 4, 5, 8, 11, 12, 15) + \Sigma d(10, 14)$

b) $f(w,x,y,z) = \Sigma m(0, 2, 6, 10, 11, 13, 14, 15) + \Sigma d(5, 7, 9, 12)$

**23** 다음 함수들에 대하여 QM 방법을 사용하여 모든 PI를 찾아라.

a) $f(a,b,c,d) = \Sigma m(0, 2, 3, 4, 6, 7, 8, 9, 10, 14) + \Sigma d(5, 13)$

b) $f(w,x,y,z) = \Sigma m(1, 2, 5, 9, 13, 14, 15) + \Sigma d(7, 11, 12)$

**24** 다음 함수(문제 23과 동일)들에 대하여 PI 차트를 만들어 최소 곱의 합 식을 구하라.

a) $f(a,b,c,d) = \Sigma m(0, 2, 3, 4, 6, 7, 8, 9, 10, 14) + \Sigma d(5, 13)$

b) $f(w,x,y,z) = \Sigma m(1, 2, 5, 9, 13, 14, 15) + \Sigma d(7, 11, 12)$

**25** 다음 함수들에 대하여 QM 방법을 사용하여 모든 PI를 찾아라.

a) $f(a,b,c,d,e) = \Sigma m(0, 4, 12, 16, 20, 24, 26, 28) + \Sigma d(7, 8, 19, 27, 30, 31)$

b) $f(v,w,x,y,z) = \Sigma m(7, 8, 9, 11, 22, 31) + \Sigma d(2, 3, 12, 13, 14, 23, 24, 25, 27)$

**26** 다음 함수(문제 25와 동일)들에 대하여 PI 차트를 만들어 최소 곱의 합 식을 구하라.

a) $f(a,b,c,d,e) = \Sigma m(0, 4, 12, 16, 20, 24, 26, 28) + \Sigma d(7, 8, 19, 27, 30, 31)$

b) $f(v,w,x,y,z) = \Sigma m(7, 8, 9, 11, 22, 31) + \Sigma d(2, 3, 12, 13, 14, 23, 24, 25, 27)$

# CHAPTER 04
# 논리 게이트와 구현 기술

contents

# 04 논리 게이트와 구현 기술

단원개요

- 2단 회로와 다단 회로의 장단점
- 범용 게이트인 NAND 게이트와 NOR 게이트 동작
- NAND 게이트 또는 NOR 게이트만을 사용한 2단 회로 구현
- 다단 회로를 NAND 또는 NOR 게이트만을 사용한 회로로 변형
- XOR와 XNOR 게이트 동작과 관련된 법칙
- 전송 게이트와 3상태 게이트의 특징과 응용 회로
- 논리회로에서의 전파지연과 해저드 발생
- 표준 칩, SPLD, CPLD, FPGA, ASIC, 완전 주문형 등의 논리회로 구현 기술

2장에서 AND, OR, NOT 게이트의 3가지 게이트만을 사용하여 모든 논리회로를 구현할 수 있음을 설명하였다. 이 장에서 설명할 NAND 게이트와 NOR 게이트는 AND 게이트, OR 게이트, 그리고 NOT 게이트를 대체할 수 있는 범용성을 갖고 있고, 전기적으로도 AND 게이트와 OR 게이트에 비해 우월한 특성을 나타내기 때문에 많이 사용된다. 이러한 NAND 게이트 또는 NOR 게이트만을 사용하여 표준 2단 회로를 구현하는 방법과 다단 회로를 변형하는 방법에 대하여 알아보기로 한다.

배타적 OR라고 하는 XOR 함수는 간단히 두 신호를 비교할 때 편리한 함수로서 관련된 연산을 수행하는 XOR 게이트와 XNOR 게이트에 대한 동작과 관련된 부울 법칙들에 대하여 알아보기로 한다.

전송 게이트(transmission gate)는 CMOS 기술에서 적은 수의 트랜지스터를 사용하여 스위치 기능을 제공하는 모듈로서 활성화신호에 따라 입력과 출력을 연결하거나 출력이 오픈된 상태로 만들 수 있는 게이트이다. 데이터 경로를 연결해주는 응용에 적합하고 여러 가지 논리 함수를 구현할 수도 있다. 논리적으로 전송 게이트 동작과 비슷한 3상태 버퍼는 출력이 0과 1의 두 가지 상태 외에 세 번째 상태인 오픈(open)된 상태를 출력할

수 있어 여러 모듈끼리 연결할 때에 연결 구조가 간단해지기 때문에 버스 구조를 구현할 때에 많이 사용된다.

논리 게이트들은 입력신호에 의해 출력신호가 바뀔 때까지 약간의 전파지연 시간이 있게 되는데, 전파지연과 관련된 해저드 발생과 이를 방지하는 방법에 대하여 알아보기로 한다. 마지막으로 논리회로 구현 기술인 표준 칩(standard chip), PLD(Programmable Logic Devices), 주문형 반도체(custom designed chips) 등의 다양한 구현 방식에 대하여 알아보고 장단점을 설명한다.

## 4.1 2단 회로와 다단 회로

논리 함수를 나타내는 부울식은 하나의 조합 논리회로 형태를 나타낸다. 즉, 함수 이름은 출력이 되고, 함수의 변수들은 입력 신호선에 해당한다. 그리고 부울식에 사용된 AND, OR, NOT 연산자들은 조합회로를 구성하는 기본 게이트들에 해당한다. 등가 함수일지라도 부울식에 따라 형태가 다른 조합회로로 구현된다. 즉, 부울식에 따라 조합회로 형태는 입력에서 출력까지 게이트 단 수, 사용한 게이트 종류, 게이트 수, 각 게이트 입력선의 수 등이 달라질 수 있다.

표준 형태의 곱의 합(SOP) 식에 대한 조합회로는 곱항 수와 동일한 수의 AND 게이트들과 하나의 OR 게이트로 구현된 2단 회로로 구성된다. 다음 함수에 대한 표준 형태의 최소 곱의 합 식을 구하여 조합회로로 나타내 보자.

$$f(a,b,c,d) = \Sigma m(0, 1, 2, 3, 4, 5, 8, 9, 10, 12)$$

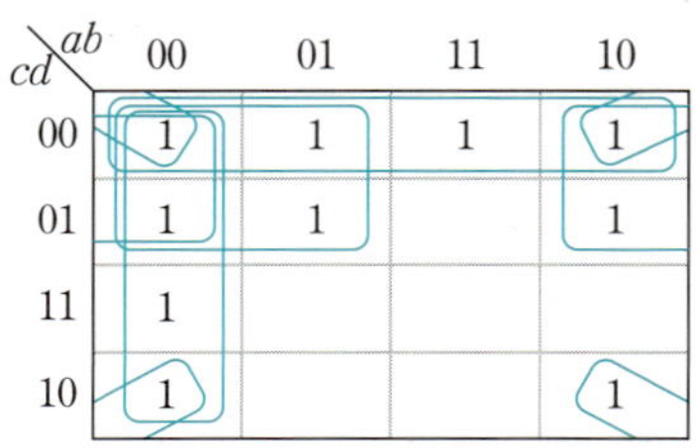


$f = a'b' + a'c' + b'd' + c'd' + b'c'$

| 그림 4.1 함수 $f$에 대한 맵

위 식을 조합회로로 구현하면 다음과 같이 2입력 AND 게이트 5개와 5입력 OR 게이트 1개, 그리고 총 입력선 수는 15개가 된다.

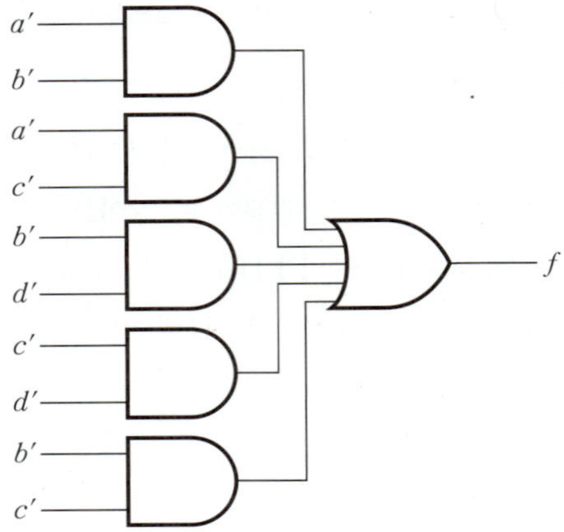


| 그림 4.2 SOP 형식의 회로

$f$에 대한 최소 곱의 합 식에서 공통 인수 $a'$과 $d'$으로 항들을 묶으면

$$\begin{aligned} f &= a'b' + a'c' + b'd' + c'd' + b'c' \\ &= a'(b'+c') + d'(b'+c') + b'c' \\ &= (b'+c')(a'+d') + b'c' \end{aligned}$$

위 식을 회로로 구현하면 다음과 같이 3단 회로가 되고 게이트 수는 2입력 AND 게이트 2개, 2입력 OR 게이트 3개, 그리고 총 입력선 수는 10개로 줄어들게 된다.

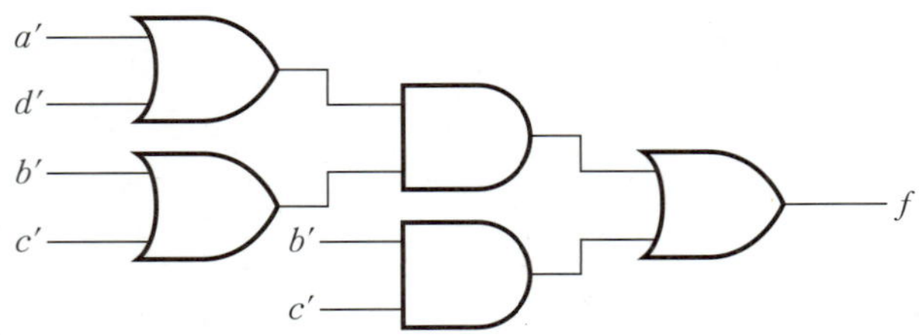


| 그림 4.3 3단 OR 출력 회로

SOP 형식의 부울식을 공통 인수로 묶으면 필요한 게이트의 수, 또는 입력선 수가 감소하여 전체 회로 구현 비용이 줄어들 수 있지만 입력에서 출력까지 단 수가 늘어나 전파 지연시간이 길어지는 단점이 있다. 공통 인수로 묶으면 구현 비용이 늘어나는 경우도 발생하는데, 아직까지 체계적으로 줄일 수 있는 방법이 없어 최소화된 다단 회로의 경우는 이 책의 범위를 벗어나 다루지 않는다.

## 4.2 NAND와 NOR 게이트

2장에서 기본 연산자에 해당하는 AND 게이트, OR 게이트, NOT 게이트를 사용하여 부울식을 논리회로로 나타낼 수 있음을 설명하였다. 실제 디지털 회로에서는 AND, OR, NOT 게이트 외에도 다른 종류의 게이트들이 있어서 성능이 우월하고 저비용의 회로를 구현할 수 있다. 표준 칩을 사용하여 회로를 구현할 때에 한 종류의 게이트만을 사용하여 회로를 구현하면 사용하지 않고 남는 게이트들이 줄어들어 필요한 칩의 수도 줄어들 수가 있다. 4.9절 논리회로 구현 기술에서 여러 가지의 표준 칩들과 표준 칩을 사용하여 구현하는 방법에 대하여 설명한다.

### (1) NAND 게이트

가장 많이 사용되는 게이트 중의 하나로 NAND 함수를 나타내는 부울식과 진리표는 다음과 같다.

$$f = (a \cdot b)' = a' + b'$$

| 표 4.1 NAND 진리표

| $a\ b$ | $(a \cdot b)'$ |
|---|---|
| 0 0 | 1 |
| 0 1 | 1 |
| 1 0 | 1 |
| 1 1 | 0 |

NAND 함수 $f$는 입력 $a$=0이거나 $b$=0이면 1이 된다. 따라서 NAND 함수는 AND 함수의 보수 함수라고 할 수 있는데, 회로로 나타내면 AND 게이트 출력에 NOT 게이트를 연결한 것과 같은 동작을 하게 된다.

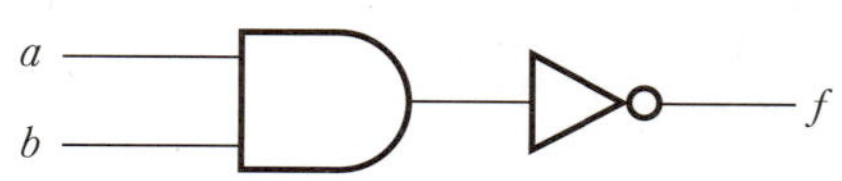


NAND 함수는 $(a \cdot b)'$ 또는 $a'+b'$와 같이 두 가지로 표현할 수 있는데, 게이트 기호도 다음과 같이 두 가지로 표현한다.

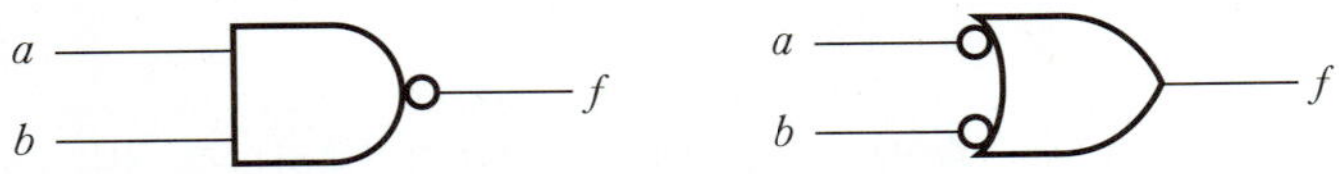


| 그림 4.4 NAND 게이트의 두 가지 기호

### (2) NOR 게이트

NOR 함수의 부울식과 진리표는 다음과 같다.

$$f = (a+b)' = a' \cdot b'$$

| 표 4.2 NOR 진리표

| $a\ b$ | $(a+b)'$ |
|---|---|
| 0 0 | 1 |
| 0 1 | 0 |
| 1 0 | 0 |
| 1 1 | 0 |

NOR 함수 $f$는 입력 $a=0$이고 $b=0$일 때만 1이 된다. 따라서 NOR 함수는 OR 함수의 보수 함수라고 할 수 있다. 회로로 표현하면 OR 게이트 출력에 NOT 게이트를 연결한 것과 같은 동작을 하게 된다.

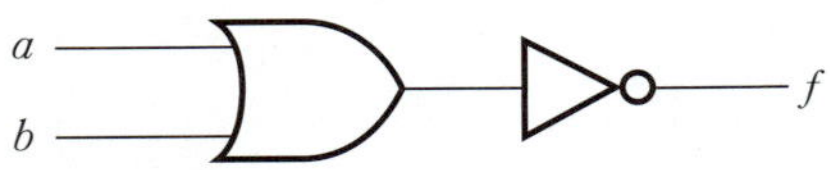


NOR 함수는 $(a+b)'$ 또는 $a' \cdot b'$와 같이 두 가지로 표현할 수 있는데, 게이트 기호도 다음과 같이 두 가지로 표현한다.

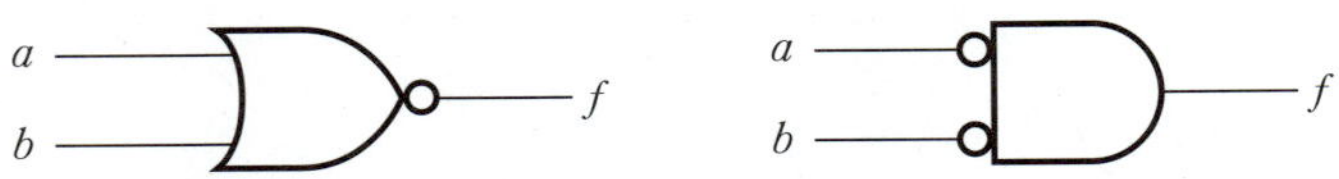


| 그림 4.5 NOR 게이트의 두 가지 기호

### (3) CMOS 회로

[그림 4.6]의 NAND 게이트와 AND 게이트에 대한 CMOS 회로를 비교해보면 AND 게이트는 NAND 게이트 출력에 NOT 게이트를 연결해서 구현한 것과 같다. NOT 게

이트(인버터)의 CMOS 회로는 1장에서 설명하였다. 입력신호가 출력까지 전파되는데 걸리는 시간인 전파지연 시간이 회로의 동작 속도를 결정하게 되는데, 전파지연 시간과 회로의 복잡도 면에서 NAND 게이트가 AND 게이트보다 우월하다고 할 수 있다.

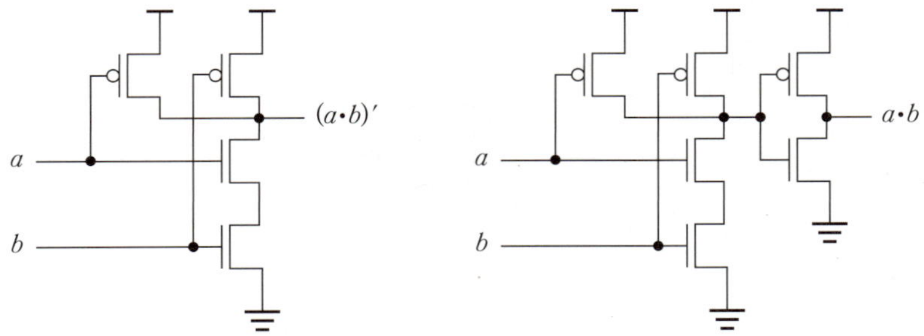


| 그림 4.6 NAND 게이트와 AND 게이트 CMOS 회로

[그림 4.7]은 NOR 게이트와 OR 게이트에 대한 CMOS 회로를 보여 주고 있다. OR 게이트는 NOR 게이트 출력에 NOT 게이트를 연결해서 구현한 것과 같다. NAND 게이트와 마찬가지로 전파지연 시간과 회로의 복잡도 면에서 NOR 게이트가 OR 게이트보다 우월하다고 할 수 있다.

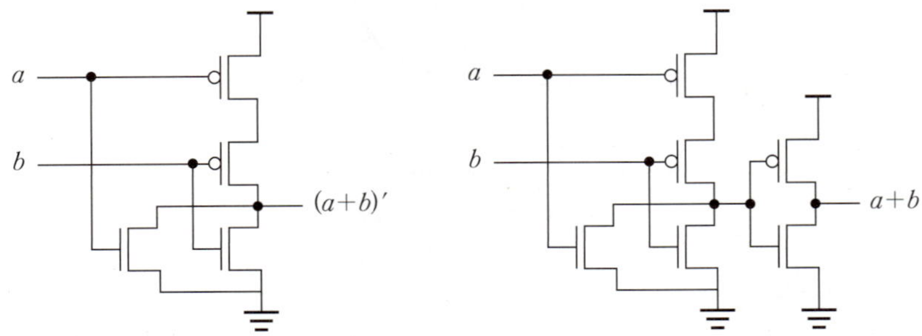


| 그림 4.7 NOR 게이트와 OR 게이트 CMOS 회로

### (4) NAND 게이트와 NOR 게이트의 범용성

모든 논리회로는 기본 게이트인 AND, OR, NOT를 사용하여 구현할 수 있는데, [그림 4.8]은 이 세 가지 기본 게이트들을 NAND 게이트만을 사용해서 구현할 수 있다는 것을 보여주고 있다. 따라서 모든 논리회로는 NAND 게이트만을 사용하여 구현할 수 있다.

NOT: $(a \cdot a)' = a'$

AND: $((a \cdot b)')' = a \cdot b$

OR: $(a' \cdot b')' = a + b$

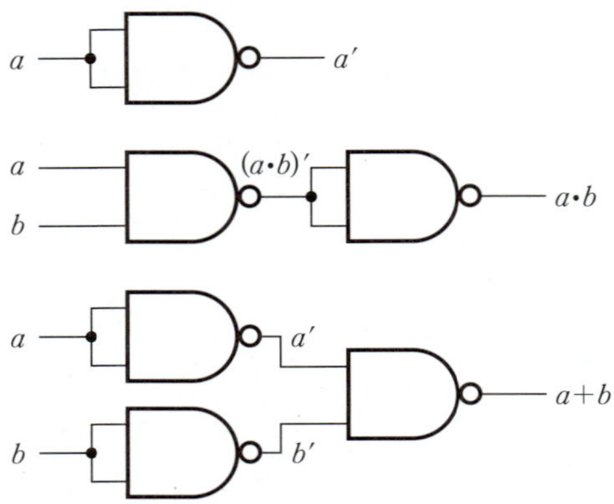


Ⅰ 그림 4.8 NAND 게이트 범용성

NOR 게이트도 NAND 게이트와 마찬가지로 다음과 같이 세 가지 기본 게이트를 구현할 수 있기 때문에, 모든 논리회로를 NOR 게이트만을 사용하여 구현할 수 있다.

NOT: $(a + a)' = a'$

AND: $(a' + b')' = a \cdot b$

OR: $((a+b)')' = a + b$

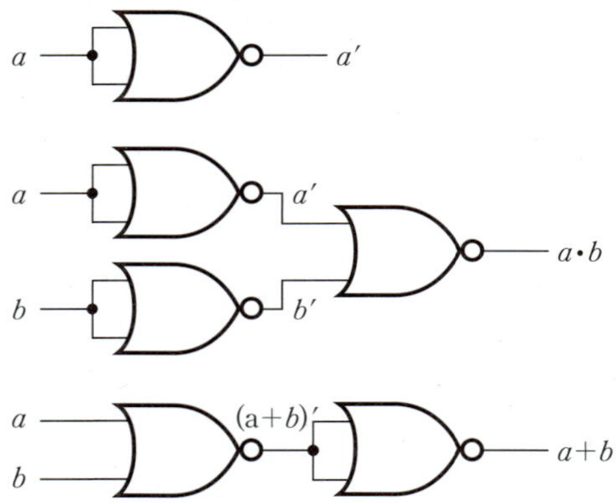


Ⅰ 그림 4.9 NOR 게이트 범용성

### (5) NAND 게이트를 사용한 회로 구현

NAND 게이트 범용성을 보여주는 [그림 4.8]을 보면 임의의 부울식을 NAND 게이트만을 사용하여 구현하면 단의 수가 늘어날 것처럼 보인다. 그러나 표준 형태의 곱의 합 식은 NAND 게이트만을 사용한 회로로 쉽게 구현이 되고 단의 수를 증가시키지도 않는다. 곱의 합 식을 회로로 구현할 때, 보수화된 입력은 주어진다고 가정하여 1단에는 AND 게이트들, 2단에는 하나의 OR 게이트로 이루어지는 2단 회로로 구현되는 것을 이미 2장에서 설명하였다.

[그림 4.10]에서 AND 게이트는 NAND 게이트 출력을 보수화한 것과 등가임을 보여주고 있다.

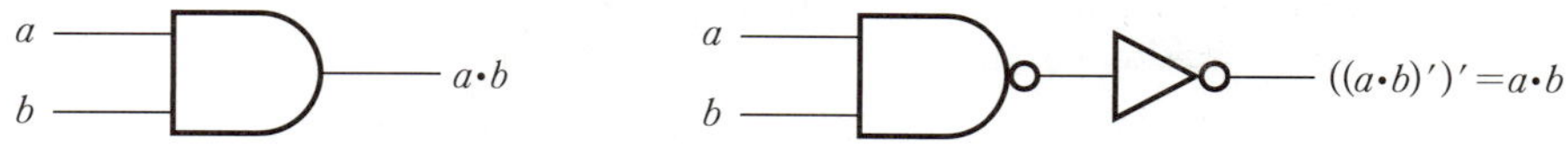


I 그림 4.10 AND 게이트 등가회로

[그림 4.11]은 NAND 게이트에 대한 등가회로들을 보여 주고 있다.

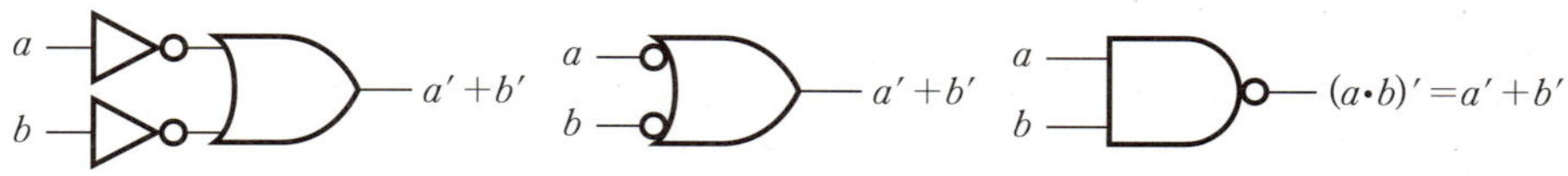


I 그림 4.11 NAND 게이트 등가회로

[그림 4.12]는 AND-OR 형태(a)의 회로를 NAND-NAND 형태(d)로 바꾸는 과정을 보여주고 있다. [그림 4.12(a)]에서 모든 AND 게이트를 [그림 4.10]의 AND 게이트 등가회로로 대치한다(b). [그림 4.11]의 NAND 게이트 등가회로에 기반하여 (b), (c), (d) 형태로 바꾸면 된다. 즉, SOP 회로에서 연결선은 그대로 유지하고, AND 게이트들과 OR 게이트를 모두 NAND 게이트로 변경하면 된다.

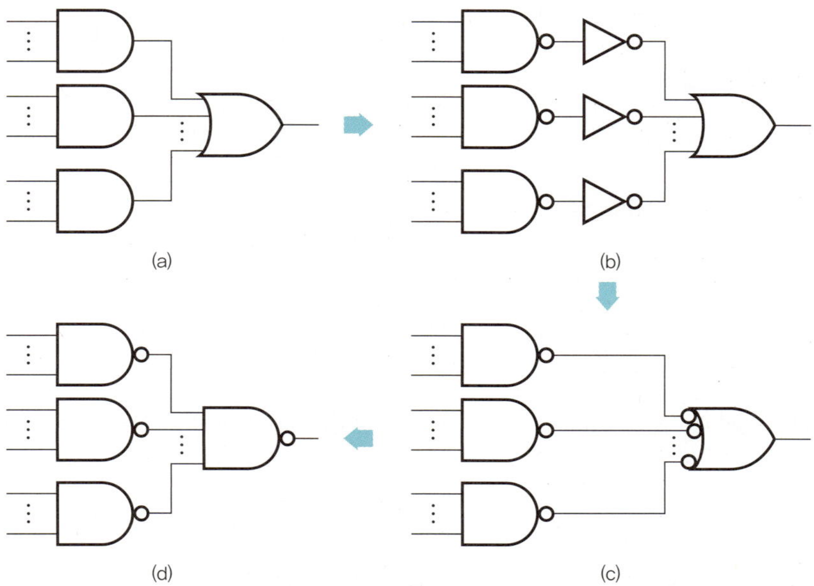


I 그림 4.12 NAND 게이트 회로 변환

**예제 4.1** 다음 함수에 대하여 NAND 게이트만을 사용한 최소 비용의 2단 회로를 구현하라.

$$f(w,x,y,z) = \Sigma m(0, 1, 4, 6, 7, 8, 9, 14, 15)$$

NAND 게이트만을 사용한 최소 비용의 2단 회로를 구현하기 위하여 최소 곱의 합 식을 구하면 되므로 함수 $f$에 대한 카노 맵을 이용하여 최소 곱의 합 식을 구하면 다음과 같이 된다.

| yz \ wx | 00 | 01 | 11 | 10 |
|---|---|---|---|---|
| 00 | 1 | 1 |  | 1 |
| 01 | 1 |  |  | 1 |
| 11 |  | 1 | 1 |  |
| 10 |  | 1 | 1 |  |

$$f = xy + x'y' + w'y'z'$$

위 식에 대한 AND-OR 게이트를 사용한 회로를 그리면 [그림 4.13(a)]와 같고, 이 회로의 AND 게이트와 OR 게이트를 NAND 게이트로 대치하면 [그림 4.13(b)]와 같이 된다.

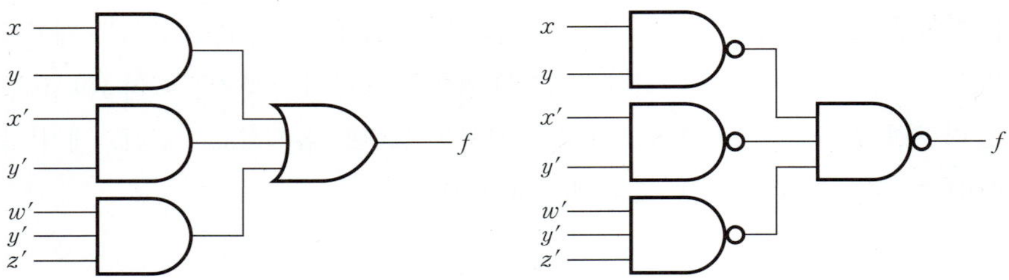


(a) (b)

| 그림 4.13 AND-OR 회로와 NAND 회로

## (6) NOR 게이트를 사용한 회로 구현

합의 곱(POS) 형태의 부울식은 NOR 게이트만을 사용한 회로로 쉽게 구현이 된다. 2장에서 합의 곱 식을 회로로 구현할 때, 1단에는 OR 게이트들, 2단에는 하나의 AND 게이트로 이루어지는 2단 회로로 구현하는 것을 보았다.

[그림 4.14]에서 OR 게이트는 NOR 게이트 출력을 보수화한 것과 등가임을 보여주고 있다.

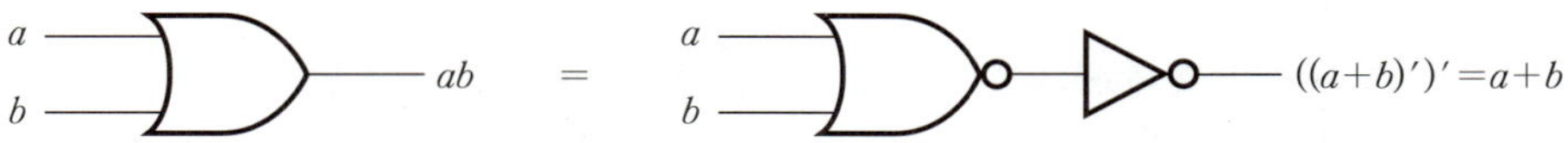


| 그림 4.14 OR 게이트 등가회로

[그림 4.15]는 NOR 게이트에 대한 등가회로들을 보여 주고 있다.

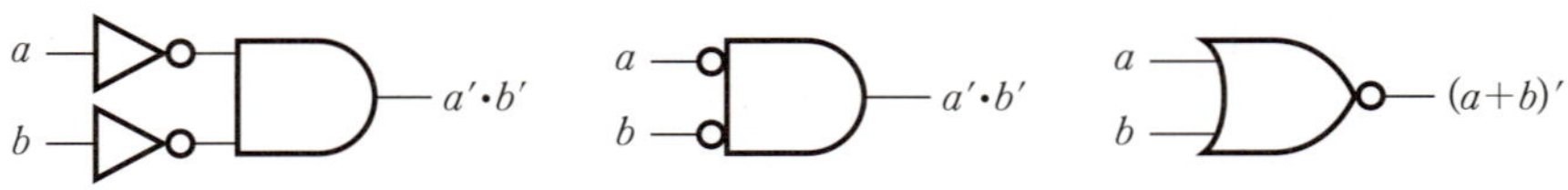


| 그림 4.15 NOR 게이트 등가회로

[그림 4.16]은 OR-AND 형태(a)의 회로를 NOR-NOR 형태(d)로 바꾸는 과정을 보여 주고 있다. [그림 4.16(a)]에서 모든 OR 게이트를 [그림 4.14]의 OR 게이트 등가회로로 대치한다(b). [그림 4.15]의 NOR 게이트 등가회로에 기반하여 (b), (c), (d) 형태로 바꾸면 된다. 즉, POS 형태의 회로는 연결선은 그대로 유지하고, AND 게이트와 OR 게이트들을 모두 NOR 게이트로 변경하면 된다.

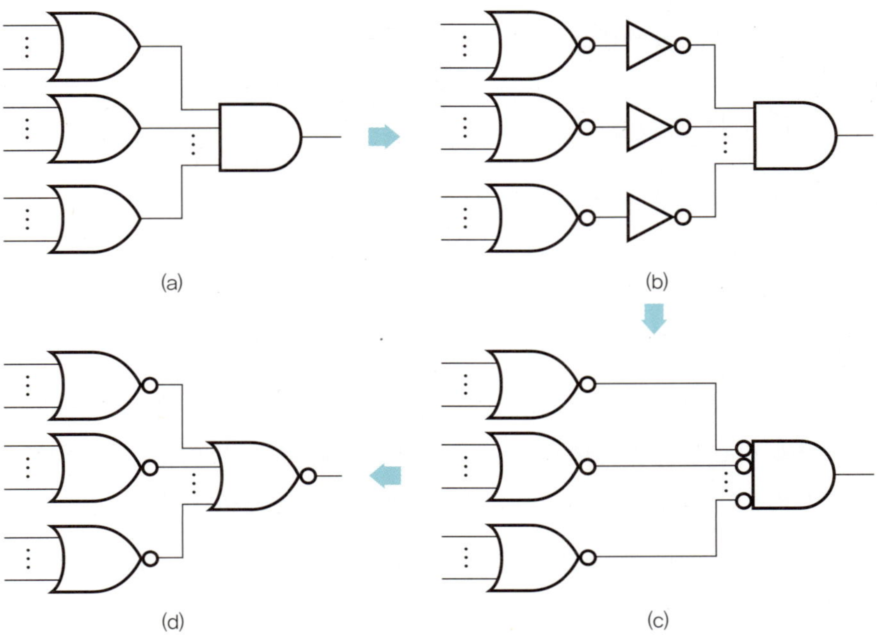


| 그림 4.16 NOR 게이트 회로 변환

**예제 4.2** 예제 4.1의 함수에 대하여 NOR 게이트만을 사용한 최소 비용의 2단 회로를 구현하라.

$$f(w,x,y,z) = \Sigma m(0, 1, 4, 6, 7, 8, 9, 14, 15)$$

NOR 게이트만을 사용한 최소 비용의 2단 회로를 구현하기 위하여 최소 합의 곱 식을 구하면 되므로 함수 $f'$에 대한 카노 맵을 이용하여 최소 합의 곱 식을 구하면 다음과 같이 된다. $f$에 대한 맵에서 0들을 묶어서 $f'$에 대한 곱의 합 식을 구하였다.

| yz \ wx | 00 | 01 | 11 | 10 |
|---|---|---|---|---|
| 00 | 1 | 1 |  | 1 |
| 01 | 1 |  |  | 1 |
| 11 |  | 1 | 1 |  |
| 10 |  | 1 | 1 |  |

$$f' = x'y + wxy' + xy'z$$

$$\downarrow$$

$$f = (x+y')(w'+x'+y)(x'+y+z')$$

위 식에 대한 OR–AND 게이트를 이용한 회로를 그리면 [그림 4.17(a)]와 같고, 이 회로의 OR 게이트와 AND 게이트를 NOR 게이트로 대치하면 [그림 4.17(b)]와 같이 된다.

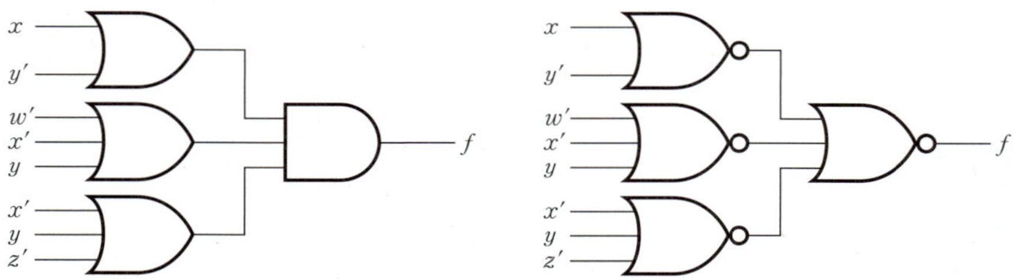


(a) (b)

| 그림 4.17 OR–AND 회로와 NOR 회로

## 4.3 NAND/NOR 게이트를 사용한 다단 회로

앞에서 NAND와 NOR 게이트의 CMOS 내부 회로가 AND와 OR 게이트에 비하여 전파지연 시간과 회로의 복잡도에서 우월하다고 설명하였는데, 이런 이유로 NAND 게이트 또는 NOR 게이트만을 사용한 회로로 변형하여 구현하는 경우가 많다.

먼저 NAND 게이트만 사용한 회로로 변형하는 것을 알아보자. 출력이 OR 게이트이고 출력 단에서부터 입력 쪽으로 OR, AND, OR, … 형태의 다단 회로는 쉽게 NAND 게이트만 사용한 회로로 바꿀 수 있다. 곱의 합(SOP) 형태의 회로도 출력이 OR 게이트이고 입력 쪽으로 AND 게이트들이 있는 회로로 NAND 게이트만을 사용한 회로로 쉽게 변환되는 것을 이미 앞 절에서 설명하였다. 다단 형태의 회로에서 NAND 게이트만 사용한 회로로 변환하는 것은 다음과 같은 절차로 하면 된다.

I. AND 게이트 출력과 OR 게이트 입력 사이에 두 개의 NOT 게이트를 삽입하여 NAND 형태로 바꾼다. 즉, 연결선을 바꾸지 않고 모든 게이트가 NAND 게이트로 대치되는 것이다.

II. OR 게이트에 직접 연결된 입력들은 보수화한다.

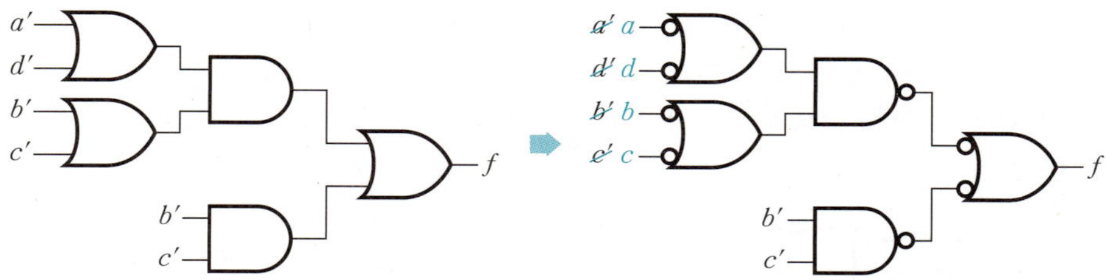


I 그림 4.18 NAND 게이트를 사용한 다단 회로

NOR 게이트만 사용한 회로로 변형하려면 회로의 출력이 AND 게이트이고 출력 단에서부터 입력 쪽으로 AND, OR, AND, … 형태의 구조로 되어 있어야 한다. 합의 곱(POS) 형태의 회로도 출력이 AND 게이트이고 입력 쪽으로 OR 게이트들이 있는 회로로 NOR 게이트만을 사용한 회로로 쉽게 바꿀 수 있음을 이미 앞 절에서 설명하였다. 다단 형태의 회로에서 NOR 게이트만 사용한 회로로 변환하는 것은 다음과 같은 절차로 하면 된다.

I. OR 게이트 출력과 AND 게이트 입력 사이에 두 개의 NOT 게이트를 삽입하여 NOR 형태로 바꾼다. 즉, 연결선을 바꾸지 않고 모든 게이트를 NOR 게이트로 대치한다.

II. AND 게이트에 직접 연결된 입력들은 보수화한다.

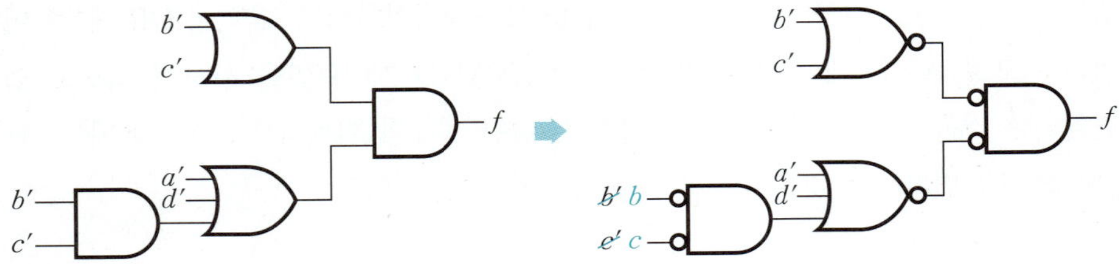


| 그림 4.19 NOR 게이트를 사용한 다단 회로

**예제 4.3** 다음 부울식에 대한 논리회로를 NAND 게이트만을 사용한 회로로 변형하여 그려라.

$$f = w'(x'+z') + z(w+xy)$$

우선 부울식에 해당하는 다단 회로를 [그림 4.20(a)]와 같이 AND 게이트와 OR 게이트를 사용하여 그린다. 모든 AND 게이트 출력과 OR 게이트 입력 사이에 두 개의 NOT 게이트를 삽입하여 NAND 형태로 바꾸고, OR 게이트에 직접 연결된 입력 변수($x'$, $z'$, $w$)들을 보수화한다.

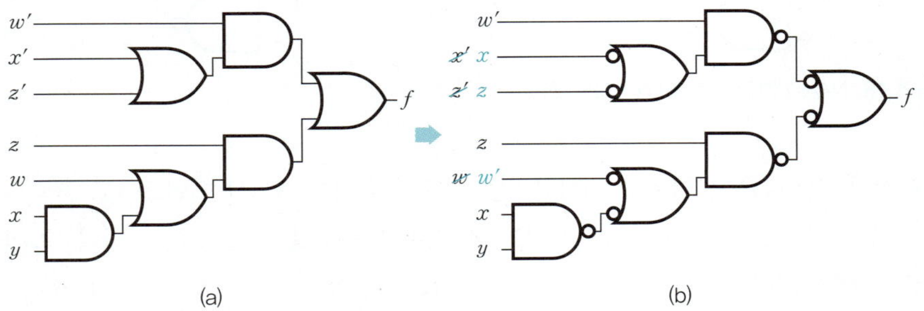


| 그림 4.20 NAND 게이트만을 사용한 다단 회로

## 4.4 XOR와 XNOR 게이트

XOR 함수는 두 입력이 서로 다를 때 출력이 1이 되는 진리표를 나타내는데, 부울식에서 XOR 연산은 연산자 기호 ⊕를 사용하여 나타낸다.

| 표 4.3 XOR 진리표

$f = a \oplus b$

| $a$ $b$ | $a \oplus b$ |
|---|---|
| 0 0 | 0 |
| 0 1 | 1 |
| 1 0 | 1 |
| 1 1 | 0 |

XOR 게이트 기호는 다음과 같이 OR 게이트 앞에 선을 추가하여 나타낸다.

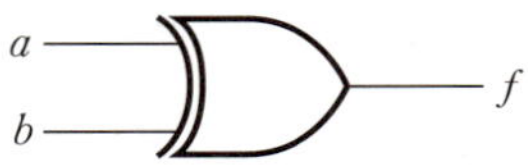


| 그림 4.21 XOR 게이트

진리표에서 XOR 함수에 대한 곱의 합 식을 구현한 회로는 다음과 같이 되고, 이에 대한 게이트 회로를 나타내면 [그림 4.22]와 같이 된다.

$$a \oplus b = a'b + ab'$$

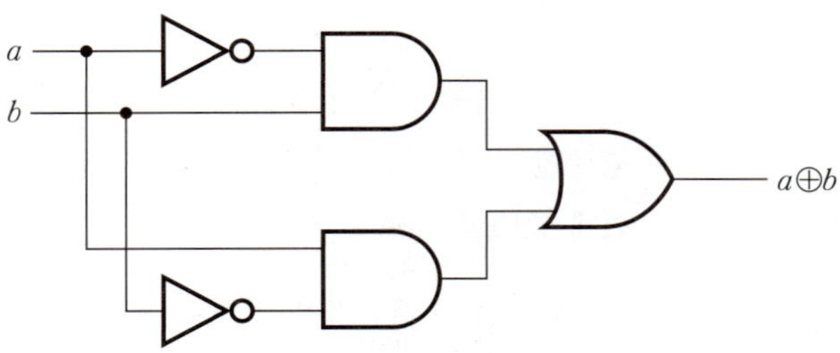


| 그림 4.22 AND-OR 게이트로 구현

[그림 4.23]은 XOR 게이트를 NAND 게이트만을 사용하여 구현한 것이다.

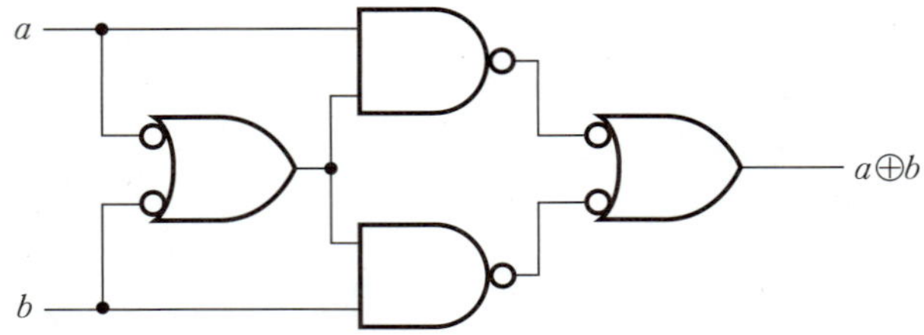


I 그림 4.23 NAND 게이트로 구현

특히, 입력 쪽에 있는 NOT 게이트가 없어지고 NAND 게이트로 대체된 것을 주목하라. 부울식으로 확인해보면 [그림 4.22]의 회로와 동일함을 알 수 있다.

$$a(a'+b') + b(a'+b') = a'b + ab'$$

I 표 4.4 XOR 함수 관련 법칙

| | |
|---|---|
| (X1) $a \oplus 0 = a$ | (X2) $a \oplus 1 = a'$ |
| (X3) $a \oplus a = 0$ | (X4) $a \oplus a' = 1$ |
| (X5) $a \oplus b = b \oplus a$ | (X6) $(a \oplus b)' = a \oplus b' = a' \oplus b$ |
| (X7) $(a \oplus b) \oplus c = a \oplus (b \oplus c)$<br>$= a \oplus b \oplus c$ | |

〈표 4.4〉는 XOR 함수와 관련된 유용한 법칙들을 보여주고 있다. 이 법칙들은 앞에서 설명한 여러 가지의 부울 정리들을 이용하여 증명할 수 있지만, 좌우 항에 대한 진리표를 만들어 좌우 항이 동일함을 보여줌으로써 쉽게 증명할 수도 있다.

법칙 (X1)과 (X2)는 다음과 같이 제어신호($C$)에 따라 신호($X$) 값을 그대로 전달하거나 반전된 신호를 보내려고 할 때 응용할 수 있다. 예를 들어 제어신호 $C=0$이면 신호 $X$를 그대로 전달하고, $C=1$이면 신호 $X$를 반전해서 전달하려고 한다. 이것은 부울식으로 나타내면 다음과 같이 되고, 간단히 XOR 게이트를 사용하여 구현할 수 있다.

$Y = X \oplus C$

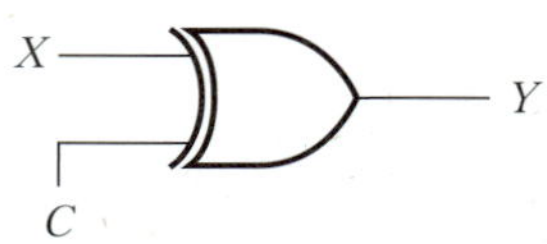


if $C=0$, $Y=X$
if $C=1$, $Y=X'$

I 그림 4.24 신호 제어 응용

법칙 (X3)와 (X4)는 XOR 함수의 정의와 같은 의미인데, 두 입력이 같으면 0이고 다르면 1이 되는 것을 나타내고 있다. 법칙 (X5)는 XOR 함수의 교환 법칙이 적용됨을 보여주고 있다. 법칙 (X6)는 다음에 설명할 XNOR 함수와 같은 것으로 두 입력이 같을 때 1이 되고 다르면 0이 되는 경우들을 나타내는 것인데, XOR 연산 결과를 반전시킨 것과 두 입력 중 하나를 반전시켜서 XOR 연산한 것과 결과가 동일함을 나타내고 있다.

XNOR 함수는 XOR 함수를 보수화한 것과 같은데, 두 입력이 같을 때 출력이 1이 된다. XNOR 함수는 일반적으로 ⊕ 연산 결과를 보수화하여 나타내는데, 간혹 ⊙ 연산자를 사용하여 나타내는 경우도 있다. XNOR 게이트에 대한 진리표와 ⊕ 연산 결과를 보수화하여 나타낸 부울식은 다음과 같다.

$$f = (a \oplus b)'$$

| 표 4.5 XNOR 진리표

| $a\ b$ | $(a \oplus b)'$ |
|---|---|
| 0 0 | 1 |
| 0 1 | 0 |
| 1 0 | 0 |
| 1 1 | 1 |

XNOR 게이트 기호는 다음과 같이 XOR 게이트의 출력에 원을 붙여서 나타낸다.

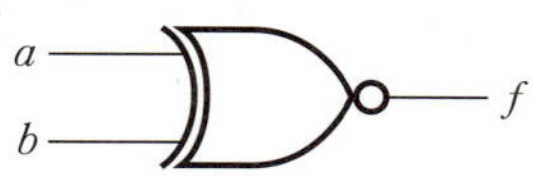


| 그림 4.25 XNOR 게이트

**예제 4.4** 3비트 데이터에 대한 홀수 패리티 발생기/검사기를 설계하라.

홀수 패리티 발생기는 데이터의 1의 개수를 홀수로 만들기 위하여 패리티 비트를 추가하는 것이다. 3비트 데이터에 대한 패리티 발생기의 블록도와 진리표는 다음과 같다.

| $D_2$ | $D_1$ | $D_0$ | $P$ |
|---|---|---|---|
| 0 | 0 | 0 | 1 |
| 0 | 0 | 1 | 0 |
| 0 | 1 | 0 | 0 |
| 0 | 1 | 1 | 1 |
| 1 | 0 | 0 | 0 |
| 1 | 0 | 1 | 1 |
| 1 | 1 | 0 | 1 |
| 1 | 1 | 1 | 0 |

진리표에서 부울식을 구하면

$$\begin{aligned} P &= D_2'D_1'D_0' + D_2'D_1D_0 + D_2D_1'D_0 + D_2D_1D_0' \\ &= D_2'(D_1'D_0' + D_1D_0) + D_2(D_1'D_0 + D_1D_0') \\ &= D_2'(D_1 \oplus D_0)' + D_2(D_1 \oplus D_0) \\ &= D_2' \oplus (D_1 \oplus D_0) \\ &= (D_2 \oplus D_1 \oplus D_0)' \end{aligned}$$

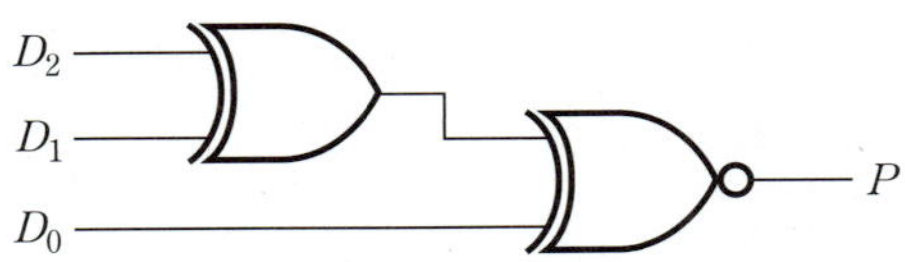


I 그림 4.26 3비트 홀수 패리티 발생기

3비트 홀수 패리티 검사기는 패리티 비트를 포함한 데이터에 1의 개수가 홀수이면 에러가 없음을 나타내기 위해 출력 $E=0$이 되고, 짝수이면 에러가 있음을 나타내기 위해 $E=1$을 출력하게 하면 된다. 3비트 홀수 패리티 검사기에 대한 블록도와 진리표는 다음과 같이 만들 수 있다.

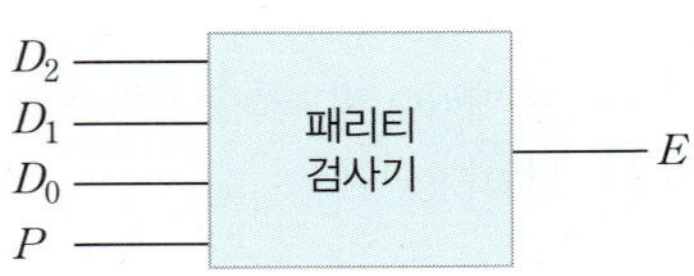


| $D_2$ | $D_1$ | $D_0$ | $P$ | $E$ |
|---|---|---|---|---|
| 0 | 0 | 0 | 0 | 1 |
| 0 | 0 | 0 | 1 | 0 |
| 0 | 0 | 1 | 0 | 0 |
| 0 | 0 | 1 | 1 | 1 |
| 0 | 1 | 0 | 0 | 0 |
| 0 | 1 | 0 | 1 | 1 |
| 0 | 1 | 1 | 0 | 1 |
| 0 | 1 | 1 | 1 | 0 |
| 1 | 0 | 0 | 0 | 0 |
| 1 | 0 | 0 | 1 | 1 |
| 1 | 0 | 1 | 0 | 1 |
| 1 | 0 | 1 | 1 | 0 |
| 1 | 1 | 0 | 0 | 1 |
| 1 | 1 | 0 | 1 | 0 |
| 1 | 1 | 1 | 0 | 0 |
| 1 | 1 | 1 | 1 | 1 |

진리표에서 부울식을 구하면

$$
\begin{aligned}
P &= D_2'D_1'D_0'P' + D_2'D_1'D_0P + D_2'D_1D_0'P + D_2'D_1D0P' + D_2D_1'D_0'P + \\
&\quad D_2D_1'D_0P' + D_2D_1D_0'P' + D_2D_1D_0P \\
&= D_2'D_1'(D_0'P' + D_0P) + D_2'D_1(D_0'P + D_0P') + D_2D_1'(D_0'P + D_0P') + \\
&\quad D_2D_1(D_0'P' + D_0P) \\
&= D_2'D_1'(D_0 \oplus P)' + D_2'D_1(D_0 \oplus P) + D_2D_1'(D_0 \oplus P) + D_2D_1(D_0 \oplus P)' \\
&= (D_2 \oplus D_1)'(D_0 \oplus P)' + (D_2 \oplus D_1)(D_0 \oplus P) \\
&= ((D_2 \oplus D_1) \oplus (D_0 \oplus P))'
\end{aligned}
$$

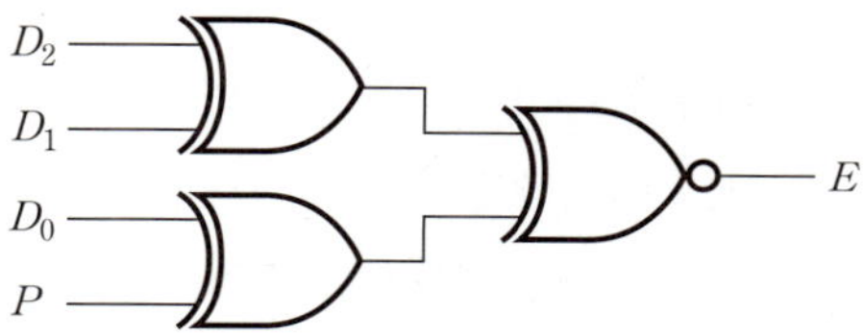


I 그림 4.27 홀수 패리티 검사기

## 4.5 전송 게이트

CMOS 기술을 사용하는 전송 게이트(transmission gate)는 적은 수의 트랜지스터를 사용하여 스위치 기능을 하는 모듈로서 데이터 경로를 연결해주는 응용에 적합하고 여러 가지 논리 함수를 구현할 수 있다. [그림 4.28(a)]와 같은 기호로 표시하는 전송 게이트는 활성화(enable) 신호 $c$가 1이면 입력 $x$와 출력 $f$가 연결되고, $c$가 0이면 차단되어 끊어진 것처럼 동작하는 스위치 기능을 한다. 진리표에서 출력값 $Z$는 단절(open)된 상태를 뜻하는데, 전자 회로에서 고저항(high impedance) 값을 나타내어 전기적으로 단절되기 때문에 다른 출력과 직접 연결되어도 해당 출력에 영향을 주지 않는다.

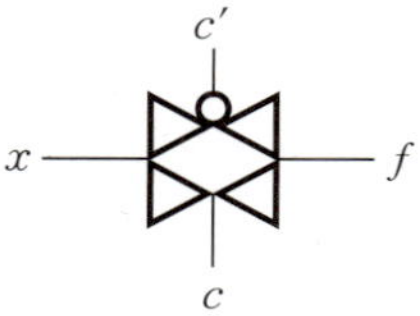


(a) 기호

| $c$ | $f$ |
|---|---|
| 0 | $Z$ |
| 1 | $x$ |

(b) 진리표

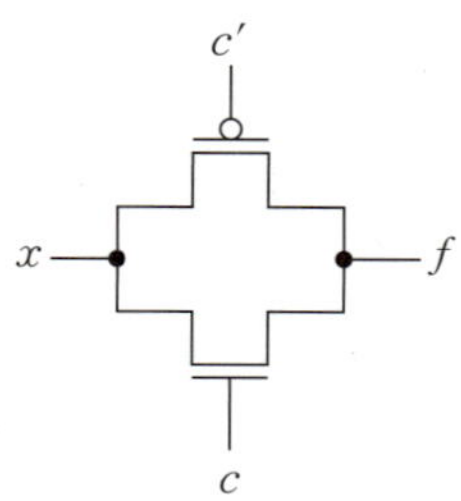


(c) 내부 회로

I 그림 4.28 전송 게이트

활성화 입력 $c=1$이 되어 입력 $x$가 출력 $f$에 연결될 때, 입력 $x$의 값이 1인 경우는 pMOS 트랜지스터가 전송을 잘하고, 0인 경우는 nMOS 트랜지스터가 전송을 잘하기 때문에 [그림 4.28(c)]와 같이 nMOS 트랜지스터와 pMOS 트랜지스터를 병렬로 연결하여 구성한다. 전송 게이트를 사용하여 멀티플렉서, XOR, XNOR, 그리고 7장에서 설명할 래치나 플립플롭 등의 회로를 구현할 수 있는데, 표준 AND, OR, NOT 게이트 등을 사용하는 것보다 적은 수의 트랜지스터를 사용하여 구현할 수 있어서 효율적이다.

[그림 4.29]는 입력 두 개 중에서 하나를 선택하는 간단한 조합회로를 전송 게이트로 구현한 것을 보여주고 있는데 일반 게이트와 다르게 전송 게이트의 출력끼리 직접 연결되어 있다. 입력 $s=0$이면 입력 $I_0$가 위쪽 전송 게이트를 통하여 출력 $f$에 연결되고, 아래쪽 전송 게이트는 고저항 상태로 출력이 단절된다. $s=1$이면 입력 $I_1$이 아래쪽 전송 게이트를 통하여 출력 $f$에 연결되고, 위쪽 전송 게이트는 고저항 상태로 출력이 단절된다. 이와 같이 2개의 입력 중에 하나를 선택하는 기능의 회로를 2-to-1 멀티플렉서라고 하는데 5.5절에서 좀 더 자세히 설명하기로 한다.

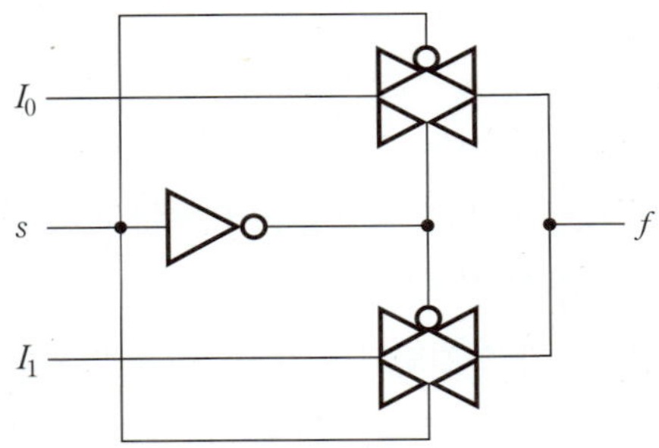


| 그림 4.29 2-to-1 멀티플렉서

다음은 전송 게이트를 사용하여 XNOR 함수를 구현해 보자. XNOR 함수는 다음과 같이 나타낼 수 있다.

$$f = ab + a'b'$$

위 식의 의미를 전송 게이트에 맞도록 다르게 설명하면 다음과 같이 할 수 있다.

$b = 1$이면 $f = a$이 된다. 즉 출력 $f$에 $a$가 연결되도록 한다.

$b = 0$이면 $f = a'$이 된다. 즉 출력 $f$에 $a'$이 연결되도록 한다.

즉, 2-to-1 멀티플렉서처럼 2개의 전송 게이트를 사용하여 $b$를 제어 입력으로 하고 입력은 $a$ 또는 $a'$ 중에 하나가 선택이 되도록 다음과 같이 구성하면 된다.

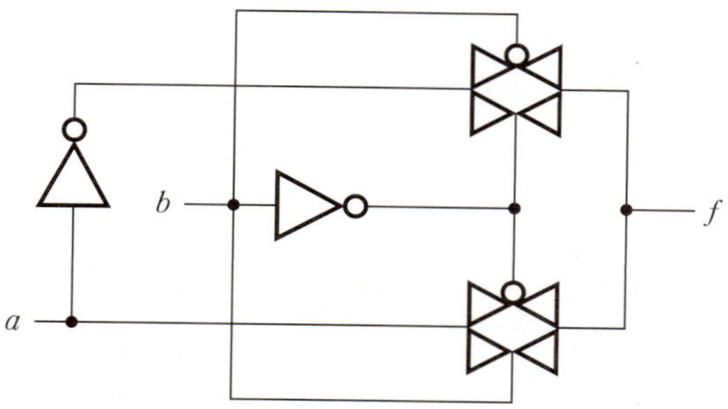


| 그림 4.30 XNOR 게이트 구현

$b$=1이면, 위쪽 전송 게이트는 단절 상태로 되고, 아래쪽 전송 게이트가 연결 상태로 되어 입력 $a$가 출력 $f$에 연결이 된다. $b$=0인 경우는 아래쪽 전송 게이트가 단절 상태로 되고, 위쪽 전송 게이트는 연결 상태로 되어 $a'$이 출력 $f$에 연결이 되어 원하는 XNOR 함수가 구현되는 것을 알 수 있다. XOR 함수도 비슷한 형태로 구현할 수 있는데, 연습문제로 남겨 두었다.

## 4.6 버퍼와 3상태 버퍼

버퍼(buffer) 게이트는 입력 논리값을 변화하지 않고 입력이 0이면 출력이 0이고, 입력이 1이면 출력이 1이 되도록 신호를 그대로 전달하는 게이트이다. 주로 시스템 입력 또는 출력 쪽에서 외부와의 인터페이스에 필요한 전기적 신호를 맞추기 위해 많이 사용된다. 다음 그림은 버퍼 게이트 기호와 진리표를 보여주고 있다.

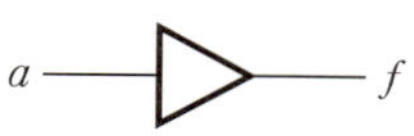


(a)

| $a$ | $f$ |
|---|---|
| 0 | 0 |
| 1 | 1 |

(b)

| 그림 4.31 버퍼 게이트와 진리표

대부분의 논리 게이트들은 출력이 0 또는 1의 값으로 두 가지 상태를 나타내는데, 3상태(tri-state) 버퍼는 출력이 0, 1 그리고 $Z$의 세 가지 상태를 나타낼 수 있는 특별한 논리

게이트이다. 상태 $Z$는 전송 게이트에서 설명한 고저항 값을 나타내는 단절(open)된 상태를 의미한다.

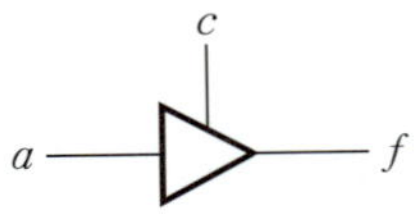


(a)

| $c$ | $a$ | $f$ |
|---|---|---|
| 0 | 0 | $Z$ |
| 0 | 1 | $Z$ |
| 1 | 0 | 0 |
| 1 | 1 | 1 |

(b)

| 그림 4.32 3상태 버퍼와 진리표

[그림 4.32]는 3상태 버퍼의 기호와 진리표를 보여주고 있다. 버퍼 옆에 연결된 입력선 $c$는 활성화 입력으로 버퍼의 동작을 제어한다. 진리표를 보면 활성화 입력 $c$가 0이면 출력 $f$는 단절된 상태($Z$)가 되고, $c$가 1이면 출력 $f$는 일반 버퍼처럼 동작함을 알 수 있다. 이와 같이 활성화 입력이 1(high)일 때 동작하면 active high라고 하고, 0(low)일 때 동작하면 active low라고 한다.

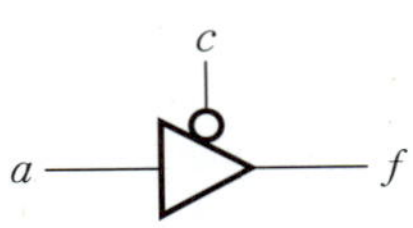


(a)

| $c$ | $a$ | $f$ |
|---|---|---|
| 0 | 0 | 0 |
| 0 | 1 | 1 |
| 1 | 0 | $Z$ |
| 1 | 1 | $Z$ |

(b)

| 그림 4.33 active low 활성화 입력

active low 활성화 입력을 갖는 3상태 버퍼에 대한 기호와 진리표를 [그림 4.33]에 보여주고 있다. Active low의 활성화 입력인 경우는 신호선에 원을 붙여서 나타낸다. 활성화 입력 $c$가 1이면 출력 $f$는 단절된 상태($Z$)가 되고, 활성화 입력 $c$가 0이면 출력 $f$는 일반 버퍼처럼 동작하는 것을 알 수 있다.

3상태 버퍼는 출력을 단절된 상태로 만들 수 있기 때문에 서로 출력들을 같이 연결하여 활성화 입력을 제어함으로써 쉽게 멀티플렉서를 구현할 수 있다. 3상태 버퍼의 출력들이 같이 연결된 경우에 연결된 3상태 버퍼들 중에 두 개 또는 그 이상이 동시에 활성화되는 것은 방지해야 한다. [그림 4.34]는 3상태 버퍼 두 개를 이용하여 멀티플렉서를 구현한 것을 보여주고 있다. 활성화 입력이 active low인 것과 active high인 3상태 버퍼의 출력을 같이 연결했기 때문에 이 두 개는 동시에 활성화되는 일이 발생하지 않는다.

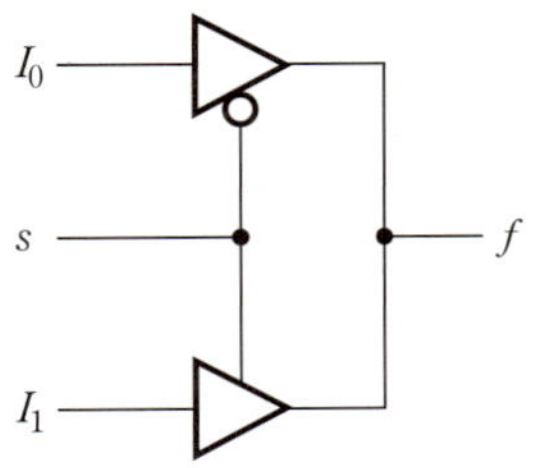


| 그림 4.34 2–to–1 멀티플렉서

디지털 컴퓨터에서 여러 모듈 간의 신호 전송은 버스를 통한 데이터 전송이 많이 이루어진다. 모듈 간의 전송을 버스 구조로 하면 동시에 여러 모듈 간의 전송을 할 수 없기 때문에 한 번에 임의의 두 모듈 간의 하나의 전송만 이루어지게 된다. 하지만 필요한 전송선의 수가 최소화되고 새로운 모듈이 추가될 때에도 쉽게 확장할 수 있는 장점이 있다. $n$개의 모듈 간에 8비트 데이터를 서로 주고받을 수 있도록 하는 경우에 [그림 4.35]와 같이 3상태 버퍼를 이용하여 양방향 버스를 구현하면 된다. 각 모듈의 출력이 3상태 버퍼를 통하여 버스에 연결되어 있고, 활성화 신호($C_i$)는 $n$개 중에 하나만 활성화되어 해당 모듈만 버스를 구동하게 된다. 그림에서 신호선 옆에 사선과 숫자는 같은 종류의 신호들을 그룹화한 버스 신호를 나타낼 때 사용하는 방법으로 8개의 같은 종류의 신호선이 있다는 뜻인데, 디지털 컴퓨터에서 주소 버스 또는 데이터 버스 표기에 자주 사용된다.

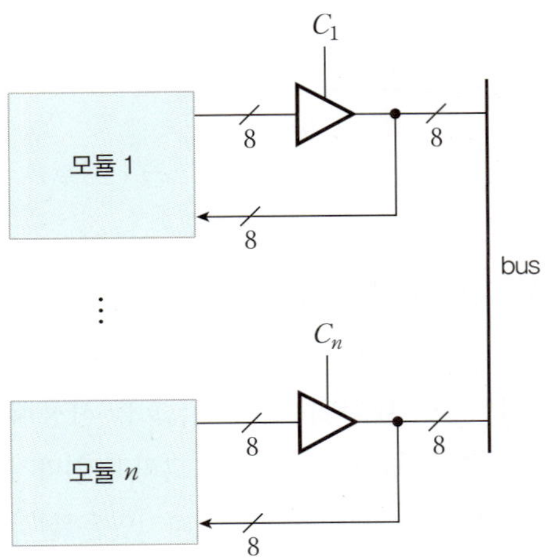


| 그림 4.35 3상태 버퍼를 이용한 양방향 버스

## 4.7 게이트 지연과 해저드

### (1) 게이트 지연

지금까지는 조합회로의 정적인 동작에 대하여만 설명하였다. 즉, 입력값이 안정된 상태에서 출력값이 결정되는 것을 설명한 것이다. 그러나 논리회로를 구성하는 모든 게이트들은 전파지연 때문에 입력신호가 바뀌어도 출력이 동시에 바뀌는 것이 아니라 약간의 지연 시간이 지난 후에 바뀐다. 이를 게이트의 전파지연(propagation delay) $t_p$라고 하는데 다음과 같이 두 가지 형태가 있다.

$t_{pHL}$: 입력신호 변화에 의하여 출력신호가 1(High)에서 0(Low)으로 바뀌는데 걸리는 시간

$t_{pLH}$: 입력신호 변화에 의하여 출력신호가 0(Low)에서 1(High)으로 바뀌는데 걸리는 시간

다음은 NOT 게이트의 입력신호 $x$와 출력신호 $y$의 타이밍도를 통하여 전파지연을 보여주고 있다.

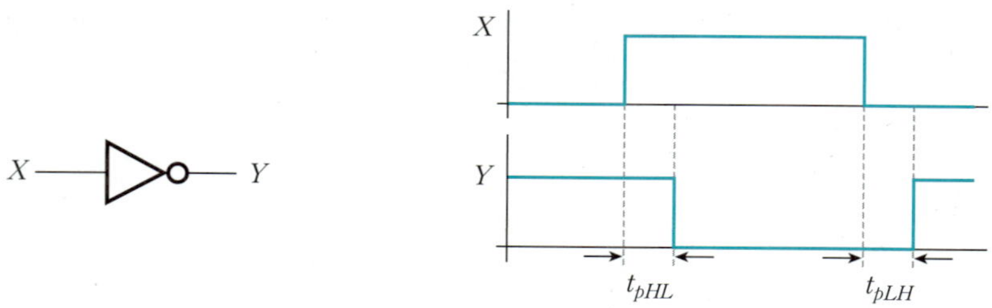


| 그림 4.36 NOT 게이트의 전파지연

$t_{pHL}$과 $t_{pLH}$의 두 가지 형태가 다를 수 있지만 큰 차이가 나지 않기 때문에 일반적으로 구분하지 않고 $t_{pd}$라고 하여 나타낸다. 전파지연 $t_{pd}$는 나노($10^{-9}$) 초 단위의 아주 짧은 시간인데, 대부분의 회로에서 무시될 수 있지만 타이밍을 나타내는 클럭 신호를 사용하는 순차회로(sequential circuit)에서 조금의 차이도 아주 중요할 수 있다. 그리고 전파지연은 다단 회로의 각 단에서 누적이 되기 때문에 입력에서 출력까지의 전파지연은 심각해 질 수 있다. [그림 4.37]은 다단 회로에서 누적된 전파지연을 보여주고 있다. 각 게이

트의 전파지연 $t_{pd}$를 동일하게 10ns라고 가정하면 출력 $f$는 입력신호 $a$의 변화에서 30ns 만큼 지연되어 나타난다.

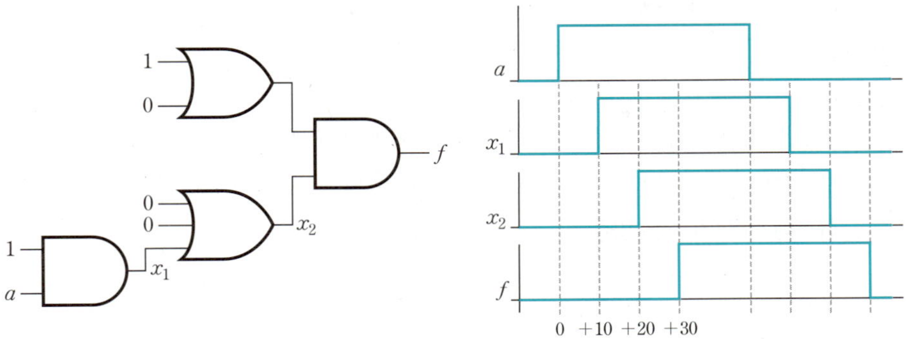


| 그림 4.37 다단 회로에서 전파지연 누적

### (2) 해저드

조합회로에서 입력신호 값이 변할 때 전파지연에 의한 원치 않는 짧은 글리치(glitch) 신호가 발생할 수 있는데 이런 원치 않는 글리치 신호가 나올 수 있으면 해저드(hazard)가 있는 회로라고 한다. 즉, 원치 않는 신호에 의하여 오동작을 일으킬 위험이 있다는 의미이다. 7장에서 설명할 동기식 순차회로는 모든 신호가 타이밍 신호인 클럭에 동기되어 동작하는 시스템으로 클럭 사이에 나타나는 글리치는 무시되므로 큰 문제가 되지 않는다. 그러나 클럭과 관계없이 동작하는 비동기 시스템에서는 문제를 발생시킬 수 있다. 해저드는 입력신호에서 출력까지 전파지연 시간이 다른 두 가지 이상의 경로가 있는 경우에 발생할 수 있는데, 정적 해저드와 동적 해저드로 분류한다.

#### ● 정적 해저드

입력신호 하나가 변경되었을 때, 출력에 원하지 않는 글리치 신호가 잠깐 나타나는 경우인데 정적-0 해저드와 정적-1 해저드의 두 가지가 있다. 정적-1 해저드는 [그림 4.38(a)]와 같이 출력이 1을 유지해야 되는데, 잠깐 0으로 변했다가 1로 돌아오는 경우이다. 이와 반대로 정적-0 해저드는 출력이 0을 유지해야 되는데, 잠깐 1로 변했다가 0으로 돌아오는 경우이다.

| 그림 4.38 정적 해저드 종류

정적-1 해저드는 2단 회로인 곱의 합(SOP) 형태의 회로에서 발생할 수 있는데 그 원인과 해저드를 없애는 방법에 대하여 알아보자. [그림 4.39]는 다음 부울식에 대한 표준 형태의 2단 회로에서 해저드가 발생하는 경우를 보여주고 있다.

$$f = ab' + bc$$

입력 $abc$=111에서 101로 바뀌어도 함수의 출력 $f$는 논리적으로 1이 되어야 하지만 회로에서 게이트의 지연에 의하여 해저드가 발생하게 된다. 그림에서 각 게이트의 전파지연은 10ns으로 가정해서 회로 내의 각 노드와 출력에서 신호 변화와 시간을 나타내고 있다.

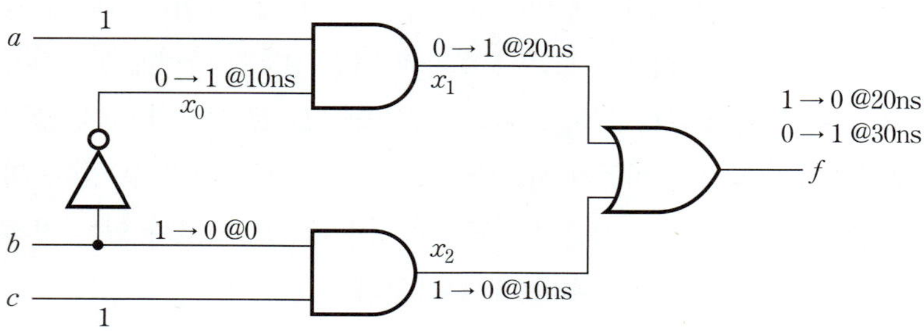


| 그림 4.39 정적-1 해저드 회로

입력 $b$ 값이 시간 0에 1에서 0으로 바뀌면, 시간 10ns에서 노드 $x_0$ 값이 0에서 1로 바뀌고, 노드 $x_2$ 값이 1에서 0으로 바뀐다. 시간 20ns에서 노드 $x_1$ 값이 0에서 1로 바뀌고, 출력 $f$도 노드 $x_2$의 바뀐 값(0)에 의해 1에서 0으로 바뀐다. 마지막으로 시간 30ns에서 출력 $f$는 노드 $x_1$의 바뀐 값(1)에 의해 다시 1로 바뀌어 정적-1 해저드가 존재함을 확인할 수 있다. [그림 4.40]은 이 일련의 동작을 타이밍도로 나타낸 것이다.

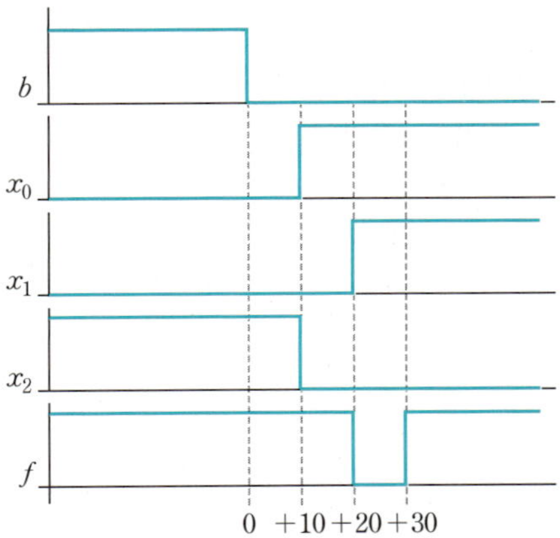


| 그림 4.40 정적-1 해저드 타이밍도

입력이 $abc$=111에서 101로 바뀌면 회로에서 출력 $f$가 1이 되도록 하는 항이 $bc(x_2)$에서 $ab'(x_1)$로 바뀌게 되는데, 전파지연에 의하여 노드 $x_1$과 노드 $x_2$의 값이 동시에 바뀌지 않아서 해저드가 발생하는 것이다. 즉, 입력 하나가 바뀔 때 출력을 제어하는 항이 바뀌게 되면 전파지연에 의해 해저드가 발생할 수 있게 된다.

[그림 4.39]의 정적-1 해저드가 존재하는 회로에 대한 부울식을 맵에 나타내면 [그림 4.41(a)]와 같다.

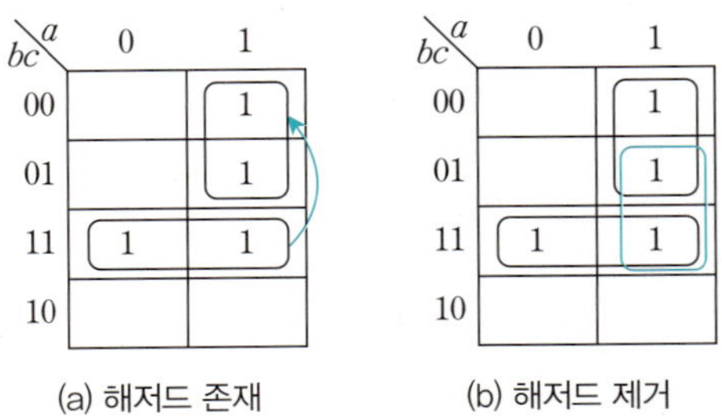


| 그림 4.41 정적-1 해저드 제거를 위한 맵

[그림 4.41(a)]는 입력이 $abc$=111에서 101로 바뀔 때 출력을 제어하는 항이 바뀌는 것을 보여주고 있다. 즉, PI $bc$에 의하여 1로 제어되다가 PI $ab'$에 의하여 1로 제어되는 상태로 바뀌는 것이다. 이 두 PI 항에 해당하는 AND 게이트의 입력신호가 전파지연에 의하여 서로 다른 시간에 바뀌므로 위와 같은 정적-1 해저드가 발생하게 되는 것이다.

정적-1 해저드를 제거하기 위하여 입력 하나가 바뀔 때에 값이 바뀌지 않고 제어할 수 있는 PI가 필요한데, [그림 4.41(b)]와 같이 두 PI의 합의 항인 $ac(ab' ¢ bc = ac)$를 추가하면 된다. 즉, 입력 $b$가 1에서 0으로 바뀌어도 PI $ac$가 출력을 1로 유지하게 된다. 합의 항을 추가하여 정적-1 해저드를 제거한 부울 식과 회로는 다음과 같이 된다.

$$f = ab' + bc + ac$$

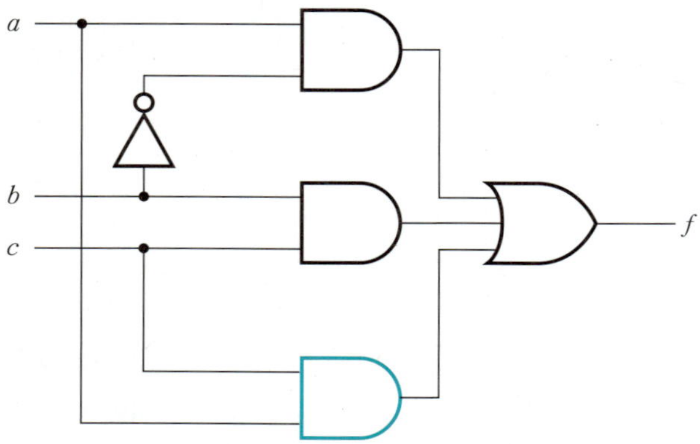


I 그림 4.42 정적-1 해저드를 제거한 회로

정적-0 해저드는 [그림 4.43]과 같은 2단 회로인 합의 곱(POS) 형태의 회로에서 발생할 수 있다. 해저드를 없애는 방법은 정적-1 해저드 제거하는 방법을 이용하면 된다.

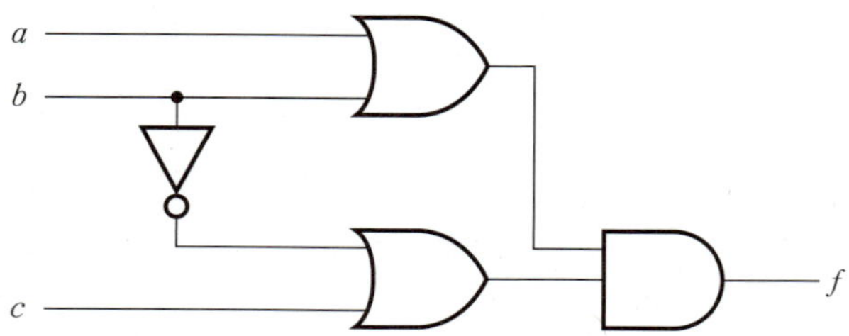


I 그림 4.43 정적-0 해저드 회로

합의 곱 형태의 식을 만들기 위하여 보수 함수 $f'$에 대한 곱의 합 식을 구하여 드모르간의 법칙을 적용하여 $f$에 대한 합의 곱 식을 만든다. $f'$에서 정적-1 해저드가 존재하면, 드모르간의 법칙을 적용하여 만든 $f$에 대한 합의 곱 식은 정적-0 해저드가 존재하게 된다. 즉, $f'$에서 정적-1 해저드를 없애고, 드모르간의 법칙을 적용하면 정적-0 해저드를 제거한 합의 곱 식 형태를 만들 수 있다.

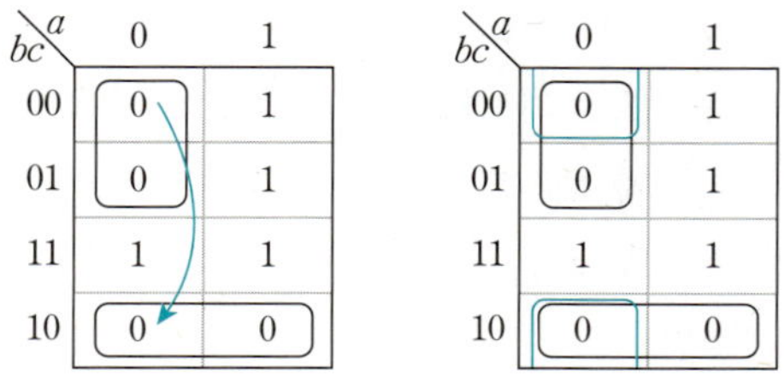


(a) 해저드 존재　　　(b) 해저드 제거

| 그림 4.44 정적–0 해저드 제거를 위한 $f'$ 에 대한 맵

[그림 4.44(a)] 맵에서 $f' = a'b' + bc'$은 입력이 $abc$=000에서 010으로 바뀔 때, 정적–1 해저드가 발생할 수 있다. 정적–1 해저드를 없애기 위하여 두 항간의 합의 항인 $a'c'$을 추가하면 정적–1 해저드가 제거된다.

$$f' = a'b' + bc' + \mathbf{a'c'}$$

정적–1 해저드가 제거된 $f'$에 대한 곱의 합 식에 드모르간 법칙을 적용하여 $f$에 대한 합의 곱 식으로 바꾸면 추가된 합의 항에 의하여 정적–0 해저드가 제거된다.

$$f = (a+b)(b'+c)\mathbf{(a+c)}$$

따라서 정적–0 해저드가 제거된 회로는 [그림 4.45]와 같다.

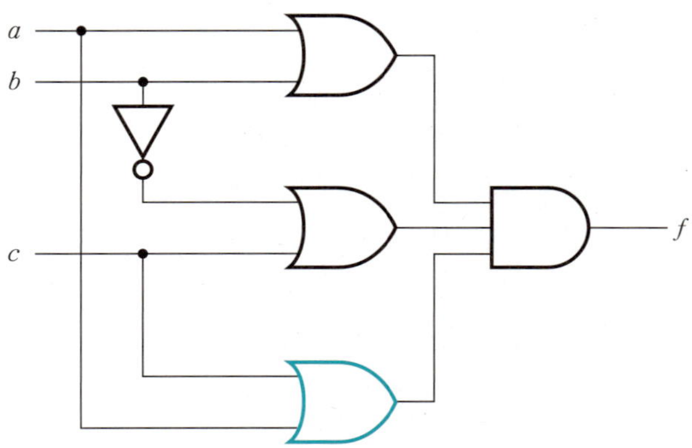


| 그림 4.45 정적–0 해저드를 제거한 회로

동적 해저드는 입력 하나의 값이 변하면 출력이 0–1–0–1 또는 1–0–1–0로 여러 번 바뀌는 경우를 말한다. 다단 회로에서 한 입력에서 출력으로의 경로가 3개 이상이 있을 때 동적 해저드가 발생할 수 있는데, 다단 회로에서 동적 해저드 발생하는 것을 제거하는 것은 쉽지 않다. 해저드가 없는 회로를 구현하려면 앞에서 설명한 정적 해저드 없애는 방법을 이용하여 2단 회로를 구현하는 것이 권장된다.

## 4.8 팬인과 팬아웃 제한

기본 논리소자인 한 게이트의 입력 수를 팬인(fan–in)이라 하는데, 부울식에 따라 팬인이 큰 논리소자가 필요한 경우가 발생한다. 게이트의 입력 수가 커지면 논리회로 소자로서 여러 가지 전기적 특성이 나빠지기 때문에 게이트 입력 수가 작은 것을 사용하는 것이 권장된다. 예를 들어 [그림 4.46]과 같이 6입력 OR 게이트는 3입력 OR 게이트 2개와 2입력 OR 게이트로 대치하여 입력 수가 작은 게이트로 구현할 수 있음을 보여주고 있다.

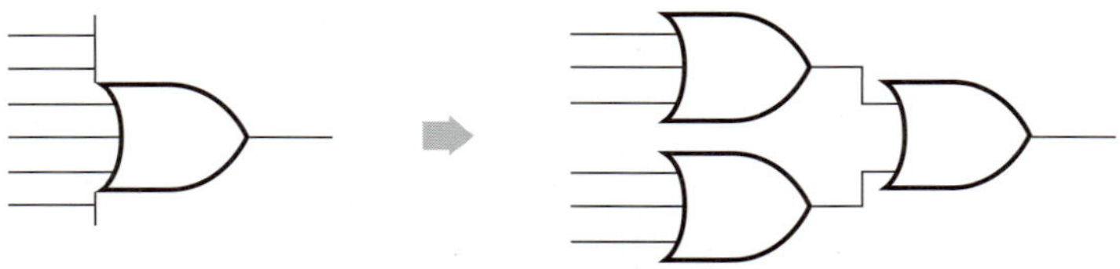

| 그림 4.46 6입력 OR 함수 구현

디지털 시스템에서 논리회로를 설계하다 보면 게이트의 한 출력을 여러 게이트의 입력들에 연결하는 경우가 발생한다. 한 게이트 출력에 연결된 게이트 입력들의 수를 팬아웃(fan–out)이라 하는데, 게이트마다 팬아웃에 제한이 있어서 제한된 팬아웃 이상의 게이트들이 연결될 경우에는 오동작을 하게 된다. 따라서 한 게이트의 출력이 제한된 팬아웃 이상의 게이트들을 구동해야하는 경우는 버퍼를 사용하여 게이트 출력이 구동해야 되는 게이트 입력들의 수를 줄여야 한다. [그림 4.47]은 OR 게이트 출력 $x$가 많은 수의 AND 게이트들을 구동해야 하는 경우인데, 버퍼 2개를 사용하여 팬아웃 문제를 해결하는 것을 보여준다. 버퍼 출력 $y_1$과 $y_2$는 OR 게이트 출력인 $x$ 신호를 그대로 전달 받아서 $x$의 부하(load)를 반씩 부담하여 구동하고 있는 것을 보여주고 있다.

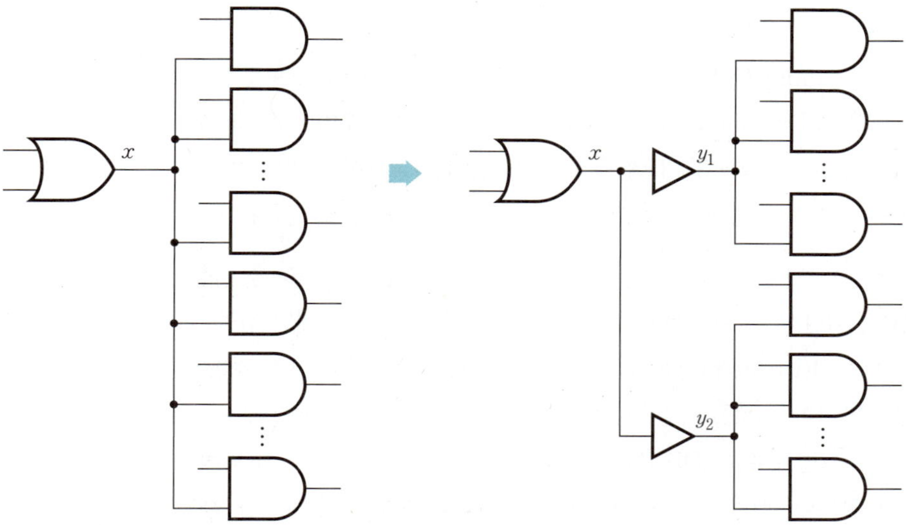


| 그림 4.47 버퍼 사용

## 4.9 논리회로 구현 기술

논리회로는 반도체 집적회로(IC: Integrated Circuit) 칩(chip) 형태로 제작되는데, 집적시키는 기술이 발달되어 단일 칩에 수억 개의 트랜지스터를 집적시킬 수 있을 정도로 되었다. 여기서 논리회로라 함은 조합회로와 순차회로를 포함하는 디지털 논리회로를 뜻하는 것이다. 논리회로를 구현하는 방식은 [그림 4.48]에 보는 것처럼 크게 표준 칩(standard chips), PLD(Programmable Logic Devices), 주문형(custom−designed chips) 칩 형태의 세 가지로 나눌 수 있다.

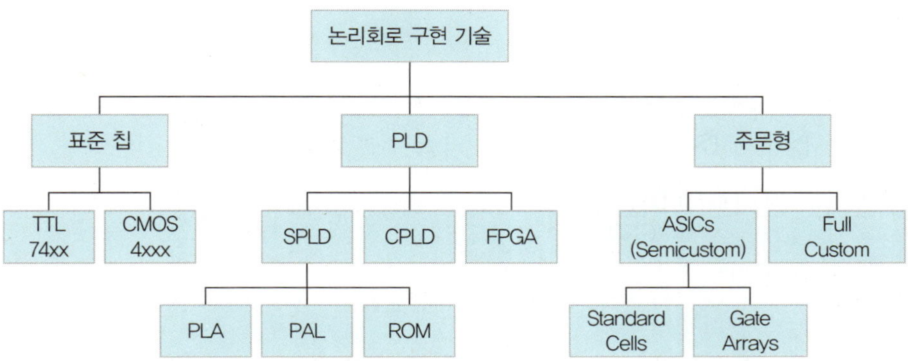


| 그림 4.48 구현 기술

### (1) 표준 칩

표준 칩(standard chips)은 소수의 게이트들로 이루어진 회로인 경우에 적합한 것으로 TTL(Transistor Transistor Logic) 종류의 7400-series와 CMOS 종류의 4000-series가 있다. TTL 칩은 CMOS 칩에 비교하여 스위칭 속도가 빠르고 전력 소모가 큰 전기적 특성이 다르지만, 기능적인 호환성을 가지고 있다.

표준 칩들의 기능은 제조 과정에서 고정되어 있어 주어진 기능을 이용한 회로를 구현해야 한다. 일반적으로 하나의 회로를 구현하기 위하여 여러 개의 칩들이 사용되기 때문에 제한된 PCB(Printed Circuit Board)에 배치할 때 공간을 크게 차지하여 비효율적이다. 그러나 간단한 회로를 구현하는데 비용이 저렴하고 쉽고 빠르게 구현할 수 있는 장점이 있다. [그림 4.49]는 DIP(Dual-Inline Package)라고 하는 칩 패키지의 한 종류를 보여주고 있는데, 패키지에 연결되어 있는 핀들을 통하여 전원 공급 및 외부 회로와 연결된다.

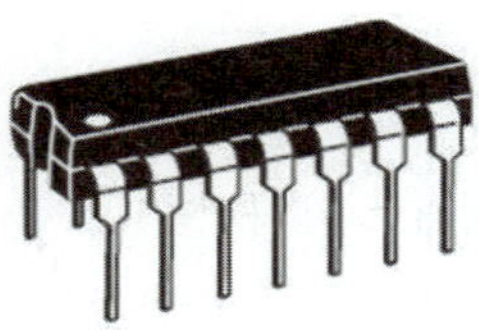

| 그림 4.49 DIP(Dual-inline Package)

[그림 4.50]은 7404 칩의 구조를 보여주는데 전원 공급 핀으로 14번($V_{CC}$)과 7번(GND)이 사용되고, 나머지 12개의 핀은 6개의 인버터에 대한 입력과 출력으로 사용된다.

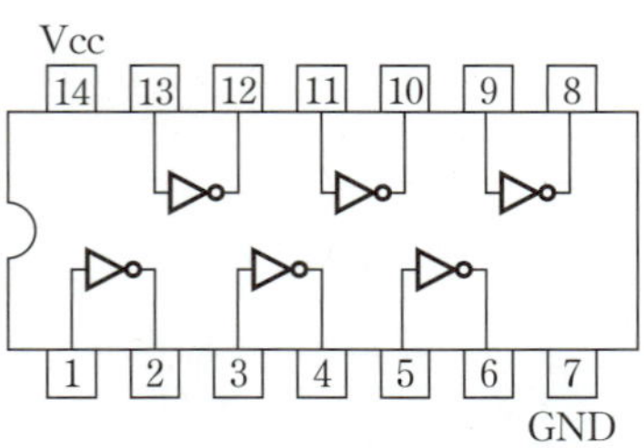


| 그림 4.50 7404 칩 구조

〈표 4.6〉은 많이 사용되는 일부 7400-series 칩들의 기능을 보여주고 있다.

| 표 4.6 7400-series 칩

| 칩 | 설명 |
|---|---|
| 7400 | 4×2입력 NAND |
| 7402 | 4×2입력 NOR |
| 7404 | 6×인버터 |
| 7408 | 4×2입력 AND |
| 7410 | 3×3입력 NAND |
| 7411 | 3×3입력 AND |
| 7432 | 4×2입력 OR |
| 7474 | 2×D F/F |
| 7483 | 4비트 adder |
| 74163 | 4비트 counter |
| 74164 | 8비트 shift register |

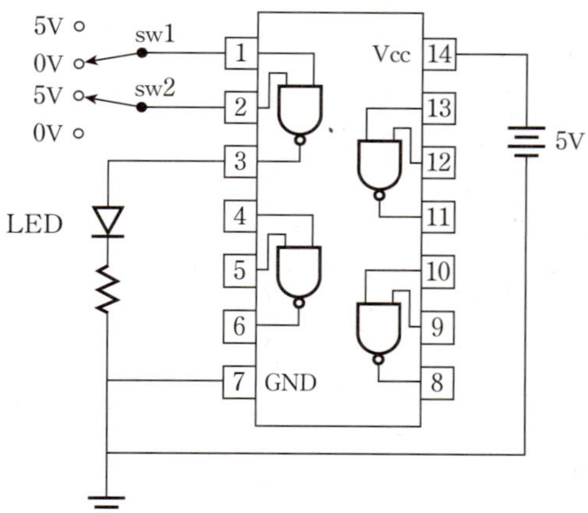


| 그림 4.51 7400 칩을 이용한 NAND 게이트 동작 실험 회로

[그림 4.51]은 2입력 NAND 게이트가 4개 들어있는 7400 칩을 사용하여 2입력 NAND 게이트 동작을 실험하기 위한 회로 연결을 보여주고 있다. 7400 칩은 14핀으로 된 DIP 패키지로 되어 있는데, 전원 공급을 위해 14번 핀과 7번 핀이 할당되어 있고, 4개의 NAND 게이트를 위하여 12개의 핀이 그림과 같이 할당되어 있다. 4개의 NAND 게이트 중에서 핀 1번과 2번을 스위치 sw1과 sw2에 연결을 하고, 스위치 각각은 5V와 0V 중에 선택할 수 있게 한다. 출력에 해당하는 핀 3번은 LED(Light Emitting Diode)와 저항을 그림과 같이 연결하여 〈표 4.1〉의 NAND 게이트 진리표에 해당하는 동작 실험

을 할 때 출력값을 눈으로 확인할 수 있도록 한다. 그리고 14번 핀과 7번 핀은 반드시 전원에 그림과 같이 연결을 해야 각 게이트에 전원이 공급되어 동작하게 된다.

### (2) PLD

PLD(Programmable Logic Devices)의 칩 내부에는 서로 연결되지 않는 기본 논리소자들이 내장되어 있는데 논리소자들 간의 연결은 CAD 툴에서 설계한 논리회로 설계 파일의 정보를 PLD에 프로그래밍(write)함으로써 이루어지게 된다. PLD는 표준 칩보다 훨씬 많은 게이트들로 구성되어 있어서 복잡한 논리 함수를 구현하는데 적합하다. 대부분의 PLD들은 프로그램된 내용을 지워서 다시 프로그램할 수 있기 때문에 회로 변경이 쉬워 시제품(prototype)을 제작하는데 적합하다.

PLD 종류에 따라 구성하고 있는 게이트 수도 다양하여 수십 개에서 수십 만 개 이상의 논리 게이트가 필요한 회로를 구현하는데 사용할 수 있다. PLD는 다음과 같이 크게 세 가지 종류로 분류할 수 있다.

- PLD 종류
  - SPLD(Simple Programmable Logic Devices)
  - CPLD(Complex Programmable Logic Devices)
  - FPGA(Field Programmable Gate Arrays)

SPLD는 프로그램 가능한 것들 중에서 가장 간단하고 저렴한 것으로 ROM(Read Only Memory), PLA(Programmable Logic Array), PAL(Programmable Array Logic) 등이 여기에 속한다.

#### ① PLA

PLA(Programmable Logic Array)는 곱의 합 형태의 부울 함수를 구현할 수 있도록 칩 내부에 AND 게이트 배열과 OR 게이트 배열이 있다. AND 게이트 배열은 외부 입력선과 AND 게이트 입력 간에 연결을 위한 것으로 함수에 필요한 곱항들을 구현하게 된다. OR 게이트 배열은 AND 게이트 출력과 OR 게이트 입력 간에 연결을 위한 것으로 함수 출력에 필요한 곱항들을 선택하게 된다. 내부에서 인버터를 사용하여 보수화된 입력을 제공하기 때문에 외부에서 보수화된 입력신호를 제공할 필요가 없다.

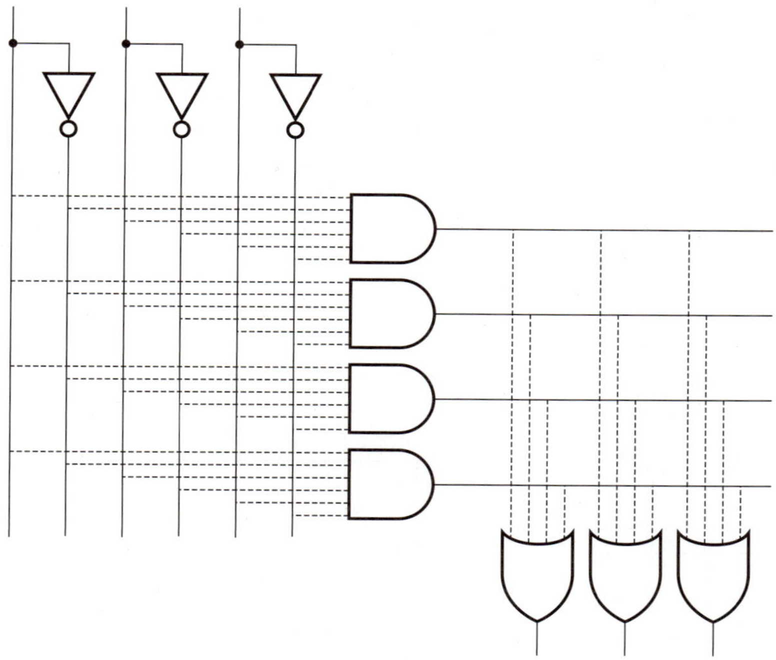

I 그림 4.52 PLA 구조

[그림 4.52]는 PLA의 구조를 보여주고 있는데, 그림의 예는 3개의 입력선과 3개의 출력선이 있어서 3개의 입력과 3개의 출력이 있는 회로를 구현할 수 있는 것이다. 그리고 AND 게이트가 4개 있으므로 구현할 함수들에 사용할 수 있는 곱항은 총 4개로 제한된다. 각 함수를 위한 OR 게이트 입력 쪽에 모든 AND 게이트가 연결 가능하기 때문에 출력 함수는 곱항들을 공유하여 사용할 수 있다. 그리고 PLA에 내장되어 있는 AND 게이트 수는 제한되어 있기 때문에, 함수들을 공유하는 것을 고려하여 간략화하는 것이 필요하다. [그림 4.52]의 PLA를 사용하여 다음 세 개의 함수를 구현해 보자.

$$f(a,b,c) = a'b' + ab + b'c$$
$$g(a,b,c) = ab + b'c + ab'c'$$
$$h(a,b,c) = ab + ab'c'$$

세 개의 함수에서 항 $a'b'$만을 제외하고 나머지 항들은 함수 간에 공유할 수 있는 것들이다. 항 $ab$는 함수 $f$, $g$, $h$에서 공유하고, 항 $b'c$는 함수 $f$, $g$에서 공유하고, 항 $ab'c'$은 함수 $g$, $h$에서 공유를 하고 있으므로 총 4개의 곱 항으로 주어진 세 개의 함수를 구현할 수 있다. [그림 4.53]에 이 세 함수를 구현한 것을 보여주고 있는데, 그림에서 실선은 연결된 것을 나타내고 있다.

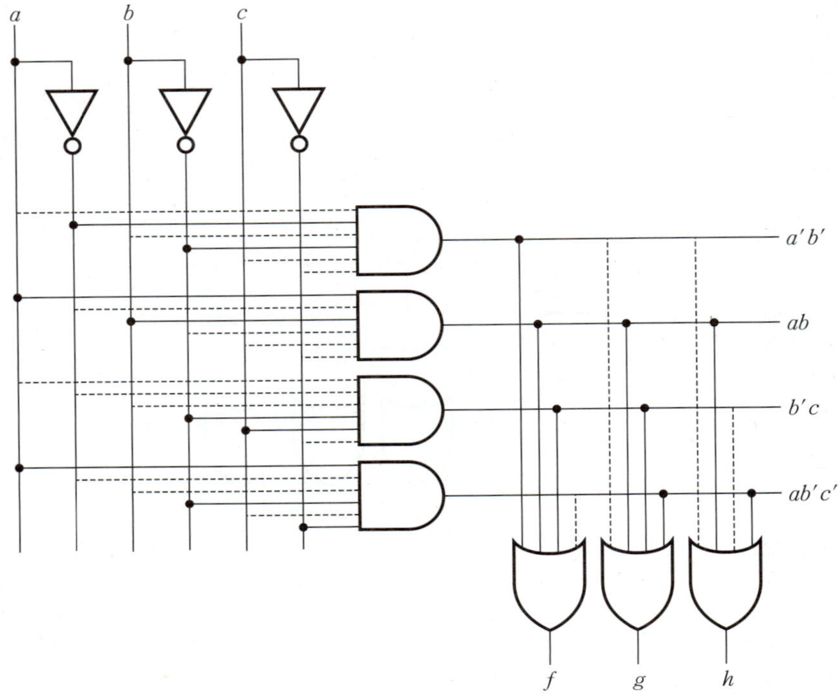


| 그림 4.53 PLA 내부 연결 회로

PLA는 일반적으로 입력과 게이트 수가 [그림 4.52]의 예보다 훨씬 많기 때문에 그림으로 나타내기가 복잡하여 다음과 같이 게이트 입력선들을 한 선으로 나타내고, 연결된 입력선은 교차점에 × 표시로 나타낸다.

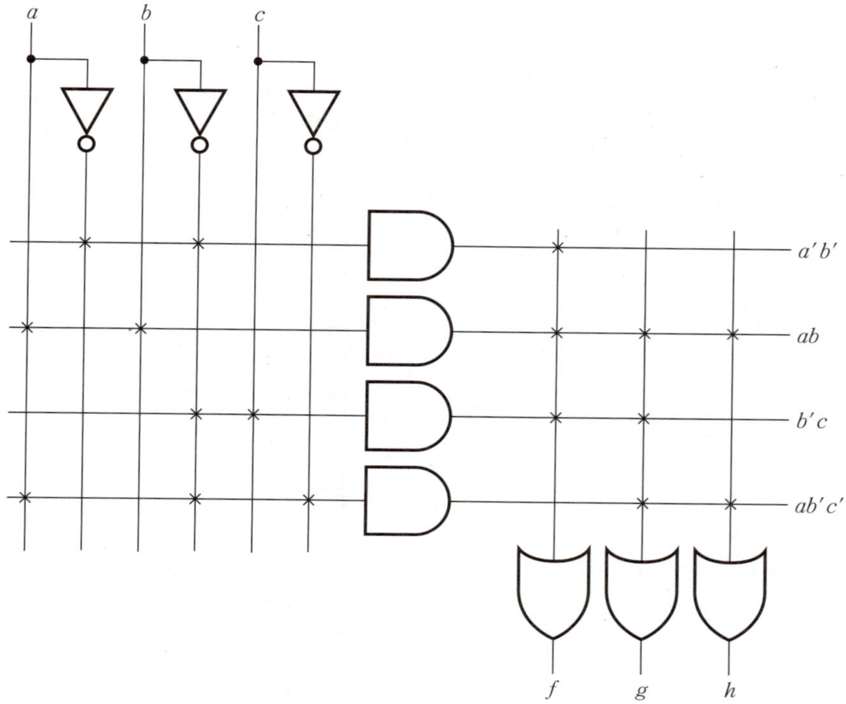


| 그림 4.54 PLA 회로 표현

② PAL

PAL(Programmable Array Logic)은 OR 배열이 고정되어 있고, AND 배열만 프로그래밍할 수 있는 것이다. 각 OR 게이트들의 입력에는 이미 AND 게이트들이 연결되어 있어서 구현할 함수의 곱항들의 수는 연결된 AND 게이트들의 수로 제한되게 된다. 그리고 각 AND 게이트들은 하나의 OR 게이트에만 연결이 되어 있어서 곱항들을 공유하기가 어렵게 되어 있다.

[그림 4.55]의 PAL 구조는 4개 변수로 이루어진 3개의 함수를 구현할 수 있는 PAL의 한 예를 보여주고 있다. OR 게이트 각각은 입력에 4개의 AND 게이트들이 이미 연결되어 있어서 구현할 함수들의 곱 항은 4개로 제한된다.

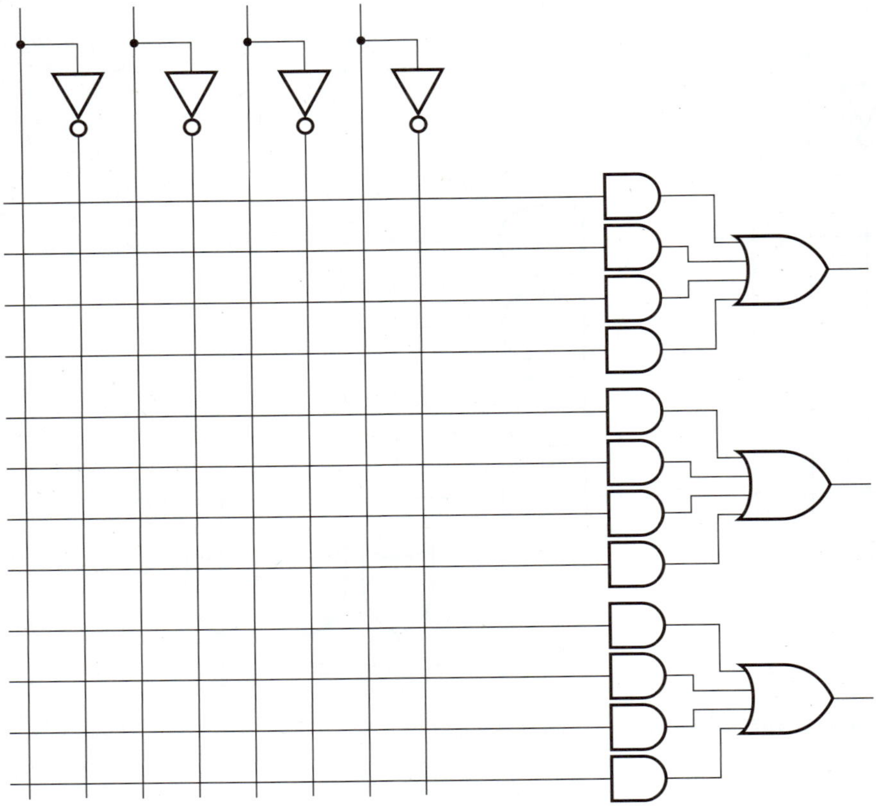

| 그림 4.55 PAL 구조

[그림 4.55]의 PAL을 사용하여 다음 함수 3개를 구현해 보자.

$$w(a,b,c,d) = a'c' + ab'c + acd$$
$$x(a,b,c,d) = a'b + cd + ac + b'c'd'$$
$$y(a,b,c,d) = ab + ab'c'$$

3개의 함수가 각각 4개 이하의 곱항으로 이루어진 함수이기 때문에 주어진 PAL로 구현하기에 적합하다. 단, 함수 $w$와 $y$는 각각 3개와 2개의 곱항으로 이루어진 함수이기 때문에 OR 게이트에 연결된 4개의 AND 게이트 중에서 필요 없는 AND 게이트들은 입력 $a$와 $a'$에 연결하여 해당 AND 게이트 출력을 0으로 되게 하여 OR 게이트 출력에 영향이 없도록 한다.

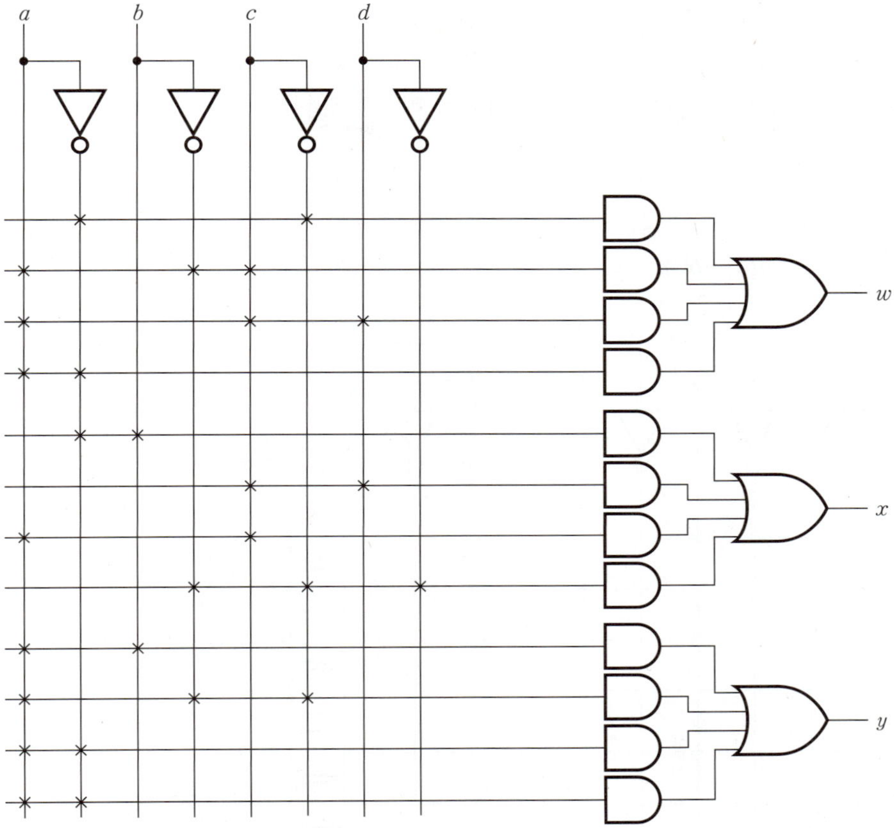


I 그림 4.56 PAL을 사용한 함수 구현

PAL에서 OR 배열이 고정되어 있어 AND 항을 직접 공유할 수가 없지만 일부 곱항들의 합을 출력 함수로 만들어 입력으로 피드백하면 공유가 가능하게 되고, AND 게이트 부족한 것도 해결할 수가 있다. 간단한 예로 다음과 같이 각각 5개의 곱항으로 이루어진 두 개의 함수를 5개의 외부 입력선과 3개의 OR 게이트, 그리고 각 OR 게이트는 4개의 AND 게이트들이 연결된 PAL로 구현하는 것을 알아보자. 출력단의 OR 게이트들이 4개의 AND 게이트들만이 연결되어 있어서 4개의 곱항으로 이루어진 함수로 제한되고 있다.

$$w = \mathbf{a'bc + a'cd' + bcd'} + ac' + b'c'd'$$

$$x = \mathbf{a'bc + a'cd' + bcd'} + ab'c' + b'c'd$$

함수 $w$와 $x$는 각각 5개의 AND 게이트가 필요한 함수이지만, 두 함수 간에 세 개의 항을 공유하고 있다. 공유하는 세 개의 항을 함수 $t$로 만들어 함수 출력 $t$를 입력으로 피드백하여 공유함으로써 AND 게이트 부족함을 해결한 경우이다.

$$t = \mathbf{a'bc + a'cd' + bcd'}$$
$$w = \mathbf{t} + ac' + b'c'd'$$
$$x = \mathbf{t} + ab'c' + b'c'd$$

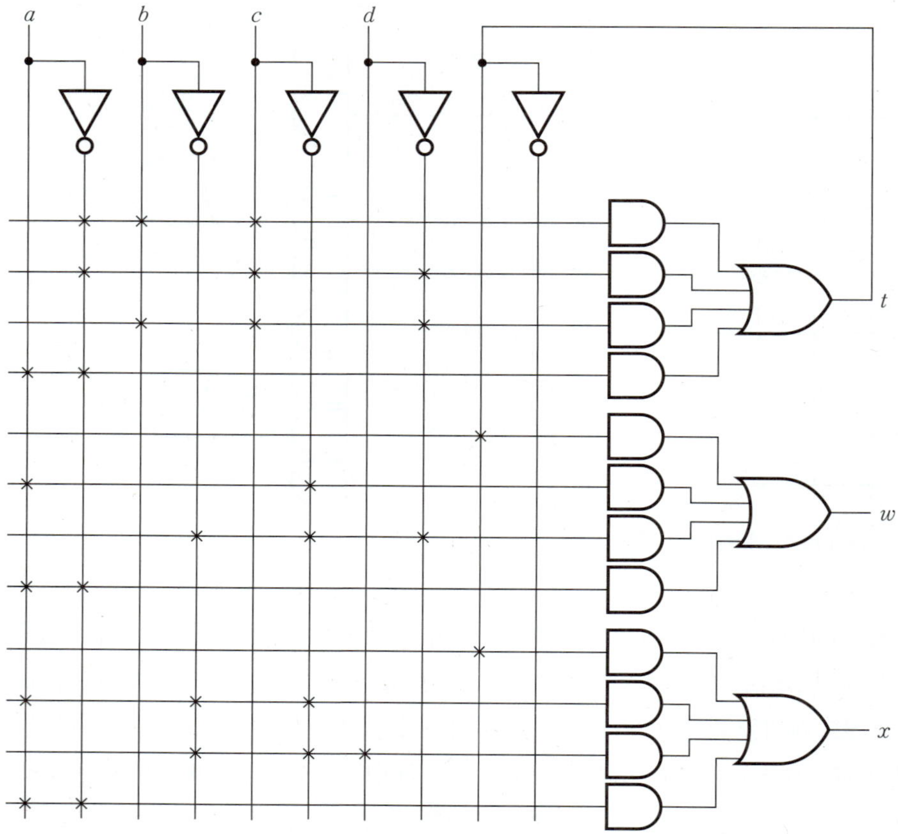


| 그림 4.57 PAL에서 공유

### ③ ROM

ROM(Read Only Memory)은 RAM과 달리 전원이 공급되지 않아도 저장된 내용이 지워지지 않는 메모리이다. ROM의 구조는 [그림 4.58]과 같이 $n$개의 주소(입력) 선과 $m$개의 데이터(출력) 선이 있는데, 내부에 $2^n$개의 주소마다 $m$비트 데이터를 저장하고 있어 총 메모리 용량은 $2^n \times m$ 비트가 된다. 외부에서 $n$비트의 주소가 입력이 되면 해당 주소의 $m$비트 데이터가 출력이 된다. ROM은 제조하는 방식에 따라 PROM(Programmable ROM), EPROM(Erasable Programmable ROM), EEPROM(Electrically Erasable Programmable ROM) 등 다양한 타입이 있다.

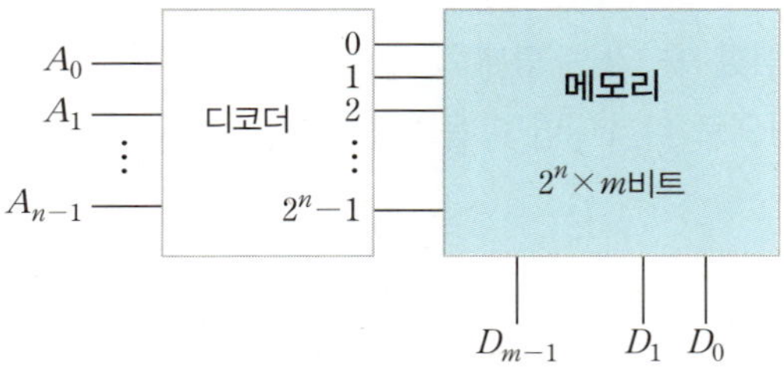


I 그림 4.58 ROM 구조

[그림 4.59]와 같이 3비트 주소 선과 4비트의 데이터 출력으로 이루어진 ROM을 사용하여 다음 4개의 함수를 구현해보자.

$$w(a,b,c) = \Sigma m(1, 2, 4, 5, 6)$$
$$x(a,b,c) = \Sigma m(0, 2, 3, 4)$$
$$y(a,b,c) = \Sigma m(2, 4, 6, 7)$$
$$z(a,b,c) = \Sigma m(3, 4, 7)$$

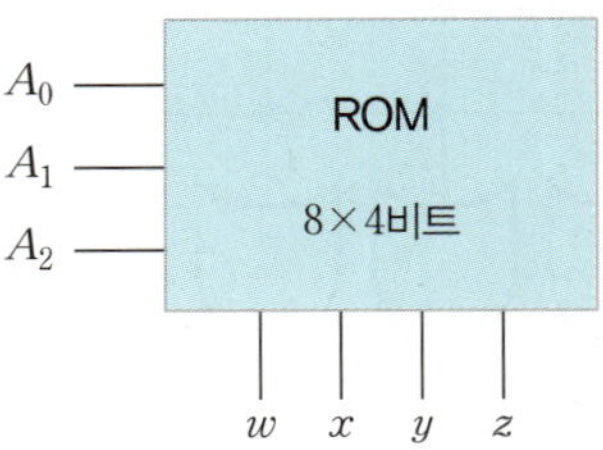


I 그림 4.59 8×4 ROM

I 표 4.7 ROM 데이터

| $A_2\ A_1\ A_0$ | $w\ x\ y\ z$ |
|---|---|
| 0 0 0 | 0 1 0 0 |
| 0 0 1 | 1 0 0 0 |
| 0 1 0 | 1 1 1 0 |
| 0 1 1 | 0 1 0 1 |
| 1 0 0 | 1 1 1 1 |
| 1 0 1 | 1 0 0 0 |
| 1 1 0 | 1 0 1 0 |
| 1 1 1 | 0 0 1 1 |

함수의 입력 변수 $a$, $b$, $c$를 ROM의 $A_2$, $A_1$, $A_0$에 각각 순서대로 연결하고 ROM의 내용은 〈표 4.7〉과 같이 진리표를 나타내는 순서대로 데이터를 저장하면 된다. 메모리의

각 주소에 저장되어 있는 2진 데이터들은 진리표의 해당 행의 출력값을 나타내고 있다. 주소 입력선에 함수의 입력신호가 들어오면 최소항에 해당하는 메모리 주소의 내용이 출력되기 때문에 원하는 함수의 출력이 나오게 된다. 예를 들어 입력신호 $abc$ = 110이 입력되면 메모리 주소 6번지의 내용인 1010이 출력될 것이다.

ROM을 PLA 구조로 나타내면 AND 배열은 고정되어 $2^n$개의 최소항들이 만들어져 있고, OR 배열에 해당하는 것만 프로그램할 수 있는 형태로 볼 수 있다. 앞의 함수를 ROM으로 구현한 것을 PLA 구조의 그림으로 나타내면 다음과 같다.

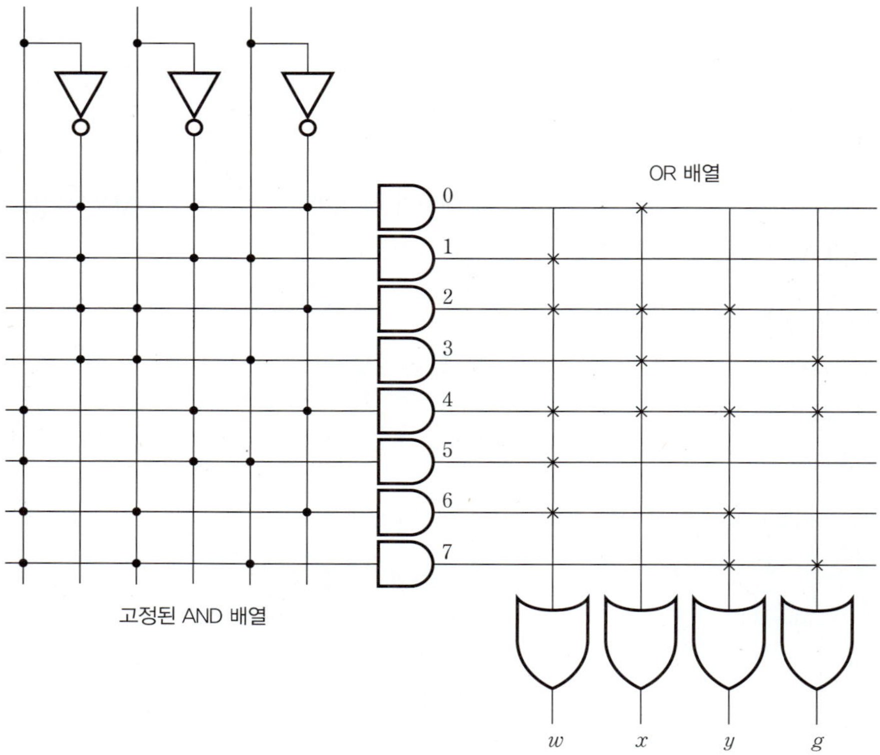


| 그림 4.60 ROM을 PLA 구조로 표현

④ CPLD

CPLD는 PAL 타입의 SPLD들을 단일 IC 패키지에 구성하여 많은 게이트가 필요한 논리회로를 구현할 수 있는 칩이다. [그림 4.61]은 Altera 사의 CPLD인 MAX 7000 시리즈의 구조인데 PAL 타입의 논리 블록인 LAB(Logic Array Blocks)들과 블록들 간의 연결선을 만들어주는 PIA(Programmable Interconnect Array), 그리고 입력과 출력 핀과 연결시켜주는 I/O 블록들로 구성된다. 프로그래밍된 논리회로와 연결선은 비휘발성으로 전원이 꺼져도 지워지지 않는다.

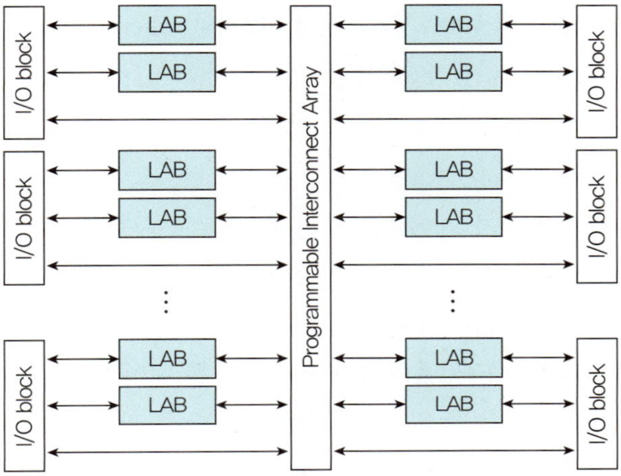


| 그림 4.61 Altera MAX 7000 구조

[그림 4.62]는 LAB 구조를 보여주고 있는데, 각 LAB은 16개의 Macrocell을 포함하고 있다. 각 Macrocell은 PAL 타입으로 프로그래밍할 수 있는 5개의 AND 항을 제공한다. 같은 LAB에 속한 Macrocell들은 15개의 AND 항을 추가로 공유할 수 있어서 곱항이 많은 경우에도 쉽게 구현할 수 있는 기능을 제공하고 있다.

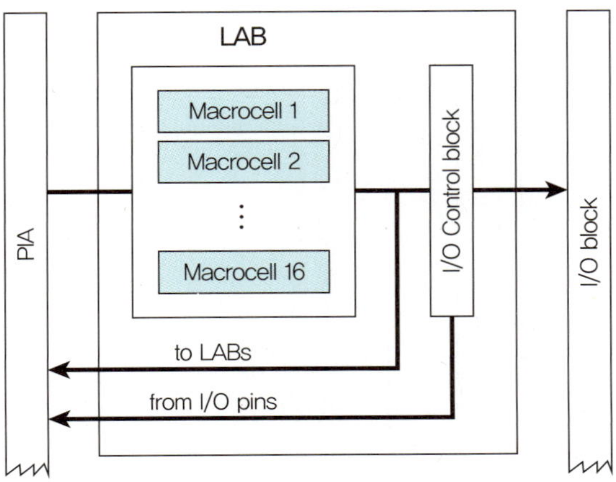


| 그림 4.62 MAX 7000의 LAB 구조

회로의 크기를 비교할 때 보통 등가 게이트 수 방법을 사용하는데, 등가 게이트 수는 비교할 회로를 2입력 NAND 게이트만 사용하여 구성할 때 필요한 게이트 수를 뜻한다. 표준 칩인 7400 시리즈는 간단한 게이트들로 이루어져서 등가 게이트 수를 계산하기 쉽지만 CPLD나 FPGA의 경우는 쉽지가 않다. CPLD의 경우에 하나의 Macrocell은 약 20개 정도의 등가 게이트로 계산한다. MAX 7000 시리즈에서 512개의 Macrocell을 포함하고 있는 EPM7512 칩은 대략 10,000개의 등가 게이트로 계산된다.

### ⑤ FPGA

FPGA는 단일 칩에 수십 만 개 이상의 등가 게이트를 갖는 큰 회로를 구현할 수 있는 기술이다. FPGA는 SPLD나 CPLD처럼 프로그램 가능한 AND 배열 또는 OR 배열 등을 가지고 있지 않고 LUT(Look-up Table) 방법을 사용하는 프로그램 가능한 논리 블록을 제공한다. [그림 4.63]은 FPGA의 일반적인 구조를 보여주고 있다. CLB(Configurable Logic Block)라고 하는 논리 블록들이 2차원으로 배열되어 있고, CLB 2차원 배열 주위를 입출력을 위한 I/O 블록들이 배치되어 있다. CLB 간 또는 CLB와 I/O 블록 간의 배선 연결을 위하여 CLB 블록들 사이로 배선 통로(routing channel)가 수직, 수평으로 배치되어 있고, 프로그램 가능한 스위치에 의하여 연결이 이루어진다.

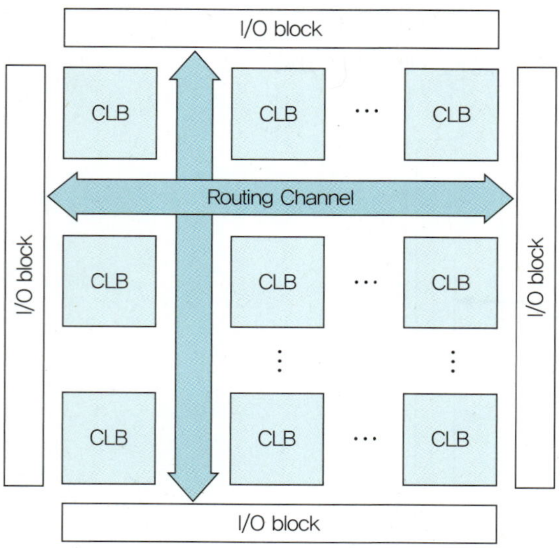


| 그림 4.63 FPGA 구조

[그림 4.64]는 CLB 구조의 예를 보여주고 있다. CLB 내에 2개의 LUT, 2개의 플립플롭(7장에서 설명), 5개의 멀티플렉서가 포함되어 있는 것이다. 각 LUT는 4개의 입력으로 이루어진 함수를 구현할 수 있고, 2개의 LUT 출력을 선택할 수 있는 멀티플렉서 F가 있어서 5개의 입력으로 이루어진 함수를 구현할 수 있다. 프로그래밍에 의해 설정되는 4개의 멀티플렉서에 의해 출력 $X$, $XQ$, $Y$, $YQ$가 결정된다. 멀티플렉서 하단에 점선 박스는 휘발성 SRAM으로 구성된 설정 메모리로 프로그램에 의해 0 또는 1로 설정이 가능하도록 되어있다. 따라서 플립플롭 YQ의 입력과 출력 $Y$는 LUT 출력인 $G$ 또는 멀티플렉서 F의 출력 중에 하나가 연결되도록 각각 설정할 수 있다. 플립플롭 XQ의 입력과 출력 $X$도 마찬가지로 LUT 출력인 $H$ 또는 멀티플렉서 F의 출력 중에 하나가 연결되도록 각각 설정할 수 있다.

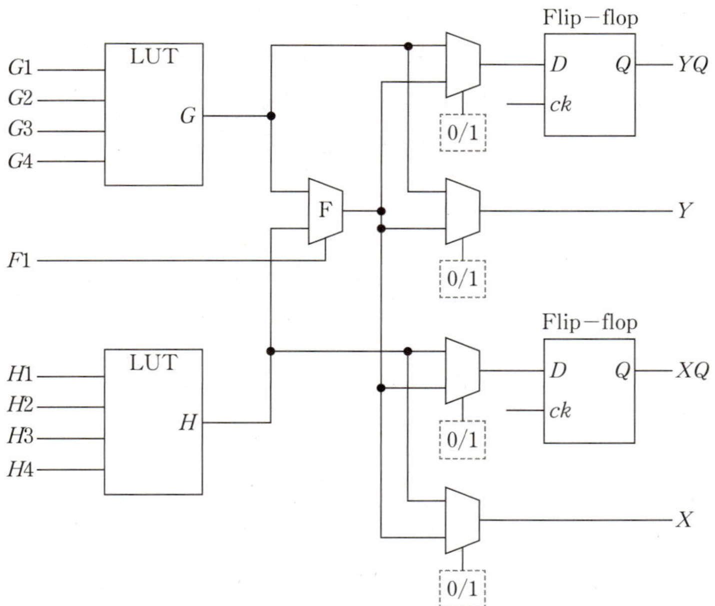


| 그림 4.64 CLB 구조

[그림 4.65]는 2개의 입력으로 된 함수들을 구현할 수 있는 2입력 LUT의 내부 구조를 보여주고 있다. 입력 $In_1$, $In_2$와 출력 $f$가 있고, 4개의 점선으로 된 박스는 각각 메모리 셀을 나타낸다. 세 개의 멀티플렉서는 입력 $In_1$과 $In_2$에 의해 진리표의 한 행에 해당하는 메모리 셀 값을 선택하여 출력 $f$로 보낸다. [그림 4.66]은 XOR 함수를 구현한 LUT의 메모리 설정 내용을 보여주고 있다. 3입력 LUT는 진리표의 행이 8개이므로 8개의

메모리 셀이 있고, 4입력인 경우는 16개, 5입력인 경우는 32개의 메모리 셀을 갖게 된다.

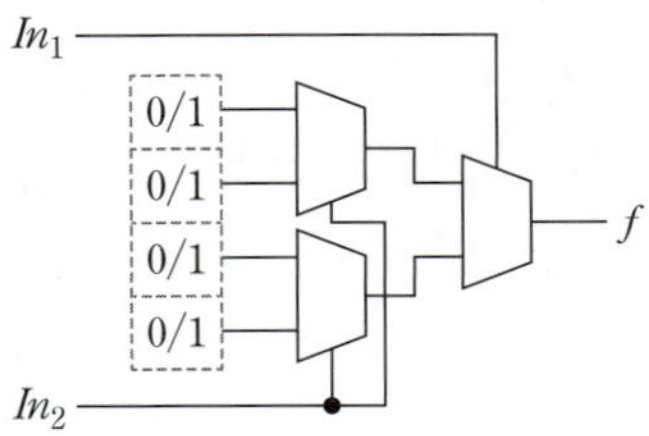


| $x$ | $y$ | $f$ |
|---|---|---|
| 0 | 0 | 0 |
| 0 | 1 | 1 |
| 0 | 0 | 1 |
| 1 | 1 | 0 |

(a)

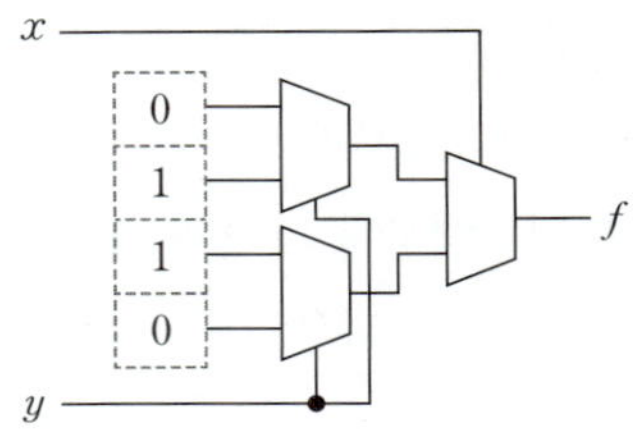


(b)

| 그림 4.65 2입력 LUT 구조

| 그림 4.66 (a) XOR 진리표 (b) XOR 함수 구현을 위한 설정

FPGA의 설정 메모리는 CLB에서 필요한 함수 구현과 배선 통로에서 프로그램 가능한 스위치를 설정하는데 필요하다. FPGA의 설정 메모리는 일반적으로 휘발성 SRAM으로 구성되기 때문에 전원이 켜질 때마다 설정 정보를 외부의 PROM으로부터 읽어와 초기화하게 되므로 회로의 동작 시작이 지연된다. 따라서 FPGA는 전력 공급 즉시 동작해야 하는 시스템에는 적합하지 않고, 오히려 CPLD 타입의 회로가 적합하다.

### (3) 주문형 반도체

회로 설계자가 자신이 설계한 회로를 반도체 칩 제조회사에 의뢰하여 회로를 구현한 칩을 주문형 반도체라고 한다. 주문형 반도체는 크게 완전 주문형(Full-Custom) IC와 반 주문형(Semicustom) IC로 구분할 수 있다.

#### ① 완전 주문형(Full-Custom)

PLD의 경우는 논리 게이트들과 프로그램 가능한 스위치들이 미리 제조되어 고정된 것이지만, 완전 주문형인 경우는 의뢰된 디지털 논리회로를 트랜지스터 회로로 변환하고 트랜지스터들을 칩에서 어떻게 배치하고 연결할 것인지에 대한 칩 레이아웃(chip layout)을 설계하여 팹(fab)으로 보내 칩을 제조하게 된다. 수백만 개의 트랜지스터 레이아웃 설계는 쉽지 않은 일이고 고가의 비용이 든다. 따라서 완전 주문형 반도체는 PLD의 처리 속도로 만족하지 못하거나 수백만 개의 트랜지스터가 필요한 복잡한 회로의 경우에 사용된다. 그리고 제조비용을 보상할 수 있을 만큼의 대량 생산이 필요한 경우에 선택하는 방법으로 보통 마이크로프로세서(microporcessor), 메모리 칩 등을 구현할 때 사용한다.

### ② 반 주문형(Semi-Custom 또는 ASIC)

완전 주문형 구현 방식은 비용도 고가이고 구현 시간도 오래 걸리기 때문에 ASIC(Application-Specific IC)이라고 하는 방법이 도입되었다. ASIC 기술에는 게이트 배열(gate array)과 표준 셀(standard cell)의 두 가지 방식이 있다.

- 게이트 배열

주문형 반도체의 경우에 가장 비용이 많이 드는 부분이 트랜지스터 회로 설계와 제조 과정이다. 이에 비하여 선 연결을 설계하고 생성하는 선 제조 과정은 훨씬 쉽다. 게이트 배열 ASIC 기술은 반도체 공정을 진행하여 게이트들의 배열을 미리 만들어 놓고 목적하는 회로에 맞게 배선 공정만 추가하여 완성하는 기술이다. 배선 공정은 칩 제조 과정에서 가장 마지막 단계로 전체 칩 제조 과정의 시간과 비용에서 작은 부분을 차지한다. 따라서 반도체 제조회사는 게이트 배열 칩을 미리 많이 만들어 두었다가 주문자가 요구하는 논리회로에 맞게 연결선을 추가하는 과정을 거치기 때문에 이런 기술을 반 주문형(semicustom) 또는 ASIC(Application Specific IC) 기술이라고 한다.

게이트 배열 기술은 완전 주문형에 비하여 낮은 비용과 빠른 구현 시간의 장점이 있지만, 불필요한 게이트와 패키지 핀들이 남게 되고 전력 소모가 크고 칩의 크기도 커진다.

- 표준 셀

표준 셀 방식은 성능 면에서 게이트 배열 방식보다 좀 개선된 방식이고, 완전 주문형 반도체에 비하여 저비용으로 구현 시간을 줄일 수 있는 ASIC 기술이다. 표준 셀 방식은 라이브러리로 제공되는 기본 논리회로들에 대한 레이아웃을 사용하여 목적하는 회로를 구성하게 된다. AND 게이트, 플립플롭, 멀티플렉서 등의 작은 단위의 논리회로들에 대한 레이아웃이 라이브러리로 제공되는데, 이 레이아웃들을 셀(cell)이라고 한다. 트랜지스터 레벨에서의 설계 및 배치를 하지 않기 때문에 완전 주문형 방식에 비하여 설계 시간 및 비용을 줄일 수 있다.

게이트 배열 기술에서는 반도체 공정을 미리 진행하여 게이트들의 배열을 만들어 두었기 때문에 선 연결 과정만 거치면 되지만, 표준 셀 방식은 라이브러리에서 선택한 셀들의 배치, 선 연결 과정을 거친 후에 반도체 제조 과정을 시작하여 칩을 완성하게 된다. 게이트 배열 기술에 비하여 구현 시간이 더 걸리지만 불필요한 게이트들이 들어가는 것을 줄일 수 있고 컴팩트한 설계를 할 수 있다.

## 단원요약

1. NAND 게이트와 NOR 게이트는 기본 게이트인 AND, OR, NOT 게이트를 각각 대치할 수 있다.

2. 곱의 합 식의 논리회로는 범용 게이트인 NAND 게이트만을 사용하여 구현할 수 있고, 합의 곱 식의 논리회로는 범용 게이트인 NOR 게이트만을 사용하여 구현할 수 있다.

3. XOR와 XNOR 게이트는 두 입력을 비교하거나, 입력신호들에서 1의 개수가 홀수인지 짝수인지 나타내는데 편리하다.

4. 전송 게이트는 활성화 신호를 사용하여 입력과 출력 사이를 연결하거나 차단시킬 수 있는 게이트이고, 멀티플렉서, XOR, 플립플롭 등을 적은 수의 트랜지스터로 구현할 수 있는 CMOS 기술이다.

5. 3상태 버퍼는 입력, 출력, 그리고 활성화 입력으로 구성되어 출력이 0, 1 그리고 $Z$의 세 가지 상태를 나타낼 수 있는 게이트이다. 활성화가 되지 않으면 출력은 상태 $Z$ 값을 나타내는데, 상태 $Z$는 전기적으로 고저항 값을 갖는 단절된 상태를 뜻한다.

6. 논리회로를 구성하는 모든 게이트들은 전파지연 시간이 있어서 입력신호가 바뀌어도 출력이 동시에 바뀌는 것이 아니라 약간의 지연 시간이 지난 후에 바뀐다.

7. 입력신호가 바뀔 때, 전파지연에 의하여 출력에 짧은 글리치 신호가 발생할 수 있는데, 이런 경우를 해저드가 있는 회로라고 한다.

8. 정적-1 해저드를 없애기 위하여 합의 항에 해당하는 PI를 추가하면 된다.

9. 표준 칩은 소수의 게이트들로 이루어진 회로 구현에 적합한 것으로 TTL 계열의 7400-series와 CMOS 계열의 4000-series가 있다.

10. PLD는 내부에 연결되지 않는 기본 논리소자들이 있어서 프로그램을 통하여 필요한 논리회로가 구현되도록 게이트들 간에 연결이 이루어진다. PLD에는 SPLD, CPLD, 그리고 FPGA 종류가 있다.

11. SPLD는 프로그램 가능한 것들 중에서 가장 간단하고 저렴한 것으로 ROM, PLA, PAL 등이 있다.

12. CPLD는 PAL 타입의 SPLD들을 단일 IC 패키지에 구성하여 많은 게이트가 필요한 논리회로를 구현할 수 있는 칩이다.

13. FPGA는 단일 칩에 수십만 개 이상의 등가 게이트를 갖고 있고, LUT(Look-up Table) 방법을 사용하는 프로그램 가능한 논리 블록을 제공한다.

14. 완전 주문형 반도체는 의뢰된 논리회로에 대하여 트랜지스터 레벨에서 칩 레이아웃을 설계하여 제조하는 방식으로 비용이 높고 시간이 많이 걸린다. 마이크로프로세서나 메모리와 같이 대량 생산이 필요한 경우에 적합한 방법이다.

15. ASIC은 미리 만들어 놓은 게이트 배열에 배선 공정만 추가하여 제조하는 게이트 배열 방식과 라이브러리로 제공되는 기본 논리회로들에 대한 레이아웃을 사용하여 배치 및 배선과정을 거쳐서 칩을 완성하는 표준 셀 방식이 있다. 완전 주문형에 비하여 낮은 비용과 빠른 구현 시간의 장점이 있다.

# 연습문제

**01** 다음 논리식을 입력이 2개인 NAND 게이트만으로 회로를 구성할 경우, 최소 몇 개의 NAND 게이트가 필요한가?

$f = a'b'c + ab'c + abc$

a) 6　　b) 5　　c) 4　　d) 3

**02** 두 데이터를 비교하는 연산(compare)과 같은 동작을 하는 논리 연산은?

a) XOR 연산　　b) AND 연산　　c) OR 연산　　d) NOT 연산

**03** 다음 함수에 대하여 2단 회로와 3단 회로 각각에서 최소 비용의 회로를 구현하라.

$f(a,b,c,d) = \Sigma m(1, 4, 5, 12, 13, 14, 15)$

**04** 다음 함수에 대하여

$f(a,b,c,d) = \Sigma m(3, 4, 5, 11, 12, 13, 14, 15)$

a) NAND 게이트만을 사용한 최소 비용의 2단 회로를 구현하라.
b) a) 회로에서 어떤 경우에 해저드가 발생하는가?
c) 해저드가 없는 회로로 변경하라.

**05** 다음 함수에 대하여

$f(a,b,c,d) = \Sigma m(3, 4, 5, 11, 12, 13, 14, 15)$

a) NOR 게이트만을 사용한 최소 비용의 2단 회로를 구현하라.
b) a) 회로에서 어떤 경우에 해저드가 발생하는가?
c) 해저드가 없는 회로로 변경하라.

**06** 다음 부울식을 나타내는 다단 회로를 NAND 게이트만을 사용하여 구현하라.

a) $f = (w+x)y' + x'z$
b) $g = xy + (w+yz)x'$
c) $f = a'(b+c) + b(a+c')(a'+c)$
d) $g = a(b'+c') + bc'(b + a'(c+d))$

**07** 다음 부울식을 나타내는 다단 회로를 NOR 게이트만을 사용하여 구현하라.

a) $f = (wx+y')(x'+z)$

b) $g = (x+y)(w(y+z)+x')$

c) $f = (a'+bc)(b+ac'+a'c)$

d) $g = (a+b'c')(b+c'+b(a'+cd))$

**08** 다음 회로에 대한 부울식을 나타내고 최소 곱의 합 식 형태로 변경하라.

a)
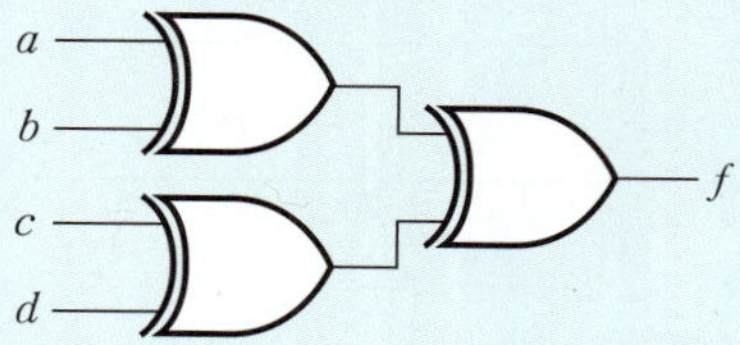


b)
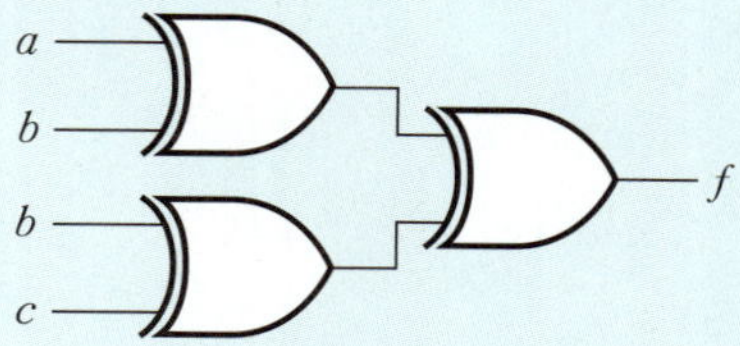


c)
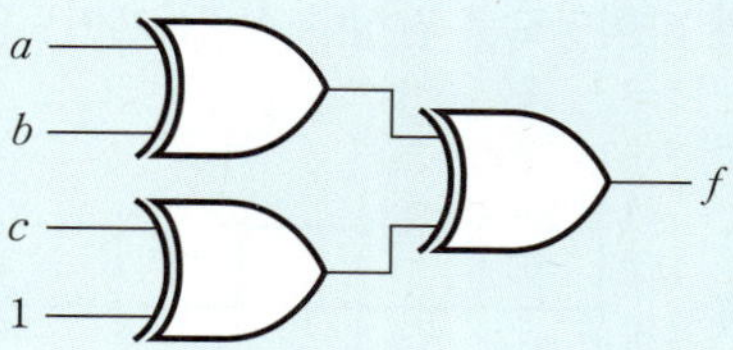


d)
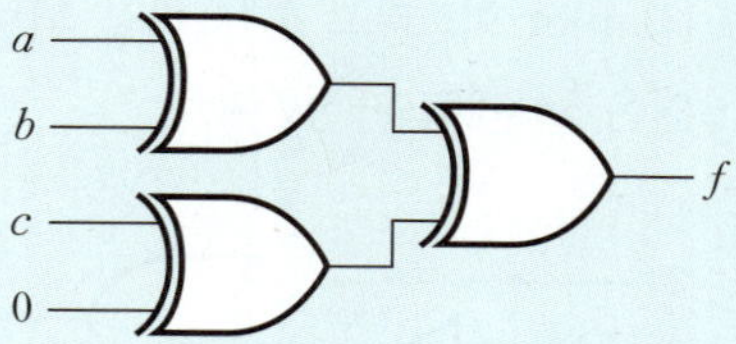


**09** 다음 회로에 대한 부울식을 나타내고 최소 곱의 합 식 형태로 변경하라.

a)
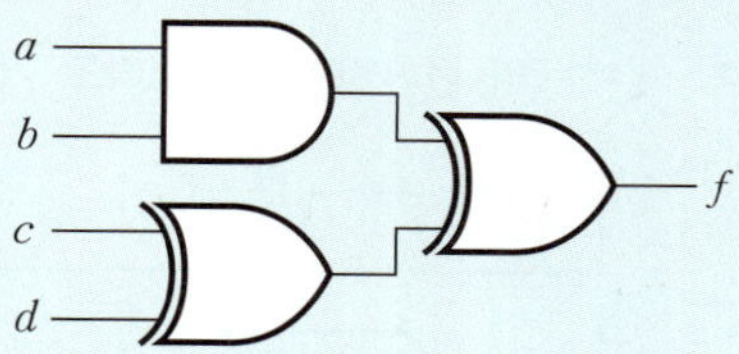


b)
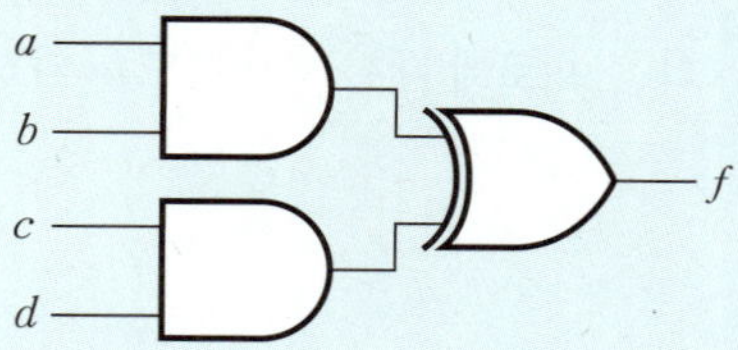


c)
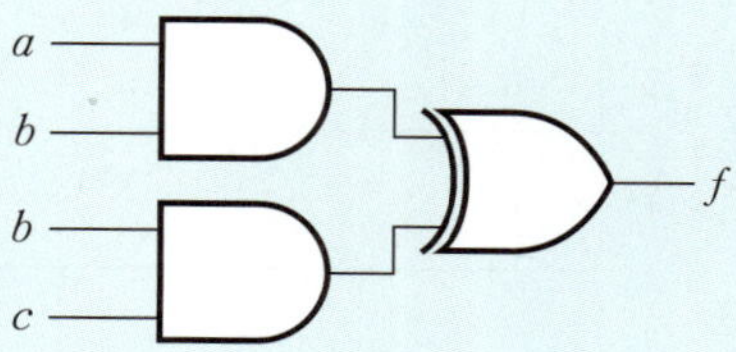


d)
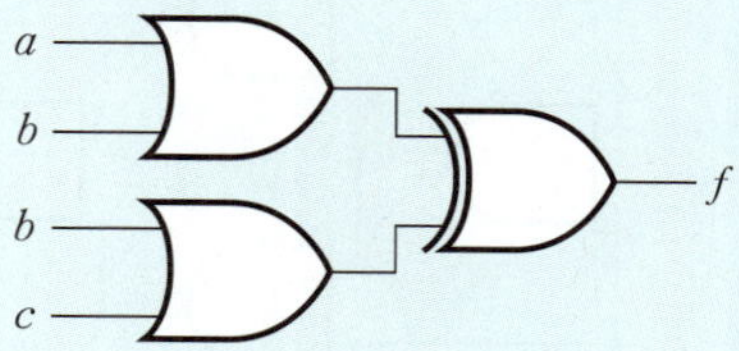

**10** 다음 회로에 대한 타이밍도를 완성하라. 각 게이트의 전파지연은 5ns라고 가정한다.

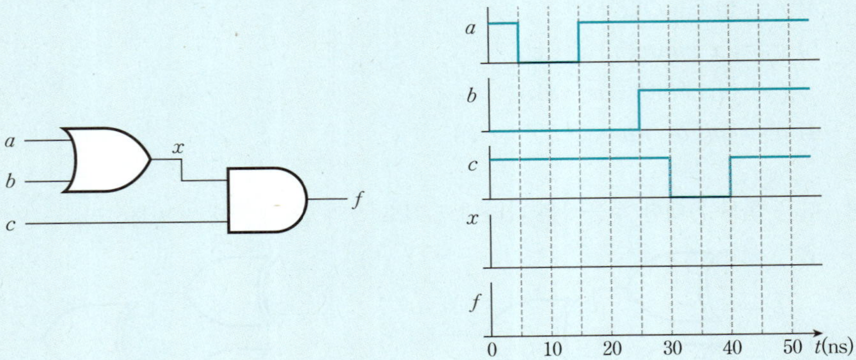


**11** Hamlet 회로라고 하는 다음 회로에 대한 타이밍도를 완성하라. 각 게이트의 전파지연은 5ns라고 가정한다.

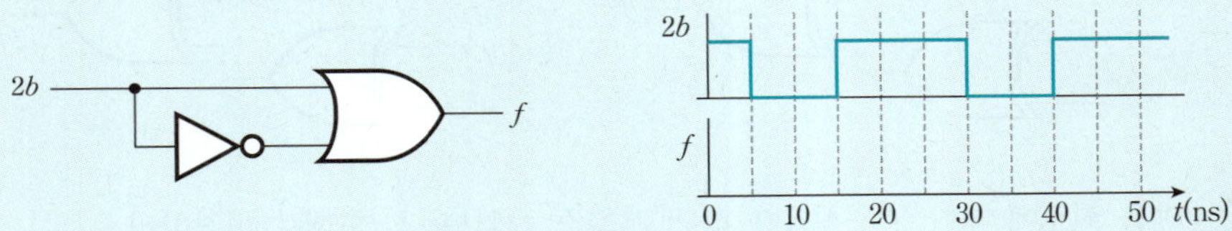


**12** 다음 회로에 대한 타이밍도를 완성하라. 각 게이트의 전파지연은 5ns라고 가정한다.

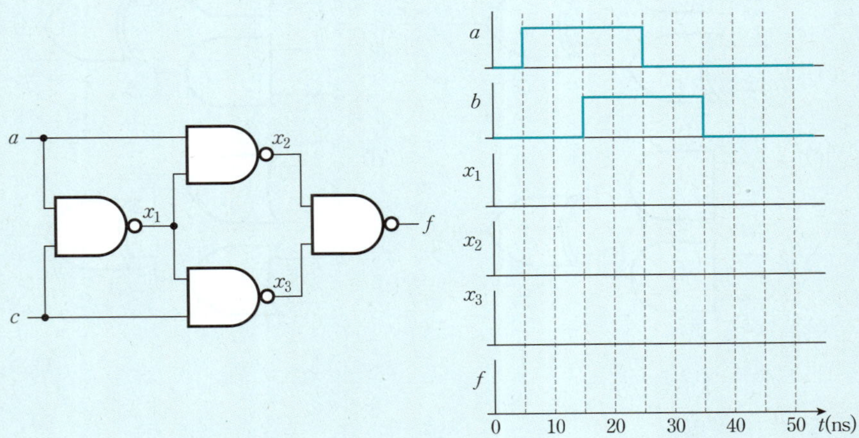

**13** 다음 2단 AND–OR 또는 OR–AND 회로에 존재하는 정적 해저드를 나타내고, 해저드 없는 회로로 변경하라.

a) $f = ab + a'b'c + ab'd$

b) $f = (a'+b')(a'+d')(a+b+c)$

c) $f = ac' + c'd + a'bc$

d) $f = (c+d')(c'+d)(a+d')$

**14** 다음 함수에 대하여 팬인이 4 이하인 NOR와 NAND 게이트만을 사용하여 회로를 구현하라.

a) $y = a + b + c + d + e + \mathrm{f} + g$

b) $y = abcdefg$

**15** 전송 게이트를 사용하여 XOR 함수를 구현하라.

**16** 다음 3개의 함수에 대하여

$$x(a,b,c,d) = \Sigma m(0, 2, 3, 6, 7, 8, 11)$$
$$y(a,b,c,d) = \Sigma m(1, 2, 5, 6, 7, 9, 10, 11, 14)$$
$$z(a,b,c,d) = \Sigma m(2, 3, 6, 7, 10, 12, 13, 14, 15)$$

a) NAND 게이트만을 이용한 최소 비용의 2단 회로를 구현하라.

b) AND 게이트 8개와 OR 게이트 3개로 이루어진 PLA로 구현하라.

c) [그림 4.55]의 PAL로 구현하라.

d) 최소 크기의 ROM으로 구현하라.

**17** 다음은 3개의 함수에 대한 최소 곱의 합 식이다.

$$f_1 = abc + bd$$
$$f_2 = abc' + a'c'd' + abd'$$
$$f_3 = ab + a'c'd'$$

a) 5개의 AND 게이트와 3개의 OR 게이트로 이루어진 PLA로 구현하라.

b) 최소 크기의 ROM으로 구현하라.

**18** 그림과 같이 8개의 세그먼트로 구성된 디스플레이 장치에 0부터 15까지를 나타내려고 한다. 입력은 2진수 4-비트로 입력되고 입력된 2진수에 해당하는 10진수를 그림처럼 표시되도록 디스플레이 구동기를 설계하려고 한다.

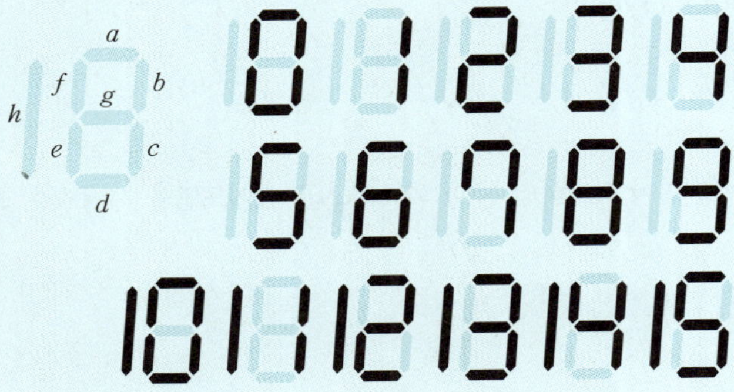


a) 8개의 출력 각각에 대하여 NAND 게이트만을 사용하여 최소 비용의 2단 회로를 구현하라.

b) 최소 수의 AND 항을 갖는 PLA로 구현하라.

c) 최소 크기의 ROM으로 구현하라.

# CHAPTER 05

# 조합회로 모듈과 설계

contents

# 05 조합회로 모듈과 설계

단원개요

- 가산기/감산기 및 비교기 회로 설계
- 디코더 기능 및 회로, 디코더를 이용한 함수 구현 방법
- 인코더 및 우선순위 인코더의 기능과 회로
- 멀티플렉서 동작과 멀티플렉서를 이용한 함수 구현 방법
- 디멀티플렉서의 기능과 회로
- 배럴 시프터의 동작과 회로 설계

조합회로 모듈들이 컴퓨터를 구성하는 요소들에 많이 사용되는데 이들에 대한 동작 및 설계 방법들을 알아보기로 한다. 디지털 컴퓨터는 [그림 5.1]에 보여주는 것처럼 크게 CPU(Central Processing Unit), 메모리, I/O 장치들로 구성되고, 이들은 시스템 버스를 통하여 정보를 주고받는다. CPU 내의 ALU(Arithmetic Logic Unit)는 여러 가지 산술 및 논리 연산을 처리하는데, 이 장에서 산술 및 논리 연산의 가장 기본인 가산기 및 감산기, 그리고 비교기를 설계하는 방법에 대하여 학습한다.

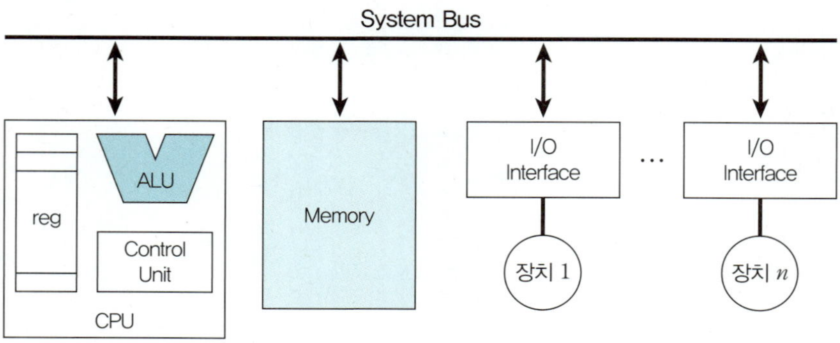


| 그림 5.1 디지털 컴퓨터

비트 수가 많아지면 시스템 동작을 진리표로 나타내기가 어려워 3장에서 학습했던 방법으로 설계할 수가 없다. 즉, $n$비트를 처리하는 시스템을 설계할 때에 1비트 처리를 위한 모듈을 설계하여 $n$비트로 확장하는 가산기 및 비교기 회로 구현 방법에 대하여 알아보기로 한다. 그리고 산술 및 논리 연산에서 필요한 가변 비트만큼 시프트할 수 있는 배럴 시프터 회로 설계 방법에 대하여 학습한다.

멀티플렉서는 CPU, 메모리, 입출력 인터페이스 등에서 사용될 수 있는데, 여러 개의 데이터 신호 중에서 하나를 선택하는 기능을 갖는다. 멀티플렉서의 데이터 선택하는 기능을 이용하여 부울 함수를 구현할 수도 있다. 디멀티플렉서는 멀티플렉서와 반대로 데이터를 여러 개의 출력 중의 하나를 선택하여 분배할 수 있는 기능을 갖는 회로이다. CPU 내에서 ALU에서 처리한 연산 결과를 여러 목적지 중의 하나로 선택하여 보낼 때 사용될 수 있다.

디코더는 인코드된 정보를 해석하는 기능을 갖는 회로인데, 메모리나 I/O 장치의 인코드된 주소 정보를 해석하여 해당된 주소의 메모리 또는 장치를 선택하기 위한 신호를 만들어낸다. 그리고 디코더는 CPU에서 메모리로부터 읽어온 프로그램 명령어를 해석하여 해당된 작업을 위한 제어신호들을 발생시키는 부분에도 필요한 회로이다.

인코더는 코드화되지 않은 입력신호를 코드화된 정보로 변환시킬 때 사용하는 회로로 스위치 입력 장치나 키보드 입력 장치 등에서 사용될 수 있는 회로이다.

## 5.1 가산기/감산기

두 개의 2진수 $n$비트에 대한 가산 및 감산할 수 있는 가감산기 설계에 대하여 알아보자. 비트 수가 16비트 정도로 커지면 시스템 동작을 나타내는 진리표를 만들 수도 없고, 컴퓨터를 이용하여 간략화된 부울식을 얻기도 어렵다. 이런 경우에 비트 단위의 모듈을 먼저 설계하고, $n$개의 복사본을 만들어 직렬로 연결함으로써 $n$비트 가감산기를 구현할 수 있을 것이다. 비트 수가 많아지면 직렬로 연결한 경우에 전파지연이 문제가 되는데 이를 해결하는 방안에 대하여도 알아보기로 한다.

### (1) 리플 캐리 가산기(ripple carry adder)

1비트 전가산기는 $n$비트 가산기로 확장할 수 있는 한자리 수에 대한 덧셈을 실행하는 모듈로서 다음과 같이 한자리 2진수 입력 세 개를 더하는 논리회로이다. 전가산기는 3개의 입력 $a$, $b$, $c_i$와 2개의 출력 $s$, $c_o$로 이루어진다. 입력 $a$, $b$는 같은 자리의 더할 수이고 입력 $c_i$는 아랫자리에서의 올림수인 캐리 입력을 나타낸다. 출력 $s$는 합을 나타내는 값이고 출력 $c_o$는 다음 자리로의 올림수를 나타내는 캐리 출력이다.

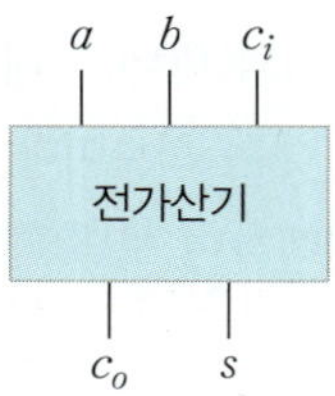


I 그림 5.2 전가산기 블록도

I 표 5.1 전가산기 진리표

| $a\ b\ c_i$ | $c_o\ s$ |
|---|---|
| 0 0 0 | 0 0 |
| 0 0 1 | 0 1 |
| 0 1 0 | 0 1 |
| 0 1 1 | 1 0 |
| 1 0 0 | 0 1 |
| 1 0 1 | 1 0 |
| 1 1 0 | 1 0 |
| 1 1 1 | 1 1 |

$s$와 $c_o$에 대한 부울식을 구하고 공유하기 위하여 식을 조작하면 다음과 같다.

$$\begin{aligned}
s &= a'b'c_i + a'bc_i' + ab'c_i' + abc_i \\
&= a'(b\oplus c_i) + a(b\oplus c_i)' \\
&= a\oplus b\oplus c_i \\
c_o &= a'bc_i + ab'c_i + abc_i' + abc_i \\
&= bc_i(a'+a) + ac_i(b'+b) + ab(c_i'+c_i) \\
&= bc_i + ac_i + ab \\
&= ab + c_i(a+b) \\
&= ab + c_i(a\oplus b) \qquad ;\ a+b = a'b+ab'+ab
\end{aligned}$$

위 부울식으로 표현되는 전가산기의 회로도를 그리면 다음과 같다.

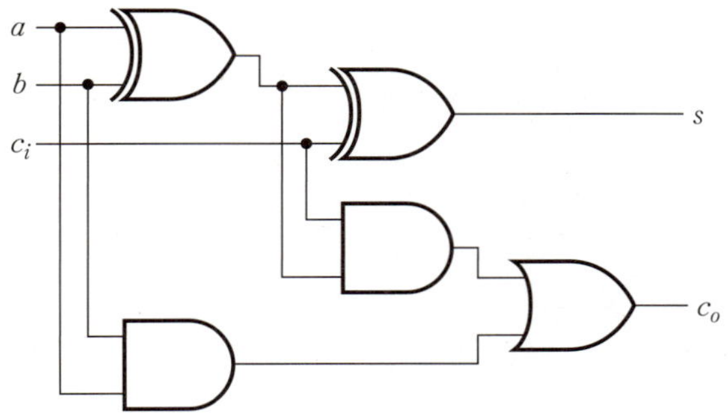


| 그림 5.3 전가산기 회로

$n$개의 전가산기 모듈을 [그림 5.4]와 같이 직렬로 연결하여 $n$비트 가산기를 구성할 수 있다. $n$비트 $A(a_{n-1}a_{n-2} \cdots a_2a_1a_0)$와 $B(b_{n-1}b_{n-2} \cdots b_2b_1b_0)$를 입력받아 캐리 비트 $c_n$과 $n$비트 $S(s_{n-1}s_{n-2} \cdots s_2s_1s_0)$를 출력하는 회로이다. $n$개의 전가산기 모듈이 연속으로 연결된 다단 회로 형태로 구성되는데, $n$ 값이 커지면 전파지연이 문제가 된다. 캐리가 물결이 전파되는 것처럼 전달되기 때문에 리플 캐리 가산기(ripple carry adder)라고 하는데, 두 개의 $n$비트 데이터를 한 번에 처리하기 때문에 병렬 가산기(parallel adder)라고도 한다. 직렬 가산기는 매 클럭에 1비트씩 처리하는 것으로 순차회로 시스템에서 다룬다.

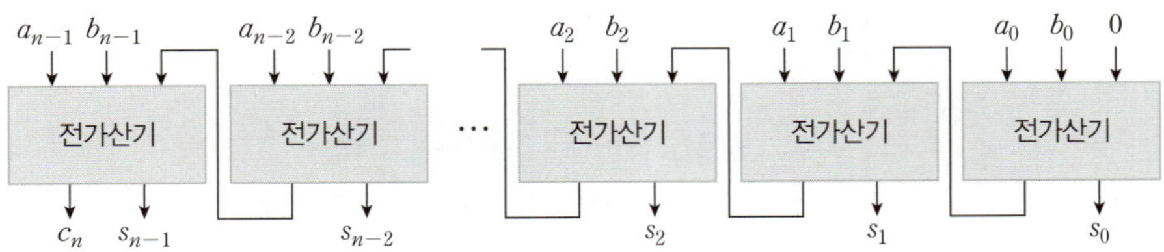


| 그림 5.4 $n$비트 가산기

$n$비트 가산기의 전파지연을 계산하기 위하여 전가산기 모듈에서의 입력과 출력 간의 전파지연을 알아보자. $d(x, y)$는 전가산기 입력 $x$에서 출력 $y$까지 가장 긴 경로의 전파지연이라고 정의하자. 각 게이트의 전파지연을 동일하게 $\Delta$라고 하면 전가산기 모듈의 각 입력에서 출력까지의 전파지연은 다음과 같다.

- $d(a_i, s_i) = 2\Delta$;  $d(a_i, c_{i+1}) = 3\Delta$
- $d(b_i, s_i) = 2\Delta$;  $d(b_i, c_{i+1}) = 3\Delta$
- $d(c_i, s_i) = \Delta$ ;  $d(c_i, c_{i+1}) = 2\Delta$

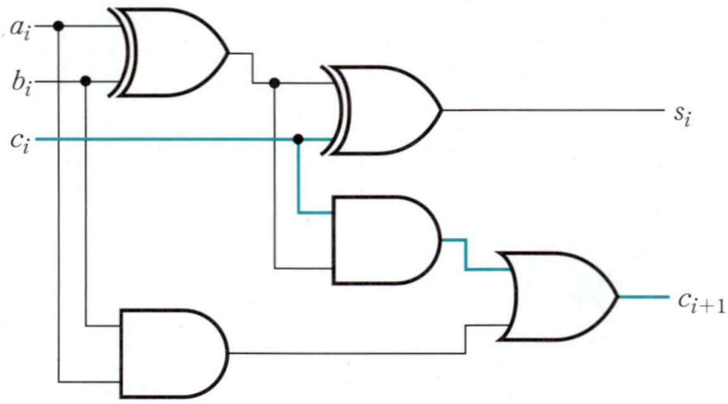


| 그림 5.5 캐리 전파 경로

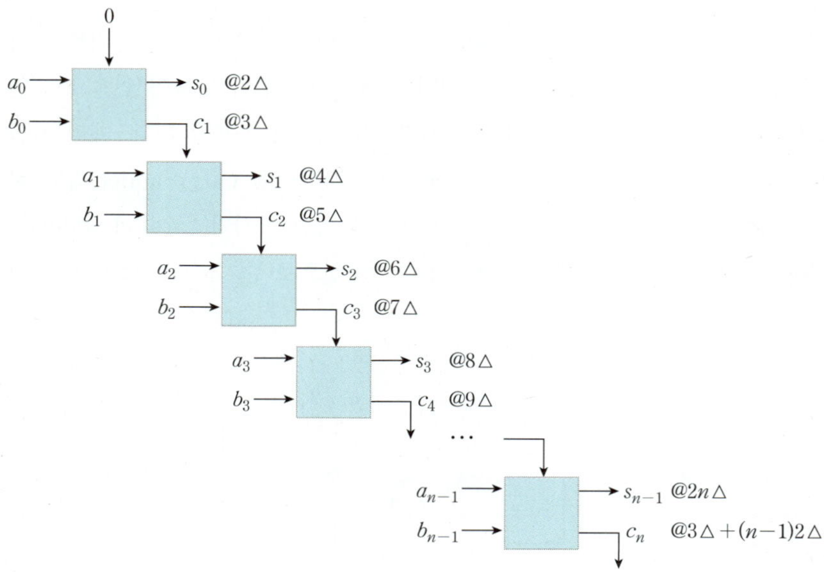


| 그림 5.6 $n$비트 가산기에서 캐리 전파지연

$n$비트 가산기에서 캐리 전파지연 시간은 비트 수가 증가함에 따라 비례하여 증가한다. $n$비트 입력 $A$와 $B$를 구성하는 각 입력신호 $a_i$와 $b_i$는 각 전가산기 모듈에 시간 0에 동시에 입력된다고 가정하자. 첫 번째 가산기 모듈에서 캐리 출력 $c_1$은 3Δ 후에 나타나게 될 것이다. 그 다음 모듈부터는 입력 $a_i$와 $b_i$는 이미 시간 0에 준비되어 있기 때문에 캐리 출력 시간이 [그림 5.5]에 보여주는 $c_i$부터 $c_{i+1}$까지의 지연 시간인 2Δ만큼씩 증가될 것이다. [그림 5.6]은 각 모듈에서 출력 $s_i$와 캐리 $c_{i+1}$의 지연 시간이 증가되는 것을 보여

주고 있다. [그림 5.6]을 통하여 $n$비트 가산기에서 총 전파지연 시간은 마지막 모듈에서의 캐리가 지연되어 나오는 시간인 $3\Delta + (n-1)\times 2\Delta$가 되는 것을 알 수 있다. 게이트 전파지연 $\Delta$를 2ns라고 하면 32비트의 경우에 130ns의 전파지연 시간이 걸리게 되어 고속 연산이 필요한 경우에 보완이 필요하게 될 것이다.

### (2) 캐리 미리보기 가산기(carry look-ahead adder)

리플 캐리 가산기는 비트 수 증가에 따라 캐리 전파지연 시간이 비례해서 늘어나서 성능에 심각한 영향을 미친다. 캐리 미리보기 가산기는 캐리 전파지연을 줄이기 위해 캐리를 따로(미리보기) 계산하여 각 전가산기 모듈에 직접 전달함으로써 가산기의 속도를 개선하는 방법이다. [그림 5.7]과 같이 각 비트에서 덧셈에서 필요한 캐리를 따로 생성하여 출력 $s_i$를 만들어내는 것이다.

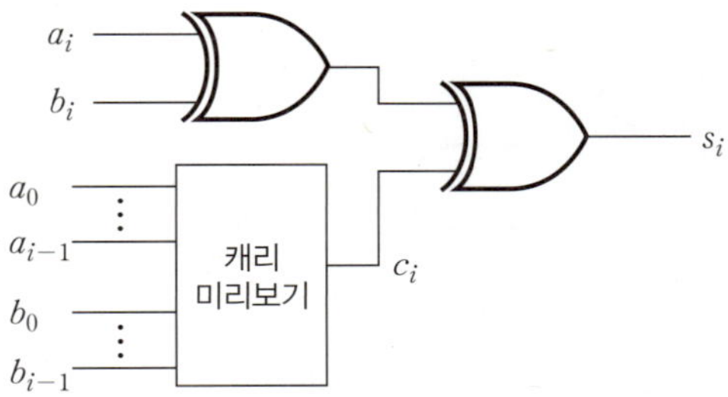


그림 5.7 캐리 미리보기 가산기 구조

전가산기 모듈에서 캐리 출력에 대한 부울 식을 다시 쓰면 다음과 같다.

$$
\begin{aligned}
c_{i+1} &= a_i b_i + (a_i \oplus b_i) c_i \\
&= G_i + P_i c_i
\end{aligned}
$$

여기서 $G_i = a_i b_i$, $P_i = (a_i \oplus b_i)$이다.

$G_i$는 아래 단에 관계없이 모듈에서 캐리가 발생(generate)하는 경우이고, $P_i$는 아래 단에서 올라온 캐리를 전파(propagate)하는 경우를 의미한다. 위 식에 맞추어 각 캐리에 대한 부울식을 다음과 같이 나타낼 수 있다.

$$
\begin{aligned}
c_1 &= G_0 + P_0\,c_0 \\
c_2 &= G_1 + P_1\,c_1 = G_1 + P_1(G_0 + P_0\,c_0) \\
&= G_1 + P_1G_0 + P_1P_0\,c_0 \\
c_3 &= G_2 + P_2\,c_2 = G_2 + P_2(G_1 + P_1G_0 + P_1P_0\,c_0) \\
&= G_2 + P_2G_1 + P_2P_1G_0 + P_2P_1P_0\,c_0 \\
c_4 &= G_3 + P_3\,c_3 = G_3 + P_3(G_2 + P_2G_1 + P_2P_1G_0 + P_2P_1P_0\,c_0) \\
&= G_3 + P_3G_2 + P_3P_2G_1 + P_3P_2P_1G_0 + P_3P_2P_1P_0\,c_0
\end{aligned}
$$

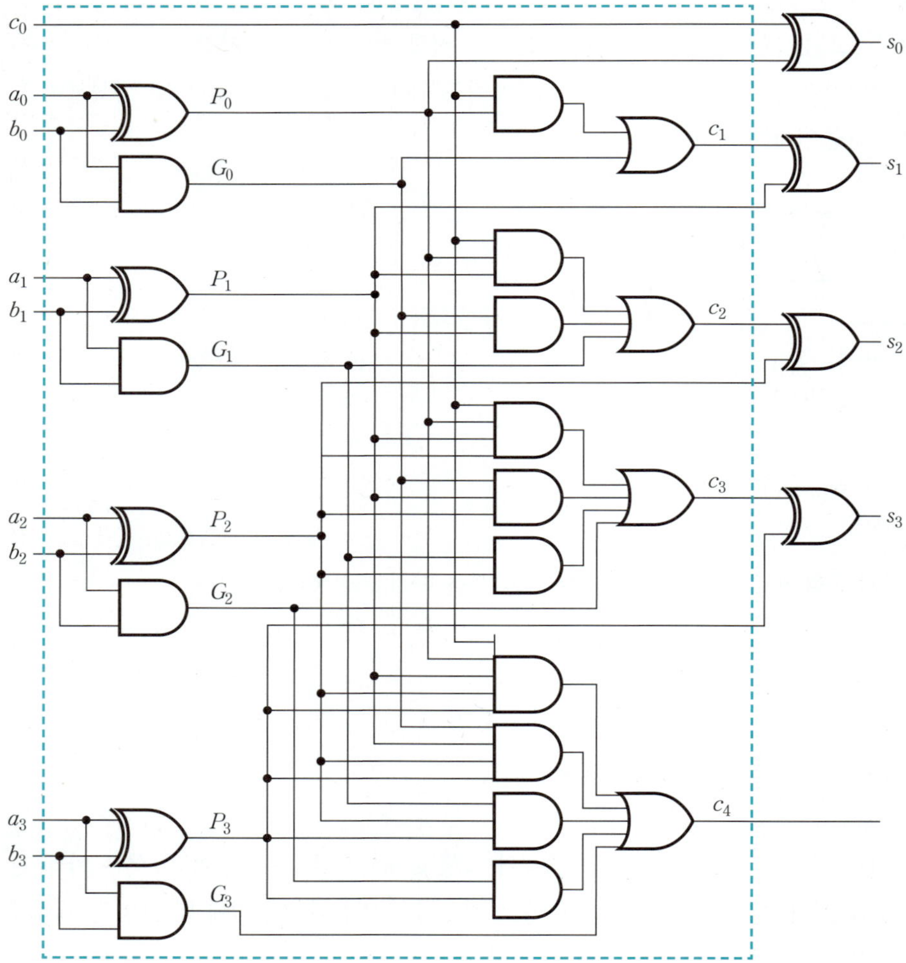


| 그림 5.8 4비트 캐리 미리보기 가산기

[그림 5.8]은 4비트 캐리 미리보기 가산기의 회로도이다. 점선 안은 캐리를 계산하는 회로 부분이다. 4비트 이상에 대하여 캐리 미리보기 가산기 모듈은 팬인이 너무 커지므로 만들기가 어렵다. 따라서 32비트 가산기의 경우에 4비트 캐리 미리보기 가산기 모듈을 8개를 직렬로 연결하여 만드는 방법이 있다. 하지만 각 모듈에서는 캐리 미리보기 가산기이지만 모듈끼리 연결은 리플 캐리 가산기 형식으로 연결되어 캐리가 전파되어 간다. 이 경우의 캐리 전파지연 시간을 계산하면 $d(c_0,\ c_4) = 2\Delta$이므로 총 전파지연 시간은 $4\Delta + (n/4-1)\times 2\Delta$가 되어, 게이트 전파지연 $\Delta$를 2ns라고 하면 32비트의 경우에 36ns가 된다. 리플 캐리 가산기에서 32비트의 경우에 132ns 전파지연이 걸리는 것이 4비트 캐리 미리보기 가산기 8개를 직렬로 연결하여 사용하면 전파지연이 1/4로 줄어드는 것을 알 수 있다. 캐리 미리보기 가산기를 직렬로 연결하지 않고 계층적 구조 방식으로 연결하여 캐리 전파의 문제를 개선한 그룹 캐리 미리보기 방식도 있지만 책의 범위를 벗어나 다루지 않는다.

### (3) 가감산기

앞에서 설명한 가산기를 변형하여 감산 기능이 추가된 가감산기 설계에 대하여 알아보자. 1장에서 설명한 것처럼 대부분의 디지털 시스템에서 음수는 감산기를 구현하기 쉬운 2의 보수 방식으로 나타낸다. $n$비트의 2진수 $N$에 대한 2의 보수, $N^*$는 다음과 같이 정의된다.

$$N^* = 2^n - N = \overline{N} + 1$$

$n$비트로 이루어진 $N$의 2의 보수, $N^*$는 $2^n$에서 $N$을 뺀 값을 의미하는데, 2진수 $N$의 1의 보수, $\overline{N}$에 1을 더하여 구할 수 있다. 즉, 가산기의 한쪽 입력선을 보수화하고 LSB의 캐리 입력으로 1을 보내면 뺄셈이 된다. 하나의 가산기를 덧셈과 뺄셈에 사용하려면 덧셈과 뺄셈을 구분하는 제어신호가 필요하여 제어신호 $a'/s$가 0이면 덧셈을 하고, 1이면 뺄셈을 하는 회로를 만들면 된다. 4장에서 설명한 XOR 게이트의 다음 법칙을 이용하여 가감산기 회로를 간단히 구현할 수 있다.

(X1) $x \oplus 0 = x$

(X2) $x \oplus 1 = x'$

[그림 5.9]는 4비트 리플 캐리 가산기를 이용하여 4비트 가감산기를 구현한 것인데 다음과 같이 동작하게 된다.

$$a'/s = 0\text{이면 } s[3..0] = a[3..0] + b[3..0]$$
$$a'/s = 1\text{이면 } s[3..0] = a[3..0] + b'[3..0] + 1$$

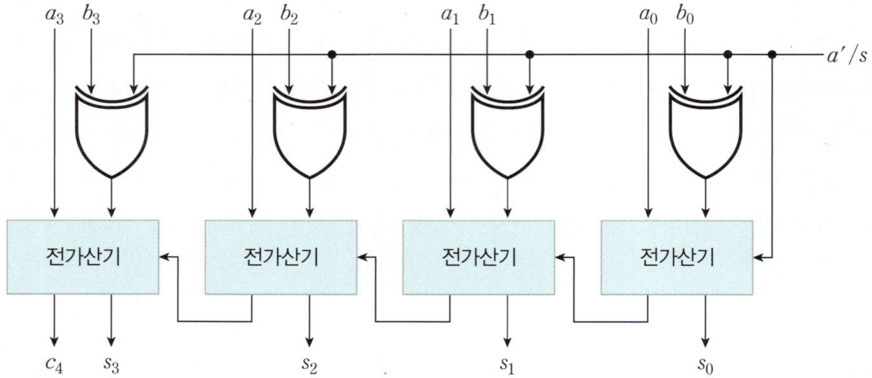


| 그림 5.9 4비트 가감산기

**예제 5.1** [그림 5.9]의 가감산기에서 $A=0010$, $B=0101$의 데이터에 대하여 덧셈과 뺄셈에 대한 각 1비트 가산기 입력과 출력 값을 표시하라.

• 덧셈의 경우 $2 + 5 = 7$ (0111)

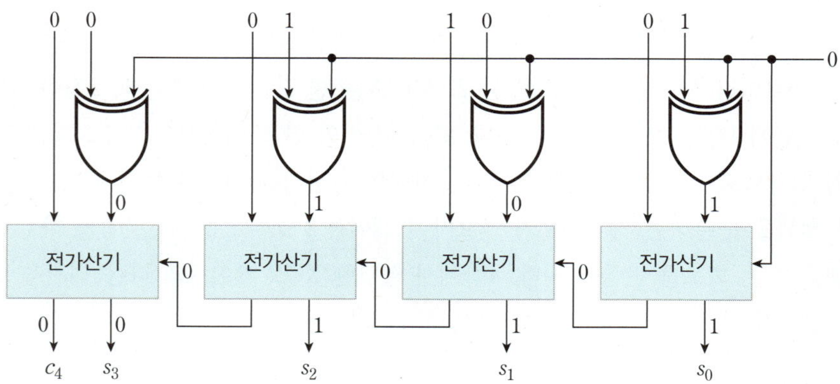


$a'/s = 0$인 경우에 덧셈이 이루어진 결과인 $7(s_3s_2s_1s_0 = 0111)$을 보여주고 있다. 참고로 $c_4 = c_3$이므로 오버플로우는 발생하지 않았다.

• 뺄셈의 경우 2 − 5 = −3 (1101)

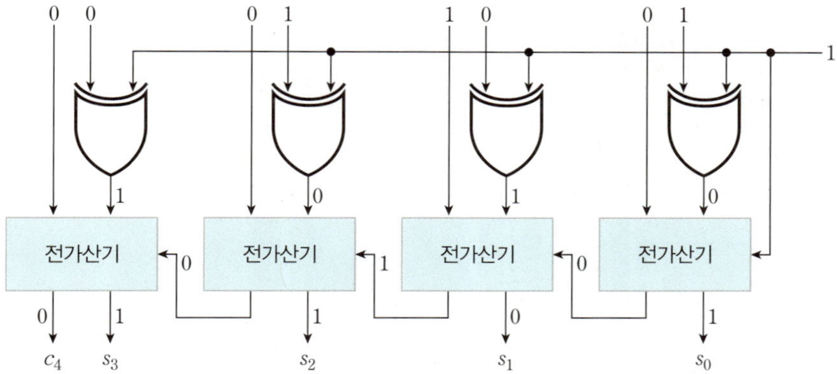


$a'/s$ = 1인 경우에 뺄셈이 이루어진 결과인 −3($s_3s_2s_1s_0$=1101)을 보여주고 있다. 이 경우도 $c_4 = c_3$이므로 오버플로우는 발생하지 않았다.

## 5.2 비교기

디지털 시스템에서 두 개의 16비트 2진수 A와 B를 비교하여 A가 B보다 큰 경우, 작은 경우 또는 같은 경우를 나타내는 세 개의 출력 $G$, $L$, $E$에 나타내려고 한다. 가산기 설계와 마찬가지로 두 데이터의 비트 수가 많아지면 진리표에 의한 설계가 어렵다. [그림 5.10]과 같이 1비트 비교기 모듈 16개를 직렬로 연결하여 설계하는 방법을 알아보자.

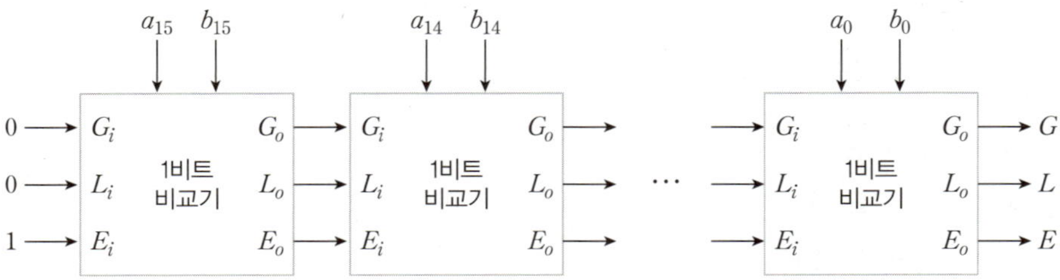


| 그림 5.10 16비트 비교기

각 1비트 비교기 모듈은 입력으로 데이터 입력 $a_i$와 $b_i$가 있고, 그리고 상위 비트 $i$+1의 출력을 $G_i$, $L_i$, $E_i$ 입력으로 받는다. 이 5개의 입력을 받아서 $G_o$, $L_o$, $E_o$ 출력을 만들어 내는데, 〈표 5.2〉는 1비트 비교기 모듈의 진리표를 나타내고 있다.

| 표 5.2 1비트 비교기 진리표

| $G_i\ L_i\ E_i\ \ a\ b$ | $G_o\ L_o\ E_o$ |
|---|---|
| 1 0 0 x x | 1 0 0 |
| 0 1 0 x x | 0 1 0 |
| 0 0 1 0 0 | 0 0 1 |
| 0 0 1 0 1 | 0 1 0 |
| 0 0 1 1 0 | 1 0 0 |
| 0 0 1 1 1 | 0 0 1 |

$G_i$, $L_i$, $E_i$ 입력이 100인 경우는 상위 비트 쪽의 $a$ 값이 큰 경우이기 때문에 하위 비트들은 비교할 필요가 없이 A가 B보다 크게 된다. 즉, 출력 $G_o$, $L_o$, $E_o$는 100이 된다. 이와 반대로 $G_i$, $L_i$, $E_i$ 입력이 010인 경우는 상위 비트 쪽의 $b$ 값이 큰 경우이기 때문에 하위 비트들은 비교할 필요가 없이 A가 B보다 작게 된다. 즉, 출력 $G_o$, $L_o$, $E_o$는 010이 된다.

16비트 비교기 그림에서 최상위 비트의 $G_i$, $L_i$, $E_i$ 입력이 001로 연결된 것을 주목하라. $G_i$, $L_i$, $E_i$ 입력이 001인 경우는 상위 비트 쪽의 $a$, $b$ 값이 같은 경우이기 때문에 하위 비트인 입력 $a$, $b$를 비교하여 출력을 결정해야 한다. $a$, $b$ 값이 00 또는 11인 경우는 두 값이 같기 때문에 출력 $G_o$, $L_o$, $E_o$는 001이 된다. $a$, $b$ 값이 01인 경우는 $b$ 값이 큰 경우이기 때문에 출력 $G_o$, $L_o$, $E_o$는 010이 된다. $a$, $b$ 값이 10인 경우는 $a$ 값이 큰 경우이기 때문에 출력 $G_o$, $L_o$, $E_o$는 100이 된다.

〈표 5.2〉의 1비트 비교기 진리표에서 각 출력에 대한 부울식을 구하면 다음과 같고, 회로는 [그림 5.11]에 보여주고 있다.

$$G_o = G_i + E_i ab'$$
$$L_o = L_i + E_i a'b$$
$$E_o = E_i(a'b'+ab) = E_i(a \oplus b)'$$

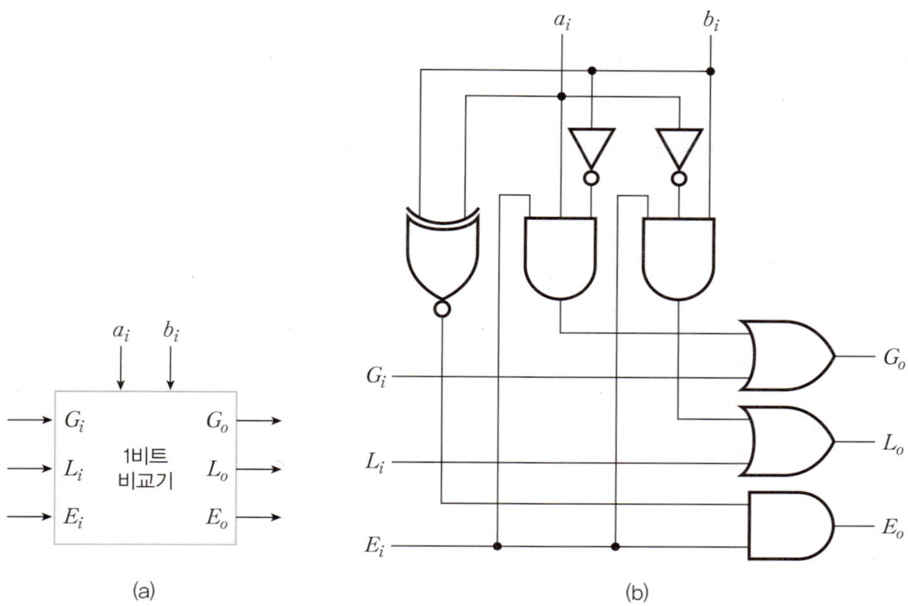


I 그림 5.11 1비트 비교기 블록도와 회로도

가산기에서와 마찬가지로 1비트 비교기 16개를 직렬로 연결하여 16비트 비교기를 만들면 전파지연에 의한 속도가 문제가 된다. 이를 줄이기 위하여 1비트 비교기 설계와 같은 방법으로 2비트 비교기 모듈, 또는 4비트 비교기 모듈을 만들어 연결하면 전파지연을 줄일 수 있을 것이다.

## 5.3 디코더

인코드(encode)된 정보를 해석(decode)한다는 뜻의 디코더(decoder)는 $n$비트 입력과 $2^n$개의 출력으로 이루어진 조합회로이다. 디코더는 메모리 주소 디코딩, 디바이스 주소 디코딩 등의 여러 가지 회로에 사용된다. 활성화(enable) 입력이 있어서 활성화 신호가 있을 때만 동작하고, 활성화 신호가 없을 때는 모든 출력이 비활성화된 상태의 코드를 나타나게 할 수도 있다.

일반적으로 디코더는 $n$-to-$2^n$ 디코더 형태를 말하는데, 입력은 $n$비트 2진수이고, 출력은 1-of-$2^n$ 코드로 $2^n$개 출력 중의 하나만 1이 되는데 2진 디코더(binary decoder)라고도 한다. 예를 들어 [그림 5.12]는 2-to-4 디코더의 블록도와 논리회로를 보여주고 있다.

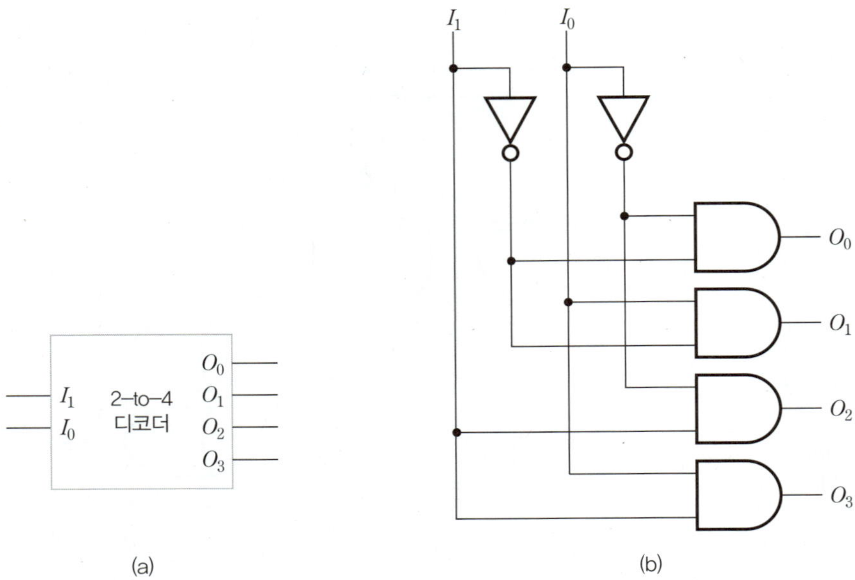


ㅣ그림 5.12 2-to-4 디코더 블록도와 회로

〈표 5.3〉은 2-to-4 디코더에 대한 진리표를 보여주고 있다. 각 출력은 입력 조합에 해당하는 최소항 번호가 붙여져 있고, 입력에 대한 최소항 번호가 일치하는 출력만 1이 된다. 동시에 두 개의 출력이 1이 되는 경우는 없다.

ㅣ표 5.3 2-to-4 디코더 진리표

| $I_1\ I_0$ | $O_3O_2O_1O_0$ |
|---|---|
| 0 0 | 0 0 0 1 |
| 0 1 | 0 0 1 0 |
| 1 0 | 0 1 0 0 |
| 1 1 | 1 0 0 0 |

다음은 active low 활성화(enable) 입력이 있는 2-to-4 디코더의 회로를 보여주고 있다. 블록도에서 활성화 입력 $en'$은 원을 붙여서 active low 신호임을 나타내고 있으므로, 0의 신호가 들어오면 디코더가 동작을 하게 된다.

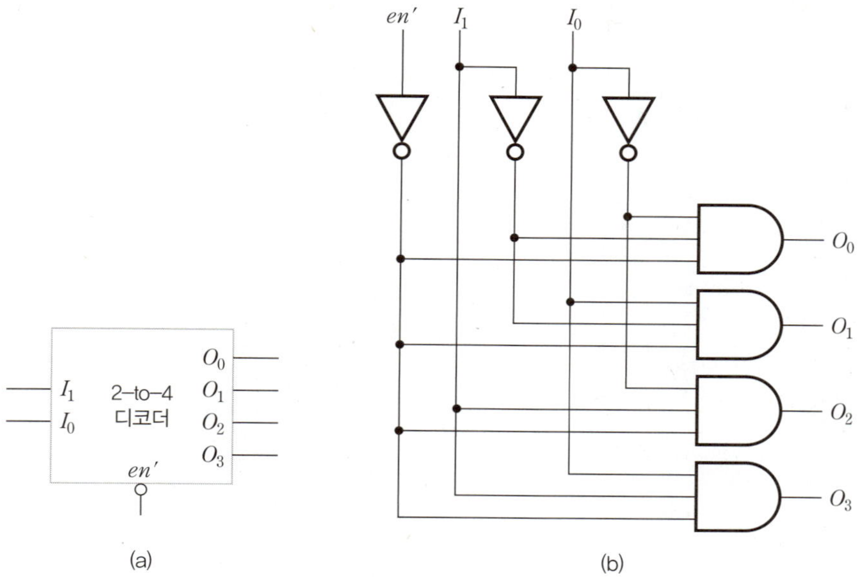


I 그림 5.13 활성화 입력이 있는 2-to-4 디코더 블록도와 회로

〈표 5.4〉는 활성화 입력이 있는 2-to-4 디코더에 대한 진리표를 나타내는데 활성화 입력 $en'$이 1일 때는 입력 $I_1$, $I_0$와 상관없이 모든 출력이 0이다. 활성화 입력 $en'$이 0이면 $I_1$, $I_0$와 값에 따라 4개의 출력 중에 하나가 1이 된다.

I 표 5.4 활성화 입력이 있는 디코더 진리표

| $en'\ I_1\ I_0$ | $O_3O_2O_1O_0$ |
|---|---|
| 1 x x | 0 0 0 0 |
| 0 0 0 | 0 0 0 1 |
| 0 0 1 | 0 0 1 0 |
| 0 1 0 | 0 1 0 0 |
| 0 1 1 | 1 0 0 0 |

디코더에 활성화 입력이 있으면 디코더를 확장하기가 쉽다. 예를 들어 [그림 5.14]는 활성화 입력이 있는 2개의 2-to-4 디코더를 사용하여 3-to-8 디코더를 구현한 것이다. 입력 $I_2$가 0이면 위쪽 디코더가 활성화되어 $I_1$, $I_0$ 신호를 디코드하여 $O_0$부터 $O_3$ 중에서 하나가 선택이 되어 1이 출력이 되고, $I_2$가 1이면 아래쪽 디코더가 활성화되어 $I_1$, $I_0$ 신호를 디코드하여 $O_4$부터 $O_7$ 중에서 하나가 선택이 되어 1이 출력이 된다.

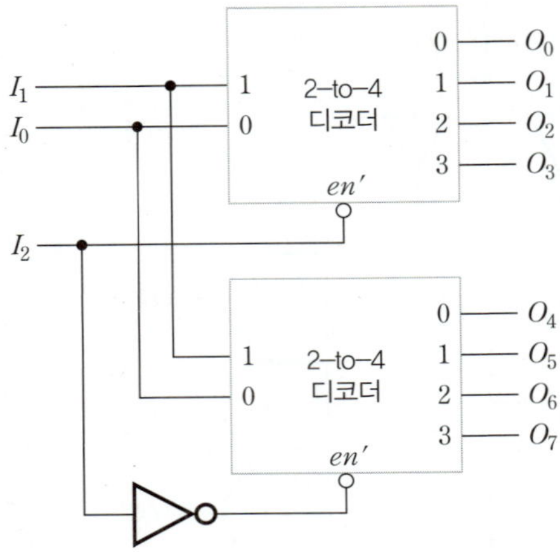


| 그림 5.14 디코더 확장

[그림 5.15]는 7400-series의 표준 칩 74138 디코더의 블록도를 보여주고 있다. 활성화 입력이 3개나 되어 디코더 확장을 할 때에 편리하다. 8개의 출력 단자에 원이 있기 때문에 active low 출력인 것을 알 수 있다.

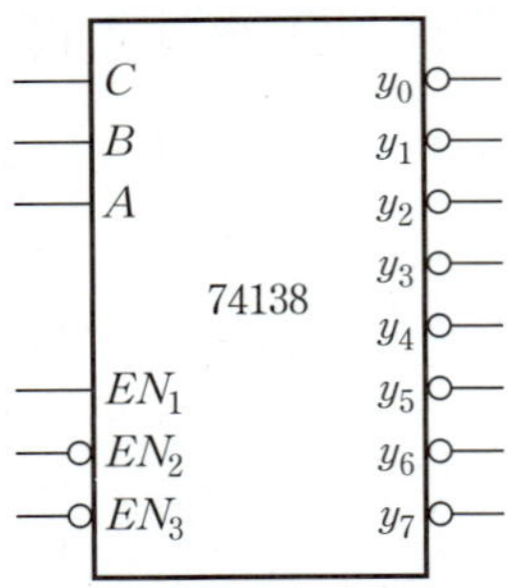


| 그림 5.15 74138 디코더

〈표 5.5〉는 74138 3-to-8 디코더에 대한 진리표를 보여준다. 활성화 입력이 $EN_1=1$, $EN_2'=0$, $EN_3'=0$이면 입력 $C$, $B$, $A$를 디코딩하여 8개의 active low 출력 중에 하나가 선택이 되어 0의 신호로 출력된다. 활성화 입력 조건이 하나라도 맞지 않으면, 즉 $EN_1=0$이거나 $EN_2'=1$이거나 $EN_3'=1$이면, 입력 $C$, $B$, $A$에 관계없이 모든 출력에 비활성화된 1의 신호를 출력한다.

| 표 5.5 74138 디코더 진리표

| $EN_1$ $EN_2'$ $EN_3'$ $C$ $B$ $A$ | $y_7y_6y_5y_4y_3y_2y_1y_0$ |
|---|---|
| 0 x x x x x | 1 1 1 1 1 1 1 1 |
| x 1 x x x x | 1 1 1 1 1 1 1 1 |
| x x 1 x x x | 1 1 1 1 1 1 1 1 |
| 1 0 0 0 0 0 | 1 1 1 1 1 1 1 0 |
| 1 0 0 0 0 1 | 1 1 1 1 1 1 0 1 |
| 1 0 0 0 1 0 | 1 1 1 1 1 0 1 1 |
| 1 0 0 0 1 1 | 1 1 1 1 0 1 1 1 |
| 1 0 0 1 0 0 | 1 1 1 0 1 1 1 1 |
| 1 0 0 1 0 1 | 1 1 0 1 1 1 1 1 |
| 1 0 0 1 1 0 | 1 0 1 1 1 1 1 1 |
| 1 0 0 1 1 1 | 0 1 1 1 1 1 1 1 |

[그림 5.16]은 추가되는 게이트 없이 두 개의 74138을 사용하여 active low인 활성화 입력 $en'$이 있는 4-to-16 디코더를 구성한 것이다. 신호 $d=0$이면 위쪽의 74138이 활성화되어 입력 $c$, $b$, $a$ 값에 따라 출력 0부터 7 중에 하나가 선택이 되고, $d=1$이면 아래쪽의 74138이 활성화되어 입력 $c$, $b$, $a$ 값에 따라 출력 8부터 15 중에 하나가 선택이 되어 0을 출력하게 된다.

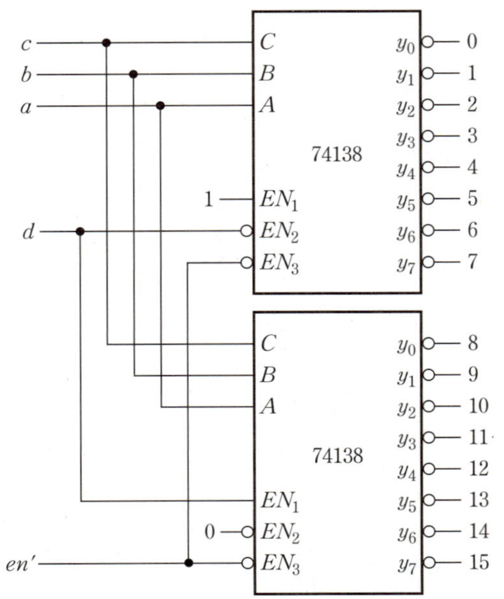


| 그림 5.16 74138을 이용한 4-to-16 디코더 구현

다중 출력에서 부울식이 간략화가 잘되지 않는 경우에 7400-series와 같은 표준 칩으로 회로를 구현하게 되면 필요한 칩의 수가 많아지게 된다. 이런 경우에 디코더를 사용하면 필요한 칩 수를 줄이고 쉽게 함수들을 구현할 수 있다. 디코더의 출력들은 모든 최소항을 나타내므로 함수의 최소항을 나타내는 디코더 출력들을 OR 게이트에 연결하면 된다. active low 출력의 디코더인 경우는 출력에 NAND 게이트로 연결하면 AND-OR 형태와 등가인 NAND-NAND 형태의 회로로 구현된다. [그림 5.17]은 다음 두 개의 함수를 3-to-8 디코더 active high 출력과 active low 출력 두 가지로 구현한 회로를 보여준다.

$$f(a,b,c) = \Sigma m(1, 2, 6)$$
$$g(a,b,c) = \Sigma m(0, 5, 6)$$

함수 $f$는 최소항 1, 2, 6번으로 이루어진 함수이기 때문에 디코더 출력 1, 2, 6번을 출력 $f$의 OR 게이트에 연결하고, 함수 $g$는 최소항 0, 5, 6번으로 이루어진 함수이기에 같은 디코더의 출력 0, 5, 6번을 출력 $g$의 OR 게이트에 연결하면 된다. 디코더가 [그림 5.17(b)]와 같이 active low 출력인 경우는 함수 출력을 위해 NAND 게이트를 사용하면 된다.

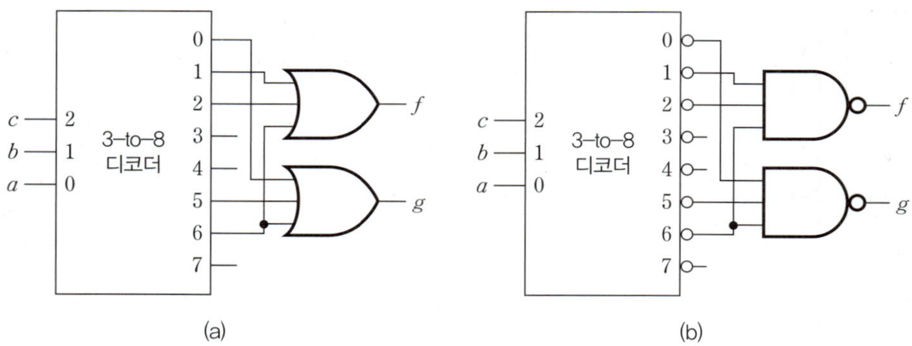


그림 5.17 디코더를 이용한 함수 구현

## 5.4 인코더

일반적으로 인코더는 2진 인코더(binary encoder)를 뜻한다. 2진 인코더는 2진 디코더와 반대되는 동작을 하는 것으로 최대 $2^n$가지의 경우를 $n$비트로 코드화하는 조합회로이다. 다음은 4개의 입력과 2개의 출력으로 이루어진 4-to-2 인코더의 진리표를 나타낸다. 진리표에서 4개의 입력으로 나타낼 수 있는 모든 경우를 표시하고 있지 않다. 즉, 4개의 입력 중에 적어도 하나에 1의 입력이 있어야 하고, 단 하나에만 1의 입력이 있다고 가정한 것이다.

| 표 5.6 4-to-2 인코더 진리표

| $I_3\ I_2\ I_1\ I_0$ | $Y_1 Y_0$ |
|---|---|
| 0 0 0 1 | 0 0 |
| 0 0 1 0 | 0 1 |
| 0 1 0 0 | 1 0 |
| 1 0 0 0 | 1 1 |

진리표로부터 출력에 대한 식을 만들면 다음과 같다.

$$Y_1 = I_2 + I_3$$
$$Y_0 = I_1 + I_3$$

$Y_1$과 $Y_0$에 대한 출력식에서 입력 $I_0$는 나타나지 않고 있다. 적어도 하나의 입력에 1의 신호가 있어야 한다고 가정한 경우이기 때문에, $I_0$에 신호가 있는 경우와 모든 입력에 신호가 없는 경우와 구분을 할 필요가 없었다. 이 경우를 구분하기 위해서는 〈표 5.7〉과 같이 4개의 입력에 신호가 없는 경우를 나타내는 출력이 필요하다.

| 표 5.7 입력이 없는 경우 처리를 위한 진리표

| $I_3\ I_2\ I_1\ I_0$ | $V\ Y_1 Y_0$ |
|---|---|
| 0 0 0 0 | 0 x x |
| 0 0 0 1 | 1 0 0 |
| 0 0 1 0 | 1 0 1 |
| 0 1 0 0 | 1 1 0 |
| 1 0 0 0 | 1 1 1 |

즉, 입력에 신호가 없는 경우는 $V$=0으로 출력하여 $Y_1 Y_0$ 출력은 의미가 없게 하고, 입력에 신호가 있으면 $V$=1로 출력하여 $Y_1 Y_0$ 출력이 의미 있게 된다. $V$에 대한 출력식은 다음과 같이 된다.

$$V = I_3 + I_2 + I_1 + I_0$$

하나 이상의 입력에서 동시에 신호가 들어오는 경우를 처리하기 위해서는 입력에 대한 우선순위를 두어 처리해야 한다. 우선순위 인코더(Priority Encoder)는 입력신호들에 우선순위를 두어 동시에 여러 입력에서 신호가 들어오면 우선순위가 높은 입력에 대한 인코딩을 하는 것이다. 다음은 8개의 입력에 대한 우선순위가 $I_7$, …, $I_0$ 순서로 정해진 경우의 진리표를 나타내고 있다.

**| 표 5.8** 우선순위 인코더의 진리표

| $I_7\ I_6\ I_5\ I_4\ I_3\ I_2\ I_1\ I_0$ | $V\ Y_2 Y_1 Y_0$ |
|---|---|
| 0 0 0 0 0 0 0 0 | 0 x x x |
| 0 0 0 0 0 0 0 1 | 1 0 0 0 |
| 0 0 0 0 0 0 1 x | 1 0 0 1 |
| 0 0 0 0 0 1 x x | 1 0 1 0 |
| 0 0 0 0 1 x x x | 1 0 1 1 |
| 0 0 0 1 x x x x | 1 1 0 0 |
| 0 0 1 x x x x x | 1 1 0 1 |
| 0 1 x x x x x x | 1 1 1 0 |
| 1 x x x x x x x | 1 1 1 1 |

진리표로부터 출력에 대한 식을 구하면 다음과 같다.

$$V = I_7 + I_6 + I_5 + I_4 + I_3 + I_2 + I_1 + I_0$$
$$Y_2 = I_7 + I_6 + I_5 + I_4$$
$$Y_1 = I_7 + I_6 + I_5'I_4'(I_3 + I_2)$$
$$Y_0 = I_7 + I_6'I_5 + I_6'I_4'I_3 + I_6'I_4'I_2'I_1$$

## 5.5 멀티플렉서

멀티플렉서(multiplexer)는 여러 개의 데이터 입력 중 하나를 선택하여 출력하는 것인데, 데이터 선택기(data selector)라고도 하고, 간단히 줄여서 Mux라고도 한다. [그림 5.18]은 멀티플렉서의 블록도를 보여주는데 입력 데이터 $2^n$개 중에서 하나를 선택하기 위한 $n$비트의 선택 신호 $s_{n-1}$, …, $s_0$가 필요하다.

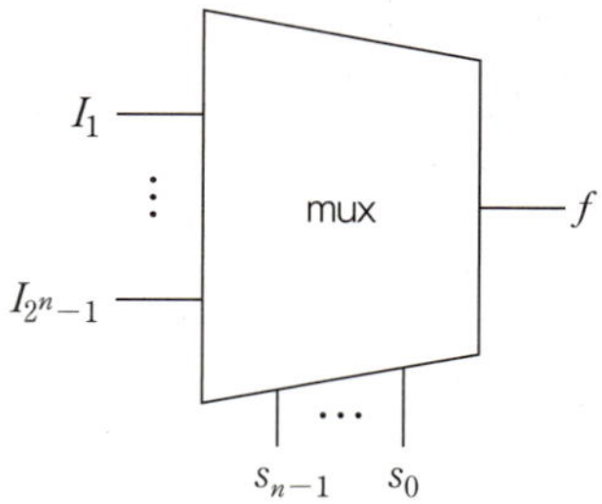


| 그림 5.18 멀티플렉서 블록도

2–to–1 멀티플렉서는 2개의 입력 중에서 하나를 선택하여 출력한다. 〈표 5.9〉는 2–to–1 멀티플렉서의 진리표를 나타내는데, $s=0$이면 입력 $I_0$가 출력 $f$에 연결되고, $s=1$이면 입력 $I_1$이 출력 $f$에 연결된다.

| 표 5.9 2–to–1 멀티플렉서 진리표

| $s$ | $f$ |
|---|---|
| 0 | $I_0$ |
| 1 | $I_1$ |

2–to–1 멀티플렉서의 출력식은 다음과 같다.

$$f = s'I_0 + sI_1$$

[그림 5.19]는 2–to–1 멀티플렉서의 블록도와 논리회로를 보여 주고 있다.

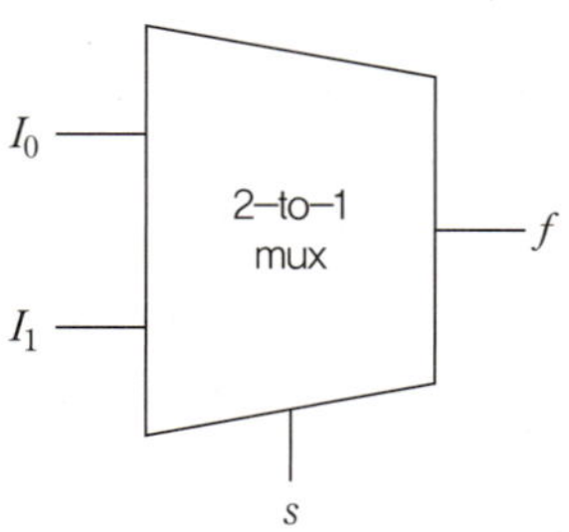


(a) 블록도

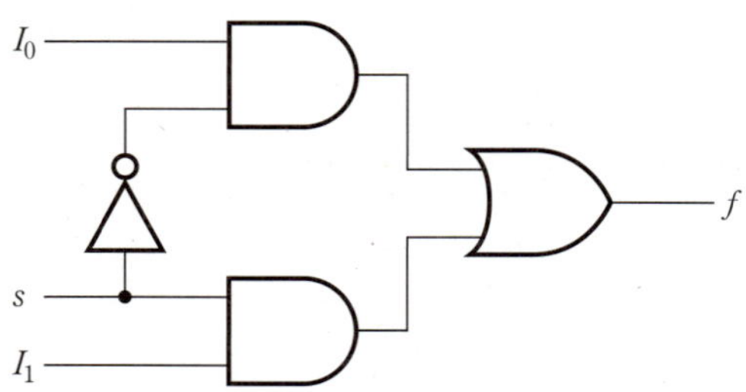


(b) 논리회로

| 그림 5.19 2–to–1 멀티플렉서

4-to-1 멀티플렉서는 4개의 입력 중에서 하나를 선택하여 출력한다. 〈표 5.10〉은 4-to-1 멀티플렉서의 진리표를 나타내는데, 선택 입력 $s_1$, $s_0$가 입력 $I_3$, $I_2$, $I_1$, $I_0$ 중에서 하나를 선택하여 출력 $f$로 보낸다.

| 표 5.10 4-to-1 멀티플렉서 진리표

| $s_1$ $s_0$ | $f$ |
|---|---|
| 0 0 | $I_0$ |
| 0 1 | $I_1$ |
| 1 0 | $I_2$ |
| 1 1 | $I_3$ |

4-to-1 멀티플렉서의 출력식은 다음과 같다.

$$f = s_1's_0'I_0 + s_1's_0I_1 + s_1s_0'I_2 + s_1s_0I_3$$

[그림 5.20]은 4-to-1 멀티플렉서의 블록도와 논리회로를 보여 주고 있다.

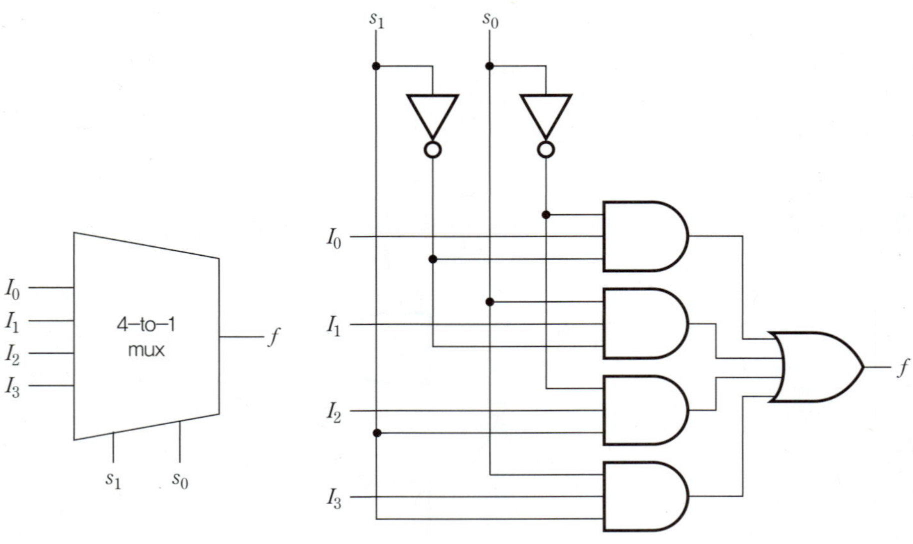


(a) 블록도

(b) 논리회로

| 그림 5.20 4-to-1 멀티플렉서

4−to−1 멀티플렉서와 2−to−1 멀티플렉서를 이용하여 다음과 같이 8−to−1 멀티플렉서로 확장할 수도 있다.

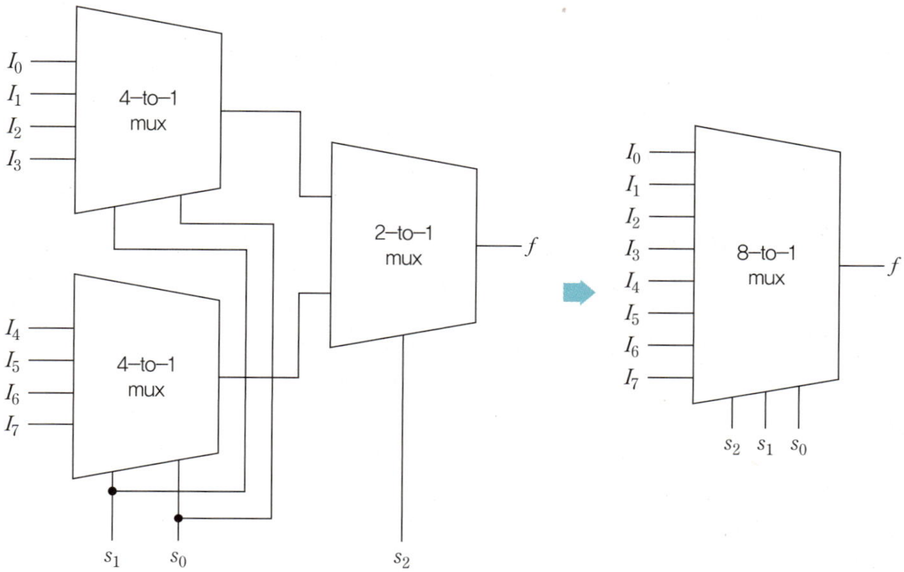


| 그림 5.21 멀티플렉서 확장

멀티플렉서의 데이터 선택하는 기능을 이용하여 임의의 부울 함수를 구현할 수 있다. 예를 들어 8−to−1 멀티플렉서를 이용하여 입력 변수가 3개인 다음 함수를 구현하는 것은 쉽다.

$$f(a,b,c) = \Sigma m(1, 2, 4, 5, 6)$$

입력 변수 $a$, $b$, $c$를 멀티플렉서의 선택 입력 단자에 연결하고, 8개의 데이터 입력 중에 함수를 1로 만드는 최소항 번호와 일치하는 입력들에 1을, 나머지 입력들에 0을 입력한다.

| $a$ | $b$ | $c$ | $f$ |
|---|---|---|---|
| 0 | 0 | 0 | 0 |
| 0 | 0 | 1 | 1 |
| 0 | 1 | 0 | 1 |
| 0 | 1 | 1 | 0 |
| 1 | 0 | 0 | 1 |
| 1 | 0 | 1 | 1 |
| 1 | 1 | 0 | 1 |
| 1 | 1 | 1 | 0 |

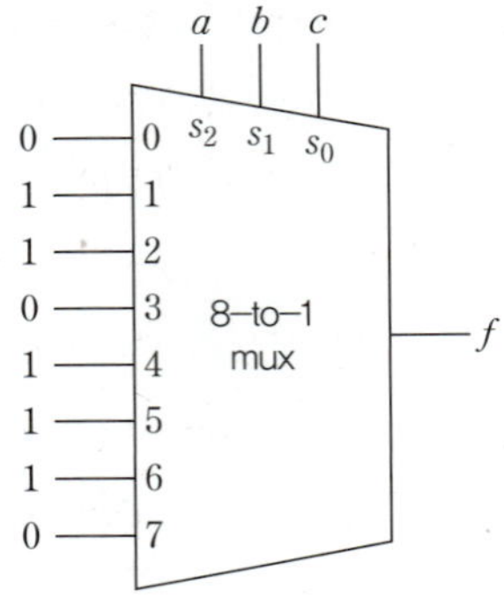


| 그림 5.22 8-to-1 멀티플렉서로 3변수 함수 구현

3변수의 함수를 추가되는 게이트 없이 4-to-1 멀티플렉서로 구현하는 개선된 방법에 대하여 알아보자. 멀티플렉서의 입력에 논리 상수인 0 또는 1 그리고 입력 변수 하나를 사용하여 필요한 멀티플렉서의 크기를 줄일 수 있다.

| $a$ | $b$ | $c$ | $f$ | |
|---|---|---|---|---|
| 0 | 0 | 0 | 0 | $f=c$ |
| 0 | 0 | 1 | 1 | |
| 0 | 1 | 0 | 1 | $f=c'$ |
| 0 | 1 | 1 | 0 | |
| 1 | 0 | 0 | 1 | $f=1$ |
| 1 | 0 | 1 | 1 | |
| 1 | 1 | 0 | 1 | $f=c'$ |
| 1 | 1 | 1 | 0 | |

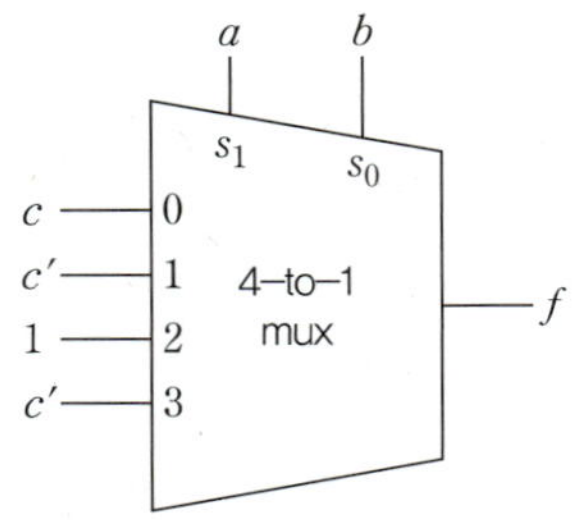


| 그림 5.23 4-to-1 멀티플렉서로 3변수 함수 구현

[그림 5.23]과 같이 멀티플렉서의 선택 입력에 입력 변수 $a$, $b$를 연결한다. $a$, $b$의 값에 따라 멀티플렉서는 4개의 입력 중 하나를 선택하게 된다. 진리표도 $a$, $b$의 변수값이 00, 01, 10, 11인 4가지 경우의 그룹으로 나누어 각 그룹에서 함수 $f$를 남은 변수 $c$에 대한 식으로 바꾼다.

$ab$=00인 경우 $f(0,0,c) = c$

$ab$=01인 경우 $f(0,1,c) = c'$

$ab$=10인 경우 $f(1,0,c) = 1$

$ab$=11인 경우 $f(1,1,c) = c'$

이런 방법으로 변수가 4개인 함수는 8-to-1 멀티플렉서로, 변수가 5개인 함수는 16-to-1 멀티플렉서로 구현할 수 있다. 만일 사용할 수 있는 멀티플렉서가 2-to-1 멀티플렉서 밖에 없다면 다음과 같이 게이트를 추가하여 위 함수를 구현할 수 있을 것이다.

| $a$ | $b$ | $c$ | $f$ |
|---|---|---|---|
| 0 | 0 | 0 | 0 |
| 0 | 0 | 1 | 1 |
| 0 | 1 | 0 | 1 |
| 0 | 1 | 1 | 0 |
| 1 | 0 | 0 | 1 |
| 1 | 0 | 1 | 1 |
| 1 | 1 | 0 | 1 |
| 1 | 1 | 1 | 0 |

$f=b\oplus c$

$f=b'+c'$

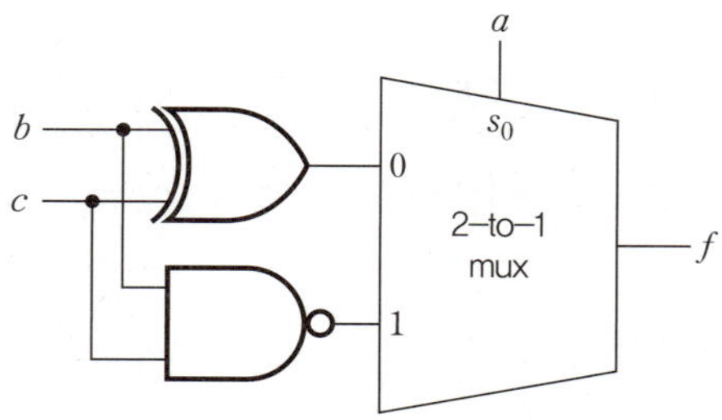


I 그림 5.24 2-to-1 멀티플렉서로 함수 구현

선택 입력에 변수 $a$를 연결하여 $a$의 값에 따라 2개의 입력 중 하나가 선택되게 한다. 그리고 진리표에서 $a$의 변수값이 0, 1인 2가지 경우의 그룹으로 나누어 각 그룹에서 함수 $f$를 남은 변수 $b$, $c$에 대한 식으로 바꾸면 된다.

$a$=0인 경우, $f(0,b,c) = b \oplus c$

$a$=1인 경우, $f(1,b,c) = (bc)' = b' + c'$

## 5.6 디멀티플렉서

디멀티플렉서(demultiplexer)는 멀티플렉서와 반대 기능을 갖는 조합회로이다. 멀티플렉서와 디멀티플렉서를 한 쌍으로 사용하면 여러 개의 송신 측과 여러 개의 수신 측이 채널을 공유하여 데이터를 전송하게 할 수 있다. 송신 측에서는 멀티플렉서를 통하여 $n$개의 송신자 중에 하나를 선택하여 공유 채널에 연결시키고, 수신 측에서는 디멀티플렉서를 통하여 $n$개의 수신자 중에 하나를 선택하여 공유 채널로부터 들어오는 데이터를 전달하게 된다. 디멀티플렉서는 입력 데이터를 여러 개의 출력 중에 하나를 선택하여 전송한다는 뜻에서 데이터 분배기(distributor)라고도 하고, 간단히 줄여서 DeMux라고도 한다.

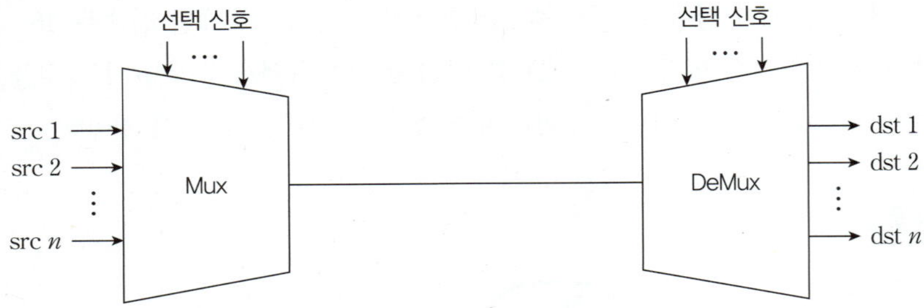


| 그림 5.25 멀티플렉서와 디멀티플렉서를 사용한 채널 공유

다음은 디멀티플렉서의 진리표와 블록도를 보여주고 있다. 입력신호 $I$는 선택 입력 $s_1$, $s_0$에 의해 4개의 출력 중에 하나로 연결된다.

| 표 5.11 1-to-4 디멀티플렉서 진리표

| $s_1s_0$ | $O_3O_2O_1O_0$ |
|---|---|
| 0 0 | 0 0 0 $I$ |
| 0 1 | 0 0 $I$ 0 |
| 1 0 | 0 $I$ 0 0 |
| 1 1 | $I$ 0 0 0 |

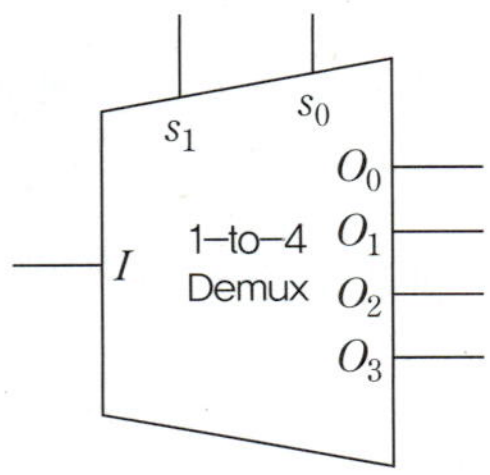


| 그림 5.26 1-to-4 디멀티플렉서 블록도

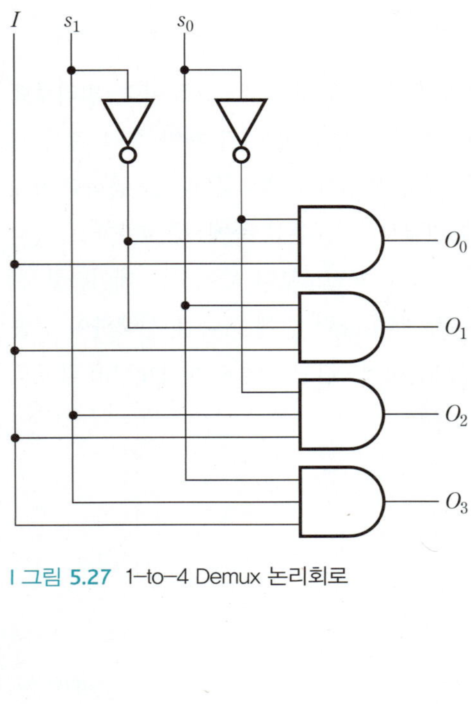


| 그림 5.27 1-to-4 Demux 논리회로

[그림 5.27]은 1-to-4 디멀티플렉서의 논리회로인데 [그림 5.13(b)]의 활성화 입력이 있는 2-to-4 디코더 회로에서 활성화 입력에 인버터를 삭제한 것과 같음을 알 수 있다. 즉, acitive high 활성화 입력이 있는 2-to-4 디코더 회로는 1-to-4 디멀티플렉서와 같다. 데이터 입력 $I$는 선택 입력 $s_1$, $s_0$에 의해 출력 $O_0$, $O_1$, $O_2$, $O_3$ 중 하나에 연결된다.

## 5.7 배럴 시프터

부동 소수점 덧셈 또는 뺄셈에서 소수점 자리를 맞추기 위하여 입력 데이터를 한 번에 시프트하는 논리회로가 필요하게 된다. 배럴 시프터(barrel shifter)는 입력 데이터를 정해진 비트만큼 시프트(shift)하거나 순환(rotate)하도록 하는 조합 논리회로이다. 배럴 시프터의 기능에는 시프트 또는 순환, 그리고 왼쪽 방향 또는 오른쪽 방향, 그리고 시프트인 경우는 산술(arithmetic) 시프트 또는 논리(logical) 시프트 등의 동작이 있을 수 있다. 산술 시프트와 논리 시프트와의 차이점은 오른쪽 시프트 동작에서 논리 시프트의 경우에 MSB쪽으로 0이 입력되지만, 산술 시프트는 부호 비트가 복사되어 MSB 쪽으로 입력된다. 즉, 산술 시프트의 경우에 오른쪽 시프트는 2로 나누는 것과 같은 결과를 얻게 된다. 왼쪽 시프트의 경우는 두 방식 모두가 LSB 쪽으로 0이 입력된다.

여기서는 오른쪽으로 논리 시프트하는 4비트 배럴 시프터 기능의 회로에 대하여만 알아보도록 한다. 4비트 배럴 시프터는 최대 3비트까지 시프트할 수 있으므로 [그림 5.28]처럼 4-to-1 멀티플렉서 4개를 이용하여 구현할 수 있다. 시프트 제어 입력 $S_1$, $S_0$는 몇 비트 시프트할 것인지를 나타내는 2진수이고, 오른쪽으로 논리 시프트를 하므로 MSB 쪽으로 0이 입력되도록 되어있다.

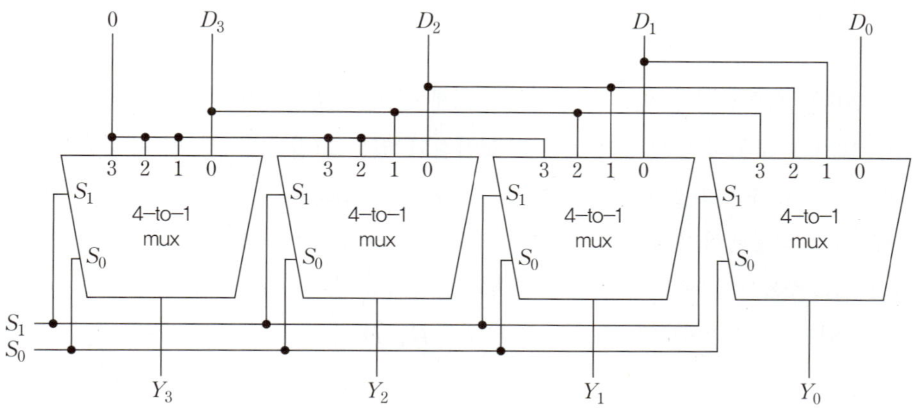


| 그림 5.28 4비트 배럴 시프터

컴퓨터의 경우에 데이터의 길이가 32비트로 늘어나면 32개의 32-to-1 멀티플렉서가 필요하게 된다. [그림 5.28]과 같은 구조로 구현하면 내부 멀티플레서에 사용되는 게이트의 팬인이 너무 커지게 되어 바람직하지 않다. 따라서 비트 수가 커지면 다음과 같이 계층적 구조를 갖는 형태로 구현하는 것이 권장된다. [그림 5.29]는 8비트의 경우에 대한 배럴 시프터의 회로를 계층적 구조로 설계한 것이다. 층마다 8개의 2-to-1 멀티플렉서를 두어, 첫 번째 층은 $S_2$ 비트에 의해 4비트 시프트가 일어나고, 두 번째 층은 $S_1$ 비트에 의해 2비트 시프트, 맨 아래 층은 $S_0$ 비트에 의해 1비트 시프트가 발생하여 최대 7비트의 시프트가 이루어질 수 있는 구조이다.

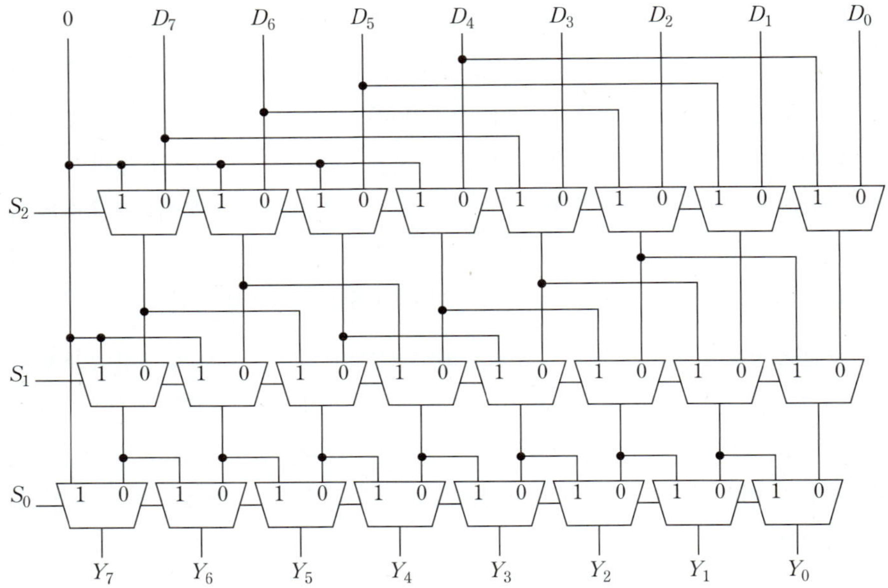


I 그림 5.29 계층적 구조의 8비트 배럴 시프터

[그림 5.30]은 계층적 구조의 배럴 시프터의 제어 입력 $S_2S_1S_0$에 101을 입력하여 5비트 시프트가 이루어지는 데이터 경로를 보여주고 있는 그림이다. 첫 번째 층은 $S_2$=1에 의하여 2-to-1 멀티플렉서의 좌측(1) 입력이 선택되고, 두 번째 층은 $S_1$=0에 의하여 2-to-1 멀티플렉서의 우측(0) 입력이 선택되고 있다. 맨 아래 층은 $S_0$=1에 의하여 2-to-1 멀티플렉서의 좌측(1) 입력이 선택되어 상위 5비트인 출력 $Y_7$부터 $Y_3$까지는 0이 전달되고 있고, 하위 3비트인 $Y_2$, $Y_1$, $Y_0$는 $D_7$, $D_6$, $D_5$가 각각 전달되고 있음을 확인할 수 있다.

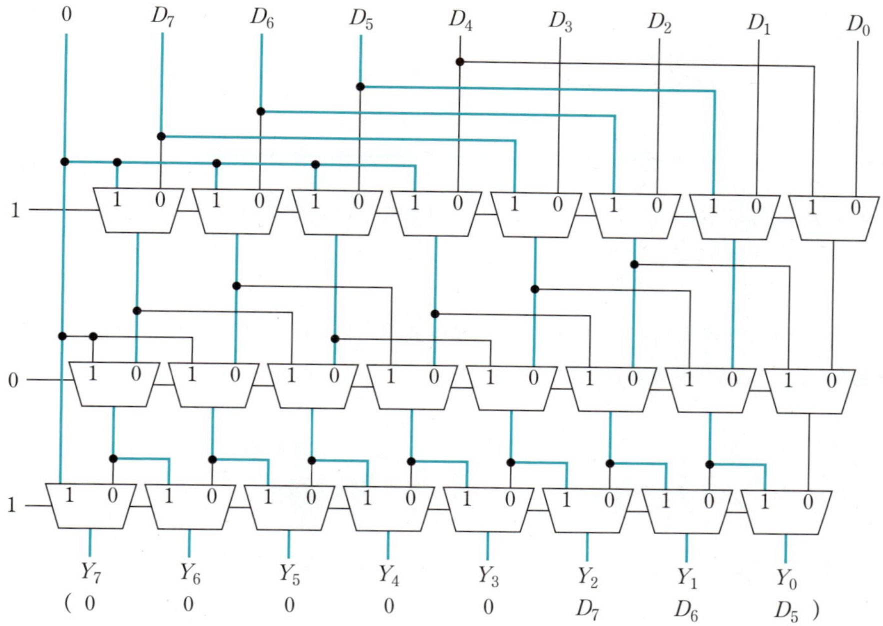


ㅣ그림 5.30 5비트 시프트 예

## 단원요약

1. $n$비트 리플 캐리 가산기는 1비트 전가산기 모듈들을 직렬로 연결하여 구현하고, 감산기 기능은 입력에 2의 보수를 만드는 회로를 추가하면 된다.

2. 비교할 비트 두 개와 상위 비트의 비교기 출력을 입력으로 받아 세 개의 출력($G$, $L$, $E$)을 갖는 1비트 비교기를 구현한 모듈을 직렬로 $n$개 연결하여 $n$비트 비교기를 구현한다.

3. 디코더는 $n$비트 입력과 최대 $2^n$개의 출력으로 이루어진 회로로 입력 2진 값에 해당하는 출력 중의 하나만 선택되어 신호가 나온다. 주소를 갖는 여러 장치들 중에 하나를 선택할 때에 사용된다.

4. 인코더는 디코더와 반대되는 동작을 하는 것으로 최대 $2^n$가지의 경우를 $n$비트로 코드화 하는 조합회로이다.

5. 멀티플렉서는 여러 개의 데이터 입력 중 하나를 선택하는 기능을 갖고, 데이터 선택기라고도 한다. $2^n$개의 데이터 입력선과 $n$개의 선택선이 있는데 선택선에 의하여 $2^n$개 중의 하나의 입력 데이터가 선택이 되어 출력으로 연결된다.

6. 디멀티플렉서는 데이터 분배기라고도 하는데 한 개의 데이터 입력선, $2^n$개의 출력선, 그리고 $n$개의 선택선이 있다. 입력 데이터는 선택선 값에 의하여 $2^n$개 중의 하나의 출력으로 연결된다.

7. 배럴 시프터는 시프트 비트 길이에 관계없이 한 번에 여러 비트 시프트 동작이 일어날 수 있도록 멀티플렉서를 이용하여 구현할 수 있는데, 데이터 비트 수가 많아지면 계층적 구조로 설계하는 것이 권장된다.

# 연습문제

**01** 4비트 가산기 4개를 이용하여 2자리 BCD(8421 코드) 가산기를 구현하라.

```
  0010 0111 (27)
+ 0011 1000 (38)
-----------
  0110 0101 (65)
```

**02** 4비트 캐리 미리보기 가산기 모듈 4개를 직렬로 연결하여 16비트 가산기를 구현하고, 각 모듈에서 전파지연 시간을 나타내라. 모든 게이트의 전파지연을 Δ라고 한다.

**03** 8비트 2의 보수를 만드는 회로를 구현하라. 즉, $f(a) = a' + 1$을 계산하는 회로를 구현하는 것이다. 가산기 구현하는 것처럼 1비트의 모듈을 설계하여 이를 직렬로 연결하여 구현하도록 한다.

**04** 전가산기 3개를 이용하여 한자리 2진수 5개의 비트($a$, $b$, $c$, $d$, $e$)를 더하는 가산기를 구현하라. 출력은 0부터 5까지 나타내는 3비트($s_2$, $s_1$, $s_0$)의 출력이 필요하다.

**05** 전가산기 4개를 이용하여 한자리 2진수 7개의 비트($a$, $b$, $c$, $d$, $e$, $f$, $g$)를 더하는 가산기를 구현하라. 출력은 0부터 7까지 나타내는 3비트($s_2$, $s_1$, $s_0$)의 출력이 필요하다.

**06** 두 개의 4비트 무부호수 $A$와 $B$, 그리고 제어신호인 입력 $m'/M$이 있고, 출력은 4비트 $Y$로 이루어진 시스템에서, 다음과 같이 동작하는 시스템을 설계하라.

$A=B$이면 출력 $Y = 0000$

$A \neq B$고 $m'/M = 0$이면 출력 $Y = \min(A, B)$

$A \neq$B이고 $m'/M = 1$이면 출력 $Y = \max(A, B)$

**07** 두 개의 2비트 무부호수 데이터에 대한 곱셈을 계산하는 회로를 구현하라. 입력은 $a_1$, $a_0$, $b_1$, $b_0$이고 출력은 $m_3$, $m_2$, $m_1$, $m_0$이다.

**08** 다음과 같은 active low 출력의 디코더를 사용하여 다음 두 함수를 구현하라.

$f(x,y,z) = \Sigma m(0, 1, 3, 5)$

$g(x,y,z) = \Sigma m(2, 3, 5, 6)$

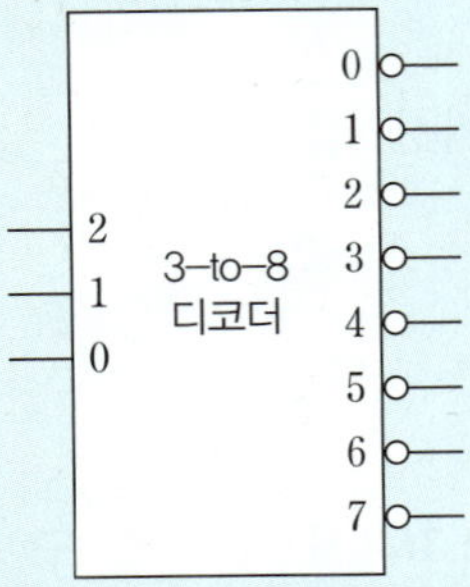


**09** active low 활성화 입력 두 개가 있는 2-to-4 디코더를 사용하여 active low 활성화 입력이 있는 3-to-8 디코더를 구현하라.

**10** 입력 $x$, active low 동작 입력 $e'$, active low 출력 $O_0'$, $O_1'$이 있는 1-to-2 디코더에 대한

a) 진리표와 게이트 레벨의 회로를 그려라.

b) 이 디코더를 사용하여 2-to-4 디코더를 구현하라.

**11** 디코더로 전가산기 회로를 설계하려고 한다. 설계에 필요한 IC는?

a) 2×4 디코더: 1개, 4입력 OR 게이트: 2개

b) 2×4 디코더: 1개, 2입력 OR 게이트: 2개

c) 3×8 디코더: 1개, 2입력 OR 게이트: 2개

d) 3×8 디코더: 1개, 4입력 OR 게이트: 2개

**12** 2-to-4 디코더를 사용하여 반가산기(Half Adder)를 구현하라.

〈반가산기 진리표〉

| $a\ b$ | $c_o\ s$ |
|---|---|
| 0 0 | 0 0 |
| 0 1 | 0 1 |
| 1 0 | 0 1 |
| 1 1 | 1 0 |

**13** 3-to-8 디코더를 사용하여 전감산기를 구현하라.

**14** active low 활성화 입력 $en'$과 active low 출력으로 된 3-to-8 디코더와 필요한 게이트를 사용하여 다음 함수를 구현하라.

$f(w,x,y,z) = \Sigma m(0, 2, 6, 10, 12)$

**15** 7개의 입력 $A$, $B$, $C$, $D$, $E$, $F$, $G$에 대한 우선순위 인코더를 구현하라. 우선순위는 $A$가 가장 높고 알파벳 순서로 $G$가 가장 낮다. 입력이 하나도 없을 때는 출력이 000이고 $A$부터 $G$까지 입력에 대한 코드는 001, ⋯, 111로 인코딩한다.

**16** 2-to-1 멀티플렉서들을 사용하여 4-to-1 멀티플렉서를 구현하라.

**17** 4-to-1 멀티플렉서 2개만을 사용하여 전가산기를 구현하라.

**18** 2-to-1 멀티플렉서 2개와 기본 게이트를 사용하여 전가산기를 구현하라.

**19** 다음 함수를 최소 크기의 멀티플렉서를 사용하여 구현하라.

$f(x,y) = \Sigma m(0, 1, 3)$

**20** 다음 회로에 대하여

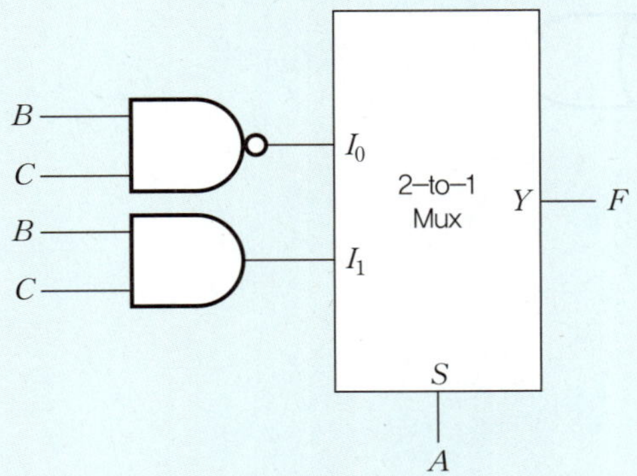


a) 동작을 나타내는 진리표를 나타내라.

b) 4-to-1 멀티플렉서로 구현하라.

**21** 다음 디코더 회로를 이용하여 4-to-1 멀티플렉서 회로를 그려라.

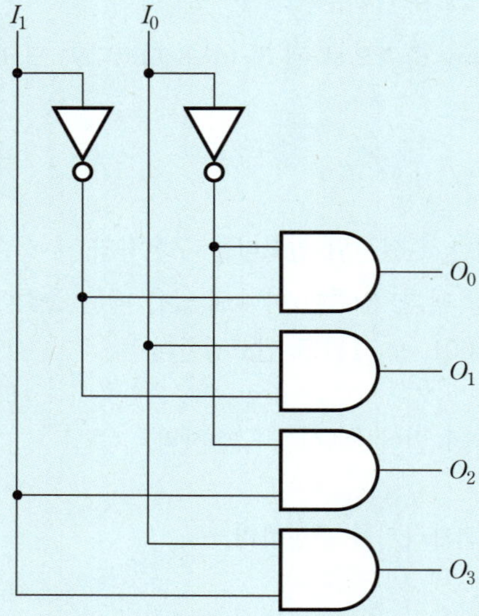


**22** 다음 회로에서 출력 함수 $F$를 위해 OR 게이트의 입력으로 연결되어야 할 디코더 출력들은?

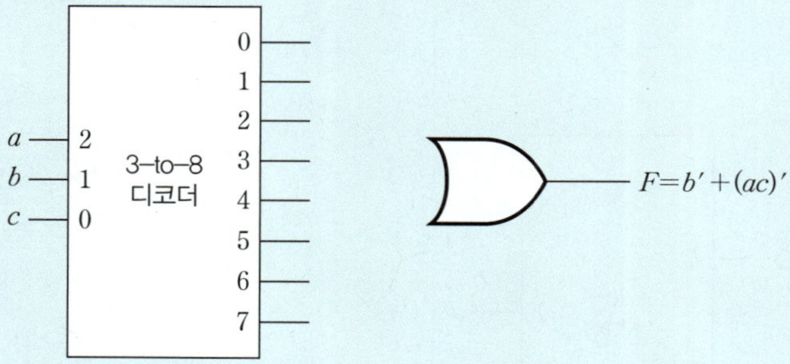

# CHAPTER 06

# VHDL을 이용한 조합회로 설계

contents

# 06 VHDL을 이용한 조합회로 설계

단원개요

- VHDL 언어의 특징 및 주요 기능
- 조합회로에 대한 VHDL 표현 방법
- VHDL을 이용한 디코더, 인코더 등의 조합회로 설계 방법
- VHDL로 설계한 조합회로의 검증 방법

앞서 살펴본 다양한 종류의 조합회로를 VHDL 언어를 이용하여 설계하는 방법에 대해서 알아보기로 한다. 디코더, 인코더, 멀티플렉서, 비교기, 덧셈기, 버퍼, PLD 등 모든 종류의 조합회로들을 VHDL을 이용하여 매우 편리하게 설계할 수 있으며 설계된 회로의 검증 작업 또한 VHDL을 이용하여 손쉽게 수행이 가능하다.

## 6.1 VHDL이란?

VHDL은 VHSIC Hardware Description Language의 약자이며 여기서 VHSIC란 Very High Speed Integrated Circuit의 약자이다. 즉, VHDL은 하드웨어 서술 언어이며 간단한 디지털 회로뿐만 아니라 초고속집적회로를 쉽게 설계하기 위한 목적으로 개발된 하드웨어 서술 언어이다. AND 게이트와 같이 매우 간단한 하드웨어의 서술에서부터 매우 복잡한 펜티엄급 프로세서의 서술까지 모든 종류의 디지털 시스템을 프로그램 언어의 형태로 서술할 수 있으며 하드웨어로 구현될 시스템의 서술뿐만 아니라 개발할 디지털 시스템을 테스트하기 위한 다양한 테스트 환경과 하드웨어 동작과 무관한 다양한 알고리즘들을 서술할 수 있는 매우 강력한 하드웨어 서술 언어이다.

### (1) VHDL 언어의 주요 기능

VHDL 언어는 디지털 시스템 설계에 필요한 모든 기능을 제공하며 그 중 주요 기능들을 나열하면 다음과 같다.

#### ① 순차적인 동작의 서술

VHDL에서는 소프트웨어 프로그래밍과 유사한 알고리즘을 기술하는 용도로 함수(function)를 기술하거나 프로세스(process)의 수행을 위한 다양한 알고리즘을 서술할 수 있다.

```
if hsync_internal = '1' then
      obuf_rd_cnt <= (obuf_rd_cnt + 1) mod 1024;
else
      obuf_rd_cnt <= 0;
end if;
```

코드 6.1.1 순차적인 동작의 서술 예

#### ② 병렬적인 동작의 서술

디지털 시스템 하드웨어의 동작이나 구조를 정의하기 위한 프로세스(process)를 서술할 수 있으며 서로 다른 여러 개의 프로세스들을 독립적으로 그리고 비동기적으로 수행시킬 수 있다.

```
with sel select
      q <=       a when "00",
                 b when "01",
                 c when "10",
                 d when "11",
                 a when others;
```

코드 6.1.2 병렬적인 동작의 서술 예

#### ③ 넷리스트 표현 기법

논리 게이트나 컴포넌트 등 다양한 디바이스 사이의 물리적 연결 상태와 여러 소프트웨어 모듈이나 블록들 간의 연결 상태를 서술할 수 있는 기능을 이용하여 계층적 설계를 효과적으로 구현할 수 있는 방법을 제공한다.

```
U0: FullAdder1 port map (X=>DA(0), Y=>DB(0), Cin=>Ci, Cout=>t(1), Sout=>S(0));
U1: FullAdder1 port map (X=>DA(1), Y=>DB(1), Cin=>t(1), Cout=>t(2), Sout=>S(1));
```

코드 6.1.3 넷리스트 표현 예

#### ④ 테스트 환경 모델링

논리 합성을 통한 디지털 시스템 구현을 목적으로 하는 디지털 시스템의 표현 기법을 제공할 뿐만 아니라 디지털 시스템의 검증을 위한 다양한 테스트 환경을 모델링 할 수 있는 방법을 제공해주며 논리 합성 가능 여부와는 별도로 호스트 컴퓨터 시스템의 파일 입출력 기능, 파형 생성문 등을 이용하여 편리한 테스트 환경을 구축할 수 있는 장점이 있다.

```
D <= '0', '1' after 20 ns, '0' after 40 ns, '1' after 60 ns, '0' after 80 ns;
SEL <= "00", "01" after 20 ns, "10" after 40 ns, "11" after 60 ns, "00" after 80 ns;
```

코드 6.1.4 테스트 환경 모델링 예

즉, VHDL을 이용하여 회로의 순차적인 동작 및 병렬적인 동작의 서술이 가능하며 여러 회로 및 부품 사이의 연결 관계를 쉽게 표현 가능하다. 또한 이러한 동작 및 연결의 서술과 함께 각 회로의 타이밍 정보를 추가할 수도 있으며 회로의 테스트를 위한 파형들을 다양한 포맷으로 생성 가능하다.

## 6.2 조합회로의 설계

### (1) 반가산기(Half Adder)의 설계 예제

VHDL을 이용하여 아주 간단한 논리회로의 설계 예제를 살펴보도록 하자. [그림 6.1]에 반가산기(Half Adder)의 논리회로 및 진리표를 나타내었다. 두 개의 입력신호 $A$, $B$를 가지고 있고 두 입력신호의 합을 나타내는 $S$ 신호와 캐리 비트를 나타내는 $C$ 신호를 출력한다.

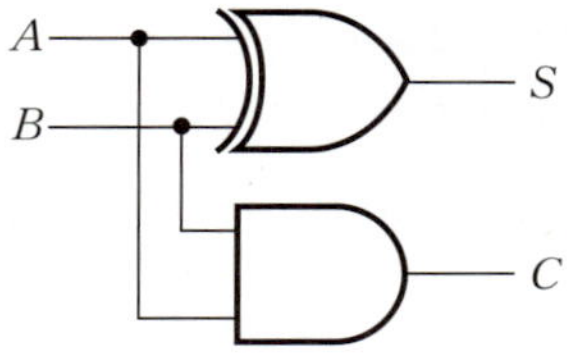


| A | B | C | S |
|---|---|---|---|
| 0 | 0 | 0 | 0 |
| 0 | 1 | 0 | 1 |
| 1 | 0 | 0 | 1 |
| 1 | 1 | 1 | 0 |

| 그림 6.1 반가산기(Half adder)의 논리회로 및 진리표

일단 [그림 6.1]의 반가산기만을 VHDL로 표현하면 다음과 같다.

```
S <= A xor B; -- calculate sum of two input
C <= A and B; -- calculate carry of two input
```

코드 6.2.1 반가산기의 표현 예

두 개의 신호 대입문(assignment statement)으로 정의하고 있으며 신호 대입문의 대표적인 형태는 다음과 같다.

```
target <= expression [ after time_expression ];
```

오른쪽 부분의 대괄호(square bracket: [ ]) 안에 있는 항목들은 선택 사항임을 나타낸다. 즉, 게이트의 하드웨어적인 시간 지연을 표현하기 위해서 필요시 **after** 예약어를 사용하여 다음과 같은 형태로 사용되기도 한다.

```
S <= A xor B after 2 ns;
C <= A and B after 45 ps;
```

즉, 시간 지연을 나타내는 **after** 예약어 다음에 지연 시간 정보를 fs, ps, ns, us, ms, sec, min, hr 단위로 나타내면 된다. 그러면 입력신호가 변화되는 순간 이후부터 계산하여 지연 시간 이후에 출력 정보가 변화하게 된다. **after** 예약어가 사용되지 않을 경우에는 시간 지연은 0ns로 간주된다.

VHDL 언어의 경우 병렬적인 하드웨어의 동작을 표현하므로 문장을 서술하는 순서에는 대부분 무관하다. 즉, 반가산기를 표현하는 앞의 두 개의 신호 대입문의 경우 아래와 같이 순서를 바꾸어 표현해도 같은 동작을 표현하게 된다. 또한 VHDL 언어는 대소문자 구별이 없기 때문에 신호명, 예약어들을 아래와 같이 대소문자를 바꾸어도 컴파일러가 같은 내용으로 인식하게 된다.

```
c <= a And b; -- calculate carry of two input
S <= A XOR B; -- calculate sum of two input
```

두 개의 연속된 하이픈(hyphen) '--'을 이용하여 한줄 주석(single-line comment)을 나타낸다. 한줄 주석은 VHDL 서술 부분 중에서 어떠한 위치에도 올 수 있으며 한줄 주석 내에는 포맷 제어문자(format effector)인 VT(vertical tab), CR(carriage return), LF(line feed), FF(form feed)를 제외한 어떠한 종류의 문자도 사용할 수 있다. 주석 부분은 VHDL의 동작에는 아무런 영향을 주지 않으며 프로그래머로 하여금 코드의 가독성을 증가시킬 목적으로 사용된다.

식별어(identifier)는 뒷부분에서 설명할 엔티티나 아키텍처 이름, 신호(signal)나 변수(variable), 상수의 이름 등 설계자가 명명해야 할 다양한 문법 구조의 이름으로 사용된다. 일반적으로 사용되는 식별어는 알파벳 대문자와 소문자, 0에서 9까지의 숫자, _(밑줄, underline)로만 구성된다. 식별어 정의 시 첫 문자는 반드시 알파벳 영문자가 와야 하며 첫 문자 다음에는 알파벳 영문자, 숫자, 밑줄이 올 수 있다. 밑줄의 경우 두 개의 밑줄이 연속해서 올 수 없으며 또한 마지막 문자로도 이용될 수 없다. 영문자 대소문자의 차이만 있는 식별어는 같은 식별어로 인식된다.

참고로 VHDL에서는 6개의 논리 연산자를 제공하는데 나열하면 다음과 같다. 나머지의 논리 연산들은 **not** 연산자와 함께 이들의 조합으로 구현해야 한다.

**and, or, nand, nor, xor, xnor**

위 연산자들의 논리기호는 앞에서 다룬 바 있지만 정리하면 다음과 같다.

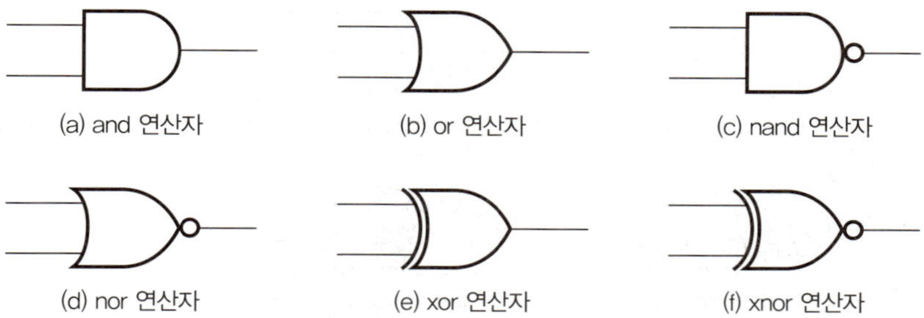


| 그림 6.2 연산자들의 논리기호

(코드 6.2.1)과 같은 VHDL 표현을 이용하여 반가산기를 표현할 수 있지만 VHDL 문법에서는 구조적인 정보가 좀 더 필요하다. VHDL 언어가 하드웨어의 모델링 기능을 지원하기 위해서는 회로의 동작을 규정하는 아키텍처 본체(architecture body) 부분과 회로의 입출력을 정의하고 외부 환경 사이의 인터페이스를 정의하는 엔티티 선언(entity declaration)부로 이루어진다. 이러한 구조를 모두 포함시켜 반가산기를 VHDL 언어로 표현하면 다음과 같다.

```
entity Half_Adder is
port(
     A, B : in bit
     S, C : out bit);
end Half_Adder;

architecture Dataflow of Half_Adder is
begin
     S <= A xor B; -- calculate sum of two input
     C <= A and B; -- calculate carry of two input
end Dataflow;
```

코드 6.2.2 Half_Adder.vhd

엔티티 선언부에서는 설계해야 할 시스템과 외부 환경 사이의 인터페이스를 정의한다. 회로 도면을 생각하면 [그림 6.3]과 같이 회로 도면의 외형을 표현하고 정의하는 역할을 수행한다. [그림 6.3]에서 신호선에 추가된 5각형 모양의 패드는 회로의 입출력을 나타내는 것으로 앞으로 필요한 경우만 나타내기로 한다.

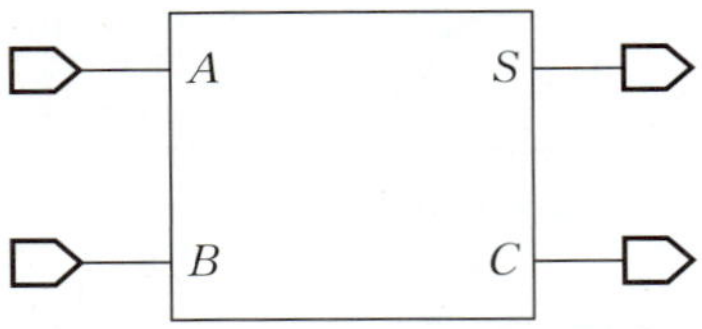


| 그림 6.3 엔티티 선언의 의미

엔티티 선언 구문의 정의를 간단한 형태로 정리하면 아래와 같다.

```
entity entity_name is
      [ port (interface-signal-declaration}:]
end [ entity ] [ entity_name ] ;
```

entity_name의 경우 앞서 설명한 식별어 명명 규칙에 의해서 설계자가 임의로 정의할 수 있으며 볼드체로 표시한 예약어 틀 사이에 정의되어야 한다. 입출력신호들의 경우 **port** 예약어 다음에 오게 되는데

**복수개의_신호들 : 입출력_모드 신호_형 [:= 초기값];**

과 같은 형태가 반복되어 올 수 있다.

아키텍처 본체(architecture body)는 아래와 같은 형태로 표현된다.

```
architecture architecture_name of entity_name is
      architecture_declarative_part
begin
      architecture_statement_part
end [ architecture ] [ architecture_name ] ;
```

일반적으로 하나의 엔티티 선언부에 하나 이상의 아키텍처 본체가 선언될 수 있다. 이러한 경우 각각의 아키텍처 본체는 같은 입출력신호에 대해서 서로 다른 방식이나 사양으로 서술된 동작 관계를 가질 수 있다. 이때 entity_name 부분은 본 아키텍처 본체(architecture body)가 선언된 entity 선언 구문의 엔티티 이름과 같은 이름이 사용된

다. *architecture*_name 부분은 아키텍처 본체(architecture body)의 이름을 지정하며 사용되는 여러 개의 아키텍처 본체들을 구분하는 용도로 사용할 수 있다. 또한 아키텍처 본체의 동작 관계를 서술하는 용도로 사용할 수도 있다.

아키텍처 선언부(architecture declarative part)에서는 회로를 구성하는 신호 중에서 입출력신호를 제외한 다양한 신호선들, 반복되는 회로의 동작을 구성하는 함수(function) 등이 선언된다. 간단히 정리하면 회로의 동작 서술 및 구현을 위한 모든 준비 작업이 아키텍처 선언부에서 이루어진다고 생각하면 되겠다. 아키텍처 문장부(architecture statement part)에서는 병렬문(concurrent statement)들이 오게 되며 대표적인 병렬문으로 신호 대입문, 프로세스문을 들 수 있다.

(코드 6.2.2)에서는 입출력신호로서 bit 형이 사용되고 있는데 bit 형의 경우 '0'과 '1'의 논리값만 가질 수 있다. 반가산기의 회로 표현에는 문제가 없으나 버스와 같은 하드웨어의 구조를 표현하는 데에는 어려움이 존재한다. 따라서 일반적인 설계에서는 bit 형 대신에 std_logic 형을 사용한다. 이 경우 (코드 6.2.2)는 다음과 같이 VHDL 언어로 구현이 가능하다.

```
library ieee;
use ieee.std_logic_1164.all;

entity Half_Adder is
port(
     A, B : in std_logic
     S, C : out std_logic);
end Half_Adder;

architecture Dataflow of Half_Adder is
begin
   process(A, B)
       begin
          S <= A xor B; -- calculate sum of two input
          C <= A and B; -- calculate carry of two input
       end process;
end Dataflow;
```

코드 6.2.3 Half_Adder.vhd

(코드 6.2.3)의 첫 번째 라인의 경우 반가산기의 설계에 IEEE에서 제공하는 라이브러리의 사용을 선언하는 선언문이다. 두 번째 라인의 경우 IEEE 라이브러리의 std_logic_1164 패키지의 사용을 선언하였으며 이 패키지에서 정의된 std_logic 형을 사용하기 위하여 두 줄의 문장을 사용하였다.

std_logic 형은 9개의 논리값을 가질 수 있는 신호를 표현하기 위한 신호 형이며 일반적으로 입출력신호나 내부의 논리회로의 출력신호 등을 표현하는 용도로 사용된다. 9개의 논리값은 'U', 'X', '0', '1', Z', 'W', 'L', 'H', '–' 값이 될 수 있으며 각각의 의미는 다음과 같다.

a) 'U' -- 초기화가 안 되었을 경우를 나타내고 기본값으로 사용됨
b) 'X' -- 버스에서 '0' 값과 '1' 값의 충돌로 값이 정의가 안 되는 경우를 나타내고 에러 상황에서 발생
c) '0' -- 논리 0을 나타내는 값
d) '1' -- 논리 1을 나타내는 값
e) 'Z' -- 3상태 버퍼 출력이 고저항(high impedence)인 경우를 나타내고 버스 구현 시 사용
f) 'W' -- 'L' 값과 'H' 값의 충돌로 값이 정의가 안 되는 경우
g) 'L' -- 풀다운(pull down) 저항에 의해서 연결되어 외부 신호가 없을 때 '0'으로 출력되는 경우
h) 'H' -- 풀업(pull up) 저항에 의해서 연결되어 외부 신호가 없을 때 '1'로 출력되는 경우
i) '–' -- 무정의 조건(don't care condition)을 나타내는 경우로 회로구성 의도는 없고 설계의 편이성을 추구하기 위하여 사용

(코드 6.2.2)에서는 아키텍처 문장 부분에 신호 대입문만이 사용되었는데 이 코드에서는 프로세스 문(process statement)를 이용하여 반가산기의 논리식을 구현하고 있다. 프로세스 문은 가장 널리 사용되는 병렬문 중에 하나로서 아키텍처 문장 부분에서 사용되는 복수개의 프로세스 문들은 각각 병렬적으로 동작하게 된다. 반면 프로세스 문 자체는 일반적인 C언어와 같이 순차적인 논리를 표현하는 도구이다. 즉, C언어에서 사용되는 if 문, case 문들이 거의 유사한 형태로 사용이 가능하다. 즉, 프로세스 문 내부에 사용되는 다양한 문장들은 모두 순차문으로 동작하며 순차적인 알고리즘의 표현에 널리

사용되게 된다.

신호 대입문이 프로세스 문 밖에서 사용되면 병렬 신호 대입문이 되고 프로세스문 내부에서 사용되면 순차 신호 대입문이 된다. 병렬 신호 대입문의 경우 각각의 문장이 병렬적으로 동작하게 되고 순차 대입문의 경우 선언된 순서에 맞추어서 델타 시간의 지연이 생기게 되면서 순차적으로 동작하게 된다.

(코드 6.2.3)과 같이 VHDL을 구성하면 반가산기를 표현할 수 있으며 이 코드를 논리 합성기(Logic Synthesizer)를 이용하여 논리 합성을 시키면 [그림 6.1]과 같은 반가산기 회로가 구성되고 ASIC이나 FPGA 기술을 이용하여 구현할 수가 있다.

일반적인 경우 VHDL로 표현된 논리회로는 논리 합성 이전에 먼저 테스트 벤치(test bench)를 이용하여 테스트를 하게 되는데 이러한 테스트 환경도 다음과 같이 VHDL 개발 환경에서 제공해 준다. 참고로 테스트 벤치란 디지털 시스템을 구현한 VHDL 코드가 제대로 구현되었는지 VHDL 코드의 기능과 동작을 확인하기 위한 환경이며 이 또한 VHDL로 서술이 가능하다.

```
library ieee;
use ieee.std_logic_1164.all;

entity tb_half_adder is
end tb_half_adder ;

architecture simulation of tb_half_adder is

component half_adder
     port (     a, b: in std_logic;
          s, c : out std_logic);
end component;

signal a, b :  std_logic;

begin

     a <= '0', '1' after 5 ns, '0' after 10 ns, '1' after 15 ns,
          '0' after 20 ns, '1' after 25 ns, '0' after 30 ns, '1' after 35 ns;
```

```
    b <= '0', '1' after 10 ns, '0' after 20 ns, '1' after 30 ns, '0' after 40 ns;

    U0 : half_adder port map (a=>a, b=>b, s=>open, c=>open);

end ;
```

코드 6.2.4 tb_half_adder.vhd

Half_Adder.vhd 코드와 마찬가지로 std_logic 형이 사용되기 때문에 IEEE 라이브러리의 사용을 선언하는 선언문과 std_logic_1164 패키지의 사용을 선언하는 두 줄의 문장을 제일 처음 사용하였다.

이후 소스 코드의 4번째 줄에서 tb_half_adder라는 엔티티 이름을 사용하여 엔티티 선언을 하였다. 그런데 Half_Adder.vhd 코드와는 달리 입출력신호가 선언되지 않음을 볼 수 있다. 본 tb_half_adder.vhd 코드의 경우 앞서 설계한 반가산기의 테스트를 위한 테스트 벤치 코드로 논리 합성의 의도가 없는 것이다. 따라서 [그림 6.3]과 같은 입출력신호를 가질 필요가 없으며 이러한 경우 소스 코드의 4, 5번째 줄과 같이 엔티티 선언만 해 주고 별도의 입출력 포트를 정의하지 않아도 된다.

아키텍처 선언문은 tb_half_adder 엔티티의 동작을 시뮬레이션(simulation)을 통해서 검증한다는 의미로 사용되었다. 아키텍처의 식별어(identifier)로서 Half_Adder.vhd에서는 "DataFlow"가 사용되었고 tb_half_adder.vhd에서는 "simulation"이 사용되었는데 아키텍처 본체의 서술 내용을 잘 표현하도록 설계자가 임의로 정의할 수 있는 것이다. 일반적으로다음과 같은 식별어들이 많이 사용된다.

a) dataflow: 아키텍처를 자료 흐름 관점으로 서술할 때
b) behave: 아키텍처를 알고리즘 관점으로 서술할 때
c) structure: 아키텍처를 상호 연결된 콤포넌트들로 서술할 때
d) simulation: 논리 합성의 의도가 없고 검증 용도로 사용할 때
e) testbench: d)와 같은 용도이며 테스트 벤치 서술용으로 사용할 때

아키텍처 문장 부분에서는 U0라는 실체화 레이블(instantiation label)을 이용하여 half_adder를 표현하고 있으며 이 콤포넌트의 입력신호 $a$, $b$를 after 문을 이용하여 생성하고 있음을 볼 수 있다.

after 문을 이용하여 각 시간 지연 이후의 신호 값을 정의하게 되며 이러한 값이 인가된 $a$, $b$ 신호가 half_adder의 입력신호로 연결됨을 U0 레이블을 갖는 콤포넌트 연결문에서 파악할 수 있다.

출력신호 $s$와 $c$의 경우는 검증 환경에서는 별도로 연결시킬 필요가 없으므로 **"open"** 예약어를 이용하여 연결이 안 된 상태로 유지하였으며 이러한 출력신호들은 시뮬레이션 과정에서 확인할 수 있다.

(코드 6.2.4)의 tb_half_adder.vhd 코드는 코드 6.2.3의 Half_Adder.vhd 코드의 동작을 검증하기 위한 VHDL 설계이며 이러한 코드를 VHDL 개발 환경을 이용하여 컴파일 시키고 시뮬레이션 시키면 Half_Adder의 동작을 검증할 수 있게 된다. 이 책에서는 Mento Graphics사에서 개발한 ModelSim이라는 VHDL 개발환경을 이용하여 설계된 VHDL 코드의 동작을 검증하도록 하겠다. ModelSim 검증 환경은 무료로 사용이 가능하며 설치 및 자세한 사용 방법은 부록 7을 참고하기 바란다.

(코드 6.2.3)과 (코드 6.2.4)를 ModelSim을 이용하여 컴파일 한 후 시뮬레이션 한 화면을 [그림 6.4]에 나타내었다. (코드 6.2.4)의 18~20번째 라인에서 생성한 $a$, $b$ 신호를 관찰할 수 있고 이러한 입력신호에 의한 출력신호 $s$와 $c$의 변화를 파악할 수 있으며 정상적인 반가산기의 동작을 수행하고 있음을 관찰할 수 있다.

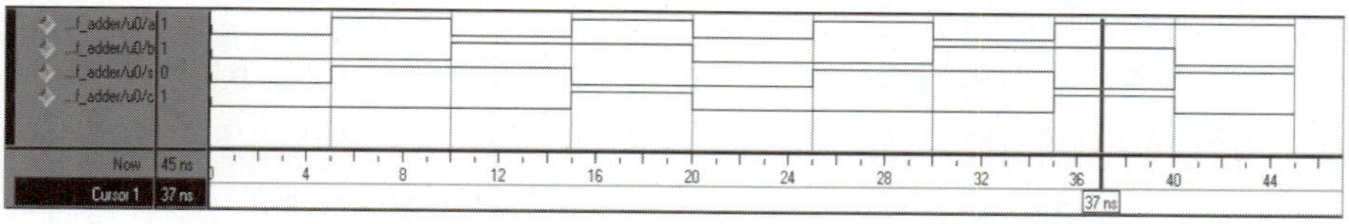


| 그림 6.4 ModelSim을 이용한 Half Adder의 동작 확인

그러면 앞과 유사하지만 조금 다른 논리회로를 VHDL을 이용하여 설계해 보도록 하자. [그림 6.5]에 또 다른 논리회로를 나타내었다. 세 개의 입력신호 $A$, $B$, $C$를 가지고 있고 하나의 출력신호 $Y$, 그리고 내부 신호 $X$를 가지고 있다.

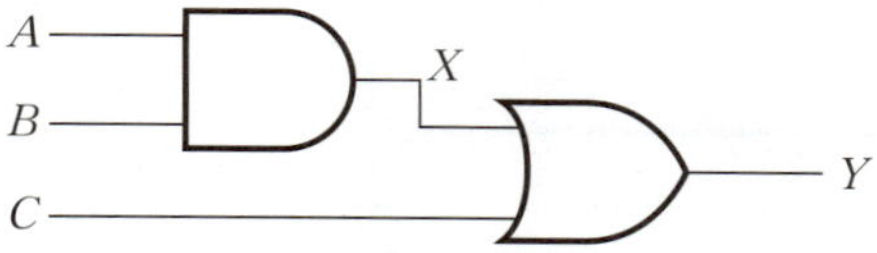


| 그림 6.5 또 다른 논리회로

[그림 6.5]는 다음과 같이 VHDL 언어로 구현이 가능하다.

```
library ieee;
use ieee.std_logic_1164.all;

entity Simple_Logic is
port(
     A, B, C : in std_logic
     Y : out std_logic);
end Simple_Logic;

architecture Dataflow of Simple_Logic is
     signal X : std_logic;
begin
     X <= A and B;
     Y <= X or C;
end Dataflow;
```

코드 6.2.5 Simple_Logic.vhd

(코드 6.2.5)와 (코드 6.2.3)과의 차이점을 비교해 보라. 두 개의 논리회로에서 입출력신호들은 엔티티 선언부에서 선언이 되고 있다. [그림 6.1]에는 없는 내부 신호 *X*가 [그림 6.5]에는 사용되고 있는데 신호 대입문에서 사용되기 위해서는 먼저 (코드 6.2.5)에서 나타낸 것과 같이 아키텍처 선언부에서 선언되어야 한다. 상수, 함수 선언들을 포함하여 입출력 포트에서 선언되지 않은 모든 내부 신호들은 아키텍처 선언부에서 선언한 후에야 사용할 수가 있다.

아래에 이 코드의 테스트 파형을 나타내었다.

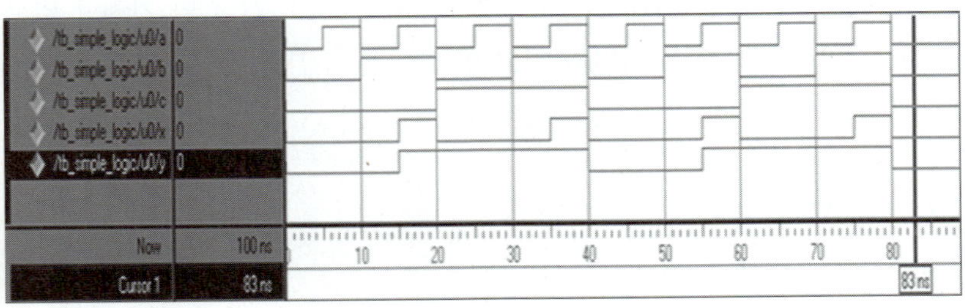


| 그림 6.6 ModelSim을 이용한 Simple_Logic의 동작 확인

그러면 앞장에서 다룬 다양한 종류의 조합회로 모듈들의 VHDL 구현 예들을 자세히 알아보도록 하자.

### (2) 디코더의 설계

프로세서가 시스템 내에 존재하는 다양한 주변 장치들을 선택하는 경우 즉 메모리, DMA(Direct Memory Access), 캐시(Cache), 프린터 포트 등의 다양한 주변 장치를 선택할 때 사용하는 디코더를 설계해 보자. 보통 어드레스 디코딩 용도로 많이 사용하며 본 절에서는 3개의 선택 신호를 이용하여 8개의 자원 중에서 하나를 선택할 수 있는 3-to-8 디코더를 VHDL을 이용하여 구현해 보자. 다음에 블록도와 진리표를 나타내었다.

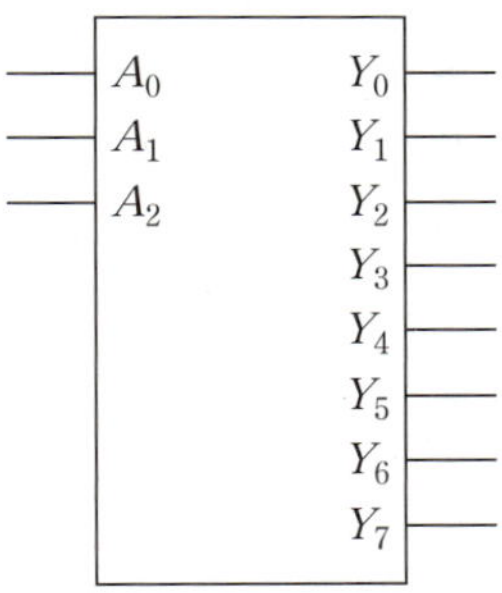


| $A_2$ | $A_1$ | $A_0$ | $Y_7$ | $Y_6$ | $Y_5$ | $Y_4$ | $Y_3$ | $Y_2$ | $Y_1$ | $Y_0$ |
|---|---|---|---|---|---|---|---|---|---|---|
| 0 | 0 | 0 | 0 | 0 | 0 | 0 | 0 | 0 | 0 | 1 |
| 0 | 0 | 1 | 0 | 0 | 0 | 0 | 0 | 0 | 1 | 0 |
| 0 | 1 | 0 | 0 | 0 | 0 | 0 | 0 | 1 | 0 | 0 |
| 0 | 1 | 1 | 0 | 0 | 0 | 0 | 1 | 0 | 0 | 0 |
| 1 | 0 | 0 | 0 | 0 | 0 | 1 | 0 | 0 | 0 | 0 |
| 1 | 0 | 1 | 0 | 0 | 1 | 0 | 0 | 0 | 0 | 0 |
| 1 | 1 | 0 | 0 | 1 | 0 | 0 | 0 | 0 | 0 | 0 |
| 1 | 1 | 1 | 1 | 0 | 0 | 0 | 0 | 0 | 0 | 0 |

| 그림 6.7 디코더의 블록도와 진리표

3-to-8 디코더의 경우 입력으로 3비트가 사용되며 출력으로 8비트가 사용되나 실제적으로는 std_logic_vector를 이용하여 입출력신호 모두 하나의 신호를 이용하여 다음과 같이 구현 가능하다.

```
library ieee;
use ieee.std_logic_1164.all;

entity decoder3x8 is
     port(A : in std_logic_vector(2 downto 0);
          Y : out std_logic_vector(7 downto 0));
end decoder3x8;
architecture behavioral of decoder3x8 is
```

```
begin
process(A)
begin
	case A is
		when "000" => Y <= "00000001";
		when "001" => Y <= "00000010";
		when "010" => Y <= "00000100";
		when "011" => Y <= "00001000";
		when "100" => Y <= "00010000";
		when "101" => Y <= "00100000";
		when "110" => Y <= "01000000";
		when "111" => Y <= "10000000";
		when others=> Y <= "00000001";
	end case;
end process;
end behavioral;
```

**코드 6.2.6** decoder3x8.vhd

프로세스 문 내부에 대표적인 순차문인 case 문이 사용되고 있는데 case 문은 아래와 같은 형태로 표현한다.

```
[ case_label : ]
	case expression is
		when choices => sequence_of_statements
		{ when choices => sequence_of_statements }
	end case [ case_label ] ;
```

선택사항으로 case 문의 레이블이 올 수 있으며 여러 단계로 계층 구조를 가지는 경우 case 문의 시작과 끝을 쉽게 파악할 수 있게 하는 용도로 사용된다. **case** 예약어 다음에 오는 표현식의 값은 이산형이나 문자형을 원소로 가지는 1차원 배열형이 되어야 한다.

case 문에서는 **case** 예약어 다음에 위치한 표현식의 값과 **when** 예약어 다음에 위치하는 선택(choice)값을 먼저 서술된 순서대로 비교해 나가며 가장 먼저 일치하는 선택값에 의해서 수행되어야 할 문장들이 결정된다. 선택된 문장들이 수행된 이후 다음 선택값의 비교 작업이 없이 바로 case 문을 빠져 나가게 된다. 만약에 표현식과 일치하는 선택값이 없을 경우에는 아무런 문장도 수행되지 않고 case 문을 나가게 된다. case 문을 사용할 경우에는 보통의 경우에는 마지막 선택 조건으로 **when others** 예약어를 많이 사용하며 이러한 경우에는 **others** 예약어 다음에 서술되는 문장들을 수행하게 된다. VHDL 문법적으로는 반드시 **others** 예약어를 사용해야 할 필요는 없으나 예상하지 못하는 선택 조건들을 고려해서 가급적 case 문의 마지막 선택값으로 **others** 예약어를 사용하는 습관을 가지는 것이 좋다.

**case** 문의 처음에 레이블을 사용하고 **end case** 다음에 레이블을 사용하지 않을 수 있다. 그러나 **case** 문의 마지막에 레이블이 사용될 경우 처음에 선언한 레이블과 같은 이름이 사용되어야 한다.

**case** 문의 실제 예는 다음과 같다.

```
case win_id_var is
     when "0001" | "0011"      => win_id <= "00";
     when "0101" | "1110"      => win_id <= "01";
     when "1111"               => win_id <= "10";
     when others               => win_id <= "11";
end case;
```

(코드 6.2.6)의 디코더에 대해서 적절한 테스트 벤치 코드를 이용한 시뮬레이션 결과 화면은 다음과 같다.

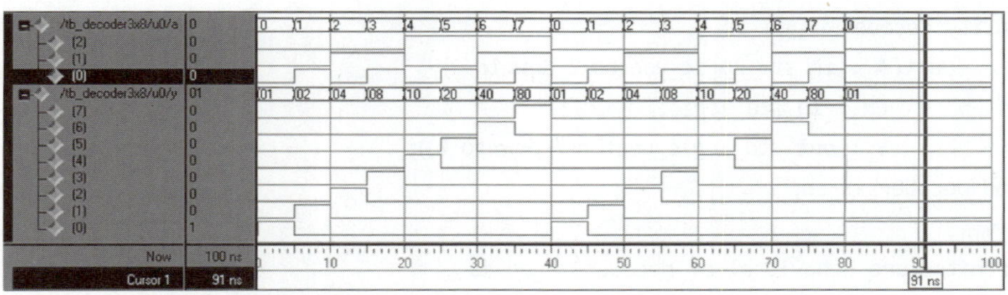

| 그림 6.8 디코더의 출력 파형 예

8개의 디코더 출력신호들을 메모리, DMA, 캐시 메모리 등에 연결하여 프로세서로 하

여금 데이터를 주고받기 위해 해당 주변 장치들을 선택하는 용도로 사용할 수 있다. 그러나 이 설계의 문제점은 여러 개의 주변 장치들 중에서 하나의 주변 장치는 반드시 동작되도록 설계되어 있고 이에 따라서 불필요한 전력 낭비 등이 발생할 수 있다. 이러한 경우 실제적으로는 디코더 기능에 부가적으로 활성화 입력신호 *en*을 추가하여 어드레스 디코딩 동작이 *en*='1'일 때만 동작하도록 함으로써 문제를 쉽게 해결할 수 있다. 활성화 입력 기능이 있는 디코더의 진리표는 [그림 6.9]와 같으며, *en*='0'일 경우에는 입력신호에 무관하게 모든 출력신호가 '0'이 되며 *en*='1'인 경우에만 3-to-8 디코더로 동작하게 된다.

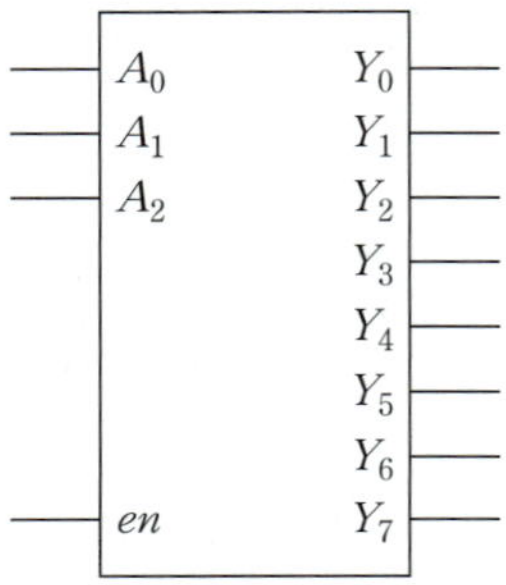


| $en$ | $A_2$ | $A_1$ | $A_0$ | $Y_7$ | $Y_6$ | $Y_5$ | $Y_4$ | $Y_3$ | $Y_2$ | $Y_1$ | $Y_0$ |
|---|---|---|---|---|---|---|---|---|---|---|---|
| 0 | – | – | – | 0 | 0 | 0 | 0 | 0 | 0 | 0 | 0 |
| 1 | 0 | 0 | 0 | 0 | 0 | 0 | 0 | 0 | 0 | 0 | 1 |
| 1 | 0 | 0 | 1 | 0 | 0 | 0 | 0 | 0 | 0 | 1 | 0 |
| 1 | 0 | 1 | 0 | 0 | 0 | 0 | 0 | 0 | 1 | 0 | 0 |
| 1 | 0 | 1 | 1 | 0 | 0 | 0 | 0 | 1 | 0 | 0 | 0 |
| 1 | 1 | 0 | 0 | 0 | 0 | 0 | 1 | 0 | 0 | 0 | 0 |
| 1 | 1 | 0 | 1 | 0 | 0 | 1 | 0 | 0 | 0 | 0 | 0 |
| 1 | 1 | 1 | 0 | 0 | 1 | 0 | 0 | 0 | 0 | 0 | 0 |
| 1 | 1 | 1 | 1 | 1 | 0 | 0 | 0 | 0 | 0 | 0 | 0 |

| 그림 6.9 활성화 입력(*en*)이 있는 디코더의 블록도와 진리표

enable 기능을 추가한 디코더의 VHDL 구현을 아래에 나타내었다.

```
library ieee;
use ieee.std_logic_1164.all;

entity decoder3x8_en is
     port(A : in std_logic_vector(2 downto 0);
          EN : in std_logic;
          Y : out std_logic_vector(7 downto 0));
end decoder3x8_en;

architecture behavioral of decoder3x8_en is
begin
process(A, EN)
begin
     if EN = '0' then
```

```
            Y <= "00000000";
        else
            case A is
                when "000" => Y <= "00000001";
                when "001" => Y <= "00000010";
                when "010" => Y <= "00000100";
                when "011" => Y <= "00001000";
                when "100" => Y <= "00010000";
                when "101" => Y <= "00100000";
                when "110" => Y <= "01000000";
                when "111" => Y <= "10000000";
                when others=> Y <= "00000001";
            end case;
        end if;
    end process;
    end behavioral;
```

**코드 6.2.7** decoder3x8_en.vhd

(코드 6.2.7)에서는 case 문 이외에 if 문이 사용되고 있다. if 문(if statement)은 하나 이상의 조건절의 진리값에 의해서 실행되어야 할 문장들을 결정하는 순차문이다. 순차문 중에서 신호 대입문과 함께 가장 널리 사용되는 문장이다. 특히 디지털 시스템 설계에서 가장 많이 사용되는 플립플롭의 모델링에 if 문이 사용된다. if 문은 아래와 같은 형태로 표현한다.

```
[ if_label : ]
    if condition then
        sequence_of_statements
    { elsif condition then
        sequence_of_statements }
    [ else
        sequence_of_statements ]
    end if [ if_label ] ;
```

이 표현에서 사용된 중괄호(braces: { })는 중괄호 내부의 표현이 반복될 수 있음을 의미한다. 이때 중괄호 내부의 표현의 반복 횟수는 0을 포함한다. if 문을 선언하기 위해서는 if로 시작되는 조건절은 반드시 와야 하며 다음으로 elsif로 시작되는 조건절은 0번을 포함하여 임의의 횟수로 반복되어 올 수 있다. 마지막으로 else 예약어가 오지 않을 수도 있고 온다면 단 한 번만 올 수 있다. 마지막으로 end if 예약어가 오게 된다.

if와 elsif 조건절은 선언된 순서대로 순차적으로 검사되며 처음 true 값을 갖는 조건절에서 선언된 문장들이 수행된다. 이후 전체 if 문을 빠져나가게 된다. 만약 true 값을 갖는 조건절이 없고 마지막으로 else 문이 정의되어 있을 경우 else 문 다음에 선언된 문장들이 수행된 후 전체 if 문을 빠져나간다. 만약 true 값을 갖는 조건절이 없고 마지막으로 else 문이 정의되어 있지 않을 경우는 아무런 문장도 수행되지 않는다.

if 문의 처음에 레이블을 사용하고 end if 다음에 레이블을 사용하지 않을 수 있다. 그러나 if 문의 마지막에 레이블이 사용될 경우 처음에 선언한 레이블과 같은 이름이 사용되어야 한다. 보통 if 문이 길어질 때 혹은 if 문 내부의 문장들에 다시 if 문이 올 경우 여러 개의 if 문들을 구분하기 위한 용도로 사용한다. elsif 예약어의 경우 C나 JAVA 언어와 같이 else if와 같은 의미로 동작하나 예약어는 elsif이므로 다른 언어와 혼동하지 않도록 주의해야 한다.

if 문의 예는 다음과 같다.

```
-- if 만을 이용하는 if 문
if (ADDR >= "1110000") then
     ECHO(" ERROR : Illegal read address!");
end if;

-- if, else를 이용하는 if 문
if hsync_1d = '0' and hsync_2d = '1' then
     hph_cnt <= 0;
else
     hph_cnt <= (hph_cnt + 1) mod 512;
end if;

-- if, elsif를 이용하는 if 문
if w0_x_outpos_in >= disp_outx_int then
     w0_x_outsize <= (others => '0');
elsif w0_x_outsize_in > diff_outx_w0_x_pos then
```

```
    w0_x_outsize <= diff_outx_w0_x_pos;
end if;

-- if, elsif, else를 이용하는 if 문
count_check :
if (one = '1' and count = 7) then
    count := 7;
    one := '0';
elsif (count = 0) then
    count := 15;
    one   := '1';
else
    count := count - 1;
end if count_check;
```

(코드 6.2.7)의 시뮬레이션 결과 화면은 다음과 같다.

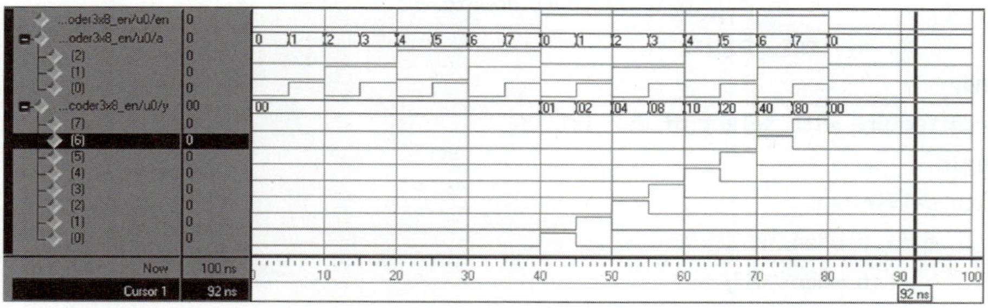

I 그림 6.10 디코더의 출력 파형 예

### (3) 멀티플렉서의 설계

멀티플렉서의 경우 복수 개로 입력되는 신호들 중에서 제어신호에 의해서 하나의 신호만을 선택하여 출력하는 회로이다. 보통 다음과 같은 블록도로 표시하며 진리표도 같이 나타내었다.

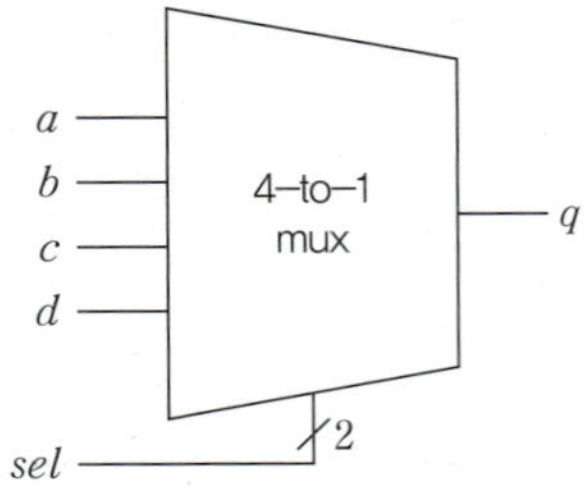


| *sel* | *q* |
|---|---|
| 0 0 | *a* |
| 0 1 | *b* |
| 1 0 | *c* |
| 1 1 | *d* |

| 그림 6.11 멀티플렉서 블록도와 진리표

위와 같은 논리회로는 다양한 방법으로 서술할 수 있는데 병렬문 중의 하나인 선택 신호 대입문(selected signal assignment statement)을 이용하여 쉽게 서술할 수 있다.

```
library ieee;
use ieee.std_logic_1164.all;

entity mux_4x1 is
     port( a, b, c, d: in std_logic;
          sel : in std_logic_vector(1 downto 0);
          q : out std_logic);
end;
architecture with_select of mux_4x1 is
begin
with sel select
     q <= a when "00",
          b when "01",
          c when "10",
          d when "11",
          a when others;
end;
```

위의 예에서는 병렬문 중의 하나인 with select 문을 이용하여 멀티플렉서를 구현하였지만 다음과 같은 다양한 방법으로 멀티플렉서를 구현 가능하다.

a) 순차문의 if 문

b) 순차문의 case 문

아래 예에서는 순차문의 if 문을 이용한 멀티플렉서의 VHDL 구현 회로를 나타내었다.

```
architecture if_statement of mux_4x1 is
begin
process(a,b,c,d,sel)
begin
     if sel = "00" then
          q <= a;
     elsif sel = "01" then
          q <= b;
     elsif sel = "10" then
          q <= c;
     elsif sel = "11" then
          q <= d;
     else
          q <= a;
     end if;
end process;
end;
```

위의 with select 문을 이용한 멀티플렉서나 if 문을 이용한 멀티플렉서는 같은 회로를 구성하게 된다. 위의 멀티플렉서 회로를 구성함에 있어서 두 가지 문장 모두 입력이 “00”, “01”, “10”, “11”인 경우 이외에 다른 경우에 대한 서술이 포함되어 있어서 의문을 가질 수 있다. 입력신호가 bit 형일 경우 가질 수 있는 값이 ‘0’과 ‘1’로 제한되어 있기 때문에 이러한 경우에는 ‘0’과 ‘1’에 대한 고려 이외의 값에 대한 고려는 불필요하다. 따라서 위의 문장의 경우 when others 문장과 if 문에서의 마지막 else 문은 불필요한 문장이라고 하겠다.

그러나 bit 형은 실제 신호의 특성을 잘 표현하지 못하기 때문에 논리 합성을 위한 용도로는 잘 사용되지 않고 IEEE 라이브러리의 STD_LOGIC_1164 패키지에서 정의된 std_logic 형을 일반적으로 사용한다. 이 신호의 경우 ‘0’, ‘1’ 값 이외에도 ‘H’, ‘L’, ‘Z’ 등 총 9가지 종류의 값을 가질 수 있다. 따라서 이러한 경우 위의 “00”, “01”, “10”, “11” 4가지 조건으로는 모든 경우의 수를 고려하고 있지 못하며 이러한 경우 when others 문장과 if 문에서의 마지막 else 문은 반드시 필요하며 따라서 설계 시 반드시 습관적으로 이러한 방식으로 서술을 해야 한다.

또한 위의 프로세스 문을 이용한 멀티플렉서의 구현 시 if 문의 조건절 혹은 순차문의 오른쪽에 위치하는 신호들은 모두 감지 리스트(sensitivity list)에 있어야 한다. 위의 경우에는 조건절에 위치한 sel 신호와 a, b, c, d의 신호는 모두 감지 리스트에 포함되어 있어야 하며 그렇지 않은 경우 입력신호의 변화가 출력신호에 반영이 되지 않아 원하는 결과를 얻을 수 없게 된다.

앞에서 설계한 멀티플렉서를 검증하기 위해서는 a, b, c, d 입력 포트 및 제어신호 sel에 대한 파형을 생성하는 작업이 선행되어야 한다. 참고로 VHDL 언어의 경우 대소문자의 구분이 없기 때문에 sel, Sel, SEL, seL 신호는 모두 같은 신호를 의미한다.

멀티플렉서의 검증을 위하여 모든 입력신호에 대하여 아래와 같은 단순 파형 대입문을 구성해보자.

```
A <= '0', '1' after 20 ns, '0' after 40 ns;
B <= '0', '1' after 10 ns, '0' after 20 ns, '1' after 30 ns, '0' after 40 ns;
C <= '0', '1' after 40 ns, '0' after 80 ns;
D <= '0', '1' after 20 ns, '0' after 40 ns, '1' after 60 ns, '0' after 80 ns;
SEL <= "00", "01" after 20 ns, "10" after 40 ns, "11" after 60 ns, "00" after 80 ns;
```

위의 파형 대입문들과 멀티플렉서 설계를 통합하여 다음과 같은 테스트 벤치를 구성 가능하다.

```
library ieee;
use ieee.std_logic_1164.all;

entity tb_mux_4x1 is
end tb_mux_4x1 ;
architecture simulation of tb_mux_4x1 is
component mux_4x1
    port (    a, b, c, d: in std_logic;
          sel : in std_logic_vector(1 downto 0);
          q : out std_logic);
end component;
```

```
signal a,b,c,d :  std_logic;
signal sel :  std_logic_vector(1 downto 0);
begin
      A <= '0', '1' after 20 ns, '0' after 40 ns;
      B <= '0', '1' after 10 ns, '0' after 20 ns, '1' after 30 ns, '0' after 40 ns;
      C <= '0', '1' after 40 ns, '0' after 80 ns;
      D <= '0', '1' after 20 ns, '0' after 40 ns, '1' after 60 ns, '0' after 80 ns;
      SEL <= "00", "01" after 20 ns, "10" after 40 ns, "11" after 60 ns, "00" after 80 ns;
      U0 : mux_4x1 port map (A=>A,B=>B,C=>C, D=>D, SEL=> SEL, Q=>open);
end ;
```

**코드 6.2.8** tb_mux_4x1.vhd

이러한 테스트 벤치를 수행하여 얻은 출력 파형은 다음과 같다.

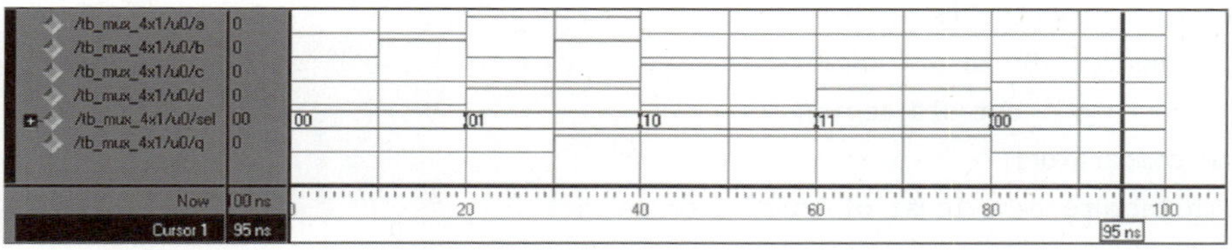


I 그림 6.12 멀티플렉서 테스트 벤치를 이용한 출력 파형

위의 출력 파형을 잘 관찰해보면 sel="00"일 때 a 신호값 '0'이 출력됨을 볼 수 있고 sel="01"일 때 '0'에서 '1'로 변화하는 b 신호가 출력됨을 알 수 있고 sel="10"일 때 c 신호 '1' 값이 출력되는 것을 알 수 있고 마지막으로 sel="11"일 때 '1'인 d 신호가 출력됨을 알 수 있다.

## (4) 비교기의 설계

두 개의 신호를 입력 받아 두 신호가 같을 경우 '1', 다를 경우 '0'을 출력하는 가장 단순한 형태의 비교기를 구현해 보자. 다음에 블록도와 진리표를 나타내었다.

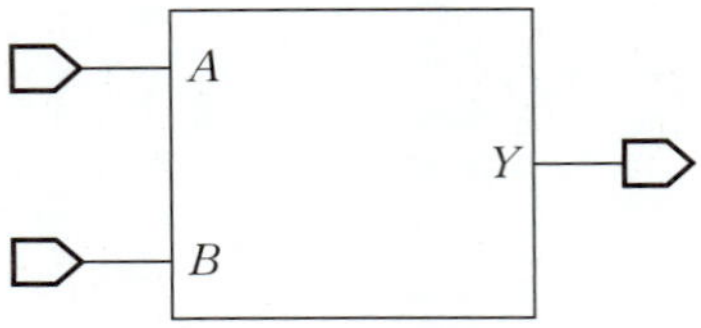


| A | B | Y |
|---|---|---|
| 0 | 0 | 1 |
| 0 | 1 | 0 |
| 1 | 0 | 0 |
| 1 | 1 | 1 |

| 그림 6.13 비교기의 블록도와 진리표

이 경우 Y = not (A xor B)와 같이 단순히 구현할 수도 있지만 확장성을 고려하여 if 문으로 구현한 예를 아래에 나타내었다. 또한 이를 검증할 수 있는 테스트 벤치도 같이 나타내었다.

```
library ieee;
use ieee.std_logic_1164.all;

entity comparator is
    port(A, B: in std_logic;
        Y : out std_logic);
end comparator;
architecture behavioral of comparator is
begin
    -- Y <= not(A xor B) ;
process(A, B)
begin
    if (A = B) then
        Y <= '1';
    else
        Y <= '0';
    end if;
end process;
end;
```

```
library ieee;
use ieee.std_logic_1164.all;

entity tb_comparator is
end tb_comparator ;
```

```
architecture simulation of tb_comparator is
component comparator
     port (A, B: in std_logic;
          Y : out std_logic);
end component;
signal signal_a,signal_b :  std_logic;
begin
     signal_a <= '0', '1' after 20 ns, '0' after 40 ns;
     signal_b <= '0', '1' after 10 ns, '0' after 20 ns, '1' after 30 ns, '0' after 40 ns;
     U0 : comparator port map (A=>signal_a, B=>signal_b, Y=>open);
end ;
```

코드 6.2.9 tb_comparator.vhd

### ① 제네릭(generic)의 사용

다시 비교기의 설계 회로를 살펴보면 현재는 가장 단순한 1비트 입력신호에 대한 비교를 수행하고 있으나 경우에 따라서 2비트 입력이나 4비트 입력의 비교기를 구성할 수 있다. 즉, 4비트 입력의 비교기를 구성하는 경우 두 개의 4비트 입력이 모두 같은 경우 '1'을 출력하고 그렇지 않은 경우 '0'을 출력하는 회로가 된다. 위의 비교기를 조금 수정하여 다음과 같은 비교기를 구현할 수 있다.

```
library ieee;
use ieee.std_logic_1164.all;

entity comparator is
     port(A : in std_logic_vector(3 downto 0);
          B : in std_logic_vector(3 downto 0);
          Y : out std_logic);
end comparator;
architecture behavioral of comparator is
begin
     process(A, B)
     begin
          if (A = B) then
               Y <= '1';
```

```
            else
                  Y <= '0';
            end if;
      end process;
end;
```

앞과 같은 설계 방식의 경우 4비트의 비교기를 위한 설계로서는 적당하지만 비교기의 특성상 입력 비트 수가 다른 경우도 많이 발생할 수 있으며 이러한 경우 해당되는 신호의 비트수를 모두 변경해야 하는 불편함이 존재한다. 또한 설계가 복잡한 경우 변경해야 할 신호들 모두에 대한 변경이 안 되어 이로 말미암아 버그를 초래하기도 한다. 따라서 임의의 비트수 입력에 대한 회로를 구성할 필요가 있으며 VHDL에서는 제네릭(generic)을 통해서 해결할 수 있다. 아래에 generic을 통한 비교기 구성 예와 이를 이용한 간단한 검증 예를 나타내었다.

```
library ieee;
use ieee.std_logic_1164.all;

entity comparator is
      generic(N : integer);
      port(A : in std_logic_vector(N-1 downto 0);
            B : in std_logic_vector(N-1 downto 0);
            Y : out std_logic);
end comparator;

architecture behavioral of comparator is
begin
      process(A, B)
      begin
            if (A = B) then
                  Y <= '1';
            else
                  Y <= '0';
            end if;
      end process;
end;
```

```
library ieee;
use ieee.std_logic_1164.all;
entity tb_comparator is
end tb_comparator ;
architecture simulation of tb_comparator is
      component comparator
            generic(N : integer);
            port (A : in std_logic_vector(N-1 downto 0);
                  B : in std_logic_vector(N-1 downto 0);
                  Y : out std_logic);
      end component;
      signal signal_a,signal_b :  bit_vector(3 downto 0);
begin
      signal_a <= "0000", "1111" after 20 ns, "0000" after 40 ns;
      signal_b <= "0000", "1111" after 10 ns, "0000" after 20 ns,
                          "1111" after 30 ns, "0000" after 40 ns;
      u0: comparator
            generic map(N => 4)
            port map (A=>signal_a,B=>signal_b,Y=>open);
end ;
```

코드 6.2.10 tb_Nbit_comparator.vhd

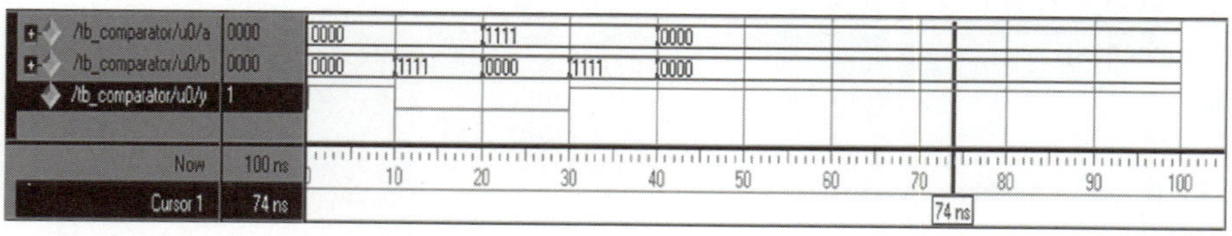


| 그림 6.14 비교기의 출력 파형 예

### ② 비교기의 일반화

두 개의 입력신호에 A, B에 대해서 다음의 출력신호를 제공하는 일반적인 비교기 설계 예를 다음에 나타내었다.

a) A = B인 경우에 출력신호 A_EQ_B = '1' 나머지 경우에 A_EQ_B = '0'
b) A 〉 B인 경우에 출력신호 A_GT_B = '1' 나머지 경우에 A_GT_B = '0'
c) A 〈 B인 경우에 출력신호 A_LT_B = '1' 나머지 경우에 A_LT_B = '0'
d) A 〉= B인 경우에 출력신호 A_GE_B = '1' 나머지 경우에 A_GE_B = '0'
e) A 〈= B인 경우에 출력신호 A_LE_B = '1' 나머지 경우에 A_LE_B = '0'

```
library ieee;
use ieee.std_logic_1164.all;

entity comparator is
    generic(N : integer := 4);
    port(A : in std_logic_vector(N-1 downto 0);
         B : in std_logic_vector(N-1 downto 0);
         A_EQ_B, A_GT_B, A_LT_B, A_GE_B, A_LE_B : out std_logic);
end comparator;
architecture behavioral of comparator is
begin
process(A, B)
begin
    if (A = B) then     A_EQ_B <= '1';
    else                A_EQ_B <= '0';  end if;
    if (A > B) then     A_GT_B <= '1';
    else                A_GT_B <= '0';  end if;
    if (A < B) then     A_LT_B <= '1';
    else                A_LT_B <= '0';  end if;
    if (A >= B) then    A_GE_B <= '1';
    else                A_GE_B <= '0';  end if;
    if (A <= B) then    A_LE_B <= '1';
    else                A_LE_B <= '0';  end if;
end process;
end;
```

코드 6.2.11 gen_comparator.vhd

앞 코드의 시뮬레이션 결과 화면은 다음과 같다.

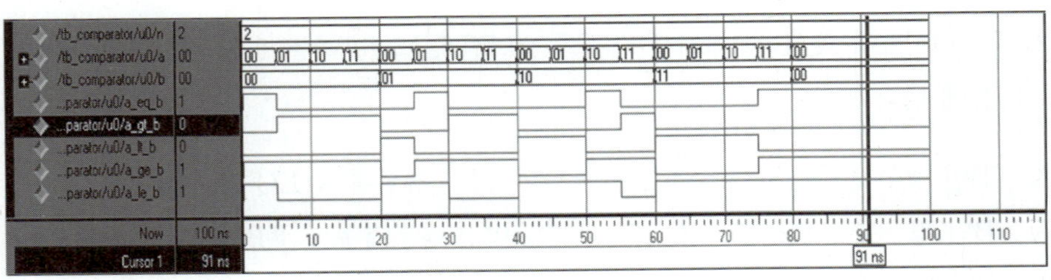


| 그림 6.15 비교기의 출력 파형 예

### (5) ALU의 설계

이 절에서는 산술논리 연산기를 VHDL을 이용하여 설계해 보기로 하겠다. 설계를 위해서 고려할 내용들은 다음과 같다.

a) 입력 데이터 : 각각 4비트의 입력 데이터 : A(3 downto 0), B(3 downto 0)
b) 올림수 데이터 : 입력 Cn, 출력 Cn+4
c) 입력 제어신호 : S(2 downto 0)
d) 출력 데이터 : 4비트의 출력 데이터 : F(3 downto 0)

또한 이 산술논리 연산기의 경우 클럭을 사용하고 있지 않으니 플립플롭이 생성되면 안 되며 두 개의 입력 데이터와 입력 제어신호에 의해서 바로 출력이 생성됨을 알 수 있다.

설계를 시작하기 전에 올림수에 대해서 간단히 살펴보기로 하자. 덧셈 연산의 경우 A + B 연산에서 두 수의 합이 "1111", 즉 15를 넘어서면 올림수가 발생하고 Cn+4가 '1'로 설정된다. 그런데 낮은 자릿수에서 올림수가 발생한 경우 Cn = '1'로 되고 이 경우에는 두 수의 합이 15가 되더라도 올림수가 발생하게 된다. 따라서 덧셈 연산 시 Cn 값과 두 수의 합의 관계를 이용하여 Cn+4의 값이 결정된다.

뺄셈 연산일 경우에는 Cn+4가 올림수가 아니라 빌림수가 되는데 높은 자릿수에서 1을 빌려오는 것을 의미한다. 즉, B − A 연산에서 B가 A보다 크거나 같으면 빌림수가 발생하지 않는다. 그렇지 않은 경우 빌림수가 발생하고 이때 Cn+4가 '0'이 된다. 즉, 빌림수가 발생하지 않으면 Cn+4는 '1'이 되고 빌림수가 발생하면 Cn+4가 '0'이 된다.

그런데 만약 아래 자리 연산에서 빌림수가 발생한 경우에는 현재의 Cn값이 '0'이 되고 이 경우에는 B − A 연산에서 B가 A보다 커야만 빌림수가 발생하지 않고 이때 Cn+4는 '1'이 된다. 그렇지 않은 경우 Cn+4가 '0'이 된다.

| 덧셈 연산 | | | 뺄셈 연산 | | |
|---|---|---|---|---|---|
| 82 | 80 | 82 | 55 | 56 | 55 |
| + 17 | + 17 | + 17 | − 55 | − 55 | − 55 |
| | + 1 | + 1 | | − 1 | − 1 |
| 99 | 98 | 00 | 00 | 0 | 99 |
| | | 1 | | | − 1 |
| $C_n$='0' | $C_n$='1' | $C_n$='1' | $C_n$='1' | $C_n$='0' | $C_n$='0' |
| $C_{n+4}$='0' | $C_{n+4}$='0' | $C_{n+4}$='1' | $C_{n+4}$='1' | $C_{n+4}$='1' | $C_{n+4}$='0' |
| (a) | (b) | (c) | (d) | (e) | (f) |

| 그림 6.16 산술 연산에서 올림수와 빌림수 규칙

[그림 6.16]에 실제적인 예를 나타내었는데 (a)의 경우는 낮은 자릿수에서 올림수가 발생하지 않았고 현재 단계에서도 올림수가 발생하지 않은 경우이다. (b)의 경우는 낮은 자릿수에서 올림수가 발생하였으나 현재 단계에서 올림수가 발생하지 않은 경우이다. (c)의 경우는 낮은 자릿수에서 올림수가 발생하였고 현재 단계에서도 올림수가 발생한 경우이다.

(d)의 경우는 낮은 자릿수에서 빌림수가 발생하지 않았고 현재 단계에서도 빌림수가 발생하지 않은 경우이다. (e)의 경우는 낮은 자릿수에서 빌림수가 발생하였으나 현재 단계에서 빌림수가 발생하지 않은 경우이다. (f)의 경우는 낮은 자릿수에서 빌림수가 발생하였고 현재 단계에서도 빌림수가 발생한 경우이다.

산술 연산의 경우 이와 같은 올림수와 빌림수 규칙을 정확히 구현할 필요가 있다.

논리 연산의 경우 올림수나 빌림수와 같은 연산이 발생하지 않는다. 74LS382의 경우 조금 더 복잡한 규칙을 가지고 있는데, 이는 ALU 설계와는 무관하니 산술 연산 이외의 올림수 규칙은 Cn+4를 Cn 값으로 대치하는 것으로 설계를 하기로 하자.

그러면 이와 같은 조건을 만족하는 VHDL 코드는 다음과 같다.

```
library ieee;
use ieee.std_logic_1164.all;
use ieee.std_logic_unsigned.all;
entity ls382a is
port( cn : in STD_LOGIC;
     s : in STD_LOGIC_VECTOR(2 downto 0);
     a, b : in STD_LOGIC_VECTOR(3 downto 0);
     f : out STD_LOGIC_VECTOR(3 downto 0);
     cn4 : out STD_LOGIC);
end;
architecture behavioral of ls382a is
     constant CLEAR : std_logic_vector(2 downto 0) := "000";
     constant B_MINUS_A : std_logic_vector(2 downto 0) := "001";
     constant A_MINUS_B : std_logic_vector(2 downto 0) := "010";
     constant A_PLUS_B : std_logic_vector(2 downto 0) := "011";
     constant A_XOR_B : std_logic_vector(2 downto 0) := "100";
     constant A_OR_B : std_logic_vector(2 downto 0) := "101";
     constant A_AND_B : std_logic_vector(2 downto 0) := "110";
```

```
    constant PRESET : std_logic_vector(2 downto 0) := "111";
begin
process (s, a, b, cn)
begin
    case s is
        when CLEAR =>
            f <= "0000"; cn4 <= '0';
        when B_MINUS_A =>
            if cn = '0' then
                f <= b - a - 1;
                if b > a then       cn4 <= '1';
                else                cn4 <= '0';       end if;
            else
                f <= b - a;
                if b >= a then      cn4 <= '1';
                else                cn4 <= '0';       end if;
            end if;
        when A_MINUS_B =>
            if cn = '0' then
                f <= a - b - 1;
                if a > b then       cn4 <= '1';
                else                cn4 <= '0';       end if;
            else
                f <= a - b;
                if a >= b then      cn4 <= '1';
                else                cn4 <= '0';       end if;
            end if;
        when A_PLUS_B =>
            if cn = '1' then
                f <= a + b + 1;
                if a + b >= 15 then cn4 <= '1';
                else                cn4 <= '0';    end if;
            else
                f <= a + b;
                if a + b > 15 then  cn4 <= '1';
                else                cn4 <= '0';    end if;
            end if;
        when A_XOR_B =>
```

```
                f <= a XOR b;       cn4 <= cn;
            when A_OR_B =>
                f <= a OR b;        cn4 <= cn;
            when A_AND_B =>
                f <= a AND b;       cn4 <= cn;
            when PRESET =>
                f <= "1111";        cn4 <= cn;
            when others =>
                f <= "0000";        cn4 <= '0';
        end case;
    end process;
    end behavioral;
```

**코드 6.2.12** ls382a.vhd

앞의 코드를 구현함에 있어서 std_logic_vector 신호의 산술 연산을 +, − 연산자를 이용하여 쉽게 서술하였는데 이는 IEEE 라이브러리의 std_logic_unsigned 패키지를 불러들임으로써 가능해진다.

### (6) 3상태 버퍼의 설계

아래에 3상태 버퍼(tri−state buffer)의 기호 및 진리표를 나타내었다.

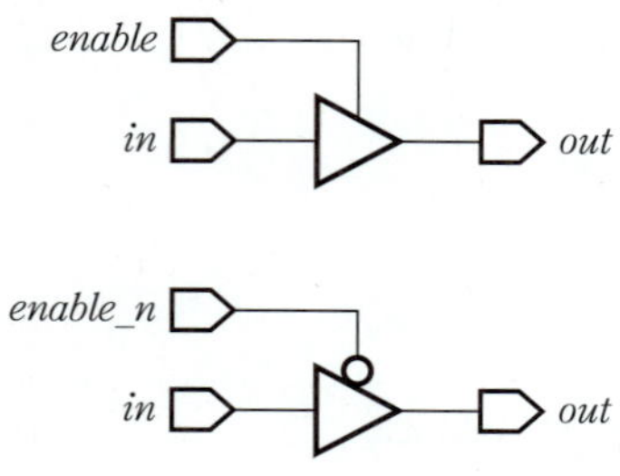


| *enable* | *in* | *out* |
|---|---|---|
| 0 | X | *Z* |
| 1 | 0 | 0 |
| 1 | 1 | 1 |

| *enable_n* | *in* | *out* |
|---|---|---|
| 1 | X | *Z* |
| 0 | 0 | 0 |
| 0 | 1 | 1 |

**그림 6.17** 3상태 버퍼의 기호 및 진리표

3상태 버퍼에 대한 자세한 설명은 4.6절을 참고하기 바란다. 그러면 std_logic 형을 이용한 3상태 버퍼의 구현 코드를 작성해 보기로 하자.

```
library ieee ;
use ieee.std_logic_1164.all ;
entity tribuf is
     port ( i, enable : in std_logic;
              o : out std_logic);
end tribuf;
architecture behavioral of tribuf is
begin
     o <= i when enable = '1' else 'Z';
end ;
```

코드 6.2.13 tribuf.vhd

위 코드에 의한 시뮬레이션 결과 파형을 아래에 나타내었다.

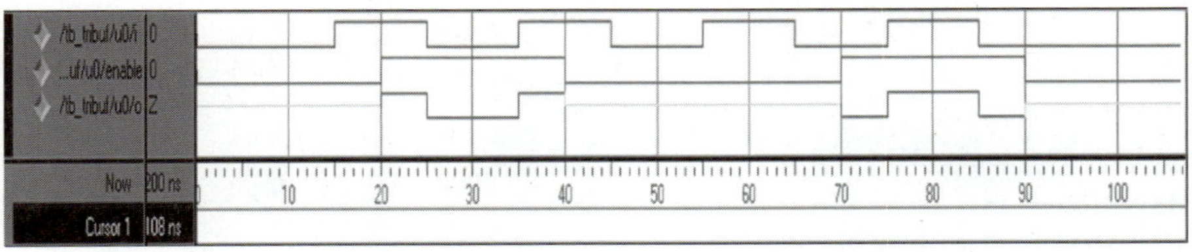


| 그림 6.18 3상태 버퍼의 동작 파형

enable 신호가 '0'일 경우 출력은 'Z' 값을 나타내고 있으며 ModelSim 시뮬레이션 윈도우에서는 파랑색으로 표시된다. enable 신호가 '1'일 경우 입력값이 그대로 출력되고 있음을 알 수 있다.

3상태 버퍼(tri-state buffer)를 사용하면 여러 모듈 간에 버스를 통하여 데이터 전송을 할 수 있는 양방향 입출력 버퍼 회로를 구현할 수 있다. [그림 6.19]는 3상태 버퍼를 사용한 입출력 버퍼 회로와 진리표를 보여주고 있다. 이 양방향 버퍼는 4.6절의 [그림 4.35]와 같이 버스에 연결할 모듈과 버스 사이에 두어 모듈 간의 데이터 전송이 버스를 통하여 가능하게 하는 회로이다.

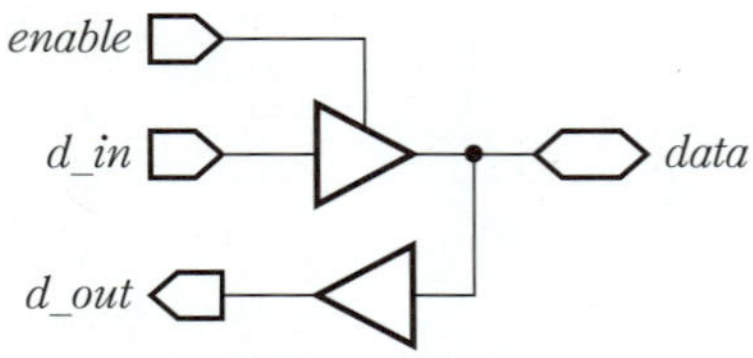


| *enable* | *d_in* | *data* | *d_out* |
|---|---|---|---|
| 0 | 0 | *Z* | *Z* |
| 0 | 1 | *Z* | *Z* |
| 1 | 0 | 0 | 0 |
| 1 | 1 | 1 | 1 |

| 그림 6.19 입출력 버퍼 회로와 진리표

양방향 신호인 data는 모듈 간에 데이터 전송을 위한 버스의 한 신호선이고, enable 신호는 입출력 버퍼 활성화 신호로 해당 모듈에서 출력한 데이터를 d_in 입력선으로 받아서 버스 신호선이 data로 전송하도록 하는 신호이다. 전송되는 데이터는 동시에 d_out으로도 출력이 되어 해당 모듈에서 입력할 수 있도록 되어 있다. 모듈에서 버스 데이터를 입력하는 경우는 enable='0'이 되어 3상태 버퍼는 비활성화되어 출력이 'Z' 상태로 되고, 버스 신호인 data 값이 d_out으로 출력이 되어 해당 모듈에서 버스 데이터를 입력하게 된다. 입출력 버퍼를 구현한 코드는 다음과 같다.

```
library ieee ;
use ieee.std_logic_1164.all ;
entity iobuf is
     port ( d_in, enable : in std_logic;
          d_out : out std_logic;
          data : inout std_logic);
end iobuf;
architecture behavioral of iobuf is
begin
     data <= d_in when enable = '1' else 'Z';
     d_out <= data;
end ;
```

코드 6.2.14 iobuf.vhd

앞 코드에 의한 시뮬레이션 결과 파형을 다음에 나타내었다.

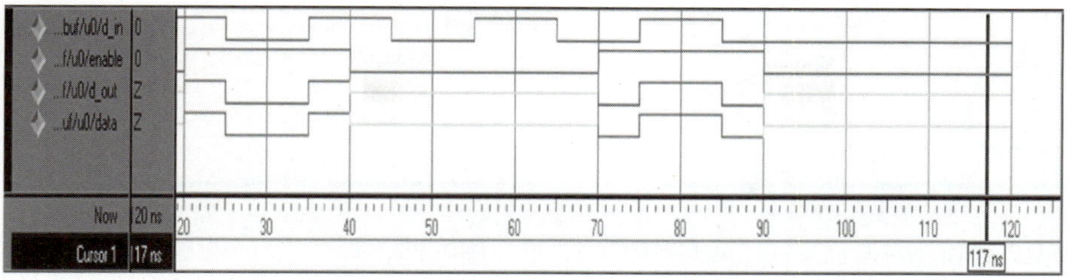


| 그림 6.20 입출력 버퍼의 동작 파형

# 단원요약

1. 조합회로의 VHDL 설계 시 bit 형의 사용보다는 std_logic 형의 사용이 권장된다.

2. bit 형의 경우 '0', '1'의 값만 표현이 가능하나 std_logic 형의 경우 이 외에도 'z', 'x', 'h', 'l' 등 다양한 값 설정이 가능하여 실제적인 하드웨어의 동작을 표현 가능한 장점이 있다.

3. 비교기, 멀티플렉서 등은 bit 형을 사용하여 서술이 가능하나 3-상태 버퍼의 구현을 위해서는 std_logic 형의 사용이 요구된다.

4. VHDL 언어을 이용하여 조합회로의 구현이 쉬울 뿐만 아니라 테스트 벤치를 쉽게 작성할 수 있어 설계된 회로의 검증 작업을 용이하게 할 수 있는 장점이 있다.

5. 식별어(identifier)는 엔티티나 아키텍처의 이름, 신호(signal)나 변수(variable), 상수의 이름 등 설계자가 명명해야 할 다양한 문법 구조의 이름으로 사용된다.

6. 프로세스문은 병렬문이고 프로세스문 내부의 문장들은 순차문으로 구성된다.

7. 엔티티 선언(entity declaration)을 이용하여 주어진 설계 엔티티와 외부 환경 사이의 인터페이스를 정의한다.

8. 아키텍처 본체(architecture body)는 설계 엔티티(design entity)의 본체를 정의하며 설계 엔티티의 입력신호와 출력신호들의 동작 관계를 규정한다.

9. if 문과 case 문은 순차문으로 병렬문인 process 문 내부에서 사용된다.

# 연습문제

**01** 아래와 같은 가산기 회로도가 있다. 이 회로의 입출력 인터페이스도를 그려라.

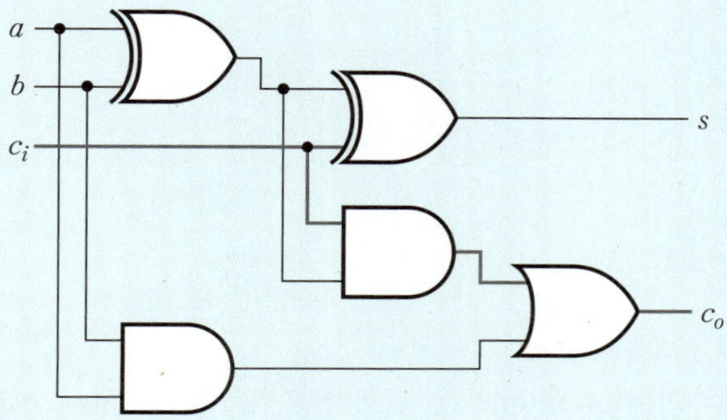


**02** 문제 1 회로의 입출력을 정의하기 위한 엔티티 선언을 작성하라.

**03** 아래 논리회로의 엔티티를 정의하고 논리회로의 동작을 서술하라.

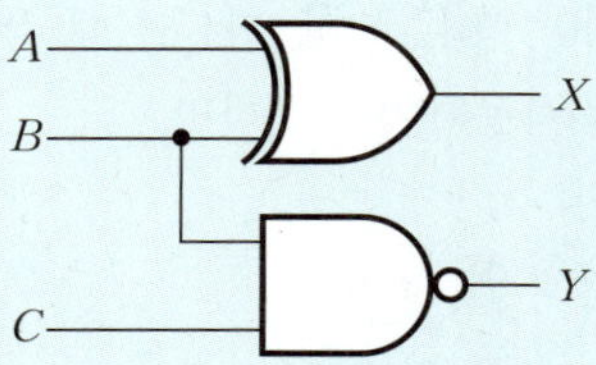


**04** 아래의 파형 대입문에 의해서 생성되는 파형을 그려라.

```
C <= '0', '1' after 25 us, '0' after 50 ns ;
```

**05** 다음과 같은 파형을 가지도록 after 예약어를 이용하여 파형 대입문을 생성하라.

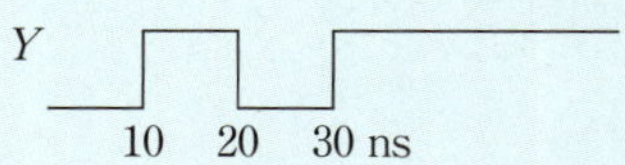

**06** 다음과 같은 파형을 가지도록 after 예약어를 이용하여 파형 대입문을 생성하라.

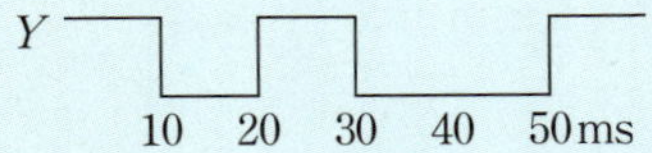


**07** 아래의 선택 신호 대입문을 등가의 case 문으로 변경하라.

```
with sel select
     q <= a when "00",
          b when "01",
          c when "10",
          d when "11",
          a when others;
```

**08** 0부터 500까지의 값이 반복되는 counter라는 신호가 있다. 이 counter 신호값이 100일 때 '1'이 출력되고 300이 될 때 '0'이 출력되는 신호의 이름을 sync라고 하자. sync 신호를 생성하는 논리회로를 if 문장을 사용하여 구성하라.

**09** *A*, *B*, *C*, *D* 4개의 입력신호가 있고 하나의 출력신호 *Y*가 있다. 그리고 2비트의 선택신호 sel(1 downto 0) 신호가 있다. sel 값이 "00", "01", "10", "11"일 때 각각 *A*, *B*, *C*, *D*가 *Y*로 출력되는 논리회로를 case 문장을 사용하여 구성하라.

**10** 아래와 같은 논리회로에 대해서 적당한 신호를 정의한 후

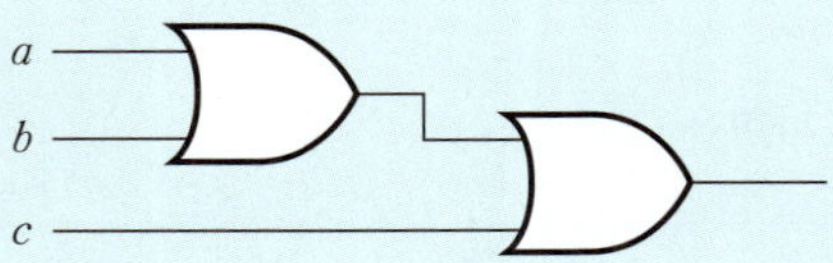


(a) VHDL을 이용하여 구현하라.

(b) *a*, *b*, *c* 입력신호에 대해서 적당한 파형을 가한 후 결과값을 확인하라.

**11** 아래와 같은 논리회로에 대해서 적당한 신호를 정의한 후

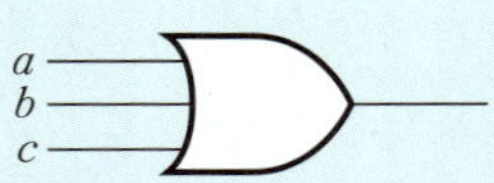

(a) VHDL을 이용하여 구현하라.

(b) $a$, $b$, $c$ 입력신호에 대해서 적당한 파형을 가한 후 결과값을 확인하라.

(c) 문제 10의 결과값과 일치하는 것을 확인하고 이를 통해서 문제 10과 11의 게이트가 등가임을 확인하라.

**12** 아래와 같은 논리회로에 대해서 적당한 신호를 정의한 후

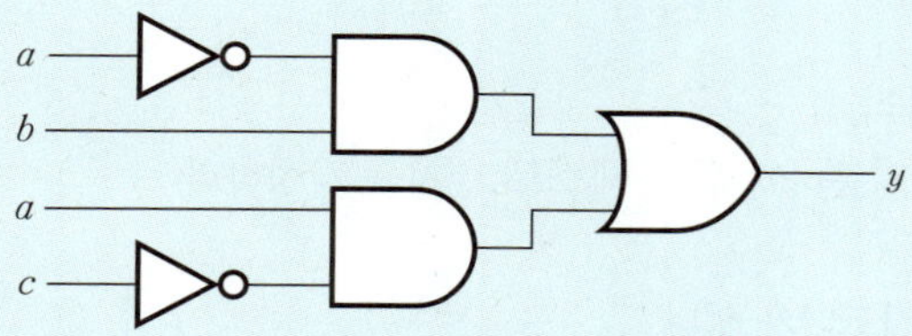


(a) VHDL을 이용하여 구현하라.

(b) $a$, $b$, $c$ 입력신호에 대해서 적당한 파형을 가한 후 결과값을 확인하라(회로도에서 두 개의 $a$는 같은 신호임).

**13** 문제 12의 논리회로에서 내부 신호를 정의하지 말고 하나의 논리식으로 출력 y를 생성하도록

(a) VHDL을 이용하여 구현하라.

(b) $a$, $b$, $c$ 입력신호에 대해서 적당한 파형을 가한 후 결과값을 확인하라(회로도에서 두 개의 $a$는 같은 신호임).

(c) 문제 12의 결과값과 일치하는 것을 확인하라.

**14** 아래와 같은 논리회로가 있다.

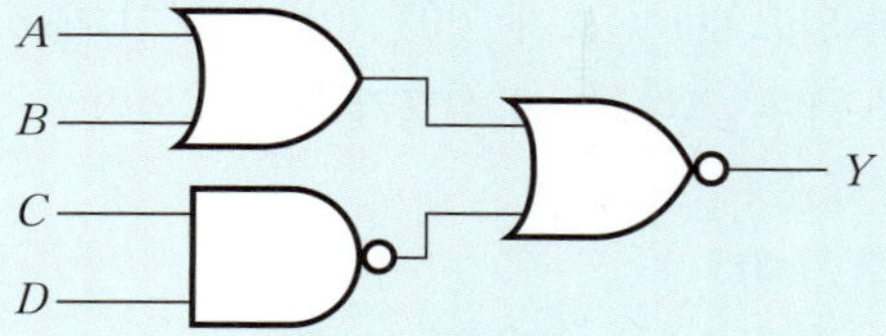


(a) VHDL을 이용하여 구현하라.

(b) (a)에서 구현한 논리회로를 검증하기 위한 테스트 벤치를 작성하라. 4개의 입력신호에서 발생할 수 있는 모든 경우의 수를 포함하는 테스트 벤치를 작성해야 한다.

(c) 테스트 벤치를 이용한 검증을 통해서 출력 $Y$가 '1'이 되는 조건이 무엇인지 확인하라.

**15** 아래와 같은 논리회로가 있다.

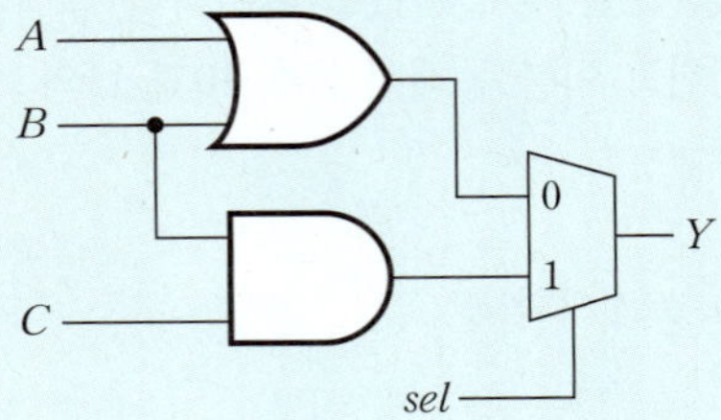


(a) VHDL을 이용하여 구현하라.

(b) a)에서 구현한 논리회로를 검증하기 위한 테스트 벤치를 작성하라.

**16** 아래와 같은 진리값을 가지는 디코더가 있다.

| $A_2$ | $A_1$ | $A_0$ | $Y_7$ | $Y_6$ | $Y_5$ | $Y_4$ | $Y_3$ | $Y_2$ | $Y_1$ | $Y_0$ |
|---|---|---|---|---|---|---|---|---|---|---|
| 0 | 0 | 0 | 0 | 0 | 0 | 1 | 0 | 0 | 0 | 1 |
| 0 | 0 | 1 | 0 | 0 | 1 | 0 | 0 | 0 | 1 | 0 |
| 0 | 1 | 0 | 0 | 1 | 0 | 0 | 0 | 1 | 0 | 0 |
| 0 | 1 | 1 | 1 | 0 | 0 | 0 | 1 | 0 | 0 | 0 |
| 1 | 0 | 0 | 0 | 0 | 0 | 1 | 0 | 0 | 0 | 0 |
| 1 | 0 | 1 | 0 | 0 | 1 | 0 | 0 | 0 | 0 | 0 |
| 1 | 1 | 0 | 0 | 1 | 0 | 0 | 0 | 0 | 0 | 0 |
| 1 | 1 | 1 | 1 | 0 | 0 | 0 | 0 | 0 | 0 | 0 |

(a) 입력이 *A*(2 downto 0), 출력이 *Y*(7 downto 0)로 구성될 때 VHDL을 이용하여 구현하라.

(b) a)에서 구현한 논리회로를 검증하기 위한 테스트 벤치를 작성하라.

**17** 입력이 *a*, *b*, *c* 세 비트이고 sel(1 downto 0) 선택 신호를 갖는 3-to-1 멀티플렉서가 있다. 출력신호로는 *q*와 invalid가 있고 sel 신호가 "00", "01", "10"일 때 *a*, *b*, *c* 신호가 *q*로 출력되고 invalid = '0'이 된다. 그리고 sel 신호가 "11"이 되면 *q* 신호는 '0'이 되고 invalid = '1'이 된다.

(a) VHDL을 이용하여 멀티플렉서를 설계하라.

(b) a)에서 구현한 논리회로 검증하기 위한 테스트 벤치를 작성하라.

**18** 입력이 $a$(3 downto 0), $b$(3 downto 0)로 두 개의 벡터 신호가 입력된다. 출력으로는 Equal, BigA, BigB 신호가 있으며 출력신호들의 기본값은 '0'이다. 두 입력신호가 같을 때 Equal 출력이 '1'이 된다. $a$가 $b$보다 클 때 BigA는 '1'이 된다. $b$가 $a$보다 클 때 BigB는 '1'이 된다.

(a) VHDL을 이용하여 위의 논리회로 설계하라.

(b) a)에서 구현한 논리회로 검증하기 위한 테스트 벤치를 작성하라.

**19** 아래와 같은 논리회로가 있다.

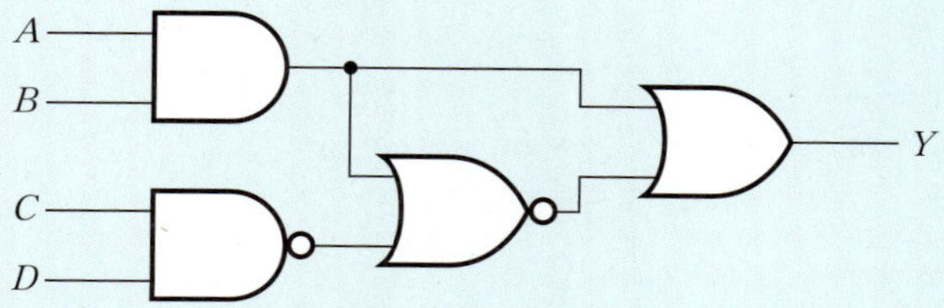


(a) VHDL을 이용하여 구현하라.

(b) a)에서 구현한 논리회로를 검증하기 위한 테스트 벤치를 작성하라.

(c) 입력신호와 출력신호와의 관계를 파형으로 출력하라.

# CHAPTER 07

# 플립플롭과 레지스터

contents

# 07 플립플롭과 레지스터

단원개요

- 래치 및 플립플롭의 구성 및 동작 원리
- SR, JK, D, T 플립플롭의 동작
- 준비 시간, 유지 시간 등 플립플롭의 주요 파라미터
- 레지스터의 회로 구성 및 동작

지금까지 다룬 조합회로의 경우에 출력은 지나간 입력신호와 관계없이 현재 입력신호에 의해서만 값이 결정된다. 예를 들어 가산기, 비교기, 디코더, 인코더, 멀티플렉서 등과 같이 주어진 현재 입력에 대하여 항상 정해진 출력값을 발생하게 된다. 그러나 대부분의 디지털 시스템은 과거 입력에 의해 영향을 받는 시스템 상태 정보를 가지고 있다. 즉, 같은 입력에 대하여도 저장된 상태 정보에 따라 다른 출력값을 발생하는 순차회로로 구성이 된다.

시스템 상태는 0 또는 1 값을 기억할 수 있는 래치 또는 플립플롭이라는 메모리 기능이 있는 소자에 저장된다. 래치(latch)는 클럭이 필요 없는 기억소자로서 아주 간단한 비동기식 디지털 시스템에 적합하고 복잡한 시스템을 설계하기에는 적합하지 않다. 예를 들어 [그림 7.1]과 같이 콜 버튼과 취소 버튼의 두 개의 입력신호와 하나의 램프 출력으로 이루어진 시스템에서 콜 버튼을 통하여 펄스가 입력되면 출력의 램프가 on이 되고, 취소 버튼을 통하여 펄스가 입력되면 램프가 off가 된다. on 상태에서 콜 버튼의 신호는 출력 램프의 상태를 변화시키지 못한다. 마찬가지로 off 상태에서 취소 버튼의 신호도 출력 램프의 상태를 변화시키지 못한다. 이런 경우에 현재 상태값을 저장할 수 있는 래치와 같은 소자가 필요하게 된다.

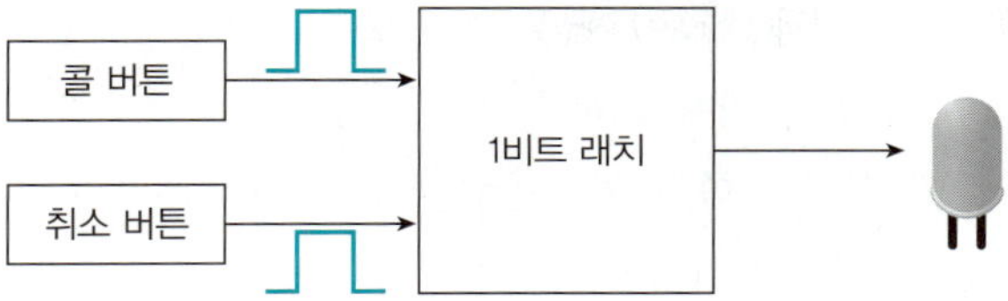

| 그림 7.1 1비트 래치 응용 회로

우리가 다루는 대부분의 디지털 시스템은 클럭에 동기되어 동작하는 동기식 순차회로인데, 클럭 신호가 모든 상태 변화의 타이밍 신호로 동작하게 된다. 예를 들어 디지털시계의 경우에 일정한 타이밍 신호에 의하여 현재 시간을 나타내는 상태값이 다음 시간을 나타내는 상태값으로 변경되어야 한다. 플립플롭(flip-flop)은 클럭이 필요한 동기식 순차회로에 적합한 메모리 소자로서 매우 활용 범위가 넓으며 SR 플립플롭, D 플립플롭, JK 플립플롭, T 플립플롭 등이 있다. 플립플롭은 상태 정보를 저장할 때에 필요할 뿐만 아니라, 디지털 시스템 내의 데이터를 저장하는 레지스터를 구성하는데도 사용된다.

이 장에서 여러 가지의 래치와 플립플롭들의 동작 특성과 플립플롭을 사용한 레지스터 구성에 대해서 살펴보기로 하자. 고급 설계를 위해서 반드시 알아야 할 플립플롭의 전파 지연 시간, 준비 시간, 유지 시간, 그리고 시스템 동작에 대한 최대 주파수의 개념에 대해서도 알아보도록 한다.

## 7.1 래치

조합회로에서는 신호가 출력 쪽에서 입력 쪽으로 feedback이 없고 항상 입력 쪽에서 출력 쪽으로만 진행되는 것을 다루었다. 하지만 다음 그림과 같이 인버터 두 개를 직렬로 연결하고 두 번째 인버터의 출력을 첫 번째 인버터의 입력에 연결하여 feedback 루프를 형성한 회로를 구성하면 이 회로는 두 가지 안정된 상태에 있을 수 있다. 전원을 공급하는 순간에 어느 상태에 있게 될지는 몰라도 두 상태 중에 하나에 들어가서 그 상태를 유지하게 된다.

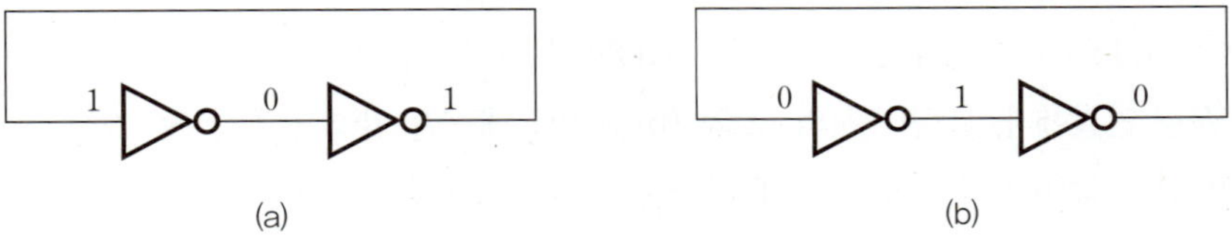

| 그림 7.2 feedback 루프로 형성된 메모리

하지만 메모리 소자로 사용되려면 원하는 상태값으로 바뀔 수 있도록 제어할 수 있어야 하는데 위 회로는 가능하지가 않다. 만일 동시에 on/off 시킬 수 있는 두 개의 스위치가 있다고 가정하고 [그림 7.3]과 같이 신호선 쪽에 연결된 첫 번째 스위치가 닫히면 feedback 루프에 있는 스위치가 동시에 열린다고 가정한다.

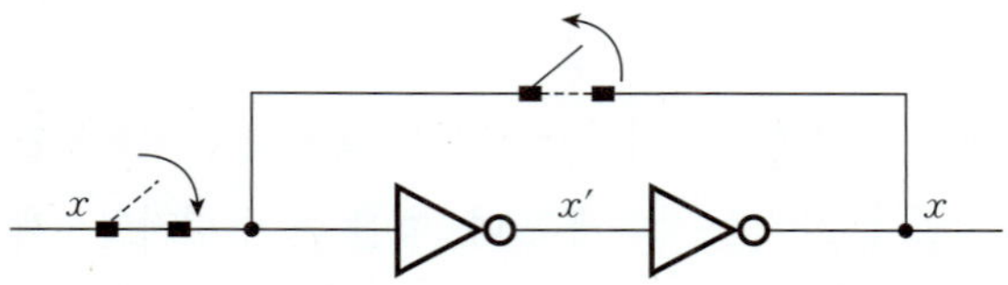


| 그림 7.3 가상의 스위치가 있는 메모리

현재 입력 신호선 쪽의 스위치가 [그림 7.3]과 같이 닫혀 있다고 하면 입력신호가 출력 쪽으로 전달되어 출력값을 결정하게 된다. 이 상태에서 [그림 7.4]와 같이 입력 신호선 쪽의 스위치가 열리도록 제어하면 feedback 루프에 있는 스위치는 동시에 닫히게 된다. 입력신호는 인버터를 통한 feedback 회로와 단절이 되고 feedback 회로는 마지막으로 전달된 입력신호의 상태를 유지하게 되어 메모리 상태로 있을 수 있다.

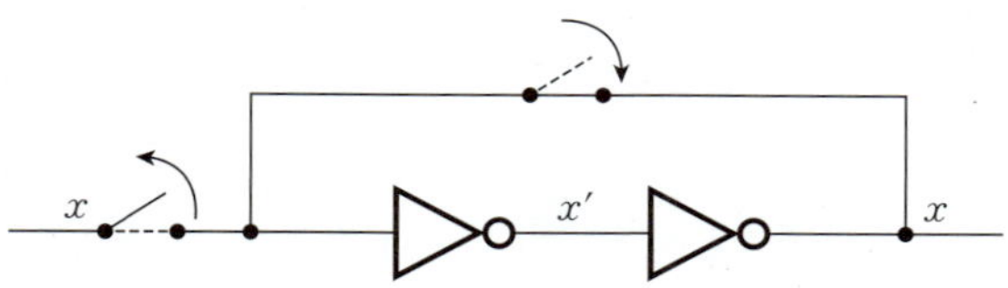


| 그림 7.4 메모리 상태

이런 기계적 스위치는 개념적으로만 가능한 이야기이고 전자회로로 가능하게 하기 위하여 인버터 대신에 2입력 NOR 또는 NAND 게이트를 feedback 루프로 연결하면 입력신호로 제어할 수 있는 기억소자의 회로를 구성할 수 있다.

### (1) SR 래치

다음과 같이 feedback 루프가 있도록 2입력 NOR 게이트를 연결하고, 두 개의 제어 입력선, $S$와 $R$을 연결한다. [그림 7.5]의 (a)와 (b)를 비교해보면 입력 신호선 $S$와 $R$에 똑같이 0, 0인 신호 값이 입력되었지만 서로 다른 두 개의 안정된 상태를 유지하고 있다.

즉, $S=0$, $R=0$이면 feedback 루프를 통하여 인버터 두 개가 직렬로 연결된 것과 같이 동작하고 있다.

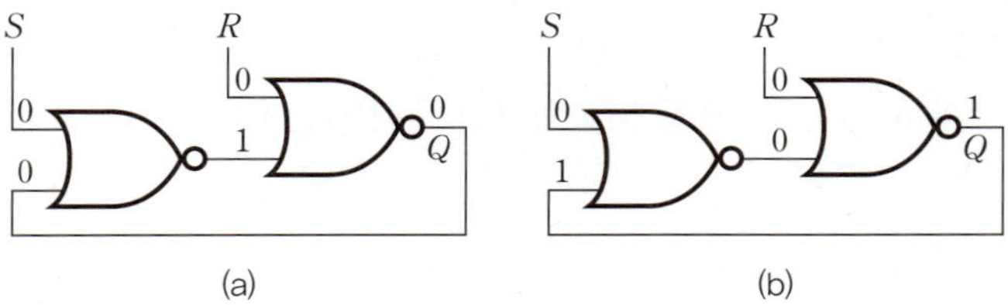


| 그림 7.5 같은 입력신호 대하여 서로 다른 두 개의 안정된 상태

이 경우에 입력 신호선 $S$(Set)와 $R$(Reset)을 통하여 상태를 변경할 수 있는지를 알아보자.

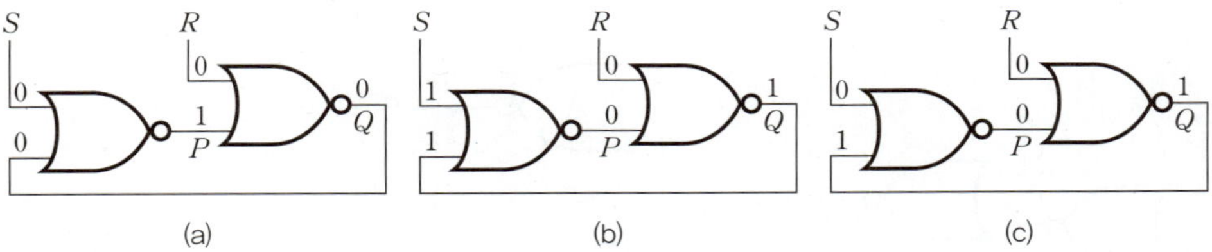


| 그림 7.6 상태 변경(0 → 1)

[그림 7.6(a)] 상태에서 $S$ 입력이 1로 바뀌면, [그림 7.6(b)]와 같이 신호선 $P$가 0이 되고 출력 $Q$가 1인 상태로 바뀐다. [그림 7.6(c)]와 같이 $S$ 입력이 0으로 되돌아가도 $Q=1$에 의해 $P$ 신호선은 0을 유지할 수 있는 상태로 된다. 즉, [그림 7.6(a)]의 출력 $Q$가 0을 기억하고 있는 상태에서 [그림 7.6(b)]의 $S$ 입력을 1로 하여 출력 $Q$를 1로 바꾸고 나서 [그림 7.6(c)]에서 $S$ 입력을 0으로 되돌아가면 출력 $Q$는 1을 유지하고 있는 메모리 상태에 있게 된다.

다음은 출력 $Q$가 1인 상태에서 0인 상태로 바뀌도록 할 수 있는지 알아보자.

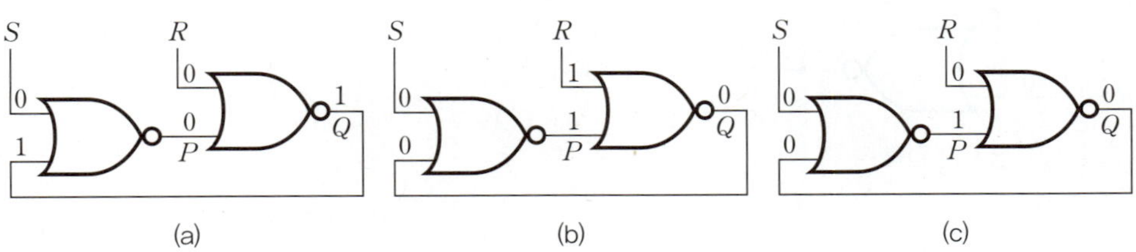


| 그림 7.7 상태 변경(1 → 0)

[그림 7.7(a)] 상태에서 $R$ 입력이 1로 바뀌면, [그림 7.7(b)]와 같이 출력 $Q$가 0인 상태로 바뀐다. 바뀐 $Q$ 값에 의해 $P$ 신호선은 1이 되는데 [그림 7.7(c)]와 같이 $R$ 입력이 0으로 되돌아가도 $P$ 신호선은 $S=0$, $Q=0$이기 때문에 1을 유지할 수 있다. 즉, [그림 7.7(a)]의 출력 $Q$가 1을 기억하고 있는 상태에서 [그림 7.7(b)]의 $R$ 입력을 1로 하여 출력 $Q$를 0으로 바꾸고 나서 [그림 7.7(c)]에서 $R$ 입력을 0으로 되돌아가면 출력 $Q$는 0을 유지하고 있는 메모리 상태에 있게 된다.

요약하면 $S=1$, $R=0$이면 출력 $Q$는 1이 되고, $S=0$, $R=1$이면 출력 $Q$는 0이 된다. $S=0$, $R=0$가 되면 NOR 게이트는 feedback 루프를 통하여 인버터 두 개가 직렬로 연결된 것과 같이 동작하여 현재 상태값을 유지하게 된다. 따라서 $S$(set) 입력을 통해서 1의 상태로 만들 수 있고, $R$(reset) 입력을 통해서 0의 상태를 만들 수 있기 때문에 SR 래치라고 한다.

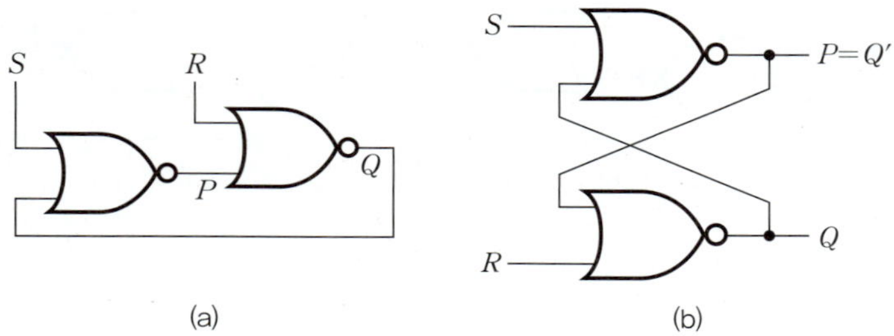


| 그림 7.8 SR 래치

SR 래치는 일반적으로 [그림 7.8(b)]와 같이 [그림 7.8(a)]의 feedback 루프를 X자 모양의 대각선으로 나타내고, 출력도 항상 서로 상반되는 값을 갖는 $Q$와 $Q'$ 두 개로 나타낸다.

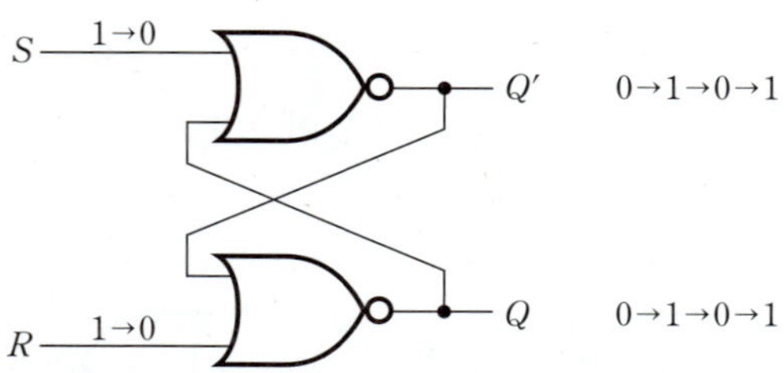


| 그림 7.9 금지된 입력

[그림 7.9]는 $S=1$, $R=1$인 경우에 비정상적으로 동작할 수 있음을 보여주고 있다. $S=1$,

$R$=1이면 출력 $P(Q')$와 $Q$가 똑같이 0의 값이 되고, $S$=1, $R$=1에서 두 입력신호가 동시에 $S$=0, $R$=0로 바뀌면 $P(Q')$와 $Q$가 동시에 1로 바뀔 것이다. 이렇게 바뀐 $P$, $Q$ 값이 feedback되어 NOR 게이트 출력 $P(Q')$와 $Q$가 동시에 다시 0으로 바뀔 것이다. 두 NOR 게이트의 전파지연 시간이 완전히 같다고 가정하면 출력이 안정된 상태로 가지 못하고 발진을 계속하게 된다. 그러나 실제 회로에서는 두 게이트의 전파지연이 약간씩 달라서 출력값이 빨리 정해지는 게이트에 따라 $P(Q')$=0, $Q$=1 또는 $P(Q')$=1, $Q$=0인 상태로 될 것이다. 이와 같이 게이트의 지연시간에 따라 최종 값이 달라지는 상태를 경쟁 조건(race condition) 상태라고 한다. 회로에서 이런 불확실한 상태가 나타나면 안 되기 때문에 SR 래치에서 $S$=1, $R$=1인 경우는 금지된 입력 조건으로 정해져 있다.

[그림 7.10]은 NAND 게이트를 사용하여 SR 래치를 구성한 것을 보여주고 있는데 입력신호 쪽에 인버터가 추가되었고 출력신호의 위치가 바뀌었음을 알 수 있다. 이 경우도 메모리로 동작함을 NOR 게이트로 구성한 래치와 같은 방법으로 설명할 수 있다.

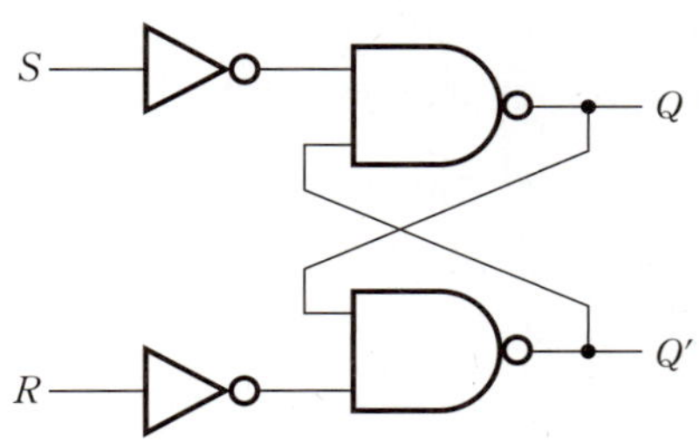


| 그림 7.10 NAND 게이트 SR 래치

〈표 7.1〉은 진리표와 비슷한데, 진리표와 다르게 출력값이 입력값만이 아니라 현재 상태값에도 영향을 받기 때문에 특성표(characteristic table) 또는 동작을 나타내는 동작표(behavioral table)라고도 한다. 표에서 $Q$는 입력신호가 들어오기 전에 현재 래치의 출력값을 나타내고, $Q^*$는 입력신호에 의해 바뀔 다음 상태의 값을 나타내고 있다.

| 표 7.1 SR 래치 특성표

| $S$ $R$ | $Q^*$ | 설명 |
|---|---|---|
| 0 0 | $Q$ | 유지 |
| 0 1 | 0 | reset |
| 1 0 | 1 | set |
| 1 1 | – | 무효 |

[그림 7.11]은 샘플 입력신호에 대한 SR 래치의 타이밍도를 통하여 SR 래치의 동작을 보여주고 있다.

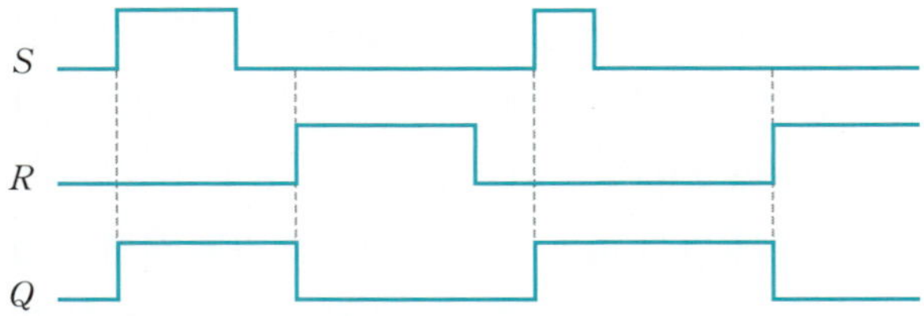


| 그림 7.11 SR 래치 타이밍도

## (2) Gated SR 래치

SR 래치 입력에 두 개의 AND 게이트를 추가하여 SR 래치의 동작을 제어할 수 있는 *En* 입력신호가 있는 SR 래치를 Gated SR 래치라고 한다. $En=1$이면 *S*와 *R* 입력신호가 AND 게이트를 통과하여 래치의 상태를 바꿀 수 있지만, $En=0$이면 *S*와 *R* 입력신호가 AND 게이트를 통과하지 못하고 각 AND 게이트 출력이 0이 되어 래치 출력은 현재 상태값을 유지하게 된다. 즉, *En* 신호는 래치의 입력 *S*와 *R* 신호에 대한 문지기(gate) 역할을 하게 되므로 Gated SR 래치라고 한다. [그림 7.12]는 Gated SR 래치의 회로도와 논리기호를 보여주고 있다.

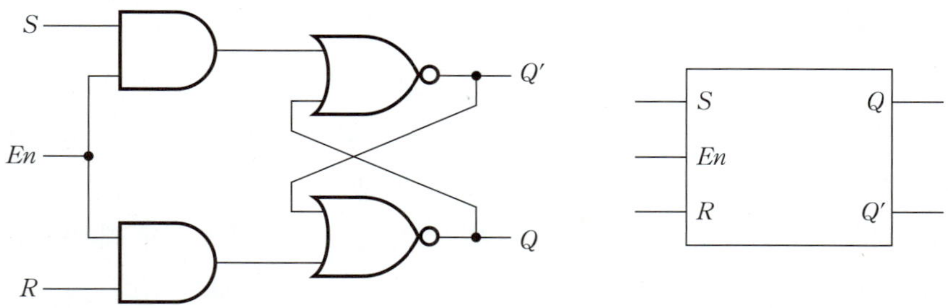


| 그림 7.12 Gated SR 래치의 회로도와 논리기호

앞에서 NAND 게이트를 사용한 SR 래치를 구성할 수 있음을 보여줬는데 Gated SR 래치의 경우도 [그림 7.13]에 보여주는 것처럼 NAND 게이트만을 사용하여 구성할 수 있다. NAND 게이트가 AND 게이트에 비하여 필요한 트랜지스터 수가 적기 때문에 [그림 7.13]의 NAND 게이트만을 사용한 회로가 권장된다.

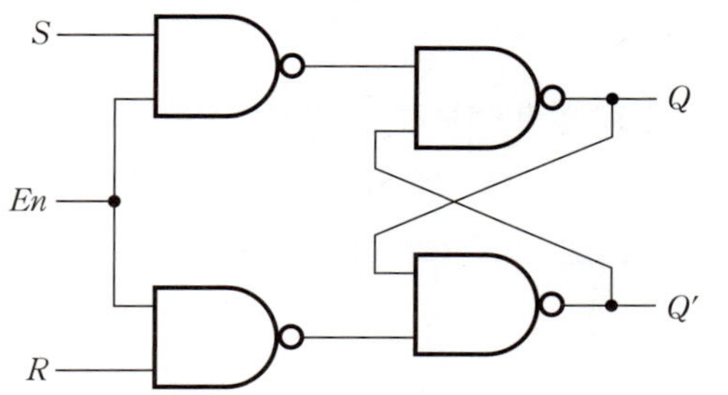


| 그림 7.13 NAND 게이트만을 사용한 Gated SR 래치

〈표 7.2〉는 Gated SR 래치의 특성표를 보여주고 있는데, *En*=0이면 *S*와 *R* 입력값에 관계없이 다음 상태값은 현재 상태값을 유지하게 된다. *En*=1이면 〈표 7.1〉의 SR 래치와 똑같이 동작하게 된다. Gated SR 래치의 경우도 SR 래치와 마찬가지로 *S*와 *R*의 신호 입력이 동시에 1이 되는 것은 금지된 입력 조건으로 여전히 사용하기에 불편한 점이 있다.

| 표 7.2 Gated SR 래치 특성표

| *En S R* | Q* | 설명 |
|---|---|---|
| 0 – – | *Q* | 유지 |
| 1 0 0 | *Q* | 유지 |
| 1 0 1 | 0 | reset |
| 1 1 0 | 1 | set |
| 1 1 1 | – | 무효 |

[그림 7.14]는 샘플 입력신호에 대한 Gated SR 래치의 타이밍도를 보여주고 있는데, *En*=1인 경우에 SR 래치로 동작하고, *En*=0인 경우에는 현재 상태를 유지하게 된다.

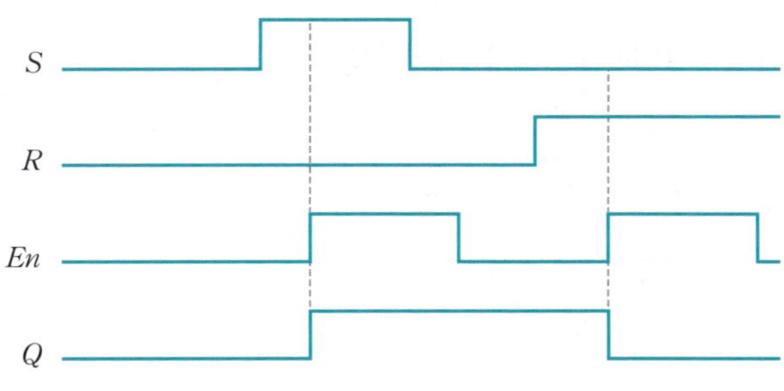


| 그림 7.14 Gated SR 래치의 타이밍도

### (3) Gated D 래치

Gated D 래치는 Gated SR 래치에서 *S*와 *R* 신호 입력 모두가 1이 되는 경우를 방지하기 위해서 신호 입력 *D*와 이를 반전시킨 신호를 *S*와 *R* 입력에 각각 연결하여 만든 것이다. NAND 게이트를 이용한 Gated D 래치의 회로도와 논리기호를 [그림 7.15]에 보여주고 있다.

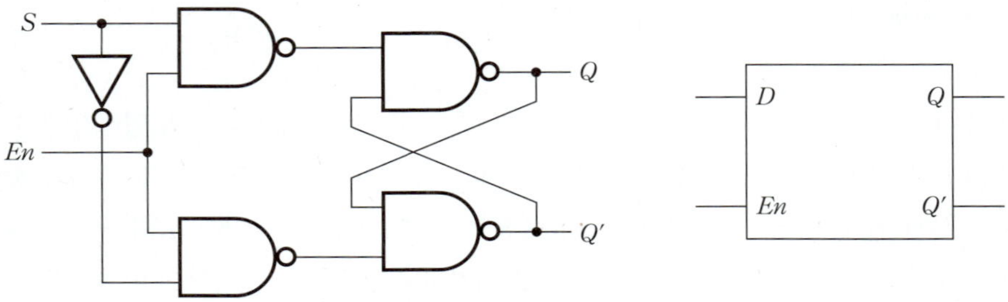


| 그림 7.15 Gated D 래치의 회로도와 논리기호

〈표 7.3〉은 Gated D 래치의 특성표를 보여주고 있는데, $En=0$이면 *D* 입력에 관계없이 다음 상태($Q^*$) 값은 현재 상태($Q$) 값을 유지하고, $En=1$이면 다음 상태 $Q^*$는 신호 *D* 값으로 바뀌는 것을 알 수 있다.

| 표 7.3 Gated D 래치 특성표

| *En* *D* | $Q^*$ | 설명 |
|---|---|---|
| 0 – | *Q* | 유지 |
| 1 0 | 0 | reset |
| 1 1 | 1 | set |

[그림 7.16]은 샘플 입력신호에 대한 Gated D 래치의 동작을 보여주고 있다.

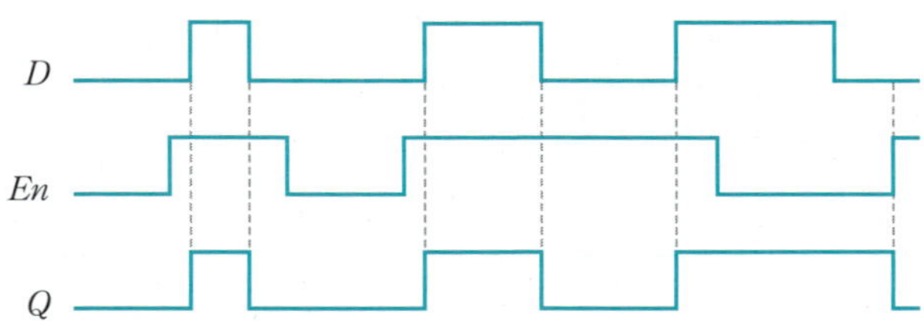


| 그림 7.16 Gated D 래치의 타이밍도

타이밍도에서 보는 것처럼 *En* 신호가 1을 유지하는 동안은 입력 *D*의 신호가 투명(transparent)하게 출력에 반영되어 나타나고 있다. *En* 신호가 1을 유지하는 동안 Gated D 래치의 상태가 바뀌기 때문에 Gated D 래치는 level-sensitive 하다고 한다.

## 7.2 클럭

동기식 순차회로에서 타이밍 신호로 사용되는 클럭은 [그림 7.17]과 같이 일정한 주기로 반복하는 신호이다. 주기는 반복되는 한 사이클의 길이에 해당하는 시간으로 클럭 주파수($f$)에 의해 길이가 정해진다. duty cycle은 클럭 신호의 한 주기 내에서 클럭 신호가 1이 되는 시간($t$)의 비율을 뜻하는 것으로 클럭 펄스의 모양을 결정한다. duty cycle이 50%인 클럭 신호는 한 주기 내에서 1이 되는 시간과 0이 되는 시간이 같은 경우를 뜻하고 [그림 7.17]의 모양을 하게 된다.

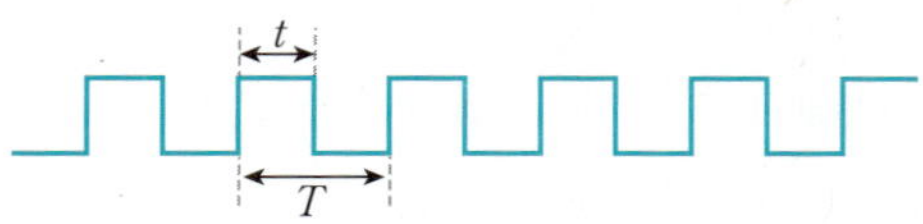


| 그림 7.17 duty cycle 50%인 클럭 신호

동기식 디지털 시스템에서 상태값을 저장하고 있는 기억소자들은 동일한 클럭(clock)에 동기되어 상태가 바뀌어야 하는데, 일반적으로 기억소자들은 클럭 신호의 천이(transition)에 맞추어 상태가 바뀌고, 클럭 천이 사이에서는 같은 상태가 유지된다. Gated D 래치의 경우에 *En* 신호가 1을 유지하는 동안 입력신호의 변화가 출력에 그대로 반영되어 나오기 때문에 동기식 시스템에 적합하지가 않다. 예를 들어 래치에 저장된 값을 다른 래치로 전달할 수 있도록 여러 개의 래치들이 [그림 7.18]과 같이 연결되었고, 모든 Gated 래치의 *En* 신호에 타이밍 신호로 사용할 클럭이 연결되었다고 하자. 클럭이 1을 유지하는 동안 첫 번째 래치의 출력이 조합회로와 래치를 거치면서 몇 번째 래치까지 전달될지 모른다.

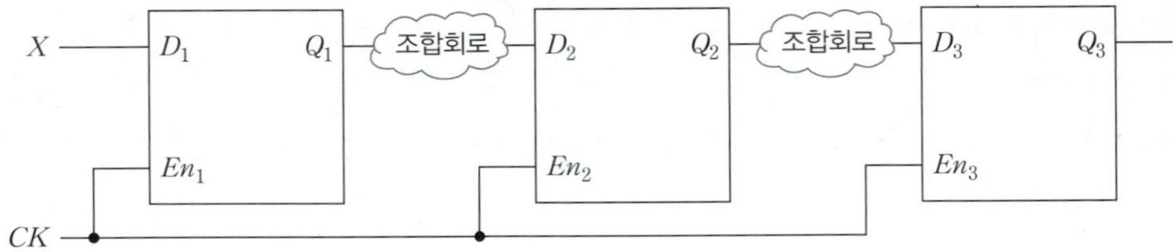


| 그림 7.18 동일 클럭에 연결된 Gated D 래치

다음 절에서 설명할 플립플롭은 래치의 이런 문제를 해결할 수 있는 기억소자인데, 보통 클럭 신호가 0에서 1로 바뀔 때에(또는 1에서 0으로 바뀔 때) 상태가 바뀌게 되어 클럭 한 주기 내에서 상태가 한번 이상 바뀌지 않게 된다.

## 7.3 플립플롭

level-sensitive한 Gated D 래치는 $En$=1을 유지하는 동안 입력 $D$의 신호가 투명하게 출력에 반영되어 입력신호가 한 클럭 주기 내에서 여러 번 바뀌면 출력 $Q$도 같이 바뀌게 된다. 동기식 디지털 시스템에서는 제어신호들이 클럭에 동기되어 바뀌는 것이 필요하기 때문에, 다양한 제어신호들을 발생시키는 상태값들이 클럭 한 주기 내에서 입력에 따라서 바뀌는 것을 막아야 할 필요가 있다. 따라서 동기식 디지털 시스템은 일반적으로 클럭 신호의 에지(edge)에서만 상태값을 바꿀 수 있는 플립플롭들을 사용하여 설계되는데, D 플립플롭, SR 플립플롭, JK 플립플롭 그리고 T 플립플롭 등이 있다. 클럭 신호가 0에서 1로 바뀔 때, 즉 상승 에지에서 상태값을 바꾸는 플립플롭을 상승 에지 트리거(rising edge trigger) 플립플롭이라 하고, 1에서 0으로 바뀔 때, 즉 하강 에지에서 상태값을 바꾸는 플립플롭을 하강 에지 트리거(falling edge trigger) 플립플롭이라 한다.

### (1) D 플립플롭

플립플롭 중에서 가장 동작이 간단한 D 플립플롭은 [그림 7.19]와 같이 클럭 입력 $CK$의 상승 에지에서 트리거 되는 것과 하강 에지에서 트리거 되는 두 가지 종류가 있다. D 플립플롭 기호에서 에지 트리거임을 나타내기 위하여 클럭 입력 쪽에 화살표 모양의 표시가 있고, 하강에지 트리거의 경우에는 화살표 모양에 작은 원이 추가되어 있다.

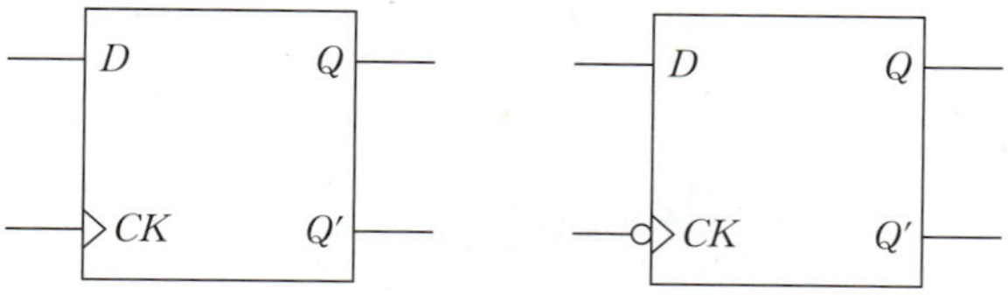

(a) 상승 에지 trigger (b) 하강 에지 trigger

| 그림 7.19 D 플립플롭 기호

플립플롭의 동작을 나타내는 〈표 7.4〉를 보면 플립플롭의 다음 상태값인 $Q^*$는 클럭의 상승 에지에서 입력 $D$의 값으로 바뀐다는 것을 $CK$ 열에 ↑ 기호로 나타내고 있다. 하강 에지에서 동작하는 경우는 ↓ 기호로 나타낸다.

| 표 7.4 D 플립플롭 특성표

| $CK$ $D$ | $Q^*$ |
|---|---|
| ↑ 0 | 0 |
| ↑ 1 | 1 |

플립플롭의 출력은 입력과 현재 상태에 대한 함수인데 이것을 부울식으로 표현한 것을 특성식(characteristic equation) 또는 플립플롭의 차기 상태식(next state equation)이라고 한다. 특성식은 플립플롭의 특성표에서 쉽게 구할 수 있다. 〈표 7.4〉에서 보듯이 D 플립플롭의 경우에 차기 상태는 입력 $D$에 의해서 결정되기 때문에 특성식은 쉽게 구할 수 있다.

$$Q^* = D$$

[그림 7.20]은 상승 에지 트리거 D 플립플롭에 대한 타이밍도를 보여주고 있다. 클럭의 상승 에지에서의 입력 $D$의 신호 값을 샘플링하여 플립플롭의 상태를 바꾸고 다음 클럭 상승 에지까지 유지하고 있음을 알 수 있다.

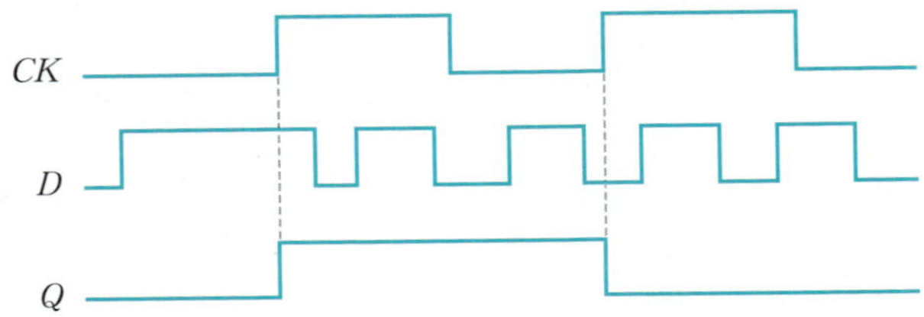


| 그림 7.20 상승 에지 트리거 D 플립플롭의 타이밍도

상승 에지 트리거 D 플립플롭은 [그림 7.21]처럼 Gated D 래치와 SR 래치를 master-slave 형태로 연결하여 구현할 수 있다.

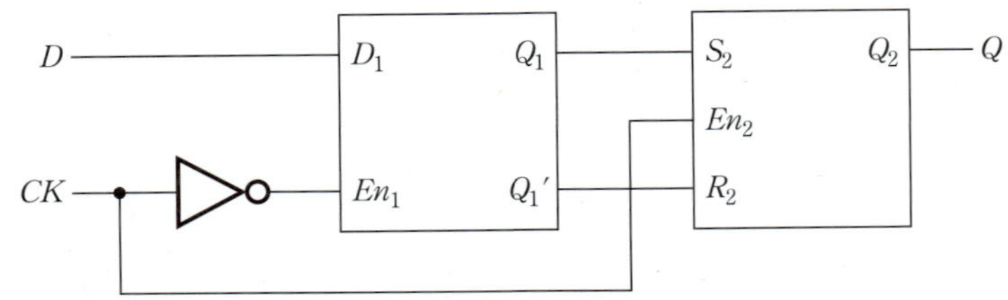


| 그림 7.21 상승 에지 트리거 D 플립플롭

[그림 7.21] 회로 동작에 대한 타이밍도는 [그림 7.22]에 보여주고 있다. 클럭 입력 $CK=0$이면 $En_1=1$이 되어 master에 해당하는 첫 번째 래치는 입력 $D$ 신호에 의해 상태가 바뀔 수 있고, slave에 해당하는 두 번째 래치는 $En_2=0$이 되어 상태가 변하지 않는다. 클럭 입력 $CK=1$이 되면 master 래치는 마지막 상태값을 유지하여 변하지 않고, slave 래치는 master 래치에 저장된 값에 따라 상태가 바뀌게 된다. 즉, $CK$가 0에서 1로 바뀌는 순간의 입력신호 $D$ 값이 master 래치에 저장되기 때문에 상승 에지에서의 입력신호 $D$ 값이 출력 $Q$로 나타나게 된다.

master-slave 형태로 구성한 D 플립플롭은 2개의 Gated 래치를 포함하고 있어서 비효율적이다. 실제의 경우는 트랜지스터 수, 전력 소모, 전파지연 시간 등이 다른 여러 가지 형태로 구성하여 만든 D 플립플롭들이 있지만 이 책에서는 다루지 않는다.

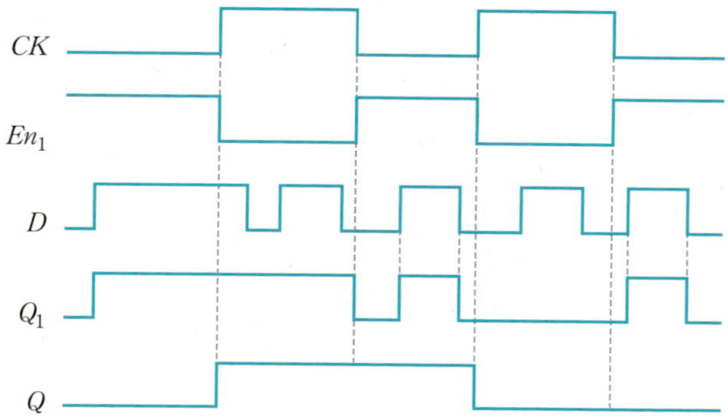


| 그림 7.22 master-slave 형태로 구성한 D 플립플롭의 타이밍도

## (2) SR 플립플롭

SR 플립플롭의 동작은 Gated SR 래치와 비슷한데, 차이점은 상태 변화가 클럭 에지에서 일어난다는 점이다. 〈표 7.5〉의 특성표에서 다음 상태를 나타내는 $Q^*$는 클럭 에지에서 바뀌는 값을 나타낸다. 에지 트리거 방식에서처럼 $CK$ 열에 화살표로 표시하지 않고 펄스 모양으로 표시하여 펄스 트리거(pulse-triggered) 방식임을 나타내고 있는데, 뒤에서 타이밍도를 사용하여 펄스 트리거 동작에 대하여 설명한다.

| 표 7.5 SR 플립플롭 특성표

| $CK$ $S$ $R$ | $Q^*$ |
|---|---|
| ⎍ 0 0 | $Q$ |
| ⎍ 0 1 | 0 |
| ⎍ 1 0 | 1 |
| ⎍ 1 1 | – |

SR 플립플롭의 특성식을 구하기 위해서는 특성표를 〈표 7.6〉의 진리표 형태로 표현하여 출력 $Q^*$에 대한 식을 구하면 된다. 표에서 $S=1$, $R=1$은 금지된 입력 조건이기 때문에 무정의 조건으로 처리하면 된다.

SR 플립플롭의 특성식은 [그림 7.23]의 맵에서 다음 상태 $Q^*$에 대한 최소화된 식을 구하면 다음과 같이 입력 $S$, $R$ 그리고 현 상태값 $Q$에 대한 식으로 된다.

$$Q^* = S + R'Q$$

| 표 7.6 SR 플립플롭 진리표

| $S$ $R$ $Q$ | $Q^*$ |
| --- | --- |
| 0 0 0 | 0 |
| 0 0 1 | 1 |
| 0 1 0 | 0 |
| 0 1 1 | 0 |
| 1 0 0 | 1 |
| 1 0 1 | 1 |
| 1 1 0 | x |
| 1 1 1 | x |

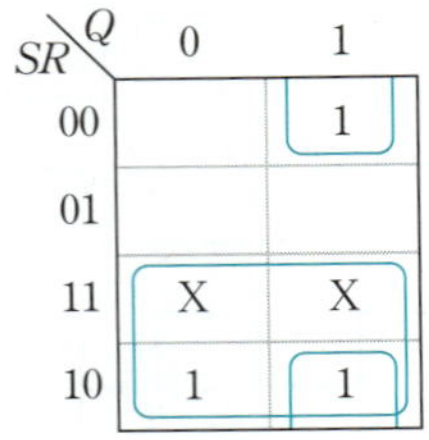


| 그림 7.23 SR 플립플롭 차기 상태 맵

SR 플립플롭은 [그림 7.24]와 같이 두 개의 Gated SR 래치를 master–slave 형태로 연결하여 구현할 수 있다.

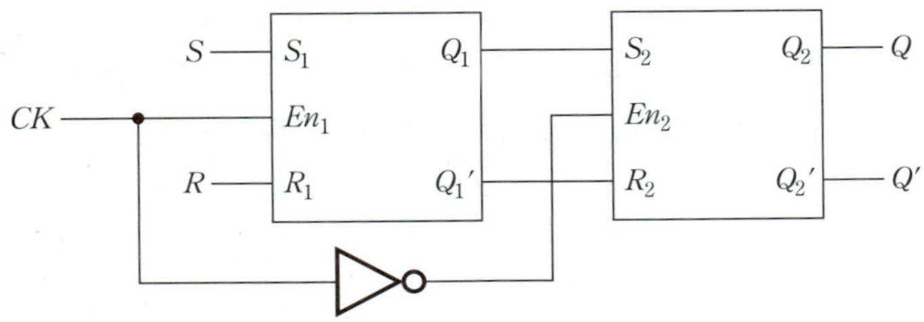


| 그림 7.24 master–slave SR 플립플롭

클럭 입력 $CK$=1이면 $En_1$=1이 되어 master에 해당하는 첫 번째 래치는 입력 $S$, $R$ 신호에 의해 상태가 바뀔 수 있고, slave에 해당하는 두 번째 래치는 $En_2$=0이 되어 상태가 변하지 않는다. 클럭 입력 $CK$=0이 되는 순간 master 래치는 마지막 상태값을 유지하여 변하지 않고, slave 래치는 master 래치에 저장된 값에 따라 상태가 바뀌게 된다. 즉, $CK$가 1에서 0으로 바뀌는 순간에 master 래치의 마지막 상태값을 slave 래치에 저장하게 되어 클럭의 하강 에지에서 출력 상태가 바뀌게 된다. 언뜻 보면 클럭이 1에서 0으로 바뀔 때의 $S$와 $R$ 입력값을 샘플링하여 출력 상태값이 결정되는 것처럼 보이지만 그렇지가 않다.

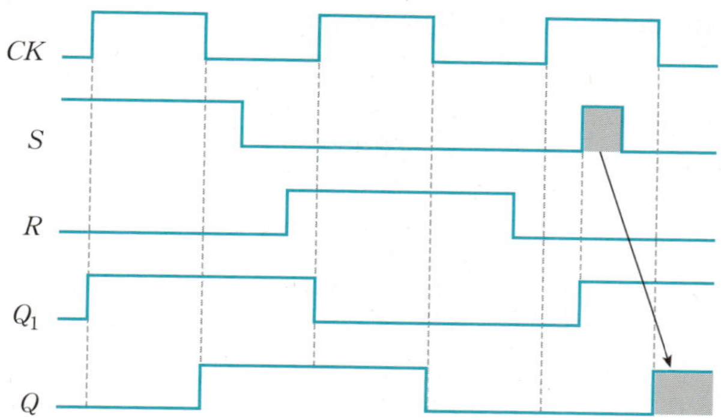


ㅣ그림 7.25 master–slave SR 플립플롭 타이밍도

[그림 7.25]의 타이밍도를 보면 문제가 되는 부분을 음영 처리하여 나타냈다. 음영 처리된 부분에서 $CK$=1일 때 매스터 래치는 $S$=1, $R$=0에 의해 $Q_1$=1로 바뀌고, $S$=0으로 바뀌어도 $Q_1$=1의 상태값을 유지하게 된다. $CK$=0이 될 때 master의 $Q_1$ 값이 slave에 전달되어 $Q_2$=1이 된다. 이런 문제를 'ones catching'이라고 하는데, 이를 방지하기 위해서 $CK$=1일 때 입력신호가 변하지 않게 해야 한다. master–slave SR 플립플롭은 클럭이 1인 상태에서의 입력 변화에 대하여 출력 상태가 바뀔 수 있기 때문에 펄스 트리거(pulse–triggered) 플립플롭이라고도 한다.

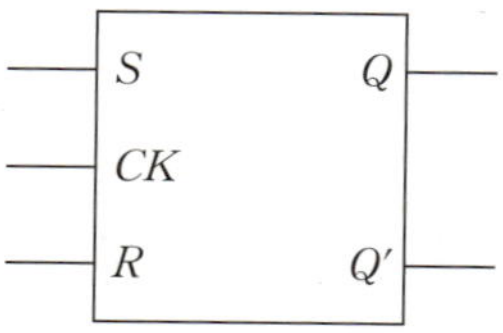


ㅣ그림 7.26 master–slave SR 플립플롭 기호

[그림 7.26]에 보여준 master–slave SR 플립플롭의 기호를 보면 클럭 입력에 화살표 모양을 삭제하여 펄스 트리거 플립플롭임을 나타내고 있다.

### (3) JK 플립플롭

〈표 7.7〉은 JK 플립플롭의 특성표를 보여주고 있는데, SR 플립플롭의 동작과 유사한 점이 많다. 다른 점은 SR 플립플롭에서 $S$=1, $R$=1은 금지된 입력 조건인데, JK 플립

플롭에서는 $J$=1, $K$=1이면 반전(toggle)하는 유용한 기능을 추가한 것이다.

| 표 7.7 JK 플립플롭 특성표

| $J$ $K$ | $Q^*$ |
|---|---|
| 0 0 | $Q$ |
| 0 1 | 0 |
| 1 0 | 1 |
| 1 1 | $Q'$ |

JK 플립플롭의 특성식을 구하기 위해서는 특성표를 〈표 7.8〉의 진리표 형태로 표현하여 출력 $Q^*$에 대한 식을 구하면 된다.

| 표 7.8 JK 플립플롭 진리표

| $J$ $K$ $Q$ | $Q^*$ |
|---|---|
| 0 0 0 | 0 |
| 0 0 1 | 1 |
| 0 1 0 | 0 |
| 0 1 1 | 0 |
| 1 0 0 | 1 |
| 1 0 1 | 1 |
| 1 1 0 | 1 |
| 1 1 1 | 0 |

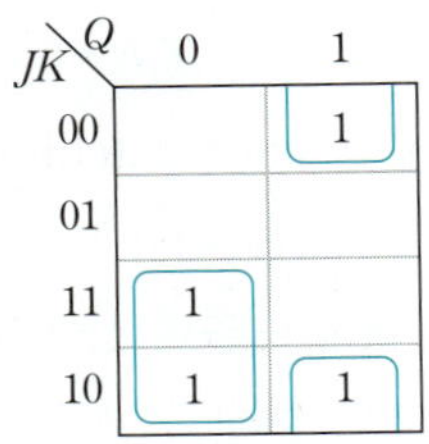

| 그림 7.27 JK 플립플롭 차기 상태 맵

JK 플립플롭의 특성식은 [그림 7.27]의 맵에서 다음 상태 $Q^*$에 대한 최소화된 식을 구하면 다음과 같이 입력 $J$, $K$ 그리고 현 상태값 $Q$에 대한 식으로 된다.

$$Q^* = JQ' + K'Q$$

JK 플립플롭도 [그림 7.28]과 같이 두 개의 Gated SR 래치를 master-slave 형태로 연결하여 구현할 수 있다. master-slave SR 플립플롭에 두 개의 AND 게이트를 입력 쪽에 추가하여 $J$=1, $K$=1일 때 출력 $Q$와 $Q'$이 feedback되어 현재 상태에서 반전(toggle)되는 기능이 동작하게 된다. master-slave JK 플립플롭도 펄스 트리거(pulse trigger)

플립플롭으로 $CK$=1일 때 입력신호의 잡음 또는 글리치(glitch) 신호에 의해 원하지 않는 상태로 바뀔 수 있기 때문에 잘 사용되지 않는 플립플롭이다.

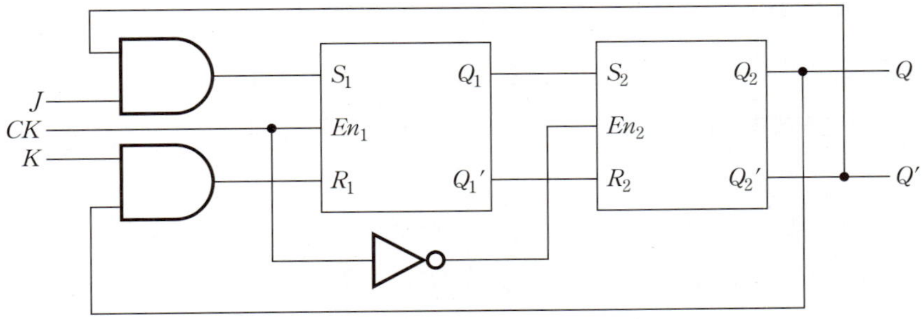


I 그림 7.28 master-slave JK 플립플롭

에지 트리거 JK 플립플롭은 앞에서 다룬 상승 에지 트리거 D 플립플롭을 이용하여 [그림 7.29]와 같이 구현할 수 있다. 사용한 D 플립플롭이 상승 에지 트리거 플립플롭이기 때문에 구현된 JK 플립플롭도 상승 에지 트리거 플립플롭으로 동작한다. 하강 에지 트리거 D 플립플롭을 사용하면 하강 에지 트리거 JK 플립플롭이 구현된다. D 플립플롭으로 JK 플립플롭을 설계하는 것은 9장 순차회로 설계에서 설명하기로 한다. 앞으로는 특별히 명시하지 않으면 모든 플립플롭은 에지 트리거 플립플롭으로 가정한다.

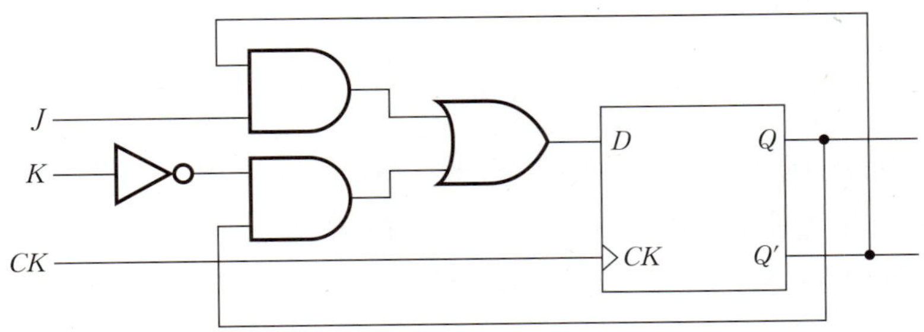


I 그림 7.29 상승 에지 트리거 JK 플립플롭

[그림 7.30]은 트리거 방식에 따른 JK 플립플롭의 기호를 보여주고 있다. [그림 7.30]의 (a)와 (b)는 에지 트리거 플립플롭으로 클럭 입력 쪽에 화살표 모양이 있고, [그림 7.30(c)]는 master-slave JK 플립플롭의 기호를 나타내는데 클럭 입력 쪽에 화살표 모양이 없다.

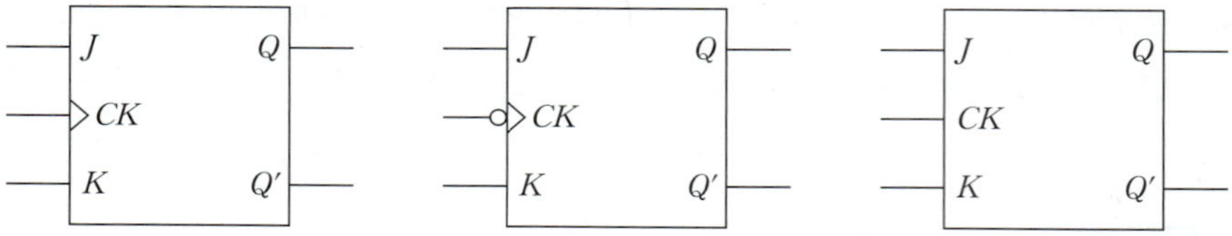


(a) 상승 에지 trigger (b) 하강 에지 trigger (c) 펄스 trigger

| 그림 7.30 트리거 방식에 따른 JK 플립플롭 기호

[그림 7.31]은 하강 에지 트리거 JK 플립플롭 동작에 대한 타이밍도를 보여주고 있는데 클럭의 하강 에지에서의 입력신호에 의하여 출력 $Q$의 다음 상태가 결정되는 것을 보여주고 있다.

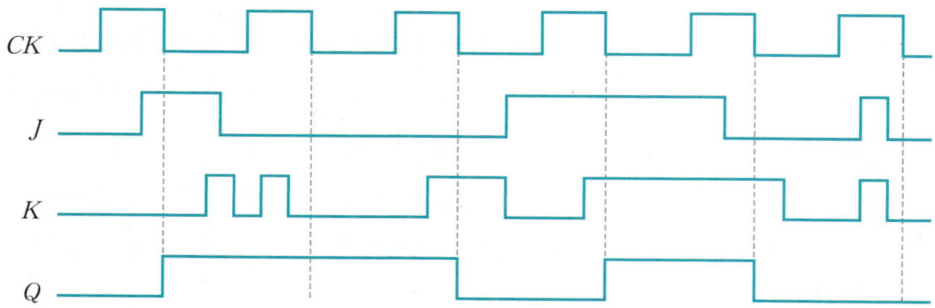


| 그림 7.31 하강 에지 트리거 JK 플립플롭의 타이밍도

### (4) T 플립플롭

T 플립플롭은 반전(toggle)하는 의미로 이름이 붙여진 플립플롭으로 동작이 간단하다. 〈표 7.9〉에 보여주는 T 플립플롭의 특성표를 보면 입력 $T=0$이면 상태가 바뀌지 않고, $T=1$이면 상태가 반전된다. 이런 특징 때문에 카운터 설계할 때에 자주 사용된다.

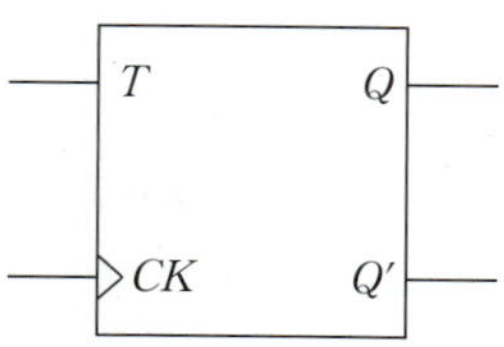


| 그림 7.32 T 플리플롭 기호

| 표 7.9 T 플립플롭 특성표

| $CK$ $T$ | $Q^*$ |
|---|---|
| ↑ 0 | $Q$ |
| ↑ 1 | $Q'$ |

T 플립플롭의 특성식을 구하기 위해서는 특성표를, 〈표 7.10〉의 진리표 형태로 표현하

여 출력 $Q^*$에 대한 식을 구하면 된다.

| 표 7.10 T 플립플롭 진리표

| $T$ $Q$ | $Q^*$ |
|---|---|
| 0 0 | 0 |
| 0 1 | 1 |
| 1 0 | 1 |
| 1 1 | 0 |

Q 플립플롭의 특성식은 〈표 7.10〉에서 다음 상태 $Q^*$에 대한 식을 구하면 다음과 같이 입력 $T$와 현 상태값 $Q$에 대한 식으로 된다.

$$Q^* = T \oplus Q$$

T 플립플롭은 JK 플립플롭 또는 D 플립플롭을 사용하여 쉽게 구현할 수 있다. 다음 그림은 JK 플립플롭의 입력 $J$, $K$를 묶어서 구현한 것으로, $J$=$K$이면 JK 플립플롭 특성표가 T 플립플롭의 특성표와 같아짐을 알 수 있다.

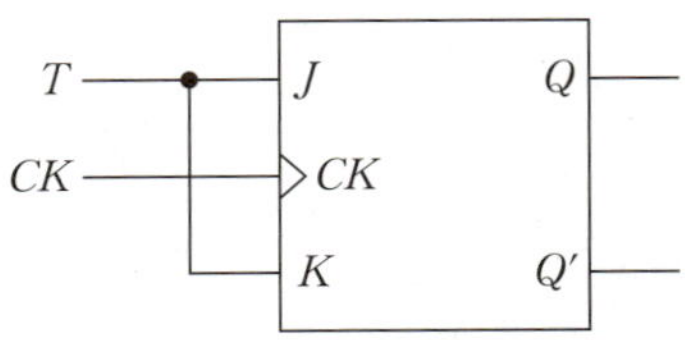


| 그림 7.33 T 플립플롭

다음 그림은 상승 에지 트리거 T 플립플롭 동작에 대한 타이밍도를 보여주고 있는데 클럭의 상승 에지에서의 입력 $T$=1이면 출력 $Q$는 반전되고 있음을 확인할 수 있다.

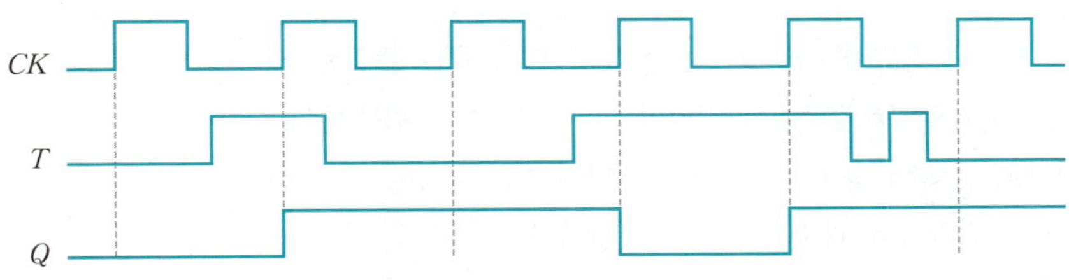


| 그림 7.34 T 플립플롭 타이밍도

### (5) 비동기 입력

디지털 시스템은 전원을 켰을 때 또는 동작 중에 여러 가지 원인에 의하여 시스템을 초기화할 필요가 있다. 동기식 시스템의 상태를 초기화하기 위해서는 상태값을 저장하고 있는 플립플롭들을 초기화해야 할 것이다. 따라서 대부분의 플립플롭들은 0 또는 1로 초기화할 수 있는 기능을 가지고 있다. 예를 들어 [그림 7.35]는 두 개의 새로운 입력 신호선이 추가된 D 플립플롭의 기호를 보여주고 있다.

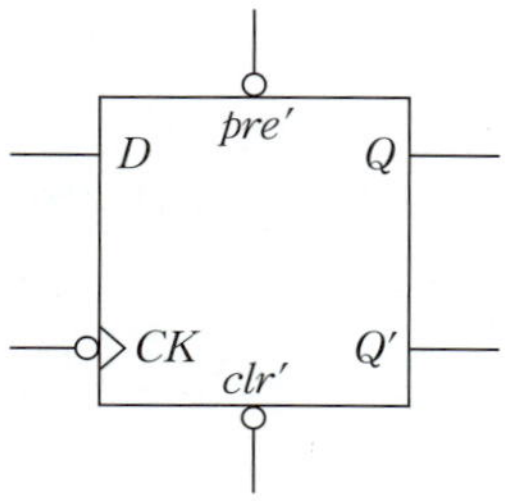


| 그림 7.35 $clr'$과 $pre'$ 신호

둘 다 신호선에 작은 원이 있기 때문에 active low 신호임을 알 수 있는데, 보통 초기화를 위한 $pre'$와 $clr'$과 같은 신호들은 해당 신호가 들어오면 클럭 신호와 동기되어 동작하지 않고 즉시 초기화되도록 비동기식으로 동작한다.

| 표 7.11 하강 에지 트리거 D 플립플롭 특성표

| $pre'$ $clr'$ $CK$ $D$ | $Q^*$ |
|---|---|
| 0 0 x x | 허용 안 됨 |
| 0 1 x x | 1 |
| 1 0 x x | 0 |
| 1 1 ↓ 0 | 0 |
| 1 1 ↓ 1 | 1 |

〈표 7.11〉은 비동기 입력이 추가된 하강 에지 트리거 D 플립플롭의 특성표를 보여주고 있다. 클럭 $CK$와 $D$ 입력에 관계없이 $pre'=0$이면 플립플롭의 $Q$를 1로 세트하고, $clr'=0$이면 플립플롭의 $Q$를 0으로 초기화한다. 그러나 $pre'$과 $clr'$이 동시에 0이 되는 것은 허용이 안 된다. $pre'$과 $clr'$이 둘 다 1인 경우에 플립플롭은 클럭 $CK$의 하강 에지에 동기되어 동작하는 정상 모드에서 작동한다.

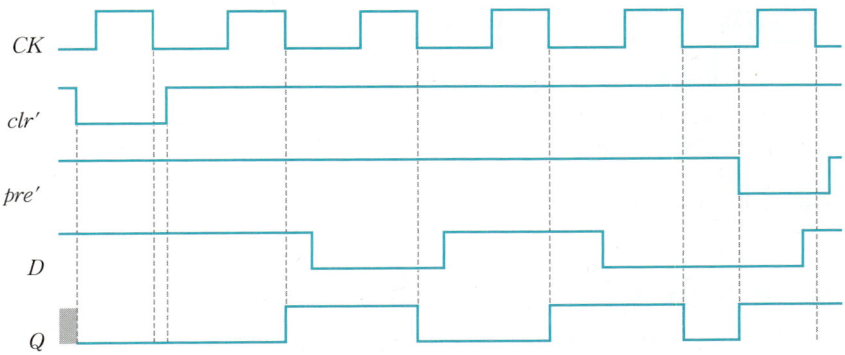


Ⅰ그림 7.36 비동기 입력에 대한 타이밍도

[그림 7.36]은 비동기 입력 *pre*′과 *clr*′이 있는 하강 에지 트리거 D 플립플롭에 대한 타이밍도의 예를 보여주고 있다. 타이밍도의 시작 부분에서 플립플롭 출력 *Q*는 초기화 되지 않았음을 나타내기 위하여 음영이 있는 블록으로 표시되었다. 처음 *clr*′=0가 되면 클럭 *CK* 신호와 관계없이 *Q*=0으로 초기화되고, *clr*′=0인 구간에서 *CK*의 하강 에지에서도 입력 *D*=1이 무시되고 *clr*′에 의해 *Q*=0으로 이 유지되고 있음을 알 수 있다. *clr*′=1인 구간에서 출력 *Q*는 4개의 하강 에지에 동기되어 입력 *D*에 의해 상태가 바뀌고 있다. 그리고 클럭 *CK*의 마지막 하강 에지 전에 발생한 *pre*′=0인 신호에 의하여 즉시 출력 *Q*=1이 됨을 확인할 수 있다.

### (6) 플립플롭의 타이밍 특성

동기식 디지털 시스템에서 모든 플립플롭들은 하나의 클럭에 동기되어 동작하는데, 이 클럭의 최대 주파수는 플립플롭의 타이밍 특성과 회로 내에 포함된 조합회로 부분의 전파지연에 의해 제한을 받는다. 그리고 한 플립플롭의 바뀐 출력값이 다음 플립플롭에 안전하게 전달되는 동작을 이해하려면 플립플롭의 타이밍 특성을 파악하고 있어야 한다. 플립플롭의 타이밍 특성에 관련된 것들로 입력에 대한 준비 시간(set-up time)과 유지 시간(hold time) 그리고 출력의 전파지연 시간(propagtion delay)이 있는데 이들에 대하여 알아보자.

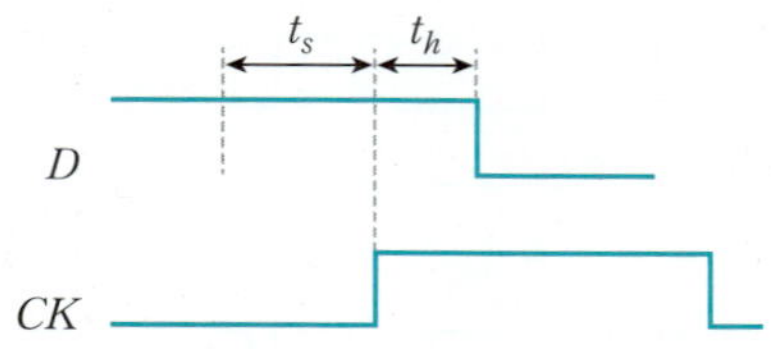


Ⅰ 그림 7.37 준비 시간($t_s$)과 유지 시간($t_h$)

준비 시간($t_s$)은 플립플롭의 입력(예를 들어 $D$ 입력) 신호가 트리거 동작이 일어나는 클럭 에지 전에 미리 안정된 상태를 유지해야 되는 최소 시간을 뜻한다. 그리고 유지 시간($t_h$)은 플립플롭의 입력신호가 트리거 동작이 일어나는 클럭 에지 후에도 원래의 상태를 유지해야 되는 최소 시간을 뜻한다. 즉, 플립플롭이 정상적으로 입력신호에 대하여 클럭 에지에서 트리거되어 안정된 출력 상태로 바뀌려면 준비 시간과 유지 시간 조건을 만족해야 한다.

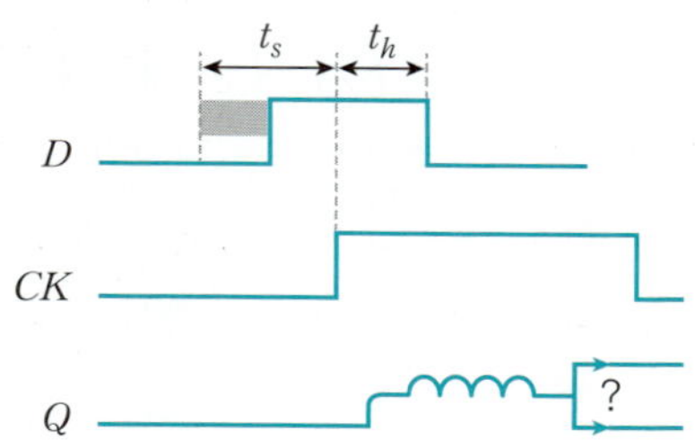


Ⅰ 그림 7.38 준안정 상태

만일 입력신호에서 이런 조건을 만족하지 못하면 플립플롭 출력에서 0 또는 1도 아닌 준안정 상태(metastable state)로 있다가 0 또는 1의 상태로 들어가게 된다. 최종 값은 0이 될지, 또는 1이 될지 확신할 수 없고 지연되는 시간도 예측할 수 없으므로 이런 경우가 발생하는 것을 방지해야 한다. 일반적으로 내부 클럭과 동기되지 않은 외부의 비동기 신호를 입력으로 받을 때 발생하게 되므로 외부의 비동기 신호를 사용할 때는 동기화를 위한 플립플롭을 거쳐서 사용하도록 권장한다.

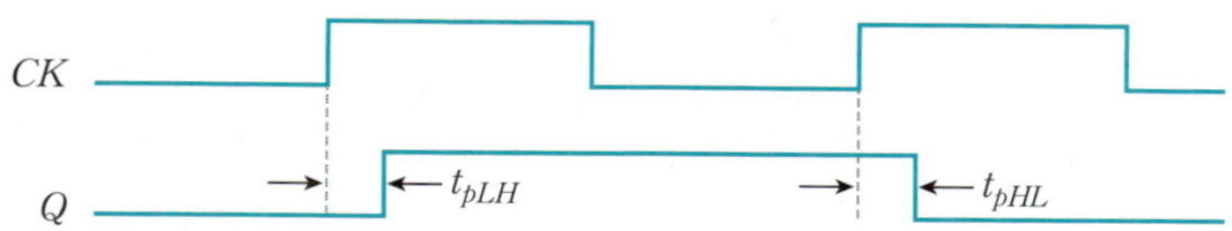


Ⅰ 그림 7.39 전파 지연 시간

[그림 7.39]의 플립플롭의 출력 타이밍을 살펴보면 클럭 에지에서 트리거된 플립플롭은 전파 지연 시간($t_{pLH}$ 또는 $t_{pHH}$) 후에 상태가 바뀌게 된다. TTL로 된 칩에서는 0에서 1로 바뀔 때와 1에서 0으로 바뀔 때의 전파지연 시간이 다르기 때문에 구분하여 $t_{pLH}$와 $t_{pHL}$의 두 가지로 나타내고 있다. CMOS의 경우에 $t_{pLH}$와 $t_{pHL}$는 거의 동일한 값을 갖는다.

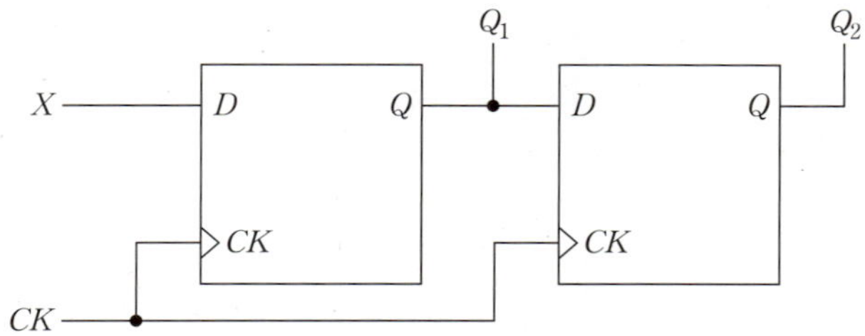


| 그림 7.40 시프트 동작을 위한 회로

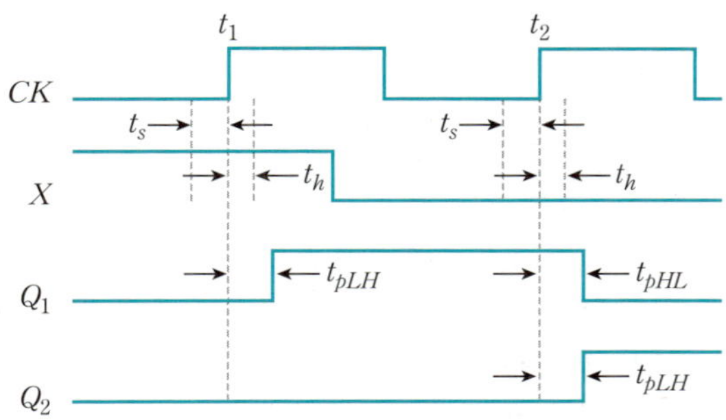


| 그림 7.41 플립플롭의 시프트 타이밍도

모든 플립플롭의 유지 시간($t_h$)은 전파지연 시간($t_{pLH}$과 $t_{pHL}$)보다 짧아야 플립플롭이 정상적으로 동작하게 된다. [그림 7.40]과 같이 두 개의 D 플립플롭을 직렬로 연결하여 $Q_1$ 출력이 $Q_2$ 출력으로 한 클럭 시프트되어 나타나게 되는 회로의 타이밍도를 살펴보자. [그림 7.41]은 입력 $X$를 첫 번째 클럭 에지 $t_1$에서 1이 입력되고 두 번째 에지 $t_2$에서 0이 입력될 때의 타이밍도를 보여주고 있다. 두 플립플롭 모두 처음에 0으로 초기화되었다고 가정한다. $t_1$에서 첫 번째 플립플롭이 $t_{pLH}$ 시간 후에 1로 바뀌지만, 두 번째 플립플롭은 준비 시간과 유지 시간 동안 $Q_1$의 출력이 0 상태를 유지하고 있기 때문에 $Q_2$는 이 값에 의해 출력이 결정되어 0을 유지하게 된다. $t_2$에서 첫 번째 플립플롭이 $t_{pHL}$ 시간 후에 0로 바뀌지만, 두 번째 플립플롭은 준비 시간과 유지 시간 동안 $Q_1$의 출력이 1 상태를 유

지하고 있기 때문에 $Q_2$는 이 값에 의해 출력이 결정되어 $t_{pLH}$ 시간 후에 1로 바뀌게 된다. 이와 같이 플립플롭 출력을 직접 다른 플립플롭의 입력에 연결하면 두 번째 플립플롭에는 신호가 1 클럭 지연되어 나타나는 것을 알 수 있다.

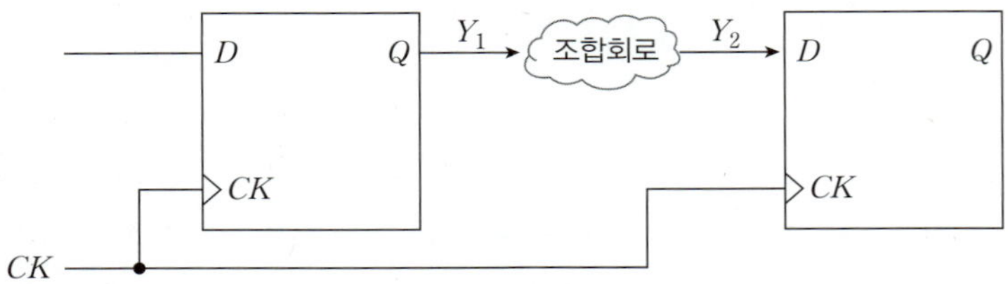


| 그림 7.42 일반적인 순차회로 형태

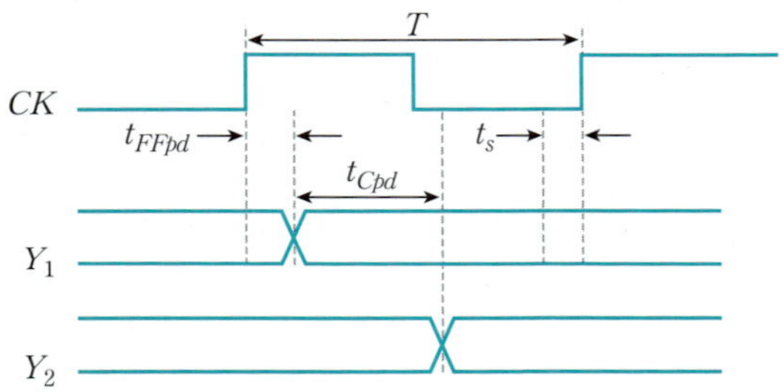


| 그림 7.43 클럭의 최소 주기

동기식 디지털 시스템은 [그림 7.42]처럼 플립플롭 사이에 조합회로 부분이 추가된 형태로 되어 있는데, 이런 시스템의 최대 주파수는 정상적인 동작을 할 수 있는 클럭의 최소 주기($T_{min}$)를 계산하여 구할 수 있다. [그림 7.43]에서 보면 클럭의 주기($T$)는 첫 번째 플립플롭의 전파지연 시간, 조합회로 전파지연 시간, 그리고 두 번째 플립플롭의 준비 시간을 합한 것보다 길어야 정상 동작을 할 수 있음을 알 수 있다.

$$T \geq t_{FFpd} + t_{Cpd} + t_s$$

여기서 $t_{FFpd}$는 플립플롭의 전파지연 시간으로 $max(t_{pLH}, t_{pHL})$이고, $t_{Cpd}$는 플립플롭 사이에 있는 조합회로의 전파지연 시간이다. 동기식 디지털 시스템에 필요한 클럭의 최소 주기 $T_{min}$은 시스템 내에서 존재하는 $max(t_{FFpd} + t_{Cpd} + t_s)$보다 커야 되므로, 시스템의 최대 클럭 주파수 $f_{max}$는 다음과 같이 된다.

$$f_{max} \le 1/max(t_{FFpd} + t_{Cpd} + t_s)$$

이와 같이 최대 주파수를 제한하는 것은 플립플롭의 전파지연과 준비 시간과 조합회로의 전파지연 시간이 된다. 플립플롭의 전파지연과 준비 시간은 반도체 기술에 의해 정해지기 때문에 설계 측면에서 고려해야 되는 것은 조합회로의 전파지연 시간을 줄이는 것이다.

## 7.4 레지스터

레지스터(register)는 여러 비트를 저장할 수 있는 기억소자로서 [그림 7.44(a)]와 같이 필요한 비트 수 만큼의 플립플롭을 사용하여 만들 수 있다. 이런 구조의 레지스터는 매 클럭마다 입력신호에 의하여 레지스터 내용이 바뀌기 때문에 데이터를 저장하는 기억소자로서는 적합하지가 않다.

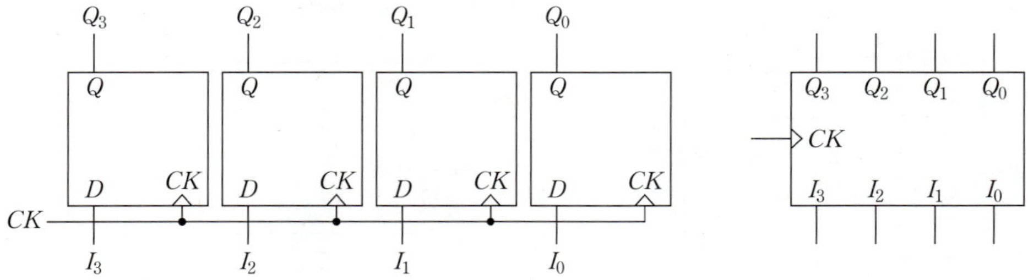


(a) 4bit 레지스터 회로 (b) 4bit 레지스터 기호

| 그림 7.44 4bit 레지스터

일반적으로 데이터 저장용 레지스터로 사용하기 위해서 적재(load)하는 제어 신호가 있을 때만 레지스터 내용을 바꿀 수 있도록 되어 있다. [그림 7.45]와 같이 간단히 AND 게이트를 추가하여 적재 신호 $LD$가 있을 때만 클럭 신호를 제공하여 플립플롭 입력이 적재되고, $LD=0$이면 클럭 신호가 없으므로 저장 상태를 유지하도록 할 수 있다. 그러나 이 방법은 추가된 AND 게이트 지연에 의하여 회로 내의 다른 플립플롭들과 클럭 시간이 달라지게 되므로 동기식 순차회로에서 권장되지 않는다.

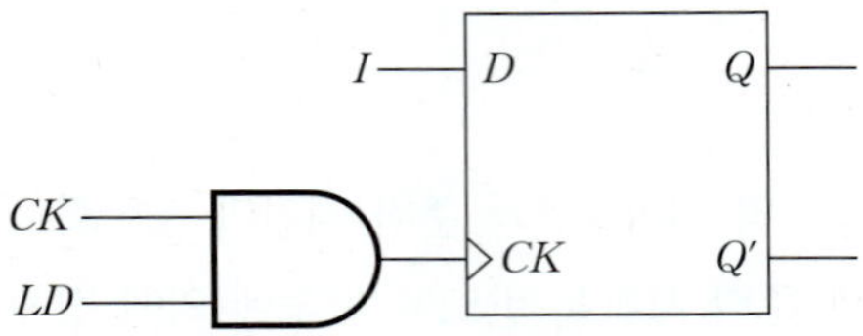


| 그림 7.45 클럭 신호 제어

보다 좋은 방법은 [그림 7.46(a)]와 같이 플립플롭 입력에 2-to-1 멀티플렉서를 추가하는 것이다. $LD$=0이면 플립플롭 출력이 2-to-1 멀티플렉서에서 선택되어 입력 $D$에 연결되므로, 자신의 현재 값이 다시 저장되어 값이 변하지 않는다. $LD$=1인 경우는 멀티플렉서에서 입력 $I$의 신호 값이 선택되어 플립플롭에 저장되므로 새로운 입력값을 적재할 수 있게 된다. 이런 기능의 회로 4개를 구성하여 적재 신호 $LD$와 클럭 신호 $CK$를 공통으로 연결하여 만들면 [그림 7.46(b)]와 같이 적재 기능이 있는 4비트 레지스터를 구성할 수 있다.

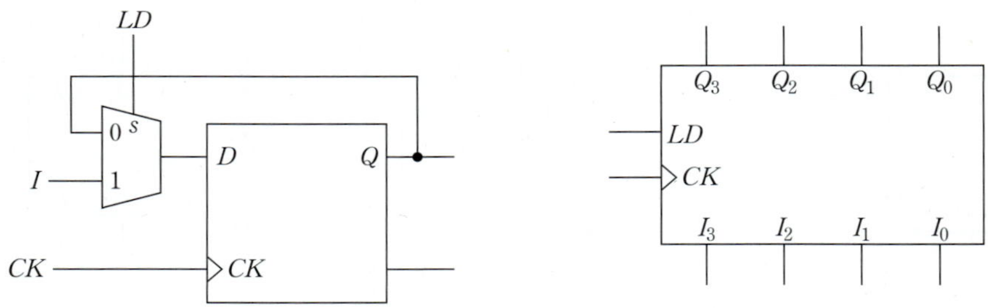


(a) 적재기능을 추가한 회로 (b) 적재기능의 4bit 레지스터 기호

| 그림 7.46 적재(load) 기능이 있는 레지스터

디지털 시스템에서 레지스터들 사이에 데이터 전송이 자주 필요하기 때문에 [그림 7.46(b)]와 같은 적재 기능이 있는 레지스터들을 연결하여 레지스터 간에 전송이 이루어질 수 있도록 만들어 보자. [그림 7.47]은 3상태 버퍼를 사용한 양방향 버스 구조를 나타낸 [그림 4.35]에서 모듈을 레지스터로 대치한 것이다.

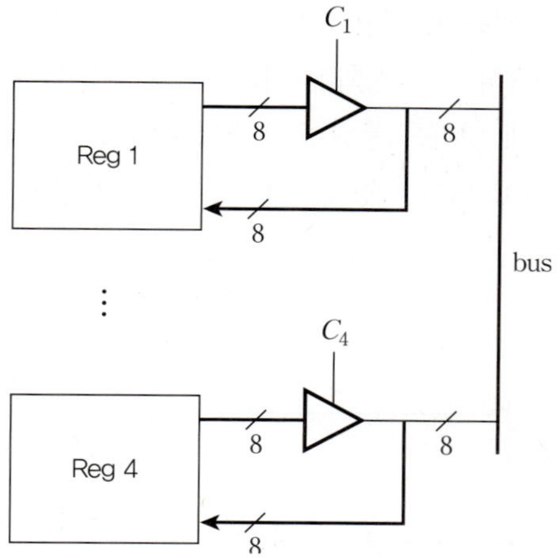


ǀ 그림 7.47 3상태 버퍼를 이용한 양방향 버스

양방향 버스를 구현하기 위하여 [그림 7.48(a)]와 같이 적재 기능이 있는 레지스터에 3상태 버퍼를 추가하고 제어 입력 $OE$(Output Enable) 신호에 의하여 레지스터 출력이 버스를 구동할 수 있도록 한다. 연결 그림을 간단히 나타내기 위하여 4비트 레지스터에 3상태 버퍼가 추가한 기호를 [그림 7.48(b)]와 같이 나타내기로 한다.

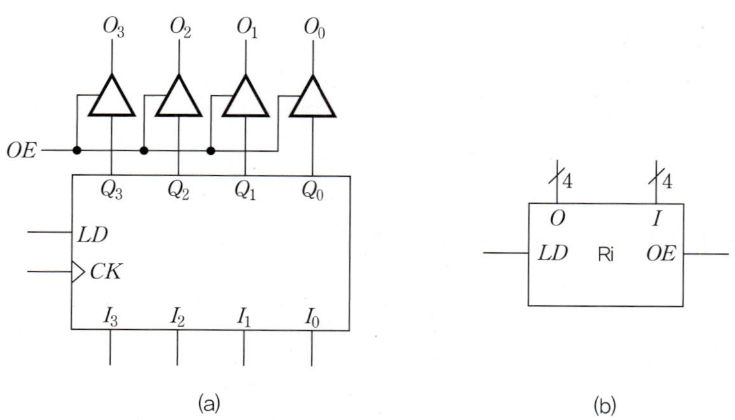


ǀ 그림 7.48 (a) 3상태 버퍼를 추가한 회로 (b) 4비트 레지스터 기호

3상태 버퍼를 추가한 8비트 레지스터 4개와 두 개의 2-to-4 디코더를 [그림 7.49]와 같이 연결하면 두 레지스터 간에 데이터 전송이 이루어질 수 있다. 두 개의 2-to-4 디코더 활성화 신호인 $t'=1$이면 디코더 출력들이 0이 되므로 모든 레지스터의 $LD$와 $OE$ 신호는

0이 되므로 버스를 통한 아무런 동작이 일어나지 않는다. 데이터 전송을 위하여 먼저 두 개의 디코더를 활성화하기 위한 $t'=0$ 신호가 필요하다. 활성화된 디코더의 $s_1s_0$에 의해 선택된 레지스터의 $OE=1$가 되므로 출력은 3상태 버퍼를 통하여 버스에 실리게 되고, $d_1d_0$에 의해 선택된 레지스터의 적재 신호 $LD=1$이 되어 버스에 실린 데이터가 클럭 에지에서 적재된다.

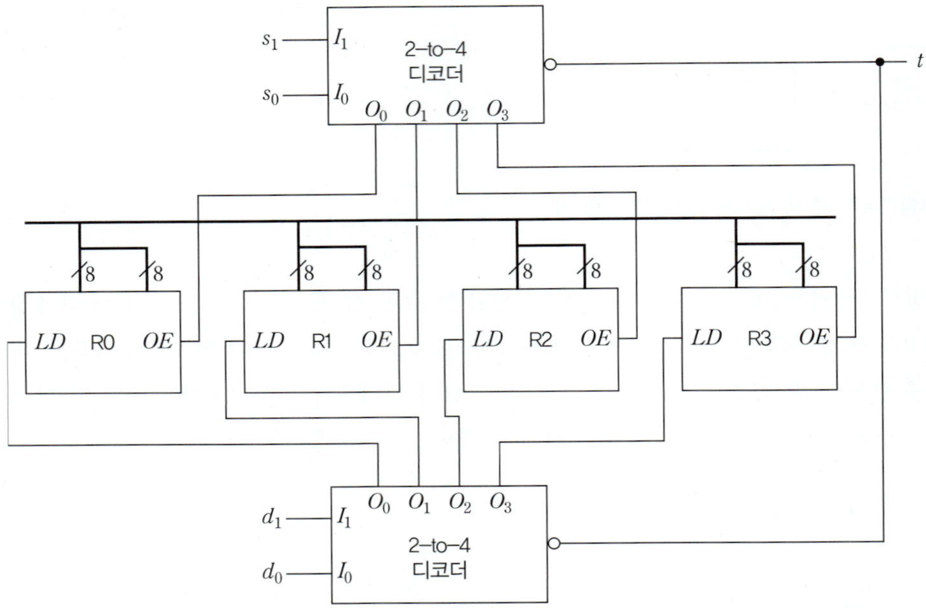


| 그림 7.49 3상태 버스를 통한 레지스터 간의 데이터 전송

예를 들어 3상태 버스를 통한 레지스터 간의 데이터 전송을 위한 신호는 다음과 같다.

$$R_2 \leftarrow R_0 : t' = 0,\ s_1s_0 = 00,\ d_1d_0 = 10$$

$$R_3 \leftarrow R_1 : t' = 0,\ s_1s_0 = 01,\ d_1d_0 = 11$$

## 단원요약

1. 래치는 feedback 루프 구조를 통하여 0과 1의 두 가지 안정된 상태를 유지함으로써 메모리 기능을 할 수 있는 모듈로서 NOR 게이트 또는 NAND 게이트를 이용하여 구성할 수 있다.

2. Gated 래치는 래치의 동작을 제어할 수 있는 활성화 입력신호가 추가된 래치로서 gate 역할을 하는 신호에 의하여 메모리 상태에 있거나, 메모리 내용을 바꿀 수 있는 상태로 제어할 수 있게 된다. Gated 래치는 활성화 입력신호가 1이면 입력신호에 의해 출력이 계속 바뀔 수 있기 때문에 level-sensitive한 특성을 갖는다.

3. 동기식 시스템은 상태값을 저장하는 플립플롭들이 동일한 클럭에 동기되어 상태가 바뀌고, 클럭 천이 사이에서는 상태를 유지하게 된다.

4. 플립플롭도 0과 1의 두 가지 안정된 상태를 유지할 수 있는 모듈인데 래치와 다르게 클럭이 천이할 때 상태가 바뀌는 에지 트리거 방식으로 동작한다.

5. 플립플롭 종류에는 D, JK, T, SR 플립플롭들이 있고, 클럭이 상승할 때 상태가 바뀌는 상승 에지 트리거와 하강할 때 바뀌는 하강 에지 트리거 방식이 있다.

6. master-slave 형태의 플립플롭은 Gated 래치 두 개를 직렬로 연결하여 클럭이 1일 때 master 래치가 동작하고 클럭이 0이 될 때, master 래치에 저장된 값을 slave 래치에 보내어 출력에 나타나게 된다. 보통 SR 플립플롭과 JK 플립플롭 구성에 쓰이고, 펄스 트리거형 플립플롭이라고도 하는데 ones catching 현상이 나타나기 때문에 잘 쓰이지 않는다.

7. 대부분의 플립플롭들은 0 또는 1로 초기화 할 수 있는 $clr'$과 $pre'$와 같은 비동기 입력들을 가지고 있다.

8. 플립플롭이 정상적으로 클럭 에지에서 트리거되어 안정된 출력 상태로 바뀌려면 입력신호가 준비 시간과 유지 시간 조건을 만족해야 한다.

9. 동기식 시스템에서 최대 클럭 주파수는 플립플롭의 전파지연, 플립플롭 사이에 있는 조합회로의 전파지연, 그리고 플립플롭의 준비 시간의 합에 의해 제한된다.

10. 레지스터는 여러 비트를 저장할 수 있는 기억소자로 필요한 비트 수만큼의 플립플롭을 사용하여 구성할 수 있다.

# 연습문제

**01** 그림과 같이 인버터가 feedback 루프를 형성했을 때 출력 파형을 완성하라. 인버터의 전파지연 시간은 5ns로 가정하고, $t=0$에서 $q_1=0$라고 가정한다.

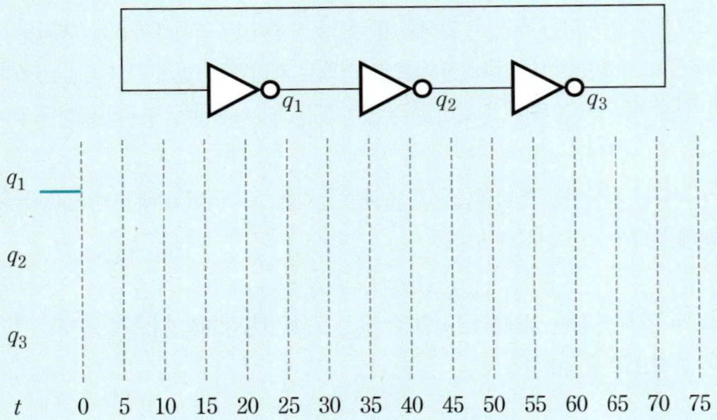


**02** SR 래치의 타이밍도를 완성하라. 모든 게이트의 전파지연 시간은 0으로 가정한다.

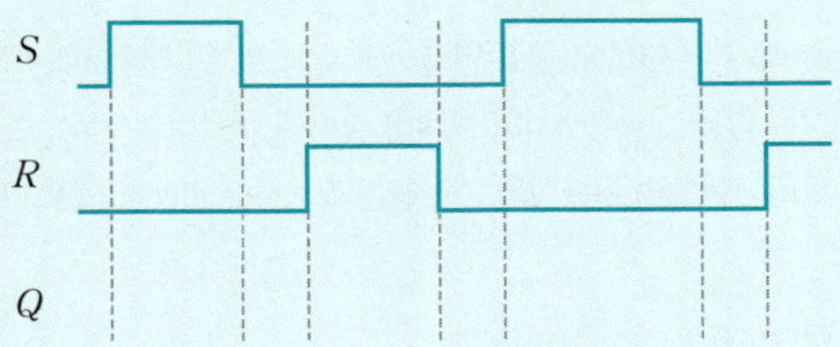


**03** SR 래치의 타이밍도를 완성하라. 모든 게이트의 전파지연 시간은 5ns으로 가정하라. 타이밍도의 그리드 간격도 5ns이다.

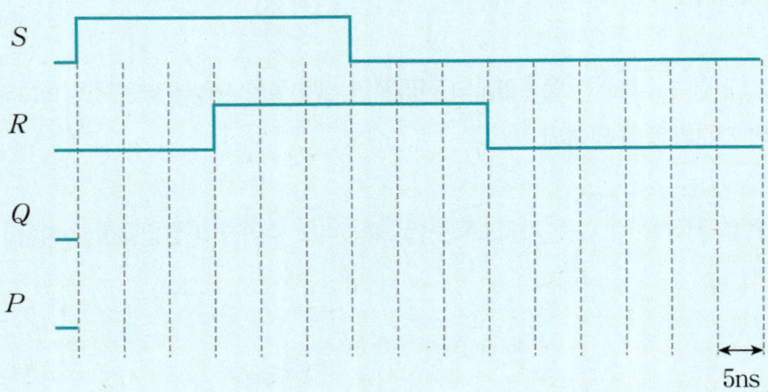

**04** SR 래치의 타이밍도를 완성하라. 모든 게이트의 전파지연 시간은 5ns으로 가정하라. 타이밍도의 그리드 간격도 5ns이다.

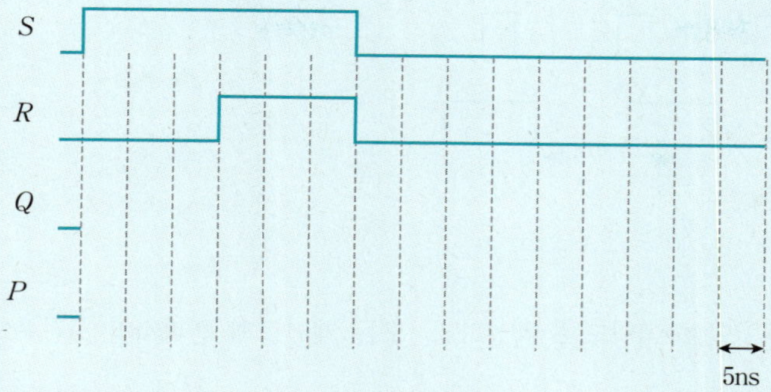


**05** [그림 7.10]은 NAND 게이트를 사용해서 SR 래치를 만들 수 있음을 보여주고 있다. 인버터를 사용하지 않으면 다음과 같이 부논리(negative logic)로 동작하는 SR 래치가 된다. 이 회로에 대한 동작표를 완성하라.

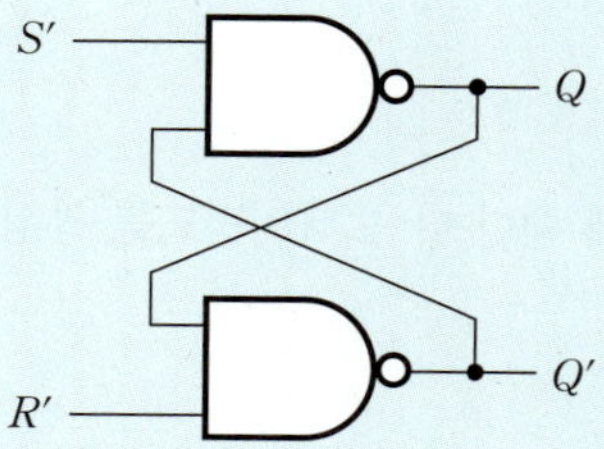


| $S'$ | $R'$ | $Q^*$ |
|---|---|---|
| 0 | 0 | |
| 0 | 1 | |
| 1 | 0 | |
| 1 | 1 | |

**06** 다음 Gated SR 래치의 타이밍도를 완성하라. 모든 게이트의 전파지연 시간은 0으로 가정한다. 래치는 0으로 초기화되었다.

**07** 다음 Gated D 래치의 타이밍도를 완성하라. 모든 게이트의 전파지연 시간은 0으로 가정한다.

**08** 다음 Gated D 래치의 타이밍도를 완성하라. 모든 게이트의 전파지연 시간은 0으로 가정한다.

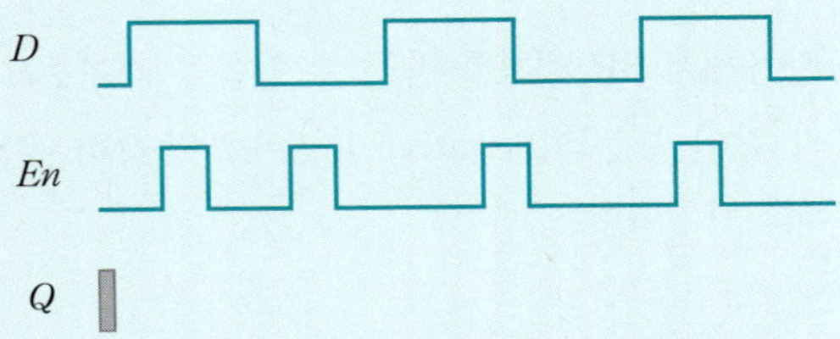


**09** [그림 7.21]의 상승 에지 트리거 D 플립플롭 회로에 대한 다음 타이밍도를 완성하라.

**10** [그림 7.21] 상승 에지 트리거 D 플립플롭의 회로를 다음과 같이 변경하였다. 이 회로에 대한 다음 타이밍도를 완성하라.

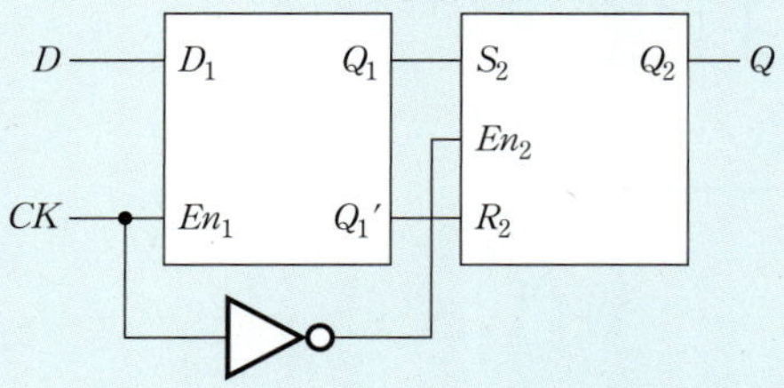

**11** [그림 7.21]의 D 플립플롭에 비동기 *clr'*과 *pre'* 기능을 추가한 회로를 NAND 게이트를 이용한 게이트 레벨의 회로로 그려라.

**12** [그림 7.24]의 master–slave SR 플립플롭에 대한 다음 타이밍도를 완성하라.

**13** [그림 7.28]의 master–slave JK 플립플롭에 대한 다음 타이밍도를 완성하라.

**14** [그림 7.30(b)]의 하강 에지 트리거 JK 플립플롭에 대한 다음 타이밍도를 완성하라.

**15** 비동기 입력 *clr′*이 있는 하강 에지 트리거 JK 플립플롭에서 다음 타이밍도를 완성하라.

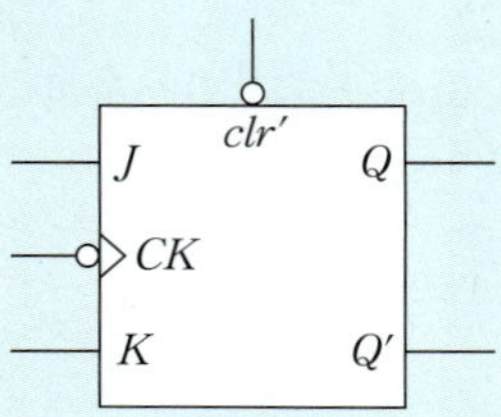


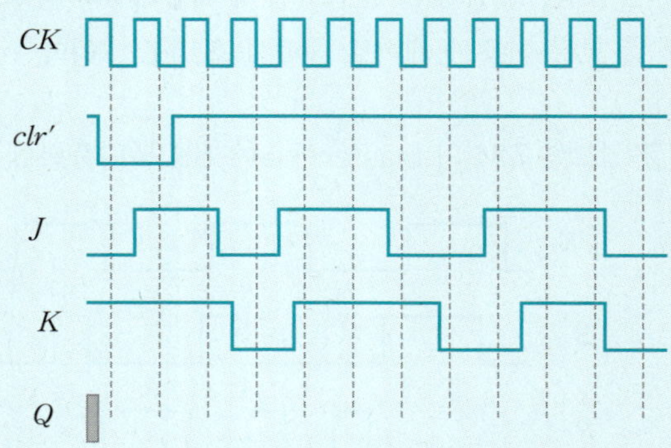


**16** 비동기 입력 *pre′*이 있는 하강 에지 트리거 JK 플립플롭에서 다음 타이밍도를 완성하라.

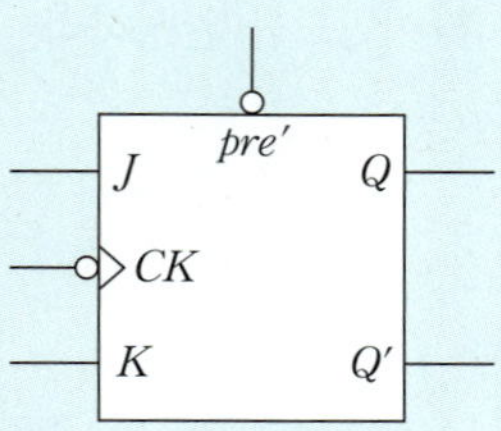


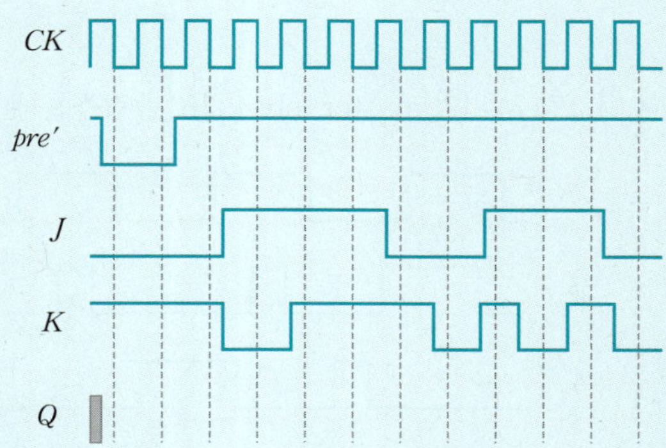

**17** 다음 그림은 일반적인 동기식 순차회로 시스템 구조를 나타낸다. 회로 내에서 플립플롭의 전파지연 시간이 3ns, 조합회로의 최대 전파지연 시간이 20ns, 플립플롭의 준비시간이 2ns, 플립플롭의 유지시간이 1ns일 때 정상적인 동작을 위한 클럭의 최대 주파수는 얼마인가?

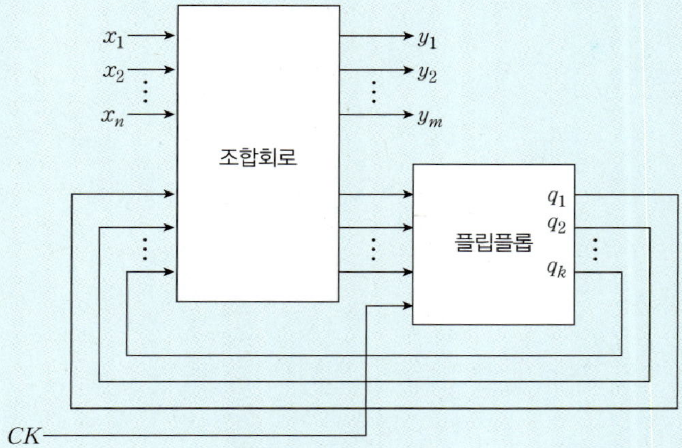

# CHAPTER 08

## 순차회로 해석

contents

# 08 순차회로 해석

단원개요

- 유한 상태 기계(finite state machine)의 개념
- 상태도와 상태표
- Moore 모델과 Mealy 모델의 차이점
- Moore 모델 회로와 Mealy 모델 회로의 상태도와 상태표
- D 플립플롭, JK 플립플롭, T 플립플롭의 순차회로 해석

순차회로는 [그림 8.1]과 같이 조합회로와 상태값을 저장하기 위한 메모리들로 구성되는데, 대부분이 클럭을 사용하는 동기식 디지털 시스템이라고 할 수 있다. 그림에서 시스템 출력($y_1, y_2, \cdots, y_m$)들은 외부 입력($x_1, x_2, \cdots, x_n$)들과 상태값을 가지고 있는 메모리 출력($q_1, q_2, \cdots, q_k$)들에 의해 결정된다. 그리고 메모리를 구성하는 플립플롭의 입력도 외부 입력과 현재 상태 값을 가지고 있는 플립플롭의 출력에 대한 함수이기 때문에, 플립플롭의 차기 상태값은 외부 입력과 플립플롭의 현재 상태값에 의해 결정된다.

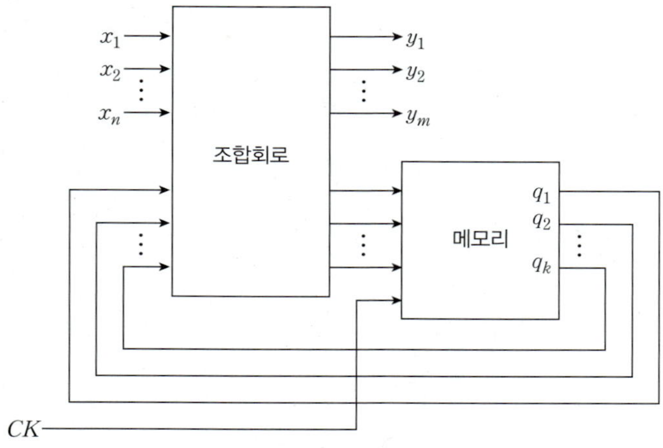


| 그림 8.1 순차회로 시스템 구성도

이와 같은 순차회로는 유한 개의 상태와 새로운 입력에 의해 상태 전환과 출력이 정의되는 유한 상태 기계(FSM: finite state machine)와 같다. 따라서 순차회로의 동작은 유한 상태 기계의 동작을 나타내는 상태도와 상태표로 표현할 수 있다.

이 장에서 상태도와 상태표의 개념을 이해하고, 플립플롭과 조합회로로 구성된 순차회로를 상태도와 상태표로 표현하여 순차회로 시스템의 동작을 표현하는 방법을 학습한다.

## 8.1 상태도와 상태표

유한 상태 기계(FSM: finite state machine)는 컴퓨터 프로그램과 순차회로에 사용되는 수학적 모델로서 상태 기계(state machine)라고도 한다. 상태 기계의 동작을 나타내는 상태도는 시스템의 동작을 애매모호한 점이 없게 정확히 나타낼 수 있다. 상태도(state diagram)에서 상태는 노드로 나타내고, 입력신호에 의한 상태 변화는 노드 사이의 화살표로 나타낸다. 상태 기계 모델에는 출력이 상태값에 의해서만 결정되는 Moore 모델과 출력이 상태값과 입력값에 의해 결정되는 Mealy 모델이 있다. 따라서 상태도에 출력값을 나타내는 방법이 Moore 모델과 Mealy 모델에서 서로 다르다. 시스템 동작에 대한 설명을 말로 표현하면 애매모호한 점이 발생할 수 있지만, 상태도로 나타내면 Mealy 모델 또는 Moore 모델인지를 명확히 구분할 수 있고 시스템 동작을 정확하게 표현할 수 있다.

### (1) Moore 모델

[그림 8.2]의 회로는 두 개의 연속된 1을 검출하는 Moore 모델 회로인데, Moore 모델의 특징은 출력신호가 입력 $x$에 직접 영향을 받지 않고 플리플롭 출력들에 대한 함수인 점이다. 이 회로에 대한 동작을 설명하려면 상태표와 상태도가 필요하게 되는데, 샘플 입력에 대한 타이밍도가 있으면 회로 동작에 대한 이해가 더욱 쉬워진다.

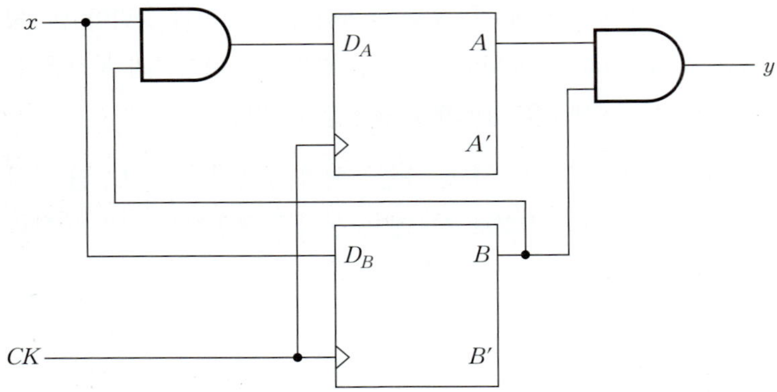


| 그림 8.2 연속된 1을 검출하는 Moore 모델 회로

〈표 8.1〉은 [그림 8.2] 회로에 대한 상태표로 회로의 동작을 나타낸 것이다. Moore 모델의 상태표는 각 상태에서 입력에 따라 바뀔 차기 상태와 출력값이 표시된다. Moore 모델의 상태표에서 중요한 점은 현재 입력에 관계없이 각 상태마다 정해진 출력값이 있음을 알 수 있다. 8.2~8.5절에서 다양한 플립플롭의 순차회로에 대한 상태표 만드는 방법을 설명한다.

| 표 8.1 Moore 모델 상태표

| 현재 상태 | 차기 상태 | | 출력 |
|---|---|---|---|
| | $x=0$ | $x=1$ | |
| $S_0$ | $S_0$ | $S_1$ | 0 |
| $S_1$ | $S_0$ | $S_2$ | 0 |
| $S_2$ | $S_0$ | $S_2$ | 1 |

상태도는 상태표를 원과 화살표의 기호를 사용하여 그림으로 나타낸 것으로 회로의 동작을 더 쉽게 알아볼 수 있게 한다. [그림 8.3]의 상태도는 〈표 8.1〉의 상태표를 나타내는 것으로 입력 1이 두 번 연속하여 들어오면 출력 1을 발생하는 시스템의 동작을 나타내는 Moore 모델 상태도이다. 상태도에서 원으로 그려진 각 노드는 상태를 나타내고 상태 이름이 표시되어 있다. 노드 간의 화살표는 입력신호에 의해 상태가 바뀌는 것을 나타내고 화살표 옆에 입력신호 값을 표시한다. Moore 모델에서는 출력값이 상태값에 의해 결정되기 때문에 출력은 상태를 나타내는 노드 안에 표시하는데 출력 1이 발생할 경우만 표시한다. 출력신호가 하나 이상일 경우에 해당 출력신호가 1이 되는 상태 안에 출력신호 이름으로 나타내기도 한다.

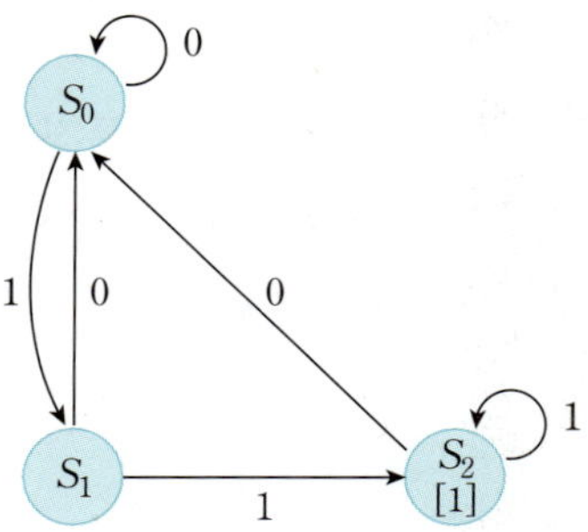


| 그림 8.3 Moore 모델 상태도

[그림 8.3] 상태도의 동작을 살펴보면 $S_0$ 상태에서 입력신호가 0이면 $S_0$ 상태에 머물고 있다가 처음 1이 입력되면 $S_1$ 상태로 바뀐다. $S_1$ 상태에서 두 번째 1이 입력되면 $S_2$ 상태로 바뀌고 출력 1이 발생한다. $S_2$ 상태에서 계속해서 1이 입력되면 출력 1도 계속해서 발생한다. $S_1$ 또는 $S_2$ 상태에서 0이 입력되면 초기 상태인 $S_0$로 돌아가서 다시 첫 번째 1을 기다리는 상태로 들어간다.

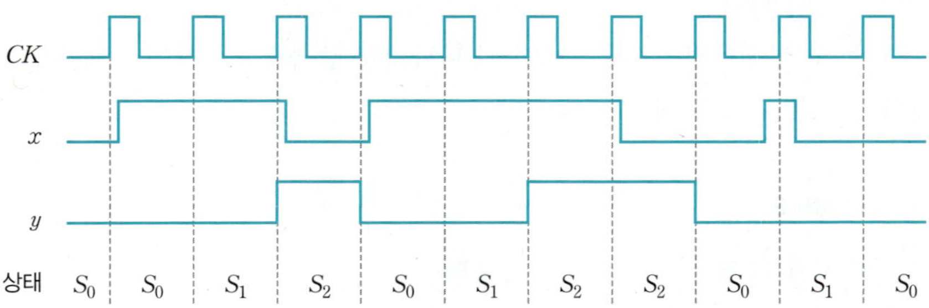


| 그림 8.4 Moore 모델 타이밍도

상태표 또는 상태도를 이용하여 샘플 입력에 대한 타이밍도를 그릴 때 먼저 상태값의 변화를 적어놓는다. 차기 상태값은 현재 상태값과 상태가 변하는 클럭 에지에서의 입력값에 의해 정해지는데 상태표와 상태도에 표시되어 있다. 각 상태에서의 출력값도 상태표 또는 상태도를 참조하여 해당 클럭 주기에 0 또는 1에 해당하는 선을 표시하면 된다. 즉, Moore 모델 회로의 타이밍도에서 상태값은 물론이고 출력신호도 클럭에 동기되어 변하게 된다.

### (2) Mealy 모델

[그림 8.5]의 회로는 연속된 1을 검출하는 Mealy 모델 회로인데, Mealy 모델의 특징은 출력신호가 플리플롭 출력들만이 아니고 입력신호에도 직접 영향을 받는다는 것이다. 회로에서 출력 $y$는 입력 $x$와 플립플롭 출력 $A$의 신호에 대한 AND 함수로 만들어지므로 Mealy 모델임을 알 수 있다.

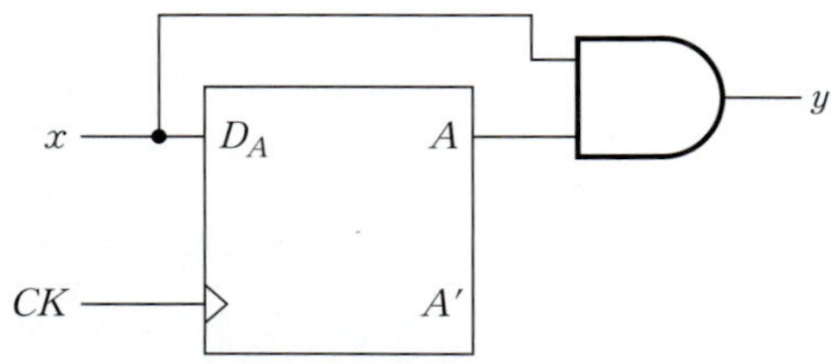


| 그림 8.5 연속된 1을 검출하는 Mealy 모델 회로

〈표 8.2〉는 [그림 8.5] 회로의 동작을 나타내는 상태표로 Moore 모델 상태표와 비슷한 형태지만 출력 부분이 다름을 알 수 있다. Mealy 모델 상태표를 보면 출력 열에 입력 $x=0$과 $x=1$인 두 가지 경우의 출력을 구분하여 나타내었다. 출력값은 같은 상태에서도 입력값에 따라 달라질 수 있기 때문이다.

| 표 8.2 Mealy 모델 상태표

| 현재 상태 | 차기 상태 | | 출력 | |
|---|---|---|---|---|
| | $x=0$ | $x=1$ | $x=0$ | $x=1$ |
| $S_0$ | $S_0$ | $S_1$ | 0 | 0 |
| $S_1$ | $S_0$ | $S_1$ | 0 | 1 |

〈표 8.2〉의 Mealy 모델 상태표에 대한 상태도를 [그림 8.6]에 나타내었다. Mealy 모델에서는 출력이 상태값과 입력신호에 의해 결정되기 때문에 출력 표시를 노드 안에 하지 않고 노드 간의 화살표 옆에 입력신호 값과 같이 나타낸다. [그림 8.6]의 Mealy 모델 상태도도 연속된 1을 검출하는 시스템에 대한 동작을 나타낸 것이다. Moore 모델에서 설명한 시스템과 동작이 비슷하지만 타이밍도를 그려보면 약간 다르다는 것을 알 수 있다.

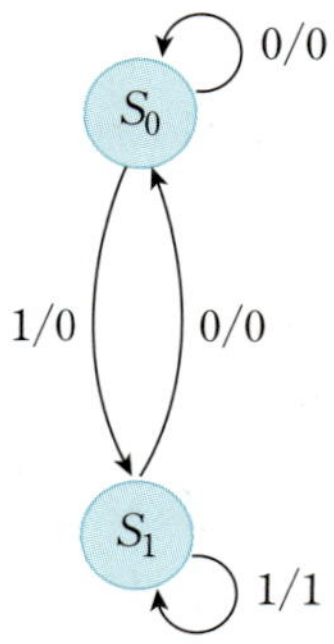


| 그림 8.6 Mealy 모델 상태도

Moore 모델과의 차이는 이미 1이 입력된 상태에서 현재 입력도 1이면 바로 출력 1을 발생하고, 해당 클럭 주기 동안 출력 1을 유지 못하고 입력신호가 0이 되면 출력도 즉시 0이 된다. [그림 8.6] Mealy 모델 상태도가 표현하는 동작을 살펴보면 $S_0$ 상태에서 입력신호가 0이면 $S_0$ 상태에 머물고 있다가 처음 1이 입력되면 $S_1$ 상태로 바뀐다. $S_1$ 상태에서 입력 1의 신호가 유지되는 동안 출력 1이 발생하게 된다. $S_1$ 상태에서 0이 입력되면 출력이 없어지고 초기 상태인 $S_0$로 돌아가서 다시 첫 번째 1을 기다리는 상태로 들어간다.

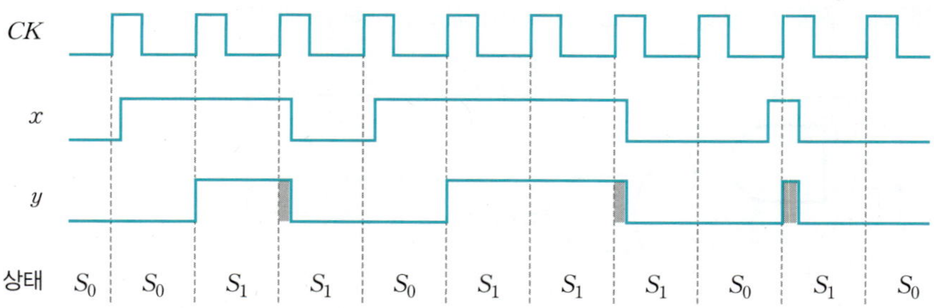


| 그림 8.7 Mealy 모델 타이밍도

Mealy 모델 회로의 타이밍도는 출력이 상태값과 입력에 대한 함수이기 때문에 Moore 모델에 비하여 좀 더 까다롭다. Mealy 모델에서 타이밍도를 그릴 때도 Moore 모델에서 하는 것처럼 먼저 상태값의 변화를 적어놓는다. 그리고 각 상태에서 해당 클럭 주기 내에서 입력신호 변화에 따른 출력값을 계산하여 나타내야 한다. 즉, Mealy 모델 회로의 타이밍도에서 출력신호는 한 클럭 주기 내에서도 입력신호에 따라 바뀔 수가 있다.

[그림 8.7]은 [그림 8.4]의 Moore 모델 타이밍도에서 사용한 똑같은 입력신호에 대한

Mealy 모델의 타이밍도이다. 클럭 상승 에지에서 입력 $x$=1 값이 들어오면 $S_1$ 상태로 바뀌고 입력 $x$=1이 유지되는 만큼 출력 1이 발생하고 있음은 나타내고 있다. Moore 모델에 비하여 출력 1이 발생하는 시점이 1 클럭 빨리 일어남을 알 수 있다. 그리고 음영 처리하여 나타낸 부분이 Moore 모델과 다르게 입력신호 타이밍에 맞추어 출력이 바뀌고 있는 부분을 보여주고 있다. 일반적으로 동기식 디지털 시스템내의 신호들은 클럭에 동기된 신호들이기 때문에 [그림 8.7]의 신호 $x$처럼 나타나지 않을 뿐만 아니라, 출력신호 $y$의 의미도 클럭 에지에서 중요하기 때문에 [그림 8.7]의 음영 처리된 부분들처럼 클럭 에지 이후의 신호는 문제가 되지 않는다.

## 8.2 D 플립플롭의 순차회로 해석

순차회로의 출력과 차기 상태는 입력과 현 상태값에 대한 함수로서, 회로 해석을 통하여 상태표와 상태도를 구하고 그리고 샘플 입력에 대한 상태 변화와 출력을 타이밍도로 나타낼 수 있다. 동기식 순차회로는 클럭 신호를 사용하는 플립플롭들과 조합회로로 구성되는데 조합회로 없이 플립플롭들로만 구성되는 경우도 있다. [그림 8.8]은 입력 $x$, 출력 $y$, 그리고 D 플립플롭과 조합회로로 구성된 동기식 순차회로이다. 이 회로에 대한 상태표와 상태도를 구하고, 샘플 입력에 대한 타이밍도를 구하는 과정을 알아보자.

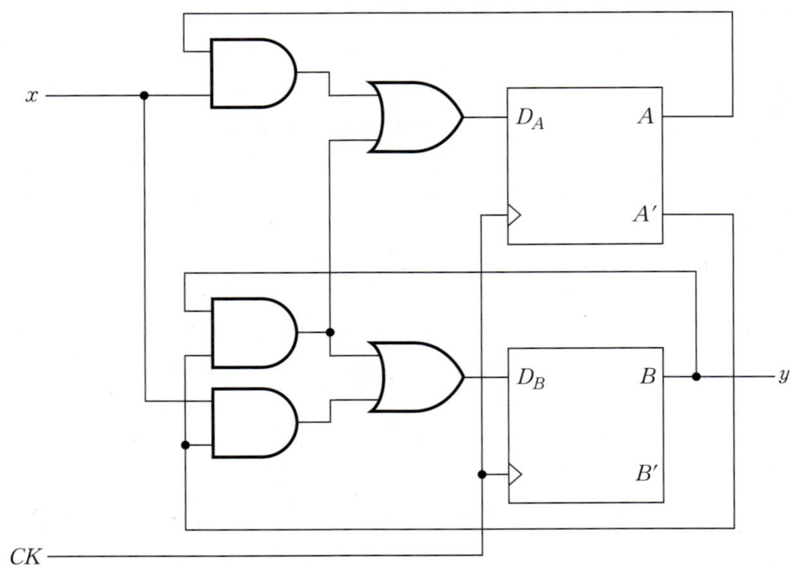


| 그림 8.8 D 플립플롭으로 구성된 순차회로

이 장에서 플립플롭 이름은 플립플롭 출력신호로 나타내고, 플립플롭 입력신호에 플립플롭 이름을 아래첨자로 붙여서 구분하기로 한다. 회로에 포함된 플립플롭이 2개이므로 2비트로 나타낼 수 있는 4가지 경우(00, 01, 10, 11)가 상태들을 나타내게 된다. 이 4가지 각 상태에서 입력에 따라 바뀔 차기 상태와 출력값을 구하면 상태표가 완성된다. 회로에서 플립플롭 출력 $A$와 $B$의 현 상태값은 $A$와 $B$로, 차기 상태는 $A^*$와 $B^*$로 나타낸다. $A^*$와 $B^*$는 7장에서 설명한 D 플립플롭의 특성식(차기 상태식)에 의하면 다음과 같이 플립플롭의 입력으로 나타낼 수 있다.

$$A^* = D_A$$
$$B^* = D_B$$

회로에서 플립플롭 입력 $D_A$와 $D_B$는 조합회로의 출력으로 입력 $x$와 현 상태값을 나타내는 플립플롭 출력 $A$와 $B$에 대한 부울식으로 나타낼 수 있다.

$$D_A = xA + A'B$$
$$D_B = xA' + A'B$$

출력 $y$는 입력 $x$에 관계없이 플립플롭 출력에 대한 함수이기 때문에 Moore 모델이다.

$$y = B$$

플립플롭의 입력식과 회로의 출력식을 이용하여 4가지의 상태에 대하여 입력 $x$에 따른 차기 상태와 출력에 대한 표를 다음과 같이 완성할 수 있다.

$AB$=00인 경우에 첫 번째 행의 출력과 차기 상태를 구하면 다음과 같다.

출력 $y = B = 0$,

$x$=0인 경우 차기 상태

$$A^* = D_A = xA + A'B = 0$$
$$B^* = D_B = xA' + A'B = 0$$

$x$=1인 경우 차기 상태

$$A^* = D_A = xA + A'B = 0$$
$$B^* = D_B = xA' + A'B = 1$$

마찬가지 방법으로 $AB$=01, 10, 11에 해당하는 행의 출력과 차기 상태를 구하여 〈표 8.3〉의 상태표를 완성할 수 있다.

| 표 8.3 완성된 상태표

| $A$ $B$ | $A^*$ $B^*$ | | $y$ |
|---|---|---|---|
| | $x$=0 | $x$=1 | |
| 0 0 | 0 0 | 0 1 | 0 |
| 0 1 | 1 1 | 1 1 | 1 |
| 1 0 | 0 0 | 1 0 | 0 |
| 1 1 | 0 0 | 1 0 | 1 |

상태표를 이용하여 상태도를 나타내면 회로의 동작을 쉽게 파악할 수 있다. Moore 모델이기 때문에 출력은 각 상태를 나타내는 노드 안에 괄호를 이용하여 출력이 1일 때만 표시한다.

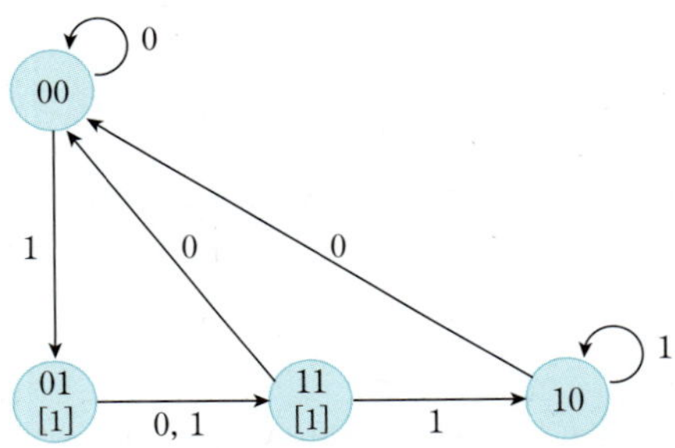


| 그림 8.9 완성된 상태도

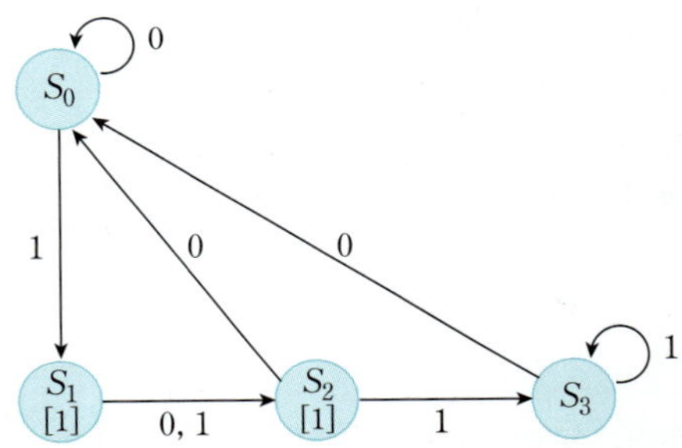


| 그림 8.10 상태 이름 사용

〈표 8.3〉의 상태표를 이용하여 2진수 상태값을 이용한 [그림 8.9]의 상태도를 완성하였다. 2 진수로 나타낸 4가지 상태(00, 01, 11, 10)에 대하여 상태 기호 $S_0$, $S_1$, $S_2$, $S_3$로 나타내면 좀 더 간단히 나타낼 수 있다. 입력 $x$의 샘플 신호에 대한 타이밍도를 완성해보면 [그림 8.11]과 같이 나타난다. 회로는 입력신호에 1의 신호가 들어오면 2 클럭 주기의 펄스를 출력하는 회로이다. 정확히 2 클럭 주기의 펄스를 출력한 후에 적어도 1 클럭 주기 동안 0을 출력하고 새로운 입력신호를 기다리는 시스템이다. $S_2$ 상태에서 입력 1이 또 들어오면 $S_3$ 상태에 들어가 $x$=0가 되길 기다린다.

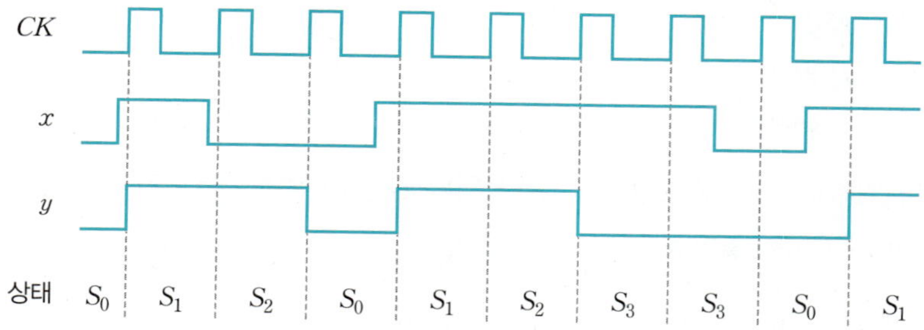


| 그림 8.11 타이밍도

## 8.3 JK 플립플롭의 순차회로 해석

다음은 플립플롭의 특성식이 다소 복잡한 JK 플립플롭으로 이루어진 동기식 순차회로에 대한 상태표와 상태도를 구하고 타이밍도를 완성해보기로 한다. [그림 8.12]는 입력 $x$, 출력 $y_1$, $y_0$ 그리고 JK 플립플롭 2개와 AND 게이트로 구성된 동기식 순차회로이다. 출력 $y_1$과 $y_0$는 상태를 나타내는 플립플롭 출력 $A$, $B$와 동일하므로 따로 출력을 따로 구할 필요가 없다.

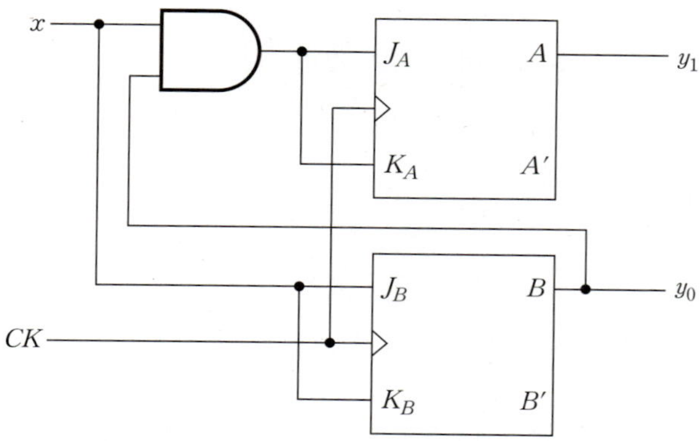


| 그림 8.12 JK 플립플롭으로 구성된 순차회로

D 플립플롭의 경우와 마찬가지로 순차회로의 동작을 나타내는 상태표는 각 상태에서 입력에 따라 바뀔 차기 상태와 출력값을 구하면 된다. 회로에서 플립플롭 출력 $A$와 $B$의 현 상태값은 $A$와 $B$로, 차기 상태는 $A^*$와 $B^*$로 나타낸다. 플립플롭의 차기 상태인 $A^*$와 $B^*$는 7장에서 설명한 JK 플립플롭의 특성식(차기 상태식)에 의하면 다음과 같이 플립플롭의 입력과 현재 상태값으로 나타낸다.

$$A^* = J_A A' + K_A' A$$
$$B^* = J_B B' + K_B' B$$

회로에서 플립플롭 입력들인 $J_A$, $K_A$, $J_B$, $K_B$들은 입력 $x$와 현 상태값을 나타내는 플립플롭 출력 $A$와 $B$에 대한 부울식으로 나타낼 수 있다.

$$J_A = xB,\ \ K_A = xB$$
$$J_B = x,\quad K_B = x$$

이들 플립플롭 입력식들을 앞의 차기 상태식에 대입을 하면 다음과 같은 차기 상태식이 완성이 된다.

$$A^* = J_A A' + K_A' A = xBA' + (xB)'A = xA'B + x'A + AB'$$
$$B^* = J_B B' + K_B' B = xB' + x'B$$

플립플롭 $A$와 $B$의 차기 상태식을 이용하여 입력 $x$에 따른 차기 상태에 대한 표를 완성할 수 있다.

$AB$=00인 경우에 첫 번째 행의 차기 상태를 구하면 다음과 같다.

$x$=0인 경우 차기 상태

$$A^* = xA'B + x'A + AB' = 0,$$
$$B^* = xB' + x'B = 0$$

$x$=1인 경우 차기 상태

$$A^* = xA'B + x'A + AB' = 0,$$
$$B^* = xB' + x'B = 1$$

즉, 현 상태 $AB$=00에서 입력 $x$=0과 $x$=1에 대한 차기 상태 $A^*B^*$=00과 $A^*B^*$=01을 구한 것이다. 마찬가지 방법으로 $AB$=01, 10, 11에 해당하는 행의 차기 상태를 구하면 〈표 8.4〉와 같은 상태표를 완성하게 된다.

$$A^* = T_A \oplus A$$
$$B^* = T_B \oplus B$$

회로에서 플립플롭 입력 $T_A$와 $T_B$는 입력 $x$와 현재 상태값을 나타내는 플립플롭 출력 $A$와 $B$에 대한 부울식으로 나타낼 수 있다.

$$T_A = xB + x'B'$$
$$T_B = 1$$

이들 플립플롭 입력식들을 앞의 차기 상태식에 대입을 하면 차기 상태식이 완성이 된다.

$$\begin{aligned} A^* = T_A \oplus A = (xB + x'B') \oplus A &= xA'B + x'A'B' + (xB + x'B')'A \\ &= xA'B + x'A'B' + (xB' + x'B)A \\ &= x(A'B + AB') + x'(A'B' + AB) \end{aligned}$$
$$B^* = T_B \oplus B = 1 \oplus B = B'$$

플립플롭 $A$와 $B$의 차기 상태식을 이용하여 입력 $x$에 따른 차기 상태에 대한 표를 완성할 수 있다.

$AB$=00인 경우에 첫 번째 행의 차기 상태를 구하면 다음과 같다.

$x$=0인 경우 차기 상태
$A^* = x(A'B + AB') + x'(A'B' + AB) = 1,$
$B^* = B' = 1$

$x$=1인 경우 차기 상태
$A^* = x(A'B + AB') + x'(A'B' + AB) = 0,$
$B^* = B' = 1$

마찬가지 방법으로 $AB$ = 01, 10, 11에 해당하는 행의 차기 상태를 구하여 〈표 8.5〉의 상태표를 완성할 수 있다.

I 표 8.5 완성된 상태표

| $A$ $B$ | $A^*$ $B^*$ | |
|---|---|---|
| | $x=0$ | $x=1$ |
| 0 0 | 1 1 | 0 1 |
| 0 1 | 0 0 | 1 0 |
| 1 0 | 0 1 | 1 1 |
| 1 1 | 1 0 | 0 0 |

〈표 8.5〉의 상태표를 사용하여 [그림 8.16]의 상태도를 만들었는데, 상태도에서 상태 비트 자체가 출력이기 때문에 2진수 상태를 상태 기호로 바꾸지 않았다. 그리고 상태도를 보면 $x=1$이면 00, 01, 10, 11의 상태로 진행되는 상향 카운터로 동작하고, $x=0$이면 11, 10, 01, 00의 상태로 진행되는 하향 카운터로 동작하는 것을 쉽게 알 수 있을 것이다.

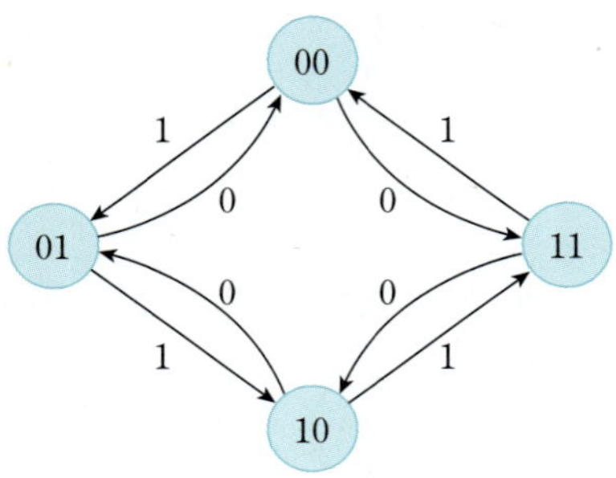


I 그림 8.16 완성된 상태도

[그림 8.17]에 입력 $x$의 샘플 신호에 대한 타이밍도를 보여주고 있는데, $x=1$이면 상태 $AB$ 출력값이 증가하는 카운터로 동작하고 $x=0$이면 감소하는 상향/하향 카운터의 동작을 확인할 수 있다.

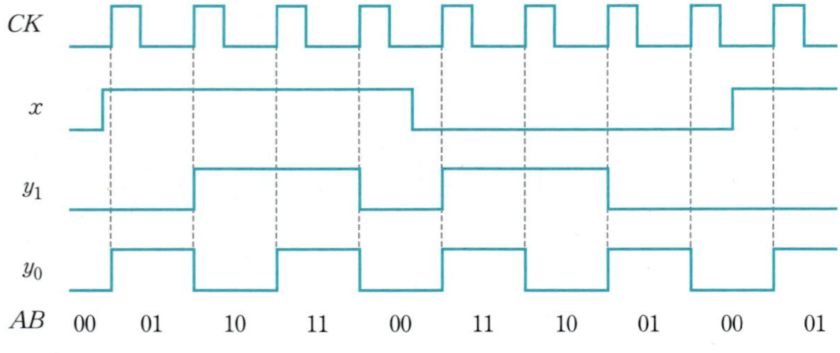


I 그림 8.17 타이밍도

## 8.5 Mealy 모델 회로 해석

지금까지는 D, JK, T 플립플롭을 사용한 Moore 모델 순차회로 해석에 대하여 알아보았다. 마지막으로 Mealy 모델 순차회로에 대한 상태도와 상태표를 구하고 타이밍도를 완성해보자. [그림 8.18]은 입력 $x$, 출력 $y$ 그리고 D 플립플롭과 JK 플립플롭으로 구성된 동기식 순차회로이다. 주의할 점은 출력 $y$가 상태 출력뿐만이 아니고 입력 $x$에 대한 함수이므로 Mealy 모델이다.

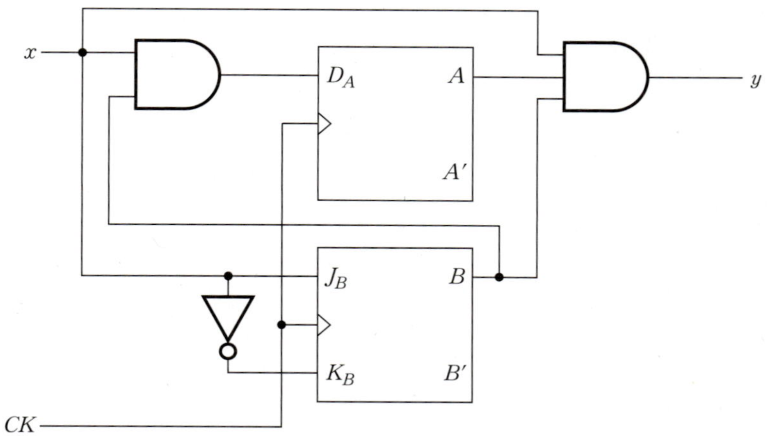


ㅣ그림 8.18 Mealy 모델의 순차회로

상태표를 구하기 위해 출력식과 플립플롭들의 입력식을 먼저 구해보자. 출력 $y$에 대한 식은 회로에서 입력 $x$와 현 상태값을 나타내는 플립플롭 출력 $A$와 $B$에 대한 부울식으로 다음과 같이 나타낼 수 있다.

$$y = xAB$$

플립플롭 입력식도 입력 $x$와 현 상태값을 나타내는 플립플롭 출력 $A$와 $B$에 대한 부울식으로 다음과 같이 된다.

$$D_A = xB$$
$$J_B = x$$
$$K_B = x'$$

플립플롭의 차기 상태인 $A^*$와 $B^*$는 D 플립플롭과 JK 플립플롭 특성식(차기 상태식)에 위 플립플롭의 입력식을 대입하면 다음과 같이 된다.

$$A^* = D_A = xB$$
$$B^* = J_B B' + K_B' B = xB' + xB = x$$

위 차기 상태식을 이용하여 입력 $x$에 따른 차기 상태에 대한 표를 완성할 수 있다. $AB$=00인 경우에 첫 번째 행의 차기 상태와 출력을 구하면 다음과 같다.

$x$=0인 경우 차기 상태와 출력

$$A^* = xB = 0,$$
$$B^* = x = 0$$
$$y = xAB = 0$$

$x$=1인 경우 차기 상태와 출력

$$A^* = xB = 0,$$
$$B^* = x = 1$$
$$y = xAB = 0$$

마찬가지 방법으로 $AB$ = 01, 10, 11에 해당하는 행의 차기 상태와 출력을 구하여 〈표 8.6〉의 상태표를 완성할 수 있다. Moore 모델과 다르게 출력 열도 입력 $x$=0와 $x$=1인 경우에 대하여 필요하다는 것을 기억해야 할 것이다.

| 표 8.6 완성된 상태표

| $A$ $B$ | $A^*$ $B^*$ | | $y$ | |
|---|---|---|---|---|
| | $x$=0 | $x$=1 | $x$=0 | $x$=1 |
| 0 0 | 0 0 | 0 1 | 0 | 0 |
| 0 1 | 0 0 | 1 1 | 0 | 0 |
| 1 0 | 0 0 | 0 1 | 0 | 0 |
| 1 1 | 0 0 | 1 1 | 0 | 1 |

〈표 8.6〉의 상태표를 이용하여 [그림 8.19]의 상태도를 완성하였다. 상태도를 그릴 때에 출력값이 화살표 옆에 입력값과 같이 표시되고 있음을 주의하라. 완성된 상태도에서 상

태 10은 도달할 수 없는 상태이다. 초기화 부분이 없으므로 전원 공급 시에 어떤 상태에서 시작할지 모르지만 상태 10에서 시작할 수도 있지만 한 클럭이 지나면 정상 동작하는 상태로 들어오게 되어 문제가 없다. 9장에서 설명할 순차회로 설계할 때에 무정의 조건이 있으면 이런 경우가 발생하게 되어 회로 설계 후에 검증하는 과정이 필요하게 된다.

[그림 8.19]의 상태도를 해석하면 정상 동작하는 경우에 0이 입력되면 계속 상태 00에 머물게 되고, 1이 연속해서 두 번 입력되면 상태 01 다음에 상태 11로 들어가서 입력 1이 유지되면 출력 1이 발생하는 Mealy 모델 회로임을 알 수 있다.

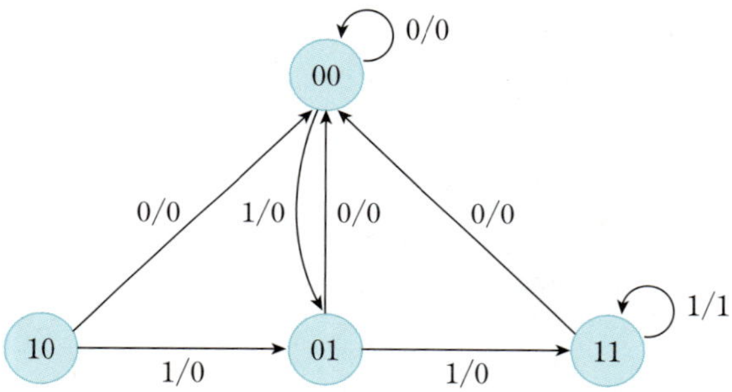


| 그림 8.19 완성된 Mealy 모델 상태도

다음 그림은 입력 $x$의 샘플 신호에 대한 타이밍도를 보여주고 있다. 먼저 입력신호에 따라 상태의 변화를 구한 후에 출력을 구하면 된다. 상태 11에서 입력신호가 1인 경우에 출력 1이 발생하므로 해당 클럭 주기에서 입력신호를 체크하여 출력신호를 그려 넣으면 될 것이다. Mealy 모델에 대한 출력은 클럭 한 주기 내에서 입력신호에 따라 바뀔 수 있으므로 주의해야 한다. 음영 처리된 부분은 글리치(glitch) 신호로서 동기식 순차회로에서 의미 없는 신호로 처리되어 큰 문제가 되지 않는다.

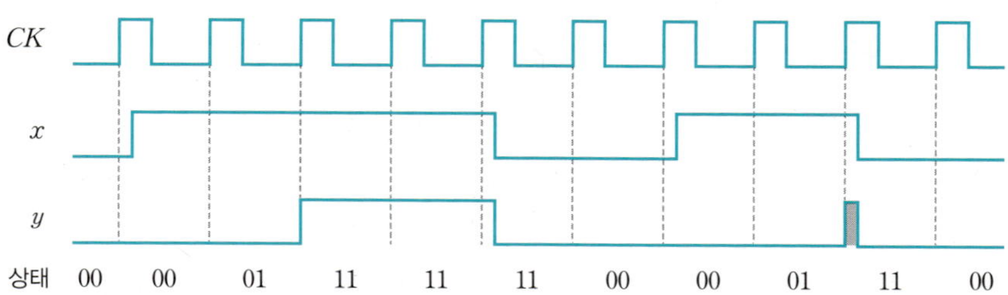


| 그림 8.20 Mealy 모델 타이밍도

음영 처리된 글리치 신호 부분의 타이밍을 확대하여 [그림 8.21]에 나타내었다. 상태 $AB$=01에서 $AB$=11로 바뀌는 시점의 클럭 상승 에지에서 상태가 $AB$=01이기 때문에 출력 $y(=xAB)$는 0이다. 플립플롭 출력 $A$가 0에서 1로 지연 시간 $t_{FFpd}$만큼 지난 후에 바뀌고, 바뀐 $A$ 값에 의하여 출력 $y(=xAB)$는 AND 게이트 지연 시간인 $t_{Cpd}$만큼 지난 후에 1로 바뀐 것을 보여주고 있다. 그리고 입력 $x$가 클럭 주기 내에서 0으로 바뀌기 때문에 출력 $y$는 AND 게이트 지연 시간인 $t_{Cpd}$만큼 지난 후에 0으로 다시 바뀐다. 이 글리치는 클럭 상승 에지 후에 나타났다가 다음 클럭의 상승 에지 전에 없어지기 때문에 동기식 순차회로에서는 문제가 발생하지 않는다.

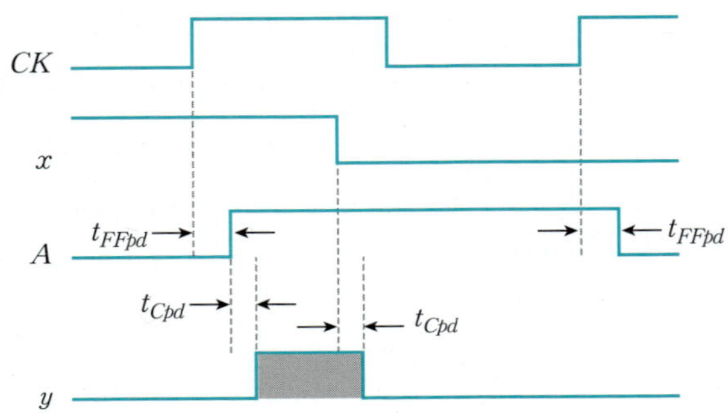


| 그림 8.21 글리치 신호 타이밍

## 단원요약

1. 순차회로는 입력에 의해 상태 전환과 출력이 정의되는 유한 상태 기계(FSM: finite state machine)와 같다.

2. 유한 상태 기계는 상태도와 상태표로 시스템의 동작을 표현할 수 있다.

3. Moore 모델의 상태 기계는 출력이 상태값에 의해서만 결정되고, Mealy 모델은 상태값과 입력에 의해서 출력이 결정된다.

4. 상태도에서 상태는 노드로 나타내고, 입력신호에 따른 상태변화는 노드 사이의 화살표로 나타낸다. Moore 모델에서 출력은 노드 안에 나타내고, Mealy 모델에서는 화살표 옆에 입력과 같이 표시한다.

5. 순차회로 해석을 위한 상태표를 만들기 위해 출력식과 플립플롭 입력식을 먼저 구한다. 이 식을 이용하여 각 상태에서 입력값에 따른 출력값과 차기 상태값을 구하여 상태표를 완성한다.

## 연습문제

**01** 다음 회로에 대한 상태표와 상태도를 완성하고, 주어진 샘플 입력에 대한 타이밍도를 완성하라. 플립플롭은 0으로 초기화되었다.

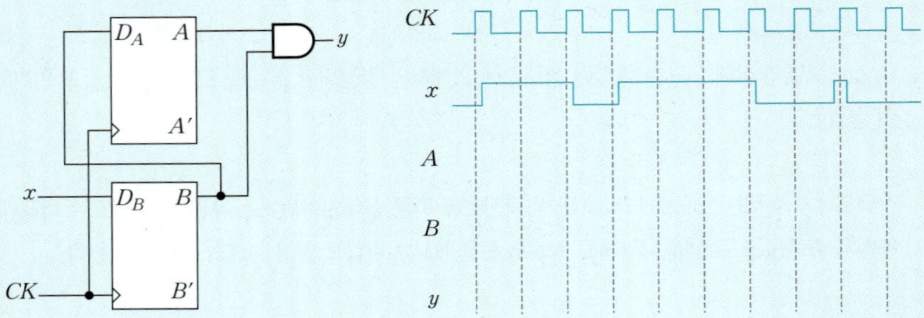


**02** 다음 회로에 대한 상태표와 상태도를 완성하고, 주어진 샘플 입력에 대한 타이밍도를 완성하라. 플립플롭은 0으로 초기화되었다.

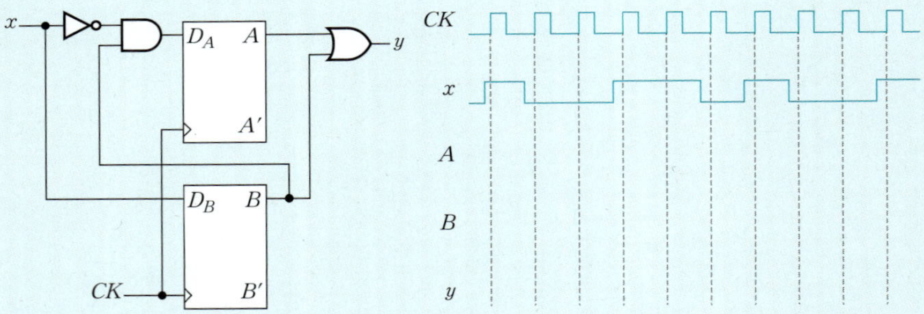


**03** 다음 회로에 대한 상태표와 상태도를 완성하고, 주어진 샘플 입력에 대한 타이밍도를 완성하라. 플립플롭은 0으로 초기화되었다.

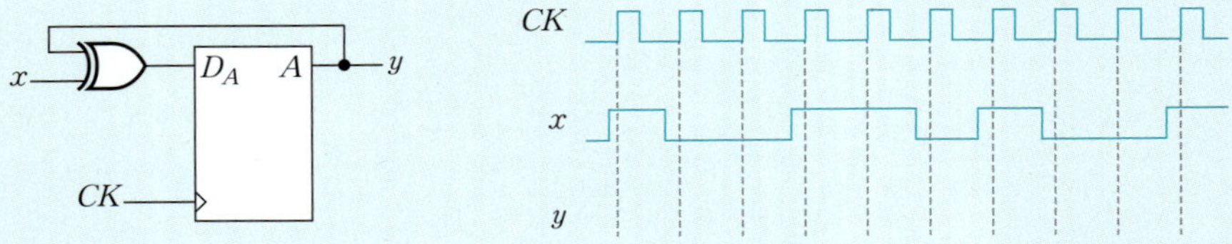

**04** 다음 회로에 대한 상태표와 상태도를 완성하고, 회로의 기능을 설명하라. 플립플롭은 0으로 초기화되었다.

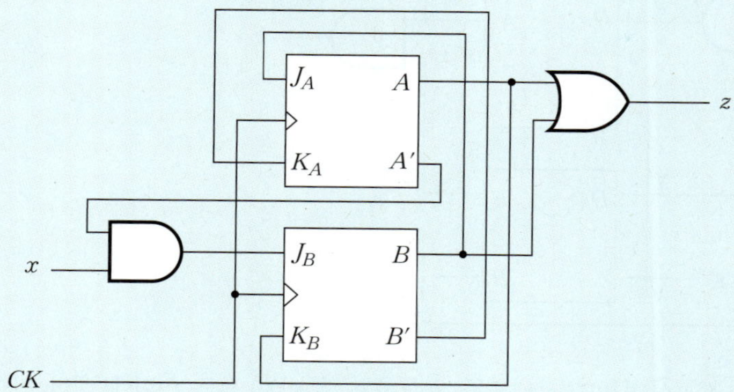


**05** 다음 회로에 대한 상태표와 상태도를 완성하고, 주어진 샘플 입력에 대한 타이밍도를 완성하라. 플립플롭은 0으로 초기화되었다.

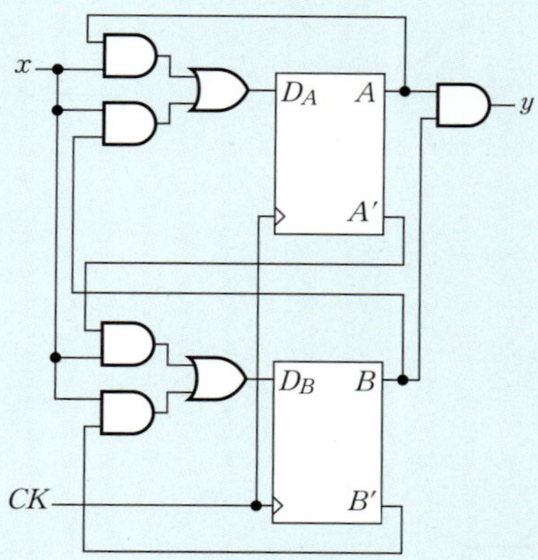


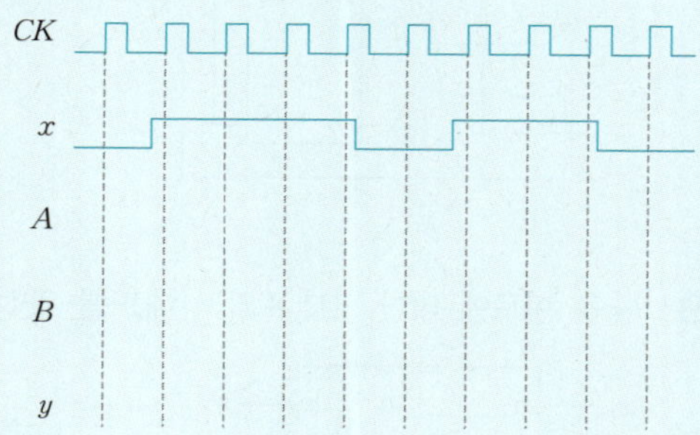


**06** 다음 회로에 대한 상태표와 상태도를 완성하고, 주어진 샘플 입력에 대한 타이밍도를 완성하라. 플립플롭은 0으로 초기화되었다.

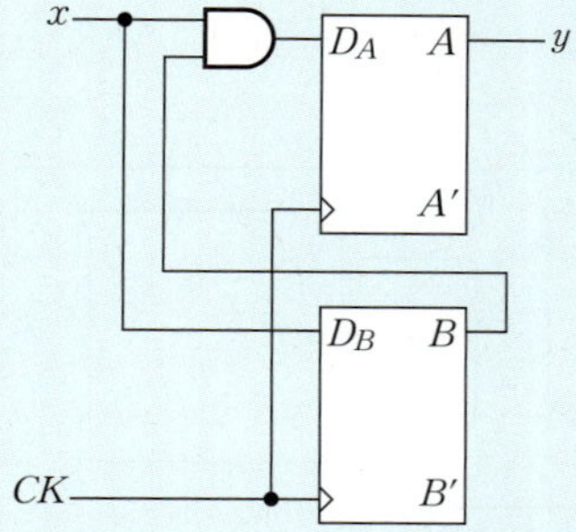


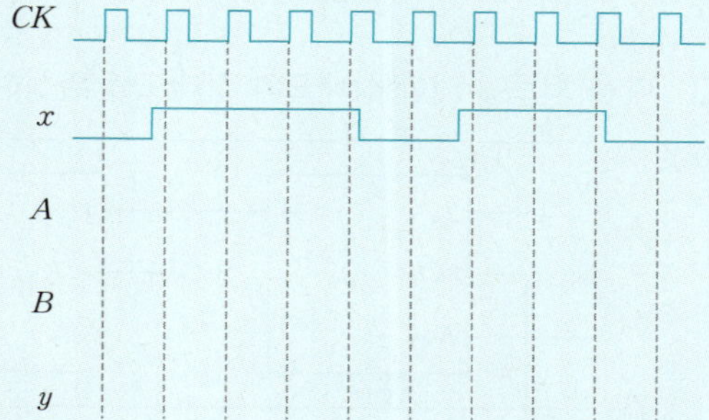

**07** 다음 회로에 대한 상태표와 상태도를 완성하라.

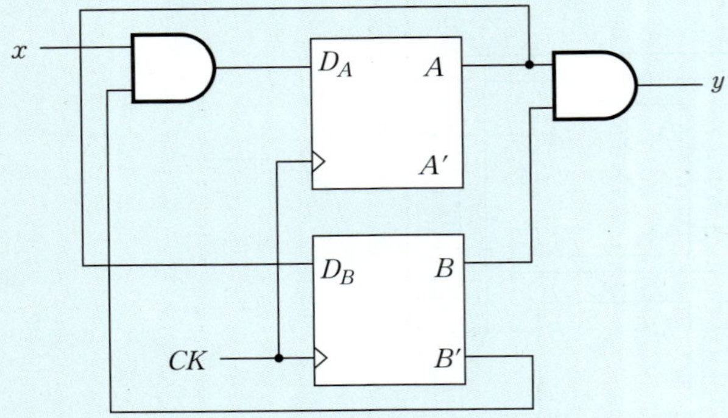


**08** 다음 회로에 대한 상태표와 상태도를 완성하고, 주어진 샘플 입력에 대한 타이밍도를 완성하라. 플립플롭은 0으로 초기화되었다.

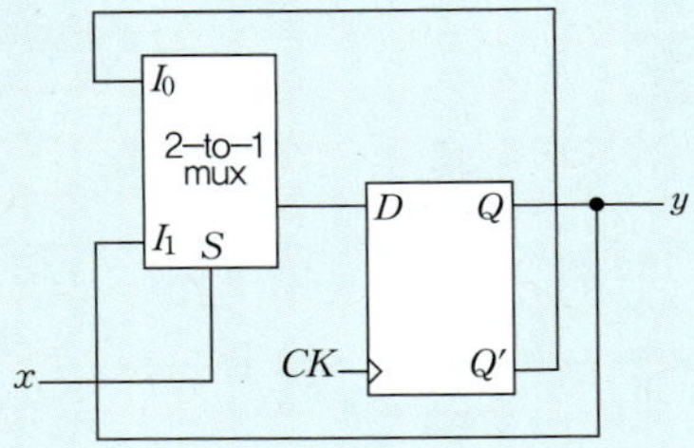


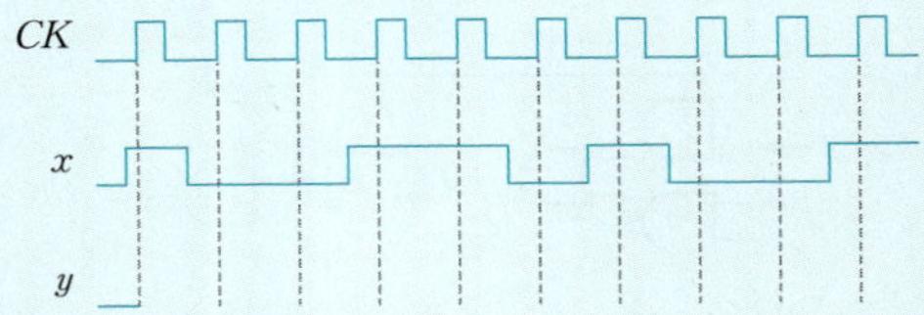


**09** 다음 회로에 대한 상태표와 상태도를 완성하라.

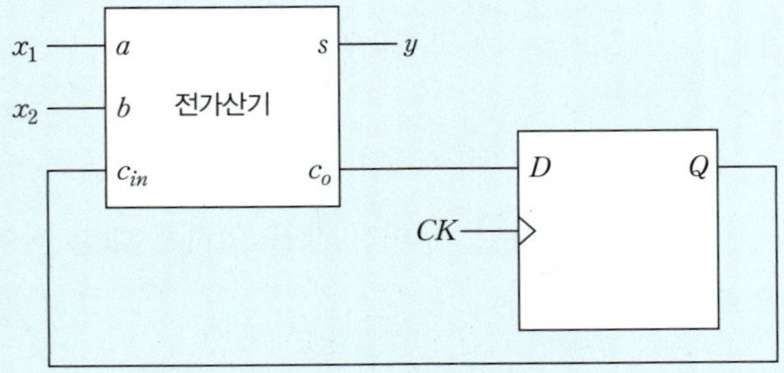


**10** 다음 회로에 대한 상태표와 상태도를 완성하라.

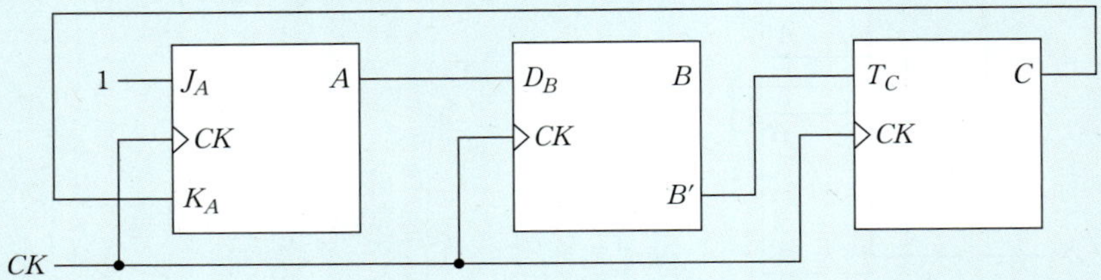

# CHAPTER 09
# 순차회로 설계

contents

# 09 순차회로 설계

단원개요

- 유한 상태 기계로 표현된 것을 순차회로로 설계하는 방법
- 플립플롭 여기표의 의미
- 상태 축소 방법
- 상태 할당과 순차회로 설계와의 관계
- one-hot 상태 할당의 특징과 장단점

조합회로에서는 시스템의 동작을 진리표로 나타내어 수학적 모델인 부울식을 이용하여 최소화 과정을 거쳐서 체계적인 방법으로 회로 설계를 하였다. 순차회로의 경우는 과거의 입력도 현재 출력에 영향을 주기 때문에 유한 상태 기계를 이용하여 시스템의 동작을 나타낼 수 있다는 것을 8장에서 설명하였다. 이 장에서는 언어로 표현된 시스템을 유한 상태 기계로 나타내고, 체계적인 설계 방법을 통하여 순차회로를 구성하는 방법을 알아본다.

유한 상태 기계는 상태도로 시스템의 동작을 나타내는데 상태값과 외부 입력값에 의하여 출력과 다음 상태가 어떻게 바뀌는지를 명시하게 된다. 따라서 설계하는 부분은 상태값이 바뀌도록 하는 플립플롭 입력신호들과 출력신호를 생성하는 조합회로 부분인데 이들은 현재 상태값을 저장하고 있는 플립플롭의 출력과 외부 입력신호에 대한 함수이다.

플립플롭 여기표(excitation table)는 플립플롭 상태가 바뀌기 위한 플립플롭의 입력 조건을 나타내는 표로서, 플립플롭 입력신호를 위한 조합회로를 설계하기 위하여 상태표를 진리표로 변환하는데 필요한 표이다. 플립플롭 종류마다 동작 방식이 다르지만 플립플롭 여기표를 이용하여 일관된 방식으로 설계하는 방법을 알아보기로 한다.

언어로 표현된 시스템을 유한 상태 기계로 나타낼 때에 최소수의 상태로 이루어진 상태

도를 만드는 것은 쉽지 않은 일이다. 상태 수는 결국 플립플롭 수를 결정하기 때문에 상태 축소를 하는 것은 비용을 줄이는데 매우 중요한 일이다. 현재 만들어진 상태도가 최소수의 상태도인지 아니면 더 축소가 가능한지를 알아내는 것도 중요하다. 상태수를 축소하는 방법인 행 일치(row matching) 방법과 Implication 차트 방법에 대하여 알아보기로 한다.

순차회로 설계에서 상태수를 최소화되게 축소하더라도 상태 할당에 따라 설계하는 조합회로 부분의 복잡도가 달라질 수 있다. 상태 할당을 할 때 조합회로 부분이 최소화되게 보장은 못하지만 권장되는 가이드라인에 대하여 알아보도록 한다. 그리고 상태 할당의 한 방법인 one-hot 인코딩 방식에 대하여 설명하고 장단점을 알아보기로 한다.

## 9.1 순차회로 설계 절차

조합회로 설계는 언어로 표현된 시스템을 진리표를 통하여 수학적 모델인 부울식으로 나타내고, 간략화 과정을 거쳐서 최적화된 회로를 구현하는 절차로 진행된다. 순차회로에서는 과거의 입력도 현재 출력에 영향을 주기 때문에 유한 상태 기계를 이용하여 시스템 동작을 표현하게 된다. 순차회로 설계는 [그림 8.1]의 구성도에서 조합회로 부분을 설계하는 것인데 다음과 같은 절차에 의하여 설계를 하게 된다.

1. 언어로 기술된 시스템을 유한 상태 기계로 표현한다.
2. 상태 축소 과정을 거쳐서 필요한 상태의 수를 최소화하여 필요한 플립플롭 수를 줄인다.
3. 기호로 표현된 상태를 2진수로 상태 할당을 하여 상태표로 나타낸다.
4. 플립플롭 여기표를 사용하여 상태표를 설계를 위한 진리표 형태로 변형한다.
5. 설계를 위한 진리표에서 주어진 플립플롭의 입력 함수와 시스템 출력 함수를 구한다.
6. 회로를 구현한다.

유한 상태 기계는 시스템의 동작을 수학적 모델로 표현하게 되어 언어로 기술할 때의 애매모호한 점이 없어지게 된다. 입력에 따라 상태 변화를 나타내는 상태도를 구성하는 것은 조합회로에서 진리표를 만드는 것처럼 간단하지는 않다. 뒤에서 여러 가지 상태 기계와 상태 축소에 대하여 학습하기로 하고 이 절에서는 설계 절차 3번 이후의 과정에 대하여 살펴보기로 하자.

다음은 8장에서 예제로 사용한 Moore 모델의 상태 기계인데 입력 1이 연속해서 들어오면 출력 1이 발생하는 시스템이다.

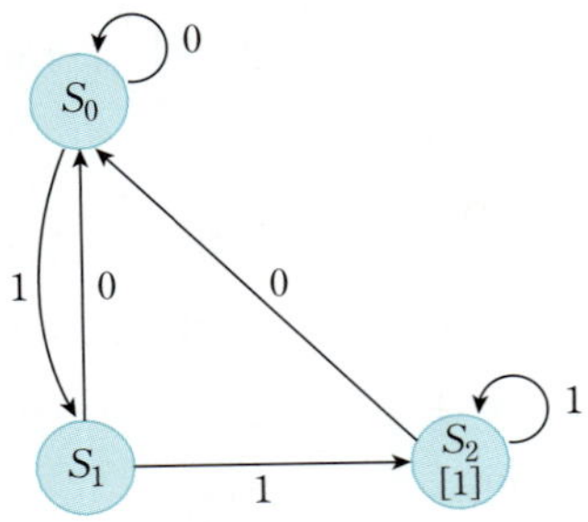


(a)

| 현재 상태 | 차기 상태 $x=0$ | 차기 상태 $x=1$ | 출력 |
|---|---|---|---|
| $S_0$ | $S_0$ | $S_1$ | 0 |
| $S_1$ | $S_0$ | $S_2$ | 0 |
| $S_2$ | $S_0$ | $S_2$ | 1 |

(b)

| 그림 9.1 Moore 모델의 상태 기계

3개의 상태로 이루어져 있으므로 2비트로 상태 할당을 할 수 있는데, 2비트를 플립플롭 $A$, $B$로 나타내었다. 플립플롭 $A$와 $B$는 플립플롭 출력이면서 이름으로 사용한다. 〈표 9.1〉에 있는 것처럼 여러 가지의 상태 할당이 가능하다. 그러나 어떤 상태 할당이 최소 비용의 회로를 만들 수 있는 상태 할당인지 미리 알 수가 없다. 9.4절에서 상태 할당에 대한 몇 가지 가이드라인을 제시하지만 절대적인 방법은 아니다.

| 표 9.1 여러 가지 상태 할당

| 상태 | 플립플롭 $A$ | 플립플롭 $B$ |
|---|---|---|
| $S_0$ | 0 | 0 |
| $S_1$ | 0 | 1 |
| $S_2$ | 1 | 0 |

(a)

| 상태 | 플립플롭 $A$ | 플립플롭 $B$ |
|---|---|---|
| $S_0$ | 0 | 0 |
| $S_1$ | 0 | 1 |
| $S_2$ | 1 | 1 |

(b)

| 상태 | 플립플롭 $A$ | 플립플롭 $B$ |
|---|---|---|
| $S_0$ | 0 | 0 |
| $S_1$ | 1 | 1 |
| $S_2$ | 0 | 1 |

(c)

이 예제에서는 〈표 9.1(b)〉의 상태 할당을 사용하여 설계하는 과정을 살펴보자. 2진수로 상태 할당된 상태표를 만들면 다음과 같이 된다. 현재 상태를 나타내는 열은 플립플롭 출력인 $A$와 $B$로 나타내었고, 입력신호에 의하여 바뀌는 차기 상태 열은 $A^*$와 $B^*$로 나타내었다.

| 표 9.2 상태 할당된 상태표

| $A$ $B$ | $A^*$ $B^*$ | | $y$ |
|---|---|---|---|
| | $x=0$ | $x=1$ | |
| 0 0 | 0 0 | 0 1 | 0 |
| 0 1 | 0 0 | 1 1 | 0 |
| 1 1 | 0 0 | 1 1 | 1 |

[그림 9.2]의 설계할 시스템은 입력 $x$, 출력 $y$, 두 개의 플립플롭으로 이루어져 있고, 상태 비트는 두 개의 D 플립플롭에 저장된다. 그림에서 완성해야 될 부분인 조합회로는 3개의 입력($x$, $A$, $B$)과 3개의 출력($y$, $D_A$, $D_B$)으로 이루어진 부분이다.

$$y = f_1(x, A, B)$$
$$D_A = f_2(x, A, B)$$
$$D_B = f_3(x, A, B)$$

즉, 출력 $y$와 두 개의 $D$ 플립플롭의 입력($D_A$, $D_B$)에 대한 함수 $f_1$, $f_2$, $f_3$를 〈표 9.2〉의 상태표처럼 동작하도록 설계하는 것이 최종 목표이다.

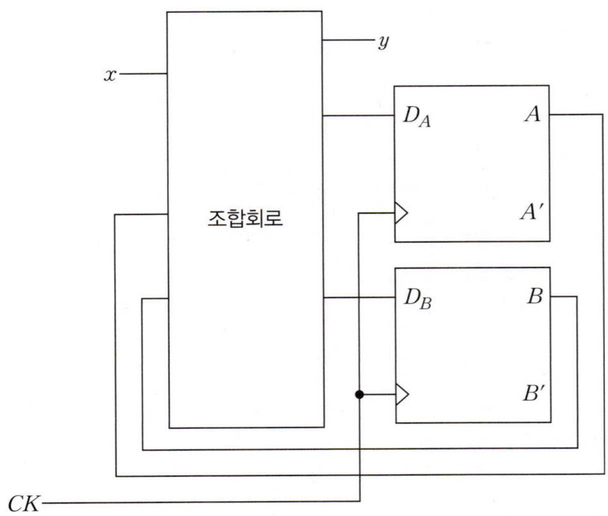


| 그림 9.2 설계할 시스템의 블록도

〈표 9.2〉의 상태표를 사용하여 출력 $y$와 플립플롭 입력 각각에 대한 조합회로 설계를 위

한 진리표를 만들어 보자. 먼저 출력 $y$는 상태표에서 출력 함수에 대한 부분만 보면 쉽게 구할 수 있다. 상태표에 없는 상태 10의 출력은 무정의 조건으로 처리하면 된다. 즉, 출력 y에 대한 진리표는 〈표 9.3(a)〉처럼 만들어진다.

〈표 9.2〉의 상태표에서 $A^*$ 부분의 의미는 현재 상태($AB$)에서 입력 $x=0$ 또는 1에 따라 바뀔 플립플롭 $A$의 차기 상태를 뜻한다. 이렇게 상태값이 바뀌기 위한 플립플롭의 입력 신호 $D_A$는 $A^*$와 같아야 한다. 왜냐하면 D 플립플롭에서 차기 상태값 $A^*$은 현재 입력 $D_A$와 같은 값이 되기 때문이다. 따라서 D 플립플롭의 경우는 상태표에서 쉽게 플립플롭 입력에 대한 진리표를 만들 수가 있다. 상태 10에 대한 차기 상태는 무정의로 처리되어 플립플롭 입력 $D_A$에 대한 진리표는 〈표 9.3(b)〉처럼 만들어진다. 플립플롭 입력 $D_B$에 대한 진리표도 같은 방법으로 〈표 9.3(c)〉처럼 만들어진다.

Ⅰ 표 9.3 출력과 플립플롭 입력에 대한 진리표

| $A$ $B$ | $y$ |
|---|---|
| 0 0 | 0 |
| 0 1 | 0 |
| 1 0 | X |
| 1 1 | 1 |

(a) 출력 $y$

| $A$ $B$ | $A^*$ | |
|---|---|---|
| | $x=0$ | $x=1$ |
| 0 0 | 0 | 0 |
| 0 1 | 0 | 1 |
| 1 0 | X | X |
| 1 1 | 0 | 1 |

(b) $A^*=D_A$

| $A$ $B$ | $B^*$ | |
|---|---|---|
| | $x=0$ | $x=1$ |
| 0 0 | 0 | 1 |
| 0 1 | 0 | 1 |
| 1 0 | X | X |
| 1 1 | 0 | 1 |

(c) $B^*=D_B$

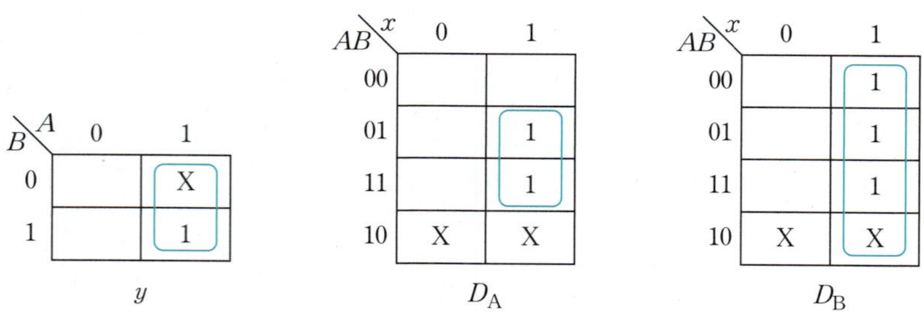


Ⅰ 그림 9.3 출력과 플립플립 입력에 대한 카노 맵

〈표 9.3〉의 설계를 위한 출력과 플립플롭 입력에 대한 진리표에 대한 맵을 그려서 최소화된 식을 구하면 다음과 같다.

$$y = A$$
$$D_A = xB$$
$$D_B = x$$

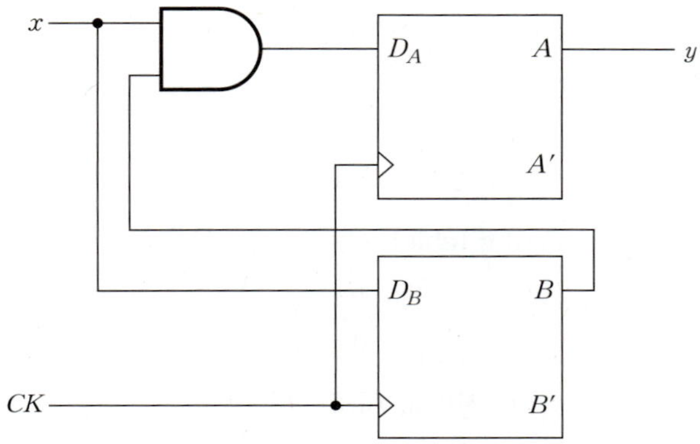


| 그림 9.4 설계된 순차회로

〈표 9.3〉에서 차기 상태가 정의되지 않은 상태 10이 있기 때문에 설계 후에 검증 작업이 필요하게 된다. 초기화를 하지 않은 경우에 상태 10에서 시작하여 빠져나오지 못하는 경우가 발생되는지를 확인해야한다.

상태 10의 차기 상태는 다음과 같이 입력 $x$에 따라 상태 00과 상태 01로 바뀌어 정상 동작하는 상태 사이클로 들어오기 때문에 문제가 발생하지 않는다.

$x$=0일 때, $D_A$=0, $D_B$=0이 되어 $A^*B^* = 00$

$x$=1일 때, $D_A$=0, $D_B$=1이 되어 $A^*B^* = 01$

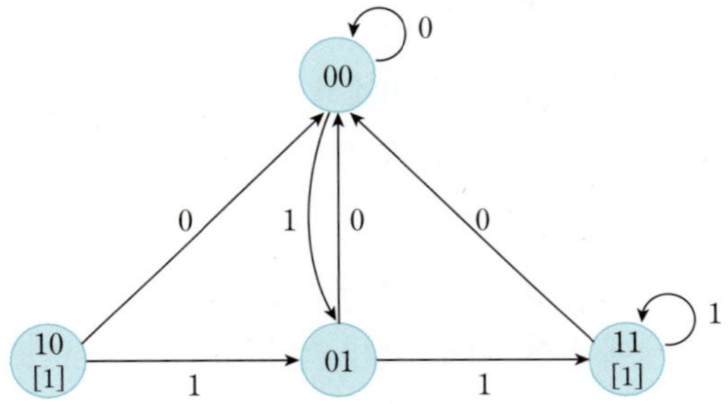


| 그림 9.5 상태 검증

설계된 회로의 상태도는 [그림 9.5]와 같이 상태 10이 추가되었고, 상태 10에서 출력 1이 발생함을 확인할 수 있다. [그림 9.3]의 출력 $y$에 대한 카노 맵에서 무정의를 1로 처리했기 때문에 발생한 것이다. 전원 공급 후에 상태가 10에서 시작한다면 1클럭 사이클에서 출력 1이 발생할 수 있다. 이런 것이 문제가 된다면 출력 $y$에 대한 카노 맵에서 무정의를 0으로 처리하여 출력 함수를 구하면 될 것이다.

## 9.2 플립플롭 여기표

7장에서 설명한 플립플롭의 특성표(characteristic table)는 플립플롭 입력에 따라 상태가 어떻게 바뀌는지를 나타내는 표로서 순차회로 해석에 사용되는 표이다. 이와는 반대로 플립플롭 여기표(excitation table)는 플립플롭 상태가 바뀌기 위한 플립플롭의 입력 조건을 나타내는 표로서, 상태표를 설계를 위한 진리표 형태로 변환하는데 필요한 표이다.

| 표 9.4 플립플롭 여기표

| $Q$ | $Q^*$ | $D$ |
|---|---|---|
| 0 | 0 | 0 |
| 0 | 1 | 1 |
| 1 | 0 | 0 |
| 1 | 1 | 1 |

(a) D 플립플롭

| $Q$ | $Q^*$ | $J$ | $K$ |
|---|---|---|---|
| 0 | 0 | 0 | X |
| 0 | 1 | 1 | X |
| 1 | 0 | X | 1 |
| 1 | 1 | X | 0 |

(b) JK 플립플롭

| $Q$ | $Q^*$ | $T$ |
|---|---|---|
| 0 | 0 | 0 |
| 0 | 1 | 1 |
| 1 | 0 | 1 |
| 1 | 1 | 0 |

(c) T 플립플롭

| $Q$ | $Q^*$ | $S$ | $R$ |
|---|---|---|---|
| 0 | 0 | 0 | X |
| 0 | 1 | 1 | 0 |
| 1 | 0 | 0 | 1 |
| 1 | 1 | X | 0 |

(d) SR 플립플롭

〈표 9.4〉는 4가지 플립플롭의 여기표를 보여주고 있는데, 각 여기표는 현재 상태 $Q$에서 차기 상태 $Q^*$로 바뀌기 위한 플립플롭의 입력값들을 나타내고 있는 것이다. 이 여기표들은 플립플롭의 동작을 표현하는 특성표에서 유추하여 만들 수 있는 것이다.

〈표 9.4(b)〉의 JK 플립플롭의 경우를 보면 첫 번째 행의 $Q=0$에서 $Q^*=0$으로 되기 위해서 $J=0$, $K=0$ 또는 $J=0$, $K=1$이면 된다. 따라서 $J=0$, $K=\text{X}$이다. 두 번째 행의 $Q=0$에서 $Q^*=1$ 로 되기 위해서 $J=1$, $K=0$ 또는 $J=1$, $K=1$이면 된다. 따라서 $J=1$, $K=\text{X}$이다. 세 번째 행의 $Q=1$에서 $Q^*=0$으로 되기 위해서 $J=0$, $K=1$ 또는 $J=1$, $K=1$이면 된다. 따라서 $J=\text{X}$, $K=1$이다. 마지막 행의 $Q=1$에서 $Q^*=1$로 되기 위해서 $J=1$, $K=0$ 또는 $J=0$, $K=0$이면 된다. 따라서 $J=\text{X}$, $K=0$이다. 이와 비슷한 방법으로 나머지 표들도 만들 수 있을 것이다.

D 플립플롭과 T 플립플롭은 무정의 조건이 없으므로 D 플립플롭 입력과 T 플립플롭 입력은 상태 $Q$와 $Q^*$의 함수로 나타낼 수 있다. 즉,

$$D = Q^*$$
$$T = Q \oplus Q^*$$

특히 D 플립플롭으로 설계하는 경우에 플립플롭 입력은 차기 상태값과 같아야 되기 때문에 상태표에서 쉽게 $D$ 입력에 대한 설계를 위한 진리표를 만들 수 있다. 9.1절에서 D 플립플롭으로 설계하는 예에서 여기표에 대한 소개 없이 설명할 수 있었던 이유이다.

### (1) D 플립플롭을 이용한 설계

D 플립플롭을 이용한 설계의 간단한 예로 D 플립플롭을 사용하여 입력이 2개인 JK 플립플롭으로 동작하는 회로를 구현해 보자. JK 플립플롭의 동작을 나타내는 상태도는 JK 플립플롭의 동작을 나타내는 특성표를 이용하면 쉽게 그릴 수 있을 것이다. 즉, 두 개의 상태 0과 1 사이에 입력 조건에 따라 상태 변화하는 것을 나타내면 [그림 9.6(a)]와 같이 되고, 이 상태도에 대한 상태표는 [그림 9.6(b)]와 같이 나타낼 수 있다.

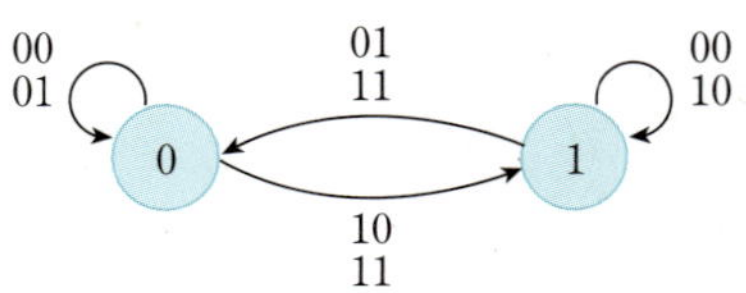


(a)

| 현재 상태 | 차기 상태 $JK$=00 | 01 | 10 | 11 |
|---|---|---|---|---|
| 0 | 0 | 0 | 1 | 1 |
| 1 | 1 | 0 | 1 | 0 |

(b)

| 그림 9.6 JK 플립플롭의 상태도와 상태표

상태 수가 2개이므로 D 플립플롭 1개가 필요하며, 상태에 대한 인코딩은 이미 0과 1로 되어 있다. [그림 9.7]은 설계할 회로의 블록도를 보여주고 있는데, 입력은 $J$, $K$ 두 개이고 출력은 상태 $Q$로 나타내기 때문에 출력을 따로 명시하지 않았다.

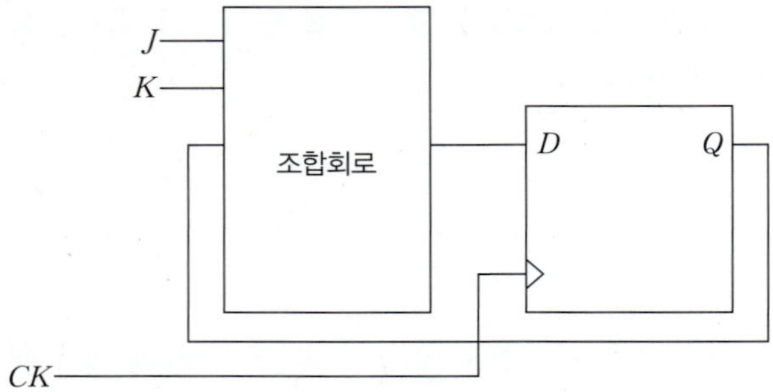


| 그림 9.7 설계할 회로의 블록도

설계할 회로의 플립플롭 입력식을 구하기 위해서 [그림 9.6(b)]의 상태표를 설계를 위한 진리표 형태로 나타내면 [그림 9.8(a)]와 같이 될 것이다. 현재 상태 $Q$와 입력 $JK$에 대한 함수인 다음 상태 $Q^*$에 대한 진리표가 만들어지면, D 플립플롭의 입력 조건은 $Q^*$와 같기 때문에 쉽게 입력 $D$에 대한 열을 추가할 수 있다. 앞으로는 D 플립플롭의 경우는 따로 열을 추가하지 않고 $Q^*$에 대한 진리표에서 플립플롭 입력식을 구하면 된다.

| $Q$ | $J$ | $K$ | $Q^*$ | $D$ |
|---|---|---|---|---|
| 0 | 0 | 0 | 0 | 0 |
| 0 | 0 | 1 | 0 | 0 |
| 0 | 1 | 0 | 1 | 1 |
| 0 | 1 | 1 | 1 | 1 |
| 1 | 0 | 0 | 1 | 1 |
| 1 | 0 | 1 | 0 | 0 |
| 1 | 1 | 0 | 1 | 1 |
| 1 | 1 | 1 | 0 | 0 |

(a)

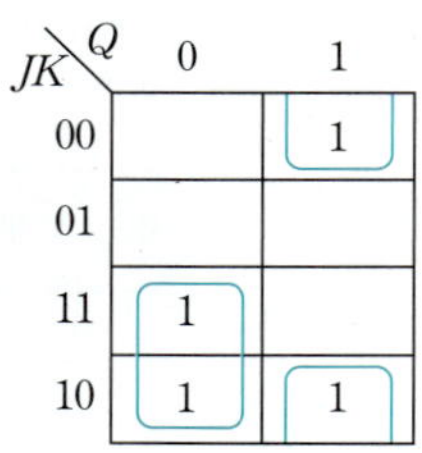


(b)

| 그림 9.8 플립플롭 입력식을 위한 진리표와 맵

[그림 9.8(b)]의 플립플롭 입력 $D$에 대한 카노 맵에서 최소화된 식을 구하면 다음과 같고, 회로도는 [그림 9.9]에 보여주고 있다.

$$D = JQ' + K'Q$$

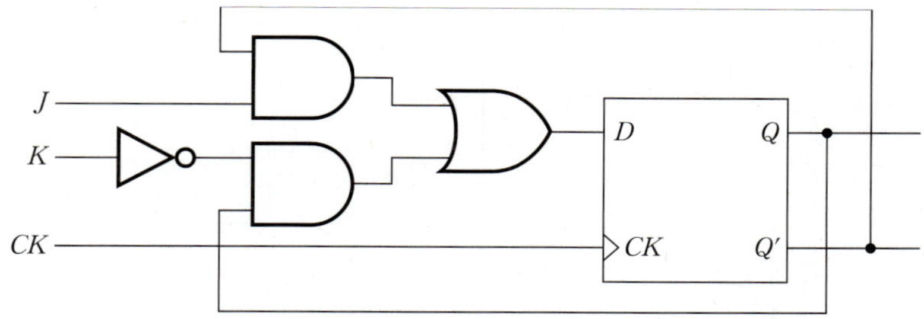


| 그림 9.9 JK 플립플롭 회로

## (2) JK 플립플롭을 이용한 설계

JK 플립플롭을 이용한 설계에 대한 예로 활성화 입력이 있는 MOD−4 카운터를 설계해 보자. 즉, $e=1$이면 0, 1, 2, 3, 0, 1, … 상태를 진행하고 $e=0$이면 상태가 정지하는 카운터를 설계하는 것이다. 노드이름을 카운터 값으로 나타내어 그리면 다음과 같이 4개의 상태를 갖는 상태도를 만들 수 있다.

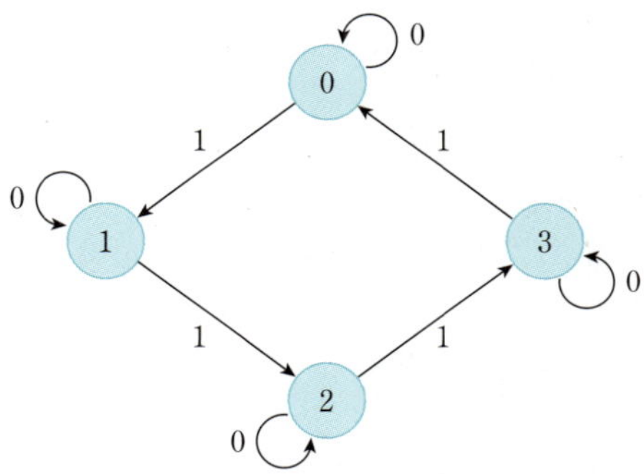


(a)

| 현재 상태 | 차기 상태 $e=0$ | 차기 상태 $e=1$ |
|---|---|---|
| 0 | 0 | 1 |
| 1 | 1 | 2 |
| 2 | 2 | 3 |
| 3 | 3 | 0 |

(b)

| 그림 9.10 상태도와 상태표

상태의 수가 4개이므로 JK 플립플롭 2개가 필요하며, 상태 할당은 각 상태의 카운터 값을 나타내는 2진수로 할당을 하였다. [그림 9.11(a)]는 설계할 회로의 블록도를 보여주고 있는데, 출력은 상태 비트로 나타내기 때문에 따로 명시하지 않았다.

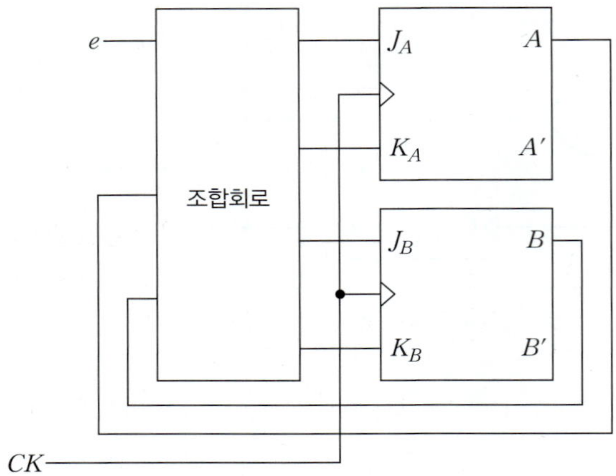


(a)

| $A$ | $B$ | $A^*B^*$ $e=0$ | $A^*B^*$ $e=1$ |
|---|---|---|---|
| 0 | 0 | 0 0 | 0 1 |
| 0 | 1 | 0 1 | 1 0 |
| 1 | 0 | 1 0 | 1 1 |
| 1 | 1 | 1 1 | 0 0 |

(b)

ㅣ그림 9.11 블록도와 인코드된 상태표

〈표 9.4(b)〉의 JK 플립플롭 여기표와 [그림 9.11(b)]의 상태표를 이용하여 JK 플립플롭 $A$와 $B$의 입력에 대한 진리표를 완성하면 〈표 9.5〉와 같이 된다.

ㅣ표 9.5 플립플롭 입력 진리표

| $e$ $A$ $B$ | $A^*$ $B^*$ | $J_A$ $K_A$ $J_B$ $K_B$ |
|---|---|---|
| 0 0 0 | 0 0 | 0 X 0 X |
| 0 0 1 | 0 1 | 0 X X 0 |
| 0 1 0 | 1 0 | X 0 0 X |
| 0 1 1 | 1 1 | X 0 X 0 |
| 1 0 0 | 0 1 | 0 X 1 X |
| 1 0 1 | 1 0 | 1 X X 1 |
| 1 1 0 | 1 1 | X 0 1 X |
| 1 1 1 | 0 0 | X 1 X 1 |

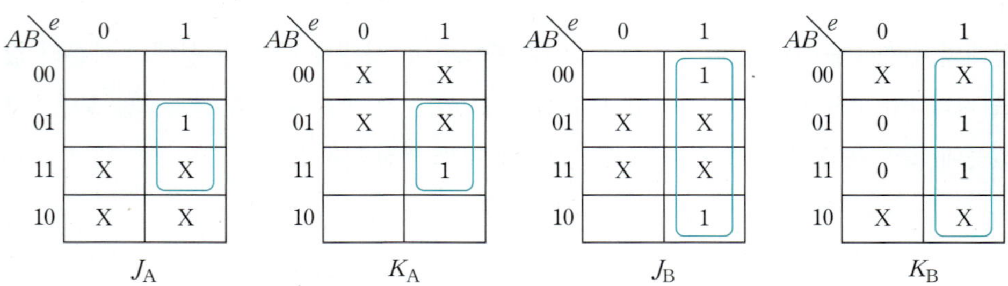


ㅣ그림 9.12 플립플롭 입력식을 위한 맵

진리표에서 4개의 입력 $J_A$, $K_A$, $J_B$, $K_B$에 대한 카노 맵을 그려서 다음과 같은 최소화된 식을 구할 수 있다.

$$J_A = eB, \ K_A = e_B$$
$$J_B = e, \ \ K_B = e$$

[그림 9.13]은 활성화 입력이 있는 MOD−4 카운터의 설계된 회로도를 보여주고 있다.

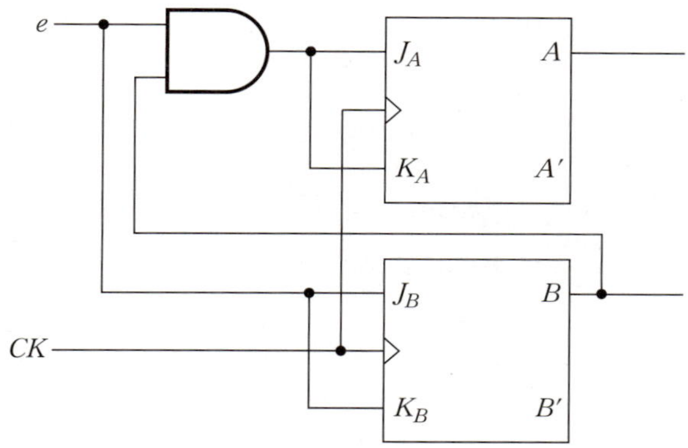


| 그림 9.13 활성화 입력이 있는 MOD−4 카운터

### (3) T 플립플롭을 이용한 설계

T 플립플롭을 이용한 설계에 대한 예로 마지막 값(terminal count) TC를 나타내는 상향, 하향 카운터를 설계해보자. $x$=1이면 0, 1, 2, 3, 0, 1, …의 상향 카운트를 하고 $x$=0이면 3, 2, 1, 0, 3, 2, …의 하향 카운트를 반복한다. 마지막 값을 나타내는 TC는 상향 카운트의 경우는 3에서, 하향 카운트의 경우는 0에서 출력 1이 발생한다.

입력 $x$와 상태값에 따라 출력 $TC$의 값이 결정되므로 Mealy 모델로 설계한다. 카운트 값을 노드 이름으로 하여 나타낸 상태도를 먼저 만들면 [그림 9.14(a)]와 같이 된다. 출력 $TC$=1이 발생하는 시점은 두 곳이다. 상향 카운트($x$=1)의 경우 상태 3에서 상태 0으로 바뀔 때와, 하향 카운트($x$=0)의 경우 상태 0에서 상태 3으로 바뀔 때이다.

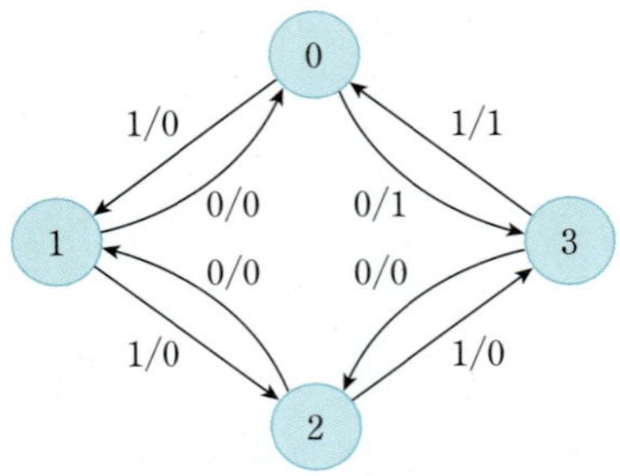


(a)

| 현재 상태 | 차기 상태 | | TC | |
|---|---|---|---|---|
| | $x=0$ | $x=1$ | $x=0$ | $x=1$ |
| 0 | 3 | 1 | 1 | 0 |
| 1 | 0 | 2 | 0 | 0 |
| 2 | 1 | 3 | 0 | 0 |
| 3 | 2 | 0 | 0 | 1 |

(b)

| 그림 9.14 *TC*가 있는 상향/하향 카운터의 상태도와 상태표

상태 수가 4개이므로 T 플립플롭 2개가 필요하며, 상태 할당은 각 상태의 카운터 값을 나타내는 2진수로 할당하였다. [그림 9.15(a)]는 설계할 회로의 블록도이고, 출력은 상태 비트로 나타내기 때문에 따로 명시하지 않았다.

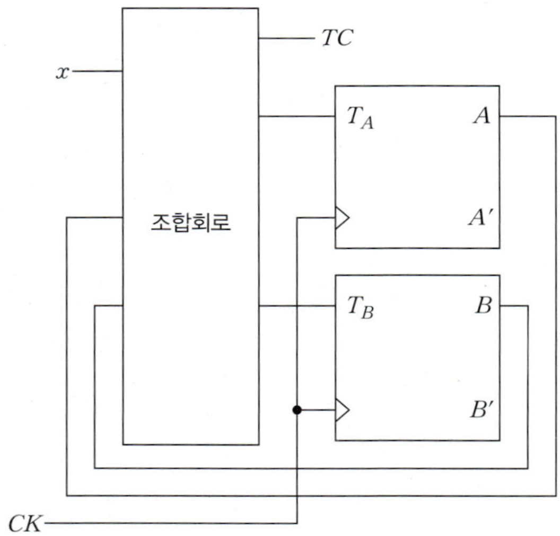


(a)

| A | B | $A^*B^*$ | | TC | |
|---|---|---|---|---|---|
| | | $x=0$ | $x=1$ | $x=0$ | $x=1$ |
| 0 | 0 | 1 1 | 0 1 | 1 | 0 |
| 0 | 1 | 0 0 | 1 0 | 0 | 0 |
| 1 | 0 | 0 1 | 1 1 | 0 | 0 |
| 1 | 1 | 1 0 | 0 0 | 0 | 1 |

(b)

| 그림 9.15 설계할 블록도와 상태 할당된 상태표

〈표 9.4(c)〉의 T 플립플롭 여기표와 [그림 9.15(b)]의 상태표를 이용하여 T 플립플롭 *A*와 *B*의 입력에 대한 진리표와 출력 *TC*에 대한 진리표를 완성하면 [그림 9.16(a)]와 같이 될 것이다.

| $x$ | $A$ | $B$ | $A^*B^*$ | $T_A$ | $T_B$ | $TC$ |
|---|---|---|---|---|---|---|
| 0 | 0 | 0 | 1 1 | 1 | 1 | 0 |
| 0 | 0 | 1 | 0 0 | 0 | 1 | 1 |
| 0 | 1 | 0 | 0 1 | 1 | 1 | 0 |
| 0 | 1 | 1 | 1 0 | 0 | 1 | 0 |
| 1 | 0 | 0 | 0 1 | 0 | 1 | 0 |
| 1 | 0 | 1 | 1 0 | 1 | 1 | 0 |
| 1 | 1 | 0 | 1 1 | 0 | 1 | 1 |
| 1 | 1 | 1 | 0 0 | 1 | 1 | 0 |

(a)

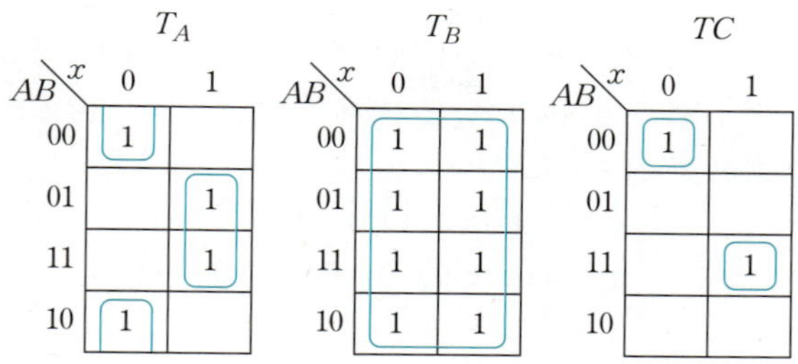


(b)

| 그림 9.16 출력과 플립플롭 입력에 대한 진리표와 맵

진리표에서 2개의 입력 $T_A$, $T_B$와 출력 $TC$에 대한 카노 맵을 그려서 최소화된 식을 구하면 다음과 같다.

$$T_A = xB + x'B'$$
$$T_B = 1$$
$$TC = x'A'B' + xAB$$

[그림 9.17]은 $TC$ 출력이 있는 상향/하향 카운터에 대한 설계된 회로도를 보여주고 있다.

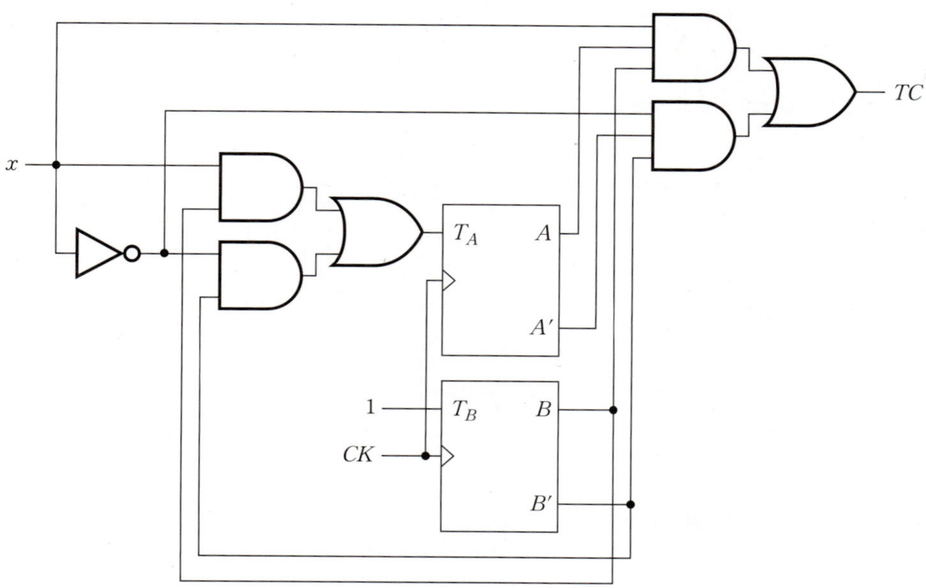


| 그림 9.17 TC가 있는 상향/하향 카운터

**예제 9.1** 입력 $x$에 1이 연속해서 2번만 들어오는 경우에 출력 $z$가 1이 되는 Mealy 시스템을 D 플립플롭을 사용하여 설계하라. 즉, 연속해서 1이 3번 입력되는 경우는 출력이 0이 된다. 다음은 샘플 입력 패턴에 대한 출력을 보여주고 있다.

$x$: 0 0 0 1 1 1 0 1 0 1 1 0 1 1 0 0

$z$: 0 0 0 0 0 0 0 0 0 0 0 1 0 0 1 0 0

시스템에 대한 상태도를 만들어 보면 다음과 같이 4개의 상태로 만들 수 있다. 초기 상태인 $a$에서 연속해서 1이 두 번 입력되면 상태 $c$로 간다. 상태 $c$에서 0이 입력되면 1이 출력되고 초기 상태 $a$로 가서 다음 패턴을 기다린다. 하지만 상태 $c$에서 1이 입력되면 1이 연속해서 3개 이상 들어온 경우라서 상태 $d$에 가서 0이 입력되기를 기다린다. 상태 $d$에서 0이 입력되면 새로운 1을 기다리는 초기 상태 $a$로 간다.

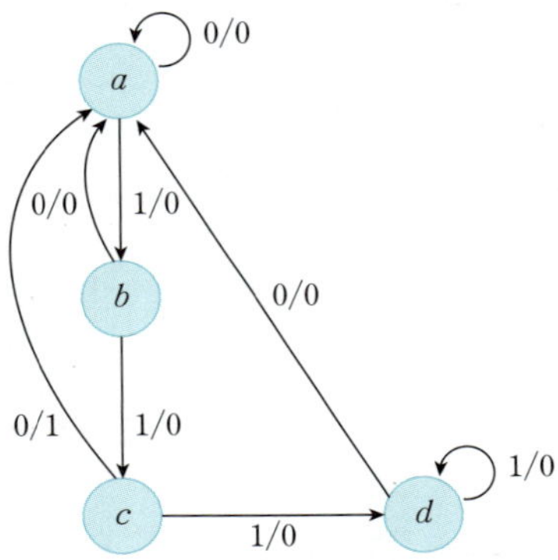


(a)

| | $A$ | $B$ | $A^*B^*$ $x=0$ | $A^*B^*$ $x=1$ | $z$ $x=0$ | $z$ $x=1$ |
|---|---|---|---|---|---|---|
| $a$ | 0 | 0 | 0 0 | 0 1 | 0 | 0 |
| $b$ | 0 | 1 | 0 0 | 1 1 | 0 | 0 |
| $d$ | 1 | 0 | 0 0 | 1 0 | 0 | 0 |
| $c$ | 1 | 1 | 0 0 | 1 0 | 1 | 0 |

(b)

| 그림 9.18 Mealy 시스템 상태도와 상태표

상태 할당은 9.4절에서 설명할 가이드라인에 따라 된 것이다.

$D_A$

| $AB \backslash x$ | 0 | 1 |
|---|---|---|
| 00 | | |
| 01 | | 1 |
| 11 | | 1 |
| 10 | | 1 |

$D_B$

| $AB \backslash x$ | 0 | 1 |
|---|---|---|
| 00 | | 1 |
| 01 | | 1 |
| 11 | | |
| 10 | | |

$z$

| $AB \backslash x$ | 0 | 1 |
|---|---|---|
| 00 | | |
| 01 | | |
| 11 | 1 | |
| 10 | | |

| 그림 9.19 플립플롭 입력과 출력에 대한 맵

상태표에서 플립플롭 $A$, $B$에 대한 입력식과 출력 $z$에 대한 식을 구하기 위한 맵을 그리고 식을 구하면 다음과 같이 될 것이다.

$$D_A = xA + xB$$
$$D_B = xA'$$
$$z = x'AB$$

참고로 Moore 시스템으로 설계하게 되면 다음과 같이 출력이 Mealy 시스템에 비하여 1 클럭 지연되어 나타나게 된다.

$x$: 0 0 0 1 1 1 0 1 0 1 1 0 1 1 0 0
$z$: 0 0 0 0 0 0 0 0 0 0 0 0 1 0 0 1 0 0

Moore 시스템으로 설계하면 [그림 9.20]과 같이 상태 수가 증가하는 것을 알 수 있다. 상태도를 보면 1이 연속해서 두 번 입력된 후에 0이 입력되면 상태 $d$로 가서 1이 출력된다. 만일, 1이 연속해서 두 번 입력된 후에 다시 1이 입력되면 세 번 연속 1이 입력되어 상태 $e$로 가서 0이 입력되기를 기다린다. 상태 $e$에서 0이 입력되면 새로운 1을 기다리는 초기 상태 $a$로 간다. Mealy 시스템과 다른 점은 입력신호 $x$가 직접 출력을 제어하지 않고 출력은 상태값에 의해서만 정해지게 되는 것이다.

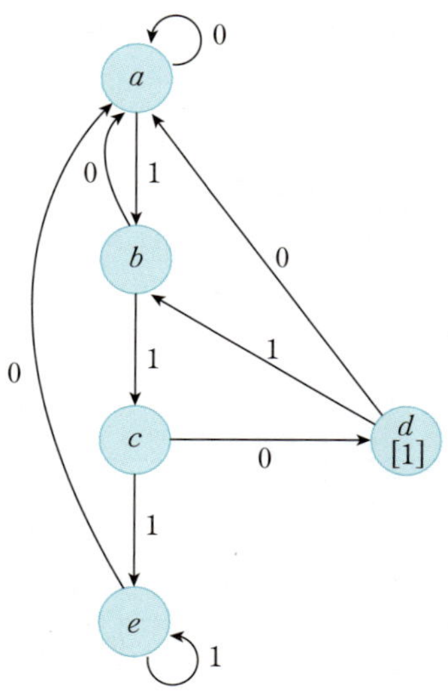


Ⅰ 그림 9.20 Moore 시스템 상태도

**예제 9.2** 0, 2, 4, 5, 3의 순서를 반복하는 카운터를 D 플립플롭을 사용하여 설계하라.

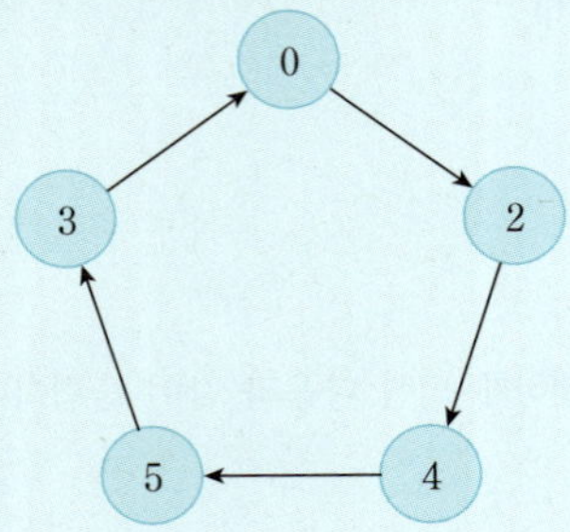


입력이 없고 출력은 상태 비트로 나타내는 간단한 카운터이다. 입력이 없기 때문에 상태도에서 상태가 바뀌는 것을 나타내는 화살표 옆에 입력값이 없고, 상태표도 다음과 같이 다음 상태 열이 한 줄로 표현된다.

| 표 9.6 카운터의 상태표

| 현재 상태 | 차기 상태 |
|---|---|
| 0 | 2 |
| 2 | 4 |
| 4 | 5 |
| 5 | 3 |
| 3 | 0 |

상태 수가 5이므로 3비트로 상태 할당이 되어야 하고, 상태 할당은 각 상태의 카운터 값을 나타내는 2진수로 할당을 하면 출력은 상태 비트로 나타내게 될 것이다. 설계를 위한 진리표 형태로 변환할 때에 사용하지 않는 상태(1, 6, 7)에 대한 차기 상태들은 무정의로 처리하면 된다.

| $A$ $B$ $C$ | $A^*B^*C^*$ |
|---|---|
| 0 0 0 | 0 1 0 |
| 0 0 1 | X X X |
| 0 1 0 | 1 0 0 |
| 0 1 1 | 0 0 0 |
| 1 0 0 | 1 0 1 |
| 1 0 1 | 0 1 1 |
| 1 1 0 | X X X |
| 1 1 1 | X X X |

(a)

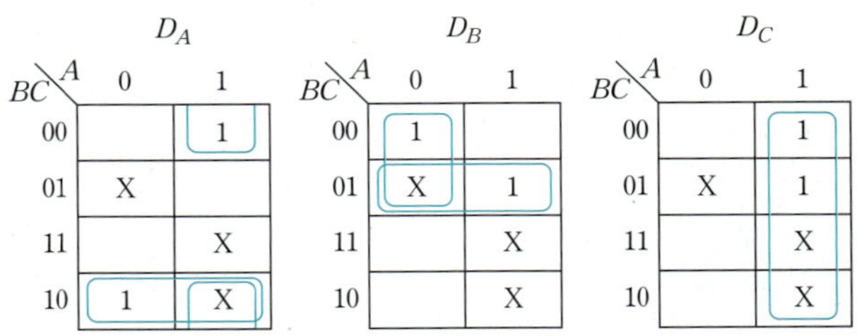


(b)

| 그림 9.21 플립플롭 입력에 대한 진리표와 맵

[그림 9.21]과 같이 플립플롭 $A$, $B$, $C$에 대한 입력식을 구하기 위한 맵을 그리고 입력 식들을 구하면 다음과 같이 된다.

$$D_A = AC' + BC'$$
$$D_B = A'B' + B'C$$
$$D_C = A$$

정의되지 않은 상태들의 차기 상태를 검증해서, 시스템이 정의되지 않은 상태로 초기화 될 경우에 정상적인 카운터 사이클에 포함된 상태로 이동이 되는지 확인할 필요가 있다. 정의되지 않은 상태 1, 6, 7에 대한 차기 상태들은 플립플롭 입력식을 이용하여 다음과 같이 구할 수 있다.

상태 001: $D_A = 0, D_B = 1, D_C = 0$ (차기 상태 010)
상태 110: $D_A = 1, D_B = 0, D_C = 1$ (차기 상태 101)
상태 111: $D_A = 0, D_B = 0, D_C = 1$ (차기 상태 001)

[그림 9.22]는 설계된 회로에 대한 정의되지 않은 상태 1, 6, 7을 포함한 상태도를 보여주고 있으며 정상 동작할 수 있음을 알 수 있다. 즉, 설계된 회로의 초기 상태가 1, 6, 또는 7에서 시작하더라도 2 클럭 이내에 카운터 사이클을 나타내는 상태로 들어오기 때문에 설계에 문제가 없음을 알 수 있다.

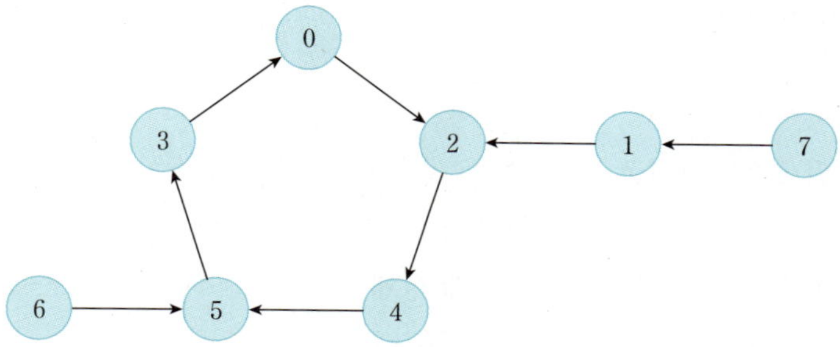


| 그림 9.22 설계된 회로에 대한 상태도

## 9.3 상태 축소

상태 기계를 구현할 때에 플립플롭 수는 상태 수에 의해 정해진다. 상태 수를 줄이게 되면 필요한 플립플롭 수도 줄일 수 있고 회로가 간단해질 수 있다. 상태표에서 두 개의 서로 다른 상태가 모든 입력 조합에 대하여 같은 출력을 발생시키고 차기 상태들이 같거나 동등한 상태들일 경우에 이 두 상태는 동등한 상태(equivalent state)라고 한다. 동등한 상태가 있는 경우에 하나의 상태로 줄일 수 있기 때문에 상태 수가 줄어들게 된다.

동등한 상태들을 찾아서 상태 수를 줄일 수 있는 두 가지의 상태 축소 방법에 대하여 알아보자.

### (1) 행 일치(row matching)

행 일치 방법은 상태표의 행 별로 두 상태의 차기 상태와 출력이 같은 간단한 경우의 동등한 상태들을 찾아서 상태수를 줄이는 방법이다. 모든 가능한 경우의 동등한 상태들을 찾지 못하기 때문에 최소수의 상태를 보장하지는 않지만 쉽게 많은 수의 동등한 상태들을 찾아서 상태 수를 줄일 수 있다.

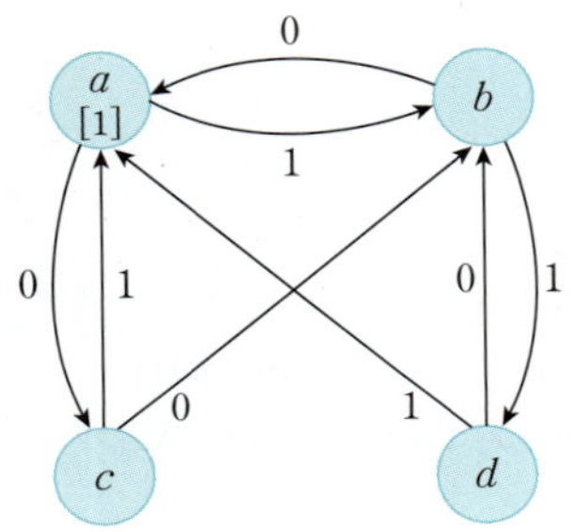


(a)

| 현재 상태 | 차기 상태 $x=0$ | $x=1$ | 출력 |
|---|---|---|---|
| $a$ | $c$ | $b$ | 1 |
| $b$ | $a$ | $d$ | |
| $c$ | $b$ | $a$ | |
| $d$ | $b$ | $a$ | |

차기 상태와 출력이 동일 ($c$, $d$)

(b)

| 그림 9.23 동등한 상태 찾기

예를 들어 [그림 9.23]의 4개의 상태로 이루어진 상태표에서 상태 $c$와 $d$는 출력이 0이고 입력 $x$에 따른 차기 상태가 같기 때문에 동등한 상태이다. 이 경우에 상태표에서 차기 상태 열에 나오는 상태 $d$를 상태 $c$로 바꾸고, 현재 상태 열의 상태 $d$에 해당하는 행을 삭제하면 [그림 9.24]와 같이 축소된 상태도와 상태표가 만들어진다.

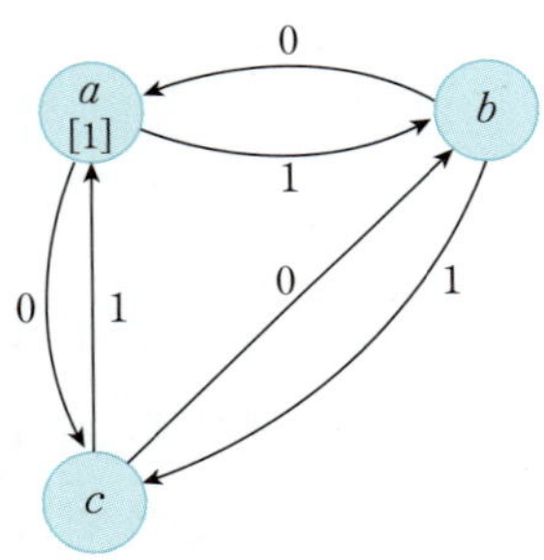


(a)

| 현재 상태 | 차기 상태 $x=0$ | $x=1$ | 출력 |
|---|---|---|---|
| $a$ | $c$ | $b$ | 1 |
| $b$ | $a$ | $c$ | |
| $c$ | $b$ | $a$ | |

(b)

| 그림 9.24 축소된 상태도와 상태표

행 일치 방법을 사용하여 쉽게 상태들을 줄일 수 있지만, 최소수의 상태를 보장하지는 않는다. 예를 들어 [그림 9.25(b)]의 상태표를 보면 모든 입력 조합에 대한 차기 상태들이 같은 경우가 없기 때문에 더 이상 행 일치 방법을 사용해서 상태 수를 줄일 수가 없다.

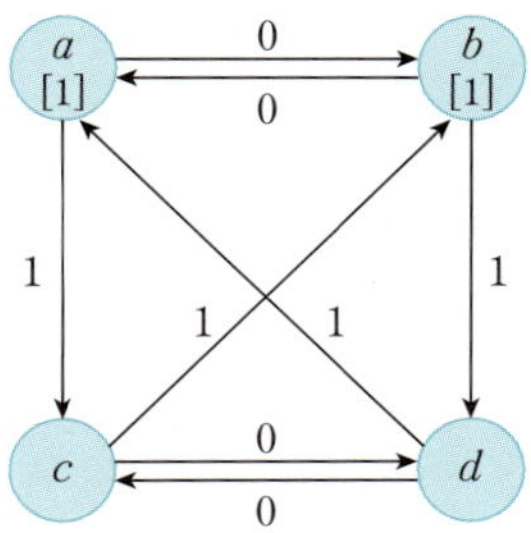


(a)

| 현재 상태 | 차기 상태 $x=0$ | 차기 상태 $x=1$ | 출력 |
|---|---|---|---|
| $a$ | $a$ | $c$ | 1 |
| $b$ | $a$ | $d$ | 1 |
| $c$ | $d$ | $b$ | |
| $d$ | $c$ | $a$ | |

(b)

| 그림 9.25 최적화되지 않은 상태도와 상태표

그러나 다음에 설명할 Implication 차트 방법을 사용하면 상태 $a$와 $b$ 그리고 상태 $c$와 $d$는 각각 동등한 상태임을 알아낼 수 있다.

### (2) Implication 차트

[그림 9.25]와 같이 행 일치 방법을 적용할 수 없는 상태표에 대하여 모든 동등한 상태들을 찾아내는 방법에 대하여 알아보자. Implication 차트는 모든 가능한 서로 다른 두 상태 간의 동등함을 체크할 수 있는 표로서 매트릭스 형태로 나타낸다. [그림 9.26(a)]의 상태수가 4개의 경우에 대한 4×4 매트릭스에서 대각선의 음영 처리된 부분은 자기 자신과의 동등함을 체크할 필요가 없기 때문에 삭제하고, 또 위쪽의 삼각형 부분에 음영 처리된 부분은 아래쪽 삼각형 부분과 중복되기 때문에 삭제하여 [그림 9.26(b)] 형태의 차트를 만들어 사용한다.

Implicaiton 차트에서 $S_i$행과 $S_j$열에 해당하는 칸은 상태 $S_i$와 $S_j$ 간의 동등하기 위한 조건을 나타낸다. 즉, 상태 $S_i$와 $S_j$의 모든 입력 조합에 대한 차기 상태들이 동등한 상태일 필요가 있는 짝($S_x-S_y$)으로 나타낸다. 만일 상태 $S_i$와 $S_j$가 동등할 수 없다고 판명되면 $S_i$행과 $S_j$열에 해당하는 칸에 X 표시를 한다. 초기 상태의 Implication 차트는 $S_i$와 $S_j$의 출력이 다르면 해당 칸에 X 표시를 하고, 출력이 같은 경우만 모든 입력 조합에 대한 차기 상태들의 짝($S_x-S_y$)으로 채워 넣는다. 입력이 하나인 경우는 입력값 0과 1에

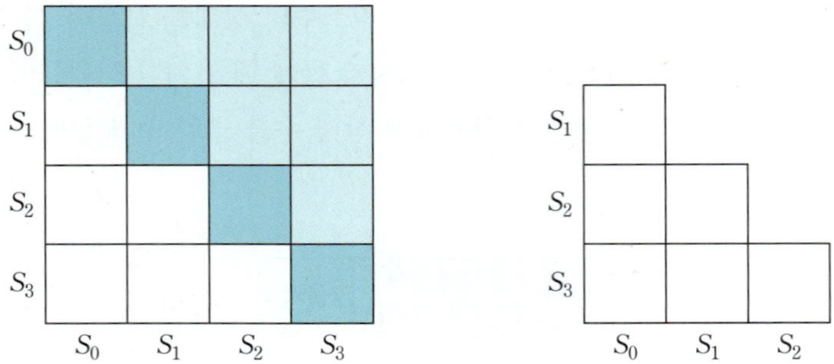


(a) (b)

| 그림 9.26 Implication 차트

대한 두 개의 차기 상태들의 짝으로 채워 넣고, 입력이 두 개의 경우는 입력값 00, 01, 10, 11에 대한 4개의 차기 상태들의 짝으로 채워 넣어야 한다.

[그림 9.27(a)]의 상태표에 대한 초기 상태의 Implication 차트를 만들어보자.

| 현재 상태 | 차기 상태 $x=0$ | 차기 상태 $x=1$ | 출력 |
|---|---|---|---|
| $a$ | $a$ | $c$ | 1 |
| $b$ | $a$ | $d$ | 1 |
| $c$ | $d$ | $b$ | |
| $d$ | $c$ | $a$ | |

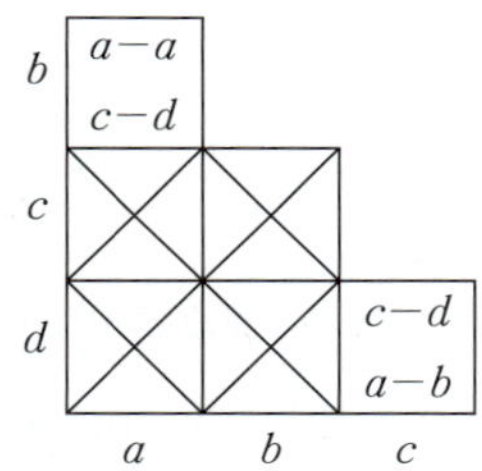


(a) (b)

| 그림 9.27 상태표와 초기 Implication 차트

상태 $a$와 $c$, $a$와 $d$, $b$와 $c$, $b$와 $d$는 출력이 다르므로 X 표시를 하였다. 그리고 상태 $a$와 $b$가 동등한 상태이기 위해서 $x=0$일 때 차기 상태 짝($a-a$)과 $x=1$일 때의 차기 상태의 짝($c-d$)으로 채워 넣었다. $x=0$일 때의 차기 상태는 둘 다 $a$이기 때문에 표시할 필요가 없지만 표시하여도 상관이 없다. 마지막으로 상태 $c$와 $d$가 동등한 상태이기 위해서 $x=0$일 때 차기 상태 짝($c-d$)과 $x=1$일 때의 차기 상태의 짝($a-b$)으로 채워 넣었다.

초기 상태의 Implication 차트에 X 표시된 상태 짝은 출력이 다르기 때문에 동등한 상태일 수가 없는 것들이다. 그리고 Implication 차트에서 행별 또는 열별 순서대로 X 표시가 없는 칸에 대하여 차기 상태 짝에 해당하는 칸이 X 표시가 되어 있으면 X 표시를 추가한다. 추가되는 X가 생기지 않을 때까지 이런 과정을 반복하는데 최종 Implication 차트에서 모든 동등한 상태들은 X 표시 되지 않고 남게 된다. [그림 9.27(b)]의 경우는 간단한 경우로 초기 Implication 차트를 만든 후에 더 이상 추가되는 X가 없다. 따라서 상태 $c$와 $d$ 그리고 $a$와 $b$는 각각 동등한 상태로서 상태 $d$는 $c$로, 상태 $b$는 $a$로 합쳐서 [그림 9.28]처럼 축소된 상태도와 상태표를 만들 수 있다.

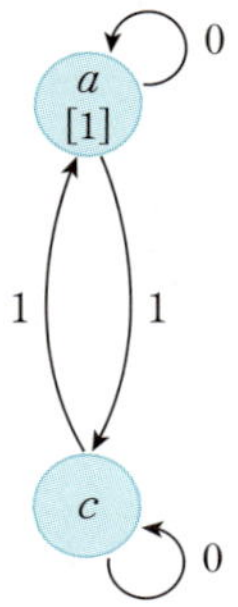


(a)

| 현재 상태 | 차기 상태 $x=0$ | $x=1$ | 출력 |
|---|---|---|---|
| $a$ | $a$ | $c$ | 1 |
| $c$ | $c$ | $a$ | |

(b)

| 그림 9.28 축소된 상태도와 상태표

초기 Implication 차트를 만든 후에 추가 작업을 통하여 동등한 상태들을 찾는 경우가 있는 예에 대하여 알아보자.

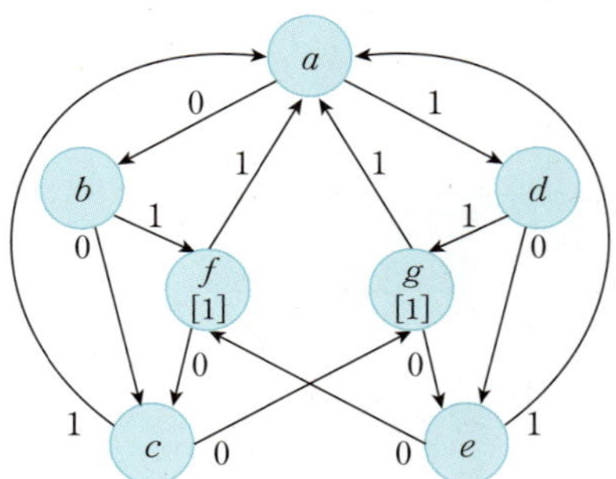


(a)

| 현재 상태 | 차기 상태 $x=0$ | $x=1$ | 출력 |
|---|---|---|---|
| $a$ | $b$ | $d$ | |
| $b$ | $c$ | $f$ | |
| $c$ | $g$ | $a$ | |
| $d$ | $e$ | $g$ | |
| $e$ | $f$ | $a$ | |
| $f$ | $c$ | $a$ | 1 |
| $g$ | $e$ | $a$ | 1 |

(b)

| 그림 9.29 동등한 상태가 존재하는 상태도와 상태표

[그림 9.29(b)]의 상태표에 대한 초기 Implication 차트는 [그림 9.30]처럼 출력이 서로 다른 경우에 대하여 X 표시하고 나머지는 차기 상태 짝으로 채워 넣으면 된다.

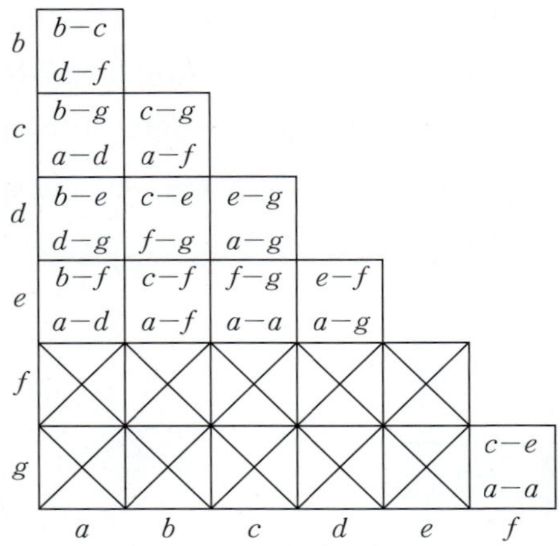


Ⅰ그림 9.30 초기 Implication 차트

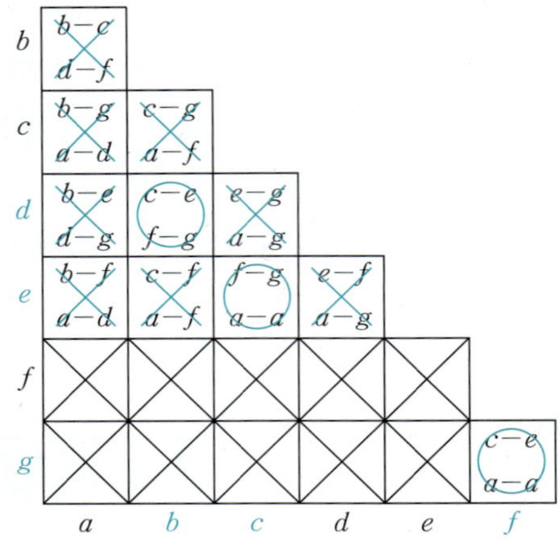


Ⅰ그림 9.31 추가된 X 표시

[그림 9.30]에서 상태 $a$와 $b$의 차기 상태 짝인 ($b-c$)와 ($d-f$)에서 ($d-f$) 짝은 동등한 상태가 될 수 없게 이미 X 표시되었기 때문에 상태 $a$와 $b$도 동등한 상태가 될 수 없어서 X 표시한다. 추가되는 X가 생기지 않을 때까지 이런 과정을 반복하면 [그림 9.31]과 같이 세 개의 칸만 남겨두게 된다. 남은 상태 짝들에 대하여 더 이상 X 표시가 추가되지 않기 때문에 상태 $b$와 $d$, 상태 $c$와 $e$, 상태 $f$와 $g$는 각각 동등한 상태들이 된다. 상태 $d$는 $b$로, 상태 $e$는 $c$로, 상태 $g$는 $f$로 합쳐서 축소된 상태표를 만들면 [그림 9.32]와 같이 축소된다.

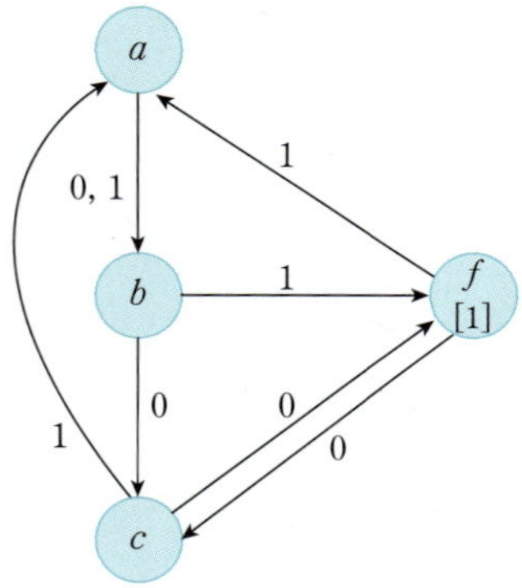


(a)

| 현재 상태 | 차기 상태 $x=0$ | $x=1$ | 출력 |
|---|---|---|---|
| $a$ | $b$ | $b$ | |
| $b$ | $c$ | $f$ | |
| $c$ | $f$ | $a$ | |
| $f$ | $c$ | $a$ | 1 |

(b)

Ⅰ그림 9.32 최종 축소된 상태도와 상태표

**예제 9.3** [그림 9.33]은 3비트 시프트 레지스터를 사용하여 1이 연속해서 세 번 들어오면 출력이 발생하는 Moore 모델의 회로이다. [그림 9.34]는 이 회로에 대한 상태도와 상태표를 보여주고 있다. 행 일치 방법과 Implication 차트 방법을 사용하여 상태 축소를 하여 최소 상태수의 상태도를 구하라.

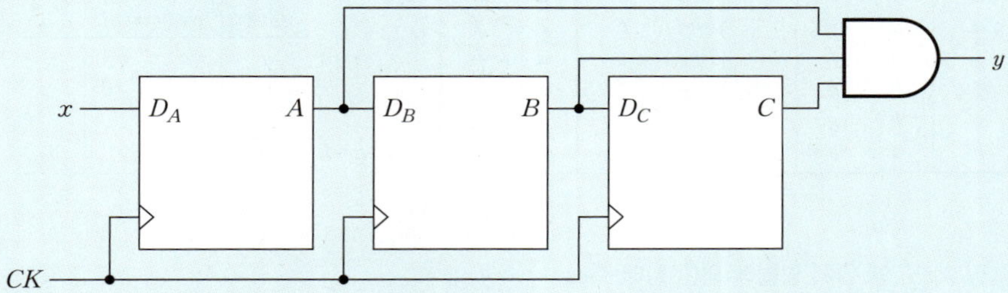


| 그림 9.33 111 패턴 검출 회로

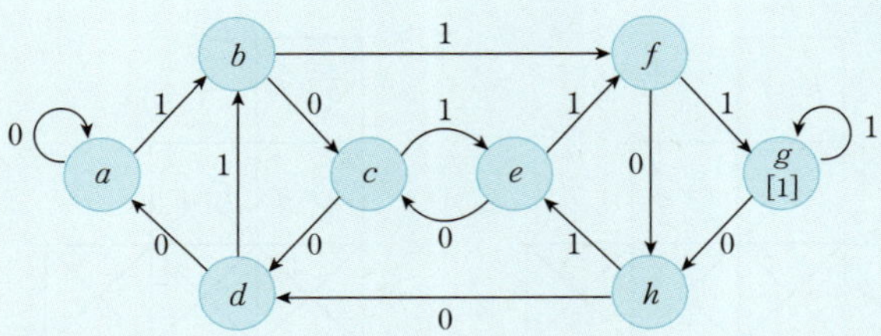


(a)

| 현재 상태 | 차기 상태 $x=0$ | 차기 상태 $x=1$ | 출력 |
|---|---|---|---|
| $a$ | $a$ | $b$ | |
| $b$ | $c$ | $f$ | |
| $c$ | $d$ | $e$ | |
| $d$ | $a$ | $b$ | |
| $e$ | $c$ | $f$ | |
| $f$ | $h$ | $g$ | |
| $g$ | $h$ | $g$ | 1 |
| $h$ | $d$ | $e$ | |

(b)

| 그림 9.34 3비트 시프트 레지스터 회로의 상태도와 상태표

회로가 간단한 것에 비하여 상태도는 복잡한 형태를 나타내고 있지만 상태표를 보면 동등한 상태들이 많이 있음을 쉽게 알 수 있다. [그림 9.35(a)]의 상태표에서 행 일치 방법을 이용하여 차기 상태와 출력이 동일한 상태를 찾으면, 상태 $a$와 $d$, 상태 $b$와 $e$가 각각 동등한 상태임을 쉽게 찾을 수 있다. 상태 $d$는 $a$로, 상태 $e$는 $b$로 합쳐서 상태를 축소하면 [그림 9.35(b)]의 축소된 상태표를 만들 수 있다. 같은 방법으로 [그림 9.35(b)]의 상태표에서 상태 $a$, $c$ 그리고 $h$의 차기 상태가 동일하므로 상태 $c$와 $h$를 상태 $a$로 합쳐서 [그림 9.35(c)]의 상태표로 축소할 수 있다.

| | 현재 상태 | 차기 상태 $x=0$ | 차기 상태 $x=1$ | 출력 |
|---|---|---|---|---|
| | $a$ | $a$ | $b$ | |
| | $b$ | $c$ | $f$ | |
| | $c$ | ~~$d$~~ $a$ | ~~$e$~~ $b$ | |
| | $a$ ~~$d$~~ | ~~$a$~~ | ~~$b$~~ | |
| | $b$ ~~$e$~~ | ~~$c$~~ | ~~$f$~~ | |
| | $f$ | $h$ | $g$ | |
| | $g$ | $h$ | $g$ | 1 |
| | $h$ | ~~$d$~~ $a$ | ~~$e$~~ $b$ | |

(a)

| | 현재 상태 | 차기 상태 $x=0$ | 차기 상태 $x=1$ | 출력 |
|---|---|---|---|---|
| | $a$ | $a$ | $b$ | |
| $a=d$ | $b$ | ~~$c$~~ $a$ | $f$ | |
| $b=e$ | $a$ ~~$c$~~ | ~~$a$~~ | ~~$b$~~ | |
| | $f$ | ~~$h$~~ $a$ | $g$ | |
| | $g$ | ~~$h$~~ $a$ | $g$ | 1 |
| | $a$ ~~$h$~~ | ~~$a$~~ | ~~$b$~~ | |

(b)

| | 현재 상태 | 차기 상태 $x=0$ | 차기 상태 $x=1$ | 출력 |
|---|---|---|---|---|
| $a=c$ | $a$ | $a$ | $b$ | |
| | $b$ | $a$ | $f$ | |
| | $f$ | $a$ | $g$ | |
| $a=h$ | $g$ | $a$ | $g$ | 1 |

(c)

I 그림 9.35 행 일치 방법에 의한 상태 축소

축소된 상태표가 최소수의 상태표인지 아직 모르므로 Implication 차트 방법을 통하여 동등한 상태가 있는지 찾아보도록 하자.

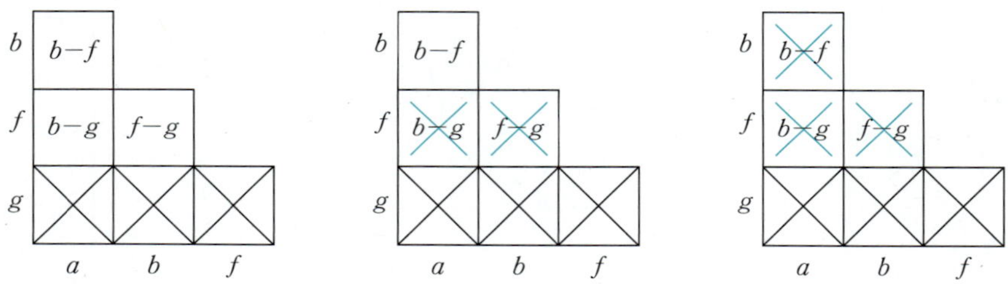


(a) (b) (c)

I 그림 9.36 Implication 차트

[그림 9.35(c)]의 축소된 상태표에서 출력값이 다른 상태 짝들에 대하여 X 표시를 한 초기 Implication 차트를 만들면 [그림 9.36(a)]와 같이 된다. 초기 Implication 차트에서 순서대로 차기 상태 짝들이 이미 X 표시된 것을 찾아 동등한 상태가 될 수 없는 칸 $a$–$f$와 칸 $b$–$f$에 추가적으로 X 표시를 하면 [그림 9.36(b)]처럼 된다. X 표시가 추가되었기 때문에 다시 순서대로 체크하면 하나 남은 칸 $a$–$b$에 있는 차기 상태 짝 $b$–$f$에 해당하는 칸에 X 표시가 되었기 때문에 칸 $a$–$b$에도 X 표시를 하게 되어 모든 칸이 X 표시되었다. 따라서 동등한 상태는 더 이상 없다는 것을 알 수 있고, 행 일치 방법에 의해 상태 축소한 결과인 [그림 9.35(c)]가 최소수의 상태표임을 알 수 있다. 축소된 상태도를 그리면 [그림 9.37]과 같이 된다.

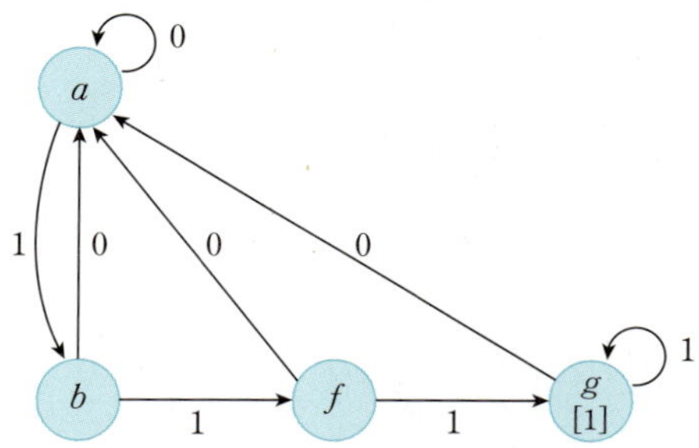


I 그림 9.37 축소된 상태도

그런데 흥미롭게도 이렇게 축소된 상태도에 대하여 상태 할당을 하여 최소수의 플립플롭으로 순차회로를 설계해도 원래 축소하기 전의 상태도가 만들어진 3비트 시프트 레지스터로 구현한 회로에 비하여 플립플롭 수는 줄일 수 있지만 더 복잡한 회로로 구현된다. 9.4절에서 [그림 9.37]의 상태도에 대하여 여러 가지 상태 할당에 대한 회로 복잡도를 비교해 보도록 하자.

## 9.4 상태 할당

순차회로 설계에서 상태 축소 후에 상태 할당에 따라 설계하는 조합회로 부분의 복잡도가 달라질 수 있기 때문에 상태 할당을 잘하는 것은 매우 중요하다고 할 수 있다. 그렇다고 가능한 모든 상태 할당들에 대한 설계들을 하여 비교하는 것도 상태수가 많아지면 어려울 것이다.

이 절에서 상태 할당하는데 몇 가지 권장되는 가이드라인을 설명하려고 한다. 권장되는 가이드라인에 의한 상태 할당은 플립플롭 입력식과 출력식을 구하는 카노 맵에서 될 수 있으면 1들이 인접하게 나타나게 하려는 것이다. 결과적으로 플립플롭 입력식과 출력식이 간단해지도록 하기 위함이다. 물론 권장되는 가이드라인에 의한 상태 할당을 해도 최소 비용의 회로가 보장되지는 않는다.

두 상태에 상태 할당을 할 때에 코드가 인접하도록 할당한다는 뜻은 Gray 코드처럼 두 상태에 할당된 코드 간의 비트가 하나만 다르도록 할당한다는 뜻이다. 다음과 같이 3가지 가이드라인이 주어지는데 각 가이드라인에 속하는 상태끼리 인접하도록 상태 할당을 권장하는데, 우선순위는 가이드라인 1, 2, 3 순서이다. 가이드라인 1과 2는 Moore 시스템과 Mealy 시스템에 관계없이 적용되지만, 가이드라인 3은 Mealy 시스템에만 적용되는 것이다.

가이드라인 1. 같은 입력에 대하여 차기 상태가 같은 경우

가이드라인 2. 한 상태의 차기 상태끼리

가이드라인 3. 같은 입력에 대하여 출력이 같은 경우

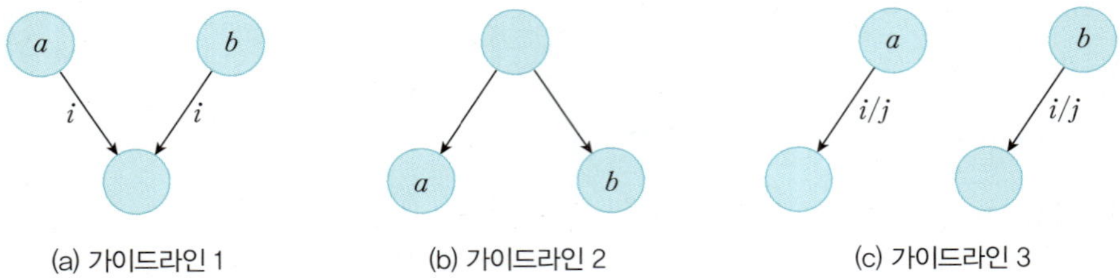


Ⅰ 그림 9.38 인접한 상태 할당 가이드라인

가이드라인에 의거하여 [그림 9.39]의 상태도에 상태 할당을 해보자. 이 상태도는 연속해서 1이 세 번 입력되면 출력 1이 되는 상태 기계를 나타내고 있다.

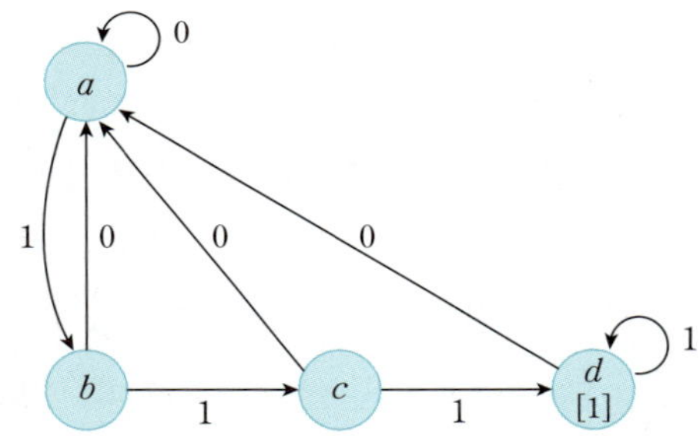


Ⅰ 그림 9.39 패턴 111을 검출하는 FSM

가이드라인 1에 의하여 상태 $\{a, b, c, d\}$는 입력 0에 대하여 동일한 차기 상태 $a$로 바뀌기 때문에 인접하게 할당하도록 권장한다. 마찬가지로 상태 $\{c, d\}$는 입력 1에 대하여 동일한 차기 상태 $d$로 바뀌기 때문에 인접하게 할당하도록 권장한다.

가이드라인 2에 의하여 상태 $a$의 차기 상태 $\{a, b\}$, 상태 $b$의 차기 상태 $\{a, c\}$ 그리고 상태 $c$와 $d$의 차기 상태 $\{a, d\}$들은 인접하게 할당하는 것이 권장된다.

가이드라인에 따라 인접하게 상태 할당이 필요한 집합을 요약하면 다음과 같다.

가이드라인 1: $\{a,b,c,d\}$ $\{c,d\}$

가이드라인 2: $\{a,b\}$ $\{a,c\}$ $\{a,d\}\times 2$

카노 맵에 상태들을 배치하면 상태 할당이 인접하게 되었는지를 쉽게 알아볼 수가 있다. 3개 또는 4개의 상태를 인접하게 할당하는 것은 카노 맵에서 4개의 인접한 사각형에 배치하도록 하면 된다. 초기 상태는 상태 비트들이 0으로 시작하는 것이 일반적이므로 초기 상태인 $a$를 $A=0$, $B=0$ 위치에 배치한 후에 상태 $c$와 $d$, $a$와 $d$가 인접하도록 배치하면 [그림 9.40(a)]와 [그림 9.40(b)]처럼 배치할 수 있다. 이 배치 방법은 가이드라인 2에 의해 권장되는 $\{a, c\}$만 만족시키지 못하고 나머지 권장사항들을 만족시키는 배치가 된다.

[그림 9.40(c)]와 [그림 9.40(d)]는 가이드라인을 고려하지 않고 상태들을 배치한 것으로 가이드라인에 따라 상태들이 배치된 것과 비교하기 위하여 추가하였다.

| B\A | 0 | 1 |
|---|---|---|
| 0 | *a* | *b* |
| 1 | *d* | *c* |

(a)

| B\A | 0 | 1 |
|---|---|---|
| 0 | *a* | *d* |
| 1 | *b* | *c* |

(b)

| B\A | 0 | 1 |
|---|---|---|
| 0 | *a* | *c* |
| 1 | *b* | *d* |

(c)

| B\A | 0 | 1 |
|---|---|---|
| 0 | *a* | *d* |
| 1 | *c* | *b* |

(d)

**| 그림 9.40** 상태 할당 맵

위 상태 할당 맵에 배치된 상태 할당 4가지 각각을 표로 나타내면 [그림 9.41]과 같이 나타낼 수 있다.

| 상태 | *A* | *B* |
|---|---|---|
| *a* | 0 | 0 |
| *b* | 1 | 0 |
| *c* | 1 | 1 |
| *d* | 0 | 1 |

(a)

| 상태 | *A* | *B* |
|---|---|---|
| *a* | 0 | 0 |
| *b* | 0 | 1 |
| *c* | 1 | 1 |
| *d* | 1 | 0 |

(b)

| 상태 | *A* | *B* |
|---|---|---|
| *a* | 0 | 0 |
| *b* | 0 | 1 |
| *c* | 1 | 0 |
| *d* | 1 | 1 |

(c)

| 상태 | *A* | *B* |
|---|---|---|
| *a* | 0 | 0 |
| *b* | 1 | 1 |
| *c* | 0 | 1 |
| *d* | 1 | 0 |

(d)

**| 그림 9.41** 상태 할당 비교

[그림 9.41]의 4가지의 상태 할당에 대한 상태표를 만들고 출력식과 플립플롭 입력식을 구한 것을 [그림 9.42]에 비교해 보여주고 있다. 가이드라인에 따라 상태 할당을 하

여 설계한 [그림 9.42(a)]와 [그림 9.42(b)]가 다른 두 상태 할당에 비하여 우수함을 알 수 있다.

| $A$ $B$ | $A^*B^*$ $x=0$ | $A^*B^*$ $x=1$ | $y$ |
|---|---|---|---|
| 0 0 | 0 0 | 1 0 | 0 |
| 1 0 | 0 0 | 1 1 | 0 |
| 1 1 | 0 0 | 0 1 | 0 |
| 0 1 | 0 0 | 0 1 | 1 |

(a)

$D_A=xB'$
$D_B=xA+xB$
$z=A'B$

| $A$ $B$ | $A^*B^*$ $x=0$ | $A^*B^*$ $x=1$ | $y$ |
|---|---|---|---|
| 0 0 | 0 0 | 0 1 | 0 |
| 0 1 | 0 0 | 1 1 | 0 |
| 1 1 | 0 0 | 1 0 | 0 |
| 1 0 | 0 0 | 1 0 | 1 |

(b)

$D_A=xA+xB$
$D_B=xA'$
$z=AB'$

| $A$ $B$ | $A^*B^*$ $x=0$ | $A^*B^*$ $x=1$ | $y$ |
|---|---|---|---|
| 0 0 | 0 0 | 0 1 | 0 |
| 0 1 | 0 0 | 1 0 | 0 |
| 1 0 | 0 0 | 1 1 | 0 |
| 1 1 | 0 0 | 1 1 | 1 |

(c)

$D_A=xA+xB$
$D_B=xA+xB'$
$z=AB$

| $A$ $B$ | $A^*B^*$ $x=0$ | $A^*B^*$ $x=1$ | $y$ |
|---|---|---|---|
| 0 0 | 0 0 | 1 1 | 0 |
| 1 1 | 0 0 | 0 1 | 0 |
| 0 1 | 0 0 | 1 0 | 0 |
| 1 0 | 0 0 | 1 0 | 1 |

(d)

$D_A=xA'+xB'$
$D_B=xA'B'+xAB$
$z=AB'$

| 그림 9.42 상태 할당에 따른 출력식과 플립플롭 입력식

**예제 9.4** 주어진 상태표에 대하여 권장되는 가이드라인을 적용하여 상태 할당을 하고 D 플립플롭을 이용한 시스템을 설계하라.

| 현재 상태 | 차기 상태 $x=0$ | 차기 상태 $x=1$ | $z$ |
|---|---|---|---|
| $a$ | $e$ | $b$ | 0 |
| $b$ | $d$ | $a$ | 0 |
| $c$ | $e$ | $b$ | 1 |
| $d$ | $c$ | $a$ | 0 |
| $e$ | $a$ | $d$ | 0 |

가이드라인 1에 의하여 상태 $\{a, c\}$는 입력 0에 대하여 동일한 차기 상태 $e$로 바뀌기 때문에 인접하게 할당하도록 권장한다. 또 상태 $\{a, c\}$는 입력 1에 대하여도 동일한 차기 상태 $b$로 바뀌기 때문에 두 번을 표시하기 위하여 ×2 표시를 하였다. 상태 $\{b, d\}$는 입력 1에 대하여 동일한 차기 상태 $a$로 바뀌기 때문에 인접하게 할당하도록 권장한다.
가이드라인 2에 의하여 상태 $a$와 $c$의 차기 상태 $\{b, e\}$, 상태 $b$와 $e$의 차기 상태 $\{a, d\}$, 그리고 상태 d의 차기 상태 $\{a, c\}$들은 인접하게 할당하는 것이 권장된다.
가이드라인에 따라 인접하게 상태 할당이 필요한 집합을 요약하면 다음과 같다.

가이드라인 1: $\{a,c\}\times2$, $\{b,d\}$
가이드라인 2: $\{b,e\}\times2$ $\{a,d\}\times2$ $\{a,c\}$

가이드라인에 따라 카노맵에 상태들을 배치하여 보자. 초기 상태인 $a$를 $A=0$, $BC=00$ 위치에 배치한 후에 상태 $c$를 $a$의 우측에 배치하고, $b$와 $d$가 인접하고, $a$와 $d$가 인접하려면 $a$ 밑에 $d$, 그리고 $d$ 밑에 $b$를 배치한다. 마지막으로 $b$와 $e$가 인접하도록 $b$ 밑에 $e$를 배치하면 [그림 9.43]과 같이 배치가 될 것이다. 물론 최적의 배치를 찾는 것도 쉬운 일이 아니다.

| $BC \backslash A$ | 0 | 1 |
|---|---|---|
| 00 | $a$ | $c$ |
| 01 | $d$ | |
| 11 | $b$ | |
| 10 | $e$ | |

| 그림 9.43 상태 할당 맵

[그림 9.44]는 상태 할당 맵에 배치된 것처럼 상태 할당을 하여 만든 상태표를 보여주고 있다. 플립플롭 입력식을 구하는 카노 맵을 그릴 때에 편리하도록 상태표에서 상태들을 그레이 코드 순서로 나열하였다.

| 상태 | $ABC$ |
|---|---|
| $a$ | 000 |
| $d$ | 001 |
| $b$ | 011 |
| $e$ | 010 |
| $c$ | 100 |

(a) 상태 할당

| | $ABC$ | $A^*B^*C^*$ $x=0$ | $A^*B^*C^*$ $x=1$ | $z$ |
|---|---|---|---|---|
| $a$ | 000 | 010 | 011 | 0 |
| $d$ | 001 | 100 | 000 | 0 |
| $b$ | 011 | 001 | 000 | 0 |
| $e$ | 010 | 000 | 001 | 0 |
| $c$ | 100 | 010 | 011 | 1 |
| | 101 | xxx | xxx | x |
| | 111 | xxx | xxx | x |
| | 110 | xxx | xxx | x |

(b) 상태표

| 그림 9.44 상태 할당과 상태표

[그림 9.45]는 상태표로부터 플립플롭 $A$, $B$, $C$에 대한 입력식과 출력 $z$에 대한 식을 구하기 위한 카노 맵과 구한 식을 보여주고 있다.

| $BC \backslash xA$ | 00 | 01 | 11 | 10 |
|---|---|---|---|---|
| 00 | | | | |
| 01 | 1 | x | x | |
| 11 | | x | x | |
| 10 | | x | x | |

$D_A=x'B'C$

| $BC \backslash xA$ | 00 | 01 | 11 | 10 |
|---|---|---|---|---|
| 00 | 1 | 1 | 1 | 1 |
| 01 | | x | x | |
| 11 | | x | x | |
| 10 | | x | x | |

$D_B=B'C'$

| $BC \backslash xA$ | 00 | 01 | 11 | 10 |
|---|---|---|---|---|
| 00 | | | 1 | 1 |
| 01 | | x | x | |
| 11 | 1 | x | x | |
| 10 | | x | x | 1 |

$D_C=xC'+x'BC$

| $BC \backslash A$ | 0 | 1 |
|---|---|---|
| 00 | | 1 |
| 01 | | x |
| 11 | | x |
| 10 | | x |

$z=A$

| 그림 9.45 플립플롭 입력식과 출력식

## 9.5 one-hot 인코딩

지금까지는 플립플롭 수를 줄이기 위하여 상태 축소를 하고 축소된 상태도에 대하여 최소수의 비트로 권장되는 가이드라인에 따라 상태 할당을 하여 설계하였다. $n$개의 상태가 있으면 최소 $\lceil \log_2 n \rceil$개의 플립플롭이 필요하게 된다.

회로에 따라서는 $n$개의 상태에 대하여 $n$비트를 할당하는 one-hot 인코딩 방식으로 상태 할당을 하면 플립플롭 수는 많이 늘어나지만 설계해야 되는 논리회로 부분이 간단해지고 설계하기도 쉽다. one-hot 인코딩 방식은 상태마다 비트가 할당되기 때문에 상태 디코딩이 없어도 되어 상태마다 출력이 필요한 경우 출력 부분의 회로가 간단해질 수 있다.

다음과 같이 4개의 상태를 반복하면서 각 상태마다 다른 출력을 발생하는 시스템에 대한 설계를 고려해보자. 출력신호가 4개이기 때문에 해당 출력신호가 1이 되는 상태 안에 출력신호 이름으로 나타내었다.

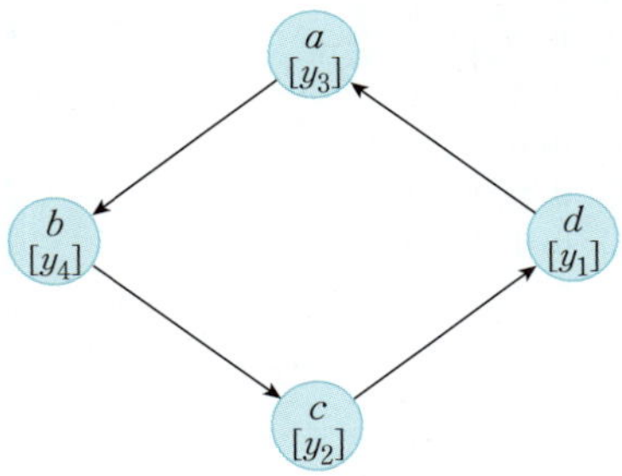


(a)

| 현재 상태 | 차기 상태 | 출력 $y_1$ | $y_2$ | $y_3$ | $y_4$ |
|---|---|---|---|---|---|
| $a$ | $b$ | 0 | 0 | 1 | 0 |
| $b$ | $c$ | 0 | 0 | 0 | 1 |
| $c$ | $d$ | 0 | 1 | 0 | 0 |
| $d$ | $a$ | 1 | 0 | 0 | 0 |

(b)

| 그림 9.46 상태마다 다른 출력

상태를 최소 비트로 인코딩하여 상태 할당을 하게 되면 2비트 카운터처럼 동작하고 카운터 출력은 4가지 상태를 나타내게 되므로 각 상태를 디코딩하여 해당 출력을 발생하는 회로가 된다. 최소 비트로 인코딩하고 Gray 코드 순서로 상태 할당을 하면 D 플립플롭 입력식을 최소화 할 수 있을 것이다. 〈표 9.7〉과 같이 상태표를 만들고 출력식과 플립플롭 입력식을 구하면 다음과 같이 된다.

$$y_1 = AB',\ y_2 = AB,\ y_3 = A'B',\ y_4 = A'B$$
$$D_A = B,\ D_B = A'$$

| 표 9.7 2비트로 인코딩한 상태표

| $AB$ | $A'B'$ | $y_1\,y_2\,y_3\,y_4$ |
|---|---|---|
| 0 0 | 0 1 | 0 0 1 0 |
| 0 1 | 1 1 | 0 0 0 1 |
| 1 1 | 1 0 | 0 1 0 0 |
| 1 0 | 0 0 | 1 0 0 0 |

출력은 상태를 나타내는 인코딩된 2비트에 대한 4개의 최소항으로 이루어진 디코더 출력과 같다.

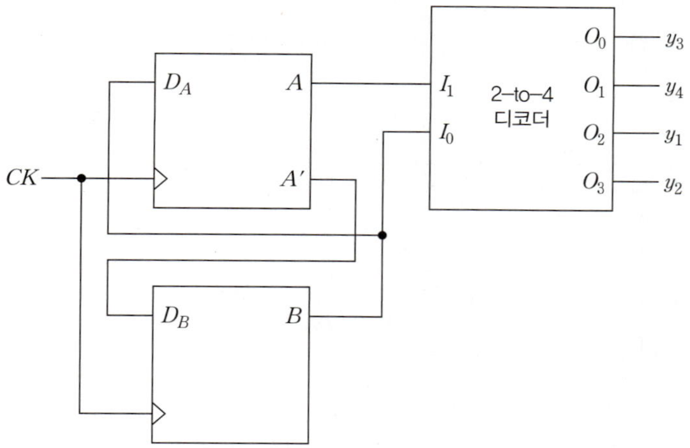


| 그림 9.47 최소 비트 인코딩 설계

one–hot 인코딩 방식은 다음과 같이 상태마다 1비트씩 배정하여 상태 할당을 하게 된다.

| 표 9.8 one–hot 인코딩의 상태표

| $ABCD$ | $A'B'C'D'$ | $y_1\,y_2\,y_3\,y_4$ |
|---|---|---|
| 1 0 0 0 | 0 1 0 0 | 0 0 1 0 |
| 0 1 0 0 | 0 0 1 0 | 0 0 0 1 |
| 0 0 1 0 | 0 0 0 1 | 0 1 0 0 |
| 0 0 0 1 | 1 0 0 0 | 1 0 0 0 |

one–hot 인코딩 방식에서는 상태표 없이 상태도에서 직접 플립플롭 입력식을 쉽게 구할 수 있다.

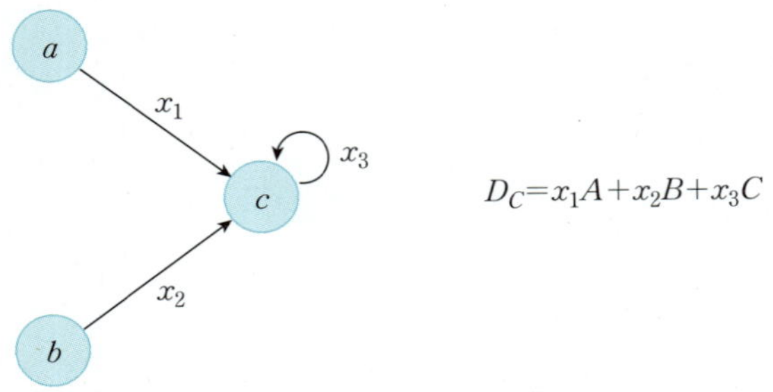


| 그림 9.48 상태도의 일부와 플립플롭 입력식

예를 들어 [그림 9.48]과 같은 상태도의 일부에서 상태 $c$에 해당하는 D 플립플롭 입력식은 상태도에서 직접 쉽게 구할 수 있고, 이 플립플롭의 입력 회로는 [그림 9.49]와 같이 구성된다.

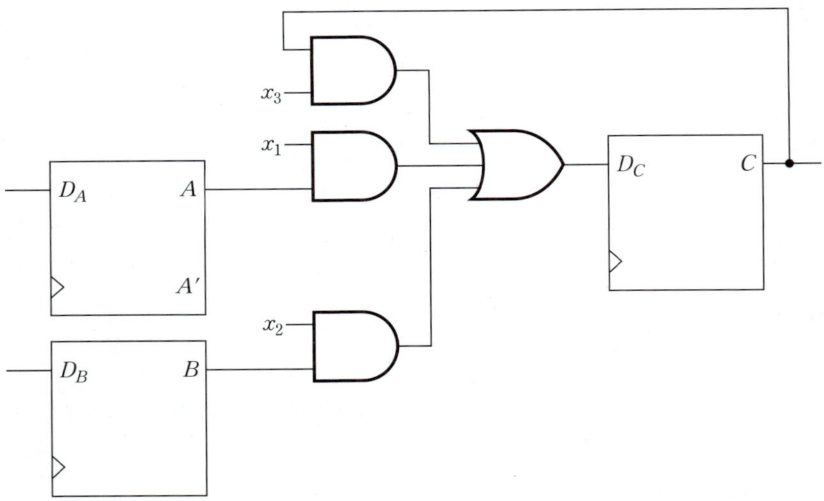


| 그림 9.49 플립플롭 입력 회로

[그림 9.46]의 상태도의 경우는 입력은 없고 매 클럭마다 상태만 $a$, $b$, $c$, $d$, $a$, ⋯ 순서로 바뀌고 있다. 따라서 각 상태를 나타내는 플립플롭의 입력은 바로 전 상태의 플립플롭 출력이 된다.

$$D_A = D, D_B = A, D_C = B, D_D = C$$

플립플롭 출력은 각 상태를 나타내기 때문에 4개의 출력은 디코딩할 필요 없이 각 플립플롭 출력에 직접 연결된다.

$$y_1 = D,\ y_2 = C,\ y_3 = A,\ y_4 = B$$

one-hot 인코딩 방식으로 설계한 회로는 다음과 같다.

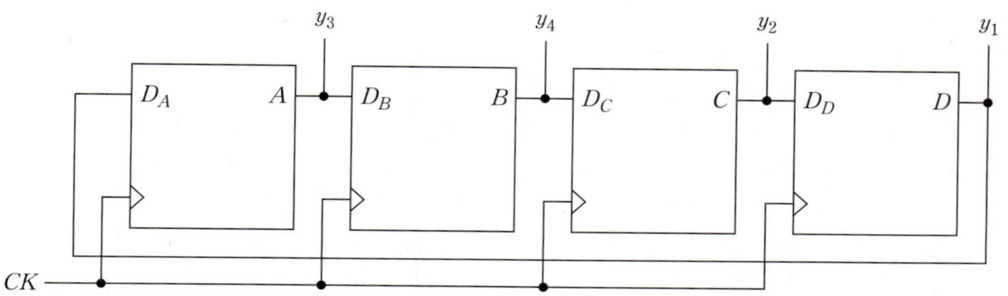


Ι 그림 9.50 one-hot 인코딩 설계

[그림 9.47]의 최소 비트 인코딩으로 설계한 경우는 출력신호를 만들기 위하여 상태를 디코딩해야 되었지만 [그림 9.50]의 one-hot 인코딩으로 설계한 경우는 각 플립플롭 출력이 하나의 상태를 나타내기 때문에 디코딩할 필요가 없어서 출력신호가 간단해졌다. one-hot 인코딩 방식은 플립플롭 수가 늘어나는 단점이 있으나, 설계 과정이 쉽기 때문에 디버깅도 쉽고, 확장 또는 변경하는 작업도 쉬운 장점이 있다.

**예제 9.5** 다음 상태도에 대하여 one-hot 인코딩 방식으로 상태 할당을 하여 설계하라.

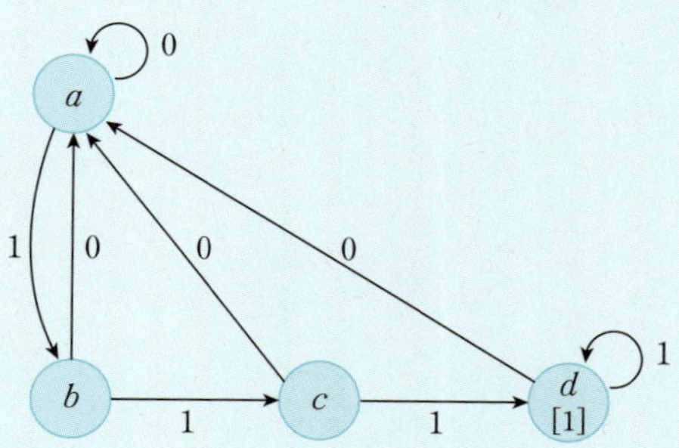

상태 $a$, $b$, $c$, $d$에 플립플롭 $A$, $B$, $C$, $D$를 할당하면, 각 플립플롭의 입력 식은 다음과 같이 상태도에서 직접 구할 수 있다.

$$D_A = x'(A + B + C + D)$$
$$D_B = xA$$
$$D_C = xB$$
$$D_D = x(C+D)$$
$$z = D$$

## 단원요약

1. 플립플롭 여기표는 플립플롭 상태가 바뀌기 위한 플립플롭의 입력 조건을 나타내는 표로서, 상태표를 설계를 위한 진리표 형태로 변환하는데 필요한 표이다.

2. 상태표로 표현된 것을 플립플롭 여기표를 사용하여 각 플립플롭 입력신호들에 대한 진리표 형태로 변경하여 플립플롭의 입력식을 구한다.

3. 상태표에서 출력신호에 대한 진리표를 만들어 출력식을 구한다.

4. 행 일치 방법은 상태표의 행 별로 두 상태의 차기 상태와 출력이 같은 간단한 경우의 동등한 상태(equivalent state)들을 찾아서 상태 수를 줄이는데 최소수의 상태수를 보장하지는 못하지만 빠르게 줄일 수 있는 방법이다.

5. Implication 차트 방법은 모든 가능한 서로 다른 두 상태 간의 동등함을 체크할 수 있는 매트릭스 형태의 차트를 만들어서 동등할 수 없는 칸들을 X 표시하면서 더 이상 찾을 수 없을 때까지 반복하게 된다. 최종적으로 X 표시가 없는 칸에 해당하는 짝이 동등한 상태가 되고, 만일 모든 칸이 X 표시가 된 경우는 동등한 상태가 없고 상태수가 최소임을 말해준다.

6. 상태 할당을 할 때에 다음과 같은 상태끼리 상태 코드가 인접하도록 권장된다.
   - 같은 입력에 대하여 차기 상태가 같을 경우
   - 한 상태의 차기 상태 끼리
   - 같은 입력에 대하여 출력이 같은 경우

7. one-hot 인코딩 방식은 $n$개의 상태에 대하여 각 상태마다 한 비트만 1이 되도록 $n$비트를 할당하는 방법으로 필요한 플립플롭 수는 많이 늘어나지만 설계해야 되는 논리회로 부분이 간단해지고, 변경 및 디버깅도 쉬워진다. 특히 상태마다 출력이 필요한 경우에 디코딩할 필요가 없기 때문에 출력 부분의 회로가 간단해진다.

## 연습문제

**01** 다음 상태도를 D 플립플롭으로 설계하라. 상태표와 설계를 위한 플립플롭 입력식에 대한 진리표를 나타내고 플립플롭 입력식을 구하라.

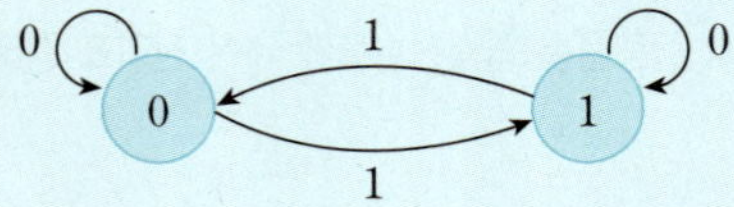


**02** 다음과 같은 값을 반복하여 출력하는 카운터를 D 플립플롭을 사용하여 설계하라. 설계한 상태도를 그리고, 사용하지 않는 상태에서 시작할 경우에 문제가 발생하지 않도록 설계하고 검증하라.

a) 2, 4, 5, 7, 3, 1, 그리고 반복

b) 7, 5, 3, 1, 4, 6, 그리고 반복

**03** D 플립플롭을 사용하여 2비트 상향/하향 카운터를 설계하라.

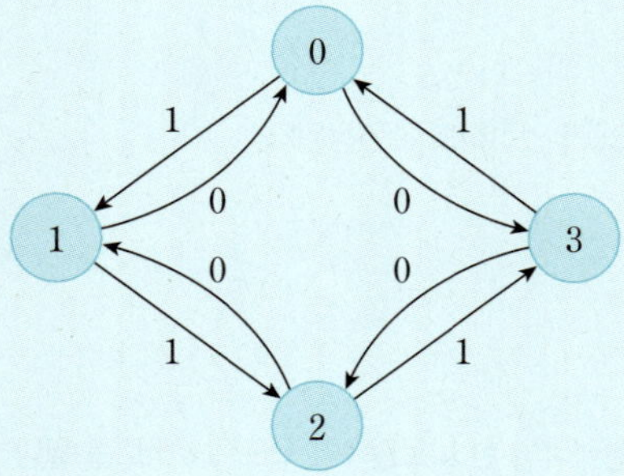


**04** 입력 $x=1$이 되면 정확히 3클럭 주기 동안만 1을 출력하고 4번째 클럭에 0을 출력하고 $x=0$이면 처음부터 다시 시작하고, $x=1$이면 입력 $x=0$이 되기를 기다리다 0이 되면 다시 시작한다. D 플립플롭을 사용하여 Moore 모델로 설계하라.

**05** 입력 $x$에 들어온 1의 개수가 짝수(0을 포함하지 않는 짝수)이고, 0의 개수가 홀수일 때마다 출력이 1이 되는 Moore 모델의 상태도를 그려라.

**06** 입력 $x$에 들어온 0의 개수가 짝수(0을 포함하지 않는 짝수)이고, 1의 개수가 홀수일 때마다 출력이 1이 되는 Moore 모델의 상태도를 그려라.

**07** 연속해서 1이 3번 들어오면 출력이 1이 되는 Mealy 모델 회로를 2비트 시프트 레지스터를 사용하여 설계하라.

**08** 앞 문제의 2비트 시프트 레지스터를 이용하여 설계한 회로에 대한
a) 상태도를 나타내라.
b) 상태 축소 기법을 이용하여 상태수를 축소하여 상태도를 나타내라.

**09** 직렬로 들어오는 데이터에 대하여 1011 패턴이 검출될 때마다 1을 출력하는 Mealy 시스템의 상태도를 그려라. 패턴이 중첩되어도 된다.

**10** 0이 연속해서 입력되지 않는 한 입력되는 1의 개수가 짝수가 될 때마다 출력 1을 발생하는 Moore 시스템의 상태도를 그려라.

**11** BCD 코드를 Excess-3 코드로 변환하는 것은 4개의 입력과 4개의 출력을 갖는 조합회로로 만들 수 있다. 그러나 조합회로의 코드 변환기를 사용하지 않고 직렬로 BCD 데이터가 LSB부터 들어오는 것을 Excess-3 코드로 변환되어 LSB부터 직렬로 출력될 수 있도록 순차회로 시스템을 설계하라.

**12** 3비트 시프트 레지스터를 사용하여 패턴 010과 101 패턴이 들어오면 출력이 1이 되는 회로를 설계하라. 설계한 회로의 상태도에서 축소된 상태도를 만들어라.

**13** 다음 상태표를 행 일치 방법과 Implication 차트 방식을 이용하여 상태수를 줄여라.

a)

| 현재 상태 | 차기상태 $x=0$ | 차기상태 $x=1$ | 출력 |
|---|---|---|---|
| $a$ | $e$ | $b$ | 1 |
| $b$ | $b$ | $c$ | 0 |
| $c$ | $e$ | $d$ | 1 |
| $d$ | $i$ | $g$ | 0 |
| $e$ | $f$ | $g$ | 0 |
| $f$ | $h$ | $i$ | 0 |
| $g$ | $e$ | $f$ | 1 |
| $h$ | $f$ | $c$ | 0 |
| $i$ | $e$ | $d$ | 1 |

b)

| 현재 상태 | 차기상태 $x=0$ | 차기상태 $x=1$ | 출력 |
|---|---|---|---|
| $a$ | $b$ | $c$ | 0 |
| $b$ | $d$ | $e$ | 1 |
| $c$ | $d$ | $f$ | 1 |
| $d$ | $f$ | $a$ | 0 |
| $e$ | $b$ | $g$ | 1 |
| $f$ | $c$ | $h$ | 1 |
| $g$ | $e$ | $i$ | 0 |
| $h$ | $e$ | $a$ | 0 |
| $i$ | $c$ | $c$ | 0 |

**14** 다음 상태도에 대하여

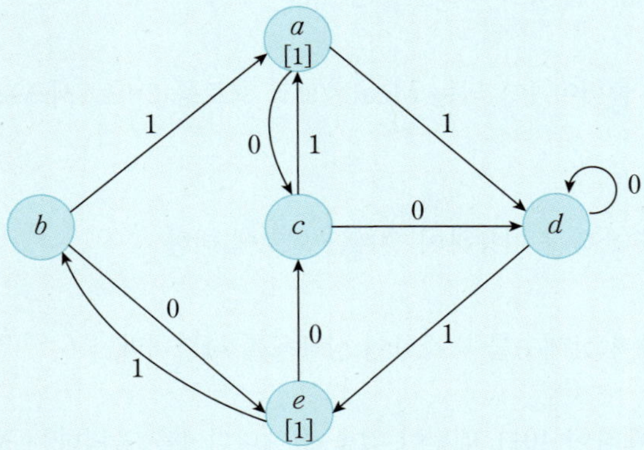


a) 9.4절에서 제시한 가이드라인에 의해 상태 할당을 하여 D 플립플롭으로 설계하라.

b) one-hot 인코딩 방식으로 상태 할당을 하여 D 플립플롭으로 설계하라.

**15** 버스 중재기는 버스를 공유하는 모듈들로부터 요청신호 $r_i$를 받으면 모듈들 중에 우선순위가 가장 높은 모듈에 허락 신호 $g_i$를 보내는 시스템이다. 다음은 3개의 모듈이 있는 시스템의 버스 중재기에 대한 상태도를 나타내고 있다. 상태도의 각 노드에서 입력신호의 경우의 수가 8가지이기 때문에 간단히 나타내기 위하여 입력신호를 2진수 $r_1r_2r_3$으로 나타내었다. 우선순위는 번호가 낮은 모듈이 높도록 $r_1$, $r_2$, $r_3$ 순서로 정해져 있다.

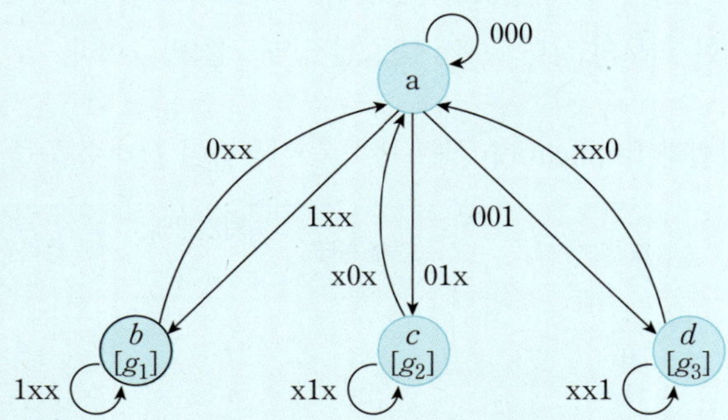


a) 버스 중재기를 D 플립플롭을 사용하여 설계하라.

b) one-hot 인코딩으로 상태 할당을 하여 설계하라.

16 문제 15의 버스 중재기는 idle cycle 존재하는 버스 중재기이다. 즉, 허락신호를 받은 모듈이 요청신호를 중단하면 다른 모듈이 요청신호를 발생하고 있음에도 불구하고 상태 $a$로 가서 다음 요청신호를 처리하게 된다. 즉, 적어도 한 주기 동안 상태 $a$에 있어야 한다. 이런 idle cycle에 의하여 버스 중재기의 응답시간이 늦어지므로 개선된 시스템을 만들 필요가 있다. idle cycle이 없는 버스 중재기의 상태도를 설계하라.

17 앞 문제의 버스 중재기는 비선점(non-preemptive) 형태의 중재기이다. 즉, 우선순위가 높은 모듈의 요청신호가 들어와도 현재 버스가 사용 중이면 기다려야 한다. 선점(preemptive) 형태의 중재기는 현재 버스를 사용 중인 모듈보다 우선순위가 높은 모듈이 요청신호가 들어오면 우선순위 높은 모듈에게 허락 신호를 주는 것이다. 앞 문제를 이와 같은 선점(preemptive) 형태의 중재기로 변경한 상태도를 설계하라.

# CHAPTER 10
# 카운터와 시프트 레지스터

contents

# 10 카운터와 시프트 레지스터

**단원개요**

- 비동기식 카운터 회로와 특징
- 동기식 카운터 회로와 특징
- 표준 칩 카운터를 이용한 다양한 카운터 설계
- 시프트 레지스터 회로와 응용
- 표준 칩 시프트 레지스터 종류와 기능
- 링 카운터와 존슨 카운터의 회로와 특징
- 시프트 레지스터를 이용한 직렬가산기 회로

카운터(counter)는 외부 입력이 없고(카운터 동작 모드를 선택하기 위한 입력은 제외) 클럭 신호에 의해서 정해진 상태 순서를 반복하는 간단한 상태 기계이다. 상태 값을 나타내는 카운터 출력은 보통 2진수(binary) 또는 10진수(BCD)로 표현되지만, 임의의 순서대로 상태가 변하거나 특별한 타이밍 신호를 위한 카운터도 있을 수 있다.

MOD-N 카운터는 0부터 $N$-1까지 출력을 반복하는 카운터인데 입력 클럭의 $N$주기마다 반복되는 출력신호가 만들어지기 때문에 출력신호의 주파수는 1/$N$이 되어 divide-by-N 카운터라고도 한다. MOD-N 카운터 중에 $N$이 2의 지수승($2^n$)일 때 2진(binary) 카운터라고 하는데 0부터 $2^n-1$까지 상태를 반복하는 가장 간단한 카운터이다.

카운터 회로를 구현할 때에 각 플립플롭 출력들이 공통된 클럭 신호에 동기되어 변하는지, 아니면 플립플롭마다 다른 클럭을 사용하는지에 따라 동기식 카운터와 비동기식 카운터로 분류한다.

디지털 통신은 전송선을 줄이기 위하여 USB, 모뎀, 그리고 자동차 내에서 장치들 간의 통신 등에는 전송선을 줄이기 위하여 직렬 통신을 많이 사용한다. 시프트 레지스터는 이러한 직렬 통신을 위하여 필요한 모듈로서 플립플롭들이 직렬로 연결되어 매 클럭마다 데이터가 한 비트씩 시프트되는 동작을 하게 된다. 시프트 레지스터에는 직렬로 입력을 받아서 병렬 데이터로 출력, 병렬로 데이터를 받아서 직렬로 출력, 또는 직렬로 입력을 받아서 직렬로 출력, 또는 좌우 양방향 시프트 동작을 하는 다양한 종류의 시프트 레지스터가 있다. 시프트 레지스터는 데이터 처리하는 응용에 적합한 모듈이지만 일정한 상태 순서를 반복하는 카운터와 같은 상태 기계로 사용할 수도 있는데, 시프트 레지스터를 사용하는 링 카운터와 존슨 카운터에 대하여 알아보기로 한다.

## 10.1 비동기식 카운터

비동기식 카운터(asynchronous counter)는 리플 카운터(ripple counter)라고도 하는데 회로가 아주 간단한 장점이 있다. 동기식 카운터에서는 모든 플립플롭들의 클럭 입력은 공통된 클럭 신호에 트리거(trigger)되므로 모든 플립플롭들의 출력은 일정한 지연시간 후에 거의 동시에 바뀌게 된다. 비동기식 카운터는 플립플롭들이 공통된 클럭을 사용하지 않고 다음과 같이 플립플롭 출력이 다음 단의 플립플롭 클럭에 연결되어 서로 다른 클럭으로 동작하게 된다. [그림 10.1]의 회로는 추가되는 게이트 없이 T 플립플롭만으로 구성되어 0000부터 1111까지 16가지의 상태를 반복하는 4비트 비동기 카운터이다.

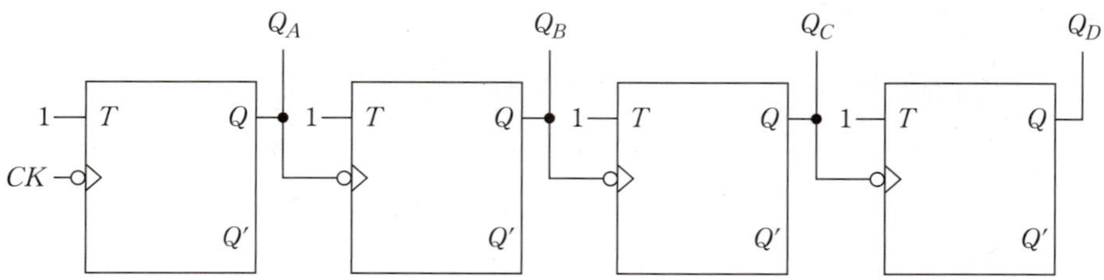


| 그림 10.1 4비트 비동기 카운터

[그림 10.2]는 4비트 비동기 카운터에 대한 타이밍도인데, 클럭 에지에서의 변화를 확대하여 보여주고 있다. 음영 처리한 부분을 보면 플립플롭의 전파지연이 누적되어 마지막 플립플롭($Q_D$)의 경우 첫 번째 플립플롭($Q_A$)보다 4배의 전파지연 시간 후에 출력이 바뀌고 있는 것을 알 수 있다. 동기식 시스템에서는 플립플롭들의 출력이 동일한 전파지연 시간 후에 바뀌기 때문에 타이밍도에서 전파지연을 확대해서 나타낼 필요가 없었다.

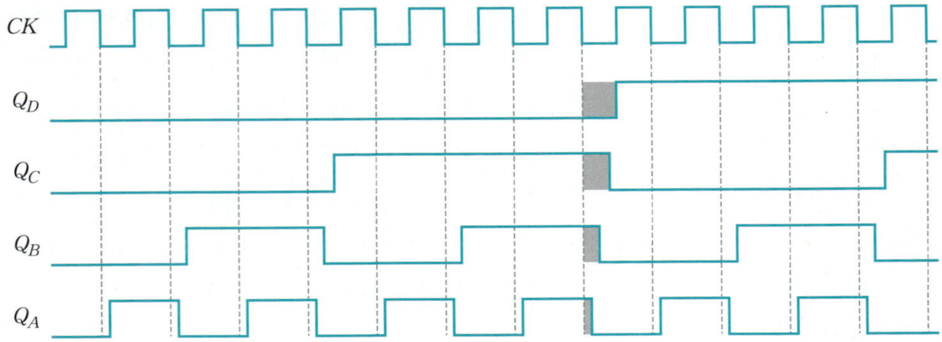


| 그림 10.2 비동기 카운터의 전파지연 특성

비동기식 카운터는 플립플롭 외에 추가되는 게이트 없이 회로가 간단하지만 비트 수가 증가하게 되면 플립플롭들의 전파지연이 누적되어 클럭 주파수에 제한이 있게 되어 높은 주파수에서는 사용하기가 적합하지 않다. 특히 카운터 출력을 디코드할 때에 모든 플립플롭 출력이 안정될 때까지 디코더 출력에 글리치 신호가 자주 발생하게 된다. [그림 10.2]의 음영 처리된 부분의 상태 7에서 8로 바뀌는 구간에서 LSB에 해당하는 플립플롭부터 차례대로 전파지연 시간 차이로 바뀌기 때문에 7 → 6 → 4 → 0 → 8의 상태 변화가 발생하여 6과 4 그리고 0에 해당하는 디코더 출력에 글리치 신호가 발생하게 된다.

### ● 표준 칩 비동기식 카운터

표준 칩 중에 다양한 카운터들이 있는데 다음과 같은 비동기식 카운터들에 대하여 알아보자.

7490 MOD–10 카운터(2×5)
7492 MOD–12 카운터(2×6)
7493 MOD–16 카운터(2×8)

이 칩들은 하강 에지에서 트리거되는 두 개의 독립된 카운터를 내포하고 있는데, 각 카운터가 독립적으로 동작할 수도 있고, 또는 두 개의 카운터가 연결되어 하나의 카운터로 동작할 수도 있다. 예를 들어 7490의 경우에 MOD–2 카운터와 MOD–5 카운터를 각각 독립적으로 동작시킬 수도 있고, MOD–2 카운터 출력을 MOD–5 카운터의 클럭에 연결하여 MOD–10 카운터로 동작시킬 수도 있는 것이다. 마찬가지로 7492는 MOD–2

카운터 출력을 MOD−6 카운터의 클럭에 연결하면 MOD−12 카운터로 동작시킬 수 있고, 7493인 경우는 MOD−2 카운터 출력을 MOD−8 카운터의 클럭에 연결하면 MOD−16 카운터로 동작시킬 수 있다.

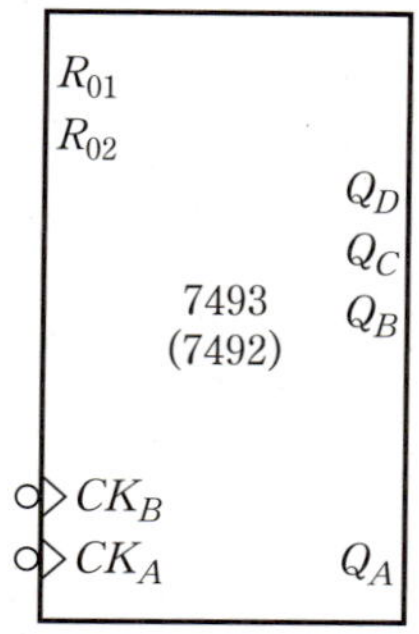


(a)

| $R_{01}$ | $R_{02}$ | $CK$ | function |
|---|---|---|---|
| 1 | 1 | X | Clear |
| 0 | X | ↓ | Count |
| X | 0 | ↓ | Count |

(b)

I 그림 10.3 7493(7492) 카운터 블록도와 동작표

[그림 10.3]은 MOD−16 카운터로 사용할 수 있는 7493(7492와 핀 배치는 동일)의 블록도와 동작표를 보여주고 있다. [그림 10.4]의 7493 내부 회로를 보면 MOD−2와 MOD−8 카운터를 위한 클럭 입력인 $CK_A$와 $CK_B$가 서로 분리되어 있음을 확인할 수 있다. $R_{01}$과 $R_{02}$ 입력 모두 1이면 동시에 reset 동작이 일어나 두 개의 카운터가 0으로 초기화되고, $R_{01}$ 또는 $R_{02}$ 중 하나라도 0이면 하향 클럭 에지에서 카운터가 증가하는 동작이 일어난다.

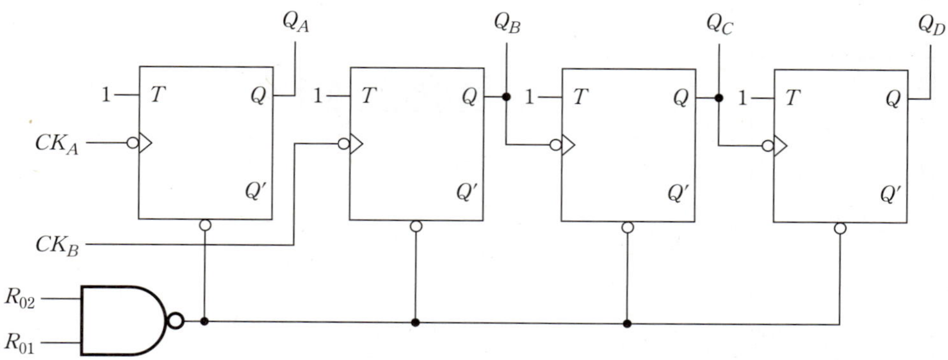


I 그림 10.4 7493 비동기 2진 카운터

MOD−16 카운터로 사용하기 위하여 [그림 10.5]처럼 MOD−2 카운터의 출력 $Q_A$를 MOD−8 카운터의 클럭인 $CK_B$에 연결하면 된다. $R_{01}$과 $R_{02}$ 입력 모두 0으로 하여 카운터가 0으로 초기화되는 경우를 없도록 한 예이다.

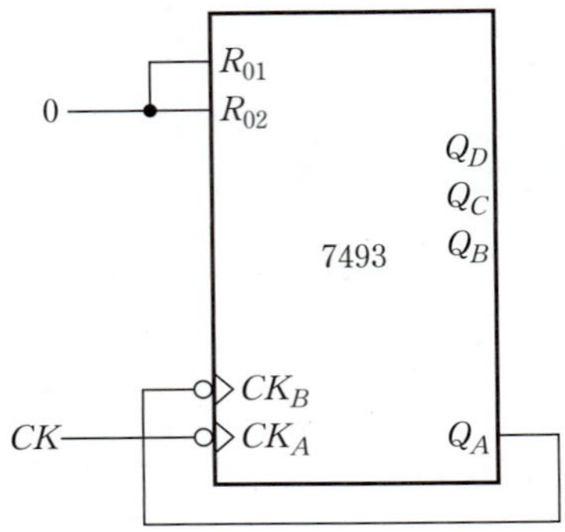


| 그림 10.5 MOD−16 회로

[그림 10.6]은 MOD−10 카운터를 만들 수 있는 비동기 카운터 7490의 블록도와 동작표를 보여주고 있다. 내부에 MOD−2와 MOD−5 카운터를 위한 클럭 입력인 $CK_A$와 $CK_B$가 있다.

7493에는 없는 $R_{91}$과 $R_{92}$ 입력이 추가되었는데, 10진 카운터에서 9로 초기화할 수 있는 기능이다. [그림 10.6(b)]의 동작표를 살펴보면 $R_{91}$과 $R_{92}$ 입력 모두 1이면 입력 $R_{01}$과 $R_{02}$와 상관없이 9로 초기화되는 것을 알 수 있다. 0으로 초기화하기 위해서는 $R_{91}$과 $R_{92}$ 입력 둘 중에서 적어도 하나는 0으로 하고 입력 $R_{01}$과 $R_{02}$는 모두 1로 되어야 한다.

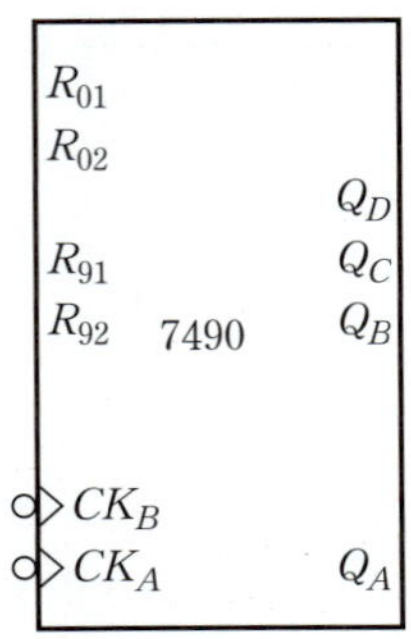


(a)

| $R_{01}$ | $R_{02}$ | $R_{91}$ | $R_{92}$ | $CK$ | function |
|---|---|---|---|---|---|
| 1 | 1 | 0 | X | X | Clear |
| 1 | 1 | X | 0 | X | Clear |
| X | X | 1 | 1 | X | Set 9 |
| X | 0 | X | 0 | ↓ | Count |
| 0 | X | 0 | X | ↓ | Count |
| 0 | X | X | 0 | ↓ | Count |
| X | 0 | 0 | X | ↓ | Count |

(b)

| 그림 10.6 비동기 카운터 7490의 블록도와 동작표

MOD−10 카운터로 사용하기 위하여 [그림 10.7]의 회로처럼 MOD−2 카운터의 출력 $Q_A$를 MOD−5 카운터의 클럭인 $CK_B$에 연결하면 된다.

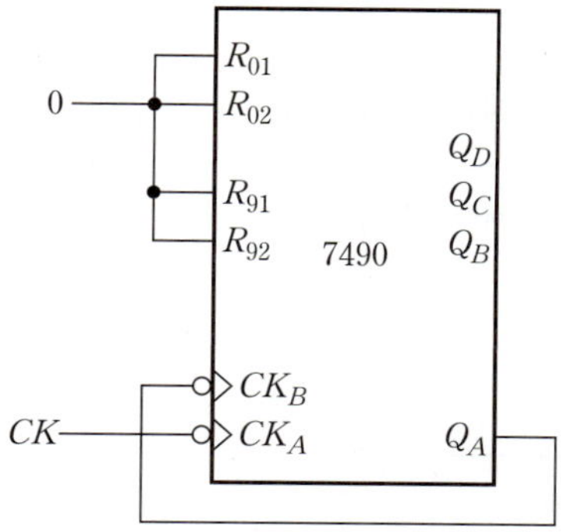


| 그림 10.7 MOD−10 카운터 회로

**예제 10.1** 7490 MOD−10(2×5) 카운터 2개를 사용하여 비동기식 MOD−50 BCD 카운터를 설계하라.

MOD−50 BCD 카운터는 십진수로 00부터 49까지 반복하는 카운터이기 때문에 0부터 4까지 반복하는 10 자릿수 출력과 0부터 9까지 반복하는 1 자릿수 출력이 필요하다. 따라서 7490의 $Q_DQ_CQ_B$ 출력으로 이루어진 MOD−5 카운터를 사용하여 10 자릿수를 나타내고, 7490의 $Q_DQ_CQ_BQ_A$ 출력으로 이루어진 MOD−10 카운터를 사용하여 1자릿수를 나타내면 된다. 이 두 개의 카운터가 연결되어 동작하는 것이 필요한데, 즉 1 자릿수가 9에서 0으로 될 때에 10 자릿수가 1 증가하도록 동작해야 한다. 이런 동작을 위해서 [그림 10.8]에서 보는 것처럼 10 자릿수를 위한 MOD−5 카운터인 7490의 클럭 $CK_B$에는 1 자릿수를 위한 MOD−10 카운터인 7490의 출력 $Q_D$를 연결하면 된다. 왜냐하면 7490 출력이 9에서 0으로 될 때만 $Q_D$가 1에서 0으로 바뀌기 때문이다. 즉, 1 자릿수를 위한 MOD−10 카운터 출력이 9에서 0으로 바뀔 때마다 10 자릿수를 위한 MOD−5 카운터가 증가하게 된다. 카운터를 특별히 초기화할 필요가 없기 때문에 초기화 입력인 $R_{01}$, $R_{02}$, $R_{91}$, $R_{92}$들은 논리 0에 연결해둔 것이다.

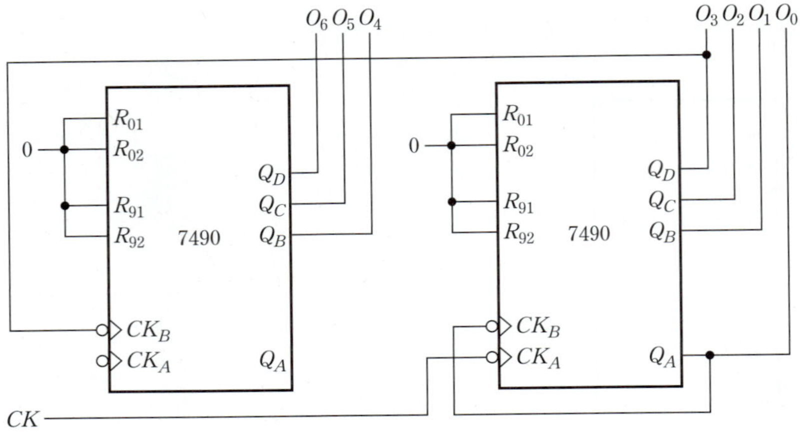


| 그림 10.8 비동기식 MOD–50 BCD 카운터 회로

## 10.2 동기식 카운터

$n$비트 2진 카운터는 $n$개의 플립플롭을 사용하여 매 클럭마다 1씩 증가하거나 감소하는 동작을 하는데 보통 $n$비트로 나타낼 수 있는 마지막 값인 $2^n-1$이 되면 이런 상태를 나타내는 출력 TC(Termimal Count)를 발생하게 된다. JK 또는 T 플립플롭을 사용하여 $n$비트 2진 카운터를 설계하면 일정한 패턴을 갖는 회로 형태를 하게 된다. [그림 10.9]는 4비트 2진 카운터에 대한 상태표와 T 플립플롭으로 설계한 동기식 카운터 회로를 보여주고 있다. 9장의 JK 플립플롭을 이용한 설계와 T 플립플롭을 이용한 설계에서와 같은 방법으로 각 플립플롭 입력식을 구할 수 있다.

플립플롭 입력식은 다음과 같이 일정한 패턴을 나타내기 때문에 비트수가 늘어나도 쉽게 2입력 AND 게이트와 T 플립플롭을 추가하여 확장할 수 있다.

$$T_A = 1$$
$$T_B = Q_A = Q_A \cdot 1 = Q_A T_A$$
$$T_C = Q_B Q_A = Q_B T_B$$
$$T_D = Q_C Q_B Q_A = Q_C T_C$$
$$T_E = Q_D Q_C Q_B Q_A = Q_D T_D$$

| $Q_D$ | $Q_C$ | $Q_B$ | $Q_A$ | $Q^*_D$ | $Q^*_C$ | $Q^*_B$ | $Q^*_A$ |
|---|---|---|---|---|---|---|---|
| 0 | 0 | 0 | 0 | 0 | 0 | 0 | 1 |
| 0 | 0 | 0 | 1 | 0 | 0 | 1 | 0 |
| 0 | 0 | 1 | 0 | 0 | 0 | 1 | 1 |
| 0 | 0 | 1 | 1 | 0 | 1 | 0 | 0 |
| 0 | 1 | 0 | 0 | 0 | 1 | 0 | 1 |
| 0 | 1 | 0 | 1 | 0 | 1 | 1 | 0 |
| 0 | 1 | 1 | 0 | 0 | 1 | 1 | 1 |
| 0 | 1 | 1 | 1 | 1 | 0 | 0 | 0 |
| 1 | 0 | 0 | 0 | 1 | 0 | 0 | 1 |
| 1 | 0 | 0 | 1 | 1 | 0 | 1 | 0 |
| 1 | 0 | 1 | 0 | 1 | 0 | 1 | 1 |
| 1 | 0 | 1 | 1 | 1 | 1 | 0 | 0 |
| 1 | 1 | 0 | 0 | 1 | 1 | 0 | 1 |
| 1 | 1 | 0 | 1 | 1 | 1 | 1 | 0 |
| 1 | 1 | 1 | 0 | 1 | 1 | 1 | 1 |
| 1 | 1 | 1 | 1 | 0 | 0 | 0 | 0 |

(a)

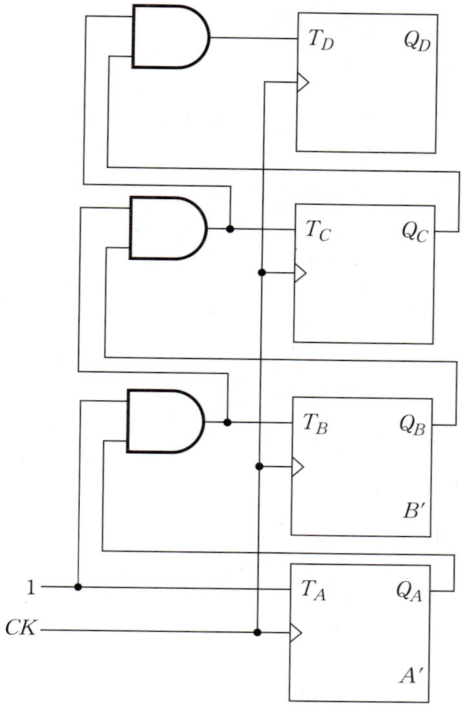


(b)

I 그림 10.9 동기식 4비트 2진 카운터 상태표와 회로

4비트 2진 카운터는 MOD-16 카운터로 동작하기 때문에 출력값이 0부터 15까지 나타나게 된다. 이 회로의 각 출력에서의 파형은 [그림 10.10]과 같이 주기가 2배, 4배, 8배, 16배가 되는 신호가 나와서 4가지의 주파수 분주기(frequency divider)로도 사용할 수 있다. MOD-N 카운터 경우에 Divide-by-N 카운터로 동작하는데 $1/N$ 주파수 분주기(frequency divider)로 불리기도 한다.

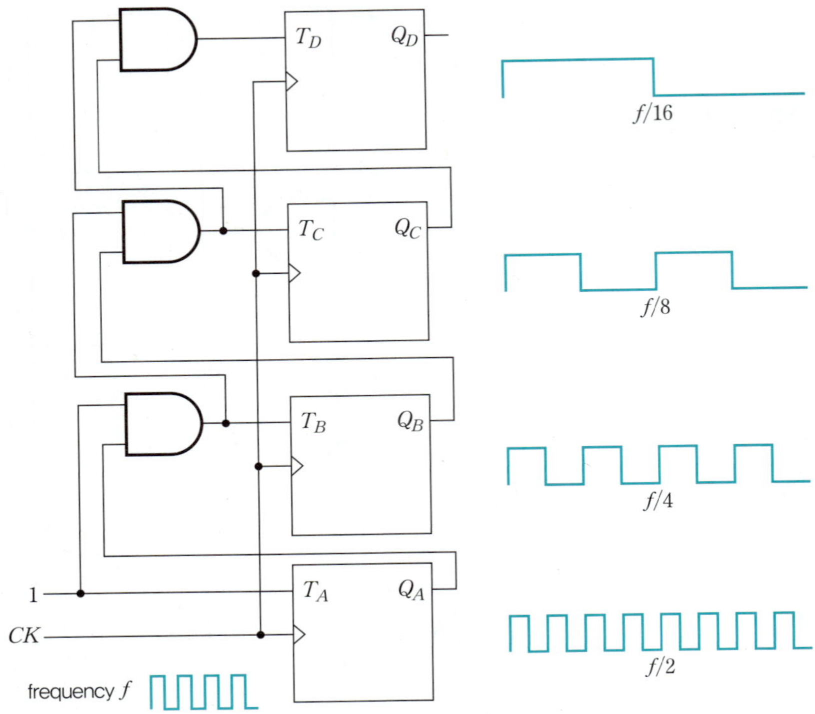


| 그림 10.10 주파수 분주기

### ● 표준 칩 동기식 카운터

표준 칩 중에 다음과 같은 동기식 카운터들에 대하여 알아보도록 하자.

> 74160 MOD−10 카운터, 동기 적재, 비동기 클리어
> 74162 MOD−10 카운터, 동기 적재, 동기 클리어
> 74161 MOD−16 2진 카운터, 동기 적재, 비동기 클리어
> 74163 MOD−16 2진 카운터, 동기 적재, 동기 클리어

4가지 모두 핀 배치가 같고, 동기식 적재기능이 있고, 활성화 입력($ENP$, $ENT$)이 두 개가 있는 카운터이다. 74160과 74162는 MOD−10 카운터이고, 74161과 74163은 MOD−16 카운터이다. 그리고 74160과 74161은 클리어 입력이 비동기식으로 동작하고, 74162와 74163은 클리어 입력이 클럭에 동기되어 동작한다. [그림 10.11(b)]는 74163(74162)에 대한 동작을 나타내는 표로서 $CLR'$=0이면 클럭의 상향 에지에서 카운터가 0으로 클리어 되는 것을 나타내고 있다. 나머지 부분은 74161(74160)과 똑같이 동작한다.

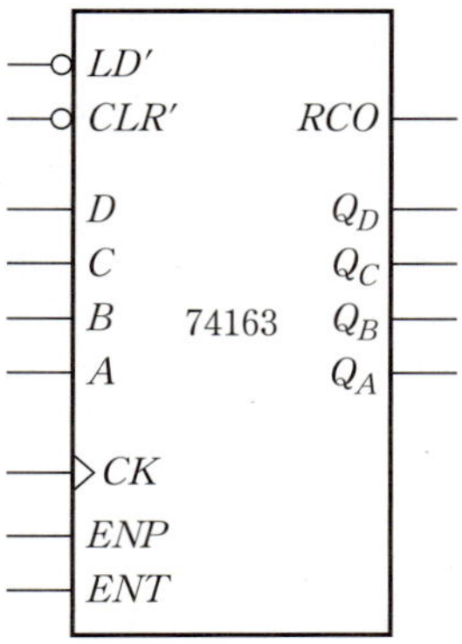


(a)

| CLR′ | LD′ | ENP | ENT | CK | function |
|---|---|---|---|---|---|
| 0 | X | X | X | ↑ | Clear |
| 1 | 0 | X | X | ↑ | Load($[D-A]\rightarrow[Q_D-Q_A]$) |
| 1 | 1 | 1 | 1 | ↑ | Count |
| 1 | 1 | 0 | 1 | ↑ | No Change |
| 1 | 1 | 1 | 0 | ↑ | No Change |

(b)

ㅣ그림 10.11 74163(74162) 카운터 블록도와 동작표

[그림 10.12]은 74163의 타이밍도를 보여주고 있다. $CLR'$=0이면 클럭의 상향 에지에서 $[Q_D-Q_A]$=0000이 된다. $LD'$=0이면 클럭의 상향 에지에서 입력 $[D-A]$이 카운터에 적재되는데, 현재 $[D-A]$는 1101으로 설정되어 있다고 가정하면 $[Q_D-Q_A]$는 1101(13)으로 카운터 초깃값이 설정된다. $ENP$=1, $ENT$=1이면 카운터는 클럭의 상향 에지에서

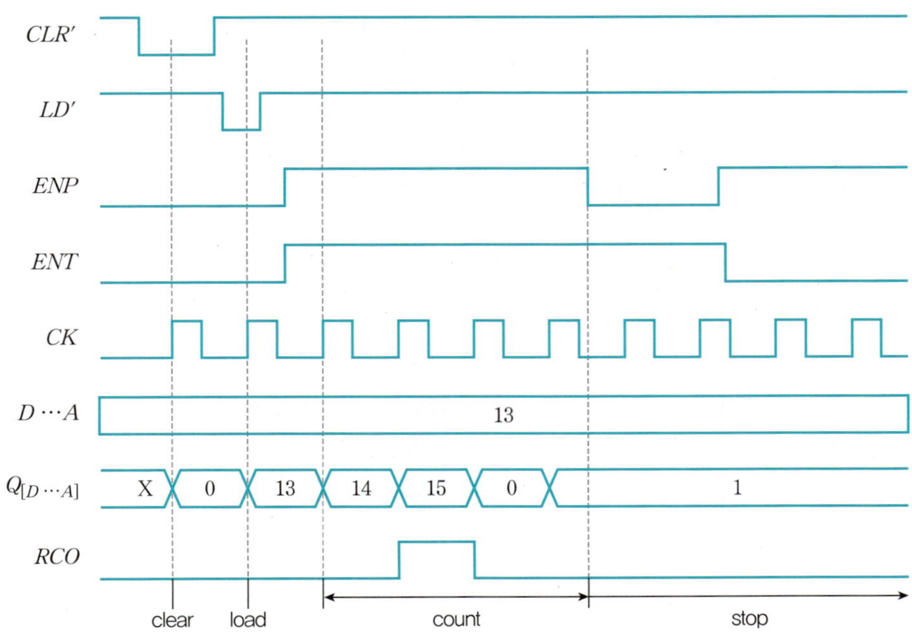


ㅣ그림 10.12 74163 타이밍도

1씩 증가하게 되어 14, 15, 0, 1까지 증가된다. $CLR'$과 $LD'$은 $ENP$와 $ENT$ 신호와 관계없이 동작하기 때문에 $ENP$와 $ENT$는 미리 1이 되어 있어도 상관이 없다. 15가 되면 카운터의 마지막 값을 나타내는 $RCO$(Ripple Carry Output)=1이 출력되고 다음 클럭에서 0으로 되돌아가게 된다. 카운트 값이 1이 된 후에 클럭 상향 에지 전에 $ENP$ 신호가 0이기 때문에 카운터는 동작하지 못하고 멈추어서 현재 상태에 머물고 있는 것을 보여주고 있다.

[그림 10.13]과 같이 74163을 직렬로 연결하여 8비트 2진 카운터를 구성하면 MOD-256까지 가능하게 된다. 그림과 같이 하위 4비트의 $RCO$ 출력이 나올 때마다 상위 4비트에 해당하는 카운터를 활성화하기 위하여 $RCO$ 출력을 상위 4비트에 대한 $ENP$, $ENT$에 연결해서 동작시키면 된다. 즉, 16 클럭 주기마다 $RCO$ 출력이 발생하고, 그 다음 클럭 에지에서 상위 4비트는 1이 증가하게 되고, 하위 4비트는 0으로 되돌아간다.

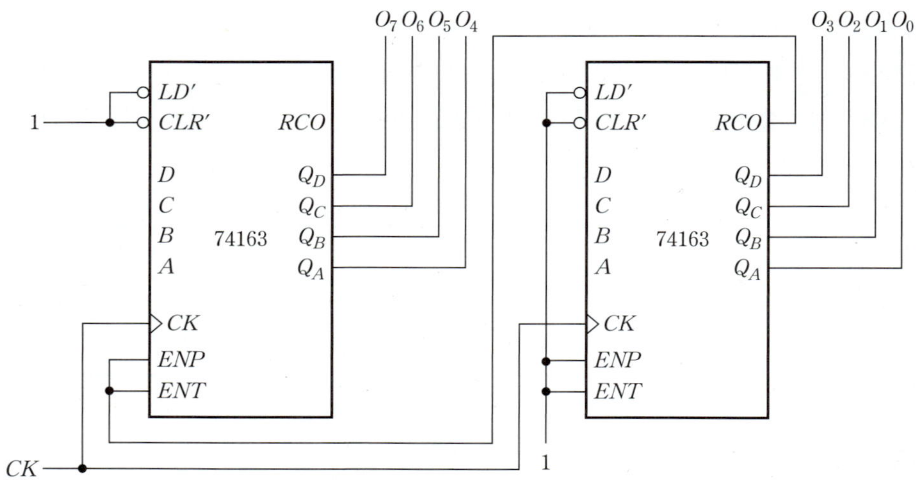


| 그림 10.13 8비트 2진 카운터

74162의 경우는 MOD-10 카운터이기 때문에 $[Q_D-Q_A]$=1001(9)일 때 $RCO$=1이 되는 것 외에 74163과 똑같이 동작한다. 따라서 74163을 74162 칩으로 대체하면 00부터 99까지 카운트할 수 있는 두 자리 BCD 카운터를 쉽게 구현할 수 있다.

**예제 10.2** 표준 칩 74163을 이용하여 7-15를 반복하는 카운터 회로와 타이밍도를 나타내라.

[그림 10.14]와 같이 15일 때 출력하는 $RCO$ 신호를 반전하여 $LD'$ 신호와 연결하면 출력이 15가 되면 $RCO=1$인 출력이 만들어져서 그 다음 클럭에서 입력 $[D-A]$ 신호인 0111(7)이 카운터 내의 플립플롭에 적재되어 7에서 시작하게 되고, 그 다음 클럭에서 8로 증가하게 된다. $CLR'=1$로 두어 클리어 입력은 사용하지 않고 활성화 입력 $ENP=1$, $ENT=1$로 하여 항상 활성화되도록 하였다.

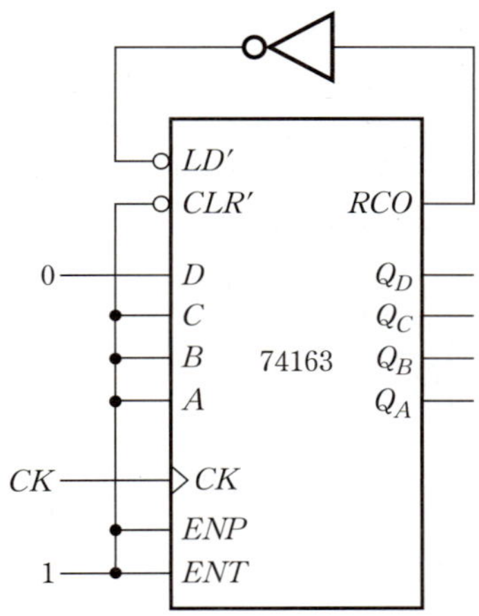


| 그림 10.14 7-15를 반복하는 카운터

[그림 10.15]는 7-15를 반복하는 카운터의 한 주기 동안의 타이밍도를 보여주고 있다. 카운트 15에서 $LD'$ 신호가 발생하여 그 다음 클럭의 상승 에지에서 적재되어 7로 초기화 되는 것을 보여주고 있다.

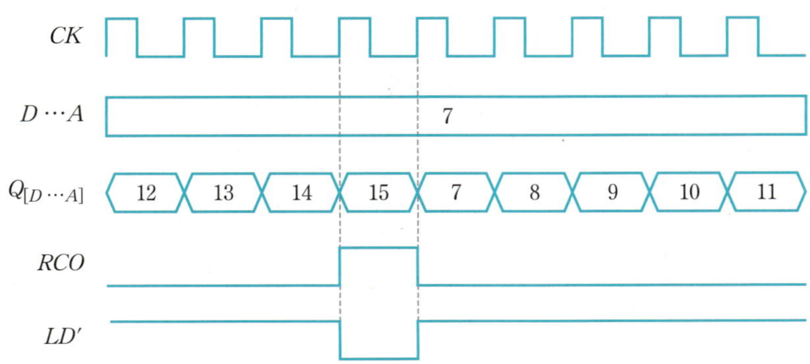


| 그림 10.15 7-15를 반복하는 카운터의 타이밍도

**예제 10.3** 표준 칩 74163 두 개를 사용하여 MOD-200 카운터를 설계하라.

MOD-200 카운터는 0부터 199까지 반복하는 카운터이기 때문에 199가 되면 클리어 신호를 만들어 그 다음 클럭 때 0이 되게 해야 한다. $199_{10} = 1100\ 0111_2$이므로 상위 두 비트 $O_7O_6$=11이고 하위 세 비트 $O_2O_1O_0$=111이 될 때 $CLR'$=0인 신호를 만들어 $CLR'$에 연결하면 된다.

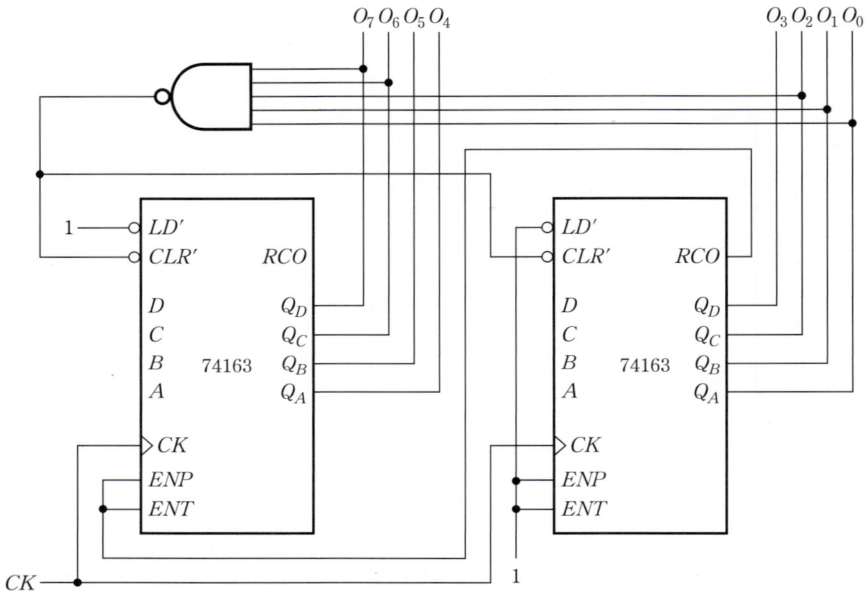


| 그림 10.16 MOD-200 카운터

**예제 10.4** 표준 칩 74162 MOD-10 카운터 2개를 사용하여 두 자리 BCD 코드 00부터 59까지 나타낼 수 있는 BCD 카운터를 설계하라.

59가 되면 그 다음 클럭에서 0이 되도록 하기 위해 상위 4비트 출력이 5(0101)이고 하위 4비트는 9(1001)를 검출하여 클리어 신호를 발생하면 된다. 하위 4비트의 경우에 9(1001)가 되면 *RCO* 출력이 발생하므로 이 신호를 이용하면 편리하다.

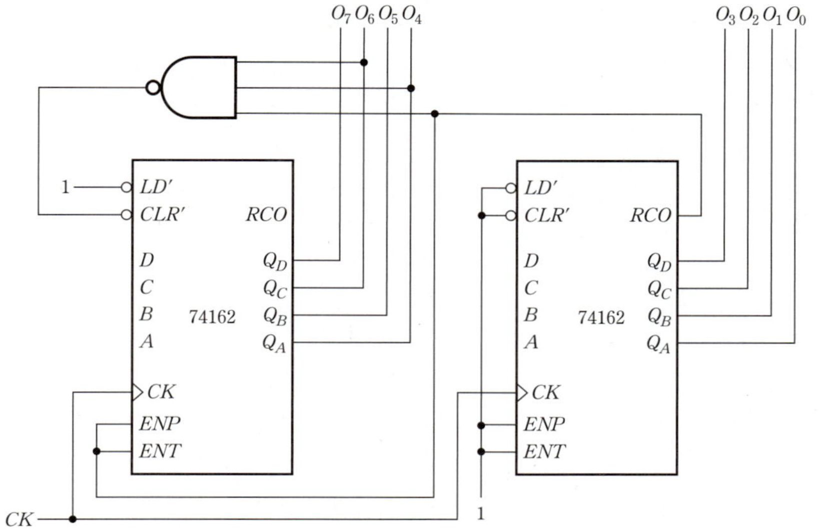


ǀ 그림 10.17 MOD–60 BCD 카운터

[그림 10.17]과 같이 3입력 NAND 게이트를 이용하여 클리어 신호를 만들어 $CLR'$에 연결하였다. 이 경우에 하위 4비트는 9 다음에 0으로 되기 때문에 클리어할 필요가 없어서 상위 4비트에 대한 카운터만 클리어해도 된다.

## 10.3 시프트 레지스터

시프트 레지스터(shift register)는 [그림 10.18]과 같이 플립플롭들을 직렬로 연결한 것으로 매 클럭마다 입력 $SI$의 신호가 1비트씩 옆으로 시프트되어 전달된다. [그림 10.19]는 0000으로 초기화된 시프트 레지스터에 1011의 데이터가 입력 $SI$로 들어올 때의 타이밍도를 보여주고 있다. 즉, $n$비트 시프트 레지스터는 입력신호를 $n$비트 지연시키는 역할을 할 수 있음을 보여주고 있다.

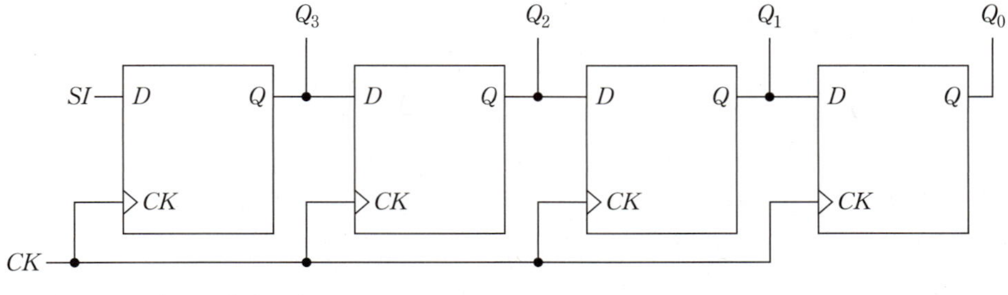


ǀ 그림 10.18 시프트 레지스터

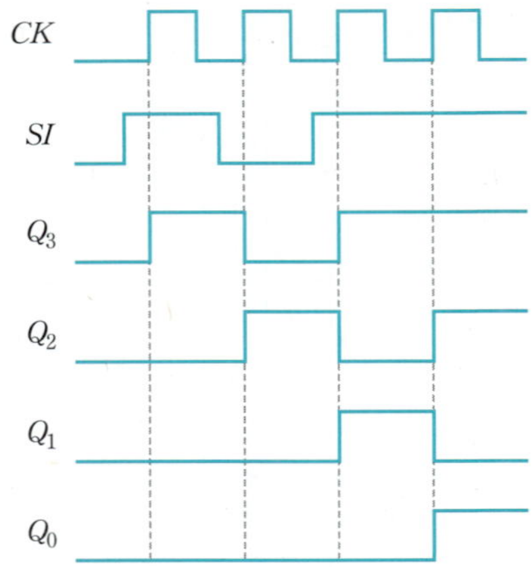


| 그림 10.19 시프트 타이밍도

그러나 매 클럭마다 시프트 동작이 계속되면 입력된 데이터가 결국 없어지기 때문에 시프트 동작을 제어할 수 있는 형태가 필요한 경우가 있다. 즉, 제어 입력 $SHR$=1이면 시프트 동작이 일어나고, $SHR$=0이면 값이 저장 상태로 있도록 하는 것이다. [그림 7.46(a)]와 같이 플립플롭 입력에 2-to-1 멀티플렉서를 추가된 모듈을 [그림 10.20]과 같이 직렬로 연결하고 제어 입력 $SHR$을 공통으로 2-to-1 멀티플렉서 선택 신호에 연결하면 된다.

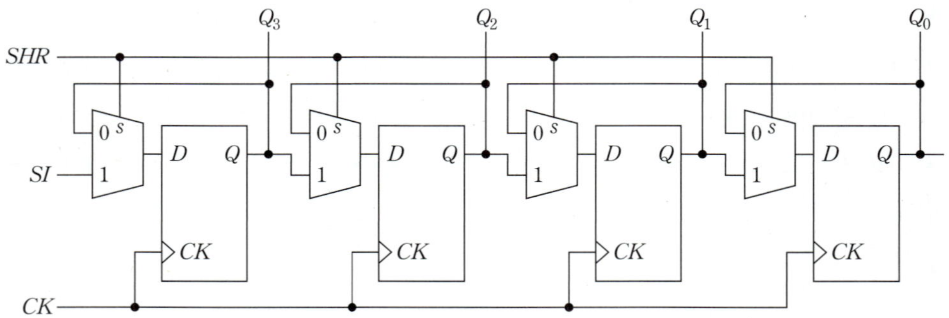


| 그림 10.20 제어 입력이 있는 시프트 레지스터

표준 칩으로 제공되는 여러 가지 시프트 레지스터에 대하여 알아보기로 하자.

74164 직렬 입력/병렬 출력(serial in/parallel put) 시프트 레지스터
74166 병렬 입력/직렬 출력(parallel in/serial out) 시프트 레지스터
74194 다기능 시프트 레지스터, 양방향 시프트, 직렬 입력, 병렬 입력

[그림 10.21]이 보여주는 74164는 직렬 입력/병렬 출력 기능이 있는 시프트 레지스터이다. 시프트 레지스터 내의 모든 플립플롭 출력들이 핀으로 연결되어 있어 직렬 데이터를 병렬 데이터로 변환이 필요한 경우에 적합한 모듈이다.

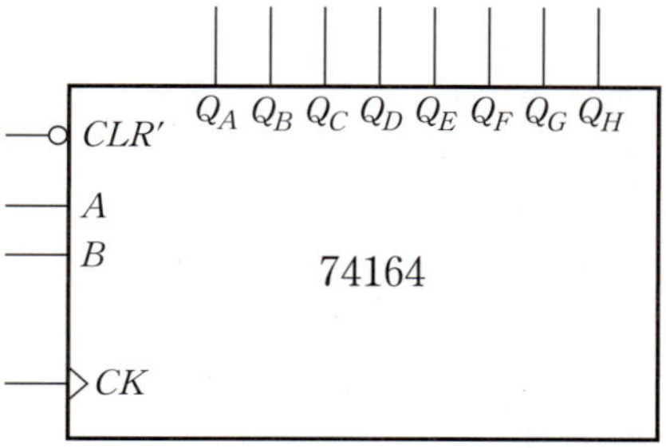


(a)

| $CLR'$ | $A$ | $B$ | $CK$ | $Q_A$ | $Q_A-Q_H$ | function |
|---|---|---|---|---|---|---|
| 0 | X | X | X | 0 | 0−0 | Clear |
| 1 | 0 | 0 | ↑ | 0 | $Q_A-Q_G$ | Shift in 0 |
| 1 | 0 | 1 | ↑ | 0 | $Q_A-Q_G$ | Shift in 0 |
| 1 | 1 | 0 | ↑ | 0 | $Q_A-Q_G$ | Shift in 0 |
| 1 | 1 | 1 | ↑ | 1 | $Q_A-Q_G$ | Shift in 1 |

(b)

| 그림 10.21 직렬 입력/병렬 출력 시프트 레지스터

$CLR'=0$이면 비동기로 클리어 동작이 일어나고, $CLR'=1$이면 클럭의 상승 에지에서 시프트 동작이 발생한다. [그림 10.22]는 74164의 회로인데 직렬 입력은 두 개의 입력 $A$와 $B$를 통하여 전달된다. $A$와 $B$는 AND 게이트 통하여 플립플롭으로 전달되도록 되어 있어 하나는 제어 입력, 나머지 하나는 데이터 입력으로 사용할 수 있도록 되어 있다. 즉, 제어 입력이 1일 때만 데이터를 입력시키고, 제어 입력이 0이면 0이 들어가도록 할 수 있는 구조이다.

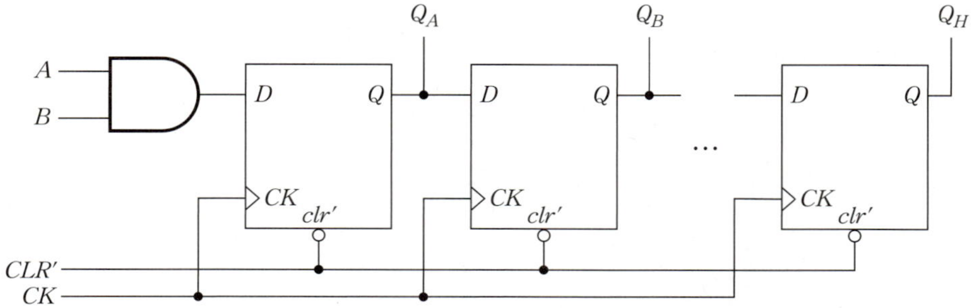


| 그림 10.22 74164 회로

**예제 10.5** 데이터 입력 중에 101010 또는 010101 패턴이 들어오면 출력 $y=1$이 되는 Mealy 모델 회로를 74164를 사용하여 설계하라.

6비트에 대한 두 가지 패턴 검출을 위해서 시프트 레지스터에 저장되어 있는 최근에 입력된 5비트와 현재 입력신호 $x$를 이용하면 된다. 8비트의 시프트 레지스터에서 나머지 3 비트 출력은 사용할 필요가 없다. [그림 10.23]과 같이 입력신호 $x$를 입력 $B$에 연결하고 또 하나의 입력 $A$는 1에 연결하여 항상 입력신호 $x$를 시프트 레지스터에 입력되도록 한다. $CLR'$ 입력은 클리어 동작을 할 필요가 없기 때문에 1에 연결한다.
두 개의 6입력 AND 게이트를 사용하여 101010 패턴과 010101 패턴을 검출하면 된다.

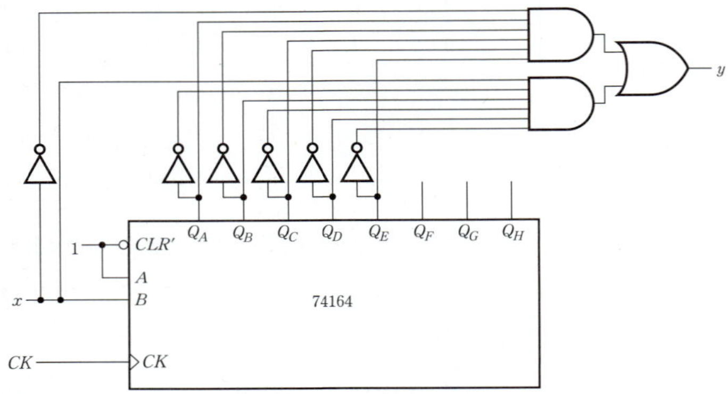


| 그림 10.23 패턴 101010과 010101 검출하는 Mealy 모델 회로

참고로 Moore 모델의 회로로 변경하기 위해서는 입력신호 $x$ 또는 $x'$를 직접 AND 게이트에 입력하여 체크하지 않고 [그림 10.24]와 같이 시프트 레지스터에 입력된 신호들만을 사용하여 체크하도록 하면 된다. 앞 회로와 다른 점은 출력이 한 클럭 지연되어 나타나게 되고 클럭에 동기된 출력을 얻을 수 있다는 것이다.

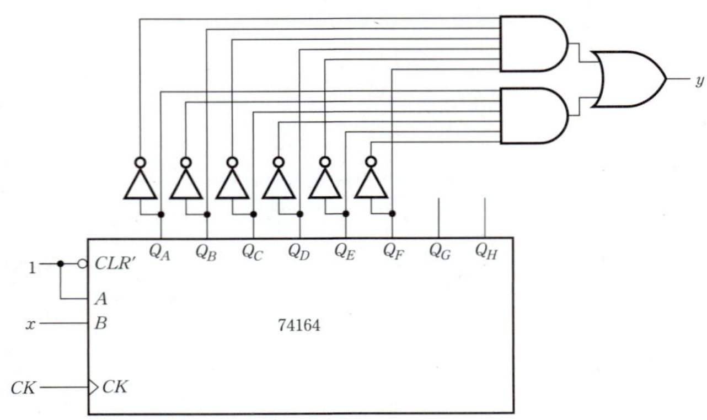


| 그림 10.24 패턴 101010과 010101 검출하는 Moore 모델 회로

[그림 10.25]에 보여주는 74166은 병렬 입력/직렬 출력 기능이 있는 시프트 레지스터이다. 병렬로 데이터를 적재할 수 있는 기능의 시프트 레지스터로서 병렬 입력 $A$, $B$, ⋯, $H$에서 적재할 수 있는 플립플롭 $Q_A$, $Q_B$, ⋯, $Q_H$가 시프트 동작을 위해 연결되어 있고, 직렬 출력을 위한 마지막 플립플롭 $Q_H$ 출력만이 핀으로 연결되어 있다. 병렬 데이터를 직렬 데이터로 변환이 필요한 경우에 적합한 모듈이다.

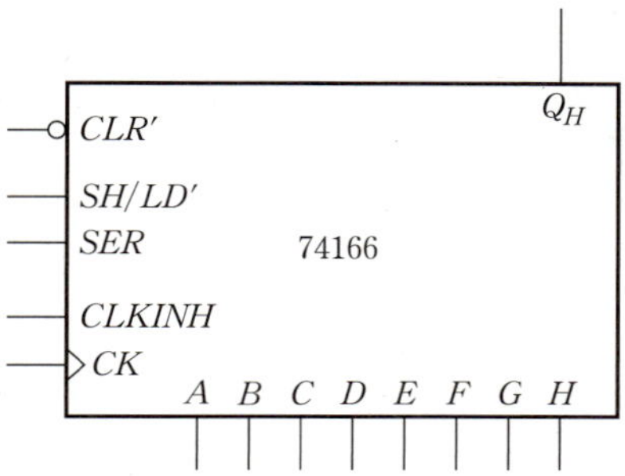


(a)

| *CLR′* | *SH/LD′* | *CLKINH* | *CK* | *SER* | $Q_H$ | function |
|---|---|---|---|---|---|---|
| 0 | X | X | X | X | 0 | clear |
| 1 | 0 | 0 | ↑ | X | $H$ | load |
| 1 | 1 | 0 | ↑ | 0 | $Q_G$ | Shift(0) |
| 1 | 1 | 0 | ↑ | 1 | $Q_G$ | Shift(1) |
| 1 | X | 1 | ↑ | X | $Q_H$ | hold |

(b)

| 그림 10.25 병렬 입력/직렬 출력 시프트 레지스터

[그림 10.26]은 74166의 내부 회로를 보여주고 있다. *CLR′*은 active low의 비동기 클리어 입력이다. *SH/LD′*=0이면 클럭의 상승 에지에서 병렬 입력 $A$, $B$, ⋯, $H$ 데이터가 2-to-1 멀티플렉서를 통하여 8개 플립플롭에 적재된다. *SH/LD′*=1이면 클럭의 상승 에지에서 앞 단의 플립플롭 출력들이 2-to-1 멀티플렉서를 통하여 $D$ 입력으로 연결되어 시프트 동작이 일어난다. 즉, 직렬 입력 *SER*이 첫 번째 플립플롭 $Q_A$에 전달되고, $Q_A$는 $Q_B$로, ⋯, $Q_G$는 $Q_H$로 전달된다. 74165는 74166과 입출력 핀이 똑같은 병렬 입력/직렬 출력 시프트 레지스터인데, 74165는 비동기식 적재라는 점이 다르다.

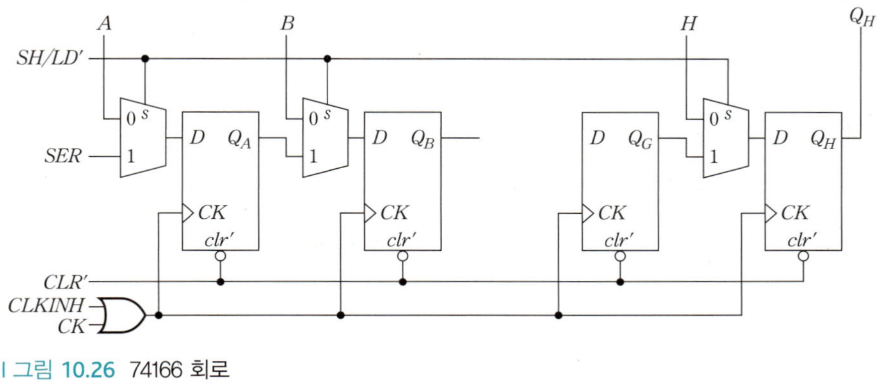


| 그림 10.26 74166 회로

디지털 시스템 간의 통신에서 전송선을 줄이기 위하여 직렬 통신을 많이 사용한다. 74164와 74166은 두 송수신 모듈 간에 직렬 전송을 하기 위한 응용에 적합한 칩이다. 송신 모듈에서 전송할 데이터를 병렬 입력/직렬 출력 시프트 레지스터인 74166을 통하여 직렬로 전송하면 수신 모듈은 직렬 입력/병렬 출력 시프트 레지스터인 74164를 통하여 직렬 데이터를 수신한 후에 병렬 데이터로 변환하여 사용하게 된다.

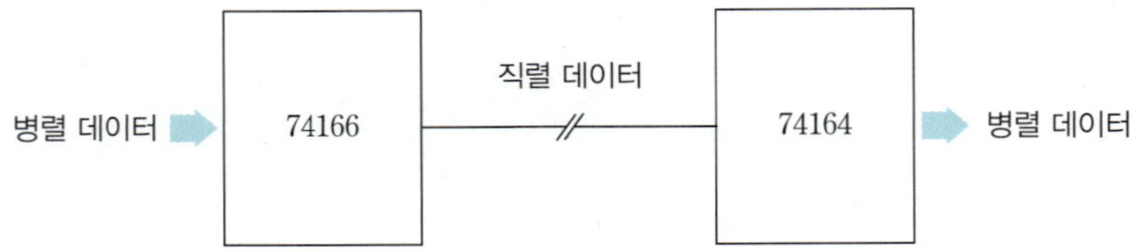


ㅣ그림 10.27 직렬 전송을 위한 시프트 레지스터

마지막으로 4비트의 양방향 시프트 및 병렬 적재가 가능한 74194에 대하여 알아보자. [그림 10.28]에서 보여주는 74194의 *CLR'*은 active low의 비동기 클리어 입력이다. 동작 모드를 선택하는 $s_1s_0$ 입력은 유지(hold), 오른쪽 시프트(shift right), 왼쪽 시프트(shift left), 적재(load) 동작 중에 하나를 선택한다. SRSI 입력은 오른쪽 시프트 동작이 일어날 때에 입력되는 신호선이고, *SLSI* 입력은 왼쪽 시프트 동작이 일어날 때에 입력되는 신호선이다.

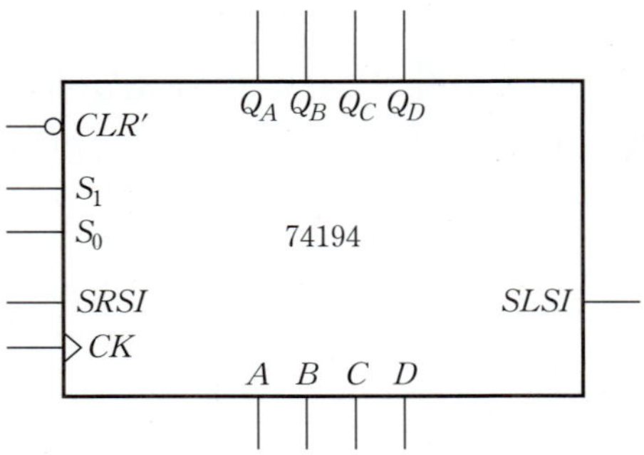


(a)

| *CLR'* | $S_1$ | $S_1$ | *CK* | $Q_AQ_BQ_CQ_D$ | function |
|---|---|---|---|---|---|
| 0 | X | X | X | 0 0 0 0 | clear |
| 1 | 0 | 0 | ↑ | $Q_A$ $Q_B$ $Q_C$ $Q_D$ | Hold |
| 1 | 0 | 1 | ↑ | *SRSI* $Q_A$ $Q_B$ $Q_C$ | Shift right |
| 1 | 1 | 0 | ↑ | $Q_B$ $Q_C$ $Q_D$ *SLSI* | Shift left |
| 1 | 1 | 1 | ↑ | *A* *B* *C* *D* | Load |

(b)

ㅣ그림 10.28 다기능 양방향 시프트 레지스터

## 10.4 시프트 레지스터 카운터

시프트 레지스터는 직렬 데이터 처리하는 응용에 적합한 모듈이지만 카운터와 같은 상태 기계로 사용할 수도 있다. 앞에서 다룬 다양한 카운터와 같이 카운터 출력값이 증가하거나 감소하는 등의 동작을 하지 않지만 일정한 패턴의 출력을 반복하는 카운터로 간단한 타이밍 신호를 만드는데 적합한 모듈이다.

### (1) 링 카운터(Ring counter)

링 카운터는 시프트 레지스터의 출력을 입력에 연결하여 순환 시프트(circular shift) 동작이 일어나게 함으로써 $n$개의 상태를 반복하는 가장 간단한 카운터이다. [그림 10.29(a)]는 4비트 시프트 레지스터를 사용한 링 카운터 회로를 보여주고 있는데 시프트 레지스터의 직렬 출력이 직렬 입력에 feedback되어 연결되어 있다. $n$개의 플립플롭으로 이루어진 시프트 레지스터에서 하나의 플립플롭만 1이고 나머지 전부가 0인 상태로 동작하는 one–hot 인코딩 방식으로 상태할당이 되었다. 링 카운터로 동작하기 위하여 one–hot 인코딩으로 초기화한 후에 [그림 10.29(b)]의 상태도와 같이 순환 시프트(circular shift) 동작이 일어나게 된다.

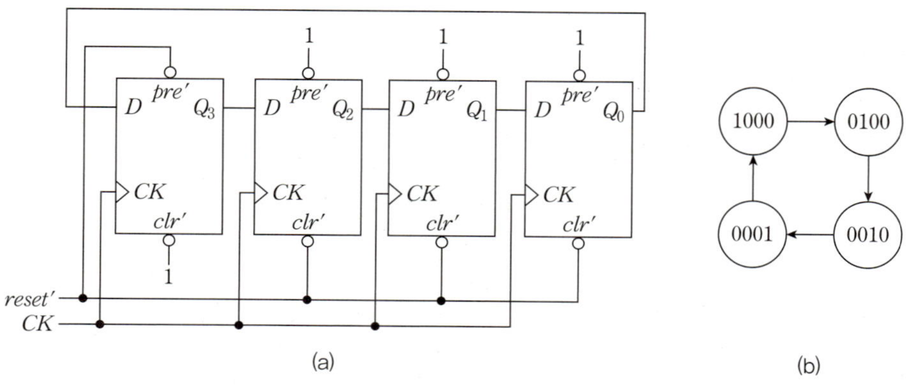


ㅣ그림 10.29 4비트 링 카운터와 순환 시프트 동작

[그림 10.30]은 4비트 링 카운터의 타이밍도를 보여주고 있다. *reset'*=0이면 첫 번째 플립플롭은 1, 나머지 플립플롭들은 0으로 초기화된다. *reset'*=1이면 매 클럭마다 1비트씩 순환 시프트 동작이 일어나게 된다.

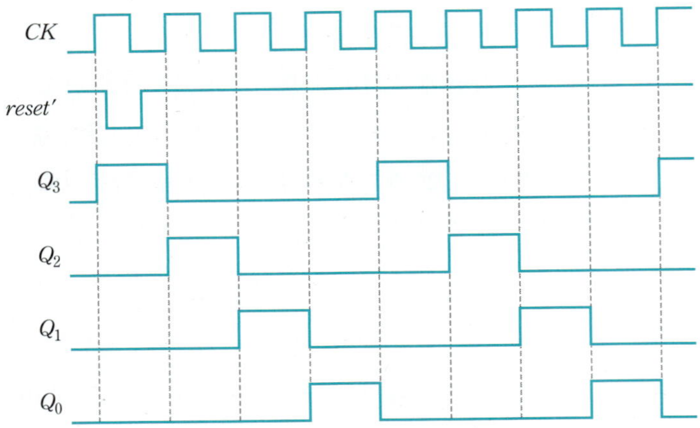


| 그림 10.30 4비트 링 카운터 타이밍도

2진 카운터의 경우에 $n$개의 플립플롭으로 $2^n$개의 상태를 나타낼 수 있는 것에 비하여 링 카운터는 단지 $n$개의 상태만 나타낼 수 있어 비경제적이다. 그리고 플립플롭 중의 하나는 1로 초기화되는 것이 필요하고, 동작하다가 잡음에 의해 플립플롭 하나의 출력이 반전되는 경우에 시스템 리셋이 필요하게 된다.

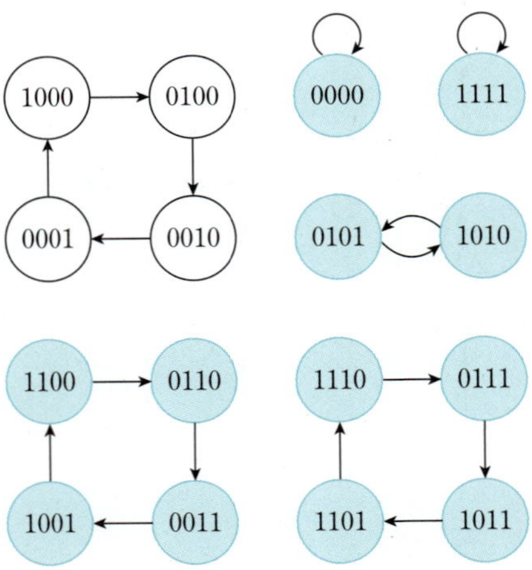


| 그림 10.31 4비트 링 카운터 회로의 상태도

[그림 10.31]은 4비트 링 카운터의 회로에 대한 상태도이다. 초기화하지 않거나, 잡음에 의해 음영 처리된 상태에 들어가게 되면 해당 사이클에서 빠져나오지 못하여 링 카운터로 동작하지 못하게 된다. 이런 경우를 방지하기 위하여 [그림 10.32]와 같이 시프트레지

스터 출력을 feedback하지 않고 자체 수정할 수 있는 신호를 만들어 시프트 레지스터의 직렬 입력에 연결하면 자체 수정(self-correcting) 가능한 링 카운터 회로가 된다. 이 회로에 대한 상태도는 연습문제로 남겨둔다.

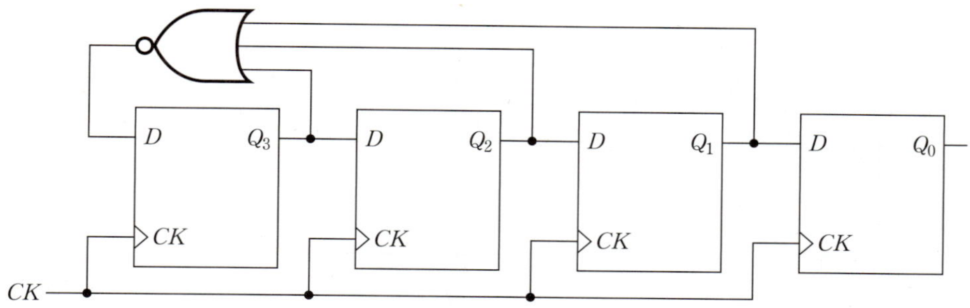


| 그림 10.32 자체 수정(self correcting) 링 카운터

### (2) 존슨 카운터(Johnson counter)

링 카운터의 일종인 존슨 카운터는 시프트 레지스터의 반전한 출력을 입력에 연결하여 순환 시프트(circular shift) 동작이 일어나게 함으로써 $2n$개의 상태를 반복하는 카운터이다. 출력을 반전해서 입력에 연결했기 때문에 뫼비우스(Moebius) 카운터 또는 꼬인 링(twisted ring) 카운터라고도 한다. [그림 10.33]은 4비트의 시프트 레지스터를 사용한 존슨 카운터 회로도와 카운트 동작을 보여주고 있다.

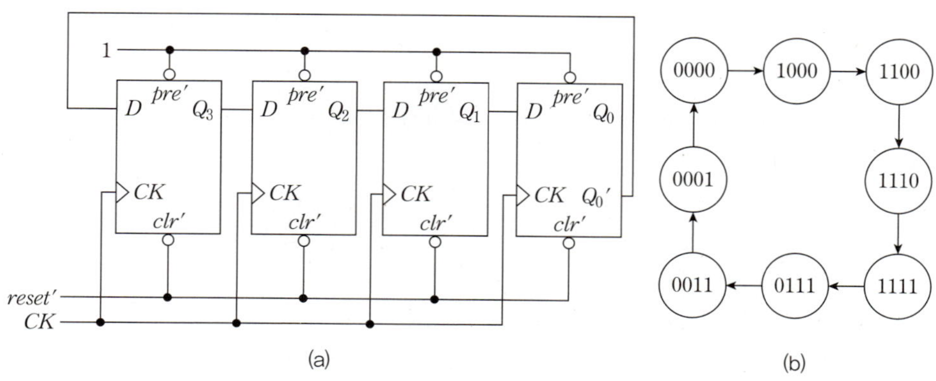


| 그림 10.33 4비트 존슨 카운터와 동작

[그림 10.34]는 4비트 존슨 카운터의 타이밍도를 보여주고 있다. $reset'=0$이면 플립플롭

들은 0으로 초기화되고, *reset'*=1이면 매 클럭마다 1비트씩 순환 시프트 동작이 일어나게 된다. $Q_0'$이 첫 번째 플립플롭 $Q_3$로 들어오기 때문에 처음 4 클럭 주기 동안 $Q_3$로 1이 들어가고 다음 4 클럭 주기 동안 0이 들어가게 된다. 같은 수의 플립플롭을 사용할 때 나타낼 수 있는 상태 수가 링 카운터와 비교하여 2배가 된다.

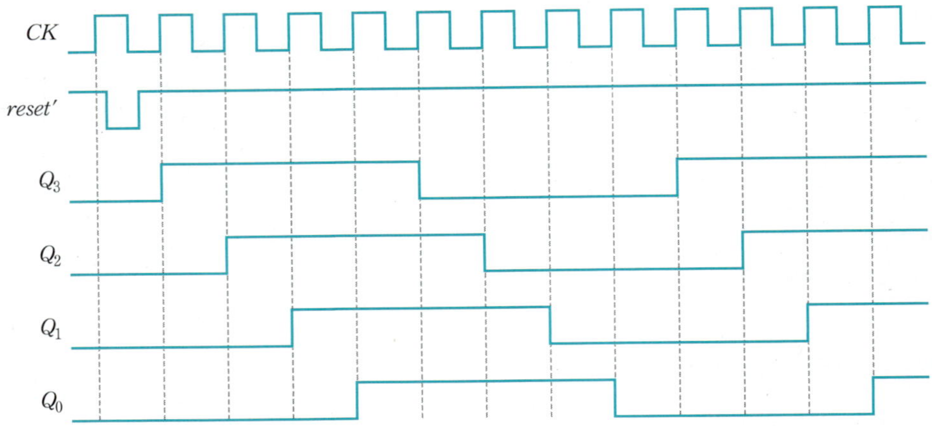


| 그림 10.34 4비트 존슨 카운터 타이밍도

[그림 10.35]는 4비트 존슨 카운터 회로에 대한 상태도이다. 초기화하지 않거나, 잡음에 의해 음영 처리된 상태에 들어가게 되면 해당 사이클에서 빠져나오지 못하여 존슨 카운터로 동작하지 못하게 된다. 여러 가지 자체 수정(self-correcting) 가능한 존슨 카운터 회로가 있는데 연습문제로 남겨둔다.

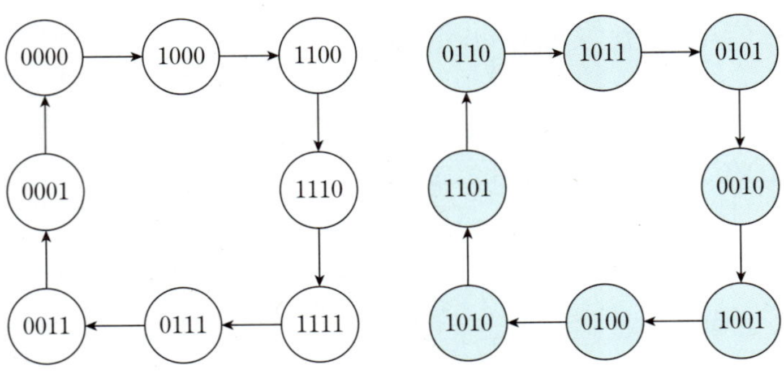


| 그림 10.35 4비트 존슨 카운터 회로의 상태도

## 10.5 직렬가산기

5장의 조합회로 모듈 설계에서 전가산기 모듈 $n$개를 연속으로 연결하여 $n$비트 리플 캐리 가산기를 구성하는 방법을 설명하였다. 리플 캐리 가산기는 두 개의 $n$비트 데이터에 대한 합을 구하는 조합회로로서 입력 데이터가 준비되면 LSB에 해당하는 전가산기 모듈의 캐리 비트가 상위 비트 쪽으로 전파되면서 계산이 완료되는 병렬가산기라고도 한다.

직렬가산기는 두 개의 $n$비트 시프트 레지스스트, 한 개의 전가산기 모듈과 상위 비트 쪽으로 전파할 캐리 정보를 저장할 한 개의 플립플롭을 사용하여 구성할 수가 있다. $n$비트 데이터에 대한 덧셈은 LSB에서 시작하여 $n$ 클럭 동안 진행이 되는데 데이터 입력과 출력용으로 $n$비트 시프트 레지스터를 사용하는 것이 적합하다. [그림 10.36]과 같이 시프트 레지스터 $A$와 $B$의 직렬 출력 $SO$는 전가산기의 데이터 입력선 $a$와 $b$에 각각 연결되었고, 캐리 정보를 저장하는 D 플립플롭 출력은 전가산기의 캐리 입력 $c_i$에 연결되어있다. 전가산기의 합 비트 출력 $s$는 시프트 레지스터 $A$의 직렬 입력 $SI$에, 그리고 전가산기 캐리 출력 $c_o$는 D 플립플롭 입력에 연결되어 있어 현재 비트에 대한 계산 결과가 다음 클럭 에지에서 저장된다.

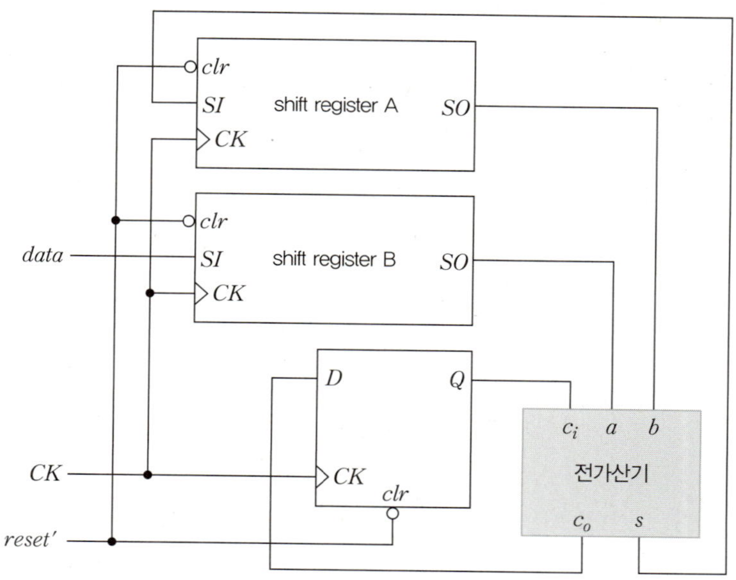


| 그림 10.36 직렬가산기

그림에서 시프트 레지스터 $A$는 누산기(accumulator) 역할을 하는 것으로 시프트 레지스터 $B$의 내용과 더한 결과가 시프트 레지스터 $A$에 다시 저장된다. 직렬가산기에서 덧셈과정은 다음과 같은 단계로 진행된다.

1. 시프트 레지스터 $A$와 $B$, 그리고 D 플립플롭을 초기화하여 0으로 만든다.
2. 첫 번째 데이터를 시프트 레지스터 $B$에 $n$ 클럭 동안 입력한다.
3. 두 번째 데이터를 시프트 레지스터 $B$에 $n$ 클럭 동안 입력한다. 동시에 0으로 초기화된 레지스터 $A$ 내용과 더해진 첫 번째 데이터는 전가산기를 통하여 시프트 레지스터 $A$로 들어간다.
4. 0의 데이터를 $n$ 클럭 동안 입력하면 최종 결과가 시프트 레지스터 $A$에 저장된다.

여러 데이터의 총합을 구하는 경우에 4번 단계에서 0의 데이터를 입력하지 않고 더할 데이터를 계속 입력하면 시프트 레지스터 $A$에 누산된 결과가 저장된다. 모든 데이터 입력이 끝나면 마지막에 0의 데이터를 입력하게 되면 최종 결과가 시프트 레지스터 $A$에 저장된다.

## 단원요약

1. 비동기식 카운터는 리플 카운터라고도 하는데 회로가 간단한 장점이 있다.

2. 비동기식 카운터는 공통된 클럭을 사용하지 않기 때문에 플립플롭 출력들의 지연 시간이 다르고 비트 수가 증가하면 지연 시간이 길어져서 높은 주파수에서는 사용하기가 적합하지 않다.

3. 동기식 카운터는 공통된 클럭을 사용하기 때문에 플립플롭 출력들의 지연 시간이 같다.

4. MOD-N 카운터는 divide-by-N 카운터라고도 하는데 0부터 $N-1$까지 상태를 반복한다.

5. 시프트 레지스터는 직렬 데이터를 병렬로, 병렬 데이터를 직렬로 변환하거나 데이터의 타이밍을 클럭 단위로 지연시키는데 적합한 모듈이다.

6. 링 카운터는 시프트 레지스터의 출력을 입력에 feedback 하여 순환 시프트 동작이 일어나는 카운터인데 $n$비트 시프트 레지스터를 사용하면 $n$개의 상태를 반복하게 된다.

7. 존슨 카운터는 시프트 레지스터의 반전한 출력을 입력에 feedback 하여 뫼비우스 카운터, 꼬인 링 카운터라고도 하는데, $n$비트 시프트 레지스터를 사용하면 $2n$개의 상태를 반복하게 된다.

8. 직렬가산기는 두 개의 $n$비트 시프트 레지스터, 한 개의 전가산기 모듈과 상위 비트로 전파할 캐리 정보를 저장할 한 개의 플립플롭을 사용하여 구현할 수 있다.

# 연습문제

**01** [그림 10.1]의 4비트 비동기 카운터는 하강 에지에서 동작하는 플립플롭들로 구성되었다. 상승 에지에서 동작하는 T 플립플롭을 사용하여 4비트 비동기 카운터의 회로를 그리고 타이밍도를 나타내라.

**02** 두 개의 7490 MOD-10(2×5) 카운터를 사용하여 MOD-50 BCD 카운터를 설계하라.

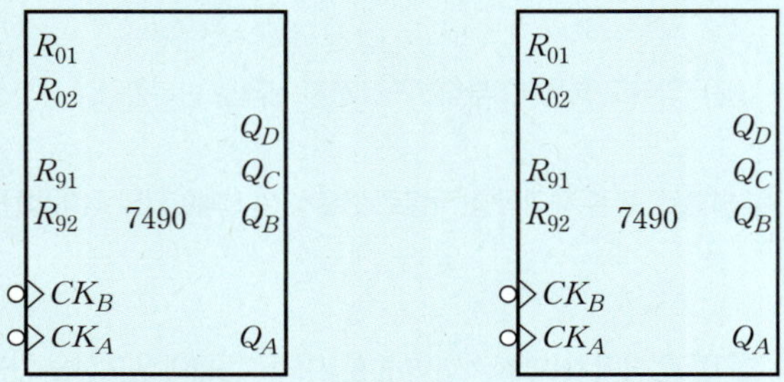


**03** [그림 10.9]의 동기식 4비트 2진 카운터 회로에서 최대 주파수를 나타내는 식을 구하라. 플립플롭의 전파지연 시간은 $t_{FFpd}$, 플립플롭의 준비 시간은 $t_s$, 플립플롭의 유지 시간은 $t_h$, AND 게이트 전파지연 시간은 $t_{Cpd}$로 나타낸다.

**04** [그림 10.9]의 동기식 4비트 2진 카운터 회로에서 최대 주파수가 개선된 회로로 변형하고, 개선된 최대 주파수 식을 구하라.

**05** 표준 칩 74163을 사용하여 excess-3 BCD 카운터를 설계하라.

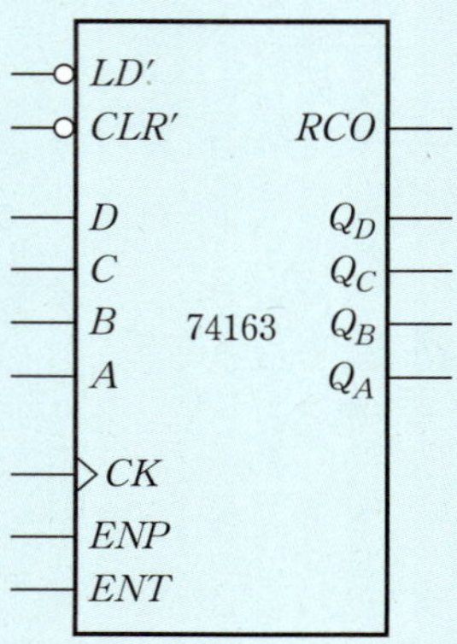

**06** 74163을 사용하여 다음과 같이 200번째 마다 클럭 한주기의 펄스를 출력하는 회로를 설계하라.

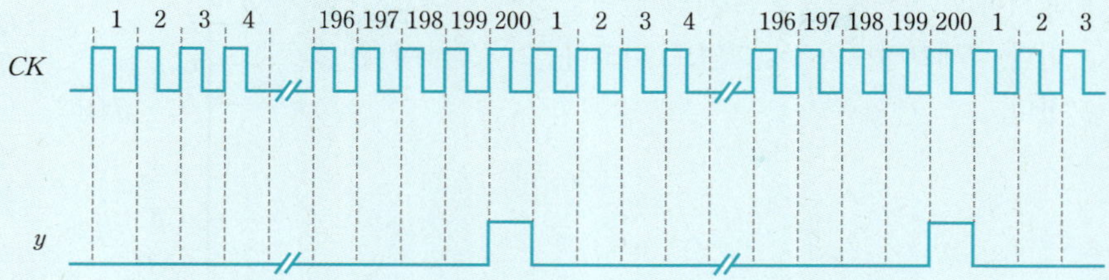


**07** 다음과 같이 입력신호 $x$=1이면, 8클럭 주기 동안 출력 $y$=1이 되는 회로를 설계하라. 입력신호 길이에 관계없이 8클럭 주기 동안만 출력이 되어야 한다.

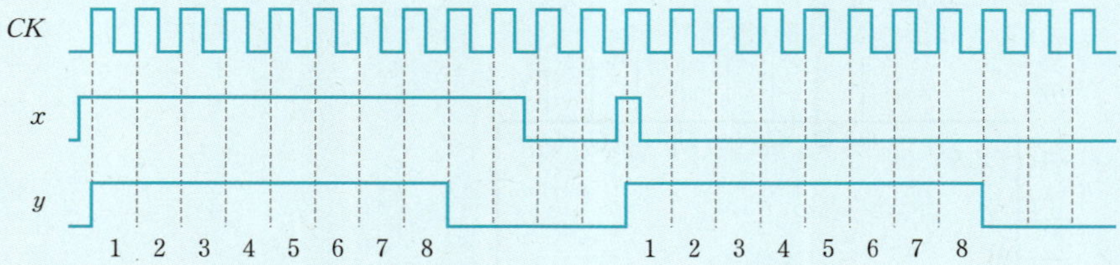


**08** 74163을 사용하여 입력신호 $x$가 적어도 13 클럭 주기 동안 1을 유지하면 출력이 1이 되는 회로를 설계하라. (힌트: 활성화 입력인 $ENP$와 $ENT$를 이용한다.)

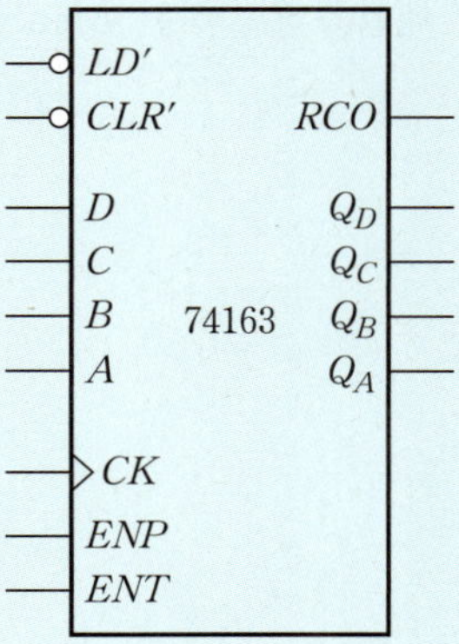


**09** 16kHz 클럭 입력을 사용하여 1Hz 클럭 펄스를 발생하는 회로를 구성하라.

10 74162 동기식 MOD-10 카운터 6개를 사용하여 시, 분, 초를 나타내는 시계를 설계하라. 시간은 0~23까지로 표시하고, 클럭은 1초 주기의 클럭을 사용한다고 가정한다. 7세그먼트와 7세그먼트 디코더를 사용하여 완성한다.

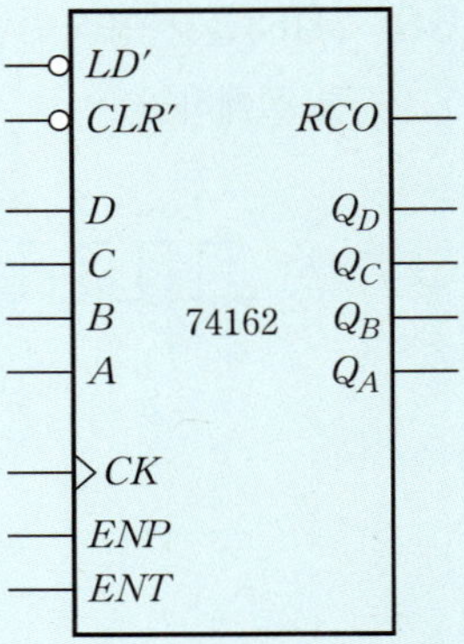


11 74164 시프트 레지스터를 사용하여 11110000 입력 패턴을 검출하는 Moore 모델의 회로를 설계하라.

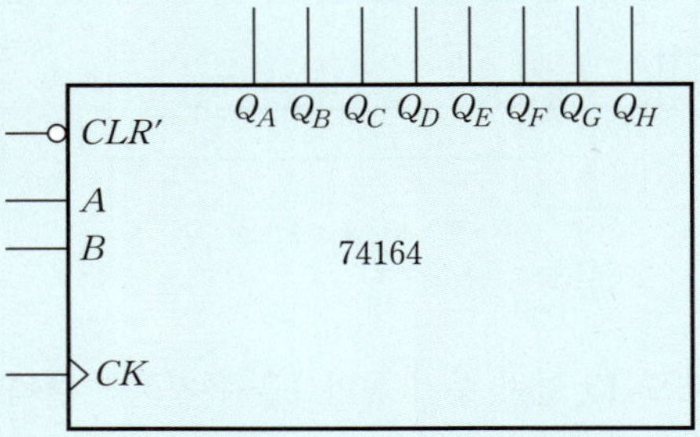


12 74164 시프트 레지스터를 사용하여 111000111 입력 패턴을 검출하는 Mealy 모델의 회로를 설계하라.

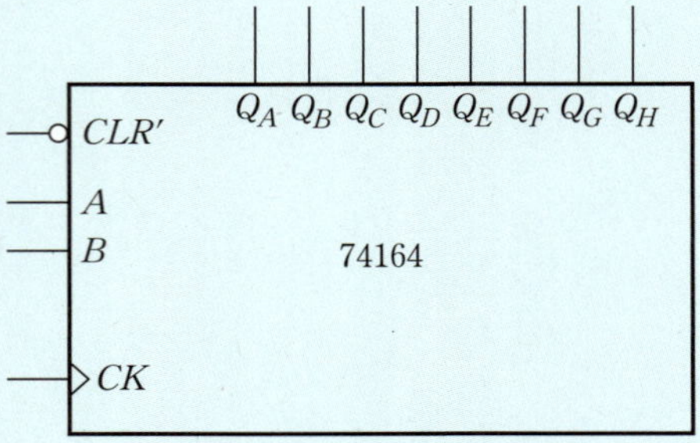


13 1이 연속해서 7번 이상 들어오면 출력이 1이 되는 회로를 최소수의 플립플롭을 사용하여 설계하라.

**14** 입력되는 22번째 클럭마다 클럭 한 주기에 해당하는 펄스를 발생하는 회로를 설계하라.

**15** 4비트 링 카운터는 플립플롭 4개 중에 1이 하나만 존재하도록 one-hot 인코딩된 상태에서 순환 시프트 동작이 일어난다. 만일 잡음 신호에 의하여 플립플롭 하나가 반전되거나 또는 동시에 여러 개가 잘못되어 정상적인 4가지 상태 이외의 값을 나타낼 수가 있다. 이런 경우에 자동으로 정상적인 상태로 돌아갈 수 있는 자체 수정(self correcting) 링 카운터인 [그림 10.32] 회로에 대한 상태도를 만들어 자체 수정됨을 보여라.

**16** 다음 그림에 보이는 것처럼 4비트 존슨 카운터 출력을 디코딩하여 8가지의 타이밍 신호를 만들려고 한다. 존슨 카운터에 대한 디코더를 설계하라.

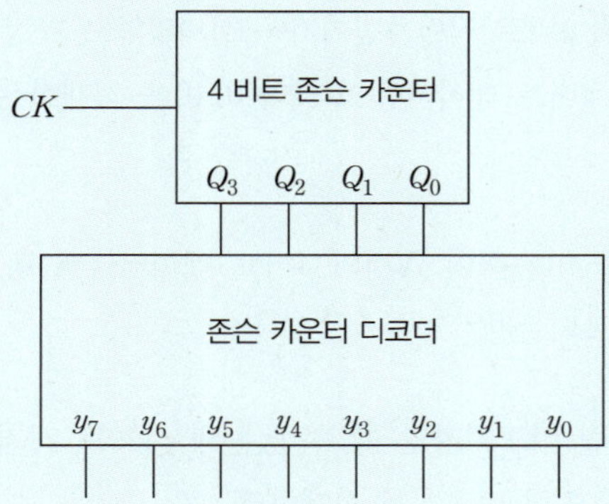


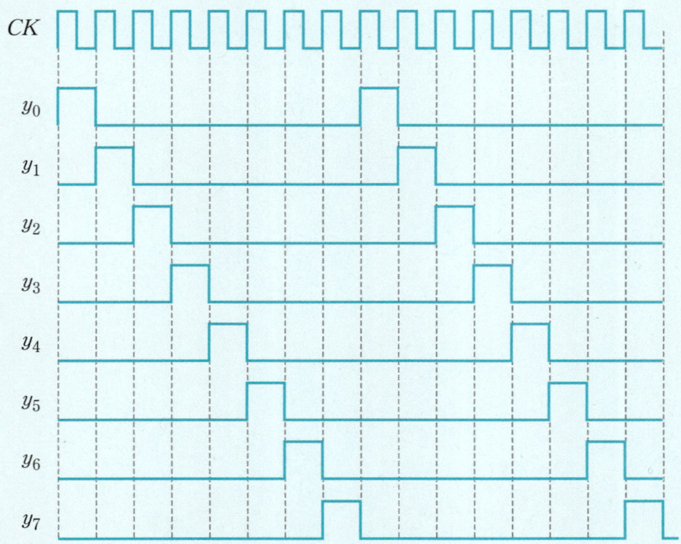

**17** 다음 그림은 자체 수정(slef-correcting)이 되는 존슨 카운터 회로이다. 회로에 대한 상태도를 만들어서 자체 수정됨을 보여라.

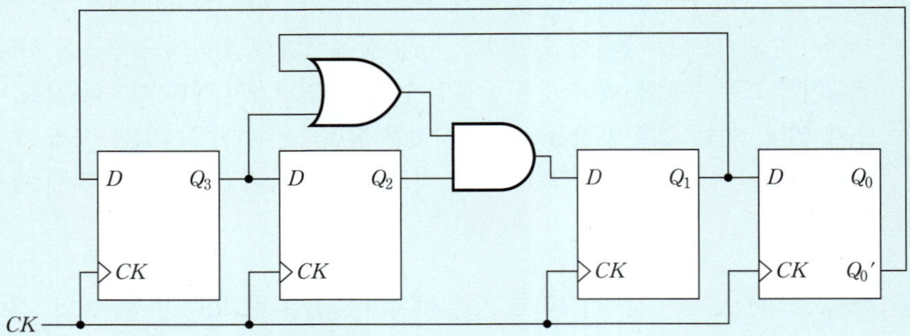


**18** [그림 10.36] 구조로 구성된 4비트 직렬가산기가 구현되었다고 가정하고, 초기화가 되었다고 가정한다. 두 개의 4비트 데이터인 1011과 0110을 적재하는 과정과 더해지는 과정을 보여라.

**19** 문제 18번의 직렬가산기를 이용하여 $N$개의 4비트 데이터들의 총합을 구하려면 총 몇 클럭 주기에 덧셈이 완료되는가?

**20** 5장의 $n$비트 비교기는 병렬 비교기라고 할 수 있는데 시프트 레지스터와 비교기 모듈을 사용하여 순차회로인 직렬 비교기를 설계하라.

# CHAPTER 11

## VHDL을 이용한 순차회로 설계

contents

# 11 VHDL을 이용한 순차회로 설계

**단원개요**

- 플립플롭에 대한 VHDL 표현 방법
- VHDL을 이용한 순차회로에 대한 표현 방법
- 레지스터, 카운터 등의 순차회로를 VHDL을 이용한 설계 방법
- VHDL로 설계한 순차회로의 검증 방법

앞 장에서 다양한 종류의 동기식 순차회로에 대해서 다루어 보았는데 VHDL 언어를 이용하면 다양한 종류의 순차회로들을 매우 쉽게 설계할 수 있다. VHDL 언어를 이용하여 순차회로를 설계하는 방법을 익히기 전에 VHDL을 사용하여 D 플립플롭을 구현하는 방식에 대한 정확한 이해가 필요하다. D 플립플롭은 JK 플립플롭이나 SR 플립플롭에 비하여 입력신호선 수가 적고 디지털 시스템의 소형화에 매우 유리한 장점이 있기 때문에 VHDL 언어가 주로 사용되는 ASIC 환경이나 FPGA 환경에서는 D 플립플롭이 사용된다. 따라서 VHDL을 사용한 순차회로 설계에서는 먼저 D 플립플롭 구현 방식을 이해한 후 이를 이용하여 카운터, 레지스터 및 기타 매우 복잡한 디지털 시스템 구현 방법에 대해서 이해의 폭을 넓힐 필요가 있다.

## 11.1 D 플립플롭

### (1) 플립플롭의 기호 및 진리표

앞서 다양한 종류의 플립플롭에 대한 기호, 진리표, 동작에 대해서 알아보았는데 이 절에서는 VHDL에서 널리 사용하는 D 플립플롭의 기호 및 진리표에 대해서 다시 알아보도록 하자.

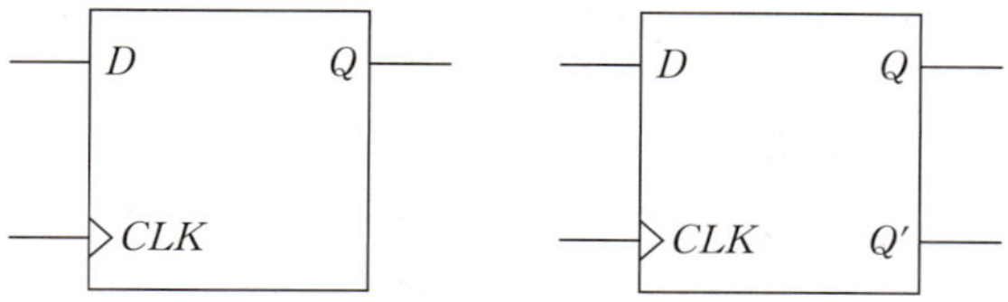


| $CLK$ | $D$ | $Q^*$ |
|---|---|---|
| ↑ | 0 | 0 |
| ↑ | 1 | 0 |
| 0 | – | $Q$ |
| 1 | – | $Q$ |

I 그림 11.1 D 플립플롭의 기호 및 진리표

클럭 신호는 오실레이터나 PLL(phase-locked loop)에 의해서 만들어지며 순차회로 구동에 필요한 다양한 주파수의 구형파(square wave)를 생성한다. 이러한 클럭은 인간의 심장 박동과 같이 작용하여 순차회로에서 필요한 속도의 주파수로 수행할 수 있게 한다. 시뮬레이션 상에서는 회로의 동작 속도는 거의 무한대로 설정 가능하나 실제의 회로들은 최대 동작 가능한 주파수가 제한되게 되는데, 이는 플립플롭 사이에 존재하는 논리회로의 복잡도에 의해서 결정된다.

D 플립플롭은 클럭 입력과 하나의 $D$ 신호 입력에 대해서 하나의 $Q$ 신호로 모델링하기도 하고 $Q$와 $Q'$ 두 개의 신호로 모델링하기도 하는데 $Q'$ 신호는 항상 $Q$의 반전된 상태를 유지하므로 앞으로는 $Q$에 대해서만 언급하기로 한다.

위의 진리표를 보면 $CLK$ 열에 ↑ 표시가 있는데 이는 clock의 상승 에지를 나타낸다. 즉, 클럭의 상승 에지에서 입력신호 $D$가 '0'이면 $Q$ 출력으로 '0'이 전달되고 또한 클럭의 상승 에지에서 입력신호 $D$가 '1'이면 $Q$ 출력으로 '1'이 전달되는 것을 알 수 있다. 또한 클럭의 상승 에지 이외의 부분에서는 $D$ 신호 입력은 출력 결과에 아무런 영향을 미치지 않으며 계속 현재의 $Q$ 값을 유지하고 있음을 알 수 있다. 이렇게 현재 값을 유지하는 D 플립플롭의 특성은 데이터를 저장할 수 있는 기능을 제공하고, 또한 D 플립플롭의 출력으로 일정한 값을 유지함으로써 D 플립플롭의 출력에 연결되어 있는 조합 논리회로들이 안정된 결과값을 계산해 낼 때까지 유지하는 동작을 함으로써 수백만 게이트의 회로를 수십 MHz의 고속으로 동작하게 하는 기틀을 제공한다.

D 플립플롭은 ASIC 구현 시 실제로는 reset 기능이 있는 플립플롭이 더 많이 사용되는데 reset 기능이 있는 플립플롭의 기호와 진리표를 아래에 나타내었다.

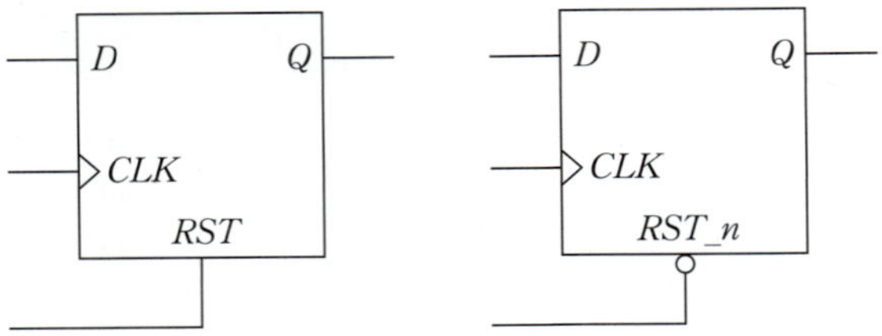


| $RST\_n$ | $CLK$ | $D$ | $Q^*$ |
|---|---|---|---|
| 0 | – | – | 0 |
| 1 | ↑ | 0 | 0 |
| 1 | ↑ | 1 | 1 |
| 1 | 0 | – | $Q$ |
| 1 | 1 | – | $Q$ |

I 그림 11.2 리셋이 있는 D 플립플롭의 기호 및 진리표

active high인 *RST*와 active low인 *RST_n* 신호를 사용하는 두 가지의 D 플립플롭 기호를 보여주고 있고, 진리표는 active low인 *RST_n* 신호를 사용하는 D 플립플롭의 경우를 나타내고 있다. 비동기 리셋 신호인 *RST_n* 신호가 '0'일 경우에 D 플립플롭을 초기화하며 $Q$ 출력이 '0'이 된다. 그리고 *RST_n* 신호가 '1'일 경우에는 앞 페이지에서 설명한 D 플립플롭 동작을 수행한다. 일반적인 디지털 시스템에서 리셋 신호를 active low로 많이 사용하기 때문에 VHDL 설계에서도 *RST_n*을 이용한 서술 방식이 바람직하다.

클럭 신호의 경우에도 최근 DDR(double data rate), SDRAM(Synchronous DRAM) 등이 나오면서 클럭의 상승 에지와 하강 에지를 모두 사용해야 하는 디지털 설계도 존재하지만 대부분의 회로들은 클럭의 상승 에지만을 사용해서 서술하면 된다.

### (2) 플립플롭의 VHDL 구현

먼저 reset이 없는 D 플립플롭의 VHDL 구현 예를 다음에 나타내었다.

```
library ieee;
use ieee.std_logic_1164.all;

entity d_ff is
port(d : in STD_LOGIC;
     q : out STD_LOGIC;
     clk: in STD_LOGIC);
end d_ff;
architecture behavioral of d_ff is
begin
     process(clk)
     begin
```

```
            if (clk'event and clk = '1') then
                q <= d;
            end if;
        end process;
    end behavioral;
```

코드 11.1.1 d_ff.vhd

위의 VHDL 코드에서 첫 번째 두 줄의 문장은 std_logic 신호를 사용하기 위한 라이브러리절과 사용절을 의미한다. ieee 라이브러리의 경우 VHDL 언어의 표준화에 관여한 국제전기전자기술자협회인 IEEE에서 제공하는 표준 라이브러리이며, 이 표준 라이브러리 내에 다음과 같은 패키지들이 정의되어 있다.

a) std_logic_1164
b) std_logic_arith
c) std_logic_signed
d) std_logic_unsigned
e) std_logic_textio
f) std_logic_misc

엔티티 선언부에서는 입출력신호들이 서술되어 있는데 입출력신호의 서술 순서는 사용자가 정의하기 나름이며 입력신호를 먼저 선언하고 출력신호는 나중에 선언해야 할 필요는 없다. VHDL 설계의 편의성을 위해서는 클럭 신호와 리셋 신호를 가장 나중에 선언하는 것이 여러모로 편리하기 때문에 본 설계에서는 클럭 신호를 제일 나중에 선언해 놓았다.

아키텍처 본체의 프로세스 문 내에서 클럭을 사용하고 있는데 조합 논리회로 선언 시 프로세스 문의 감지 리스트(sensitivity list) 구성 방법과 조금 다른 것을 알 수 있다. 조합 논리회로에서 프로세스 문의 감지 리스트를 구성할 때에는 조건문의 조건절이나 순차문의 오른쪽에 위치하는 모든 신호들이 감지 리스트에 반드시 있어야 하는데 순차회로의 경우는 다르다. 순차회로 구성을 위한 프로세스 문의 감지 리스트에서는 reset이 없는 플립플롭을 사용하는 경우에는 해당 사용 클럭 명만 나열하면 되고, reset 신호가 있는 플립플롭을 사용하는 경우에는 reset 신호명과 클럭 신호명만을 감지 리스트에 나열해 주면 된다.

프로세스 문 내의 조건절을 살펴보면 다음의 조건절이 사용됨을 볼 수 있다.

```
clk'event and clk = '1'
```

event는 clk 신호의 속성 중 하나이며 event 기호 앞에 위치한 신호(signal)에 변화가 발생했을 때 부울값을 반환하는 속성을 가지고 있다. 따라서 위의 조건절을 보면 clk' event는 clk 신호의 변화가 발생했을 때에만 TRUE 값을 반환하는 함수가 사용되고 있고 다음 조건에서 clk = '1'을 동시에 만족해야 하기 때문에 clk 신호의 변화가 발생한 시점에서 clk = '1'이어야 하기 때문에 clk 신호의 상승 에지에서만 TRUE를 가지는 조건절이 된다. 드물기는 하지만 만약에 clk 신호의 하강 에지를 사용하는 경우에는 if 문의 조건절을 다음과 같이 서술하면 된다.

```
clk'event and clk = '0'
```

다시 앞에서 D 플립플롭을 구현한 VHDL 코드의 프로세스 문을 살펴보면 clk 신호의 상승 에지에서 입력 d 값을 출력으로 보내고 나머지 경우에는 아무런 동작이 없으므로 현재의 출력을 유지하게 되어 진리표의 동작이 구현됨을 알 수 있다. 아래에 reset 신호를 이용한 VHDL 코드를 나타내었다.

```
-- Flip Flop with rst_n
library ieee;
use ieee.std_logic_1164.all;

entity d_ff is
      port(d : in STD_LOGIC;
            q : out STD_LOGIC;
            rst_n : in STD_LOGIC;
            clk : in STD_LOGIC);
end d_ff;
architecture behavioral of d_ff is
```

```
begin
	process(rst_n, clk)
	begin
		if (rst_n = '0') then
			q <= '0';
		elsif (clk'event and clk = '1') then
			q <= d;
		end if;
	end process;
end behavioral;
```

코드 11.1.2 d_ff_rst.vhd

위의 프로세스 문을 살펴보면 앞서 언급했듯이 감지 리스트에 rst_n, clk 신호만 나열되어 있고 입력신호 d는 나열할 필요가 없다. 그 다음에 비동기 리셋을 사용하기 때문에 rst_n이 먼저 if 문의 조건절에 와야 하고 여기서 플립플롭의 초기화를 수행해야 한다. 그 밖의 모든 경우는 elsif 조건절에서 클럭의 상승 에지에서 동작하도록 서술되어야 하며 클럭의 상승 에지를 검출하는 elsif 문 이외에 또 다른 elsif 문이나 else 문이 와서는 안 된다. 즉, 위의 프로세스 문을 순차 논리회로를 서술하는 틀로서 사용하여 다음과 같은 서술만을 하여야 한다.

a) 리셋 신호를 검출하는 if 문에서 플립플롭 신호의 초기화 작업
b) 상승 에지를 검출하는 elsif 문에서 플립플롭의 동작 서술
c) 이 외의 조건절을 두지 말 것

또한 앞의 예에서와 같이 리셋 신호가 없는 순차회로의 경우 다음과 같이 서술해야 한다.

a) 상승 에지를 검출하는 if 문에서 플립플롭의 동작 서술
b) 이 외의 조건절을 두지 말 것

위의 조건들을 만족하도록 슈도(pseudo) 프로세스 문을 서술하면 다음과 같다.

```
-- Flip Flop without reset signal
process(clk)
begin
     if (clk'event and clk = '1') then
          -- 이 부분에서 플립플롭 혹은 신호의 동작 서술
          -- 다른 구조는 동일하게 유지할 것
          -- 다양한 종류의 순차문을 서술 가능
     end if;
end process;

-- Flip Flop with reset_n
process(rst_n, clk)
begin
     if (rst_n = '0') then
          -- 이 부분에서 플립플롭 혹은 신호의 초기화
     elsif (clk'event and clk = '1') then
          -- 이 부분에서 플립플롭 혹은 신호의 동작 서술
          -- 다른 구조는 동일하게 유지할 것
          -- 다양한 종류의 순차문을 서술 가능
     end if;
end process;

-- 잘못 사용하고 있는 프로세스문
process(rst_n, clk, en) -- 이 부분에 클럭과 리셋 이외의 다른 신호가 올 필요 없음
begin
     if (rst_n = '0' and en = '1') then -- 이 부분에는 리셋 신호만 서술해야 함
          -- 이 부분에서 플립플롭 혹은 신호의 초기화
          -- 이 부분에는 초기화 문장만 오고 별도의 표현식을 서술하지 말 것
     elsif (clk'event and clk = '1' and en = '0') then -- 이 부분에는 클럭 신호만 서술해야 함
          -- 이 부분에서 플립플롭 혹은 신호의 동작서술
          -- 다른 구조는 동일하게 유지할 것
     else -- 이 위치에 elsif 나 else 가 오면 안 됨
          -- 이 부분에서 다른 동작을 서술하면 안 됨
     end if;
end process;
```

## 11.2 래치

### (1) 래치 기호 및 진리표

플립플롭의 경우 클럭 신호의 상승 에지에서 값을 저장한 후 이를 유지하는데 반하여 래치의 경우 제어 신호의 특정 레벨값에서 값을 저장한 후 이를 유지하는 특성을 가지는 회로이다. 래치의 경우 프로세서와의 인터페이스에서 이용되는 반드시 필요한 회로소자이지만 ASIC 구현 시 타이밍 시뮬레이션에 많은 제약을 가하는 회로로 사용에 극히 주의를 해야 한다. 특히 VHDL을 이용한 회로 설계에서 의도하지 않은 래치의 발생으로 많은 문제점들을 야기하므로 래치 회로의 생성 조건에 대해서 정확히 파악하고 서술해야 하며 또한 평소에 조합 논리회로 서술 시 의도하지 않은 래치를 발생시키지 않는 설계 습관을 가질 필요가 있다. [그림 11.3]은 래치의 기호와 진리표를 보여 주고 있다.

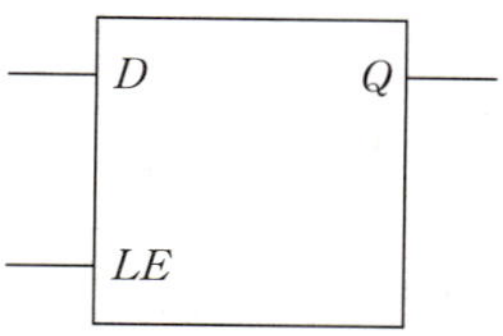


| *LE* | *D* | *Q** |
|---|---|---|
| 0 | 0 | *Q* |
| 0 | 1 | *Q* |
| 1 | 0 | 0 |
| 1 | 1 | 1 |

| 그림 11.3 래치 기호 및 진리표

7장에서 설명한 Gated D 래치와 동일한 것으로 *LE*(latch enable) 신호가 1일 경우 입력 *D* 신호가 출력 *Q*로 전달됨을 알 수 있다. 그리고 *LE* 신호가 '0'일 때는 출력신호 *Q*가 입력신호와 관계없이 계속 유지되는 것을 알 수 있다. 게이트 신호 이름은 active high인 경우는 *LE* 또는 *EN*으로 나타내고, active low인 경우는 *LE_n* 또는 *EN_n*으로 나타낸다.

### (2) 래치의 VHDL 구현

앞의 래치에 대한 VHDL 구현 예를 다음에 나타내었다.

```
-- 코드 11.2.1 latch
library ieee;
use ieee.std_logic_1164.all;

entity latch is
      port(d : in std_logic;
            le : in std_logic;
            q : out std_logic);
end latch;

architecture behavioral of latch is
begin
      process(d, le)
      begin
            if le = '1' then
                  q <= d;
            end if;
      end process;
end behavioral;
```

코드 11.2.1 latch.vhd

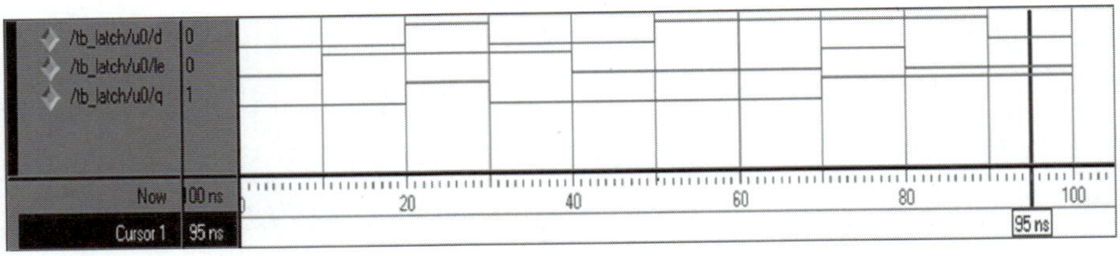


| 그림 11.4 래치의 전형적인 출력 파형 예

앞의 파형에서 쉽게 관찰할 수 있는데 le 신호가 '1'일 경우 입력신호가 그대로 출력으로 전달되고 le 신호가 '0'이 되면 출력신호가 저장됨을 볼 수 있다. 앞의 타이밍도에서는 래치의 동작을 검증하기 위해서 다양한 입력 패턴을 제공해 주었으나 실제적인 응용에서는 보통 le 신호가 '1'일 경우 입력신호 D가 변하지 않고 일정한 값이 유지된다. 그리고 le 신호가 '0'이 될 때 저장 상태를 유지하는 용도로 많이 사용한다.

다음 코드는 실수에 의해서 래치를 발생시키는 전형적인 예를 보여주고 있다.

```
-- 래치 발생 코드
process(a, b, sel)
begin
	if sel = '1' then
		c <= a;
		d <= b;
		e <= a or b;
	else
		c <= b;
		d <= a and b;
	end if;
end process;
```

위의 코드의 문제점이 무엇인가? 컴파일과 시뮬레이션, 논리 합성 단계에서 전혀 문제가 없는 회로인데 c 신호와 d 신호의 경우 if 문과 else 문에 모두 신호를 정의하고 있으므로 멀티플렉서를 생성하나 e 신호의 경우 if 문에만 존재하므로 e 신호의 논리 합성 결과는 멀티플렉서가 아니고 래치로 구성된다. 이러한 코드의 대부분은 멀티플렉서의 구현을 의도하였으나 실수에 의하여 래치가 만들어진 회로이다. 따라서 조합 논리회로에서 프로세스 문 내에서 if 문을 사용할 때 이러한 결과가 발생하지 않도록 매우 신중히 서술해야 하며 모든 신호에 대해서 반드시 else 문을 서술해야 한다.

또 다른 예로 아래의 코드를 살펴보자.

```
-- 래치 발생 코드
process(a, le)
begin
	if le = '1' then
		q <= a;
	else
		q <= q;
	end if;
end process;
```

(코드 11.2.1) latch 회로에서 만약 이런 식으로 서술하면 q 신호가 출력신호이므로 컴파

일 단계에서 에러가 발생한다. 그러나 q 신호가 아키텍처 본체 내에서 선언한 신호라면 위의 코드는 정상적으로 컴파일되고 논리 합성이 되는데 [그림 11.3]의 진리표와 같은 결과를 출력함을 알 수 있다. 따라서 이러한 서술 코드는 래치를 발생시키므로 필요 시 이를 활용할 수도 있으나 의도하지 않은 래치의 생성에 조심해야 하며 멀티플렉서 서술 시 의도하지 않은 래치의 발생 경우를 잘 파악해서 이를 회피하는 설계를 해야 한다.

## 11.3 카운터

카운터는 다양한 응용 분야에서 널리 사용되며 영상 처리에서는 동기 신호의 생성, 메모리 및 메모리 버퍼 제어, 프레임률 제어 등에 자주 사용되는 대표적인 순차 논리회로이다.

이 절에서는 몇 가지 카운터 설계 예제를 통해서 카운터에 대한 이해의 폭을 높여 보도록 하자.

### (1) 3비트 이진 카운터

일반적인 플립플롭이 제어 신호의 저장 용도로도 사용되고 데이터의 저장 용도로도 사용되는 반면 카운터의 경우 거의 대부분이 제어 신호 생성에 사용되므로 카운터 설계 시 반드시 비동기 리셋을 사용하기를 권장한다. 동기 리셋의 경우에는 설계 하고자 하는 설계 명세에 의해서 결정되게 되며 필요한 경우에는 선택적으로 사용할 수 있다.

그러면 카운터 중에서 가장 단순한 3비트 이진 카운터에 대해서 알아보자.

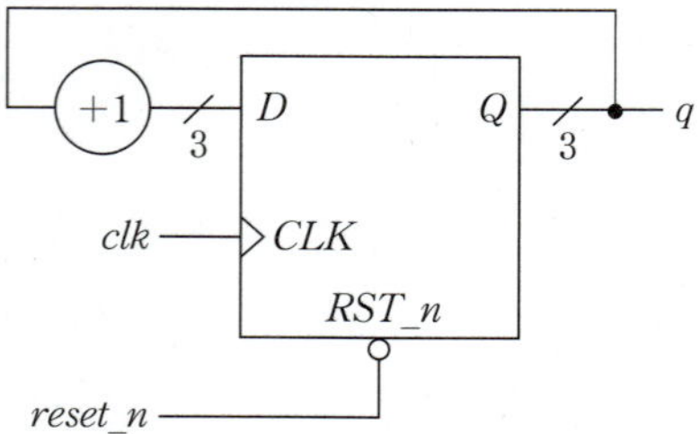


| 그림 11.5 3비트 이진 카운터 블록도

[그림 11.5]는 3비트 이진 카운터의 블록도를 나타내고 있다. 비동기 리셋 신호 *reset_*

*n*='0'이면 *q* 값은 '000'으로 초기화가 되고, *reset_n*='1'이면 클럭 신호가 인가될 때마다 1씩 증가하는 카운트 동작이 일어난다. 카운터 값이 최댓값 '111'이 되면 다음 클럭에 '000'으로 돌아가서 같은 동작을 반복하게 된다. 이런 종류의 회로는 일반적으로 기준 클럭 신호를 이용하여 낮은 주파수의 클럭을 만드는 주파수 분주기(frequency divider)로 많이 사용되고, 또는 좀 더 많은 비트를 사용하여 동기 신호 생성 시 많이 사용된다.

### (2) 3비트 이진 카운터의 VHDL 구현

아래에 3비트 이진 카운터의 VHDL 코드를 나타내었다.

```
-- 3-bit counter
library ieee;
use ieee.std_logic_1164.all;
use ieee.std_logic_unsigned.all;
entity counter_8 is
     port(q : out std_logic_vector (2 downto 0);
          rst_n, clk : in bit);
end counter_8;
architecture behavioral of counter_8 is
     signal count : std_logic_vector(2 downto 0);

begin
process(rst_n,clk)
begin
     if (rst_n = '0') then
          count <= (others => '0');
     elsif (clk'event and clk = '1') then
          if count < 7 then
               count <= count + 1;
          else
               count <= (others => '0');
          end if;
     end if;
end process;
q (2 downto 0) <= count (2 downto 0) ;
end behavioral;
```

**코드 11.3.1** counter_8.vhd

컴퓨터 프로그래밍 언어인 C나 JAVA 언어와 같이 직관적으로 카운터의 동작을 확인할 수 있으며 if 문에 의해서 카운터의 동작이 구현됨을 알 수 있다. 또한 4비트 이진 카운터, 5비트 이진 카운터로의 확장이 매우 쉽게 이루어짐을 예측할 수 있는데, 다음 절에서 4비트 이진 카운터의 VHDL 구현에 대해서 알아보도록 하자.

### (3) 4비트 이진 카운터

이진 카운터의 설계 시 3비트, 4비트의 조건에 따라서 전혀 다른 설계 단계를 거치는 반면에 이를 VHDL로 구현하는 경우에는 거의 동일한 코드가 사용된다. 즉, 3비트나 4비트를 이루는 상수값 몇 개가 바뀌는 정도의 차이만 존재할 뿐 거의 같은 코드가 사용되게 된다.

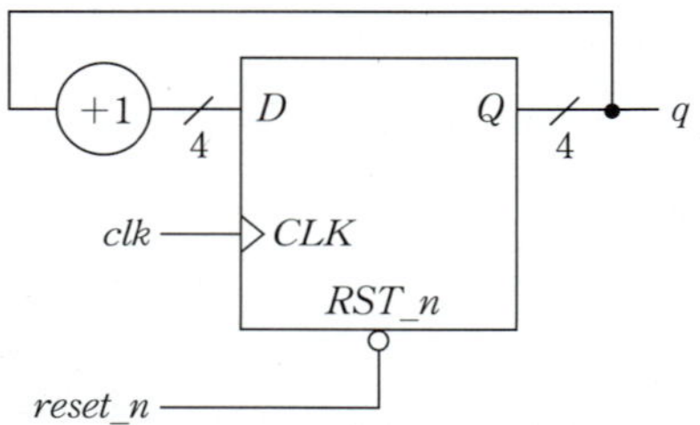


| 그림 11.6 4비트 이진 카운터 기호

[그림 11.6]은 4비트 이진 카운터의 블록도를 나타내고 있다. 비동기 리셋 신호 *reset_n*='0'이면 *q* 값은 '0000'으로 초기화가 되고, *reset_n*='1'이면 클럭 신호가 인가될 때마다 1씩 증가하는 카운트 동작이 일어난다. 카운터 값이 최댓값 '1111'이 되면 다음 클럭에 '0000'으로 돌아가서 같은 동작을 반복하게 된다.

다음에 4비트 이진 카운터의 VHDL 코드를 나타내었다.

```
-- 4-bit counter
library ieee;
use ieee.std_logic_1164.all;
use ieee.std_logic_unsigned.all;
entity counter_16 is
     port(q : out std_logic_vector (3 downto 0);
```

```
        rst_n, clk : in bit);
end counter_16;
architecture behavioral of counter_16 is
    signal count : std_logic_vector(3 downto 0);

begin
process(rst_n,clk)
begin
    if (rst_n = '0') then
        count <= (others => '0');
    elsif (clk'event and clk = '1') then
        if count < 15 then
            count <= count + 1;
        else
            count <= (others => '0');
        end if;
    end if;
end process;
q (3 downto 0) <= count (3 downto 0) ;
end behavioral;
```

코드 11.3.2 counter_16.vhd

### (4) 십진 카운터

디지털시계 등에 사용되는 십진 카운터의 경우도 VHDL로 쉽게 구현이 가능하다. 4비트 이진 카운터와 유사하게 비동기 리셋 신호 *reset_n*='0'이면 *q* 값은 '0000'으로 초기화가 되고, *reset_n*='1'이면 클럭 신호가 인가될 때마다 1씩 증가하는 카운트 동작이 일어난다. 카운터 값이 최댓값 '1001'이 되면 다음 클럭에 '0000'으로 돌아가서 같은 동작을 반복하게 된다.

다음에 십진 카운터의 VHDL 코드를 나타내었다.

```
-- 4-bit counter
library ieee;
use ieee.std_logic_1164.all;
use ieee.std_logic_unsigned.all;
entity counter_10 is
     port(q : out std_logic_vector (3 downto 0);
          rst_n, clk : in bit);
end counter_10;
architecture behavioral of counter_16 is
     signal count : std_logic_vector(3 downto 0);

begin
process(rst_n,clk)
begin
     if (rst_n = '0') then
          count <= (others => '0');
     elsif (clk'event and clk = '1') then
          if count < "1001" then
               count <= count + 1;
          else
               count <= (others => '0');
          end if;
     end if;
end process;
q (3 downto 0) <= count (3 downto 0) ;
end behavioral;
```

코드 11.3.3 counter_10.vhd

그러면 앞에서 설계한 기본 카운터를 이용하여 다양한 종류의 카운터를 설계해 보기로 하자. 먼저 다음의 조건을 가지는 10진 up/down 카운터를 설계해 보자.

a) 비동기 리셋 신호 *reset_n*에 의해서 출력이 '0000'으로 초기화
b) up 신호가 '1'일 때는 출력을 증가시킴
c) up 신호가 '0'일 때는 출력을 감소시킴

앞에서 설계한 기본 카운터에 비해서 입력으로 up 신호가 추가되었음을 알 수 있다. 이

경우 기존 설계에 비해서 up 신호가 '1'일 경우에 상승 동작, 이 이외의 경우에 하강 동작을 서술하면 된다. 이러한 카운터 회로는 다음과 같은 VHDL 코드로 쉽게 구현이 가능하다.

```
-- 4-bit up down counter
library ieee;
use ieee.std_logic_1164.all;
use ieee.std_logic_unsigned.all;
entity counter_up_dn is
     port( up : in std_logic;
          q : out std_logic_vector(3 downto 0);
          rst_n, clk : in std_logic);
end counter_up_dn;
architecture behavioral of counter_up_dn is
     signal count : std_logic_vector(3 downto 0);
begin
     process(rst_n,clk)
     begin
          if (rst_n = '0') then
               count <= (others => '0');
          elsif (clk'event and clk = '1') then
               if up = '1' then
                    if count = "1001" then
                         count <= "0000" ;
                    else
                         count <= count + 1;
                    end if;
               else
                    if count = "0000" then
                         count <= "1001" ;
                    else
                         count <= count - 1;
                    end if;
               end if;
          end if;
     end process;
     q (3 downto 0) <= count (3 downto 0) ;
end behavioral;
```

코드 11.3.4 counter_up_down.vhd

적당한 up 신호가 인가될 경우의 결과 파형을 아래에 나타내었다.

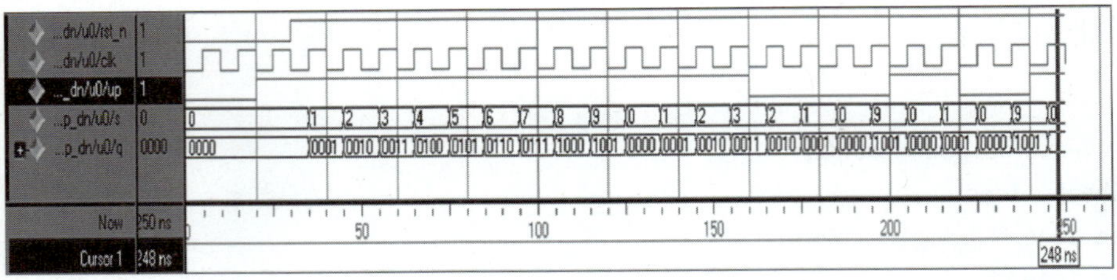

| 그림 11.7 10진 up/down 카운터의 전형적인 출력 파형 예

10진 up/down 카운터의 기능에 enable 기능과 load 기능을 추가해보자. 즉, load = '1' 일 때 입력값을 세팅하는 기능과 함께 enable = '1'일 때 카운터가 동작하고 enable = '0'일 때는 현재의 카운터 값을 유지하는 좀 더 복잡한 카운터를 설계해 보자. 설계 조건을 정리하면 다음과 같다. 카운터의 동작에는 우선순위가 존재하며 먼저 서술되는 동작이 우선순위가 높은 동작이다.

a) 비동기 리셋 신호 *reset_n*에 의해서 출력이 "0000"으로 초기화
b) load = '1'일 때 4비트 입력값을 세팅하고 출력
c) enable = '0'이면 카운터의 동작은 정지
d) enable = '1'일 때 up 신호가 '1'일 때는 출력을 증가시킴
e) enable = '1'일 때 up 신호가 '0'일 때는 출력을 감소시킴

load 신호에 의해서 4비트 입력값을 저장하고 enable 신호에 의해서 카운터가 동작하게 된다. 동작 시 up 신호가 '1'일 경우에 상승 동작, 이 이외의 경우에 하강 동작을 기술하면 된다. 다양한 기능이 있는 이러한 카운터 회로는 다음과 같은 VHDL 코드로 쉽게 구현이 가능하다.

```
-- 4-bit counter with load, enable and up control signal
library ieee;
use ieee.std_logic_1164.all;
use ieee.std_logic_unsigned.all;
entity counter_load is
     port(d : in std_logic_vector(3 downto 0);
```

```
        load, enable, up : in std_logic;
        q : out std_logic_vector(3 downto 0);
        rst_n, clk : in std_logic);
end counter_load;

architecture behavioral of counter_load is
    signal s :  integer range 0 to 15;
    signal count : std_logic_vector(3 downto 0);

begin
process(rst_n,clk)
begin
    if (rst_n = '0') then
        count  <= "0000";
    elsif (clk'event and clk = '1') then
        if load = '1' then
            count <= d;
        elsif enable = '1' then
            if up = '1' then
                if count >= "1001" then
                    count <= "0000" ;
                else
                    count <= (count + 1) ;
                end if;
            else
                if count = "0000" then
                    count <= "1001" ;
                else
                    count <= (count - 1) ;
                end if;
            end if; -- up = '0'
        end if; -- enable = '1'
    end if;    -- clock event
end process;
q (3 downto 0) <= count (3 downto 0) ;
end behavioral;
```

코드 11.3.5 counter_load.vhd

적절한 테스트 벤치를 이용했을 때의 결과 파형을 아래에 나타내었다.

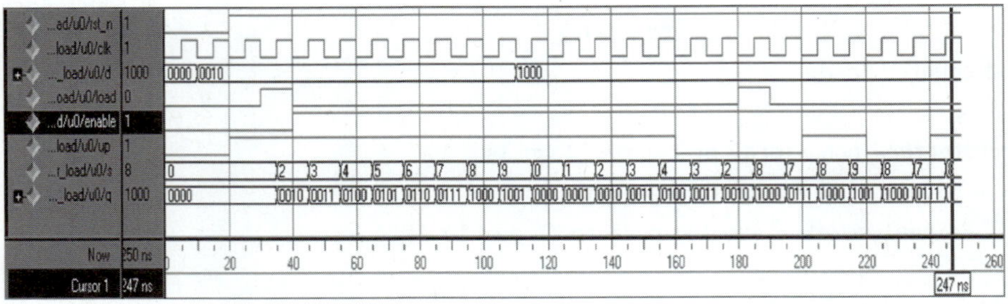


| 그림 11.8 load, enable 신호를 갖는 10진 up/down 카운터의 전형적인 출력 파형 예

## 11.4 분주기

대형의 디지털 시스템에서는 고속으로 동작하는 프로세서로부터 매우 저속으로 동작하는 I2C 인터페이스 회로나 프린터 포트와 같이 다양한 속도로 동작하는 시스템이 존재한다. 이러한 경우 각 블록별로 별도의 클럭을 받기도 하지만 클럭의 비율이 적당할 경우 고속의 클럭으로부터 저속의 클럭을 생성하기도 한다. 이 절에서는 다양한 종류의 주파수 분주 회로에 대해서 살펴보기로 하겠다.

### (1) 2분주 회로

먼저 가장 단순한 2분주 회로를 설계해 보자. 입력 클럭의 주파수와는 상관없이 입력 주파수를 2배 낮추어 주는 2분주 회로는 SDRAM과 같은 고속의 메모리와 인터페이스 하기 위해서 많이 사용되며 SDRAM용 클럭을 2분주 한 후 이 클럭을 이용하여 SDRAM과 인터페이스 되는 시스템 클럭으로 많이 사용한다. 간혹 디스플레이 장치와 같이 SDRAM 클럭과는 별개의 클럭을 사용해야 되는 경우도 있는데 이러한 시스템의 경우 SDRAM과 인터페이스를 하기 위해서는 비동기 인터페이스를 해야 한다. 그러나 시스템 클럭이 설정 가능할 경우 고속의 SDRAM 클럭과의 정수비를 가지는 클럭을 이용함으로써 SDRAM과의 인터페이스 시 좀 더 쉬운 설계가 가능하다.

다음에 임의의 입력 클럭을 2분주 하는 VHDL 코드와 시뮬레이션 파형을 나타내었다.

```
-- 1/2 divider
library ieee;
use ieee.std_logic_1164.all;
entity div_2 is
     port( clk_2 : out std_logic;
          rst_n, clk : in std_logic);
end div_2;
architecture behavioral of div_2 is
     signal count : std_logic;
begin
process(rst_n,clk)
begin
     if (rst_n = '0') then
          count <= '0';
     elsif (clk'event and clk = '1') then
          if count = '0' then
               count <= '1';
          else
               count <= '0';
          end if;
     end if;
end process;
     clk_2 <= count;
end behavioral;
```

**코드 11.4.1** div_2.vhd

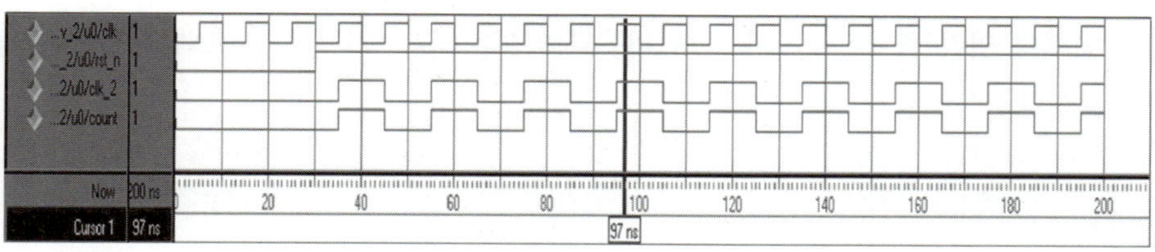

| 그림 11.9 2분주 회로 타이밍도

2분주 회로의 출력을 회로에서 직접 사용하는 경우는 위의 예와 같이 리셋 신호를 이용하여 생성해야 한다. 만약 2분주 회로의 출력을 다른 시스템의 클럭으로 사용하는 경우에는 아래와 같이 리셋 신호 없이 클럭을 생성해야 하며 이러한 경우에는 11.1절의

VHDL 코딩 기법에서 설명한 클럭 회로의 규칙을 따르는 추가 조치를 취해야 한다.

```
-- 리셋이 없는 2분주기
if (clk'event and clk = '1') then
      if count = '0' then
            count <= '1';
      else
            count <= '0';
      end if;
end if;
```

### (2) 3분주 회로

3분주 회로의 경우는 출력값의 듀티 비율(duty ratio)을 먼저 결정을 해야 하는데 듀티 비율이란 신호의 한 주기에서 출력신호가 ON 상태, 즉 '1'인 상태의 비율을 의미한다. 3분주 회로의 경우 일반적으로 1/3, 1/2, 2/3의 값을 가질 수 있는데 1/3, 2/3 비율의 듀티 비율을 가지는 회로는 디지털 설계로 구현이 가능하며 1/2의 듀티 비율을 가지는 회로는 PLL(Phase-Locked Loop)이나 DLL(Delay-Locked Loop) 등의 아날로그 기술을 이용해야 한다. 1/2의 듀티 비율을 가지는 회로의 경우 일반적으로 ASIC 제작 시에는 파운드리(foundry)에서 제공해주며 FPGA를 이용할 경우는 Xilinx 같은 경우는 DCM(Digital Clock Manager)과 같은 툴을 이용하여 생성할 수 있다.

또한 주파수 체배기(frequency multiplier)의 경우는 디지털 회로를 이용해서는 구성할 수 없고 PLL, DCM과 같은 아날로그 기법을 이용해야 한다.

아래에 임의의 입력 클럭을 1/3의 듀티 비율로 3분주 하는 VHDL 코드와 시뮬레이션 파형을 나타내었다.

```
-- 1/3 divider
library ieee;
use ieee.std_logic_1164.all;
use ieee.std_logic_arith.all;
entity div_3 is
      port(clk_3 : out std_logic;
            rst_n, clk : in std_logic);
```

```
end div_3;
architecture behavioral of div_3 is
     signal count : std_logic_vector(1 downto 0);
begin
process(rst_n,clk)
begin
     if (rst_n = '0') then
          count <= (others => '0');
     elsif (clk'event and clk = '1') then
          if count < 2 then
               count <= count + 1;
          else
               count <= (others => '0');
          end if;
     end if;
end process;
     clk_3 <= count(1);
end behavioral;
```

코드 11.4.2 div_3.vhd

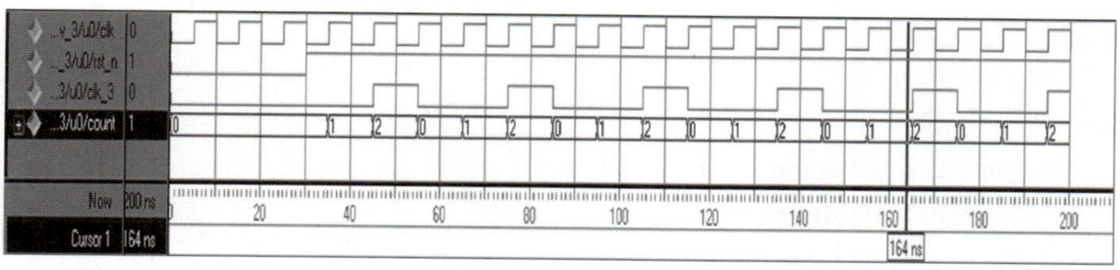

| 그림 11.10 3분주 회로 타이밍도(1/3의 듀티 비율)

## (3) $2^N$ 분주 회로

앞에서 설명한 2분주 회로를 일반화하여 $2^N$ 형태로 분주하는 분주 회로를 설계해 보도록 하자. 이런 일반적인 회로의 경우 처음부터 일반화된 형태로 회로 설계를 진행하는 것보다 예를 들면 $2^3 = 8$ 분주기, $2^4 = 16$ 분주기를 먼저 설계해보고 이를 통해서 일반화된 형태의 분주기를 설계하는 것이 전체적인 설계 시간을 단축할 수 있고 디버깅 시간도 줄일 수 있다.

또한 이러한 설계를 통해서 기존의 회로도(schematic diagram)를 이용하는 회로 설계 방식에 비해서 VHDL을 이용한 설계의 장점을 느낄 수 있다. 예를 들면 회로 설계의 경우 8 분주기와 256 분주기는 거의 회로도를 새로 그리는 수준의 수정이 필요한 반면 VHDL에서는 상수값 하나만 변경하는 수준으로 설계가 완료되므로 훨씬 빠르고 버그 없는 완벽한 회로 설계가 가능함을 알 수 있다.

그러면 먼저 16 분주기를 설계해보고 이를 통해서 $2^N$ 분주기를 설계해 보도록 하자. 16 분주기의 경우 입력 클럭을 1/16 수준으로 낮춘 클럭을 출력하게 되며 이의 생성을 위한 VHDL 코드는 다음과 같다.

```
-- 1/16 divider
library ieee;
use ieee.std_logic_1164.all;
use ieee.std_logic_unsigned.all;
entity div_16 is
     port( clk_16 : out std_logic;
          rst_n, clk : in std_logic);
end div_16;
architecture behavioral of div_16 is
     signal count : std_logic_vector(3 downto 0);
begin
process(rst_n,clk)
begin
     if (rst_n = '0') then
          count <= (others => '0');
     elsif (clk'event and clk = '1') then
          if count < 15 then
               count <= count + 1;
          else
               count <= (others => '0');
          end if;
     end if;
end process;
     clk_16 <= count(3);
end behavioral;
```

**코드 11.4.3** div_16.vhd

아래에 16 분주기의 타이밍도를 나타내었으며 count 값에 의해서 쉽게 16 분주 클럭을 생성할 수 있음을 알 수 있다.

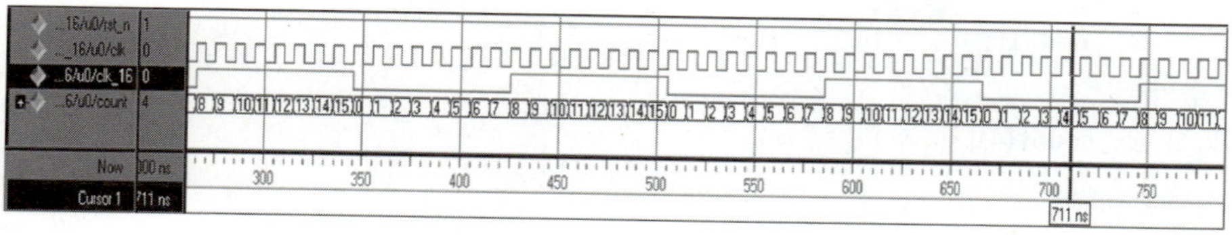

| 그림 11.11 16 분주 회로 타이밍도

앞의 16 분주기의 코드를 분석해 보면 쉽게 일반화 할 수 있는 변수를 생성할 수 있음을 알 수 있다. 주요 코드 일부를 다시 아래에 서술해 놓았는데 일반화 할 수 있는 규칙을 쉽게 발견할 수 있다.

```
-- 16 분주기 코드 일부
-- 중략
  signal count : std_logic_vector(3 downto 0);

-- 중략
          if count < 15 then
               count <= count + 1;
          else
               count <= (others => '0');
          end if;
-- 중략
clk_16 <= count(3);
```

만약 32 분주기를 설계할 경우 위의 코드는 아래와 같이 변경될 것이다.

```
-- 32 분주기 코드 일부
-- 중략
  signal count : std_logic_vector(4 downto 0);

-- 중략
          if count < 31 then
```

```
            count <= count + 1;
        else
            count <= (others => '0');
        end if;
-- 중략
clk_16 <= count(4);
```

따라서 $2^N$ 분주기는 다음과 같은 일반 형태로 서술하면 된다.

```
-- 2**N 분주기 코드 일부
-- 중략
  signal count : std_logic_vector(N-1 downto 0);

-- 중략
        if count < (2**N - 1) then
            count <= count + 1;
        else
            count <= (others => '0');
        end if;
-- 중략
clk_16 <= count(N-1);
```

따라서 완성된 $2^N$ 분주기의 VHDL 코드와 시뮬레이션 파형은 다음과 같다.

```
-- 1/2**N divider
library ieee;
use ieee.std_logic_1164.all;
use ieee.std_logic_unsigned.all;
entity div_2N is
    generic(N : integer := 8);
    port( clk_2N : out std_logic;
          rst_n, clk : in std_logic);
end div_2N;
architecture behavioral of div_2N is
```

```
    signal count : std_logic_vector(N-1 downto 0);
begin
process(rst_n,clk)
begin
    if (rst_n = '0') then
        count <= (others => '0');
    elsif (clk'event and clk = '1') then
        if count < (2**N - 1) then
            count <= count + 1;
        else
            count <= (others => '0');
        end if;
    end if;
end process;
    clk_2N <= count(N-1);
end behavioral;
```

코드 11.4.4 div_2N.vhd

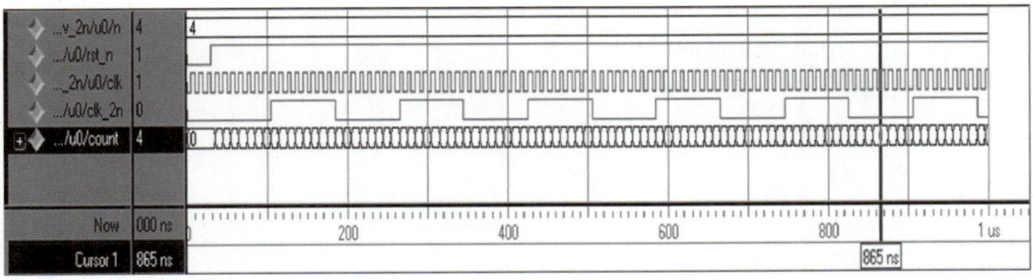


| 그림 11.12 $2^N$ 분주 회로 타이밍도($N = 4$)

## (4) 100 분주 회로

이 절에서는 $2^N$ 형태가 아닌 일반적인 분주 회로에 대해서 살펴보기로 하자. 이 경우에는 VHDL 설계에서 제네릭 문을 이용한 일반화는 쉽지 않고 요청 규격에 맞는 분주기를 설계를 해야 하는데 간단한 예로서 입력 클럭의 주파수를 1/100 수준으로 낮추는 100 분주 회로를 설계해 보기로 하자.

100 분주 회로의 경우 0부터 99까지 클럭을 세는 카운터부와 카운터의 값이 0~49일 때 '0'을 출력하고 나머지 경우에 '1'을 출력하는 클럭 출력부를 설계하면 된다. 100 분주 회로의 VHDL 코드와 시뮬레이션 파형은 다음과 같다.

```
-- 1/100 divider
library ieee;
use ieee.std_logic_1164.all;
use ieee.std_logic_unsigned.all;
entity div_100 is
    port( clk_100 : out std_logic;
          rst_n, clk : in std_logic);
end div_100;
architecture behavioral of div_100 is
    signal count : std_logic_vector(6 downto 0);
    constant  TOTAL_CNT  : integer := 99;
    constant  HALF_CNT   : integer := 50;
begin
process(rst_n,clk)
begin
    if (rst_n = '0') then
        count <= (others => '0');
        clk_100 <= '0';
    elsif (clk'event and clk = '1') then
        if count < TOTAL_CNT then
            count <= count + 1;
        else
            count <= (others => '0');
        end if;

        if count < HALF_CNT then
            clk_100 <= '0';
        else
            clk_100 <= '1';
        end if;
    end if;
end process;
end behavioral;
```

코드 11.4.5 div_100.vhd

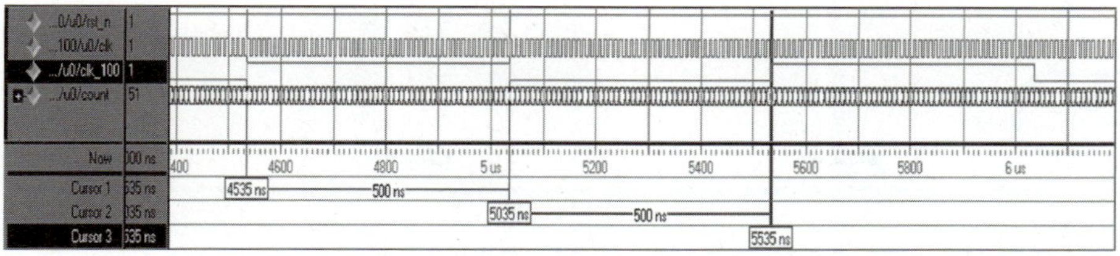


| 그림 11.13 100 분주 회로 타이밍도

입력 클럭의 한 주기가 10ns이므로 1인 구간이 50개의 클럭, 0인 구간이 50개의 클럭으로 정확히 100 분주되었음을 쉽게 알 수 있다.

위의 설계에서 분주비를 변경하고자 하는 경우 아키텍처 선언부에서 선언된 아래 내용의 신호와 상수값만을 적절히 변경하면 된다. 즉, 필요한 분주비에 의한 count의 비트 수와 분주를 위한 상수값만 정의해 주면 임의의 분주비를 쉽게 구현할 수 있음을 알 수 있다.

```
signal count : std_logic_vector(6 downto 0);
constant   TOTAL_CNT  : integer := 99;
constant   HALF_CNT   : integer := 50;
```

# 단원요약

1. VHDL 언어를 이용하여 순차회로를 설계할 때는 주로 D 플립플롭을 이용한다.

2. D 플립플롭의 경우 비동기 reset이 있는 플립플롭과 비동기 reset이 없는 플립플롭으로 두 가지 형태의 VHDL 표현 방식을 잘 이해하고 활용해야 한다.

3. 플립플롭을 표현하기 위해서 프로세스 문이 주로 사용된다.

4. 플립플롭을 표현하는 프로세스 문의 경우 감지 리스트에 리셋 신호와 클럭 신호만 나열하면 된다.

5. 플립플롭의 상승 에지를 표현하기 위해서 클럭의 event 속성을 이용한다.

6. 클럭을 표현하는 정형화된 VHDL 표현 방식을 잘 숙지하고 활용해야 한다.

7. ASIC 설계 시 래치가 많은 문제점들을 야기하므로 불필요한 래치의 발생을 최소화시키도록 설계를 해야 한다.

8. 래치가 발생되는 전형적인 코드들을 숙지하고 이를 회피하는 설계를 해야 한다.

9. 카운터, 분주기 등의 복잡한 논리회로를 VHDL을 이용하여 직관적인 설계가 가능하다.

## 연습문제

**01** 아래와 같은 논리회로가 있다.

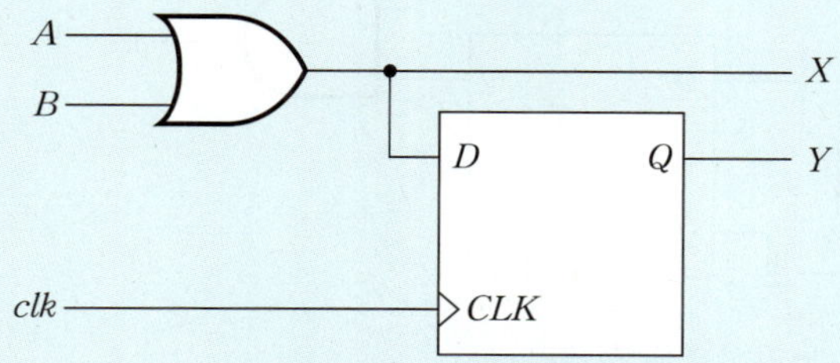


a) VHDL을 이용하여 위의 논리회로를 설계하라.

b) a)에서 구현한 논리회로를 검증하기 위한 테스트 벤치를 작성하라.

**02** 아래와 같은 래치를 이용하는 논리회로가 있다.

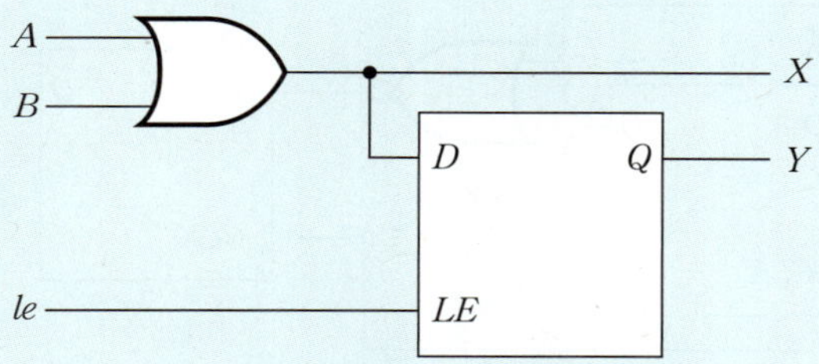


a) VHDL을 이용하여 위의 논리회로를 설계하라.

b) a)에서 구현한 논리회로를 검증하기 위한 테스트 벤치를 작성하라.

**03** 아래와 같은 논리회로가 있다.

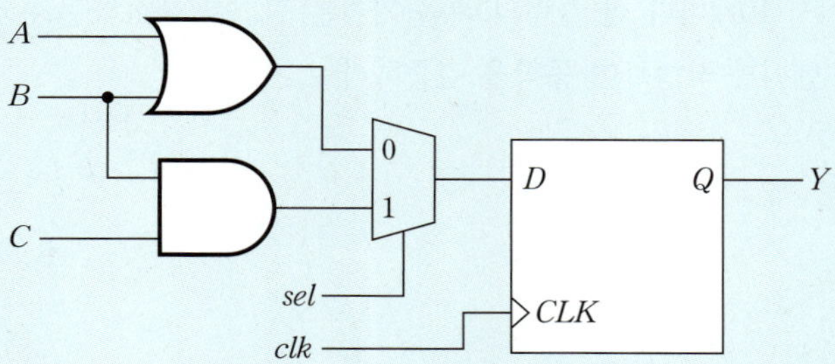

a) VHDL을 이용하여 위의 논리회로를 설계하라.

b) a)에서 구현한 논리회로를 검증하기 위한 테스트 벤치를 작성하라.

**04** 아래와 같은 논리회로가 있다.

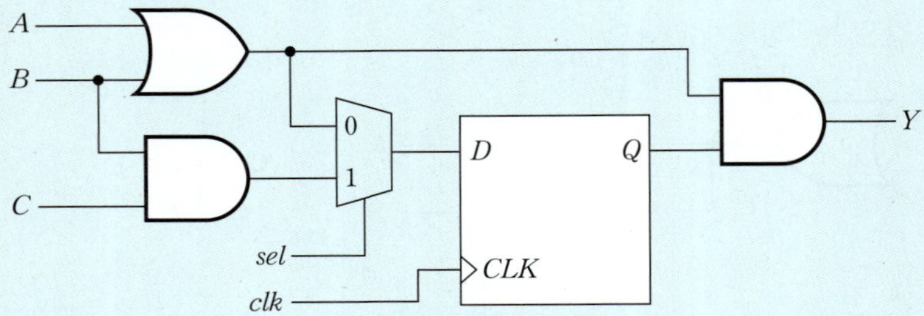


a) VHDL을 이용하여 위의 논리회로를 설계하라.

b) a)에서 구현한 논리회로를 검증하기 위한 테스트 벤치를 작성하라.

**05** 아래와 같은 논리회로가 있다.

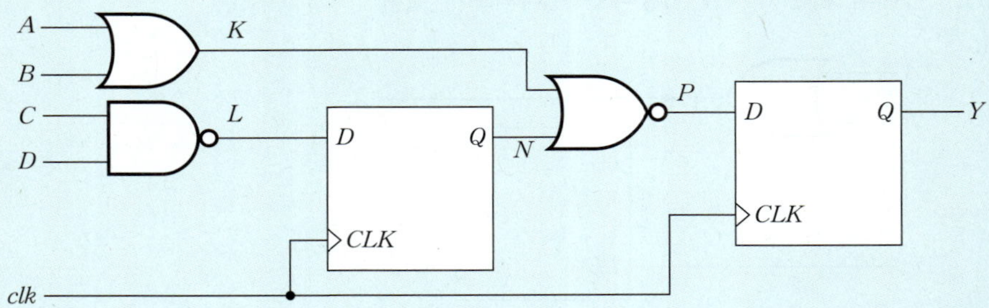


a) VHDL을 이용하여 위의 논리회로를 설계하라.

b) a)에서 구현한 논리회로를 검증하기 위한 테스트 벤치를 작성하라. 이때 클럭 신호의 주파수로 200MHz를 이용하라.

**06** 입력되는 클럭을 세어서 10개마다 한 클럭의 폭을 가지는 펄스를 생성하는 논리회로를 설계하라. 테스트 벤치를 작성하여 동작을 검증하라.

**07** 다음의 그림과 같이 8비트의 데이터를 받아서 1을 더하여서 출력하는 Counter1, Counter2 논리회로가 같은 버스에 연결되어 있다. 처음에 Counter1이 1을 버스로 출력하고 그 값을 Counter2가 받아서 1을 더한 2 값을 출력한다. 그러면 다시 Counter1이 그 값을 받아서 1을 더한 3 값을 출력하고 이를 다시 Counter2가 받아서 4를 출력한다. 255를 받는 Counter는 다시 0을 출력한다. 두 개의 카운터에 대한 enable 신호는 클럭에 비해서 충분히 느리게 제어시켜야 한다. 각 Counter에 *enable_or*, *clk*, *reset_n* 신호는 공통적으로 인가된다. 두 개의 Counter를 이용하여 이러한 논리회로를 설계하고 테스트 벤치를 이용하여 검증하라. 결과 코드와 시뮬레이션 화면을 같이 제공하라. (단 하나의 Counter 엔티티를 설계하고 이를 두 개의 콤포넌트로 처리해서 설계해도 된다.)

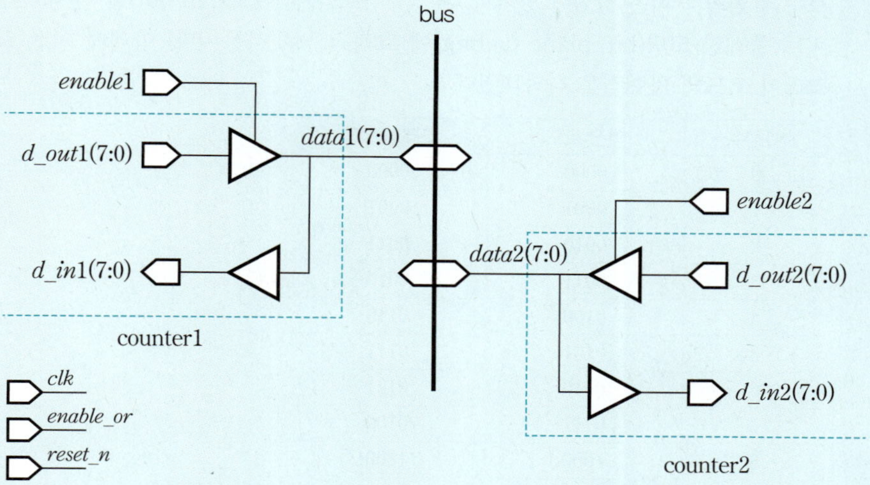

**08** 문제 7에서 Counter를 세 개로 확장하고 결과 코드와 시뮬레이션 화면을 같이 제공하라.

**09** 오른쪽과 같은 7-세그먼트 LED가 있다. 0~9를 나타내는 4비트 벡터 입력에 대해서 $a \sim g$까지 각 세그먼트의 on/off 제어 신호를 생성하라. 예를 들면 7-세그먼트로 1을 표시하기 위해서는 "0001"이 입력되면 $b$ = '1', $c$ = '1'을 출력한다고 가정하라. 결과 코드와 LED의 정상 동작을 확인할 수 있는 시뮬레이션 화면을 같이 제공하라.

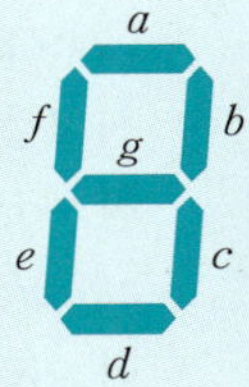


**10** 그레이 코드(gray code)는 이진 코드(binary code)에 비해서 수의 변화에 따른 비트수의 변화가 적은 장점이 있어서 데이터 경로의 팬 아웃(fan out)을 줄이고 영상의 비트 플레인 코딩(bit-plane coding)에 효과적으로 사용된다. 아래에 이진 코드와 그레이 코드의 차이점을 나타내었다.

| 10진수 | 이진 코드 | 그레이 코드 |
|---|---|---|
| 0 | 0000 | 0000 |
| 1 | 0001 | 0001 |
| 2 | 0010 | 0011 |
| 3 | 0011 | 0010 |
| 4 | 0100 | 0110 |
| 5 | 0101 | 0111 |
| 6 | 0110 | 0101 |
| 7 | 0111 | 0100 |
| 8 | 1000 | 1100 |
| 9 | 1001 | 1101 |
| 10 | 1010 | 1111 |
| 11 | 1011 | 1110 |
| 12 | 1100 | 1010 |
| 13 | 1101 | 1011 |
| 14 | 1110 | 1001 |
| 15 | 1111 | 1000 |

a) 위의 관계식을 이용하여 이진 코드를 그레이 코드로 변환시키는 VHDL 코드를 설계하라.

b) a)에서 구현한 논리회로를 검증하기 위한 테스트 벤치를 작성하고 결과 파형을 통해 확인하라.

**11** 그레이 코드(gray code)의 이진 코드 변환 과정을 카노 맵을 이용하여 최적화를 수행하면 다음과 같은 슈도 코드를 얻을 수 있다.

gray(3) = binary(3)
gray(2) = binary(3) xor binary(2)
gray(1) = binary(2) xor binary(1)
gray(0) = binary(1) xor binary(0)

a) 위의 관계식을 이용하여 이진 코드를 그레이 코드로 변환시키는 VHDL 코드를 설계하라.

b) a)에서 구현한 논리회로를 검증하기 위한 테스트 벤치를 작성하고 결과 파형을 통해 확인하라.

**12** 16비트의 벡터가 연속적으로 입력될 때 '1'인 비트의 수를 세어서 출력하는 논리회로를 VHDL로 설계하고 시뮬레이션 화면을 통하여 검증하라. 예를 들어서 모든 비트가 '0'인 경우 출력은 "00000"이 되고 모든 비트가 '1'인 경우 출력은 "10000"이 되고 한 비트만 '1'인 경우는 출력은 "00001"이 된다.

**13** 16비트의 벡터가 연속적으로 입력될 때 MSB부터 데이터를 검색하면서 처음으로 '0'이 아닌 비트의 위치를 출력하는 논리회로를 VHDL로 설계하고 시뮬레이션 화면을 통하여 검증하라. 예를 들어서 모든 비트가 '0'인 경우 출력은 "10000"이 되고 MSB만 '0'인 경우 출력은 "00001"이 되고 MSB가 '1'인 경우 출력은 "00000"이 된다.

**14** 피보나치 수열 발생기를 설계하고자 한다. 피보나치 수열은 다음의 관계식을 가진다.

$f(0) = 1$,
$f(1) = 1$,
$f(n+2) = f(n+1) + f(n)$, $n$은 자연수
피보나치 수열 예: 1, 1, 2, 3, 5, 8, 13, 21, 34, 55, ⋯

초깃값으로 1을 출력하고 클럭과 함께 입력되는 next_fibo 입력신호가 '1'이 될 경우 다음 피보나치 수열을 출력하는 피보나치 수열 발생기를 설계하고 시뮬레이션 화면을 통하여 검증하라. 피보나치 출력신호는 16비트로 설정하라.

**15** 클럭과 함께 8비트의 벡터 다섯 개가 동시에 입력될 때 5개의 값 중에서 최댓값을 다음 클럭에서 출력하는 최댓값 검출기를 설계하고 시뮬레이션 화면을 통하여 검증하라. 가급적 확장이 용이하도록 설계하라.

**16** 클럭과 함께 8비트의 벡터 11개가 동시에 입력될 때 11개의 값 중에서 최댓값을 다음 클럭에서 출력하는 최댓값 검출기를 설계하고자 한다.

a) 6번의 방법을 확장하여 설계하고 시뮬레이션 화면을 통하여 검증하라.

b) 11개 벡터의 최댓값 검출 결과가 두 클럭 뒤에 출력되도록 a)의 설계를 변경하고 시뮬레이션 화면을 통하여 검증하라.

**17** 클럭과 함께 8비트의 벡터 3개가 동시에 입력될 때 3개의 값 중에서 중간값을 다음 클럭에서 출력하는 메디안(median) 검출기를 설계하고 시뮬레이션 화면을 통하여 검증하라.

**18** 74LS164는 serial-input, parallel-output 기능을 가지는 시프트 레지스터이다. 74LS164의 논리회로 기호와 내부 회로도, 진리표는 다음과 같다.

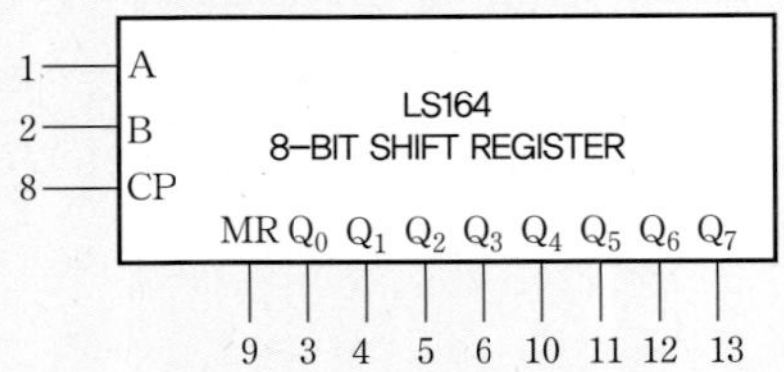


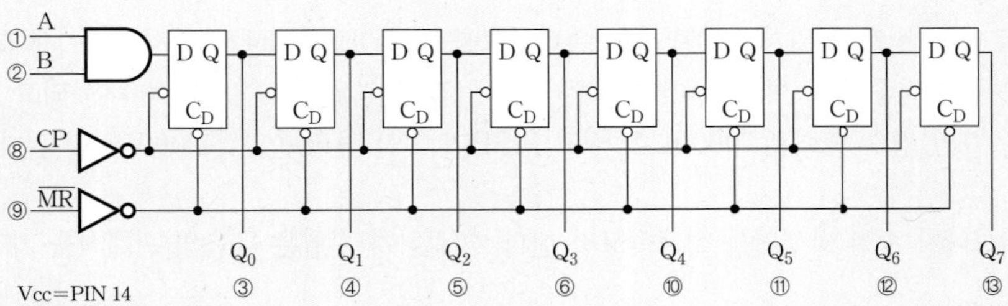


Vcc=PIN 14
GND=PIN 7
○=PIN NUMBERS

MODE SELECT-TRUTH TABLE

| OPERATING MODE | INPUTS | | | OUTPUTS | |
|---|---|---|---|---|---|
| | $\overline{MR}$ | A | B | $Q_0$ | $Q_1-Q_7$ |
| Reset(Clear) | L | X | X | L | L−L |
| Shift | H | l | l | L | $q_0-q_6$ |
| | H | l | h | L | $q_0-q_6$ |
| | H | h | l | L | $q_0-q_6$ |
| | H | h | h | H | $q_0-q_6$ |

L(l)=LOW Voltage Levels
H(h)=HIGH Voltage Levels
X=Don't Care
$q_n$=Lower case letters indicate the state of the referenced input or output one set-up time prior to the LOW to HIGH clock transtition

74LS164를 설계하고 시뮬레이션 화면을 통하여 검증하라.

**19** 74LS166은 parallel-input or serial-input, serial-output 기능을 가지는 시프트 레지스터이다. 74LS166의 핀 배치와 진리표 및 전형적인 인터페이스 타이밍도는 다음과 같다.

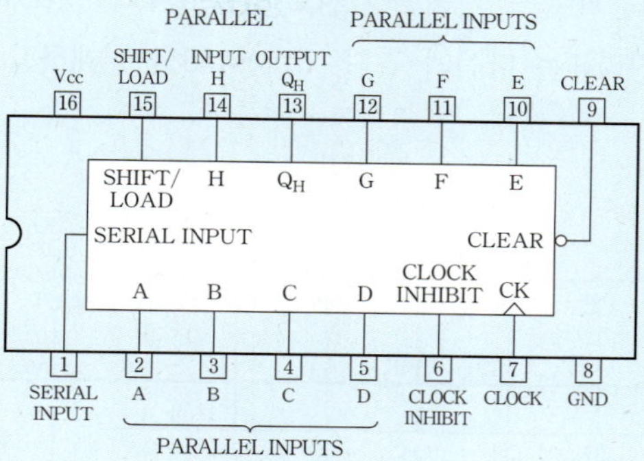


FUNCTION TABLE

| INPUTS | | | | | | INTERNAL OUTPUTS | | OUTPUT $Q_H$ |
|---|---|---|---|---|---|---|---|---|
| CLEAR | SHIFT/ ROAD | CLOCK INHIBIT | CLOCK | SERIAL | PARALLEL A…H | $Q_A$ | $Q_B$ | |
| L | X | X | X | X | X | L | L | L |
| H | X | L | L | X | X | $Q_{A0}$ | $Q_{B0}$ | $Q_{H0}$ |
| H | L | L | ↑ | X | a…h | a | a | h |
| H | H | L | ↑ | H | X | H | $Q_{An}$ | $Q_{Gn}$ |
| H | H | L | ↑ | L | X | L | $Q_{An}$ | $Q_{Gn}$ |
| H | X | H | ↑ | X | X | $Q_{A0}$ | $Q_{B0}$ | $Q_{H0}$ |

Typical Clear, Shift, Load, Inhibit, and Shift Sequences

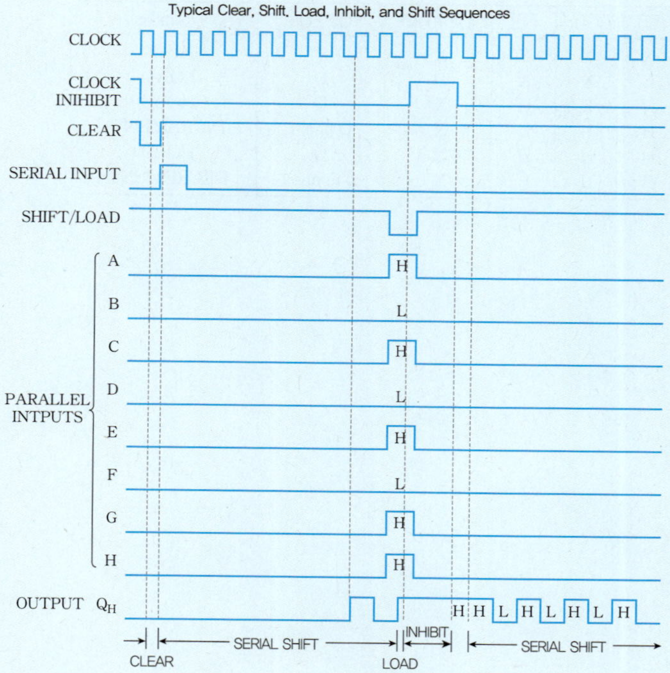

74LS166을 설계하고 위와 같은 타이밍도가 발생하도록 시뮬레이션 화면을 통하여 검증하라.

20 74LS469는 병렬 로딩 기능과 홀드 기능을 가지고 있는 8비트 up/down 카운터이다. 74LS469의 핀 배치와 진리표는 다음과 같다. 74LS469를 설계하고 시뮬레이션 화면을 통하여 검증하라.

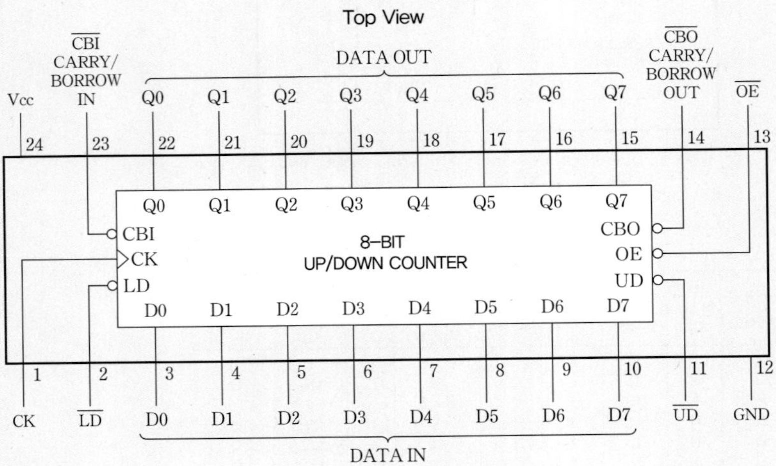


| $\overline{OE}$ | CK | $\overline{LD}$ | $\overline{UD}$ | $\overline{CBI}$ | D7−D0 | Q7−Q0 | Operation |
|---|---|---|---|---|---|---|---|
| H | X | X | X | X | X | Z | HI−Z |
| L | ↑ | L | X | X | D | D | LOAD |
| L | ↑ | H | L | H | X | Q | HOLD |
| L | ↑ | H | L | L | X | Q plus 1 | INCREMENT |
| L | ↑ | H | H | H | X | Q | HOLD |
| L | ↑ | H | H | L | X | Q minus 1 | DECREMENT |

# 부 록

contents

## 1. 부울 대수 정리 요약

| | | |
|---|---|---|
| (T1) $a+0=a$ | (T1′) $a\cdot 1=a$ | Identity |
| (T2) $a+1=1$ | (T2′) $a\cdot 0=0$ | |
| (T3) $a+a=a$ | (T3′) $a\cdot a=a$ | Idempotency |
| (T4) $a+a'=1$ | (T4′) $a\cdot a'=0$ | Complement |
| (T5) $(a')'=a$ | | Involution |
| (T6) $a+b=b+a$ | (T6′) $ab=ba$ | Commutative |
| (T7) $(a+b)+c=a+(b+c)$ | (T7′) $(ab)c=a(bc)$ | Associative |
| (T8) $a(b+c)=ab+ac$ | (T8′) $a+bc=(a+b)(a+c)$ | Distributive |
| (T9) $(ab)'=a'+b'$ | (T9′) $(a+b)'=a'b'$ | DeMorgan |
| (T10) $ab+ab'=a$ | (T10′) $(a+b)(a+b')=a$ | Adjacency |
| (T11) $a+ab=a$ | (T11′) $a(a+b)=a$ | Absorption |
| (T12) $a+a'b=a+b$ | (T12′) $a(a'+b)=ab$ | |
| (T13) $ab+a'c+bc=ab+a'c$ | (T13′) $(a+b)(a'+c)(b+c)=(a+b)(a'+c)$ | Consensus |

## 2. 게이트 기호와 진리표

### (1) NOT 게이트

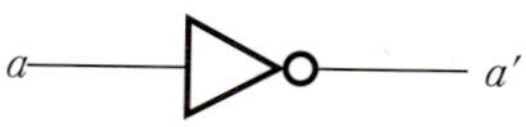


| $a$ | $a'$ |
|---|---|
| 0 | 1 |
| 1 | 0 |

### (2) AND 게이트

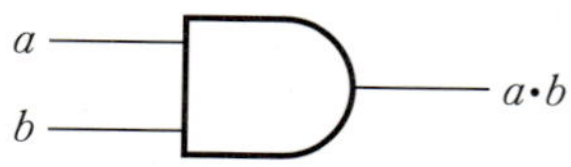


| $a$ | $b$ | $a \cdot b$ |
|---|---|---|
| 0 | 0 | 0 |
| 0 | 1 | 0 |
| 1 | 0 | 0 |
| 1 | 1 | 1 |

### (3) OR 게이트

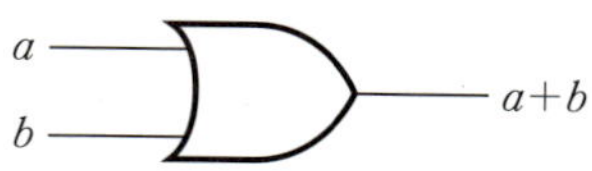


| $a$ | $b$ | $a+b$ |
|---|---|---|
| 0 | 0 | 0 |
| 0 | 1 | 1 |
| 1 | 0 | 1 |
| 1 | 1 | 1 |

### (4) NAND 게이트

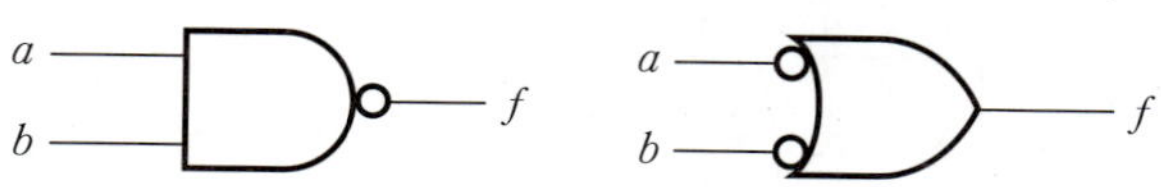


| $a$ | $b$ | $(a \cdot b)'$ |
|---|---|---|
| 0 | 0 | 1 |
| 0 | 1 | 1 |
| 1 | 0 | 1 |
| 1 | 1 | 0 |

### (5) NOR 게이트

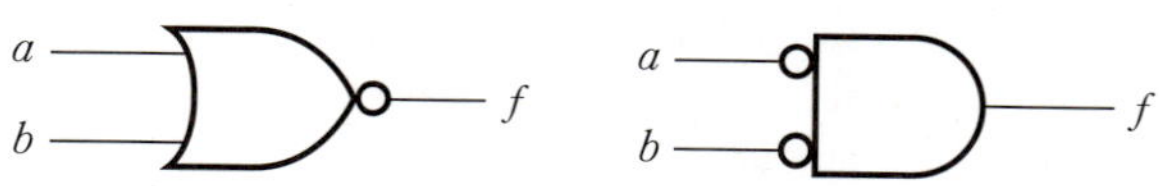


| $a$ | $b$ | $(a+b)'$ |
|---|---|---|
| 0 | 0 | 1 |
| 0 | 1 | 0 |
| 1 | 0 | 0 |
| 1 | 1 | 0 |

### (6) XOR 게이트

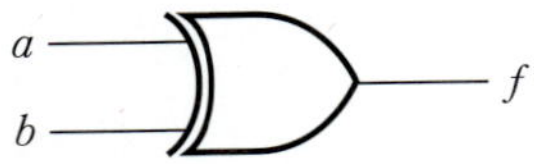


| $a$ | $b$ | $a \oplus b$ |
|---|---|---|
| 0 | 0 | 0 |
| 0 | 1 | 1 |
| 1 | 0 | 1 |
| 1 | 1 | 0 |

### (7) XNOR 게이트

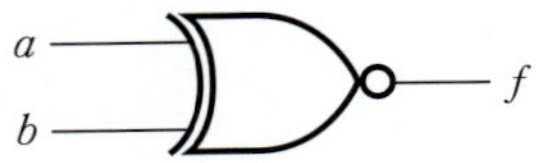


| $a$ | $b$ | $(a \oplus b)'$ |
|---|---|---|
| 0 | 0 | 1 |
| 0 | 1 | 0 |
| 1 | 0 | 0 |
| 1 | 1 | 1 |

### (8) 전송 게이트

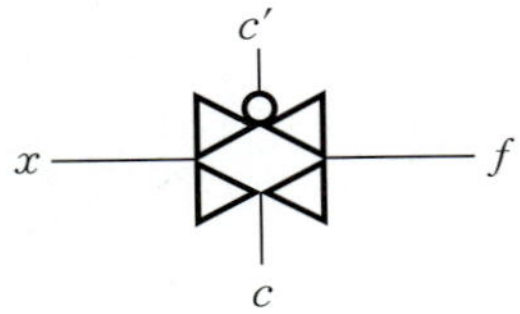


| $c$ | $f$ |
|---|---|
| 0 | $Z$ |
| 1 | $x$ |

### (9) 3상태 버퍼

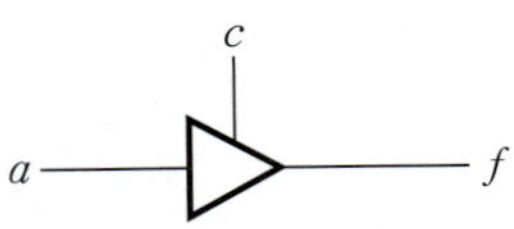


| $c$ | $a$ | $f$ |
|---|---|---|
| 0 | 0 | $Z$ |
| 0 | 1 | $Z$ |
| 1 | 0 | 0 |
| 1 | 1 | 1 |

## 3. 플립플롭 기호, 특성표, 특성식과 여기표

### (1) D 플립플롭

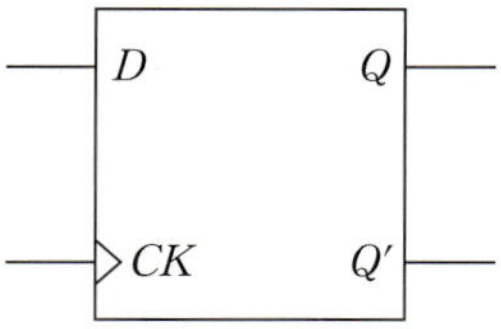


| $D$ | $Q^*$ |
|---|---|
| 0 | 0 |
| 1 | 1 |

$Q^* = D$

| $Q$ | $Q^*$ | $D$ |
|---|---|---|
| 0 | 0 | 0 |
| 0 | 1 | 1 |
| 1 | 0 | 0 |
| 1 | 1 | 1 |

### (2) SR 플립플롭

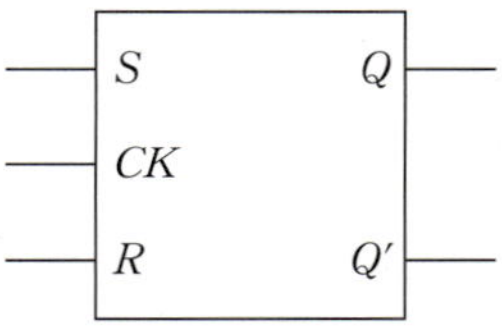


| $S$ | $R$ | $Q^*$ |
|---|---|---|
| 0 | 0 | $Q$ |
| 0 | 1 | 0 |
| 1 | 0 | 1 |
| 1 | 1 | – |

$Q^* = S + R'Q$

| $Q$ | $Q^*$ | $S$ | $R$ |
|---|---|---|---|
| 0 | 0 | 0 | X |
| 0 | 1 | 1 | 0 |
| 1 | 0 | 0 | 1 |
| 1 | 1 | X | 0 |

### (3) JK 플립플롭

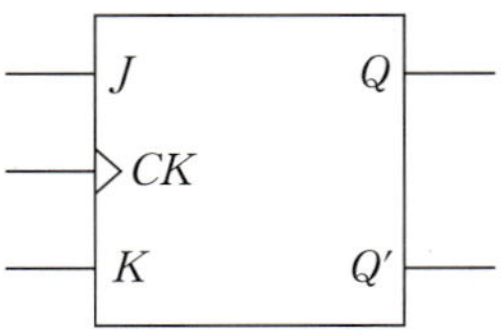


| $J$ | $K$ | $Q^*$ |
|---|---|---|
| 0 | 0 | $Q$ |
| 0 | 1 | 0 |
| 1 | 0 | 1 |
| 1 | 1 | $Q'$ |

$Q^* = JQ' + K'Q$

| $Q$ | $Q^*$ | $J$ | $K$ |
|---|---|---|---|
| 0 | 0 | 0 | X |
| 0 | 1 | 1 | X |
| 1 | 0 | X | 1 |
| 1 | 1 | X | 0 |

### (4) T 플립플롭

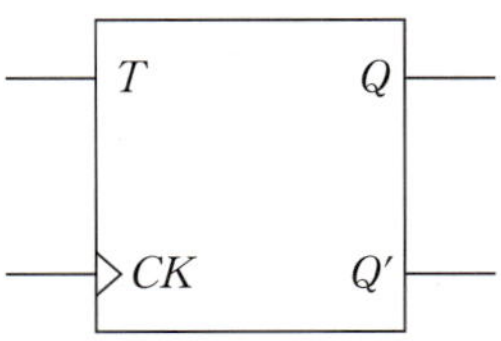


| $T$ | $Q^*$ |
|---|---|
| 0 | $Q$ |
| 1 | $Q'$ |

$Q^* = T \oplus Q$

| $Q$ | $Q^*$ | $T$ |
|---|---|---|
| 0 | 0 | 0 |
| 0 | 1 | 1 |
| 1 | 0 | 1 |
| 1 | 1 | 0 |

# 4. 표준 칩

## (1) simple gate

| 7400 | 7402 | 7404 | 7408 | 7410 |
|---|---|---|---|---|
| Quad<br>2–input NAND | Quad<br>2–input NOR | Hex<br>Inverter | Quad<br>2–input AND | Triple<br>3–input NAND |

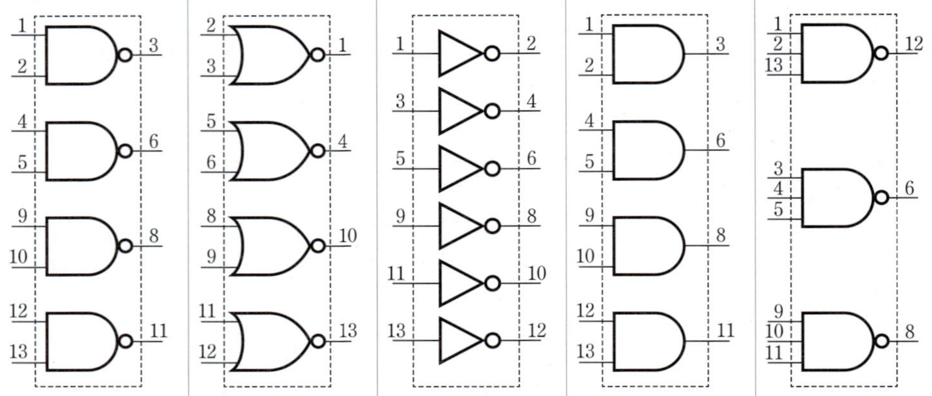


| 7411 | 7420 | 7421 | 7427 | 7430 |
|---|---|---|---|---|
| Triple<br>3–input AND | Dual<br>4–input NAND | Dual<br>4–input AND | Triple<br>3–input NOR | 8–input NAND |

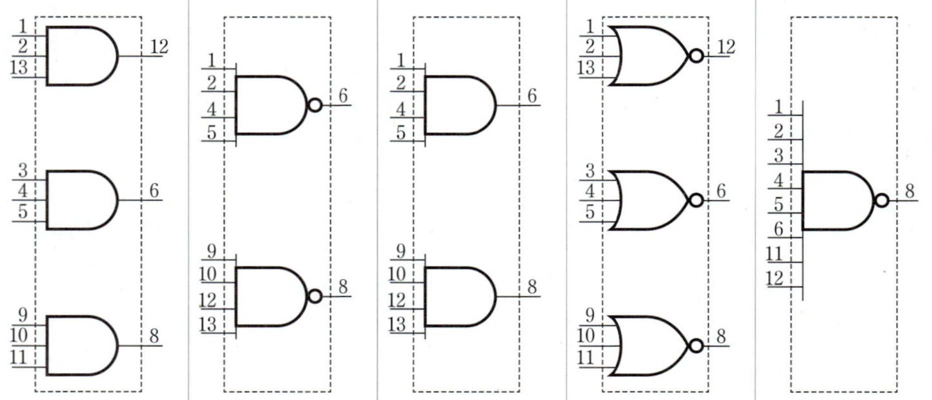

| 7432 | 7486 |
|---|---|
| Quad<br>2–input OR | Quad<br>2–input XOR |
| 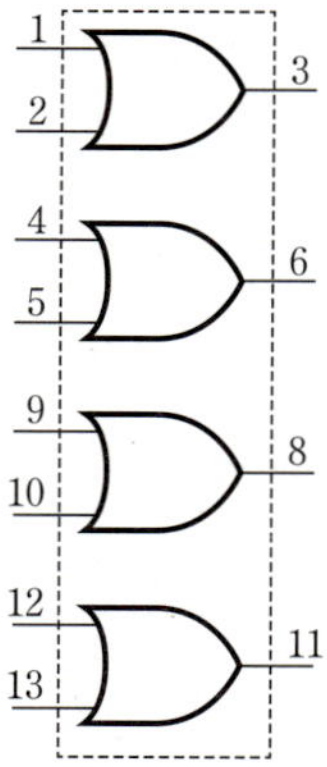 | 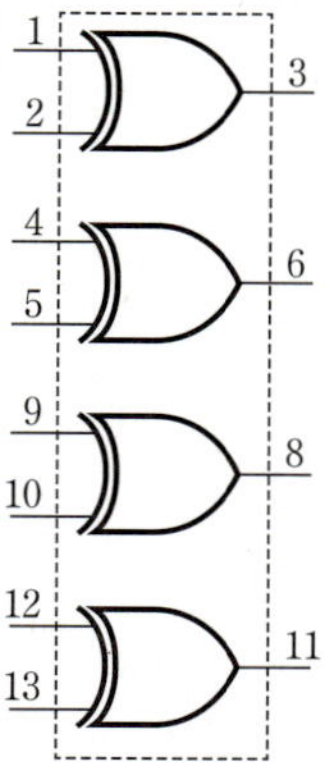 |

## (2) 조합회로 모듈

| 7449 | 7485 | 74138 | 74139 | 74148 |
|---|---|---|---|---|
| 7–segment decoder | 4–bit comparator | 3–to–8 decoder | dual 2–to–4 decoder/ demultiplxer | 8–input priority encoder |
| 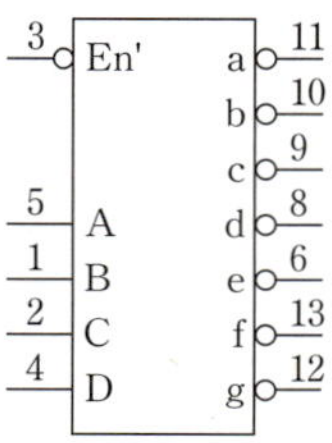 | 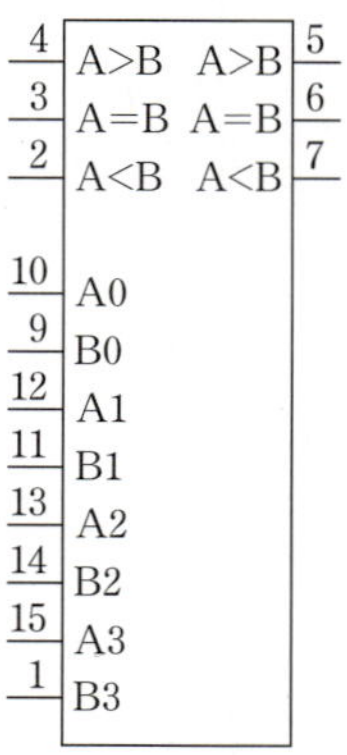 | 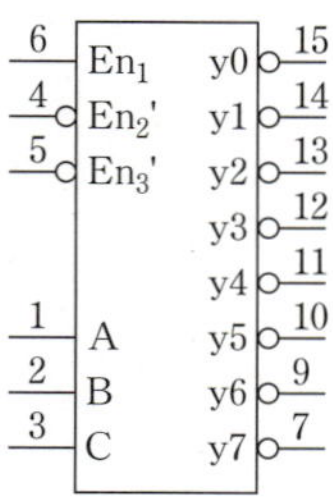 | 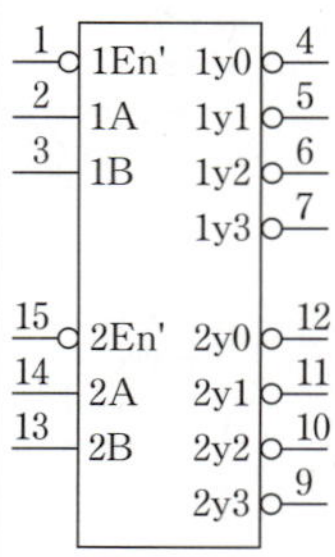 | 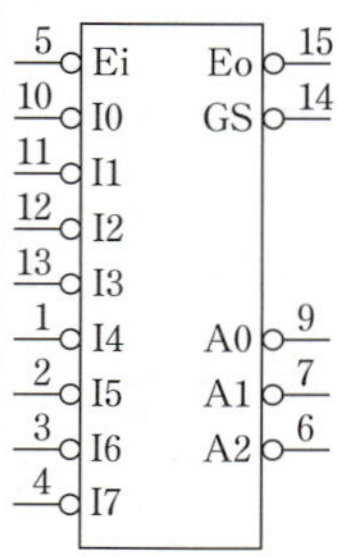 |

| 74151 | 74153 | 74155 | 74157 | 74283 |
|---|---|---|---|---|
| 8–to–1 multiplexer | dual 4–to–1 multiplexer | dual 2–to–4 decoder/ demultiplexer | quad 2–to–1 multiplexer | 4bit adder |
| 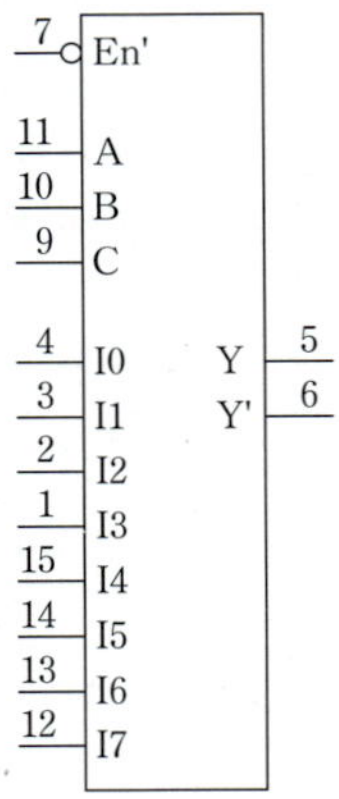 | 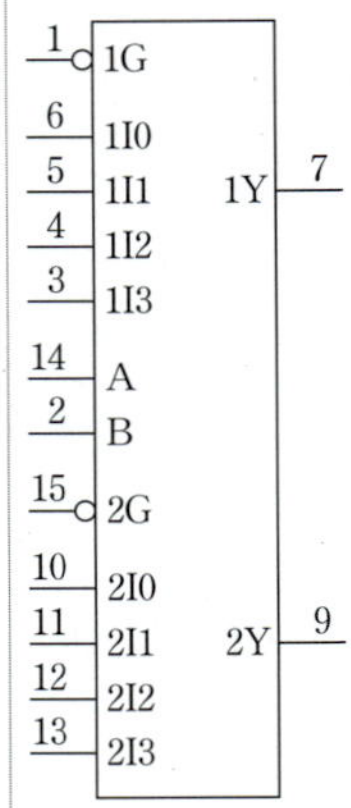 | 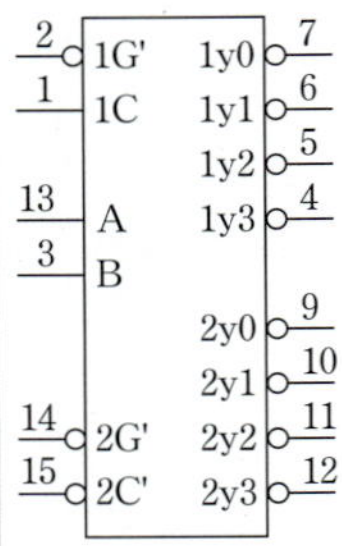 | 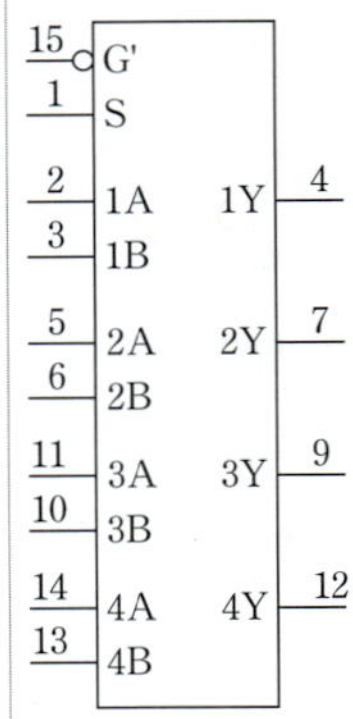 | 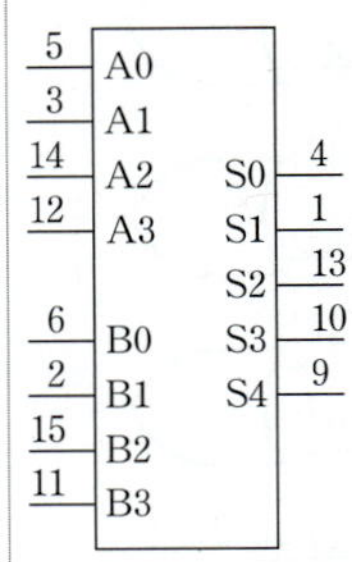 |

## (3) 플립플롭

| 7474 | 74112 |
|---|---|
| Dual D flipflop with preset and clear | Dual JK flipflop with preset and clear |
| 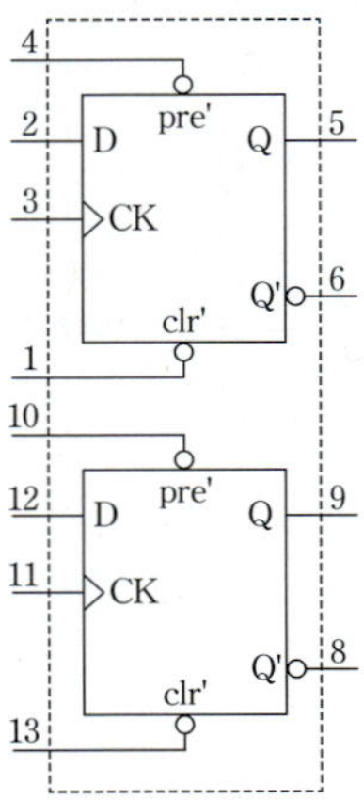 | 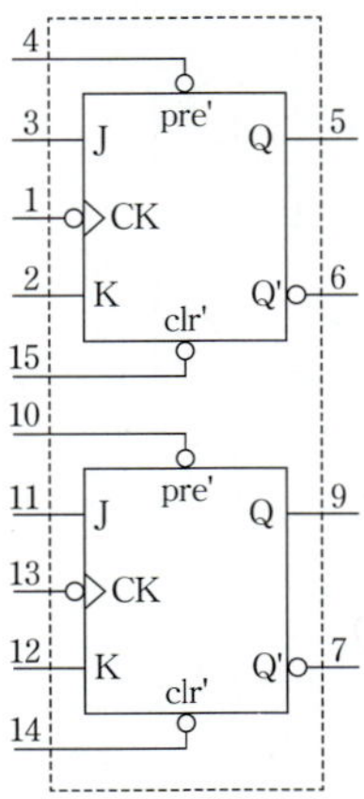 |

## (4) 카운터와 시프트 레지스터

| 7490 | 7492 | 7493 | 74160 | 74161 |
|---|---|---|---|---|
| MOD–10 (2×5)<br>비동기식 카운터 | MOD–12 (2×6)<br>비동기식 카운터 | MOD–16 (2×8)<br>비동기식 카운터 | MOD–10<br>동기식 카운터 | MOD–16<br>동기식 카운터 |
| 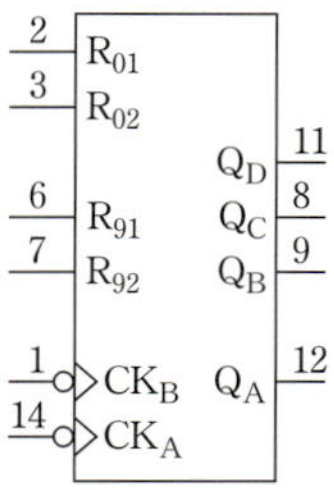<br>5: VCC<br>10: GND | 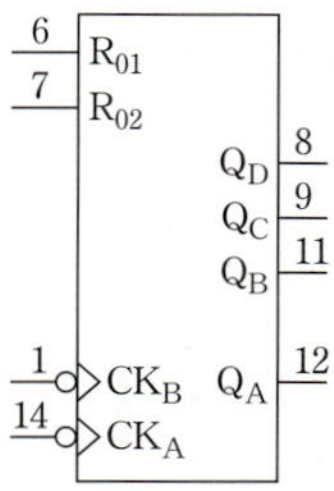<br>5: VCC<br>10: GND | 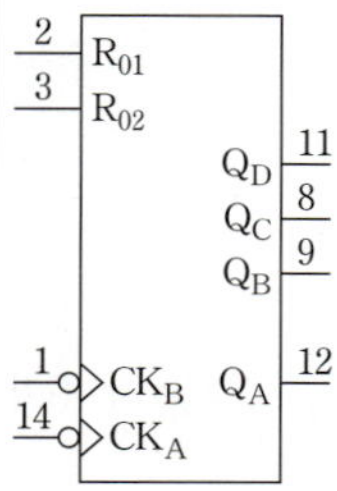<br>5: VCC<br>10: GND | 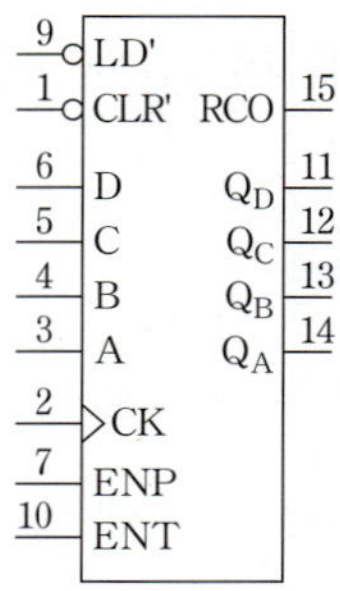 | 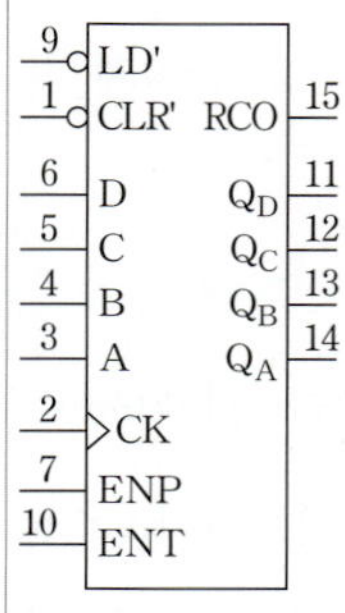 |



| 74162 | 74163 | 74164 | 74166 | 74194 |
|---|---|---|---|---|
| MOD–10<br>동기식 카운터 | MOD–16<br>동기식 카운터 | 직렬입력/병렬출력<br>시프트 레지스터 | 병렬입력/직렬출력<br>시프트 레지스터 | 다기능<br>시프트 레지스터 |
| 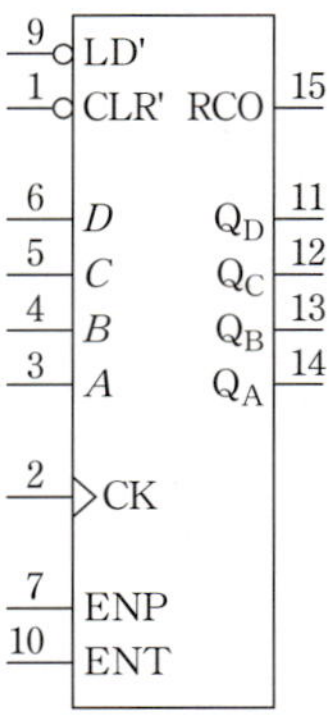 | 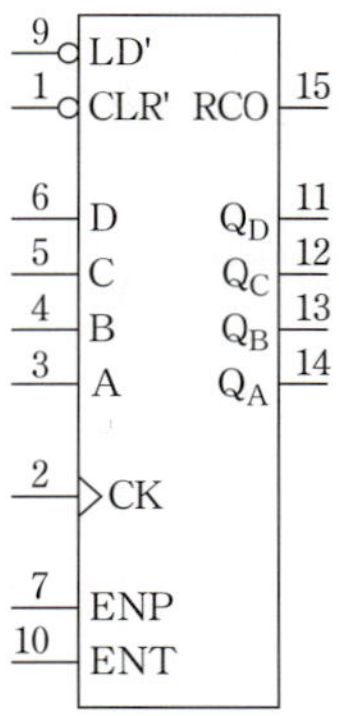 | 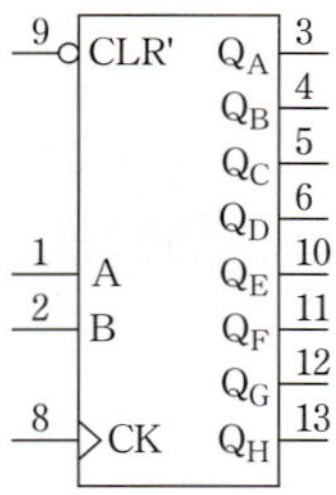 | 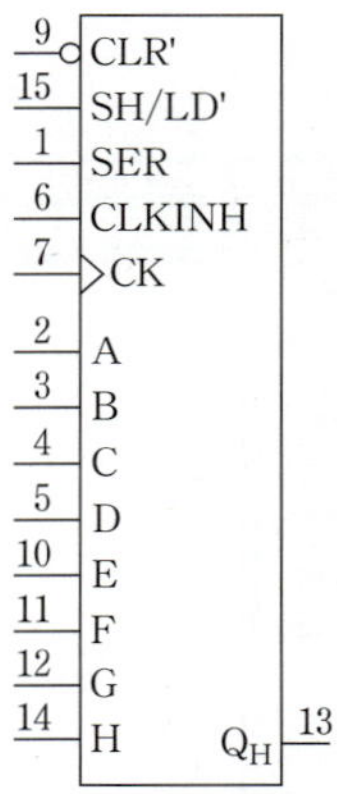 | 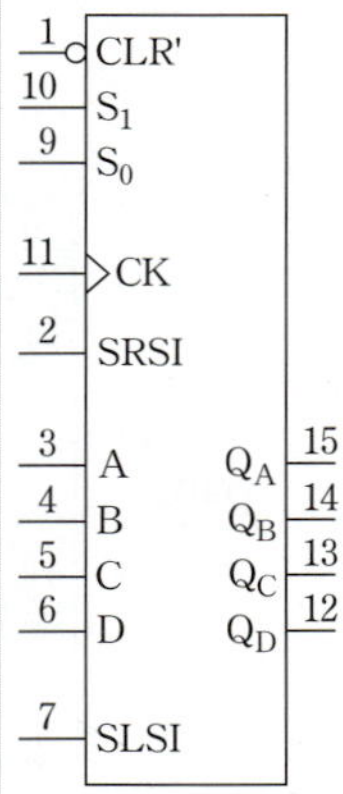 |



※ VCC와 GND 핀 번호가 명시되지 않은 칩이 14핀인 경우는 14번과 7번, 16핀인 경우는 16번과 8번 핀이 각각 VCC와 GND에 해당한다.

## 5. logisim 사용법

logisim은 GUI 툴을 이용하여 회로를 구현하고 검증할 수 있는 논리회로 시뮬레이션 프로그램으로 MS windows, Mac OS X, GNU/Linux 플랫폼에서 실행되는 무료 소프트웨어이다. 대학에서 디지털 시스템 및 컴퓨터 구조 강의에서 간단한 디지털 회로부터 CPU 설계 및 시뮬레이션까지 할 수 있는 유용한 교육용 도구이다.

### 5.1 logisim 화면 구성

다음은 logisim의 화면 구성을 보여주고 있는데, 5개의 영역이 있다.

① Menu bar: logisim 동작에 대한 메뉴들을 포함하고 있다.

② Tool bar: GUI 툴들을 보여주고 있는데, 회로 구현을 위한 기본 게이트들과 선 연결, 시뮬레이션을 위한 입력값 변경 등을 할 수 있게 한다.

③ Explorer pane: tool bar에 없는 추가적인 툴과 컴포넌트들을 포함하고 있는 library

④ Attribute table: 선택된 컴포넌트에 대한 속성을 보여주고 변경할 수 있다.

⑤ Canvas: GUI 툴을 이용하여 회로 구현을 위한 편집 창이다.

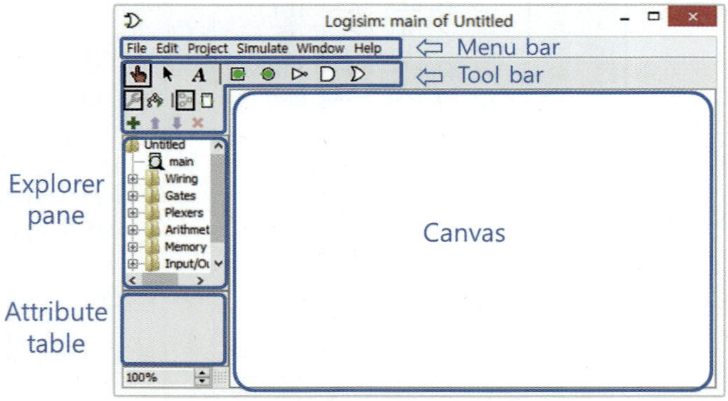


### 5.2 간단한 회로 구현 예

#### (1) 게이트 추가하기

① Tool bar에서 AND 게이트를 선택하여 편집(canvas) 영역에서 원하는 위치에 클릭하면 게이트가 나타난다.

② 게이트의 왼쪽에 5개의 파란 점이 보이는데 다른 게이트 출력과 연결되는 게이트의 입력들이다. 속성표(attribute table)에서 그림 크기, 입력 수, 게이트 방향, … 등을 설정할 수가 있다.

③ OR 게이트와 두 개의 NOT 게이트를 추가한다.

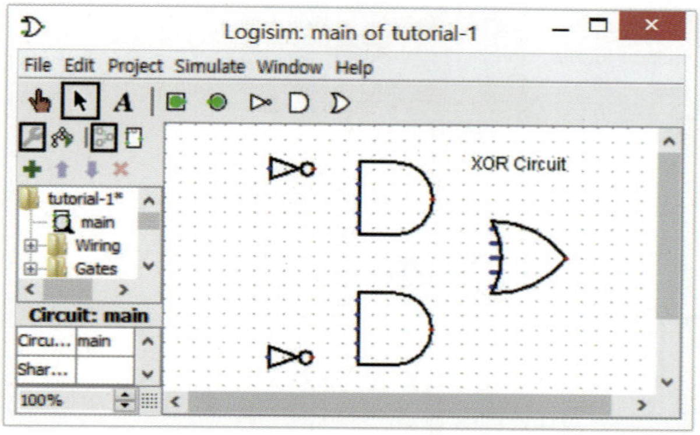


④ 회로의 입력과 출력을 위한 입력 핀( )과 출력 핀( )도 추가한다.

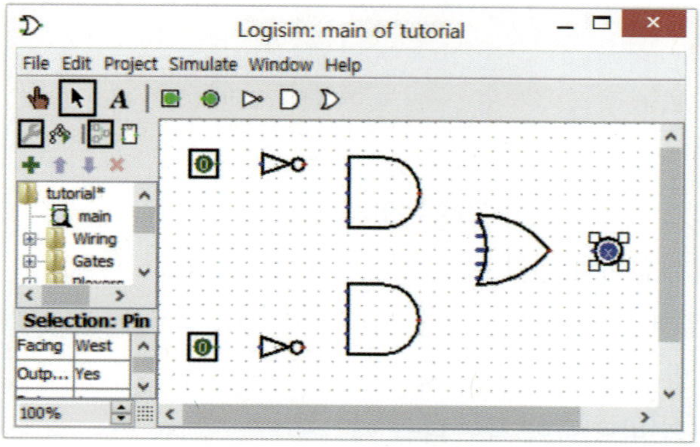


⑤ 잘못 추가된 것은 edit 메뉴에서 삭제하거나, delete 키로 삭제할 수 있다. 잘못 삭제한 것은 edit 메뉴에서 'undo' 할 수도 있다.

⑥ 게이트를 추가할 때마다 편집 도구( ) 모드로 전환이 되어 추가한 게이트를 옮길 수도 있고, 다른 게이트들과 선 연결을 할 수 있다.

⑦ CTRL-D를 누르면 선택된 게이트가 복제된다.

### (2) 선 연결하기

① 편집 도구( ↖ )를 선택하고 커서를 연결할 부분으로 옮기면 연결될 부분에 녹색 원이 나타난다.

② 마우스 버튼을 눌러 드래깅하여 연결하면 된다. 연결선은 수직, 수평으로만 연결된다.

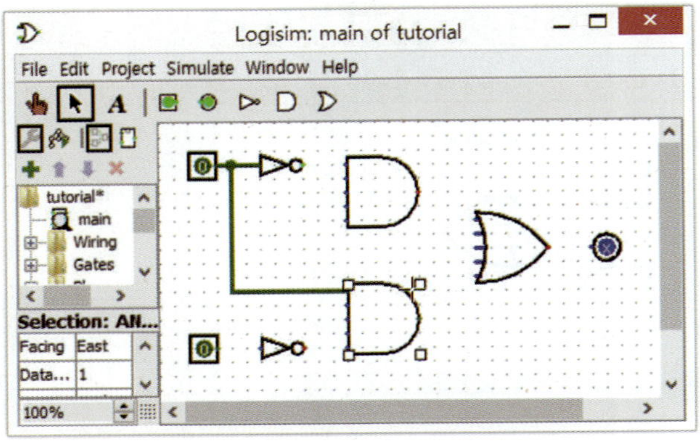


③ 선 연결하는 도중에 선 색이 파랑, 빨강 또는 회색 등으로 나타나게 되는데 현재 연결된 선의 상태를 나타낸다.

- 어두운 초록색: 1비트 논리 0
- 밝은 초록색: 1비트 논리 1
- 파랑색: 1비트 값을 가지고 있으나 값이 정해져 있지 않음
- 회색: 컴포넌트에 연결되지 않아서 선의 비트 수가 정해지지 않음
- 검정색: 비트 수가 다수일 때 하나의 논리 값을 나타낼 수 없음
- 빨강색: 값을 결정할 수 없을 때
- 주황색: 연결된 컴포넌트의 비트 폭이 서로 다를 때

④ 모든 회로 연결이 완료되면 선 색이 밝은 녹색(논리 1) 또는 어두운 녹색(논리 0)으로 될 것이다. AND 게이트와 OR 게이트의 연결되지 않은 입력은 파랑색 점으로 남아 있는데 logisim에서는 무시한다. Attribute table에서 게이트의 입력수를 필요한 만큼 줄여도 된다.

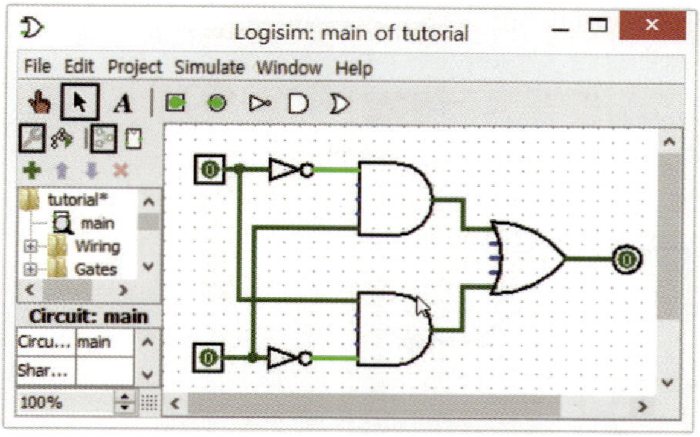


### (3) 텍스트 추가하기

① 회로도에 텍스트를 추가하는 것은 필수 사항이 아니지만 문서기록용 또는 Simulation 메뉴에서 logging 기능을 사용할 때에 입출력신호에 대한 이름이 필요할 수 있다.

② 텍스트 도구(***A***)를 선택하고 입력 핀, 출력 핀 들을 클릭하여 그 자리에 입력하는 것이 권장된다. 입력 핀과 출력 핀을 옮겨도 같이 붙어서 움직이게 된다.

③ 설계에 대한 문서화 작업을 위하여 편집 창 어디에서나 클릭하여 텍스트를 입력할 수도 있다.

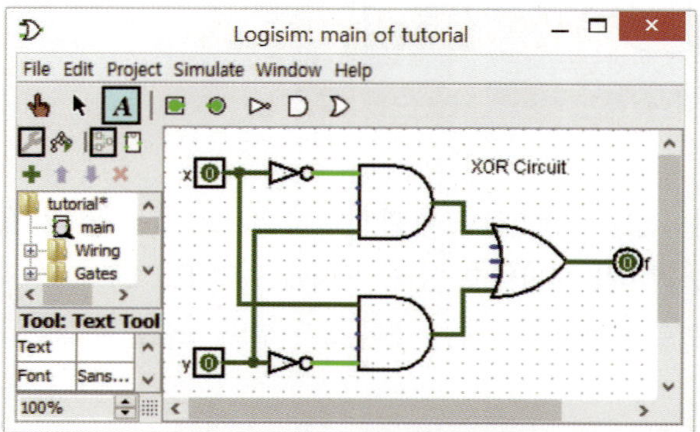


### (4) 회로 검증하기

① 회로 연결이 끝나면 logisim은 이미 회로에 대한 시뮬레이션 작업을 한 결과를 보여주게 된다. 입력 핀에 설정된 기본 값에 대하여 모든 신호선들의 값을 선 색으로 구분하여 나타내고 출력 핀의 값도 계산하여 나타낸다. 다음 그림은 입력신호 x=0, y=0에 대한 출력값 0을 나타내고 있다.

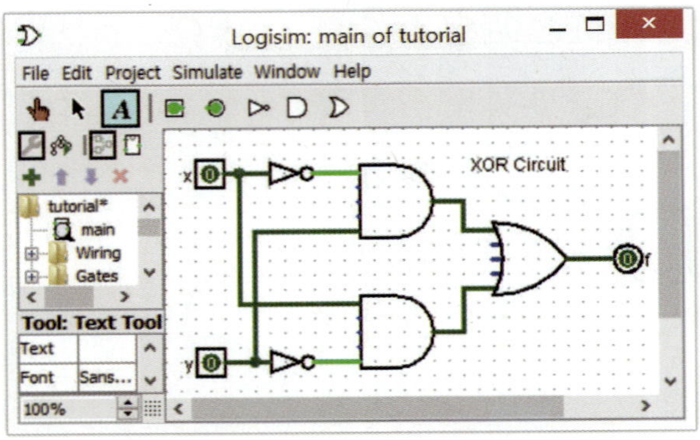


② poke 도구( )를 선택하여 입력 핀에서 클릭하면 해당 입력 핀의 값이 바뀌게 된다.

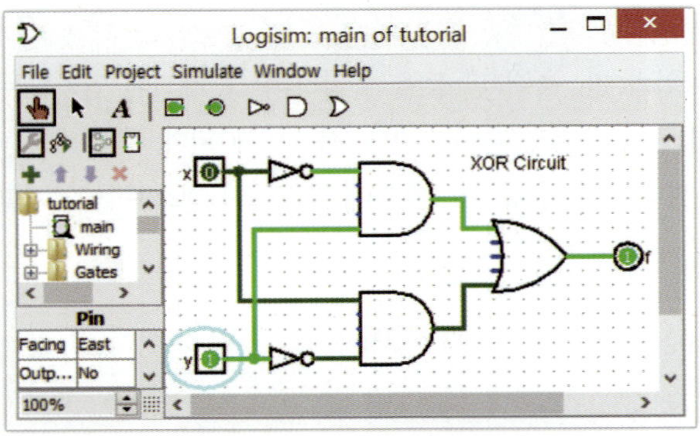


③ 입력신호 y=1로 바꾸면, 신호선들의 논리값도 바뀌어서 밝은 초록색은 논리 1을 나타내고, 어두운 초록색은 논리 0을 나타내고 있다. 동시에 출력 f도 1로 바뀐 것을 확인할 수 있다. 이런 방법으로 입력신호 x, y에 대한 모든 입력 조합을 만들어 결과를 확인할 수 있다.

④ 'Project' 메뉴에서 'Analyze Circuit'을 선택하면, 다음과 같이 회로에 대한 부울식, 카노 맵 또는 진리표 등을 보여준다.

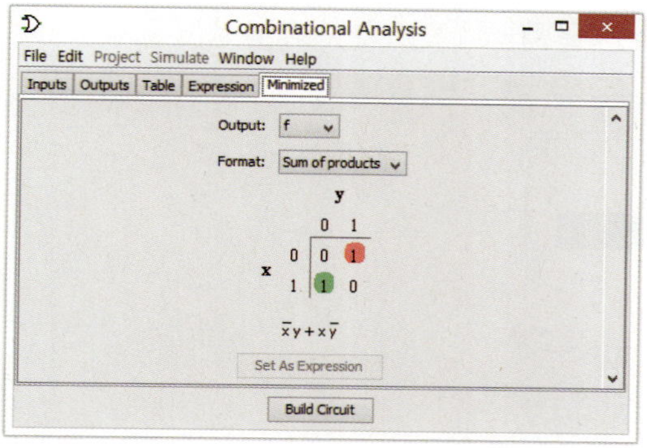


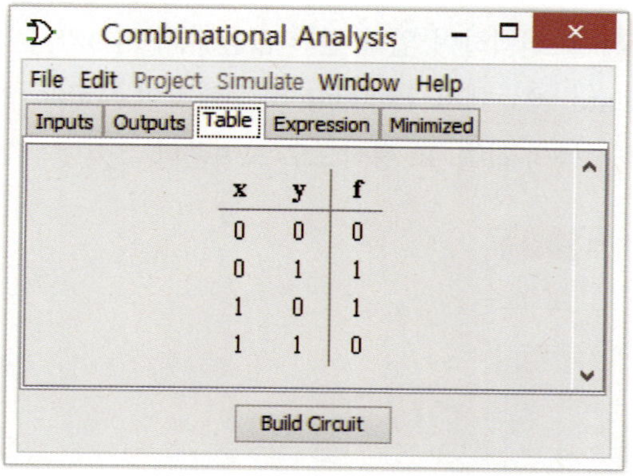


⑤ 'Simulate' 메뉴에서 'Logging'을 선택하면, 다음과 같이 회로에 대한 신호선들을 선택하여 시뮬레이션 과정에서 값들을 기록하여 표 형식 또는 파일로 볼 수 있게 한다.

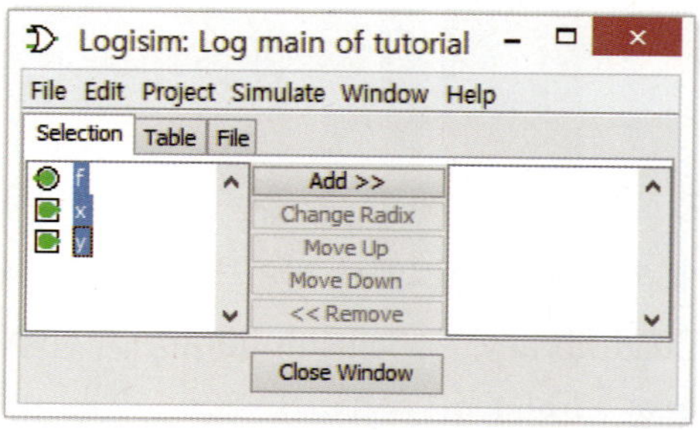


⑥ 시뮬레이션 과정에서 기록할 신호선들을 선택하여 우측으로 보내고, 표에 보여줄 신호선들의 순서를 배열한다.

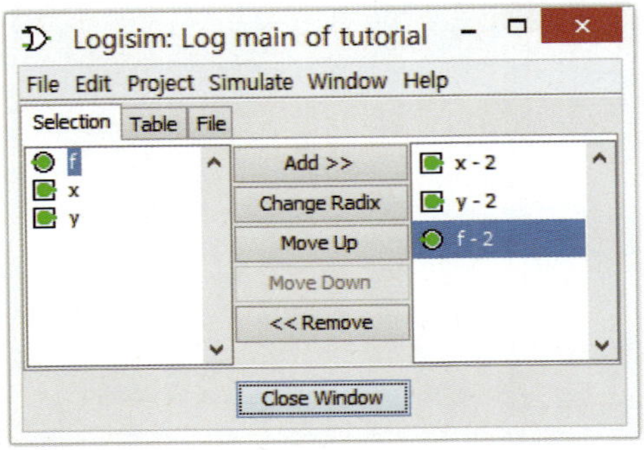


⑦ 회로 화면에 돌아가서 poke 도구( )를 선택하여 입력 핀의 값을 바꾸어 4가지 경우에 대한 시뮬레이션을 한다. 'Simulate' 메뉴에서 'Logging'을 선택하여 'Table' 탭을 선택하면 시뮬레이션한 결과의 신호선들의 값을 표 형식으로 보여준다.

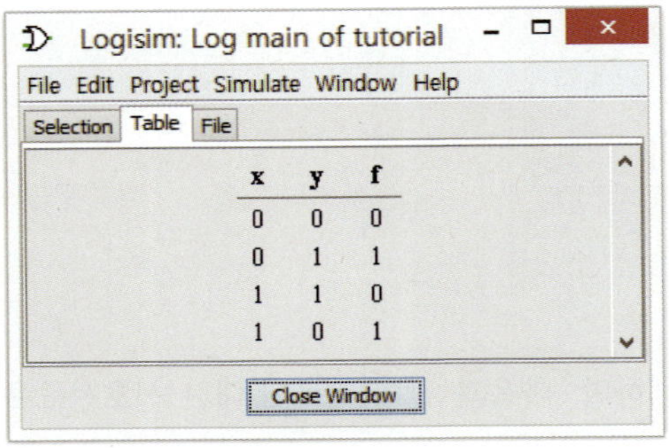


## 5.3 라이브러리와 속성

### (1) 라이브러리(Library)

logisim에서 생성한 프로젝트들은 다른 프로젝트에서 사용할 수 있는 라이브러리로 만들어진다. 즉, 회로를 만들어 저장을 하게 되면 다른 회로에서 라이브러리로 불러와서 사용할 수 있다. 즉, 'Project' 메뉴에서 'Load library' → 'logisim library'을 선택하면 이미 만들어진 회로(.circ)를 적재하여 사용할 수 있다.

logisim은 다양한 컴포넌트들을 라이브러리로 관리하고 있다. Explorer pane에서 기본으로 제공되는 라이브러리들은 다음과 같다. 각 컴포넌트의 기능은 'Help' 메뉴에서 'Library Reference'를 선택하면 컴포넌트들에 대한 자세한 설명이 제공된다.

① Wiring: splitter, pin, probe, tunnel, clock, power(VCC), GND, 상수값 0 또는 1, 전송 게이트 등을 포함하고 있다.

② Gates: AND, OR, NOT, NAND, NOR, controlled buffer(3상태 버퍼) 등의 기본 게이트들을 포함하고 있다.

③ Plexers: multiplexer, demultiplexer, decoder, priority encoder, bit selector 등을 포함하고 있다.

④ Arithmetic: adder, subtractor, multiplier, divider, negator, comparator, shifter, bit adder, bit finder 등을 포함하고 있다.

⑤ Memory: D 플립플롭, T 플립플롭, JK 플립플롭, SR 플립플롭, register, counter, shift register, random generator, RAM, ROM 등이 포함되어 있다.

⑥ Input/Output: button, joystick, keyboard, LED, 7-segment display, hex digit display, LED matrix, TTY 등이 포함되어 있다.

⑦ Base: poke tool, edit tool, select tool 등의 도구들을 포함하고 있다.

### (2) 속성(Attributes)

대부분의 컴포넌트들은 컴포넌트의 동작, 입출력 비트 수, 배치할 때의 방향 등의 여러 가지 속성(attributes)들을 가지고 있다. Attribute table 영역은 선택된 컴포넌트의 속성들을 보여주는데, 이 영역에서 속성값들을 변경하여 원하는 컴포넌트로 변경할 수 있다.

다음 그림은 입력 핀 x에 대한 속성 값들을 보여 주고 있다. 핀 배치 방향, 비트 수, 레이블 등을 설정할 수 있음을 알 수 있다.

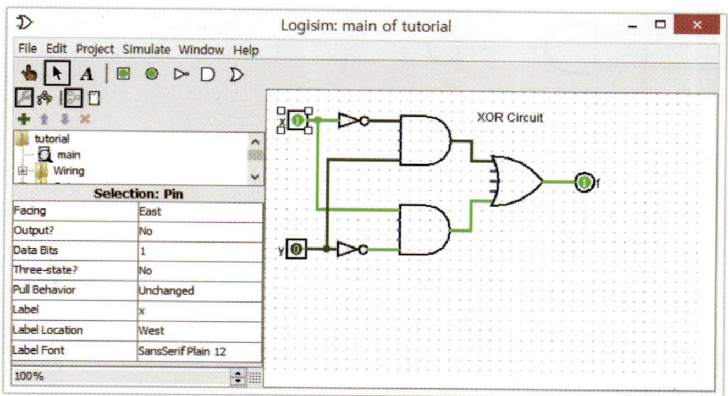

다음은 컴포넌트의 속성을 바꿔서 쉽게 시뮬레이션 용 회로를 구현하는 방법을 알아보도록 하자. 구현할 회로는 다음과 같이 8비트 데이터를 받아서 상위 4비트(nibble)과 하위 4비트끼리 각각 AND 연산을 한 출력을 만드는 회로이다. 입력 핀 8개, AND 게이트 4개, 그리고 출력 핀 4개를 연결하여 입력 데이터 1011 0011을 AND 연산을 한 결과 0011을 보여주고 있다.

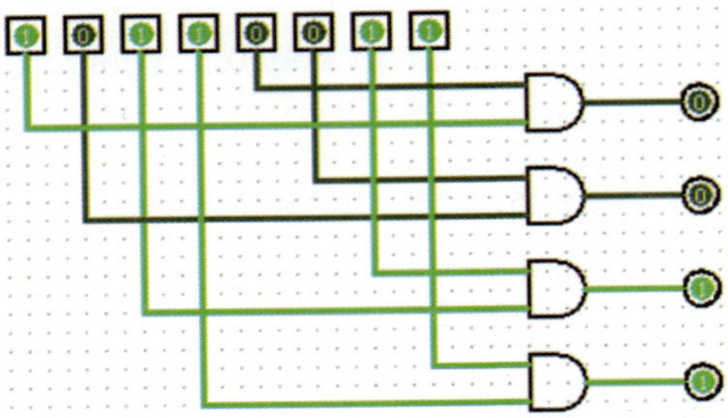

다음 그림은 입력 핀의 속성에서 데이터 비트 수를 8로 변경하고 핀에 splitter를 연결하여 구현한 것이다. 입력 핀이 8비트로 바뀌어서 8비트의 값을 핀에 보여주고 있다. splitter의 입력 비트수를 8, 그리고 팬아웃(fanout)을 8로 설정하면, splitter의 입력 8비트가 8개로 갈라져 나오는 형태로 바뀐다.

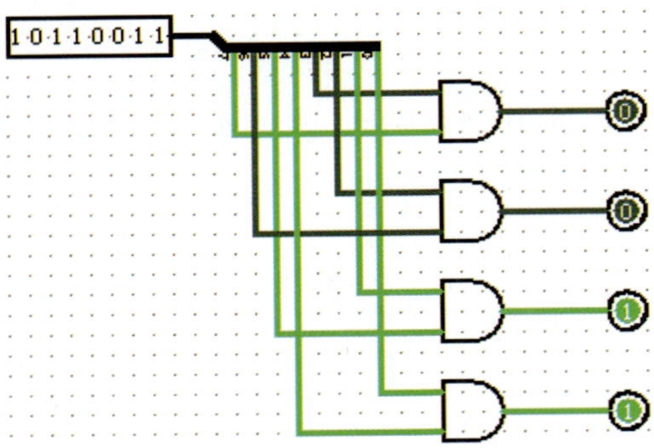

다음 그림은 게이트의 속성을 바꾸어 게이트 하나를 사용하여 위와 같은 동작을 하는 시뮬레이션 회로를 구현한 것이다. splitter의 팬아웃은 8개에서 2개로 변경하여 팬아웃 각각이 4비트를 나타내게 된다. 2입력 AND 게이트의 입력수는 2이지만 데이터 비트수를 4로 바꾼 것이다. AND 게이트 출력에 연결된 출력 핀도 데이터 비트수를 4로 바꿔야 한다. 즉, 입력 핀 하나가 4비트를 나타내고 있다. 똑같은 입력 데이터 1011 0011에 대한 출력 0011을 보여주고 있다.

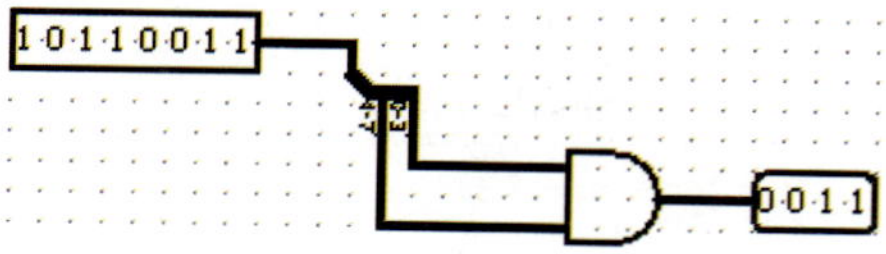


### 5.4 subcircuit

회로가 복잡해지면 작은 모듈을 설계하여 설계된 모듈을 반복 이용하여 전체 회로를 계층적 구조로 쉽게 구현할 수 있다. subcircuit 모듈을 생성하고, 이 모듈을 사용하여 계층적 구조로 설계하는 방법을 알아보자.

#### (1) subcicuits 생성

① 'Project' 메뉴에서 'add circuit'을 선택하고, 회로 이름을 입력한다. 예를 들어 '2-to-1 mux'를 입력하면 Explorer pane에 '2-to-1 mux' 이름이 나타난다.

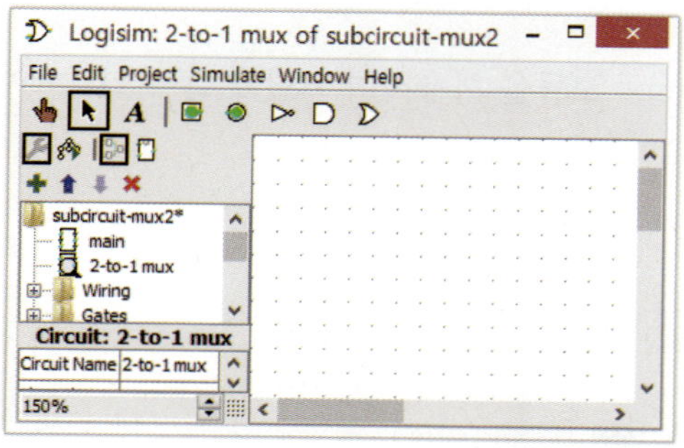


② 다음과 같이 '2-to-1 mux' 회로를 완성하면 이 모듈을 다른 회로에서 블록도 모양으로 추가하여 사용할 수 있게 된다.

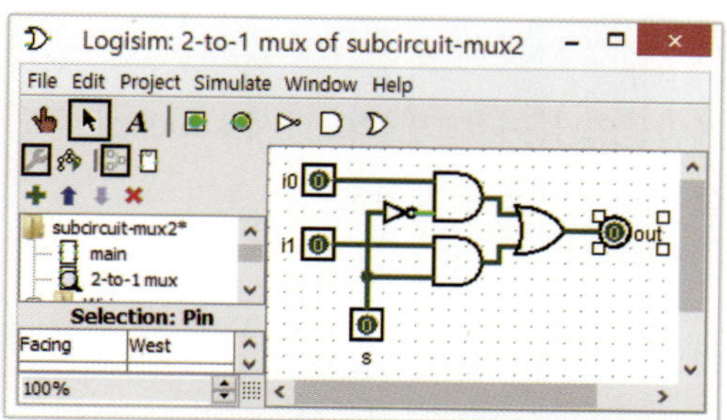

(2) subcicuits 사용

앞에서 만든 '2–to–1 mux'를 사용하여 새로운 subcicuit '4–to–1 mux'를 만들어 보자.

① 'Project' 메뉴에서 'add circuit'을 선택하여 회로 이름으로 '4–to–1 mux'을 입력한다.

② Explorer pane에서 '2–to–1 mux'를 선택하고 편집 영역인 canvas에서 마우스를 클릭하면 '2–to–1 mux' 모듈이 박스 형태의 블록도로 추가된다.

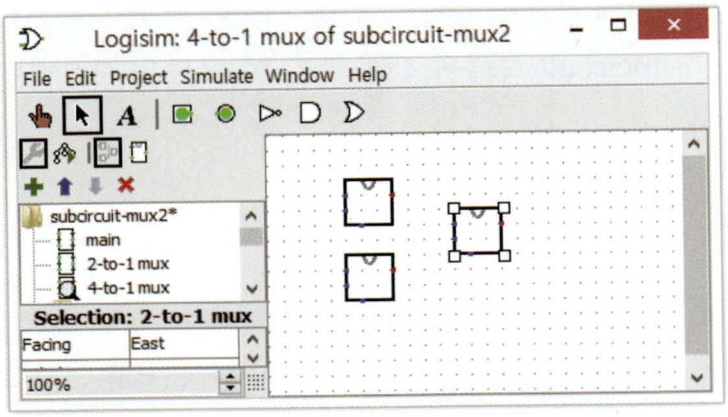


③ '4–to–1 mux' 는 세 개의 '2–to–1 mux' 모듈을 사용하여 그림과 같이 연결하여 완성한다.

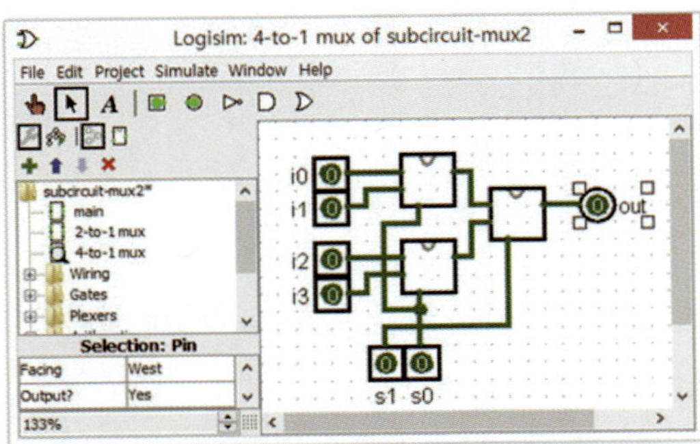


④ subcircuit 원본 회로에서 각 핀에 레이블이 붙여졌으면 회로에서 subcircuit 모듈의 핀 근처에 커서를 움직이면 그림과 같이 핀 레이블을 보여준다.

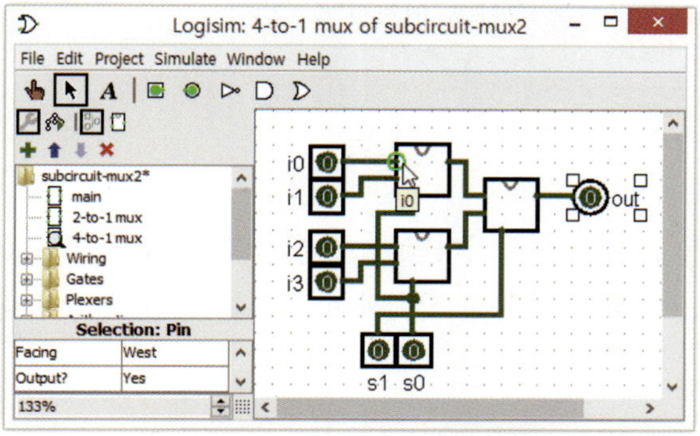


⑤ 완성된 '4-to-1 mux'는 또 다른 회로에서 모듈로 불러와서 회로 설계에 사용할 수 있다. 이렇게 모듈을 nesting 하는 데는 제한이 없다.

### (3) subcicuits 모듈 모양 편집

subcircuit 모듈의 모양을 편집하여 모듈의 특성을 나타내는 형태로 변형하는 방법에 대하여 알아보자. 다른 회로에서 subcicuit 모듈을 추가하면 북쪽을 의미하는 (V) 형의 표시가 있는 사각형 모양으로 나타난다. 모듈의 핀 위치는 원본 회로에서 핀의 상대적 위치와 일치하게 배치된다. 앞에서 설계한 '2-to-1 mux' 모듈에 대한 모양과 핀의 위치를 편집하는 방법에 대하여 알아보자.

① 'Project' 메뉴에서 'Edit Circuit Appearance'을 선택하거나, 툴바에서 가장 우측에 있는 박스 모양의 아이콘()을 선택한다. 선이 연결된 초록색 원은 'anchor'인데 subcircuit마다 하나가 존재하는데 모듈을 추가할 때의 방향과 위치의 기준점이 된다. 파랑색 사각형은 입력 핀, 파랑색 원은 출력 핀을 나타낸다.

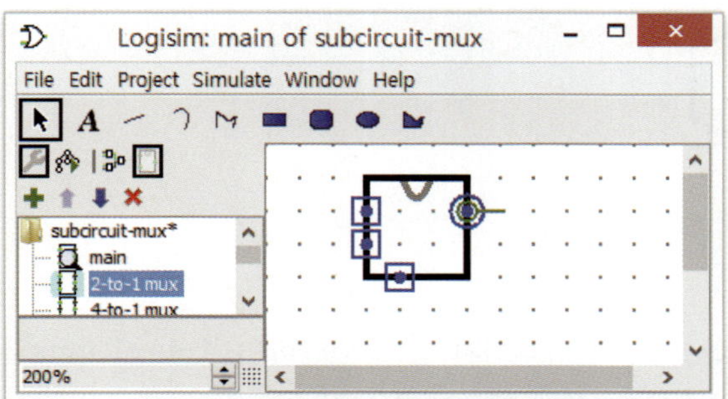

② 여러 가지 모양 편집 툴을 사용하여 모듈 모양을 편집할 수 있다.

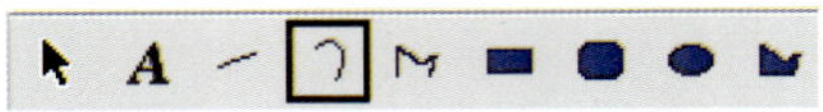


③ 가장 우측의 다각형 모양의 툴을 선택하여 사다리꼴 모양을 그리고 핀들과 anchor를 사다리꼴 모양으로 옮기고 원본 사각형은 삭제하여 우측과 같은 모양을 완성한다.

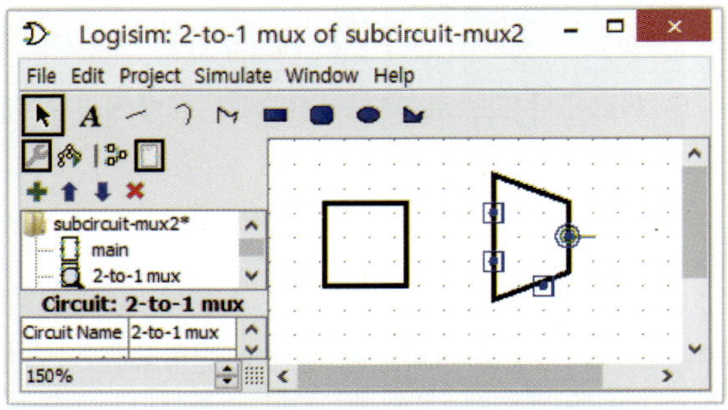


④ 원본 회로의 입출력 핀에 레이블이 붙여 있어도 모듈의 블록도에는 나타나지 않는다. 그러나 모듈 모양 편집 창에서 텍스트 도구(***A***)를 사용하여 입력된 텍스트들은 이 모듈을 사용할 때 블록도에 나타난다. 입력 핀 옆에 텍스트를 입력하고, 커서 모드에서 텍스트의 위치와 Attribute Table 테이블에서 폰트 크기를 조절한다.

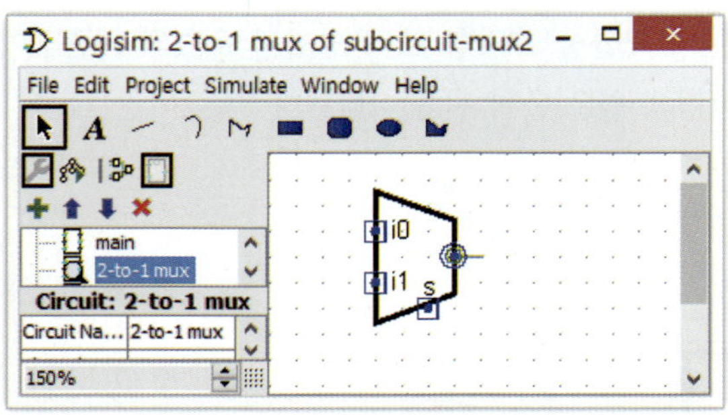


⑤ 세 개의 '2–to–1 mux' 모듈을 사용하여 그림과 같이 연결하여 '4–to–1 mux'를 완성한다. '2–to–1 mux' 모듈 내부의 핀 옆에 텍스트가 보인다.

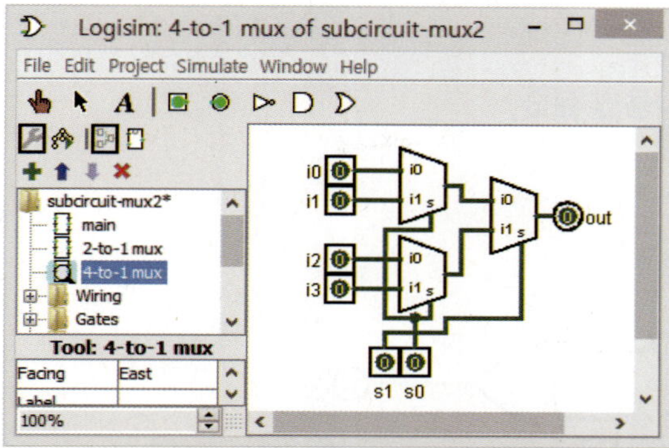
Logisim: 4-to-1 mux of subcircuit-mux2
File Edit Project Simulate Window Help
subcircuit-mux2*
main
2-to-1 mux
4-to-1 mux
Wiring
Gates
Tool: 4-to-1 mux
Facing
East
100%
i0
i1
i2
i3
out
s1
s0

## 6. 실습

### 6.1 기본 게이트 동작 및 Logisim 사용법 실습

#### (1) 간단한 조합회로 동작 확인

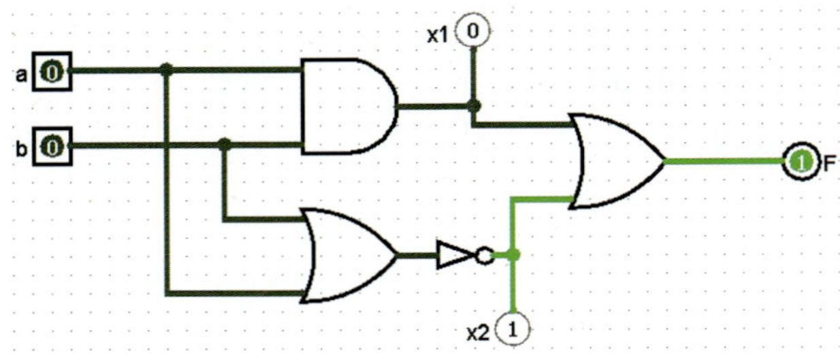


① 한 개의 AND 게이트, 두 개의 OR 게이트, 한 개의 NOT 게이트를 선택하여 회로 canvas에 넣고, 두 개의 입력 핀과 1개의 출력 핀을 추가한다.

② 선 연결을 통하여 회로를 완성하고 내부 신호선을 확인하기 위하여 wiring 툴에서 probe를 선택하여 추가하고 x1과 x2 신호선에 연결한다.

③ 각 입력 핀, 출력 핀, probe들에 대한 이름(label)을 붙인다.

④ simulate 메뉴의 logging 기능을 이용하여 시뮬레이션 과정에 값들을 기록하여 표로 확인하라.

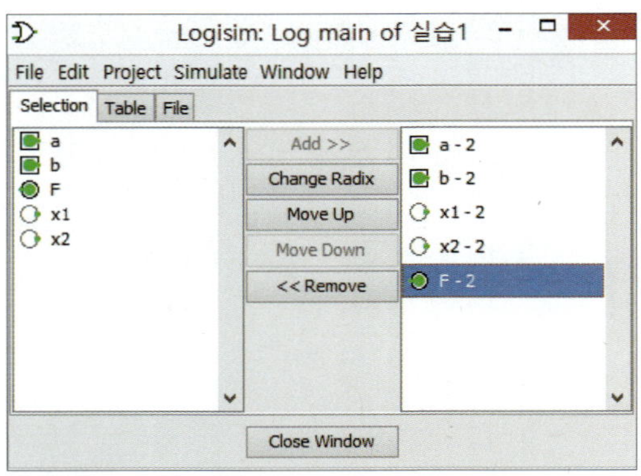


⑤ poke 툴을 사용하여 입력 핀의 신호값을 변경하면서 출력 핀 값을 확인한다.

⑥ simulate 메뉴의 logging 기능을 이용하여 입력신호 값을 변화시키면서 시뮬레이션 한 기록 결과를 표를 통하여 확인한다.

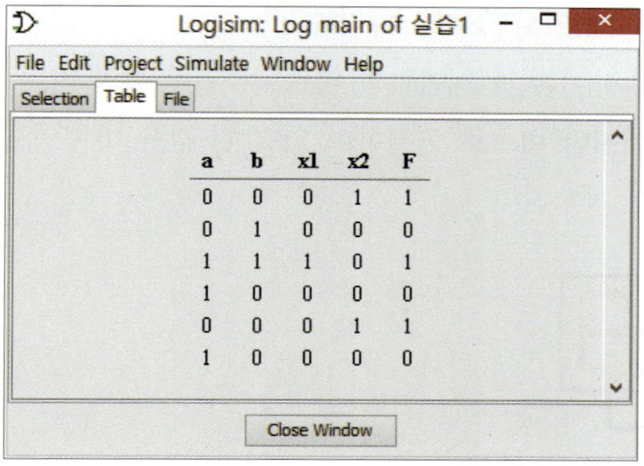


| a | b | x1 | x2 | F |
|---|---|---|---|---|
| 0 | 0 | 0 | 1 | 1 |
| 0 | 1 | 0 | 0 | 0 |
| 1 | 1 | 1 | 0 | 1 |
| 1 | 0 | 0 | 0 | 0 |
| 0 | 0 | 0 | 1 | 1 |
| 1 | 0 | 0 | 0 | 0 |

### (2) display와 splitter 실습

출력신호를 확인하기 위래 LED를 사용할 수 있지만 카운터와 같이 숫자 데이터를 출력하는 경우는 hex digit display를 사용하면 편리하다.
hex digit display를 연결할 때에 아래쪽의 좌측은 4비트의 데이터 입력선이고, 바로 오른쪽은 1비트로 dot를 on/off 하는 입력선이다.

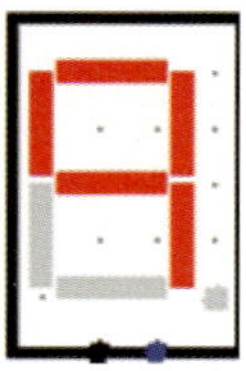

① 다음 그림과 같이 4개의 입력 핀과 4개의 버퍼를 연결하고, 버퍼 출력에 LED 4개를 연결하고 4개의 비트 값을 hex digit display를 통하여 출력하도록 splitter를 사용하여 연결하라.

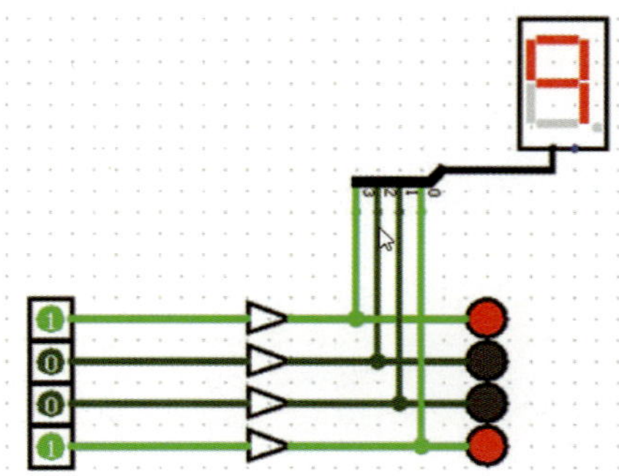

② poke 툴을 사용하여 입력 핀 값을 바꾸면서 출력을 확인하라.

③ 하나의 입력 핀, 하나의 버퍼를 선택하여 버퍼 게이트의 비트 수, 입력 핀의 비트수를 4로 변경하여 다음과 같이 4비트 데이터 버스로 연결하여 입력 핀 값을 바꾸면서 출력을 확인하라.

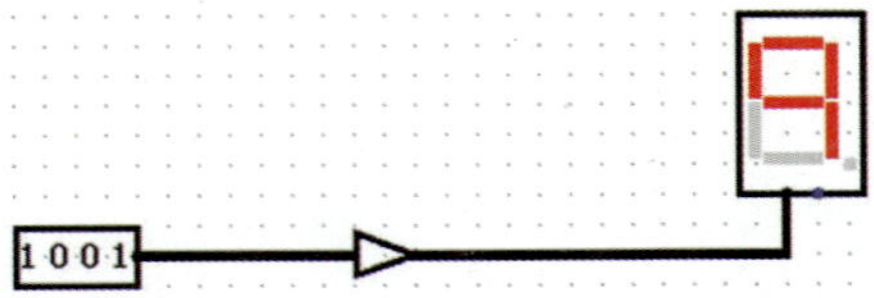


(같은 모양의 표시 장치인 seven segment를 사용하는 경우는 7449 또는 7448과 같은 7-segment decoder를 사용하여 연결해야 한다.)

### (3) XOR 함수 실습

① XOR 함수를 나타내는 아래 회로를 구현하라.

② 내부 신호선(각 NAND 게이트 출력)에 probe(Wiring library)를 연결하라.

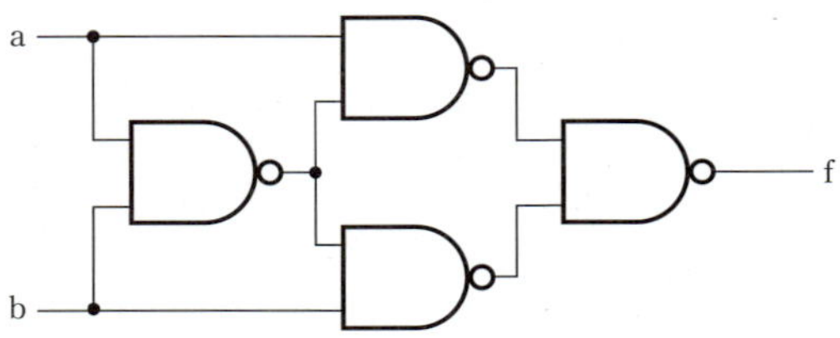


③ 회로를 나타내는 부울식에서 간략화된 표준 형태의 곱의 합 형태의 부울식을 구하라.

④ logging 기능을 이용하여 모든 입력신호 조합에 대한 내부 신호선과 출력신호 값을 확인하라.

## 6.2 가감산기 실습

### (1) 반가산기

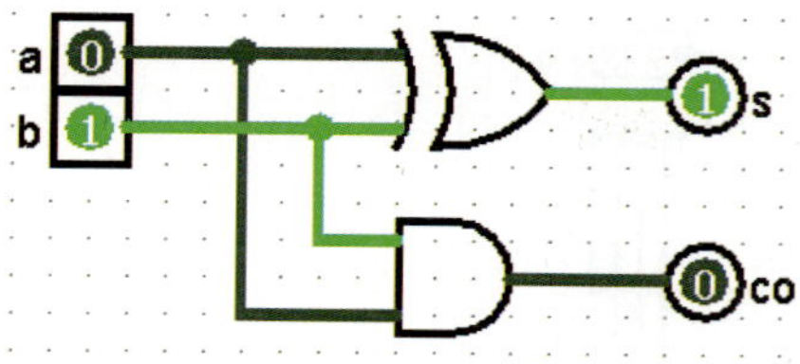


① subcircuit 'halfadder'의 이름으로 위 회로를 구현하라.

② 입력 a, b의 4가지 조합에 대한 출력을 반가산기의 진리표와 비교하여 반가산기 회로의 동작을 검증하라.

### (2) 전가산기

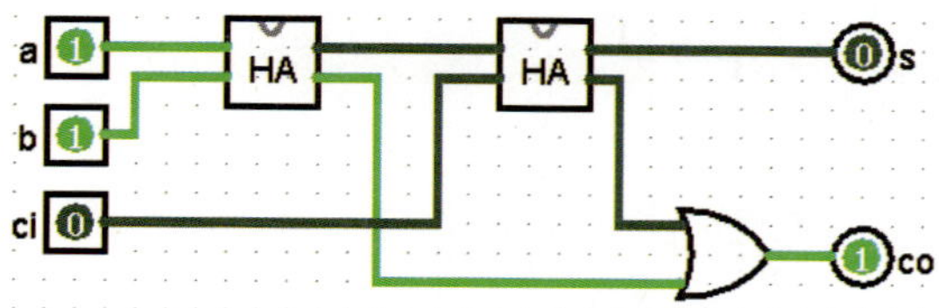


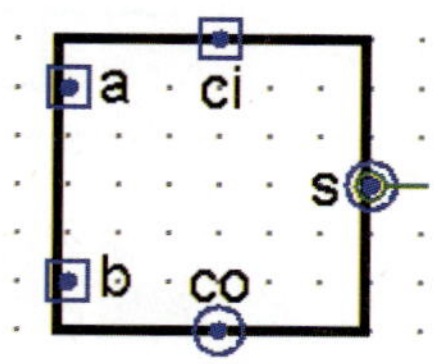


① subcircuit 'fulladder'의 이름으로 위 회로를 구현하라. 앞에서 만든 'halfadder' 모듈을 사용하여 구현한다. subcircuit 모양 편집을 통하여 우측과 같이 ci 입력은 위쪽, co 출력은 아래쪽으로 배치하고, 텍스트 입력 기능을 사용하여 입출력 핀 옆에 레이블을 붙인다.

② 입력 a, b, ci의 8가지 조합에 대한 출력을 전가산기의 진리표와 비교하여 전가산기 회로의 동작을 검증하라.

### (3) 4비트 가감산기

① 앞에서 만든 'fulladder' 모듈을 사용하여 4비트 가감산기 회로를 구현한다.

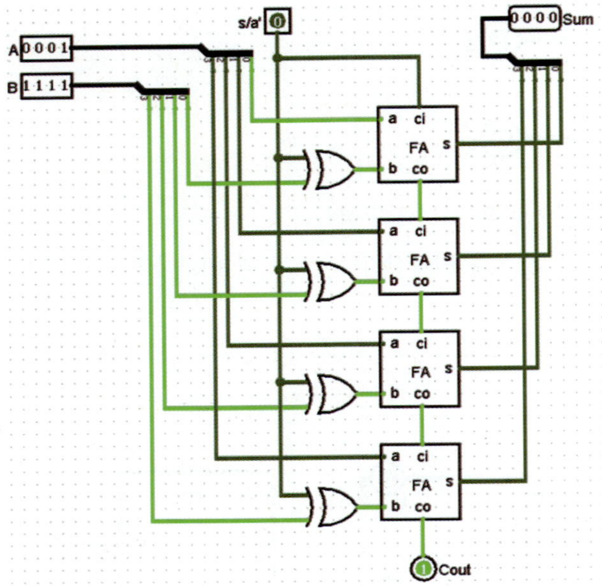


② 입력 A, B는 4비트 데이터로 설정하고 splitter를 사용하여 연결한다. 출력 노드 sum도 4비트 데이터로 설정하고 splitter를 사용하여 연결한다.

③ 입력 A와 B에 대한 다음 샘플에 대한 덧셈과 뺄셈을 계산하여 회로의 출력과 비교하여 가감산기 회로의 동작을 검증하라.

a) 0101 + 0110 (5 + 6)

b) 0101 − 0110 (5 − 6)

c) 0001 + 1111 (1 + (−1))

d) 0001 − 1111 ( 1 − (−1))

## 6.3 비교기 실습

### (1) 1비트 비교기

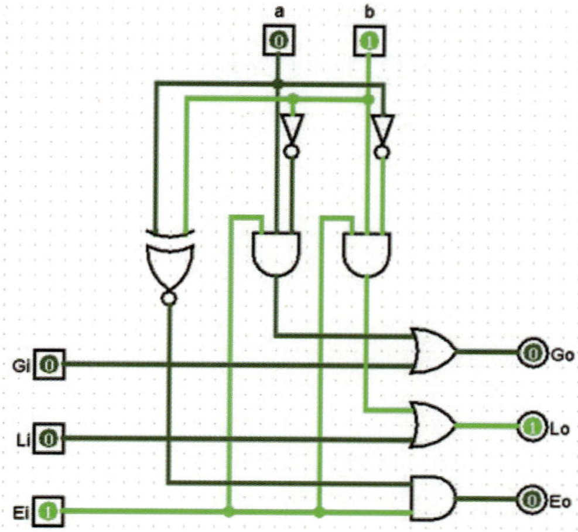


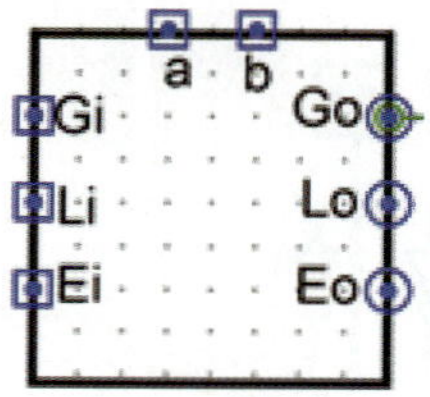


① 그림과 같은 1비트 비교기 모듈을 구현하라.

② Gi=0, Li=0, Ei=1로 설정하고, 입력 a, b의 4가지 조합에 대한 출력 Go, Lo, Eo 값을 검증한다.

③ Gi=1이거나, Li=1일 때, 입력 a, b의 4가지 조합에 대한 출력을 확인하라.

④ subcircuit 모양 편집의 텍스트 입력 기능을 사용하여 입출력 핀 옆에 레이블을 붙인다.

### (2) 4비트 비교기

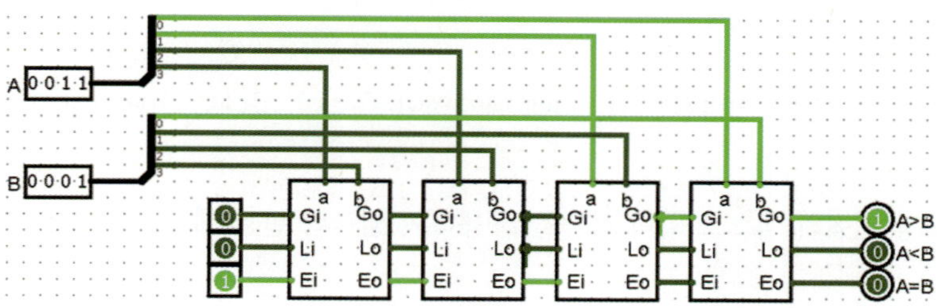


① 그림과 같이 4개의 1비트 비교기 모듈을 추가하여 서로 연결하고, 4비트 입력 노드 A와 B를 추가하고 splitter를 사용하여 4개의 1비트 비교기 모듈에 해당 입력 비트들을 연결한다.

② 다음과 같은 입력 A, B 샘플에 대한 출력을 확인하고 회로의 동작을 검증하라.

a) A = 0101, B = 0010

b) A = 0100, B = 0101

c) A = 0110, B = 0110

d) A = 1110, B = 1111

## 6.4 디코더 실습

### (1) 활성화 입력이 있는 2-to-4 디코더

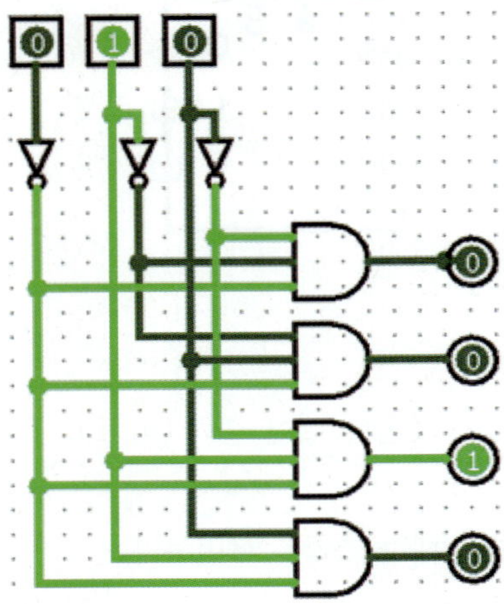

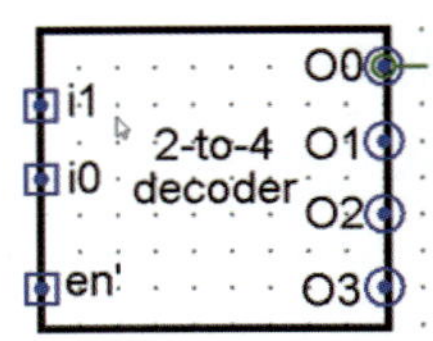


① 그림과 같이 active low인 활성화 입력이 있는 2-to-4 디코더를 구현하고, 활성화 입력 en′=0일 때, 입력신호 i1, i0에 따라 4개의 출력 중에 하나가 선택되어 출력됨을 확인하라.

② 활성화 입력 en′=1이면, 입력신호 i1, i0에 관계없이 출력이 하나도 선택되지 않음을 확인하라.

③ subcircuit 모양 편집의 텍스트 입력 기능을 사용하여 입출력 핀 옆에 레이블을 붙인다.

### (2) 디코더 확장

① 앞에서 구현한 2-to-4 디코더 모듈 2개를 사용하여 3-to-8 디코더를 구현하라. 출력은 LED 8개를 연결하여 선택된 출력의 LED가 ON 되도록 한다. 입력 핀은 3비트로 설정하고 splitter를 사용하여 디코더 입력에 연결한다.

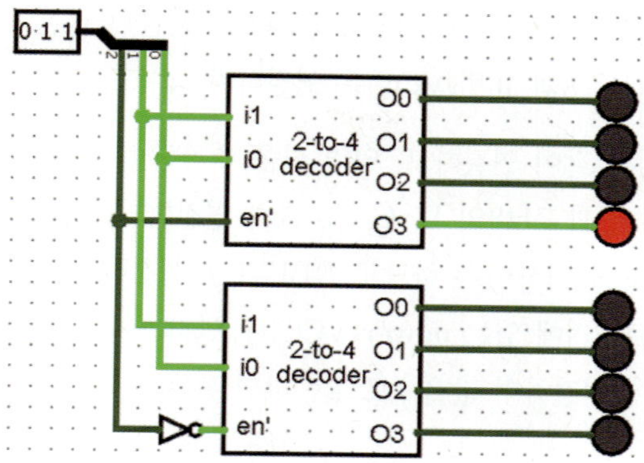


② 입력 핀의 값을 000부터 111까지 변화하면서 출력 LED가 순차적으로 ON 되는 것을 확인한다.

### (3) 7448 7-segment 디코더를 사용하여 7-segment 제어

7448 7-segment 디코더는 2진수 입력(D, C, B, A)을 받아서 7개의 LED segment(a, b, c, d, e, f, g)로 이루어진 7-segment를 제어하는 표준 칩이다.

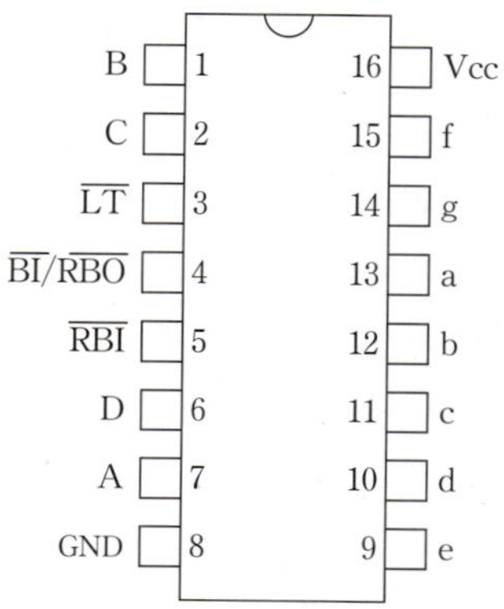


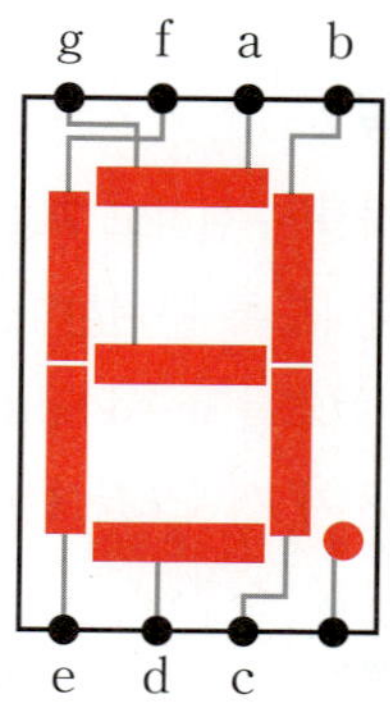


LT′=0이면 모든 segment가 on 되는 기능으로 7-segment 테스트하는 기능이다. RBI′=0이고 입력 데이터가 0이면 0이 표시되지 않고 모든 segment가 off 되는 기능인데, 두 자리 수 이상을 표시할 때 앞자리수가 0일 때 표시하지 않도록 하는 기능이다. BI′/RBO′ 신호는 양방향 신호로 다음 단의 RBI′에 연결하여 앞자리의 0들을 off 할 수 있도록 하는 기능이다.

logisim에서 표준 칩을 사용하는 경우에 VCC와 GND에 해당하는 전원 공급은 하지 않아도 된다. 즉, 7448의 경우에 8번(GND)과 16번(VCC)은 연결하지 않아도 된다.

① 7448 디코더와 7-segment를 그림과 같이 연결하고, 입력 핀을 추가하여 4비트로 설정하고, splitter를 사용하여 입력 핀과 7448의 D, C, B, A에 연결한다. 정상 동작을 위하여 LT′=1로 설정하고, 0도 표시하여야 하므로 RBI′=1로 설정한다. 논리 1로 설정하기 위하여 wiring 라이브러리에 있는 power(VCC)에 연결하면 된다. 또는 wiring 라이브러리에 있는 const에 연결하여 값을 1로 설정하면 된다.

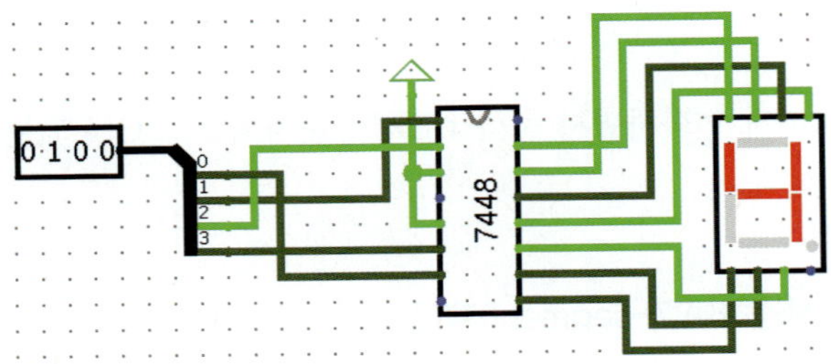


② 입력 노드 값을 변화시키면서 7-segment의 출력을 검증한다.

### 6.5 우선순위 인코더 실습

8-to-3 우선순위 인코더를 구현하고 7448 7-segment 디코더를 이용하여 인코드된 정보를 7-segment에 표시하도록 구현한다. 입력신호 8개에서 신호들이 들어오면 우선순위가 가장 높은 신호의 번호를 encoding 하여 숫자표시 장치에 나타나게 하고, 입력신호가 없을 때는 표시 장치가 꺼지도록 한다.

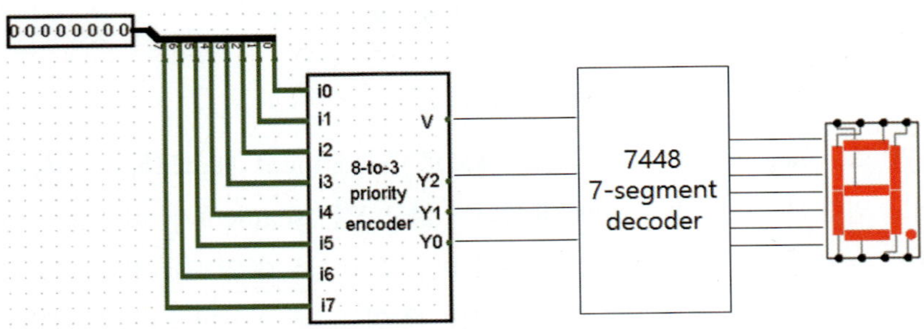


① 우선순위 인코더를 통하여 인코드한 정보(3비트)와 입력신호의 유무를 나타내는 출

력 V(1비트)를 7-segment 디코더에 연결하여 구현할 수 있다. 인코드된 정보는 3비트이므로 7-segment의 최상위 입력 비트 D는 0으로 설정한다. 나머지 CBA 입력은 encoder 출력 $Y_2$, $Y_1$, $Y_0$과 연결한다. 즉, 0부터 7까지 출력이 된다.

② 입력신호가 없을 때에 표시장치가 꺼지도록 하기 위해서 RBI′=0이고 입력신호 DCBA=0000이면 7-segment가 off 되는 기능을 사용한다. 즉, 출력 V를 RBI′에 연결하고, 신호가 없을 때에 V=0이고 $Y_2Y_1Y_0$=000이 되도록 하면 7-segment가 off 될 것이다. 이렇게 하기 위해서 〈표 5.8〉의 진리표에서 첫 번째 행의 신호가 없을 때 출력 V=0, 그리고 $Y_2Y_1Y_0$=000이 되도록 변경한다. 즉, $Y_2Y_1Y_0$=xxx에서 000으로 변경하여 설계한다. 이미 5.4절에서 설계한 인코더가 don't care를 000으로 처리하여 설계된 것이기 때문에 여기서 요구하는 조건을 만족시키고 있다.

③ 7-segment decoder 출력 7개(a, b, c, d, e, f, g)는 6.4절 디코더 실습에서 설명한 자료를 참조하여 7-segment의 해당 입력에 연결하면 된다.

④ 다음 그림들은 입력 핀 데이터를 변경하면서 인코드된 정보를 확인하는 것을 보여주고 있다. 여러 가지 다른 입력 조합에 대하여 우선순위 인코더가 정상적으로 동작하는 것을 확인하라.

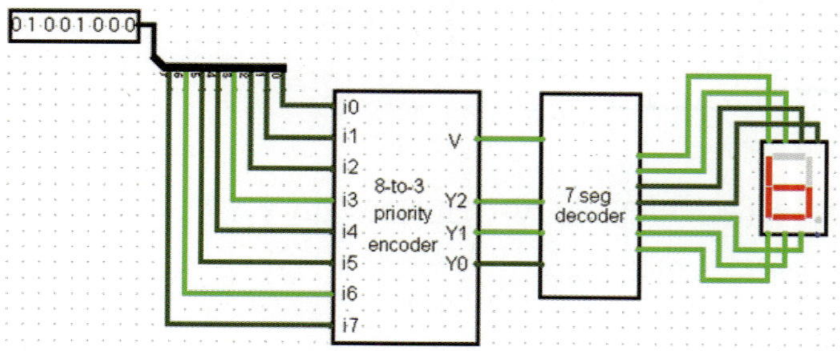


$i_6$와 $i_3$에 입력이 들어온 경우인데 $i_6$가 우선순위가 높기 때문에 110으로 인코드되어 6이 표시된 것을 보여주고 있다.

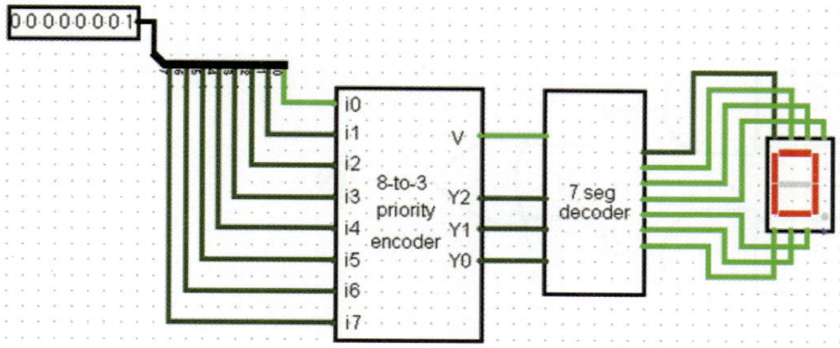

$i_0$에 입력이 들어온 경우인데 000으로 인코드되어 0이 표시된 것을 보여주고 있다.

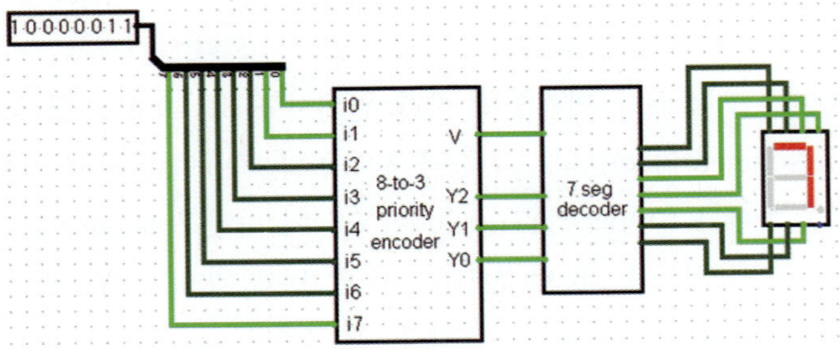


$i_7$, $i_1$ 그리고 $i_0$에 입력이 들어온 경우인데 $i_7$이 우선순위가 가장 높기 때문에 111로 인코드되어 7이 표시된 것을 보여주고 있다.

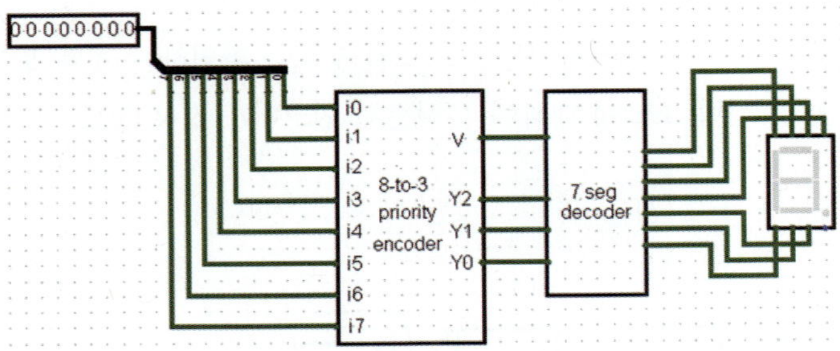


마지막으로 입력신호가 하나도 없을 때, V 신호가 0이고 $Y_2Y_1Y_0$=000이 되어 7 segment가 off 된 것을 보여주고 있다.

## 6.6 멀티플렉서 실습

### (1) 2–to–1 멀티플렉서

① 그림과 같이 2–to–1 멀티플렉서를 subcircuit으로 구현하라.

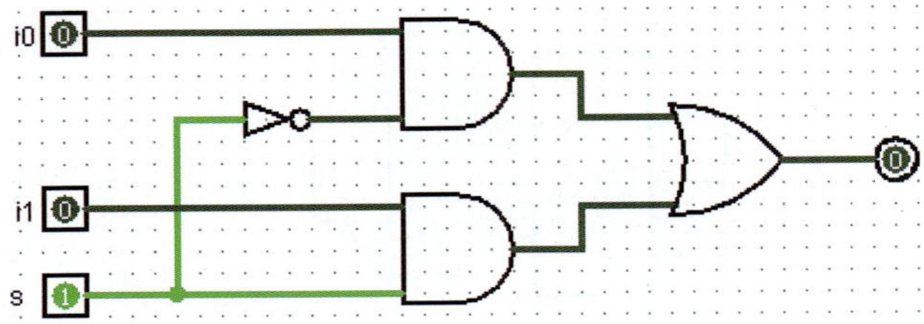

② subcircuit 모양 편집을 통하여 우측과 같이 선택 입력 핀 s는 아래쪽으로 배치하라.

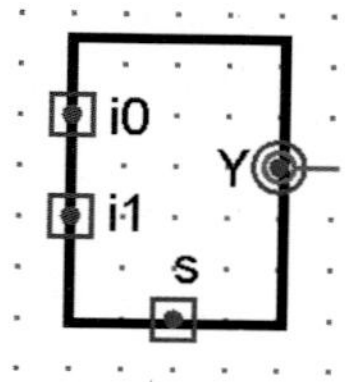


③ 구현된 회로에 대하여 2–to–1 멀티플렉서 진리표로 동작을 검증한다.

### (2) 4–to–1 멀티플렉서

앞에서 구현한 2–to–1 멀티플렉서 모듈 3개를 사용하여 다음과 같은 subcircuit 모양을 갖도록 4–to–1 멀티플렉서 회로를 구현하고 선택 입력 s1, s0에 따라 입력신호 4개 중에 하나가 선택되는 동작을 검증하라.

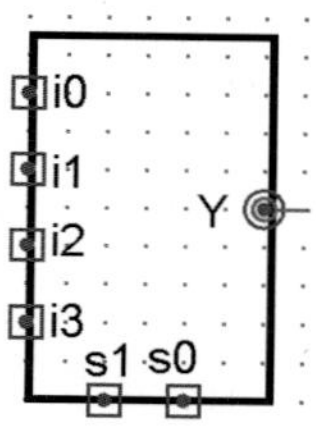


### (3) 8–to–1 멀티플렉서

앞에서 구현한 2–to–1 멀티플렉서와 4–to–1 멀티플렉서를 사용하여 8–to–1 멀티플렉서 회로를 구현하고 선택 입력 $s_2$, $s_1$, $s_0$에 따라 입력신호 8개 중에 하나가 선택되는 동작을 검증하라.

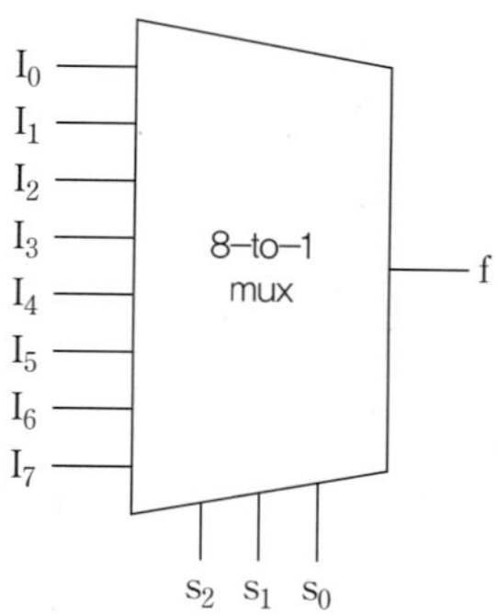

### (4) 레지스터 선택 멀티플렉서

① 4개의 6비트 레지스터 A, B, C, D 4개가 있다. 이 4개의 레지스터 중에 하나를 선택하는 회로를 구현하라. 그림처럼 레지스터는 6비트의 입력 핀 4개로 구현하고, splitter를 사용하여 멀티플렉서에 연결하도록 한다.

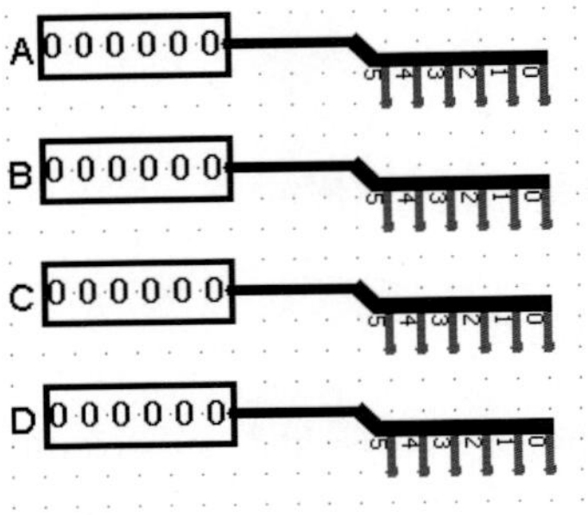


② 필요한 멀티플렉서는 어떤 종류이고 몇 개가 필요한가?

### (5) 표준 칩 74153 dual 4-to-1 멀티플렉서를 사용한 전가산기 구현

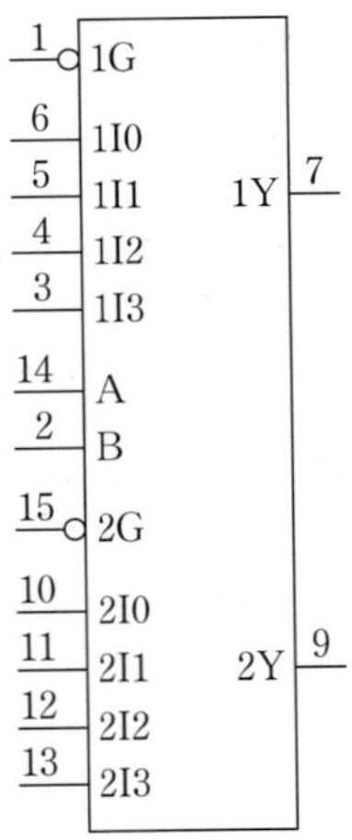


74153은 두 개의 4-to-1 멀티플렉서를 포함하고 있는데, 핀 이름에 숫자 1과 2로 시작하는 것들이 멀티플렉서 1, 2에 대한 핀들이다. 입력 중에 1G와 2G 입력은 active low의 활성화 입력으로 멀티플렉서가 동작하기 위하여 논리 0의 신호가 필요하다. 4개의 입력신호 I0, I1, I2, I3 중에 하나가 선택 입력 A, B에 의해 선택되어 출력 Y로 연결된다.

① 전가산기는 세 개의 입력이고 출력이 두 개이므로 4-to-1 멀티플렉서 2개가 필요하여 74153 칩 하나로 전가산기 구현이 가능하다.

| a | b | ci | Co | S | |
|---|---|---|---|---|---|
| 0 | 0 | 0 | 0 | 0 | |
| 0 | 0 | 1 | 0 | 1 | Co=0 S=ci |
| 0 | 1 | 0 | 0 | 1 | |
| 0 | 1 | 1 | 1 | 0 | Co=ci S=ci′ |
| 1 | 0 | 0 | 0 | 1 | |
| 1 | 0 | 1 | 1 | 0 | Co=ci S=ci′ |
| 1 | 1 | 0 | 1 | 0 | |
| 1 | 1 | 1 | 1 | 1 | Co=1 S=ci |

② 74153의 입력 중에 1G와 2G 입력은 active low의 활성화 입력이므로 둘 다 논리 0으로 설정하고 선택 입력 A, B가 두 개의 멀티플렉서에 공통으로 사용되기 때문에 전가산기 입력 a, b, ci 중에 두 개(a, b)를 선택하여 A, B에 연결하고 나머지 신호(ci)를 이용하여 멀티플렉서 입력 단자에 필요한 논리 신호를 만들어 연결하면 된다.

③ 회로를 구현하여 입력신호를 변경하면서 전가산기 진리표와 비교하여 출력을 검증하라.

## 6.7 4비트 simple ALU

다음과 같이 4가지 연산을 하는 간단한 4비트 ALU를 설계하려고 한다.

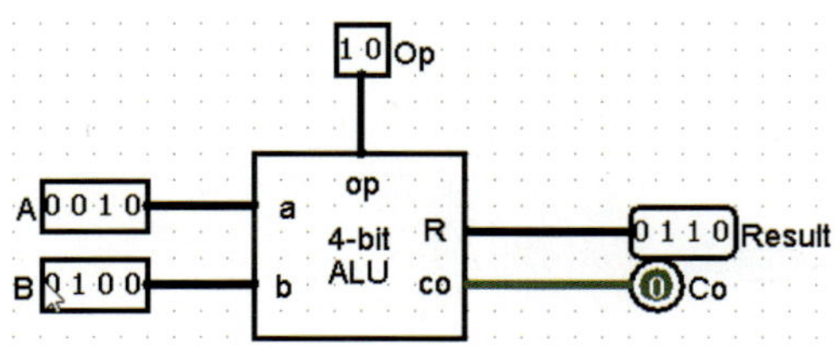


| OP code | | 연산 |
|---|---|---|
| 0 | 0 | Result = A∩B |
| 0 | 1 | Result = A∪B |
| 1 | 0 | Result = A+B |
| 1 | 1 | Result = A−B |

### (1) 1비트 ALU

① 4가지 연산을 하는 1비트 ALU를 구성하라. 4가지 연산을 위하여 AND 게이트, OR 게이트 그리고 1비트 가산기, 1비트 감산기를 사용하고, 연산을 나타내는 2비트 OP code에 의하여 4개의 연산 결과 중에 하나를 선택하는 4-to-1 멀티플렉서를 사용하여 구현하면 될 것이다.

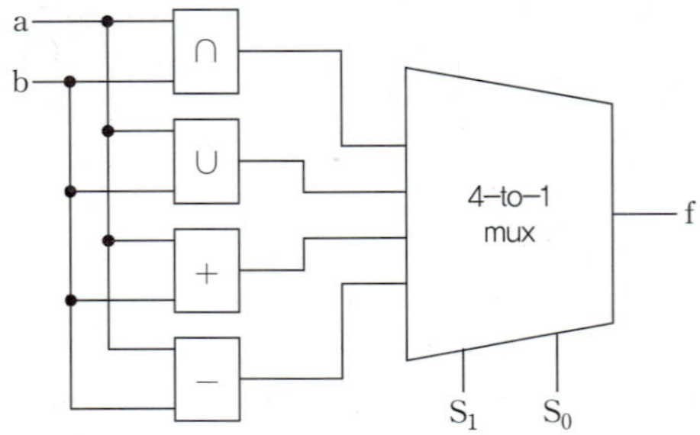


② 감산기는 가산기를 이용하여 만들 수 있는데, Op code의 비트 0이 0이면 덧셈이고 1이면 뺄셈으로 구분할 수 있기 때문에, 이 비트를 사용하여 가감산기를 제어하면 된다.

③ 1비트 ALU 동작을 검증하라.

④ subcircuit 모양 편집을 통하여 아래와 같이 핀 배치를 하고, 텍스트 입력 기능을 사용하여 입출력 핀 옆에 레이블을 붙인다.

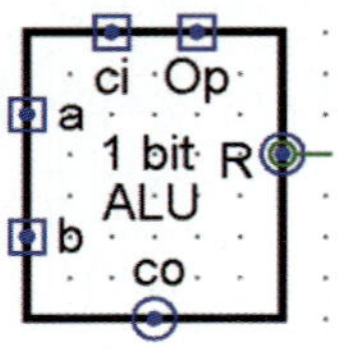


### (2) 4비트 ALU

① 앞에서 구현한 1비트 ALU 4개를 연결하여 4비트 ALU를 구현하라.

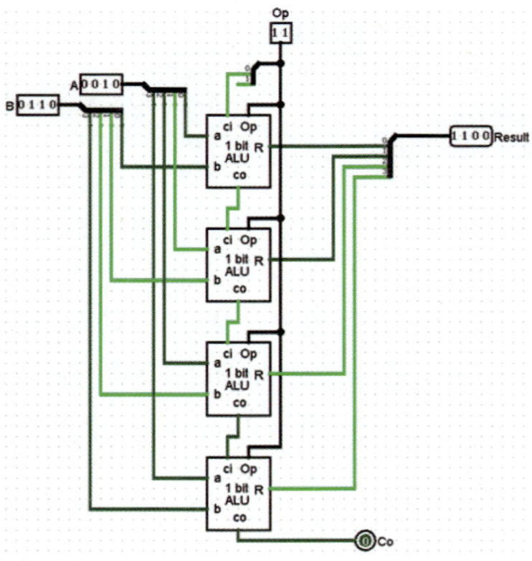

② LSB에 해당하는 ALU 모듈의 ci 입력은 Opcode의 비트 0에 연결하여 뺄셈일 경우에 B 데이터의 2의 보수를 만들기 위하여 1을 더하기 위한 것이다.

③ 그림의 데이터는 A(0010) − B(0110) = 1100 (−4)를 나타내고 있다. 같은 데이터에 대하여 다음 연산들의 결과도 확인하라.

A(0010) + B(0110) = 1000 (8) overflow

A(0010) ∩ B(0110) = 0010

A(0010) ∪ B(0110) = 0110

④ 여러 가지 다른 데이터에 대하여 4가지 연산을 실행하여 정상 동작함을 검증하라.

### (3) 확장된 8비트 ALU

① 다음과 같이 연산 기능이 추가된 8비트 ALU를 구현하고 다양한 연산과 데이터에 대한 동작을 검증하라.

| OP code | 연산 |
|---|---|
| 0 0 0 | Result = A∩B |
| 0 0 1 | Result = A∪B |
| 0 1 0 | Result = A⊕B |
| 0 1 1 | Result = A⊙B (XNOR) |
| 1 0 0 | Result = A′ |
| 1 0 1 | undefined |
| 1 1 0 | Result = A+B |
| 1 1 1 | Result = A−B |

② 추가된 연산 기능에 대한 회로를 구현하여 4비트 ALU 구현하는 방식처럼 8-to-1 멀티플렉서를 사용하여 연산 코드에 해당하는 출력을 선택하도록 하면 될 것이다.

## 6.8 래치와 플립플롭

### (1) SR 래치

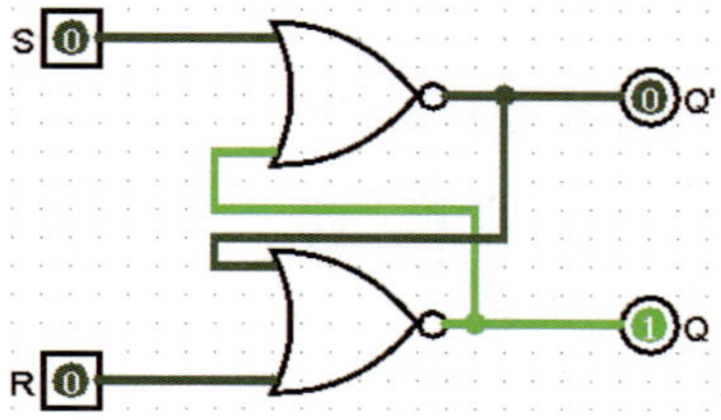

① NOR 게이트를 사용하여 그림과 같은 SR 래치 회로를 구현하라.

② SR=10으로 만들어 Q=1, Q′=0이 됨을 확인하라.

③ SR=00으로 되돌아가도 Q=1로 유지됨을 확인하라.

④ SR=01로 만들어 Q=0, Q′=1이 됨을 확인하라.

⑤ SR=00으로 되돌아가도 Q=0으로 유지됨을 확인하라.

### (2) Gated SR 래치

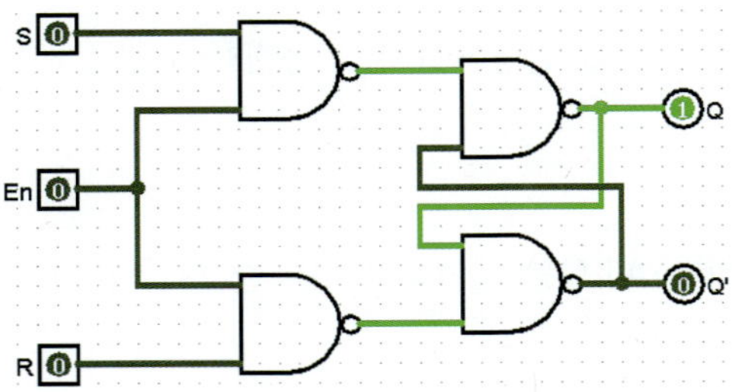


① NAND 게이트를 사용하여 그림과 같은 Gated SR 래치 회로를 구현하라.

② gate 신호 En=1이고 SR=10이면 Q=1이 되고, SR=01이면 Q=0이 됨을 확인하라.

③ gate 신호 En=0이면 SR 입력이 NAND 게이트를 통과하지 못하고 메모리 상태에 있게 됨을 확인하라.

④ gate 신호 En=1로 활성화한 상태에서 SR=11은 금지된 입력 조합으로 Q=0, Q′=0으로 됨을 확인하라.

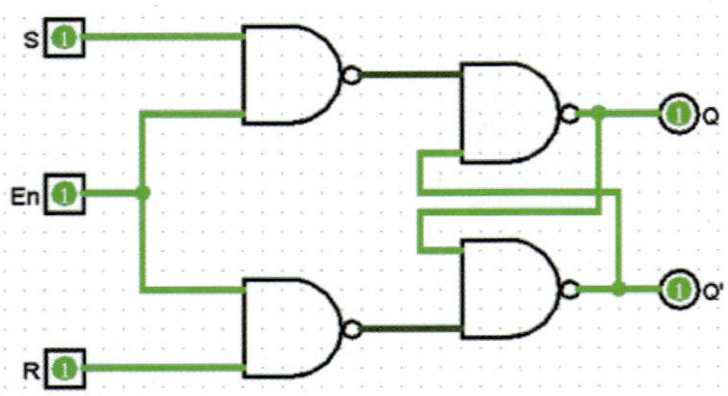


⑤ 위 상태에서 gate 신호 En=0으로 되면 Q 값이 어떻게 될지 모른다. logisim에서 시뮬레이션을 해보면 다음과 같이 oscillation 발생할 수 있음을 에러 메시지로 보여줌을 확인하라.

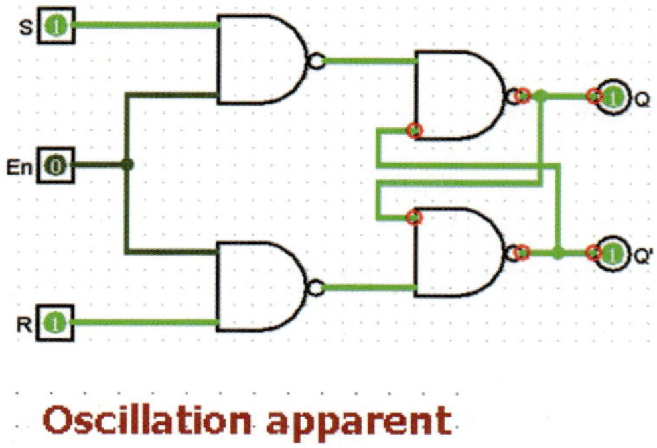


(3) Gated D래치

① gated SR 래치 회로에서 S 입력에서 NOT 게이트를 통하여 R 입력에 연결하여 Gated D 래치를 구현하라.

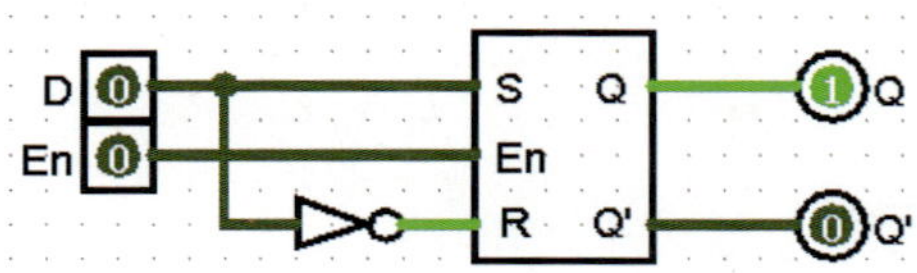


② En=1일 때 D 입력의 변화가 그대로 출력 Q에 반영됨을 확인하라.

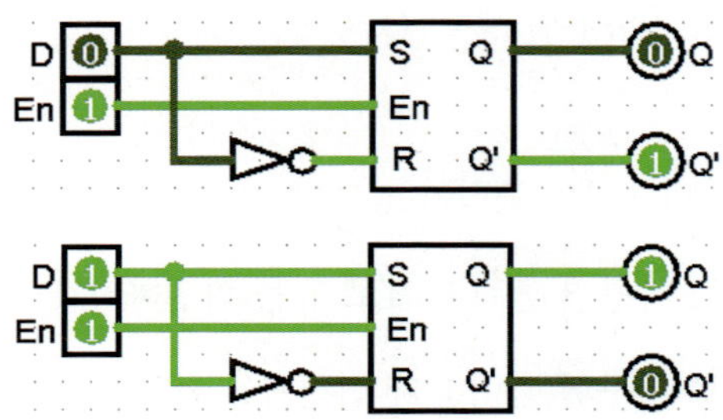


③ En=0이 되면 Q는 마지막 상태의 값을 유지하게 되고 D 입력이 바뀌어도 더 이상 출력 Q에 영향이 없음을 확인하라.

(4) D 플립플롭

① gated D 래치와 gated SR 래치를 사용하여 다음과 같은 D 플립플롭을 구현하라.

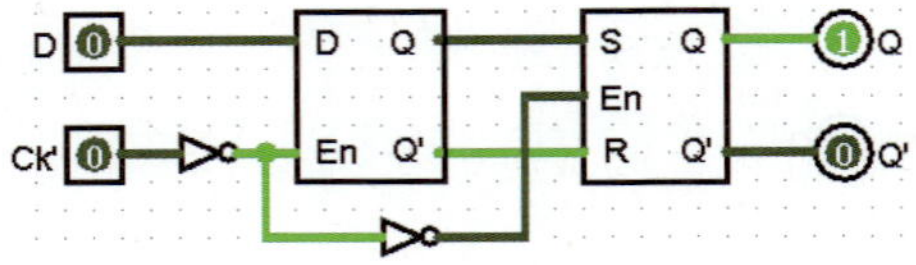


② CK=1로 바뀌는 순간에 현재 D 입력이 출력 Q에 나타남을 확인하라.

③ 입력 D 신호가 바뀌어도 CK=0 또는 1인 상태에서 출력 Q의 변화가 없음을 확인하라.

④ CK=0에서 1로 바뀌는 순간에만 입력 D 신호가 출력 Q로 전달되는 것을 D=1일 때에도 확인하라.

### (5) JK 플립플롭

① D 플립플롭을 사용하여 다음과 같이 JK 플립플롭을 구현하라.

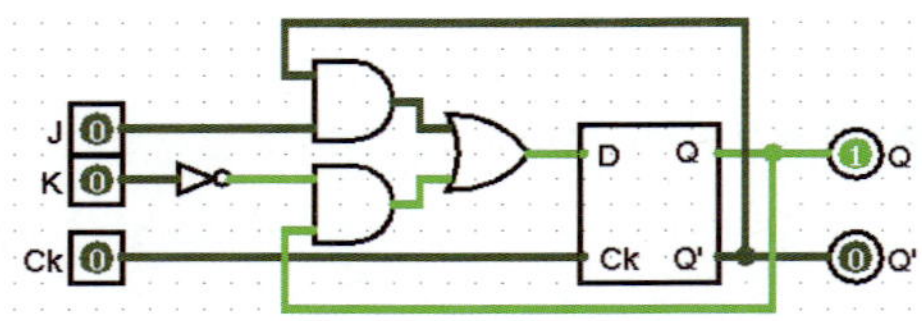


② JK=01로 설정하고 CK 신호를 0에서 1로 바꾸면 출력 Q=0으로 초기화됨을 확인하라.

③ CK=0 또는 1인 상태에서 입력 JK 값이 바뀌어도 출력에 영향이 없음을 확인한다.

④ JK=10로 설정하고 CK 신호를 0에서 1로 바꾸면 출력 Q=1로 됨을 확인하라.

⑤ JK=11로 설정하고 CK 신호를 0에서 1로 바꾸면 출력 Q가 반전됨을 확인하라.

## 6.9 3상태 버스를 통한 레지스터 간 데이터 전송

적재기능이 있는 레지스터 4개를 사용하여 레지스터 간의 데이터 전송을 3상태 버퍼로 구현된 버스를 통하여 할 수 있는 회로를 구현하려고 한다.

레지스터를 임의의 데이터 값으로 초기화하기 위하여 8비트의 input 핀과 init 신호가 필요하여 7장의 [그림 7.49]의 회로를 다음 그림과 같이 변경해야 한다.

• init=1이고, t′=0이면 input 데이터가 $d_1d_0$에 의해 선택된 레지스터에 저장된다.
• init=0이고, t′=0이면 $s_1s_0$에 의해 선택된 레지스터의 데이터가 $d_1d_0$에 의해 선택된 레지스터로 전달된다.
• t′=1이면 데이터 전송이 일어나지 않는다.

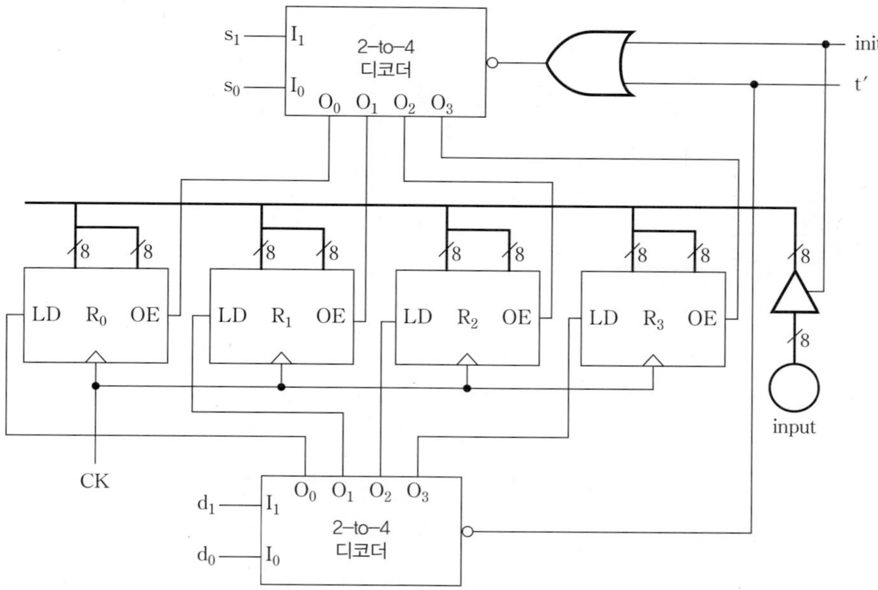


① 그림과 같이 2-to-4 디코더, 레지스터, 3상태 버퍼를 사용하여 버스에 연결된 시스템을 구현하라. 레지스터는 logisim의 Meomory library에서 register를 선택하여 비트 속성을 8로 설정하여 사용한다. logisim의 Plexers library에서 Decoder를 사용할 때 주의해야할 점은 속성 창에서 Disabled Output(선택 안 된 출력)에 대하여 Floating으로 두지 말고 Zero로 설정해야 한다. 또는 실습 6.4에서 만든 활성화 입력이 있는 2-to-4 디코더를 사용해도 된다.

② init=1, t′=0으로 설정하고 $d_1d_0$ 값을 바꿔가면서 input 핀을 통하여 R0, R1, R2, R3 레지스터를 0x11, 0x22, 0x33, 0x44로 초기화 한다.

③ init=0, t′=0으로 설정하고, $s_1s_0$=11, $d_1d_0$=00으로 설정하여 클럭 신호를 한 번 주면, R3의 0x44 값이 R0에 전달되는 것을 확인한다.

④ init=0, t′=0으로 설정하고, $s_1s_0$=00, $d_1d_0$=10으로 설정하여 클럭 신호를 한 번 주면, R0의 0x44 값이 R2에 전달되는 것을 확인한다.

⑤ t′=1로 설정하고, 클럭 신호를 주어도 데이터 전송이 일어나지 않음을 확인하라.

## 6.10 카운터

### (1) 활성화 입력이 있는 MOD-8 카운터

9.2절의 JK 플립플롭을 이용한 설계에서 설명한 활성화 입력이 있는 MOD-4 카운터를 MOD-8 카운터로 확장하는 것이다. 아래 그림과 같이 출력에 LED를 연결하여 MOD-8 카운터 출력을 2진수로 확인하도록 한다.

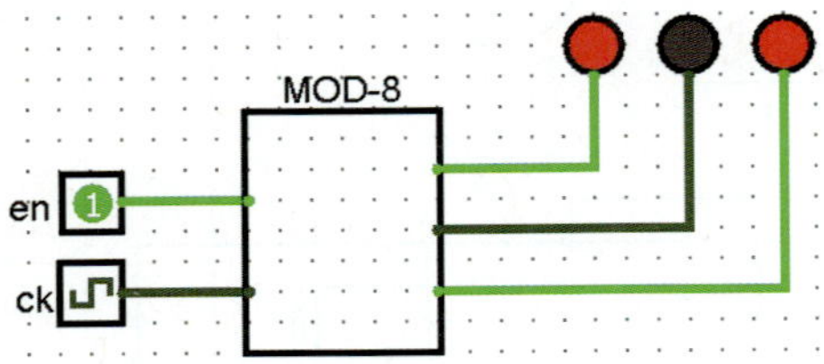


① 상태도와 상태표를 그려라.
② 3개의 JK 플립플롭 입력 식을 구하라.
③ 회로를 구현하라.
④ Wiring library에서 clock을 선택하여 플립플롭 클럭에 연결하고, 각 플립플롭 출력에 LED를 연결하여, 카운터 동작을 2진수를 나타내는 LED로 확인한다.
⑤ 입력신호 en=1로 설정하고, Simulate 메뉴에서 클럭 Tick의 주파수를 2Hz로 설정하면 1초마다 카운터가 증가되는지를 확인한다.
⑥ 입력신호 en=0과 1로 설정함에 따라 카운터가 중지하고, 동작하는 지를 확인한다.

### (2) 12개의 LED 제어

다음 그림과 같이 16개의 LED가 1열로 배치되어 있는데, 입력신호 x=0이면 좌측에서 우측 방향으로 0.5초마다 하나씩 ON/OFF를 하면서 움직이고, 입력신호 x=1이면 우측에서 좌측 방향으로 움직인다. 마지막 LED가 ON/OFF 되면 다시 처음 LED로 돌아와서 반복한다. 동작 중에 입력신호 x가 바뀌면 움직이는 방향도 바뀐다.

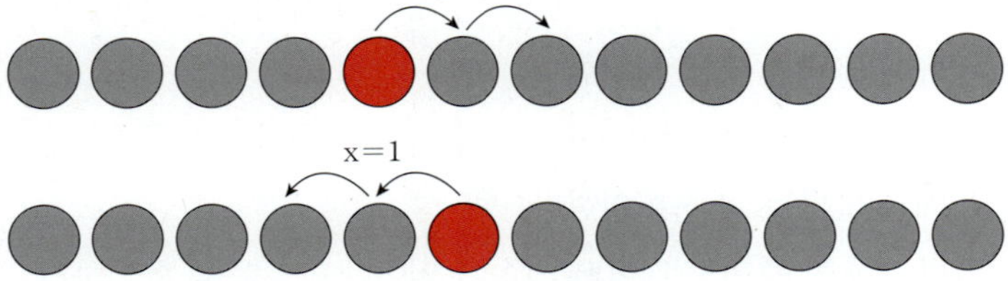

① 순차회로 설계를 위한 상태도를 그려라.
② JK 플립플롭을 사용하여 설계하라. 각 플립플롭들의 입력 식들을 구하라.
③ 필요한 조합회로 모듈은 logisim library에서 제공되는 것을 사용해도 된다.
④ logisim의 LED를 사용하고 클럭 Tick의 주파수를 설정하여 0.5초마다 움직이도록 설정한다.
⑤ 입력신호 x=0으로 설정하여 순방향으로 움직이는지 확인한다. 움직이는 도중에 x=1로 설정하면 방향이 바뀌는 것을 확인한다.

## 6.11 자판기 제어

자판기(vending machine)는 물건 값에 해당하는 액수를 동전으로 입력받아서 물건을 제공하고, 거스름돈을 내주는 기계이다. 구현하려는 자판기는 다음과 같이 동작한다.

- 자판기 입력은 100원과 50원 동전만을 받아들인다.
- 제공하는 물건의 가격은 200원이다.
- 자판기에 입력된 금액이 200원 또는 250원 되는 순간에 물건을 내주고, 250원인 경우는 거스름돈 50원도 내준다.
- 동전 입력신호는 한 클럭 주기 이상 넘어가지 않는다고 가정한다.

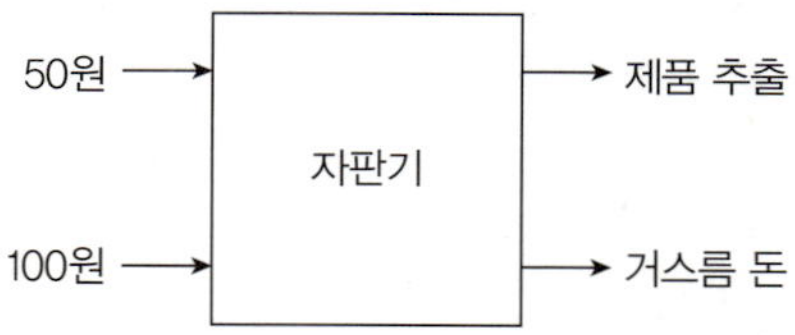


① 필요한 신호들을 정의하고 순차회로 설계를 위한 Moore 모델의 상태도를 그려라.
② 상태할당을 하고 상태표를 그려라.
③ D 플립플롭을 사용하여 설계하고, 회로를 구현하라.
④ 100원, 100원 순서로 입력한 경우에 물건이 출력됨을 확인하라.
⑤ 50원, 50원, 50원, 50원 순서로 입력한 경우에 물건이 출력됨을 확인하라.
⑥ 100원, 50원, 100원 순서로 입력한 경우에 물건이 출력되고, 거스름돈이 출력됨을 확인하라.
⑦ 50원, 100원, 100원 순서로 입력한 경우에 물건이 출력되고, 거스름돈이 출력됨을 확인하라.

⑧ 50원, 50원, 50원, 100원 순서로 입력한 경우에 물건이 출력되고, 거스름돈이 출력됨을 확인하라.

## 6.12 디지털시계

### (1) BCD MOD-60 카운터

① 74163 또는 74162 카운터 2개를 사용하여 다음과 같은 BCD mod-60 카운터를 구현하라.

- 카운터는 입력신호 en′, 출력신호 ov′, 두 자리 BCD 출력 H(4비트), L(4비트)로 구성된다.
- 입력신호 en′=0이면 카운트 하고, en′=1이면 카운터가 정지한다.
- en′=0이고 카운터 값이 최댓값인 59가 되면 ov′=0이 출력하여 다음 단을 활성화시키는 신호로 사용할 수 있다.
- 출력은 두 개의 BCD 코드로 10자리 수는 H로, 1자리 수는 L로 보낸다.

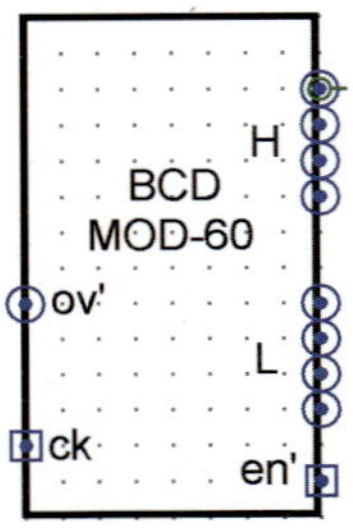


② en′=0으로 설정하고, 시뮬레이션 클럭의 주파수를 2Hz로 해서 1초에 1씩 증가하고, 59 다음에 0으로 되돌아가는지 검증한다.

### (2) BCD MOD-24 카운터

① 74163 또는 74162 카운터 2개를 사용하여 BCD mod-24 카운터를 구현하라.

- 카운터는 입력신호 en′, 출력신호 ov′, 두 자리 BCD 출력 H(4비트), L(4비트)로 구성된다.
- 입력신호 en′=0이면 카운트 하고, en′=1이면 카운터가 정지한다.

• en′=0이고 카운터 값이 최댓값인 23이 되면 ov′=0이 출력하여 다음 단을 활성화시키는 신호로 사용할 수 있다.
• 출력은 두 개의 BCD 코드로 10자리 수는 H로, 1자리 수는 L로 보낸다.

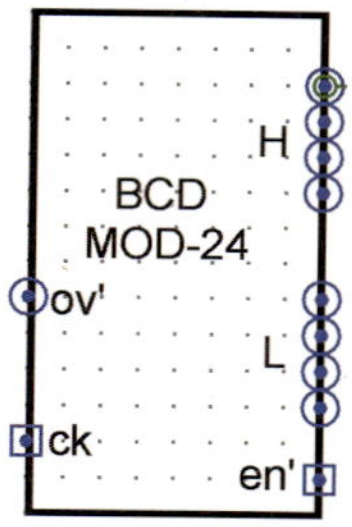


② en′=0으로 설정하고, 시뮬레이션 클럭의 주파수를 2Hz로 해서 1초에 1씩 증가하고, 23 다음에 0으로 되돌아가는지 검증한다.

### (3) 디지털시계

① 앞에서 설계한 BCD MOD−60 카운터 2개와 BCD MOD−24 카운터 1개를 다음과 같이 연결하여 00:00:00부터 23:59:59까지 반복하는 디지털시계를 구현하라.

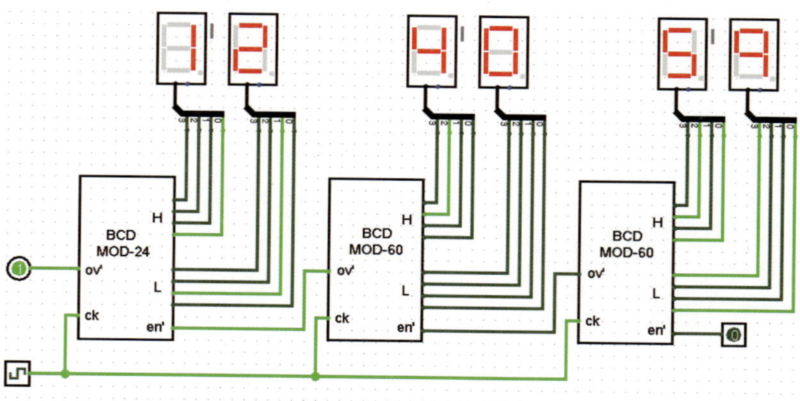


② 가장 우측에 있는 모듈의 en′=0으로 설정하고, 시뮬레이션 클럭의 주파수를 2Hz로 해서 초 표시가 1초에 1씩 증가하는지 확인하고, 59초 다음에 00으로 되돌아가고, 분 표시가 01이 되는지 확인하라.

③ 시뮬레이션 클럭의 주파수를 128Hz로 해서 초 표시가 아주 빠르게 증가하여 분 표시가 거의 1초에 1씩 증가하는지 확인하라. 그리고 분 표시가 59 다음에 00이 되고, 시 표시가 01이 되는지 확인하라.

④ 시뮬레이션 클럭의 주파수를 logisim의 최대 주파수인 4.1kHz로 해서 초, 분 표시가 아주 빠르게 증가하고, 시 표시가 거의 2초에 1씩 증가하는지 확인하라. 그리고 시 표시가 23 다음에 00이 되는지 확인하라.

## 7. ModelSim Tool 소개

설계된 VHDL 코드의 검증을 위한 첫 번째 단계가 시뮬레이션 과정인데 현재 가장 널리 사용되고 있는 ModelSim 시뮬레이터의 설치법 및 사용 방법을 알아보도록 하자. 본 장에서는 Modelsim 설치 및 ModelSim을 이용한 가장 기본적인 시뮬레이션 방법 등에 대해 설명한다.

### 7.1 ModelSim 프로그램 설치

www.model.com 홈페이지에서 ModelSim 최신 버전을 다운로드를 받는다. 다운로드를 받기 위해서는 Modelsim SupportNet Registration 입력 과정을 거쳐 라이선스를 획득해야만 한다. [그림 1]은 Modelsim 홈페이지 내용이며, Modelsim 프로그램 종류가 Modelsim PE, Modelsim DE, Modelsim SE, Modelsim Student Edition의 4가지 버전으로 되어 있음을 보여준다.

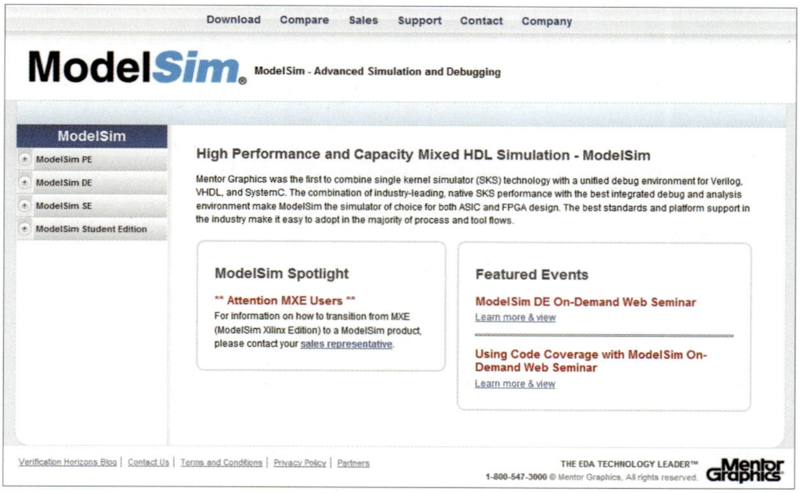


| 그림 1 Modelsim 홈페이지 화면

4가지의 ModelSim 프로그램 중에 ModelSim Student Edition 버전은 교육을 목적으로 라이선스를 무료로 사용 가능하다. 하지만 나머지 버전은 유료 버전으로 라이선스를 구매하여 사용해야 한다.

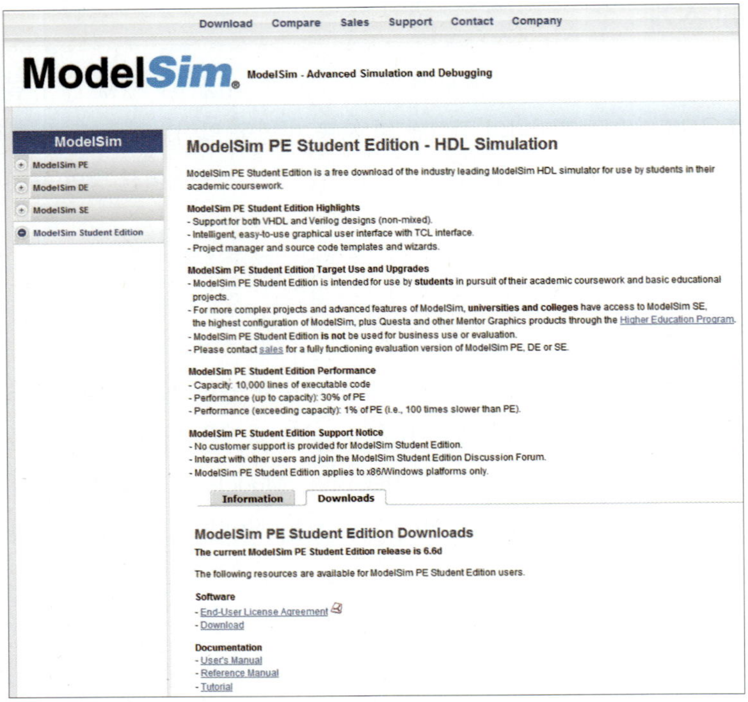


| 그림 2 ModelSim Student Edition 버전 다운로드

ModelSim 프로그램을 다운로드 받기 위해서 먼저 ModelSim 프로그램 다운로드를 요청해야 하며, [그림 3]과 같이 요청 정보를 기입하여 성공하게 되면 ModelSim 프로그램을 다운로드 받을 수 있게 된다.

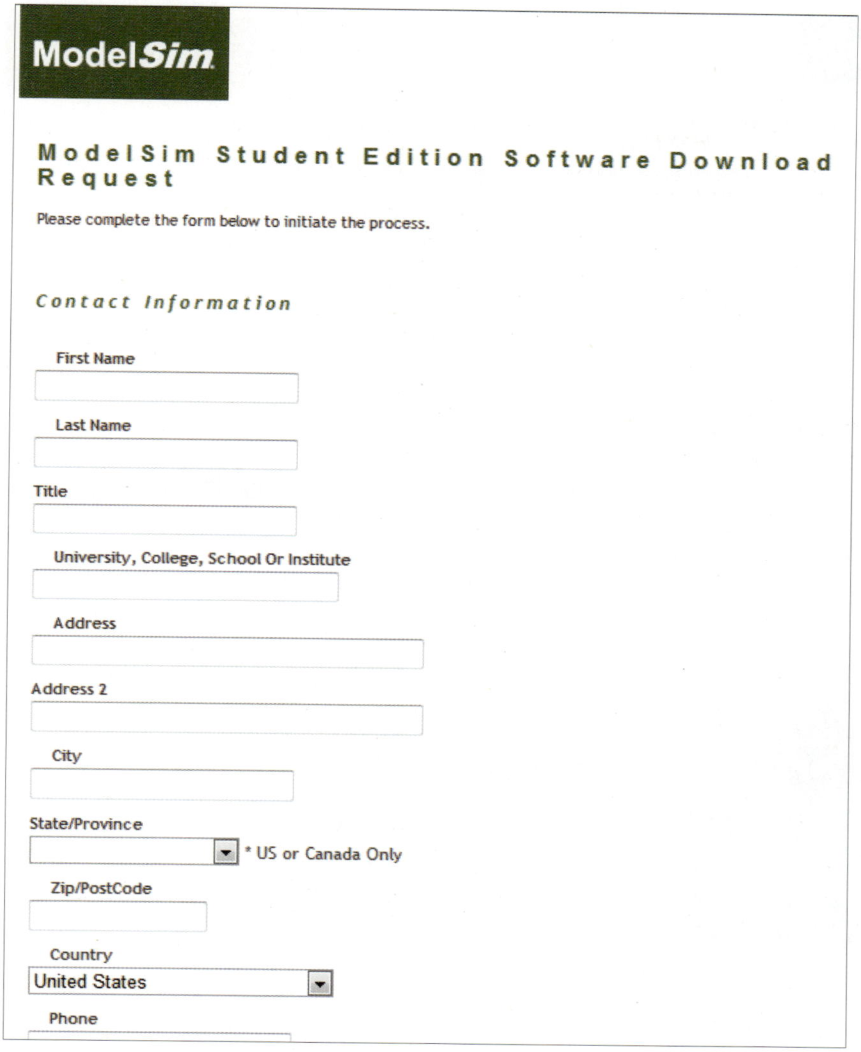

ModelSim

ModelSim Student Edition Software Download Request

Please complete the form below to initiate the process.

Contact Information

First Name

Last Name

Title

University, College, School Or Institute

Address

Address 2

City

State/Province

* US or Canada Only

Zip/PostCode

Country

United States

Phone

| 그림 3 ModelSim 다운로드 요청 정보

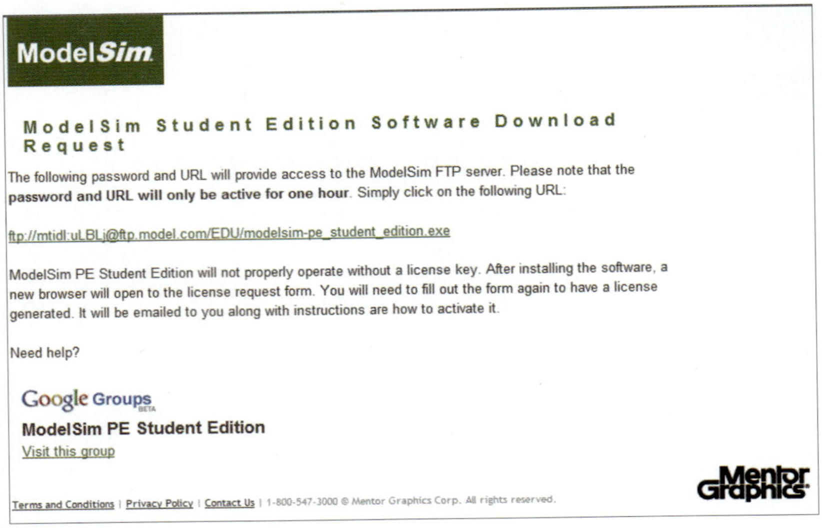


| 그림 4 ModelSim 다운로드 요청 성공 시 결과 화면

| 그림 5 Modelsim Student Edition 다운로드 파일

위와 같이 다운로드 요청을 통해 파일을 다운로드 받고 설치 후 [그림 6]과 같이 라이선스 요청 정보를 입력하여 라이선스까지 받으면 ModelSim에서 구현 검증할 수 있는 모든 준비가 완료된다.

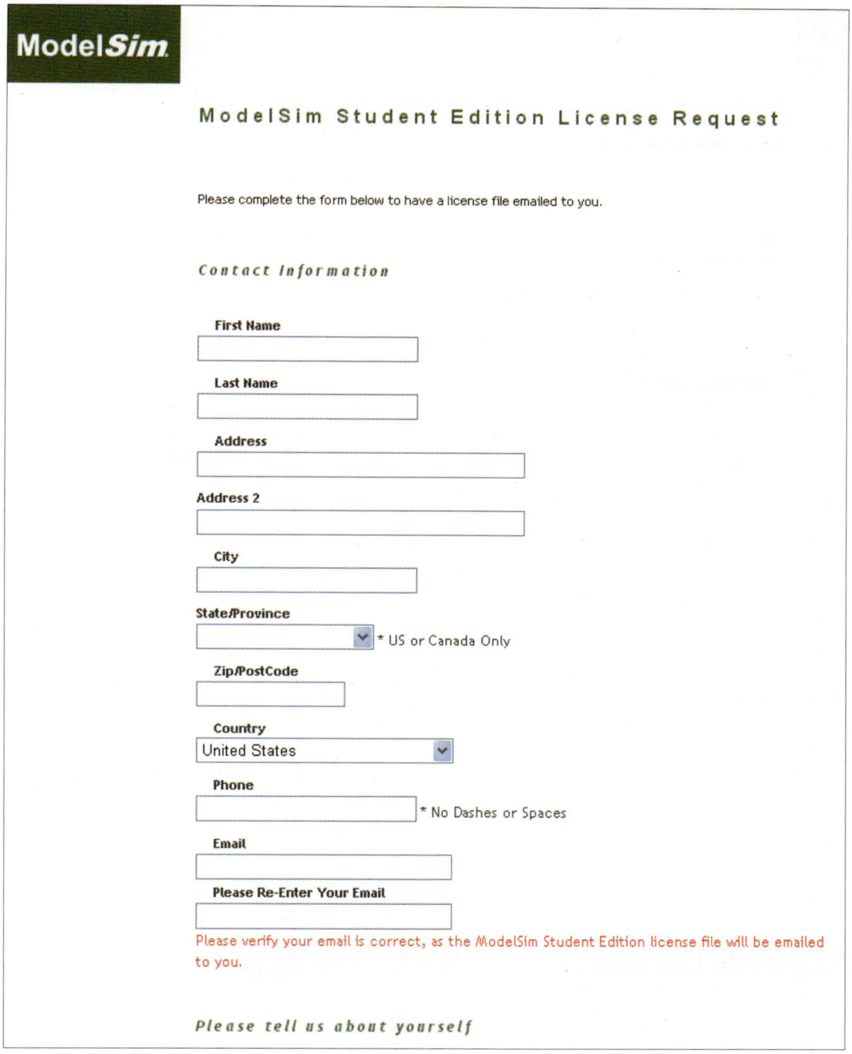

ModelSim

ModelSim Student Edition License Request

Please complete the form below to have a license file emailed to you.

*Contact Information*

First Name

Last Name

Address

Address 2

City

State/Province

* US or Canada Only

Zip/PostCode

Country

United States

Phone

* No Dashes or Spaces

Email

Please Re-Enter Your Email

Please verify your email is correct, as the ModelSim Student Edition license file will be emailed to you.

*Please tell us about yourself*

| 그림 6 ModelSim 프로그램 라이선스 요청 정보

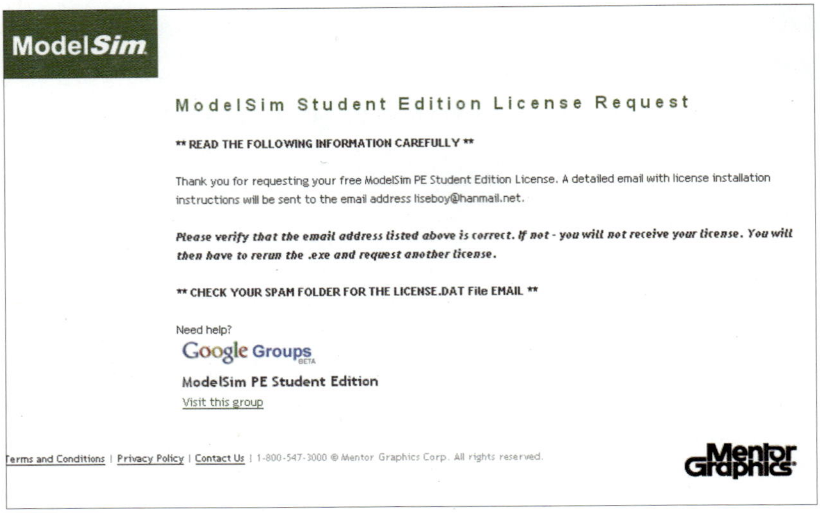


| 그림 7 ModelSim 프로그램 라이선스 요청 성공 시 결과 화면

## 7.2 ModelSim Simulation

ModelSim Simulation을 위해서는 프로젝트 생성 및 파일 생성/추가, 컴파일, 시뮬레이션 실행, 결과 확인 등과 같은 절차를 이용하면 된다. 이 절에서는 ModelSim Simulation 실행 예제를 위해 [그림 8]과 같은 이미 생성되어 있는 VHDL 소스를 이용하여 시뮬레이션 하는 과정을 보여준다. 우선 ModelSim PE Student Edition 아이콘을 선택하여 실행한다.

| 그림 8 ModelSim 시뮬레이션 예를 위한 VHDL 소스

먼저, 프로젝트를 생성을 위해 [그림 9]와 같이 메뉴를 클릭하여 프로젝트 윈도우를 생성한 다음 [그림 10]과 같이 프로젝트 명, 저장 위치, 라이브러리 이름, 환경 변수 등을 설정해 준다.

이어 [그림 11]과 같이 샘플 코드를 선택하여 프로젝트에 이미 생성되어 있는 VHDL 소스를 추가시킨 다음 [그림 12]와 같은 컴파일 과정을 거쳐 [그림 13]과 같이 시뮬레이션 하기 위한 준비를 완료한다.

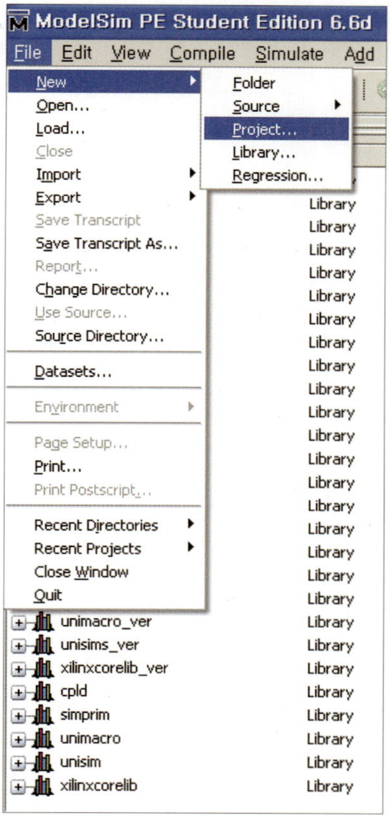

| 그림 9 ModelSim 프로젝트 실행

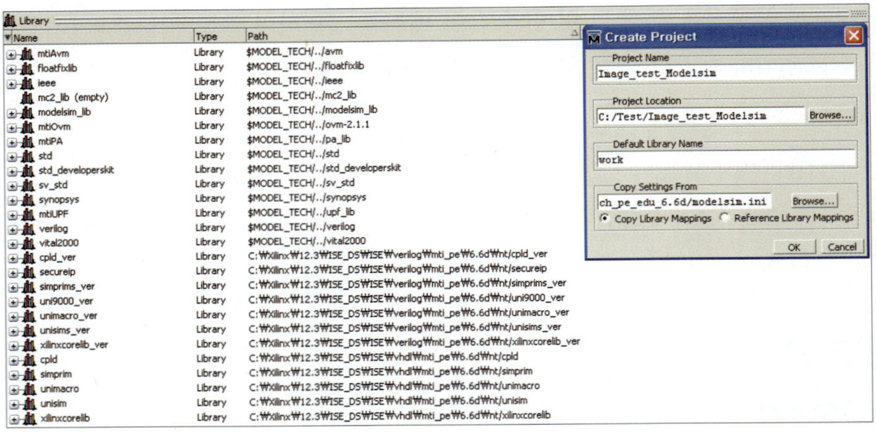


I 그림 10 ModelSim 라이브러리 확인 및 프로젝트 생성

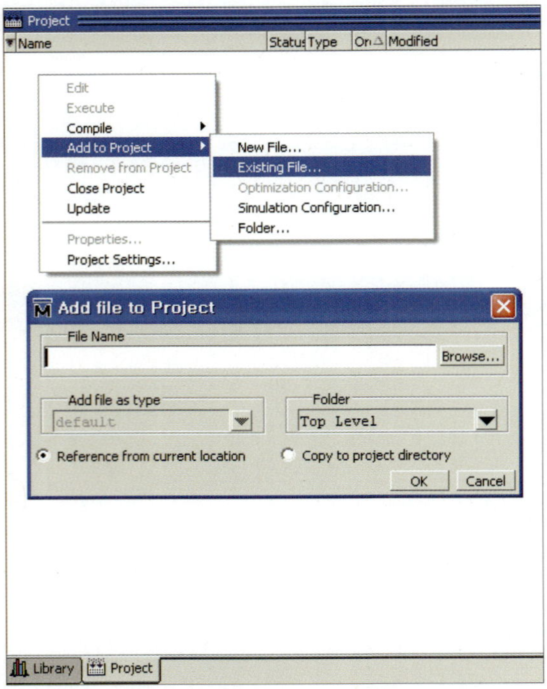


I 그림 11 ModelSim 프로젝트 안에 기존 파일 추가 설정

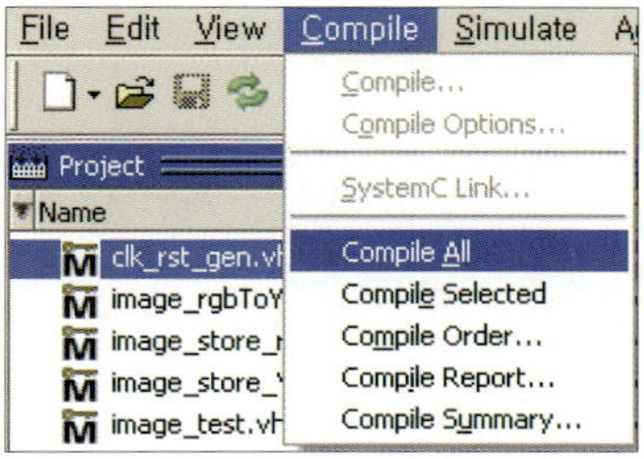


| 그림 12 ModelSim 컴파일 과정

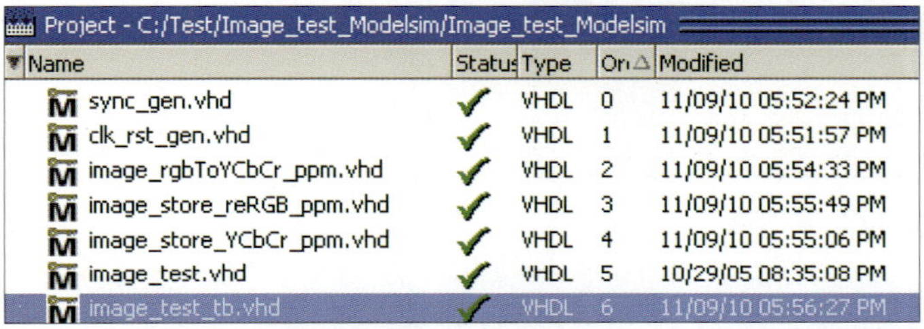


| 그림 13 ModelSim 컴파일 결과

시뮬레이션 컴파일이 실패하면 코드에 대한 디버깅을 다시 진행해야 하며 컴파일이 완료되면 설계 검증을 위한 시뮬레이션을 시작할 수 있다. 이후 [그림 14]와 같이 "Start Simulation" 메뉴 항목을 클릭하면 [그림 15]와 같은 선택 창이 뜨게 된다. 여기서 시뮬레이션을 실행시키고자 하는 설계 구조의 최상위 Entity 이름을 work 폴더에서 선택하면 [그림 16]과 같은 시뮬레이션용 화면이 생성된다. 여기서 View 메뉴의 Wave 도구를 선택하면 [그림 17]과 같은 파형 창이 생성된다. Object 윈도우에서 보이는 신호들을 드래그하여 wave 윈도우에 가져다 놓고 시뮬레이션 화면의 명령창에 "run 100 ns", "run 24 us", "run 70 ms"와 같이 실행시킬 시간 정보를 입력하고 리턴을 누르면 시뮬레이션이 진행되고 wave 윈도우에 있는 신호들의 상태 변화를 파악하면서 검증 및 디버깅을 진행하면 된다.

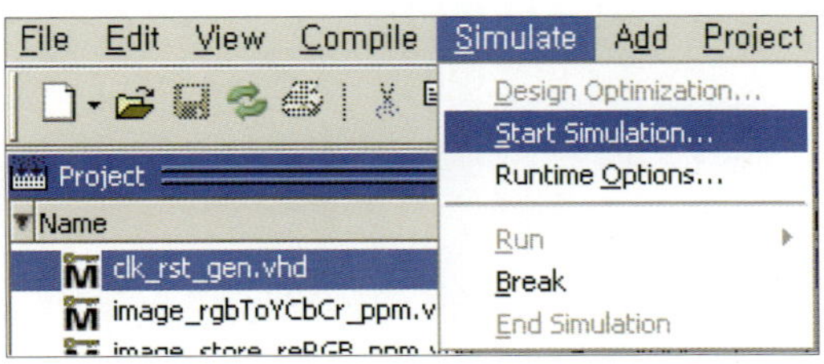


| 그림 14 ModelSim 시뮬레이션 실행 과정

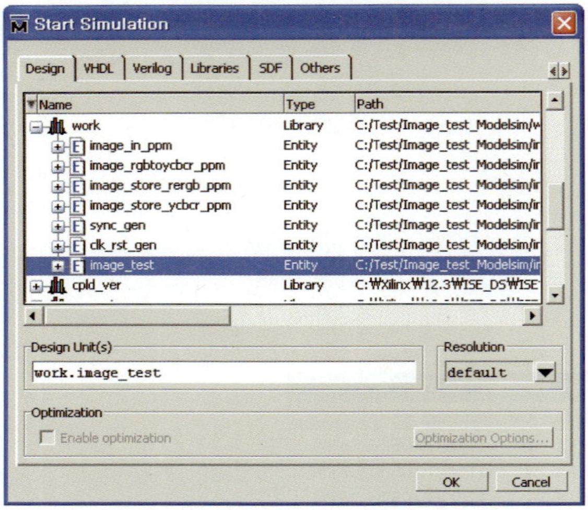


| 그림 15 ModelSim Simulation 확인 및 실행

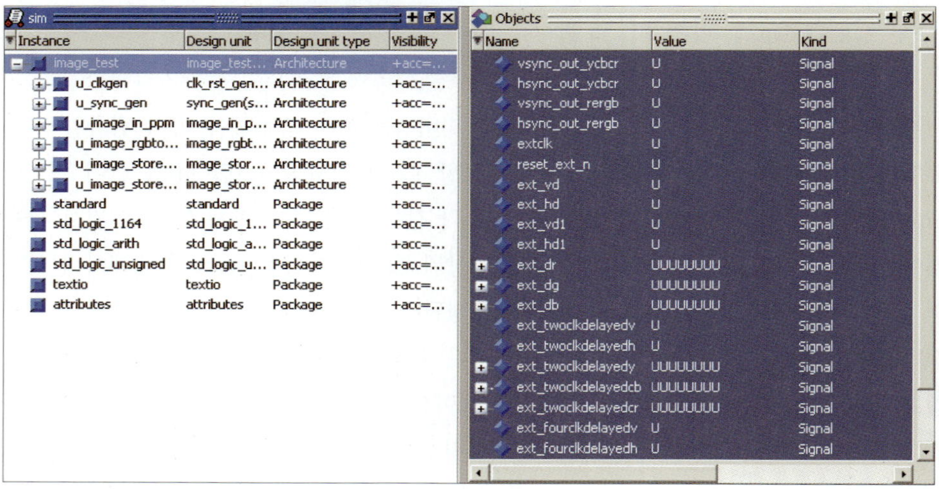


| 그림 16 ModelSim Simulation 실행 결과

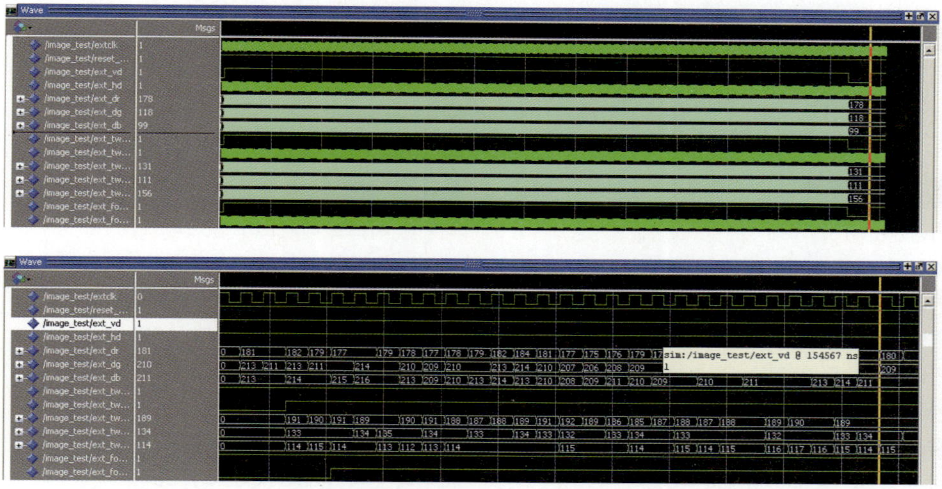

| 그림 17 ModelSim Simulation Wave 진행 과정 확인

이 부록에서 기본적인 ModelSim의 사용법을 다루었으며 기타 자세한 내용들은 인터넷에서 얻을 수 있는 ModelSim의 매뉴얼 자료들을 참고하기 바란다.

# 찾아보기

ㅇ



ㅈ

## ㅊ



## ㅋ



## ㅌ



## ㅍ

## ㅎ



## A



## B



## C



## D



## E